人工光合作用催化剂

鲁统部　钟地长 等　编著

科 学 出 版 社
北 京

内 容 简 介

本书介绍了人工光合作用催化剂的基本概念和发展历程，结合作者研究团队及国内外人工光合作用催化剂的研究成果，重点介绍了光电催化分解水制氢、二氧化碳还原制化学品和氮还原制氨的最新进展，包括催化剂的设计合成、结构表征、催化性能和催化机理，并且提供了相关实例、数据、图表和文献资料。

本书可作为新能源等相关专业的教材，也可供新能源材料与低碳技术、碳中和等相关领域的高年级本科生、研究生及科研工作者阅读参考。

图书在版编目(CIP)数据

人工光合作用催化剂／鲁统部等编著. —北京：科学出版社，2024. 5

ISBN 978-7-03-078485-8

Ⅰ. ①人…　Ⅱ. ①鲁…　Ⅲ. ①光合作用-催化剂　Ⅳ. ①Q945. 11

中国国家版本馆 CIP 数据核字（2024）第 090743 号

责任编辑：霍志国　孙静惠／责任校对：杜子昂

责任印制：吴兆东／封面设计：东方人华

科学出版社出版

北京东黄城根北街 16 号

邮政编码：100717

http://www.sciencep.com

北京中科印刷有限公司印刷

科学出版社发行　各地新华书店经销

*

2024 年 5 月第　一　版　开本：720×1000　1/16

2025 年 1 月第二次印刷　印张：24

字数：484 000

定价：128.00 元

（如有印装质量问题，我社负责调换）

序

自然界绿色植物通过光合作用将二氧化碳和水转换为碳水化合物并释放氧气，从而维持地球生物圈的碳氧平衡。该过程是地球上规模最大的固碳途径，为人类生存和发展提供了必要的物质基础。受自然光合作用系统结构和功能的启发，人工光合作用通过有效集成捕光单元和催化剂，利用太阳光为能量输入将水、二氧化碳、氮气等资源小分子转化为清洁燃料和化学品。历经数十年的发展，人工光合作用取得了巨大发展，已成为合成化学、催化化学、材料化学、配位化学等学科的研究热点。我国是人工光合作用研究最活跃的国家之一。在国家自然科学基金委员会、科学技术部、教育部、中国科学院等机构的长期支持下，国内科研工作者在该领域创造了一系列具有“中国标签”的重要成果。时至今日，国内尚无全面、系统介绍人工光合作用催化剂的书籍出版。

鲁统部教授携团队青年学者撰写的《人工光合作用催化剂》一书，结合研究团队多年深耕人工光合作用取得的研究成果，系统介绍了近年来国内外研究者在人工光合作用分解水制氢、二氧化碳还原、氮气固定等方面取得的重要进展。本书立足于人工光合作用催化剂的设计合成、结构表征、性能评价和机理研究，讨论了催化剂的构效关系，总结了催化剂的设计规律，并展望了该领域的未来研究方向和发展趋势。该书既包含了人工光合作用催化剂研究的基础知识，也包含了丰富的催化剂设计实践。相信该书的出版有助于从事人工光合作用研究的学者和研究生快速掌握该领域的最新研究进展，并为对该领域感兴趣的本科生提供引导和帮助，从而推动我国人工光合作用研究的发展，助力“双碳”目标的实现。

服务国家高水平科技自立自强，吾辈当立鸿鹄之志、躬耕不辍，勇攀人工光合作用新高峰。与诸君共勉！

吴骊珠

中国科学院院士

中国科学院理化技术研究所

2024 年 3 月

前　言

能源是人类社会生存和发展的物质基础，能源技术的发展和进步推动了人类社会的高速发展，特别是以化石能源为驱动力的三次工业革命，极大地提高了社会生产力水平，丰富了人类的物质生活，促进了社会的文明进步。但是，工业革命对能源需求的不断增加也导致化石能源被快速消耗，引起化石能源短缺和严重的温室效应。当前迫切需要改变能源结构，实现从化石能源向以太阳能、风能等低碳或无碳清洁可再生能源的转变，使人类社会走上可持续发展的道路。

我国是世界能源消费和碳排放大国之一，碳中和已上升为国家重大战略。我国科技工作者和相关企业积极响应碳中和国家重大战略，在推动我国可再生能源发展、节能减排等方面开展了大量工作。可再生能源在一次能源中的比重逐年提高，二氧化碳资源化利用的步伐不断加快。光合作用是地球上最大规模的碳中和途径。利用太阳能或由太阳能光伏发电产生的电能，在催化剂作用下通过人工光合作用将水分解制备清洁氢燃料，或者将二氧化碳还原为有用的燃料和化学品，或者将氮还原为氨是实现碳中和的重要途径。其中，开发高效、稳定和低成本的催化剂是关键。

本书主要围绕人工光合作用催化剂的开发，结合作者研究团队在人工光合作用研究方面取得的最新研究成果，系统介绍了近年来国内外研究者在光、电催化分解水制氢和二氧化碳还原催化剂方面取得的重要进展，包括催化剂的设计合成、结构表征、催化性能和催化机理等。本书分为 8 章。第 1 章为概述；第 2 章为人工光合作用催化剂的合成；第 3 章为人工光合作用催化剂的表征；第 4 章为人工光合作用催化剂的性能评价；第 5 章为人工光合作用催化剂分解水制氢；第 6 章为人工光合作用催化剂光电催化二氧化碳还原；第 7 章为人工光合作用催化剂光电催化氮还原制氨；第 8 章为人工光合作用催化剂的催化机理。

本书前言及第 1 章由鲁统部和钟地长共同撰写；第 2 章由焦吉庆和龚云南共同撰写；第 3 章由余自友、陈旭东和张超共同撰写；第 4 章由钟地长撰写；第 5 章由余自友、龚云南、袁阔和郭颂共同撰写；第 6 章由卢秀利、史文颉和郭颂共同撰写；第 7 章由钟地长撰写；第 8 章由张敏和李宇共同撰写。全书由鲁统部制定撰写大纲、统稿、修改和定稿。

本书相关研究工作得到国家自然科学基金委员会、科学技术部、教育部、天津市科学技术局和天津理工大学的资助与支持。书稿形成过程中，作者团队博士和硕士研究生对本书的内容和定稿做出了重要贡献。此外，感谢科学出版社对本书出版工作的大力支持。

中国科学院理化技术研究所吴骊珠院士欣然为本书作序，给予我们莫大的鼓励，在此深表感谢。

人工光合作用催化剂技术的发展日新月异，新技术、新成果不断涌现。鉴于编者的学识和专业水平所限，本书难免存在不妥和疏漏之处，恳请各位专家学者和广大读者不吝指正，十分感谢！

编著者

2023 年 12 月

目　　录

第1章　概　　述

随蒸汽机发明出现的第一次工业革命，以电力为代表的第二次工业革命，到以计算机、互联网为代表的第三次工业革命，科学技术的进步促进了社会经济结构和人们生活方式发生重大变化，先后成就了英国及美国世界第一强国的地位。但是，三次工业革命均依赖化石能源提供能量，导致化石能源被快速消耗。化石能源短缺和 CO_2 过量排放引起的全球变暖等气候问题严重威胁着人类社会的可持续发展。当前，国际能源需求仍然主要依赖化石能源，能源结构没有发生根本性改变。为应对能源危机和全球气候变化，加速全社会绿色低碳转型，世界各国纷纷制定能源转型战略，制定更加积极的低碳政策，推动可再生能源发展，促进能源结构由以化石能源为主向可持续的绿色、清洁、可再生能源转变。利用太阳能或由太阳能、风能发电产生的清洁电能，在催化剂作用下将水分解为清洁可再生能源氢气，或者将 CO_2 还原为燃料和化学品，是实现碳中和的有效途径。这不仅可以将太阳能、风能等转换为化学能，实现间歇式清洁能源的存储；还能降低大气中 CO_2 的浓度，实现碳减排，缓解温室效应。因此，利用光、电催化技术，实现高效分解水制氢、还原 CO_2 制化学品，以及氮还原制氨，有望同时缓解能源与气候变化问题。

1.1　人工光合作用催化剂的概念

在阐明人工光合作用催化剂概念之前，有必要对碳达峰和碳中和进行基本介绍。碳达峰是指在某个时间点或时间段，向大气中排放的 CO_2 量达到最高值。碳中和，又称净零碳排放或净零碳足迹，是指在规定的时间节点向大气中排放的 CO_2 量与 CO_2 转化的量基本相等，即 CO_2 净零排放。

实现碳中和是一场广泛而深刻的系统性变革，不仅涉及能源、制造、采矿、建筑、交通运输等行业，而且还涉及农林牧渔业及各类服务业，覆盖整个社会生活。碳中和的实现必须长期坚持节能减排和生态优先的发展方式。通过转变生产方式，调整生产结构，加快全面绿色转型，推动经济社会实现更高质量的可持续的发展。很显然，要从源头上减少 CO_2 的排放，发展清洁可再生能源取代化石能源至关重要。不管是光、电分解水制氢，光、电、热催化 CO_2 还原制燃料或化学品，还是光、电催化氮还原制氨，均需要有高活性催化剂对 H_2O、CO_2 或 N_2 进行活化转化。因此，开发高效催化剂以降低反应的活化能十分必要。

基于以上分析，本书从广义上把能够利用太阳能或由太阳能光伏发电产生的电能催化分解水产氢和 CO_2 及氮还原的催化剂统称为人工光合作用催化剂。

1.2 人工光合作用催化剂的发展历史

光合作用广泛存在于自然界，绿色植物中的叶绿体吸收太阳光，将水和 CO_2 转化为淀粉、葡萄糖和纤维素等，并释放氧气。模拟绿色植物光合作用储存太阳能的技术在20世纪70年代初进入了科学家的视线。几十年来，研究人员一直在尝试利用光化学或电化学的方法实现分解水和还原 CO_2 或 N_2。本节主要介绍分解水制氢催化剂、CO_2 还原催化剂和 N_2 还原制氨催化剂的发展历程。

1.2.1 分解水制氢催化剂

氢气作为一种清洁能源载体，具有燃烧热值高、不污染环境、利用形式多样等优势，因而被认为是取代化石燃料的最理想能源。2022年3月，国家发展和改革委员会发布了《氢能产业发展中长期规划（2021—2035年）》（简称《规划》）。《规划》指出，氢能是用能终端实现绿色低碳转型的重要载体。要以绿色低碳为方针，加强氢能的绿色供应，营造形式多样的氢能消费生态，提升我国能源安全水平。要发挥氢能对碳达峰、碳中和目标的支撑作用，深挖跨界应用潜力，因地制宜引导多元应用，推动交通、工业等用能终端的能源消费转型和高耗能、高排放行业绿色发展，减少温室气体排放。

从制氢来源分，氢能可分为灰氢、蓝氢和绿氢。灰氢是通过煤化工制取氢气，在制氢过程中伴随大量 CO_2 排放；蓝氢是通过甲烷重整制得氢气，在生产过程需要利用碳捕捉、利用与储存（CCUS）等技术，以降低碳排放；绿氢是通过使用可再生能源光电催化分解水制取的氢气，在产氢过程中零碳排放，因此绿氢是氢能生产的最理想的方式。但是，到目前为止，市场上氢气仅有5%来源于绿氢，剩下的95%均来源于灰氢或蓝氢。主要原因是绿氢生产受到制造成本的限制，目前工业应用碱性电解水设备，其电能到化学能（氢气）的转化效率仅有60%~70%，每立方米的氢制造成本在3元以上（按每千瓦时电成本0.55元计算）。而灰氢或蓝氢每立方米氢的生产成本在1元以下。电解水制氢的低效率、高成本导致其难以大规模推广应用。开发高效的电解水催化剂，提高电能到氢能的转化效率，同时降低可再生能源的千瓦时电成本，是电解水制氢技术大规模应用的核心和关键。

电解水制氢的历史可追溯到200多年前。1800年，英国物理学家尼科尔森和解剖学家卡莱尔在实验室中发现了电解水产生氢气和氧气的现象。随后法拉第于1834年明晰了电解水的原理，并提出“电解”的概念，总结出法拉第电解定律。

1888年，俄国拉契诺夫研究出单极性电解水制氢装置，并申报了专利。1955年特雷德韦尔潜艇用电解槽诞生。1962年鲁奇公司$700m^3/h$的大型压力水电解槽建成。理论上，1.23V电压可以驱动水电解产生氢气和氧气。实际上，在该热力学平衡电位下，电解水制氢几乎不能发生。由于过电位的存在，需要有高于平衡电位的附加电位来克服过电位，以驱动电解水反应的发生。过电位源于多种因素，包括活化、浓度和欧姆损耗等。过电位在不同的电极材料中有所不同，对电催化剂进行结构优化可以降低过电位，从而获得高效的电解水制氢效率。

在早期的电解水研究中，运用较多的是铂、钌、铱等贵金属催化剂，它们能够有效降低过电位，促进电解水制氢反应在较低电位下进行。例如，邢巍等构筑了以铱为阳极催化剂、铂为阴极催化剂的酸性质子交换膜（PEM）电解槽，仅需1.84V的槽电压就能获得$3A/cm^2$的电流密度，同时能够在$2A/cm^2$的电流密度下稳定运行2000h以上[1]。然而，高成本和资源稀缺限制了它们的广泛应用。为了充分发挥贵金属电催化分解水制氢优势，研究者一方面制备暴露特殊晶面的贵金属纳米晶，以增加活性位点；另一方面利用合适的载体制备单原子分散的贵金属催化剂，以提高原子利用率。尽管如此，贵金属催化剂仍然难以满足大规模使用的需求。因此，研究者致力于寻找高效稳定的非贵金属催化剂。研究表明，过渡金属硫化物、氧化物、碳化物和氮化物等具有良好的电解水制氢催化活性。金属硒化物和磷化物也具有较好的电解水制氢性能。Se和S最外层电子构型相似，过渡金属硒化物常常表现出与相应硫化物相似的电解水活性[2]；与金属硫化物相比，金属磷化物因磷具有更大的原子半径，表面暴露的配位不饱和金属位点更多，常常具有更高的电催化分解水制氢活性。但是，金属磷化物导电性和稳定性较差，为此研究人员开发了一种金属-金属磷化物复合催化剂，以提高电导率，并利用金属和金属磷化物之间的协同作用进一步降低析氢和析氧反应的过电位，提升电催化析氢性能[3]。同时，进一步将金属-金属磷化物负载于碳纳米管、氧化石墨烯等基底材料中，增强了催化剂的稳定性和析氢活性[4]。层状双金属氢氧化物（LDH）也是近年来研究较多的一类电解水催化剂。LDH是水滑石和类水滑石的统称，其结构与水镁石类似，由带正电的（M^{2+}，M^{3+}）$(OH)_6$八面体层周期堆积而成，层间含有阴离子和水。将具有电催化析氧活性的三元金属引入到LDH层，可降低电催化分解水过电位，提高催化活性[5]。

以上研究表明，催化剂电解水效率与其活性位点密切相关，通过增加电催化活性位点的数量，可增强其析氢效率。同时，由于大多数过渡金属化合物为半导体，其电导率较低，提高催化剂的电导率也是增强析氢效率的一条重要途径。虽然大量非贵金属催化剂显示出良好的电催化分解水产氢活性，但这些催化剂普遍存在稳定性不足，尤其是用于PEM电解槽，难以适应电解槽长时间运行的要求。到目前为止，铂、钌、铱等贵金属仍然是析氢综合性能最好的电催化剂。

近年来，除了上述纯水电解槽外，直接利用电解海水制氢也备受关注。该过程可以直接使用海水作为电解质，可有效解决淡水紧缺的问题。例如，乔世璋等发现通过在氧化钴表面引入 Cr_2O_3 路易斯酸层来驱动表面水分子解离，并结合羟基形成富碱环境，能够有效提升电解海水制氢的活性和稳定性，并抑制氯气和杂质沉淀的生成[6]。谢和平等在海水与碱性电解液间加入疏水透气膜，由于存在水蒸气压力差，能够实现水蒸气从海水端自发扩散到电解液中，实现了高效电解海水制氢，组装的电解槽在 $250mA/cm^2$ 的电流密度下能够稳定运行 3200h 以上[7]。这些研究工作为电解海水制氢提供了新思路。

将太阳能及风能发电产生的电能用于电解水制氢，可以实现清洁能源的转化与存储，但这需要光伏和风力发电设备，增加了制氢成本。模拟自然界光合作用，在催化剂作用下直接利用太阳光光解水制氢，可简化制氢步骤，减少设备投资，降低制氢成本，这项技术近年来越来越受到重视。光解水制氢研究始于 1972 年，日本东京大学 Fujishima 和 Honda 首次发现，TiO_2 电极在一定波长光的照射下，能够催化分解水产生氢气和氧气[8]。这一重大发现为直接利用太阳能分解水制氢提供了可能，因而引起了研究者的广泛兴趣[9]。传统光催化分解水制氢催化剂主要集中于 TiO_2。TiO_2 是一种 n 型半导体，具有无毒、稳定、廉价等优势，但存在光生电子空穴复合快、电导率低、可见光吸收弱等缺点，导致利用 TiO_2 光催化分解水制氢效率很低。在 TiO_2 上负载金属如 Pt、Au、Pd、Rh、Ni、Cu、Ag 等，可以增强其光催化分解水产氢的性能，因为这些金属的费米能级低于 TiO_2，受光激发后，TiO_2 产生的光生电子可以从导带转移到 TiO_2 表面负载的金属上催化产氢，而光生空穴保留在 TiO_2 价带上催化水氧化产氧，从而促进了电子-空穴的有效分离，增强了其催化活性。

继 TiO_2 之后，具有钙钛矿结构的 $SrTiO_3$ 也被广泛研究。Lehn 等研究了 $SrTiO_3$ 负载各种贵金属后的光催化分解水活性，发现 $SrTiO_3$ 负载 Rh 后具有较高的光催化效率[10]。Domen 等围绕 $SrTiO_3$ 光催化分解水制氢进行了持续研究，发现 $SrTiO_3$ 负载 NiO 后，形成的 $NiO/SrTiO_3$ 具有较高的光催化分解水活性[11]。最近，他们设计合成了铝掺杂钛酸锶（$SrTiO_3$: Al）光催化剂，通过 $SrTiO_3$: Al 的晶面选择性沉积，分别引入助催化剂 Rh/Cr_2O_3 和 CoOOH 促进析氢和析氧反应，在波长为 350 ~ 360nm 光的照射下，光催化全解水的外量子效率高达 96%，意味着催化剂吸收的光子几乎全部用于分解水产氢，没有能量损失[12]。Domen 等进一步以改性的铝掺杂钛酸锶为光催化剂，建造了一个 $100m^2$ 的规模化光催化分解水面板式反应器（图 1-1），太阳能到氢气的转换效率（STH）达到 0.76%，并能持续运行近一年[13]。此外，同属钙钛矿型的钽酸盐如 $Na(K,Li)TaO_3$ 也被证实具有光催化分解水制氢活性，其中 $NaTaO_3$ 的活性最高[14]，掺杂金属或负载金属氧化物后，其光催化活性得到显著提升[15]。米泽田等研究发现，通过聚集太阳光中先前浪费的红外光，可以加热 $Rh/Cr_2O_3/Co_3O_4$-InGaN/GaN 催化剂，在光催化全解水过程中不但促进了正向的分解水产氢产氧反应，而且抑制了逆向的氢气和氧气的复合反应，催化剂在最佳反应温度（约 70℃）下实现了高达 9.2% 的 STH 效率[16]。

图 1-1　100m² 规模化光催化分解水产氢平面反应器

TiO_2 等氧化物及相应的氧酸盐在光催化分解水制氢中具有一定的优势，但它们的缺点也很明显，由于这类半导体带隙较宽，只能在紫外光作用下才能驱动光解水制氢反应，而在太阳光谱中，紫外线只占 4% 左右，因此对太阳光的利用率很低。为了提高太阳光的利用率，开发可见光响应尤其是具有长波长光吸收的半导体光催化剂非常关键。具有可见光响应的光催化分解水制氢催化剂主要有 WO_3、Fe_2O_3 和 Cu_2O 等金属氧化物，CdS 和 CdSe 等金属硫化物，（$Ga_{1-x}Zn_x$）（$N_{1-x}O_x$）、Ta_3N_5 等氮氧合物以及 $BiVO_4$ 和 Ag_3VO_4 等金属氧酸盐。例如，李灿等研究发现，$BiVO_4$ 具有晶面电荷分离效应，经过双助催化剂的选择性沉积大幅提高了光催化产氢性能[17,18]。章福祥等通过对氮氧化物进行表界面调控，构建模拟自然光合作用的 Z 机制全分解水制氢体系，将该体系在单一波长下（420nm）的表观量子效率从不足 1% 提升到 12.3%，太阳能到氢气的转换效率达 0.6%[19-21]。这些半导体光催化材料大部分具有良好的可见光催化活性，但对可见光吸收的能力也比较有限，大多数吸收带边在 500nm 以内。此外，金属硫化物，特别是 CdS 中的 S^{2-} 易被光生空穴氧化，存在严重的光腐蚀。为了更好地优化这些材料的光催化性能，金属掺杂、表面修饰、引入缺陷、构建异质结等策略被广泛采用，以促进光生电子-空穴的有效分离，提高光催化产氢性能。吴骊珠等利用聚丙烯酸酯将 CdSe/CdS 量子点与助催化剂 Pt 纳米颗粒相连，显著提升了量子点与助催化剂间的电荷转移速率，将产氢催化转换数提升到 1600 万[22]。

除无机半导体外，有机半导体也展现出良好的光催化分解水制氢活性。1985

年，有机聚合物半导体聚对苯二胺被应用到光催化产氢体系，发现在紫外光照射下可实现质子还原产氢[23]。2009 年，王心晨等报道了一种具有可见光响应的石墨相氮化碳有机聚合物半导体材料 g-C_3N_4[24]。此后多种有机聚合物半导体材料被应用到光催化体系中，包括近年发展起来的共价有机骨架（COFs）材料、共轭聚合物（CMPs）等。这类材料具有结构可调、比表面积大、密度小等优点，同时还含有超大的 π 共轭体系等结构特性，因而在光催化分解水领域表现出一定的应用前景。但作为光催化剂，它们还存在吸光能力有限、光生电子–空穴分离效率不高、化学稳定性较差等缺点。此外，它们光催化氧化水为氧气的能力较低，制约了其全分解水制氢性能。2020 年，王心晨等通过合成高结晶性 g-C_3N_4 并调控其晶面结构，实现了 12% 的全解水制氢的表观量子[25,26]。李灿等将基于金属氧化物的光电阳极和基于有机聚合物的光电阴极与有效的电荷转移介质相结合，构建了一种新型的光电化学池用于全解水制氢，太阳能到氢能的转换效率达到 4.3%[27]。

金属–有机骨架（MOFs）是近年来发展起来的一类光催化材料，它们具有明确的晶体结构、高的比表面积和结构可调可修饰等优势。通过调控或修饰金属中心和有机配体，可以增强 MOFs 的光催化活性。根据组成 MOFs 的功能单元，MOFs 在光催化分解水制氢体系中可以作为助催化剂，直接催化还原水产氢；也可作为光敏剂，吸光后产生光生电子传递给催化中心用于还原水产氢；还可以作为半导体光催化剂，催化分解水产氢。为提高 MOFs 光生电子–空穴分离效率，可在 MOFs 孔道中负载金属纳米颗粒，并通过界面调控促进金属纳米粒子与 MOFs 之间的电子转移，提升光催化产氢性能[28]。汪骋等通过将 MOFs 分别嵌入脂质体中的疏水和亲水区域，模拟了光合作用中的类囊体膜结构，实现光生电子–空穴的空间分离，将产氢与产氧半反应通过离子对串联起来，实现全解水制氢，获得（1.5±1）%@436nm 的表观量子效率[29]。

1.2.2　二氧化碳还原催化剂

CO_2 是一种热力学稳定的分子，是绿色植物光合作用的主要原料，但绿色植物固碳的速度较慢。随着化石能源的快速消耗，光合作用固碳的速度远跟不上 CO_2 排放速度，温室效应已引起全球的关注。利用可再生能源光、电、热催化 CO_2 还原将其资源化利用，已成为国际研究前沿和热点。

电催化 CO_2 还原的历史可以追溯至 19 世纪，1870 年，Royer 首次报道在 Zn 电极上可将 CO_2 还原为甲酸[30]。之后很长一段时间没有引起研究者的关注。20 世纪七八十年代，日本研究者发表了系列工作[31]，标志着电催化 CO_2 还原研究进入了一个新阶段。光催化 CO_2 还原研究始于 20 世纪 70 年代，一系列基于大环配体金属配合物被用于均相光催化 CO_2 还原反应[32,33]。在异相光催化 CO_2 还原研究方面，以 TiO_2、CdS 等半导体材料为主[34,35]。1978 年，Halmannn 首次观察到在光照下，CO_2 在 p 型 GaP 电极上被还原为 CH_3OH 和 CO[35]。一年后，Inoue 等发展了基于 TiO_2、CdS、GaP、ZnO 和 SiC 粉末等的光催化反应体系，发现在水汽存在下可还原 CO_2 为多种有机物，并提出光还原 CO_2 反应机理[36]。热催化 CO_2 还原研究最早始于费托合成技术的副反应，并于 20 世纪初得到迅速发展。1902 年，法国科学家 Pual Sabatier 首次提出了 CO_2 甲烷化技术[37]，在高温高压下，通过 Ni 催化剂成功实现了 CO_2 加氢制甲烷，该反应已于 2013 年实现商业化生产[38,39]；1914 年，逆水煤气变换反应被首次提出[40]，但并未被大规模应用；1928 年，Fisher 等从理论上提出利用甲烷干重整反应制备合成气的过程[41]，直到 1991 年，Ashcroft 等才发展了利用甲烷干重整反应制合成气的方法[42]，该反应才逐渐引起研究人员的广泛关注，目前已处于中试阶段[43,44]；1942 年，日本 Kyowa Chemical 公司研发了 Mn-Fe-Cd-Cu 催化剂，并将其应用于 CO_2 加氢反应中，成功获得乙醇、丙醇和丁醇[45]。2012 年，冰岛碳循环国际公司在 George A. Olah 首次建成第一个商业化的 CO_2 加氢产甲醇工厂。其他 CO_2 还原产物如低碳烃、高碳烃、芳烃等，目前处于实验室或中试阶段[46,47]。近十年来，随着全球气候变暖与能源短缺等问题日益凸显，以及 2016 年《巴黎协定》的签订，光、电、热催化 CO_2 还原转化更加引起了国际社会的关注。目前该领域的研究主要聚焦于高活性、高选择性和高稳定性的催化剂设计合成，以及多尺度原位表征手段揭示表面催化过程，以深刻理解 CO_2 还原催化反应机理，指导性能更优的催化剂的设计合成。此外，高效和高选择性光电催化 CO_2 还原为二碳和多碳产物也是目前该领域努力的方向。

金属催化剂是最早用于电催化 CO_2 还原的催化剂。Hori 等发现在 $KHCO_3$ 电解液中，不同的金属电极在电催化还原 CO_2 时，得到 CO、CH_4、甲酸盐等不同产物。他们对金属催化剂进行了初步分类[48]。贵金属 Au、Ag 对电催化 CO_2 还原表现出高活性和高选择性，对应的还原产物一般为 CO，催化效率与它们的形貌、晶面和颗粒尺寸有关[49]。金属 Bi、Sn 和 In 等金属在电催化 CO_2 还原时对应的还原产物一般为甲酸或甲酸盐。在金属催化剂中，Cu 的催化性能比较特殊，它能够电催化还原 CO_2 为多碳产物。催化机理研究表明，$^*CO$ 为生成多碳产物的重要中间体，Cu 对 $^*CO$ 中间体具有适中的吸附能力，有助于 $^*CO$ 中间体之间发生 C—C 偶联反应，并通过 $^*COH$ 或 $^*CHO$ 中间体深度还原为烃类或醇类[50]。

碳基材料具有良好的导电性和化学稳定性，也是一类较好的 CO_2 还原电催化剂，它们在电催化 CO_2 还原领域表现出潜在的应用前景。碳材料自身在电催化 CO_2 还原时通常是惰性的，适当掺杂 N、B、P 和 S 等杂原子后，会在相邻碳原子上引入结构缺陷或诱导电荷/自旋密度非均匀分布，从而显著改变碳材料与 CO_2 及反应中间体之间的相互作用，表现出电催化 CO_2 还原活性[51]。此外，在碳基材料上锚定金属单原子、团簇或金属纳米颗粒，也能赋予碳材料电催化 CO_2 还原活性[52]。例如，鲁统部等将含氮和含氧有机配体与金属盐共加热，利用氧和氮原子与金属配位能力的差异，可控合成了具有缺陷位金属催化中心的氮掺杂碳材料，与不含缺陷位金属催化中心的单原子催化剂相比，电催化还原 CO_2 为 CO 的催化活性得到显著提高[53]。

近年来，得益于催化剂、电解液及电解装置等的不断改进和优化，电催化 CO_2 还原获得长足发展。特别是电催化 CO_2 还原到甲酸和 CO 的选择性及电流密度等重要性能指标，已到达工业应用水平。例如，钟苗等发现，在 $Bi_{0.1}Sn$ 合成材料上原位生长一层均匀的 Sn-Bi/SnO_2 活性层，可以得到高效的电催化 CO_2 还原为甲酸盐的催化剂。该催化剂在 100mA/cm^{2}下能稳定运行 100 天。基于该阴极催化材料组装的膜电极电解装置，在 100h 内能稳定生产高浓度的甲酸盐溶液（3.4mol，15wt%）[54]。汪昊田等报道了以低成本的碳黑为载体，通过煅烧方法制备了 Ni 单原子催化剂，获得了高活性和高选择性的电还原 CO_2 催化剂。该催化剂用于（10×10）cm^{2}的膜电极反应装置中，在槽电压为 2.8V 时，平均电流达到 8A，CO 选择性达 90% 以上[55]。2021 年上半年，丹麦托普索公司已基于固体氧化物电解槽装置启动了 CO_2 转化为 CO 的首个商业化项目。

目前在电催化 CO_2 还原为多碳产物（包括乙烯、乙醇、乙酸、正丙醇等）方面，产物选择性和电流密度已显著提升。例如，Gewirth 等利用共电镀策略，开发了一种铜-多胺杂化催化剂，显著提高了乙烯产物的选择性，在 10mol/L KOH 电解液中，乙烯的法拉第效率高达 87%。当槽电压为 2.02V 时，生产乙烯的全电池能量效率达到 50%[56]。Sargent 等发展了双金属 Ag/Cu 催化剂，在流动相电解池中，250mA/cm^{2}的电流密度下，乙醇法拉第效率达 41%[57]。徐涛等在碳载体上设计的单原子 Cu 催化剂，乙醇的法拉第效率最高达到 91%[58]。

多数研究结果表明：在近中性或碱性电解液中，电催化 CO_2 还原会表现出较高的选择性和电流密度，但 CO_2 会与上述电解液发生反应生成碳酸盐或碳酸氢盐，导致 CO_2 利用率低、交换膜堵塞和水淹等问题。为了解决这些问题，研究者开始探索如何提高催化剂在酸性电解液中电催化 CO_2 还原活性和选择性。其中，提高电解液中碱金属阳离子的浓度被认为是一种有效的策略。例如，胡喜乐等研究发现，在酸性电解液中加入碱金属阳离子能有效抑制析氢反应，从而显著提高碳负载的 SnO_2、Au 和 Cu 催化剂产甲酸、CO 和碳氢化合物的法拉第效率[59]。Sargent 等设计了 Pd-Cu 催化剂用于酸性条件下电催化 CO_2 还原，在电流密度为 500mA/cm^{2}时，CO_2 转化为多碳产物的法拉第效率达到 89%±4%，单程碳转化效率为60%±2%[60]。

在光催化CO_2还原领域，早在20世纪70年代，人们就发现金属配合物具有光催化CO_2还原活性，并合成了系列大环配合物、卟啉配合物、多吡啶配合物用于光催化CO_2还原。研究发现不同金属中心在光催化CO_2还原时，可得到不同的还原产物[61,62]。1984年，Tinnemans等首次报道了三种四氮杂大环Co(Ⅱ)配合物用于光催化CO_2还原，主要还原产物为CO[32]。卟啉配合物不仅自身能吸光，还含有金属催化中心，因此是一类非常好的光催化剂，Robert等发现它们的光催化效率与苯基上的取代基密切相关，当取代基为羟基时，卟啉配合物CO选择性最高[63]。由此可见，配体结构对金属配合物光催化CO_2还原活性有重要影响。鲁统部等以非平面N_4三脚架配体Co(Ⅱ)配合物为研究模型，通过对配合物进行结构微调，发现Co(Ⅱ)配合物的光催化活性与金属中心、配位环境、空间位阻、共轭效应、限域效应等密切相关[33]。通过催化剂结构调控，可以优化光催化CO_2还原活性。他们进一步研究发现，当利用大环双核金属配合物还原CO_2时，双金属间的协同催化作用可有效降低决速步［O═C—OH］中间体中C—O键断裂的能垒，从而显著提高催化反应活性，并首次阐明了双金属协同催化CO_2还原的反应机理[64,65]：一个Co(Ⅱ)作为催化活性中心结合和还原CO_2，另一个Co(Ⅱ)作为辅助催化位点促使［O═C—OH］中间体C—O键的断裂和—OH的离去，协同促进CO_2向CO迅速转化。为了提高光敏剂到催化中心的电荷转移效率，Kimura等合成了$[Ru(phen)_3]^{2+}$光敏剂和$[Ni(cyclam)]^{2+}$催化剂复合的超分子光催化剂，与物理混合体系相比，Ru-Ni复合超分子催化剂具有更优的光催化CO_2还原活性和CO产物选择性[66]。

半导体材料是一类较好的光催化CO_2还原非均相催化剂，当它受到能量大于或等于其带隙能量（E_g）的光激发时，产生的电子和空穴分别可发生还原和氧化反应。常见的无机半导体材料包括金属氧化物、金属硫化物以及钙钛矿材料等。通过调控晶相、晶面、负载物，掺杂不同元素、构建氧缺陷、表面修饰改性、复合碳基功能材料等方式，可以有效提高光催化CO_2还原活性。利用两种或两种以上的半导体构建异质结，费米能级会相互移动，形成一个“电荷梯”，使光生载流子定向转移，促进电子和空穴的分离，也可以显著提高光催化CO_2还原活性。常见的异质结包括二元异质结和三元异质结。二元异质结有传统的Ⅱ型异质结、肖特基异质结和Z型异质结。在Ⅱ型异质结中，电子从半导体1转移到半导体2，光生空穴反向移动，从而实现光生电子和空穴的空间分离，如Cu_2O-RuO_x异质结通过将光生空穴从Cu_2O转移到RuO_x[67]，抑制了电子-空穴复合，提高了Cu_2O的稳定性和光催化活性。肖特基异质结是一种简单的金属-半导体界面，类似于p-n结。在Z型异质结中，还原能力较弱的半导体1中的电子与氧化能力较弱的半导体2中的空穴在界面处发生复合，从而保留了半导体1中氧化能力较强的空穴和半导体 2 还原能力较强的电子，增强了光催化剂的氧化还原能力和光催化活性。例如，Aguirre 等合成了 TiO_2 包覆的 Cu_2O 材料，TiO_2 和 Cu_2O 之间形成 Z 型异质结，其光催化 CO_2 还原 CO 的产率是纯 Cu_2O 的 4 倍[68]。三元异质结通常由三种物质组成。例如，Cu_2O@ Cu@ UiO-66-NH_2 三元纳米立方体催化剂，其 CO_2 还原产物 CO 的产率达 20.9μmol/(g·h)[69]。

MOFs 也可以作为光催化 CO_2 还原的催化剂。MOFs 优异的 CO_2 吸附能力可提高活性位点周围 CO_2 的浓度；有机连接配体和金属节点紧密接触有利于光生电子–空穴对的分离；高结晶度构型可以避免结构缺陷的形成，抑制电子–空穴对的复合。例如，江海龙等报道了卟啉基 Zr-MOF（PCN-222），在光照下可将 CO_2 还原为甲酸，10h 的产量为 30μmol。超快瞬态吸收和光致发光光谱测试发现，PCN-222 带隙内存在长寿命的电子陷阱态，抑制了电子–空穴复合，提高了光催化性能[70]。兰亚乾等报道了两种含有—NH_2 基团的 MOFs，在无光敏剂和助催化剂的条件下，可将 CO_2 转化为甲酸，其转化速率达到 443.2μmol/(g·h)[71]。鲁统部等在卟啉基 Zr-MOF（PCN-221）的孔道内封装甲胺铅碘钙钛矿量子点，同时在其骨架上引入卟啉铁催化中心，用于含水体系的光催化 CO_2 还原。由于甲胺铅碘钙钛矿量子点与卟啉铁催化中心的紧密接触，缩短了光生电子的传输距离，提高了光生电子的传输效率，获得以水做还原剂，可见光催化 CO_2 还原为甲烷和 CO 的当时文献最高产量[72]。共价有机骨架（COFs）也具有光催化 CO_2 还原活性，COFs 具有更宽的可见光吸收范围以及更高的比表面积，有利于提升光催化 CO_2 还原效率。目前报道的几种方法，如调控金属位点、构建复合材料、调控电子给受体等，可以有效调控催化剂结构及能带位置，提高催化剂反应活性。例如，兰亚乾等通过调控 DQTP-COF（DQTP 为 2,6-二氨基蒽醌-2,4,6-三甲酰基氯苯酚）中的活性位点，获得了不同的光催化 CO_2 还原产物[73]。当催化中心为 Co 时，DQTP-COF-Co 具有较好的 CO_2 还原产 CO 选择性；当催化中心为 Zn 时，DQTP-COF-Zn 则表现出良好的还原 CO_2 为甲酸的选择性。此外，他们还将半导体（TiO_2、Bi_2WO_6 和 α-Fe_2O_3）与 COF-316/318 复合，实现了以水为电子源的光催化 CO_2 还原反应[74]。

与电催化和光催化相比，热催化 CO_2 还原的途径和产物更加多样化。例如，CO_2 与氨反应可以合成尿素；CO_2 加氢可以还原为 CO、醇类、烃类、二甲醚、甲酸等；CO_2 与甲烷重整可以制备合成气，CO_2 还可以参与碳酸酯、甲酰胺等化合物的合成。此外，热催化技术也相对成熟，多个反应已经实现了工业化生产。例如，1922 年，德国法本公司奥堡工厂已经建成了世界首座以 CO_2 和氨为原料生产尿素的工业装置[75,76]。此外，CO_2 加氢还原合成其他高附加值产品也成为热催化领域的研究热点。例如，2012 年冰岛碳循环国际公司建成第一个商业化的

CO_2 加氢制甲醇工厂[77,78]，年产4000t 甲醇，每年可回收 5600t CO_2[79]。2019年，中石油与中国科学院大连化学物理研究所合作进行了 CO_2 加氢制甲醇中试，CO_2 的单程转化率高于20%，甲醇选择性70%，纯度大于99.9%。2020年7月，中国科学院上海高等研究院和中国海洋石油富岛有限公司合作建成年产5000tCO_2 加氢制甲醇工业试验装置[80]。2013年，ZSW、Audi、Etogas、EWE、IWES五家公司联合，在德国 Werlte 首次实现了 CO_2 甲烷化技术的工业化应用[81,82]。除以上已经实现工业化应用的技术外，还有多个反应已经完成了中试或正处于中试阶段。例如，2019年德国莱茵创新中心建立了 CO_2 加氢合成二甲醚的试验工厂，日产50kg 二甲醚[83]。2020年中国科学院大连化学物理研究所和珠海市福沺能源科技有限公司联合建立了全球首套1000t/年 CO_2 加氢制汽油（C_5 ~ C_{11} 高碳长链烃）中试装置，生产出的汽油辛烷值超过90，馏程和组成均符合国VI标准。2017年中国科学院上海高等研究院、山西潞安矿业集团以及荷兰壳牌石油工业公司联合建成了甲烷干重整制合成气中试装置[84]，能稳定运行1000h，日转化 CO_2 60t，催化剂在模拟工况下稳定运行5000h以上。以上热催化 CO_2 还原反应均采用非均相催化剂，但不同反应其催化剂也不同，如 CO_2 加氢制甲醇主要使用 Cu 基催化剂，干重整反应则主要使用 Ni 基催化剂等，后面相关章节中我们将分别加以介绍。

1.2.3 氮还原制氨催化剂

氮还原反应是将氮气、氮氧化物、硝酸盐和亚硝酸盐等还原为氨，或者氨基酸、胺和尿素等[85,86]。在自然界中，固氮反应有两种途径。一种是通过闪电等过程固氮，氮气在放电条件下和氧气反应生成 NO_2，NO_2 和雨水反应生成硝酸，随后被植物吸收[87]；另一种是微生物固氮[86]，固氮菌利用三磷酸腺苷提供的能量，通过固氮酶将 N_2 转化为氨。固氮酶是一个由 MoFe 蛋白和伴生的铁硫蛋白组成的双组分蛋白质[88-90]，这也启发了许多基于 MoFe 蛋白仿生固氮的研究。

随着社会的发展，自然固氮过程已不能满足对含氮化合物日益增长的需求，如何通过氮还原将 N_2 等转化为氨成为研究热点。虽然 N_2 还原为氨是一个放热反应（$\Delta H_{298K} = -92.2$kJ/mol），但由于 N ≡ N 键能大（941kJ/mol），电离能高（15.85eV），以及质子亲和能低（-1.80eV），在温和条件下 N_2 还原反应难以自发进行[91]。1908年，Fritz Haber 开发了一种能够将 N_2 与 H_2 转化为氨的合成方法。基于这一伟大发现，Fritz Haber 获得了1918年诺贝尔化学奖[92]。随后 Carl Bosch 等对该工艺进行了改进，建立了 Haber-Bosch（哈伯）合成工艺[93,94]，并实现了氨的工业化生产。为此，Carl Bosch 获得1931年诺贝尔化学奖。哈伯工艺至今仍是合成氨的主要途径，但其能耗巨大，且原料 H_2 主要来自化石能源，导

致大量 CO_2 排放。据估算，哈伯工艺生产氨占世界能源消耗总量的1%~2%，占全球 CO_2 排放量的3%[95,96]。因此，迫切需要开发绿色低碳合成氨的方法。

1807 年 Davy 首次提出电催化合成氨[97]，但直至 1969 年，van Tamelen 等才实现室温和常压下电催化 N_2 还原合成氨[98]。N_2 还原合成氨效率主要取决于 N_2 分子在催化位点上的吸附和活化。贵金属空的 d 轨道能够接受来自 N_2 分子轨道上的孤对电子，同时，也能将 d 轨道上的电子反馈到 N_2 分子的 π 反键轨道上，从而削弱 N≡N 键，实现对 N_2 分子的活化。钌、金、钯、铂等贵金属对 N_2 分子具有较强的吸附能力，因此在电催化 N_2 还原制氨催化剂的研究方面应用较多[99-101]。例如，冯小峰等将 Pd 纳米颗粒负载在炭黑上，在中性介质中，合成氨速率为 4.5μg/(h · mg_{cat})，法拉第效率为 8.2%。理论计算表明，Pd 可以与氢原子作用形成 α-PdH，从而降低了 N_2 活化的反应能垒，促进了 N_2 的还原转化[100]。赵传等受固氮酶中金属-硫键的启发，用脂肪族硫醇修饰钌纳米晶，在酸性条件和-0.1V (*vs.* RHE) 电位下，氨合成速率为 50μg/(h · mg)，法拉第效率 11%[102]。鄢俊敏等合成了含多个 {730} 高指数晶面的二十四面体金纳米棒，具有较高的表面能和较低的配位数，使得 N_2 优先于质子吸附在晶面上，提高了电催化 N_2 还原制氨的选择性和活性[103]。除贵金属外，非贵金属也能通过相似的原理活化 N_2 分子，这类催化剂主要包括过渡金属氧化物、氮化物、碳化物和硫化物等。例如，冯小峰等研究了铁氧化物的化学状态和组分对 N_2 还原活性和选择性的影响。结果发现，与商业 Fe、Fe_3O_4 和α-Fe_2O_3 纳米颗粒相比，所制备的 Fe/Fe_3O_4 催化剂表现出更优的 N_2 还原活性，在-0.3V(*vs.* RHE) 下，氨的法拉第效率达到 8.29%[104]。王海辉等将碳化钼纳米颗粒嵌入超薄碳纳米片中，所得复合材料产氨速率达到 11.3μg/(h · mg)，这是由于碳化钼纳米颗粒具有丰富的活性位点和独特的电子结构，有利于 N_2 吸附和 N≡N 键的活化，从而提高了产氨活性[105]。此外，近年来发展起来的单原子催化剂在电催化 N_2 还原方面也有相应报道。例如，晏成林等通过热解聚吡咯铁配合物制备了 Fe 单原子催化剂，电催化 N_2 还原产氨的法拉第效率达到 56.55%[106]。为了进一步提升电催化剂 N_2 还原产氨活性，研究者发现合金化、缺陷工程、晶面调控、掺杂等策略可以对催化剂进行优化，提升产氨性能。尽管如此，目前电催化 N_2 还原产氨的电流密度和法拉第效率离实际应用还是有很大距离。

光催化 N_2 还原是另一条绿色合成氨的路线，其中的关键步骤同样是对 N_2 分子的吸附和活化。因此，设计具有强 N_2 吸附活化能力的催化剂是提高光催化合成氨效率的重要途径。1977 年，Schrauzer 和 Guth 发现，在紫外光照射下，潮湿的金红石相 TiO_2 能将 N_2 还原为氨，掺杂 Fe 后可进一步提高 TiO_2 的催化活性，产氨速率由 4.17μmol/(g · h) 增加到 11.5μmol/(g · h)[107]。Hirakawa 等发现

TiO_2 表面的 Ti^{3+} 通过给电子至 N_2，可形成化学吸附，从而成为 N_2 活化位点[108]。研究者还发现，通过掺杂 Cu 和引入氧空位等结构缺陷有助于提高载流子浓度和提供更多的活性位点，从而促进 N_2 的吸附和活化[109]。具有层状结构的 BiOX 类 Bi 基材料也可以作为光催化 N_2 还原产氨催化剂。在结构上，由于 $[Bi_2O_2]^{2+}$ 平面被卤素原子从中隔开，这种结构很容易产生催化位点，从而提升光催化 N_2 还原产氨活性。2015 年，张礼知等发现富含氧空位的 BiOBr 纳米片，能很好地捕获电子并吸附活化 N_2 分子，在纯水和可见光驱动下，其光催化 N_2 还原产氨速率可达 104.2μmol/(g · h)，而在紫外光照射下氨的生成速率可达 223.3μmol/(g · h)[110]。此外，层状双氢氧化物（LDH）在光催化 N_2 还原产氨方面也具有良好的催化活性。由于这类催化剂的组成、厚度、缺陷和带隙等易于控制，因此能方便地优化提升它们的催化活性。张铁锐等以 NaOH 为沉淀剂，合成了系列具有可见光催化 N_2 还原活性的 LDH 材料，并研究了它们光催化 N_2 的还原活性。结果表明，当 LDH 纳米片的尺寸控制在几纳米时，易产生氧空位和不饱和催化位点，有利于增强金属离子与 N_2 相互作用，使 N_2 更容易被活化。与块状 LDH 材料相比，具有缺陷位的超薄 LDH 纳米片的光催化性能大幅提高[111]。除氧空位外，硫空位和氮空位也是吸附活化 N_2 分子的有效位点，含丰富硫空位和氮空位的光催化剂往往表现出更好的光催化 N_2 还原活性。王传义等通过 N_2 热处理法合成了具有氮空位的 g-C_3N_4，系统研究 g-C_3N_4 光催化 N_2 还原能力与氮空位的关系。结果表明：氮空位不仅可选择性吸附活化 N_2，而且能有效提高光生载流子的分离效率，产生更多的光电子。同时，氮空位还提高了 g-C_3N_4 的导带位置，增强催化剂的还原能力[112]。由此可见，构建具有合适缺陷位的催化剂是促进 N_2 吸附活化以及载流子分离、提高 N_2 还原活性的有效手段。另外，除设计和优化催化剂结构外，考虑到 N_2 的溶解性差，液相体系中极低的 N_2 浓度不利于催化中心对 N_2 的作用，研究者通过设计催化剂体系，使催化剂处于气液界面，增加 N_2 浓度，从而显著增强了催化活性[113,114]。

与 N_2 还原相比，NO_3^-/NO_2^- 还原提供了一种热力学更有利的绿色合成氨路线，该路线绕过了 $N\equiv N$ 难以活化导致的反应动力学缓慢的问题。而且，NO_3^-/NO_2^- 还原以水体中的污染物硝酸盐为氮源，因此研究 NO_3^-/NO_2^- 还原具有应用价值。NO_3^-/NO_2^- 还原制氨研究最早可追溯到 1987 年，Onishi 等发现在光驱动下，Pt-TiO_2 能将水溶液中 NO_3^- 光催化还原为氨[115]。随后，多种共催化剂如 Fe^{3+}、Cr^{3+}、Co^{3+}、Mg^{2+} 等应用于 TiO_2 光催化 NO_3^- 还原体系中，均展现出良好的制氨活性[116]。进一步研究发现，双金属 Ni-Cu/TiO_2 催化剂比单金属催化剂具有更好的光催化 NO_3^- 还原制氨活性[117,118]。此外，戴超等发现 TiO_2 光催化 NO_3^- 还原制氨的活性与反应体系相关，在以甲酸为牺牲剂的条件下，氨生成速率达到

$330\mu mol/(g \cdot h)$[119]。除 TiO_2 基光催化剂外，其他金属氧化物如氧化铁、氧化锌、氧化铈、铋氧化物和钽酸盐等也具有光催化 NO_3^- 还原制氨活性。

电催化 NO_3^-/NO_2^- 还原提供了一种以电子为还原剂、水为质子源的绿色合成氨途径。通过调节合适的电化学参数，可高效地合成氨和羟胺等重要化学品，既不引入杂质，也不会造成环境污染。然而，在 NO_3^-/NO_2^- 还原制氨过程中，多电子和质子转移以及析氢反应的竞争使得动力学过程缓慢，法拉第效率较低。因此，设计和开发具有高密度活性位点的催化剂，提高对硝酸根的吸附和活化，抑制析氢等副反应的发生，是目前该领域的研究重点。与 N_2 还原制氨催化剂相似，电催化 NO_3^-/NO_2^- 还原制氨的催化剂也主要包括贵金属、非贵金属和非金属基催化剂。张礼知等制备了直径为 2nm 的 Ru 纳米团簇，研究了拉伸应变对电催化 NO_3^- 还原制氨性能的影响。当拉伸应变达到 12% 时，所得 Ru 催化剂在 −0.8V（*vs.* RHE）时氨的生成速率达到 $5.56 mol/(g_{cat} \cdot h)$[120]。在非贵金属催化剂研究方面，Cu 基材料被认为是 NO_3^- 还原制氨最有前途的催化剂之一。张兵等通过热处理和原位电化学转化，制备了 Cu/Cu_2O 纳米线，发现界面 Cu_2O 到 Cu 的电子转移有利于促进 *NOH 中间体的形成，同时抑制析氢反应发生，在电催化 NO_3^- 还原制氨时法拉第效率高达 95.8%，选择性达 81.2%[121]。进一步将 Fe 掺杂到 Cu 催化剂中，−0.7V（*vs.* RHE）下，电催化 NO_3^- 还原制氨电流密度达到了 $55.6 mA/cm^2$，是 Cu 催化剂的 2.1 倍，同时保持了高的法拉第效率（94.5%）和选择性（86.8%）[122]。

虽然光/电催化氮还原制氨近年来取得较大进展，但还存在产率低、选择性差等挑战，离工业化应用还有很大距离。需要研究开发更加高效的催化体系，同时深入研究光/电催化氮还原的反应机理，不断提高氮还原的生成速率和产物选择性。

参考文献

[1] Shi Z, Li J, Jiang J, et al. Enhanced acidic water oxidation by dynamic migration of oxygen Species at the Ir/Nb_2O_{5-x} catalyst/support interfaces. Angew Chem Int Ed, 2022, 61: e202212341.

[2] Hinnemann B, Moses P G, Bonde J, et al. Biornimetic hydrogen evolution: MoS_2 nanoparticles as catalyst for hydrogen evolution. J Am Chem Soc, 2005, 127: 5308-5309.

[3] Zhang F S, Wang J W, Luo J, et al. Extraction of nickel from NiFe-LDH into Ni_2P@ NiFe hydroxide as a bifunctional electrocatalyst for efficient overall water splitting. Chem Sci, 2018, 9: 1375-1384.

[4] Das D, Das A, Reghunath M, et al. Phosphine-free avenue to Co_2P nanoparticle encapsulated N,P co-doped CNTs: a novel non-enzymatic glucose sensor and an efficient electrocatalyst for oxygen evolution reaction. Green Chem, 2017, 19: 1327-1335.

[5] Cao L M, Wang J W, Zhong D C, et al. Template-directed synthesis of sulphur doped NiCoFe

layered double hydroxide porous nanosheets with enhanced electrocatalytic activity for the oxygen evolution reaction. J Mater Chem A, 2018, 6: 3224-3230.

[6] Guo J, Zheng Y, Hu Z, et al. Direct seawater electrolysis by adjusting the local reaction environment of a catalyst. Nat Energy, 2023, 8: 264-272.

[7] Xie H, Zhao Z, Liu T, et al. A membrane-based seawater electrolyser for hydrogen generation. Nature, 2022, 612: 673-678.

[8] Fujishima A, Honda K. Electrochemical photolysis of water at a semiconductor electrode. Nature, 1972, 238: 37-38.

[9] Bard A J. Photoelectrochemistry. Science, 1980, 207: 139-144.

[10] Lehn J M, Sauvage J P, Ziessel R, et al. Photochemical water splitting continuous generation of hydrogen and oxygen by irradiation of aqueous suspensions of metal loaded strontium titanate. Nouv J Chim, 1980, 4: 623-627.

[11] Domen K, Naito S, Soma M, et al. Photocatalytic decomposition of water vapour on an NiO-$SrTiO_3$ catalyst. J Chem Soc: Chem Commun, 1980, 12: 543-544.

[12] Takata T, Jiang J Z, Sakata Y, et al. Photocatalytic water splitting with a quantum efficiency of almost unity. Nature, 2020, 581: 411-414.

[13] Nishiyama H, Yamada T, Nakabayashi M, et al. Photocatalytic solar hydrogen production from water on a $100m^2$ scale. Nature, 2021, 598: 304-307.

[14] Kato H, Asakura K, Kudo A. Highly efficient water splitting into H_2 and O_2 over lanthanum-doped $NaTaO_3$ photocatalysts with high crystallinity and surface nanostructure. J Am Chem Soc, 2023, 125: 3082-3089.

[15] Kato H, Kudo A. Water splitting into H_2 and O_2 on alkali tantalate photocatalysts $ATaO_3$ (A= Li, Na, and K). J Phy Chem B, 2001, 105: 4285-4292.

[16] Kudo A, Sayama K, Tanaka A, et al. Nickel- loaded $K_4Nb_6O_{17}$ photocatalyst in the decomposition of H_2O into H_2 and O_2: Structure and reaction mechanism. J Catal, 1989, 120: 337.

[17] LiR G, Zhang F X, Wang D G, et al. Spatial separation of photogenerated electrons and holes among {010} and {110} crystal facets of $BiVO_4$. Nat Commun, 2013, 4: 1432.

[18] Li R G, Han H X, Zhang F X, et al. Highly efficient photocatalysts constructed by rational assembly of dual-cocatalysts separately on different facets of $BiVO_4$. Energy Environ Sci, 2014, 7: 1369-1376.

[19] Chen S S, Qi Y, Hisatomi T, et al. Efficient visible- light- driven Z- scheme overall water splitting using a $MgTa_2O_{6-x}N_y$/TaO Nheterostructure photocatalyst for H_2 evolution. Angew Chem Int Ed, 2015, 54: 8498-8501.

[20] Qi Y, Zhao Y, Gao Y Y, et al. Redox- based visible- light- driven Z- scheme overall water splitting with apparent quantum efficiency exceeding 10%. Joule, 2018, 2: 2393-2402.

[21] Qi Y, Zhang J W, Kong Y, et al. Unraveling of cocatalystsphotodeposited selectively on facets of $BiVO_4$ to boost solar water splitting. Nat Commun, 2022, 13: 484.

[22] Li X B, Gao Y J, Wang Y, et al. Self-assembled framework enhances electronic communication of ultrasmall-sized nanoparticles for exceptional solar hydrogen evolution. J Am Chem Soc, 2017, 139: 4789-4796.

[23] Yanagida S, Kabumoto A, Mizumoto K, et al. Poly (*p*-phenylene) -catalysedphotoreduction of water to hydrogen. J Chem Soc, Chem Commun, 1985: 474-475.

[24] Wang X, Maeda K, Thomas A, et al. A metal-free polymeric photocatalyst for hydrogen production from water under visible light. Nat Mater, 2009, 8: 76.

[25] Lin L, Lin Z, Zhang J, et al. Molecular-level insights on the reactive facet of carbon nitride single crystals photocatalysing overall water splitting. Nat Catal, 2020, 3: 649-655.

[26] Lan Z A, Wu M, Fang Z, et al. Ionothermal synthesis of covalent triazine frameworks in a NaCl-KCl-$ZnCl_2$ eutectic salt for the hydrogen evolution reaction. Angew Chem Int Ed, 2022, 61: e2022014.

[27] Ye S, Shi W, Liu Y, et al. Unassisted photoelectrochemical cell with multimediator modulation for solar water splitting exceeding 4% solar-to-hydrogen efficiency. J Am Chem Soc, 2021, 143: 12499-12508.

[28] Xu M, Li D, Sun K, et al. Interfacial microenvironment modulation boosting electron transfer between metal nanoparticles and MOFs for enhanced photocatalysis. Angew Chem Int Ed, 2021, 60: 16372.

[29] Hu H, Wang Z, Cao L, et al. Metal-organic frameworks embedded in a liposome facilitate overall photocatalytic water splitting. Nat Chem, 2021, 13: 358-366.

[30] Royer M E. Réduction de l'acidecarbonique en acideformique. Compt Rend, 1870, 70: 731-732.

[31] Hort Y, Kikuchi K, Murata A, et al. Production of methane and ethylene in electrochemical reduction of carbon dioxide at copper electrode in aqueous hydrogencarbonate solution. Chem Lett, 1986, 15: 897.

[32] Tinnemans A H A, Koster T P M, Thewissen D H M, et al. Tetraaza-macrocyclic cobalt (Ⅱ) and nickel (Ⅱ) complexes as electron-transfer agents in the photo (electro) chemical and electrochemical reduction of carbon dioxide. Recl Trav Chim Pays-Bas, 1984, 103: 288-295.

[33] Liu D C, Zhong D C, Lu T B. Non-noble metal-based molecular complexes for CO_2 reduction: From the ligand design perspective. Energy Chem, 2020, 2: 100034.

[34] Kreft S, Duo W, Junge H, et al. Recent advances on TiO_2-based photocatalytic CO_2 reduction. Energy Chem, 2020, 2: 100044.

[35] Halmann M. Photoelectrochemical reduction of aqueous carbon dioxide on p-type gallium phosphide in liquid junction solar cells. Nature, 1978, 275: 115-116.

[36] Inoue T, Fujishima A, Konishi S, et al. Photoelectrocatalytic reduction of carbon dioxide in aqueous suspensions of semiconductor powders. Nature, 1979, 277: 637-638.

[37] 孟运余，尚传勋．二氧化碳甲烷化还原技术研究．航天医学与医学工程，1994，2:

115-120.

[38] Younas M, Kong L, Bashir M, et al. Recent advancements, fundamental challenges, and opportunities in catalytic methanation of CO_2. Energy Fuels, 2016, 30: 8815-8831.

[39] Rönsch S, Schneider J, Matthischke S, et al. Review on methanation- From fundamentals to current projects. Fuel, 2016, 166: 276-296.

[40] Figueiredo W T, Escudero C, Pérez- Dieste V, et al. Determining the surface atomic population of Cu_xNi_{1-x}/CeO_2 ($0 < x \leqslant 1$) nanoparticles during the reverse water- gas shift (RWGS) reaction. J Phys Chem C, 2020, 124: 16868-16878.

[41] Fisher F, Tropsch H. Conversion of methane into hydrogen and carbon monoxide. Brennst Chem, 1928, 9: 39-46.

[42] Ashcroft A T, Cheetham A K, Green M, et al. Partial oxidation of methane to synthesis gas using carbon dioxide. Nature, 1991, 352: 225-226.

[43] Li Z, Lin Q, Li M, et al. Recent advances in process and catalyst for CO_2 reforming of methane. Renewable Sustainable Energy Rev, 2020, 134: 110312.

[44] 我国甲烷二氧化碳重整技术研发获重要突破. 科学网. https://news.sciencenet.cn/htmlnews/2017/8/385085.shtm,2017-08-14.

[45] 李尚贵, 郭海军, 熊莲, 等. 二氧化碳催化加氢合成低碳醇研究进展. 化工进展. 2011, 30: 799-804.

[46] Jin S, Hao Z, Zhang K, et al. Advances and challenges for the electrochemicalreduction of CO_2 to CO: from fundamentals to industrialization. Angew Chem Int Ed, 2021, 60: 20627-20648.

[47] Olah G A. Towards oil independence through renewable methanol chemistry. Angew Chem Int Ed, 2013, 52: 104-107.

[48] Hori Y, Kikuchi K, Murata A, et al. Production of methane and ethylene in electrochemical reduction of carbon dioxide at copper electrode in aqueous hydrogencarbonate solution. Chem Lett, 1986, 15: 897.

[49] Zhu W, Michalsky R, Metin O, et al. Monodisperseaunanoparticles for selective electrocatalytic reduction of CO_2 to CO. J Am Chem Soc, 2013, 135: 16833-16836.

[50] Kuhl K P, Cave E R, Abram D N, et al. New insights into the electrochemical reduction of carbon dioxide on metallic copper surfaces. Energy Environ Sci, 2012, 5: 7050-7059.

[51] Jin H Y, Guo C X, Liu X, et al. Emerging two- dimensional nanomaterials for electrocatalysis. Chem Rev, 2018, 118: 6337-6408.

[52] Zhao K, Quan X. Carbon- Based materials for electrochemical reduction of CO_2 to C_{2+} oxygenates: recent progress and remaining challenges. ACS Catal, 2021, 11: 2076-2097.

[53] Rong X, Wang H J, Lu X L, et al. Controlled synthesis of a vacancy- defect single- atom catalyst for boosting CO_2 electroreduction. Angew Chem Int Ed, 2020, 59: 1961-1965.

[54] Li L, Ozden A, Guo S Y, et al. Active CO_2 reduction to formate via redox- modulated stabilization of active sites. Nat Commun, 2021, 12: 5223.

[55] Zheng T T, Jiang K, Ta N, et al. Large-scale and highly selective CO_2 electrocatalytic reduction on nickel single atom catalyst. Joule, 2019, 3: 265-278.

[56] Chen X Y, Chen J F, Alghoraibi N M, et al. Electrochemical CO_2-to-ethylene conversion on polyamine-incorporated Cu electrodes. Nat Catal, 2021, 4: 20-27.

[57] Li Y, Wang Z, Yuan T, et al. Binding site diversity promotes CO_2 electroreduction to ethanol. J Am Chem Soc, 2019, 141: 8584-8591.

[58] Xu H P, Rebollar D, He H Y, et al. Highly selective electrocatalytic CO_2 reduction to ethanol by metallic clusters dynamically formed from atomically dispersed copper. Nat Energy, 2020, 5: 623-632.

[59] Gu J, Liu S, Ni W Y, et al. Modulating electric field distribution by alkali cations for CO_2 electroreduction in strongly acidic medium. Nat Catal, 2022, 5: 268-276.

[60] Xie Y, Ou P F, Wang X, et al. High carbon utilization in CO_2 reduction to multi-carbon products in acidic media. Nat Catal, 2022, 5: 564-570.

[61] Fisher B J, Eisenberg R. Electrocatalytic reduction of carbon dioxide by using macrocycles of nickel and cobalt. J Am Chem Soc, 1980, 102: 7361-7363.

[62] Matsuoka S, Yamamoto K, Ogata T, et al. Efficient and selective electron mediation of cobalt complexes with cyclam and related macrocycles in the p-terphenyl-catalyzed photoreduction of carbon dioxide. J Am Chem Soc, 1993, 115: 601-609.

[63] Bonin J, Robert M, Routier M. Selective and efficient photocatalytic CO_2 reduction to CO using visible light and an iron-based homogeneous catalyst. J Am Chem Soc, 2014, 136: 16768-16771.

[64] Ouyang T, Huang H H, Wang J W, et al. A dinuclear cobalt cryptate as a homogeneous photocatalyst for highly selective and efficient visible-light driven CO_2 reduction to CO in CH_3CN/H_2O solution. Angew Chem Int Ed, 2017, 56: 738-743.

[65] Ouyang T, Wang H J, Huang H H, et al. Dinuclear metal synergistic catalysis boosts photochemical CO_2-to-CO conversion. Angew Chem Int Ed, 2018, 57: 16480-16485.

[66] Kimura E, Bu X, Shionoya M, et al. A new nickel (Ⅱ) cyclam (cyclam=1, 4, 8, 11-tetraazacyclotetradecane) complex covalently attached to $Ru(phen)_3^{2+}$ (phen=1,10-phenanthroline). A new candidate for the catalytic photoreduction of carbon dioxide. Inorg Chem, 1992, 31: 4542-4546.

[67] Pastor E, Pesci F M, Reynal A, et al. Interfacial charge separation in Cu_2O/RuO_x as a visible light driven CO_2 reduction catalyst. Phys Chem Chem Phys, 2014, 16: 5922-5926.

[68] Aguirre M E, Zhou R, Eugene A J, et al. Cu_2O/TiO_2 heterostructures for CO_2 reduction through a direct Z-scheme: protecting Cu_2O from photocorrosion. Appl Catal B: Environ, 2017, 217: 485-493.

[69] Wang S Q, Zhang X Y, Dao X Y, et al. Cu_2O@Cu@UiO-66-NH_2 ternary nanocubes for photocatalytic CO_2 reduction. ACS Appl Nano Mater, 2020, 3: 10437-10445.

[70] Shyamal S, Dutta S K, Pradhan N. Doping iron in $CsPbBr_3$ perovskite nanocrystals for efficient

and product selective CO_2 reduction. J Phys Chem Lett, 2019, 10: 7965-7969.

[71] Li N, Liu J, Liu J J, et al. Adenine components in biomimetic metal-organic frameworks for efficient CO_2 photoconversion. Angew Chem Int Ed, 2019, 58: 5226-5231.

[72] Wu L Y, Mu Y F, Guo X X, et al. Encapsulating perovskite quantum dots in iron-based metal-organic frameworks (MOFs) for efficient photocatalytic CO_2 reduction. Angew Chem Int Ed, 2019, 58: 9491-9495.

[73] Lu M, Li Q, Liu J, et al. Installing earth-abundant metal active centers to covalent organic frameworks for efficient heterogeneous photocatalytic CO_2 reduction. Appl Catal B: Environ, 2019, 254: 624-633.

[74] Zhang M, Lu M, Lang Z L, et al. Semiconductor/covalent-organic-framework Z-scheme heterojunctions for artificial photosynthesis. Angew Chem Int Ed, 2020, 59 (16): 6500-6506.

[75] 周忠清．二氧化碳化学化工的进展．河北化工，1984：35-44.

[76] 史建公，刘志坚，刘春生．二氧化碳为原料制备尿素技术进展．中外能源，2019，24：68-79.

[77] Zhong J, Yang X, Wu Z, et al. State of the art and perspectives in heterogeneous catalysis of CO_2 hydrogenation to methanol. Chem Soc Rev, 2020, 49: 1385-1413.

[78] Olah G A. Towards oil independence through renewable methanol chemistry. Angew Chem Int Ed, 2013, 52: 104-107.

[79] 钱伯章．江苏斯尔邦石化有限公司将在中国建造15万t/a的CO_2制甲醇工厂．石化技术与应用，2021，6：461.

[80] 白煜，梁杰，王利国，等．CO_2合成醇酯类化学品和高分子材料研究进展．洁净煤技术，2021，27：117-131.

[81] Younas M, Loong K, Bashir M, et al. Recent advancements, fundamental challenges, and opportunities in catalytic methanation of CO_2. Energy & Fuels, 2016, 30: 8815-8831.

[82] Rönsch S, Schneider J, Matthischke S, et al. Review on methanation-from fundamentals to current projects. Fuel, 2016, 166: 276-296.

[83] Moser P, Wiechers G, Schmidt S, et al. Demonstrating the CCU-chain and sector coupling as part of ALIGN-CCUS-Dimethyl ether from CO_2 as chemical energy storage, fuel and feedstock for industries. The 14th Greenhouse Gas Control Technologies Conference, 2018, Australia.

[84] Li Z, Lin Q, Li M, et al. Recent advances in process and catalyst for CO_2 reforming of methane. renewable and sustainable. Energy Rev, 2020, 134: 110312.

[85] Canfield D E, Glazer A N, Falkowski P G, et al. The evolution and future of earth's nitrogen cycle. Science, 2010, 330: 192-196.

[86] Hoffman B M, Lukoyanov D, Yang Z Y, et al. Mechanism of nitrogen fixation by nitrogenase: The next stage. Chem Rev, 2014, 114: 4041-4062.

[87] Jia H P, Quadrelli E A. Mechanistic aspects of dinitrogen cleavage and hydrogenation to produce ammonia in catalysis and organometallic chemistry: relevance of metal hydride bonds and dihydrogen. Chem Soc Rev, 2014, 43: 547-564.

[88] Mackay B A, Fryzuk M D. Dinitrogen coordination chemistry: On the biomimetic borderlands. Chem Rev, 2004, 104: 385-402.

[89] Milton R D, Minteer S D. Nitrogenase bioelectrochemistry for synthesis applications. Acc. Chem Res, 2019, 52: 3351-3360.

[90] Erisman J W, Sutton M A, Galloway J, et al. How a century of ammonia synthesis changed the world. Nat Geosci, 2008, 1: 636-639.

[91] Ma X L, Liu J C, Xiao H, et al. Surface single-cluster catalyst for N_2-to-NH_3 thermal conversion. J Am Chem Soc, 2018, 140: 46-49.

[92] Liu H Z. Ammonia synthesis catalyst 100 years: practice, enlightenment and challenge. Chin J Catal, 2014, 35: 1619-1640.

[93] Li H, Mao C L, Shang H, et al. New opportunities for efficient N_2 fixation by nanosheet photocatalysts. Nanoscale, 2018, 10: 15429-15435.

[94] Smil V. Detonator of the population explosion. Nature, 1999, 400: 415.

[95] Foster S L, Bakovic S I P, Duda R D, et al. Catalysts for nitrogen reduction to ammonia. Nat Catal, 2018, 1: 490-500.

[96] Gruber N, Galloway J N. An earth-system perspective of the global nitrogen cycle. Nature, 2008, 451: 293-296.

[97] Davy H. The bakerian lecture: on some chemical agencies of electricity. Philos Trans R Soc London, 1807, 97: 1-56.

[98] van Tamelen E E, Seeley D A. The catalytic fixation of molecular nitrogen by electrolytic and chemical reduction. J Am Chem Soc, 1969, 91: 5194-5194.

[99] Liu H L, Nosheen F, Wang X. Noble metal alloy complex nanostructures: controllable synthesis and their electrochemical property. Chem Soc Rev, 2015, 44: 3056-3078.

[100] Wang J, Yu L, Hu L, et al. Ambient ammonia synthesis via palladium-catalyzed electrohy drogenation of dinitrogen at low overpotential. Nat Commun, 2018, 9: 1795.

[101] Chen S M, Perathoner S, Ampelli C, et al. Electrocatalytic synthesis of ammonia at room temperature and atmospheric pressure from water and nitrogen on a carbon-nanotube-based electrocatalyst. Angew Chem Int Ed, 2017, 56: 2699-2703.

[102] Ahmed M I, Liu C W, Zhao Y, et al. Metal-sulfur linkages achieved by organic tethering of ruthenium nanocrystals for enhanced electrochemical nitrogen reduction. Angew Chem Int Ed, 2020, 59: 21465-21469.

[103] Bao D, Zhang Q, Meng F L, et al. Electrochemical reduction of N_2 under ambient conditions for artificial N_2 fixation and renewable energy storage using N_2/NH_3 cycle. Adv Mater, 2017, 29: 1604799.

[104] Hu L, Khaniya A, Wang J, et al. Ambient electrochemical ammonia synthesis with high selectivity on Fe/Fe oxide catalyst. ACS Catal, 2018, 8: 9312-9319.

[105] Cheng H, Ding L X, Chen G F, et al. Molybdenum carbide nanodots enableefficient electrocatalytic nitrogen fixation under ambient conditions. Adv Mater, 2018, 30: 1803694.

[106] Wang M, Liu S, Qian T, et al. Over 56.55% Faradaic efficiency of ambient ammonia synthesis enabled by positively shifting the reaction potential. Nat Commun, 2019, 10: 341.

[107] Schrauzer G N, Guth T D. Photolysis of water and photoreduction of nitrogen on titanium dioxide. J Am Chem Soc, 1977, 99: 7189-7193.

[108] Hirakawa H, Hashimoto M, Shiraishi Y, et al. Photocatalytic conversion of nitrogen to ammonia with water on surface oxygen vacancies of titanium dioxide. J Am Chem Soc, 2017, 139: 10929-10936.

[109] Zhao Y, Zhao Y, Shi R, et al. Tuning oxygen vacancies in ultrathin TiO_2 nanosheets to boost photocatalytic nitrogen fixation up to 700nm. Adv Mater, 2019, 31: 1806482.

[110] Li H, Shang J, Ai Z H, et al. Efficient visible light nitrogen fixation with BiOBr nanosheets of oxygen vacancies on the exposed {001} facets. J Am Chem Soc, 2015, 137: 6393-6399.

[111] Zhao Y, Zhao Y, Waterhouse G I N, et al. Layered-double-hydroxide nanosheets as efficient visible-light-driven photocatalysts for dinitrogen fixation. Adv Mater, 2017, 29: 1703828.

[112] Dong G, Ho W, Wang C. Selective photocatalytic N_2 fixation dependent on g-C_3N_4 induced by nitrogen vacancies. J Mater Chem A, 2015, 3: 23435-23441.

[113] Chen S, Liu D, Peng T. Fundamentals and recent progress of photocatalytic nitrogen-fixation reaction over semiconductors. Solar RRL, 2020, 5: 2000487.

[114] Chen L W, Hao Y C, Guo Y, et al. Metal-organic framework membranes encapsulating gold-nanoparticles for direct plasmonic photocatalytic nitrogen fixation. J Am Chem Soc, 2021, 143: 5727-5736.

[115] Kudo A, Domen K, Maruya K, et al. Photocatalytic reduction of NO_3^- to form NH_3 over Pt-TiO_2. Chem Lett, 1987, 16: 1019-1022.

[116] Kominami H, Furusho A, Murakami S, et al. Effective photocatalytic reduction of nitrate to ammonia in an aqueous suspension of metal- loaded titanium (Ⅳ) oxide particles in the presence of oxalic acid. Catal Lett, 2001, 76: 31-34.

[117] Gao W L, Jin R C, Chen J X, et al. Titania-supported bimetallic catalysts for photocatalytic reduction of nitrate. Catalysis Today, 2004, 90: 331-336.

[118] Wang Y, Xu A, Wang Z, et al. Enhanced nitrate- to- ammonia activity on copper- nickel alloys via tuning of intermediate adsorption. J Am Chem Soc, 2020, 142: 5702-5708.

[119] 李越湘，彭绍琴，戴超，等．甲酸存在下硝酸根在二氧化钛表面光催化还原成氨．催化学报，1999，20：379-380.

[120] Li J, Zhan G, Yang J, et al. Efficient ammonia electrosynthesis from nitrate on strained ruthenium nanoclusters. J Am Chem Soc, 2020, 142: 7036-7046.

[121] Wang Y, Zhou W, Jia R, et al. Unveiling the activity origin of acopper-based electrocatalyst for selective nitrate reduction to ammonia. Angew Chem Int Ed, 2020, 59: 5350-5354.

[122] Wang C, Liu Z, Hu T, et al. Metasequoia-like nanocrystal of iron-doped copper for efficient electrocatalytic nitrate reduction into ammonia in neutral media. Chem Sus Chem, 2021, 14: 1825-1829.

第 2 章　人工光合作用催化剂的合成

能源短缺和环境污染是人类可持续发展面临的重要挑战，开发可替代化石能源的清洁能源已引起各国政府的广泛关注。利用太阳能或由太阳能转化的电能，在催化剂的作用下将水分解为氢气和氧气，或将二氧化碳还原为有用燃料和化工原料，是解决能源短缺和环境污染问题的有效途径。通过人工光合作用可以有效地将太阳能、水和二氧化碳转化为有价值的化学品，是实现可持续发展的理想选择。其中，开发性能优异的人工光合作用催化剂，实现光、电催化分解水制氢和二氧化碳还原受到了广泛关注。近年来，涌现了众多人工光合作用催化剂的合成方法。本章按照反应体系的相态，从气相合成法、液相合成法和固相合成法对催化剂的合成进行介绍。

2.1　气相合成法

气相合成法主要是利用生成的气相分子在基底表面沉积或者反应，合成不同种类催化剂的过程。通过控制实验条件（温度、压力、载气等），可调控材料的形态、组成和结构，从而调控材料的催化性能。根据气相分子在沉积过程中是否发生化学反应，可分为物理气相沉积法（physical vapor deposition，PVD）和化学气相沉积法（chemical vapor deposition，CVD）。

2.1.1　物理气相沉积法

物理气相沉积是在真空条件下，利用加热、激发和溅射等物理方法，将材料表面的物质气化成原子、分子或部分电离成离子，直接沉积在基底表面，形成具有特殊形态的薄膜。其制备过程主要分为气相物质的产生、输运和沉积三个步骤。传统的激发源有电阻丝、电子束、电弧、辐射、激光等，这些大都需要较高的合成温度。通过等离子体或离子束等进行气相沉积，可以在较低的温度下实现对材料源的激发，形成气态分子、原子或离子，进而实现在基底上的沉积。低温沉积可提高膜层质量，从而改善材料的催化活性。

物理气相沉积在制备薄膜材料，如金属膜、合金膜、化合物膜等方面具有显著的优势。该方法适用范围广，对材料的相态、形貌、导电性、熔点没有特殊要求，金属、合金、化合物都可以通过该技术进行沉积，从而为多组分催化剂的合成和组分调控提供了一个有效的合成策略。物理气相沉积除了能控制薄膜的均匀性、厚度和成分外，还具有原料利用率高、产生的废料少等优点，在大面积薄膜材料的制备方面具有较大优势。根据采用激发方法的不同，物理气相沉积法可分为真空蒸镀法、溅射法和分子束外延法（molecular beam epitaxy）等。

1. 真空蒸镀法

如图 2-1 所示，真空蒸镀法是在真空气氛下，采用合适的加热方式蒸发镀膜材料，气化分子或原子飞至基片表面凝聚成膜的方法。该方法可制备多种金属基纳米材料并使之气化。通过控制温度、沉积速度等可以调控材料的结构和粒径分布。真空蒸镀的优点有：①真空度要求低，有些材料的沉积甚至可以不需要真空，如热喷覆；②材料的沉积速率快；③镀膜的成分多样化，如金属、非金属、半导体、光电材料、碳基（钻石）薄膜等；④可以对复杂形状的基材进行镀膜，甚至可以渗入多孔基底，如陶瓷等；⑤镀膜厚度的均匀性好。缺点是制备过程需在高温下进行，可能会诱发副反应，生成的杂质残留在镀膜上，从而影响材料的催化性能。

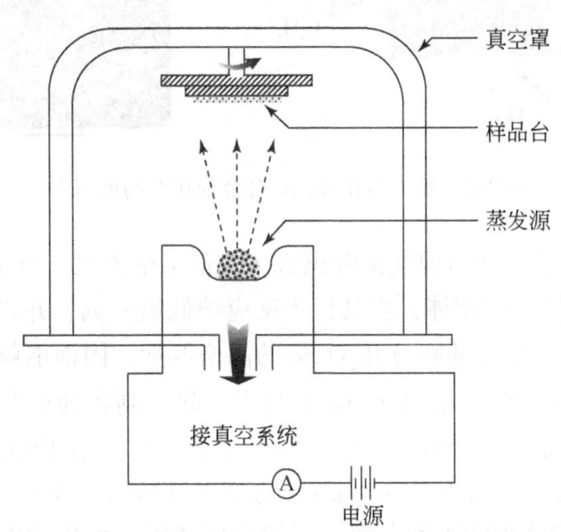

图 2-1　真空蒸镀示意图

利用真空热蒸镀法制备的金属纳米薄膜催化剂可暴露更多催化活性位点，提高催化活性。通过控制蒸发速率，可获得不同金属含量的固溶体/合金薄膜材料，从而调控薄膜的组成和形态，进而在催化反应中达到调控产物选择性的目的。Sargent 等使用物理气相沉积法，在气体扩散电极上制备了大面积的纳米多孔铜-铝（Cu-Al）合金催化剂（图 2-2），然后通过去合金化方法对制备材料表面的组分含量进行调控，制备了孔径均匀的纳米多孔合金催化剂。将其作为电极材料，在气体扩散电解池中进行电催化 CO_2 还原反应，Cu-Al 合金催化剂在 600mA/cm^2 的电流密度下，产物中乙烯（C_2H_4）的法拉第效率为 80%，阴极反应中电能到化学能的能量转化效率达到 55%[1]。Nam 等采用热沉积工艺在多孔氧化铝阵列上制备了孔径和孔深可精确控制的多孔铜电极，将其应用于电催化 CO_2 还原反应，发现通过改变催化剂的孔径和孔深度，可提高产物中多碳产物（C_{2+}）的选择性。当孔的深度为 70nm 时，多碳产物中乙烷（C_2H_6）的法拉第效率为 46%。通过改变沉积工艺条件，可以调整孔径的大小，进而改变反应过程中局部电解液的 pH，以及关键中间产物的保留时间，使其有利于碳-碳耦联反应，从而提高了多碳产物的选择性和催化活性[2]。

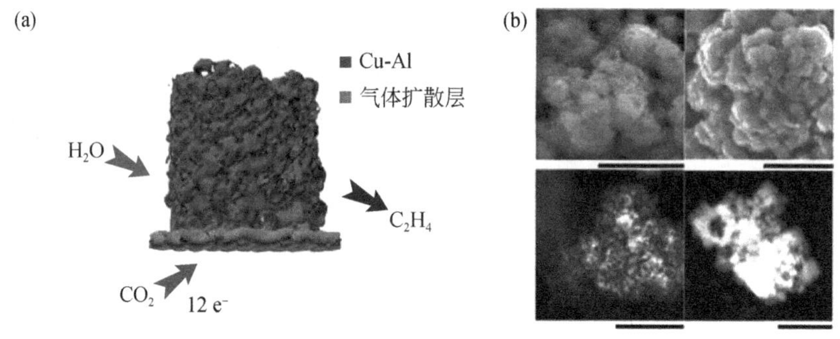

图 2-2　纳米多孔 Cu-Al 合金催化剂的形态[1]

成会明等发展了一种物理气相沉积法，制备了毫米级二维 Bi_2O_2Se 单晶。该方法以 Bi_2O_2Se 粉体为前驱体，将其置于反应炉低温一侧，并将衬底云母置于反应炉高温一侧，由于生长基底与 Bi_2O_2Se 的晶格匹配，因而能够通过外延生长制备出 2mm 的单层和多层二维 Bi_2O_2Se 单晶[3]。除了制备薄膜材料外，还可通过改变基底的形态，制备高分散、高稳定性和尺寸分布均匀的催化剂。邵志刚等采用物理气相沉积法，在长度为 1.1 μm、底径为 120nm、顶径为 80nm、间距为 60nm 的聚吡咯纳米阵列的表面蒸镀一层铂金属薄膜，可作为电极应用于燃料电池半反应，在高电流密度下，其传质性能优于商用铂/碳电极，在燃料电池中具有应用潜力[4]。

2. 溅射法

溅射法是制备薄膜材料的常用方法。使用不同的金属板作为阴、阳极，阴极为蒸发用靶材料，在两极之间充入惰性气体如氩气（Ar），两个电极间加上电压（电压范围是 0.3～1.5kV），通过电极间辉光放电形成 Ar 离子，在高压电场作用下形成具有一定能量的离子流，然后与靶电极表面上的原子发生碰撞，从而将靶材原子溅射出来，沿着一定方向射向衬底，最终将制备的材料沉积在基底上形成薄膜。合成材料的粒径尺寸和形态主要取决于两极间的电压、电流和气体压力。一般而言，靶材的表面积越大，原子的蒸发速度越快，合成的纳米颗粒越多。通过控制条件，可制备多元组分的纳米微粒。溅射法制备材料选择范围广（金属、合金或非金属等），只要可用作靶材的蒸镀材料，都可用溅射法进行制备。溅射法制备的薄膜纯度高、厚度均匀、致密性好，与基底的结合力强，重复性好。但也存在一些不足，与真空蒸镀技术相比，其沉积速度较慢，易受到等离子体的影响等。

溅射法主要分为：磁控溅射、射频溅射、直流溅射和反应溅射等，最常用的是磁控溅射。磁控溅射的工作原理是电子在电场作用下加速，在飞向基底过程中与Ar原子发生碰撞，电离出大量的电子和Ar离子，电子飞向基片，Ar离子在电场作用下轰击靶材，使靶材发生溅射，呈中性的靶原子（或分子）沉积在基底上成膜。相对于其他方法，磁控溅射在控制薄膜的厚度方面显示出独特的优势，尤其是在催化材料负载量低与基底附着力弱的情况下，可有效降低接触电阻，提高电催化反应的活性。Biener等采用磁控溅射法系统研究了铜催化剂涂层厚度和形态对电催化CO_2还原活性和产物选择性的影响。研究者分别使用电子束和磁控溅射方法在气体扩散层上沉积了不同厚度的催化剂涂层，并对其形态和孔隙度进行了控制。将其应用于气体扩散电解池，其中镀膜厚度为400nm时催化性能最佳，能量转化效率达到51%。此外，通过磁控溅射方法还制备了大面积的催化剂（~104cm^2），C_2H_4的法拉第效率达到39%。因此，该方法能很好地控制材料的厚度、均匀性和孔隙度，同时可扩展到大面积电极材料的制备，具有规模化制备的潜力[5]。

总体而言，磁控溅射法具有设备简单、成膜速率高、基片温度低、膜的黏附性好、镀膜层与基材的结合力强、镀膜层致密、均匀、可实现大面积镀膜等优点，是目前应用最广泛的一种溅射沉积方法。但该方法的缺点是不能制备绝缘体薄膜。另外，磁控电极中的不均匀磁场会使靶材产生显著的不均匀刻蚀，导致靶材利用率低。因此，发展稳定性好、沉积速率高、薄膜质量高的磁控溅射技术是该领域的重点发展方向。

3. 分子束外延法

分子束外延法（molecular beam epitaxy）是一种在晶体基底上生长高质量晶体薄膜的新技术，由美国贝尔实验室的Cho等在20世纪70年代初开创。其基本过程为：在超高真空条件下，把装有不同组分的炉子加热蒸发，经小孔准直后形成原子或者分子束，直接喷射到具有一定取向和温度的衬底上，进而生成高质量的薄膜材料。晶体生长受分子束相互作用的动力学过程支配，因此通过控制分子束对衬底喷射，可使分子或原子按晶体排列逐层地生长在基片上形成薄膜。典型的分子束外延制备设备由束源炉、样品台、加热器、控制系统、超高真空系统和检测分析系统组成。

Alexandria 等采用分子束外延法在（001）和（111）取向的 Nb : $SrTiO_3$ 钙钛矿衬底上生长了 $MnFe_2O_4$ 和 Fe_3O_4 尖晶石氧化物外延膜，通过高分辨率 X 射线衍射和 X 射线光电子能谱对合成的材料进行了表征，扫描透射电子显微镜和高能电子衍射分析显示，在（001）和（111）取向衬底上，利用分子外延生长方法制备的材料呈岛状生长，显示了优异的氧还原催化反应性能[6]。金松等通过气相外延生长，利用卤素钙钛矿与氧化物钙钛矿之间的晶格匹配关系，实现了卤素与氧化物钙钛矿的有效整合。通过控制生长温度和时间，揭示了 $CsPbBr_3$ 在 $SrTiO_3$（100）上的 Volmer- Weber 岛状生长规律。结果表明，利用外延生长制备的 $CsPbBr_3$ 单晶膜具有较低的缺陷态密度及较高的电子迁移率，为卤素钙钛矿与多功能（半导体特性、磁性、铁电性等）氧化物钙钛矿集成器件的制备提供了重要方法[7]。Suntivich 等在 TiO_2（110）单晶上利用分子束外延方法制备了高质量的 IrO_2 薄膜，展现出优异的析氧反应催化性能。研究发现，通过分子束外延法可控制材料的界面形态，改变反应中间体的吸附能，进而对催化性能产生影响[8]。肖文德等利用分子束外延技术，在高度取向的热解石墨上可控合成 VSe_2 二维薄片。通过控制温度和蒸发速率，获得了各种形貌的 VSe_2 二维薄片。与三角形结构的薄片相比，一维纳米带结构具有更大的边缘密度，提供更多的催化活性位点，从而显示出更优的析氢反应催化活性[9]。

相对于其他物理沉积方法，分子束外延法展现了独特的优点：在超高真空系统中操作可以得到高纯度、高性能的外延薄膜；生长速率低，可以精确地控制外延层厚度到原子级，因而可以制备极薄的薄膜；合成的温度低，可避免高温生长引起的杂质扩散；生长的薄膜能保持原来靶材的化学计量比；可以把分析测试设备，如反射式高能电子衍射仪、质谱仪等与生长系统联用，实现薄膜生长的原位监测。该技术存在的问题是：对衬底选择、掺杂技术要求较高，激光器效率低，电能消耗较大等。随着分子束外延技术的发展，出现了迁移增强外延技术和气源分子束外延技术，以及激光分子束外延技术，分子束外延技术在制备纳米材料方面将会更加成熟。

2.1.2 化学气相沉积法

化学气相沉积（chemical vapor deposition，CVD）是利用气态或蒸汽态的物质，在气相或气固界面上发生反应，生成固态沉积物的方法。CVD 法具有产率高、化学组分可调、生长面积大等优点。CVD 技术始于 20 世纪 50 年代，当时主要应用于制作涂层。20 世纪 60 至 70 年代，随着半导体和集成电路的发展，CVD

技术得到长足的进步。CVD 技术在半导体工业中应用最为广泛，适用于制备部分绝缘材料、大多数金属材料和金属合金材料，是制备低成本、大面积高品质二维材料的有效方法，具有良好的可控性和放大性[10]。

典型的 CVD 工艺如图 2-3 所示。其过程主要分为三个阶段：反应气体向基底表面扩散、反应气体吸附于基底表面、反应气体在基底表面上发生化学反应生成产物。首先，当温度升高至反应温度时，将反应气体输送到反应器中。然后通过以下不同的反应途径进行材料制备：反应气体直接扩散，吸附到基质上；或通过气相反应形成中间反应物（活性物质）和副产物，并通过扩散和吸附沉积在基材上；或表面扩散的反应物和活性物质发生反应，在基材表面生成产物。最后，副产物和未反应的物质从表面解吸，从反应器中排出。CVD 技术有多种分类方法，按反应室压力大小可分为常压 CVD 和低压 CVD，按反应温度高低可分为高温 CVD、中温 CVD 和低温 CVD。其中，反应物的激发是进行化学反应的关键，按激发方式不同可分为热化学气相沉积、等离子体化学气相沉积等。

图 2-3　化学气相沉积工艺的基本步骤

1. 热化学气相沉积

热化学气相沉积法的原理是：通过辐射、传导、加热等方式加热基板到适当温度，在高温下挥发性反应物发生化学反应，分解或反应产物沉积在基底表面形成薄膜。通过调节温度、载气流量和前驱体质量等，可以制备形态和结构多样的催化材料。例如，孔德圣等采用热化学气相沉积法，合成了具有丰富边缘结构的 $MoSe_2$ 及 MoS_2，展现出优异的电催化析氢性能[11]。陈宗平等分别使用甲烷和尿素作为碳源和氮源，以 Cu 和 Mo 双层金属为基底，通过改变热化学气相沉积温度，制备出高质量的氮化钼/石墨烯（MoN/G）垂直异质结构。石墨烯不仅作为钼扩散阻挡层用于生长二维 MoN 晶体薄膜，还促进了异质结构中的电荷转移。生长的 MoN/G 异质结构在电催化析氢反应中表现出低的过电位，10mA/cm^2 电流密度下，在 0.1mol/L H_2SO_4 和 1.0mol/L KOH 溶液中的过电位分别为 155mV 和

259mV[12]。利用灼热钨丝加热反应物，进行化学气相沉积，可制备过渡金属碳化物，如 Fe_3C、Co_3C 和 Ni_3C 纳米颗粒等，其具有电催化析氢和析氧双功能催化性能[13]。

2. 等离子体化学气相沉积

等离子体化学气相沉积是借助外部电场的作用引起放电，使原料气体变成等离子体状态，成为活泼的激发分子、原子、离子或原子团等，促进化学反应，在基材表面形成薄膜。等离子体的参与有利于促进化学反应的进行，使通常在热力学上难以发生的反应变为可能，可以降低基材的温度，具有不易损伤基材的特点。Hee 等采用等离子体化学气相沉积工艺，对钼金属层进行硫化，在较低的温度下（150℃）合成了均匀的 MoS_2 薄膜，并用于析氢催化反应，显著提升了析氢反应的性能，在 $5mA/cm^2$ 下的过电位为 0.29V，塔费尔斜率为 78mV/dec[14]。使用高通量等离子体增强的化学气相沉积也可以一步合成无金属催化剂。利用该法制备的 N、O 共掺杂石墨烯薄膜具有高比表面积，能够显著增强电催化氧还原反应和析氧反应的动力学过程[15]。

3. 其他化学气相沉积方法

除热化学和等离子体化学气相沉积法外，气溶胶辅助化学气相沉积法[16,17]和蒸汽辅助化学气相沉积法[18]也被用于制备人工光合作用催化剂。另外，将物理气相沉积和化学气相沉积结合，能够弥补单一沉积方法存在的缺点，制备出高性能的催化材料。例如，将等离子体化学气相沉积和物理溅射相结合，使用铂涂层碳纳米管阵列作为电极，在铝箔上生长了平均长度约为 1.3 μm、直径约为 10nm 的碳纳米管阵列。进一步使用物理溅射方法沉积铂纳米颗粒，利用该催化材料组装的质子交换膜燃料电池具有优异的性能，铂的负载量可降至 $35\mu g/cm^2$，与 $400\mu g/cm^2$ 的商业 Pt/C 的催化性能相当[19]。

2.2　液相合成法

液相合成法是指选用一种或多种溶剂溶解反应原料，混合均匀后，在一定条件下各原料之间发生化学反应获得目标产物。液相合成法是目前合成人工光合作用催化剂广泛使用的方法，它的优点是设备简单、反应条件温和、操作过程容易控制、传热和传质快，可实现对催化剂的形貌、结构和催化性能的调控。常用的液相合成法包括：水热（溶剂热）合成法、沉淀法、挥发法、界面扩散法、溶胶-凝胶法、微波合成法、电化学沉积法和静电纺丝法等。

2.2.1　水热（溶剂热）合成法

1845年，Eschafhautl等以硅酸为原料，在水热条件下合成了石英晶体，这是最早通过水热法制备材料的实例。近三十年来，水热（溶剂热）合成法在配位化学领域引起了广泛关注，常用于合成金属配合物和配位聚合物。该方法的操作如下：将反应物按一定摩尔比和相应的水或有机溶剂放入硬质玻璃管或聚四氟乙烯为内衬的不锈钢反应釜中，然后将其放入烘箱，在一定温度下反应一段时间，冷却至室温获得目标产物（图2-4）。在水热（溶剂热）条件下，离子反应或水解反应可以得到加速和促进，使一些在常温常压下反应速度很慢的热力学反应在水热（溶剂热）条件下可快速发生。在水热（溶剂热）合成过程中，温度、压力、时间、溶剂、pH、反应物种类等对目标产物的粒径和形貌有很大的影响，还可能影响反应速度、晶型等。水热（溶剂热）合成法的反应温度一般是80～200℃。该方法的优点有：①操作简单，便于进行平行实验；②在高温高压下可提高原料的溶解度，反应性增强；③反应速率快、效率高、产物纯度高；④通过改变反应条件，可获得不同结构的产物。该方法的不足是反应过程难以监测，反应机理难以揭示。近年来，水热（溶剂热）合成法广泛应用于制备非均相人工光合作用催化剂，如金属–有机骨架、共价–有机骨架、有机聚合物和无机半导体材料等[20-24]。

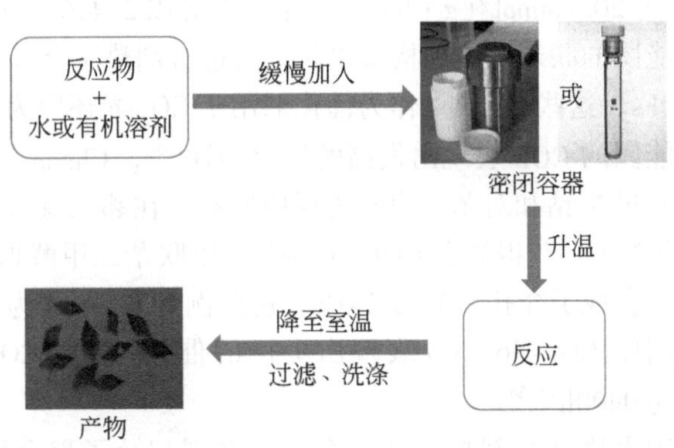

图2-4　水热（溶剂热）合成法的基本操作示意图

1999年，Yaghi等通过溶剂热法，以对苯二甲酸为有机配体，与硝酸锌反应获得了一例具有简单立方结构的三维金属–有机骨架（metal-organic framework，MOF）[25]。近年来，研究人员通过水热（溶剂热）法制备了一系列稳定MOFs，用于催化水分解和CO_2还原反应。曹荣等利用溶剂热法将吡唑基卟啉化合物和$Ni(CH_3COO)_2$在耐压玻璃管中反应，获得［Ni_8］簇基MOF光催化剂，可将

CO_2 还原为 CH_4 和 CO，同时氧化 H_2O 为 O_2[26]。张杰鹏等以联吡啶钌配合物和 $Co(NO_3)_2 \cdot 6H_2O$ 为原料，通过溶剂热法合成了 RuCo 双金属基 MOF 光催化剂，可将 CO_2 还原为 CO，同时氧化 H_2O 为 O_2[27]。鲁统部等通过溶剂热法，以均苯并菲三酸为有机配体，与 $Ce(NO_3)_3 \cdot 6H_2O$ 在 *N*,*N*-二甲基甲酰胺中反应获得了一例稳定的铈基 MOF，此 MOF 在加热到 500℃ 和 pH = 1 ~ 12 的酸碱沸水溶液中可保持骨架稳定。用 $La(NO_3)_3 \cdot 6H_2O$ 取代 $Ce(NO_3)_3 \cdot 6H_2O$，获得一例与铈基 MOF 同构的镧基 MOF。其中，铈基 MOF 可作为催化剂，用于光催化分解水产氢，而镧基 MOF 可用于光电催化全解水反应[28,29]。兰亚乾等利用水热合成法，以卟啉四羧酸为有机配体，与 H_3PO_4、$FeCl_3$($CoCl_2$、$NiCl_2$ 或 $ZnCl_2$)、Na_2MoO_4 和四丁基氢氧化铵反应，制备了铁、钴、镍和锌基 MOFs 电催化剂，可将 CO_2 电还原为 CO，其中，钴基 MOF 表现出最优的活性，法拉第效率为 99%，转化频率为 1656 h^{-1}[30]。

除了合成 MOFs 外，水热（溶剂热）法也被用于合成共价－有机骨架(COFs)[31]。2005 年，Yaghi 等以 1,4-苯二硼酸和 2,3,6,7,10,11-六氨基三苯为有机单元，通过溶剂热法合成了 COF-1 和 COF-5，之后该领域得到快速发展[32,33]。Thomas 等以具有不同强度的供体和受体化合物作为构筑单元，通过溶剂热法合成了三种网状结构的亚胺类 COFs，用于光催化水分解反应。其中，含有最强受体（三嗪）和最强供体（三苯胺）基团的 COF 表现出最优的光催化活性，H_2 生成速率为 20.7mmol/(g · h)[34]。朱伟东等以 2,4,6-三羟基苯-1,3,5-三甲醛和含不同官能团的联苯二胺为构筑单元，通过溶剂热法合成了一系列含不同官能团的二维 COFs。这些 COFs 可作为催化剂用于 CO_2 光还原为甲酸，其中，骨架上含甲氧基官能团的 COF 表现出最高的催化活性[35]。Chang 等以 5,10,15,20-四（4-羧基苯基）卟啉钴和对苯二甲醛为反应原料，在邻二氯苯和正丁醇混合物溶剂中 120℃ 反应 2 天，获得微孔 COF-366-Co，用联苯二甲醛取代对苯二甲醛，在相同合成条件下合成了介孔 COF-367-Co。这两例 COFs 可作为催化剂用于电催化 CO_2 还原，其中，COF-367-Co 表现出更优的催化活性，CO 法拉第效率为 90%，转化频率为 9400h^{-1}[36]。

研究人员利用水热（溶剂热）法也合成了系列超分子聚合物，包括由氢键作用形成的氢键–有机骨架（hydrogen-bonded organic framework，HOF）、以及由 π-π 堆积作用形成的 π 骨架等。鲁统部等以 $Zn(CH_3COO)_2$、1,10-菲啰啉和巯基四唑羧酸为原料，在溶剂热条件下合成了单核锌配合物，此配合物通过 π-π 堆积作用形成了超分子 π 骨架（π-1）。将 π-1 浸泡在铁、钴或镍盐中，过渡金属离子能与巯基硫、羧基氧和溶剂水配位而负载到 π-1 骨架上，所得材料在不需要外加光敏剂的条件下，可将 CO_2 光还原为 CO，其中，钴基 π-1 表现出最优的催化活性，CO 生成速率为 494.4μmol/(g · h)[37]。Giri 等将三聚硫氰酸、三聚氰胺和水加入到聚四氟乙烯反应釜中，在 180℃下反应 1 天，获得了三聚硫氰酸和三聚氰胺之间通过氢键连接而成的 HOF 催化剂，用于电催化分解水产氢，10mA/cm^2下产氢过电位为 80mV，塔费尔斜率为 78mV/dec[38]。廖培钦等利用溶剂热法，1*H*-苯并三唑和 $CuCl_2$ 在乙二醇和异丙醇混合溶剂中反应，获得了三核铜簇基配合物，配合物之间的 π-π 堆积作用将其连接成三维超分子 π 骨架，用于电催化 CO_2 还原为 C_{2+}产物，在−1.3V(*vs.* RHE) 时，法拉第效率为 73.7%，电流密度为 7.9mA/cm^2[39]。

此外，谢毅等以 $Bi(NO_3)_3 \cdot 5H_2O$、聚乙烯吡咯烷酮（PVP）和甲基咪唑溴盐为原料，在水热条件下制备了 PVP 保护的多层溴化氧铋（BiOBr），进一步通过超声剥离和紫外光照射，将 BiOBr 剥离成含氧缺陷的 BiOBr 纳米片（图 2-5），用于光催化 CO_2 还原反应，CO 的生成速率为 87.4μmol/(g · h)，催化活性分别是不含氧缺陷 BiOBr 纳米片和块体 BiOBr 催化剂的 20 倍和 24 倍[40]。丁勇等采用水热合成法，将 $CoCl_2$ 和硫脲在 180℃反应不同时间，获得了一系列 CoS(CoS-1，CoS-2，CoS-3 和 CoS-4)催化剂。CoS-2 表现出最优的析氢催化活性，H_2 的生成速率为 1196μmol/(g · h)[41]。王野等通过溶剂热法合成了氟修饰的铜纳米催化剂（F-Cu），该催化剂在 CO_2 电还原中表现出高的催化活性和 C_{2+}产物选择性。在气体扩散电解池中，电流密度为 1.6A/cm^2，C_{2+}产物（主要为乙烯和乙醇）的法拉第效率为 80%，C_{2+}产物生成速率为 4013μmol/(h · cm^2)，催化剂具有较好的稳定性。在 F-Cu 催化剂上，二氧化碳通过“氢助碳碳偶联”机理生成 C_{2+}产物，氟修饰不仅有利于 H_2O 活化生成活性氢物种（*H），还可促进 CO 的吸附和加氢生成*CHO 中间体，生成的*CHO 中间体在铜表面进行偶联反应生成 C_{2+}产物[42]。孙立成等以 $InCl_3 \cdot 4H_2O$ 和硫粉为原料，在溶剂热条件下首先合成了 In_2S_3 纳米片，然后将 In_2S_3 纳米片进行氧等离子体处理获得 In_2O_{3-x}/In_2S_3 异质结构，用于光电催化分解水反应，在 1.23V(*vs.* RHE) 时，其光电流密度为 1.28mA/cm^2[43]。

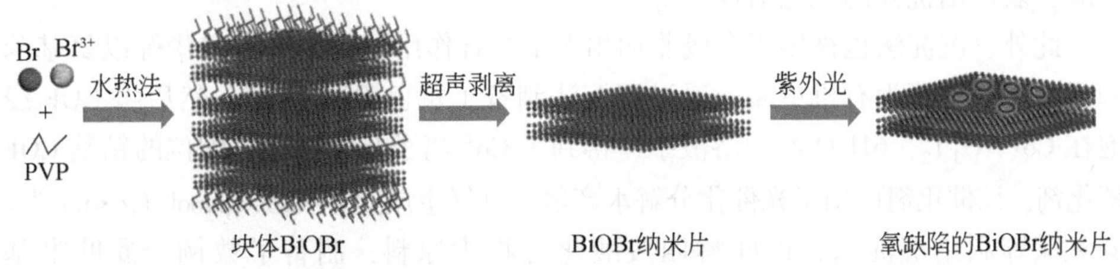

图 2-5　BiOBr 催化剂的合成工艺示意图

2.2.2 沉淀法

沉淀法是将反应原料按一定摩尔比在溶液中混合均匀，或加入合适的沉淀剂，反应原料之间发生反应产生沉淀，再经离心、洗涤、干燥、焙烧等处理得到目标产物。此方法通常在室温或加热搅拌下进行，搅拌是为了加速原料均匀分散，加热是为了加快产物生成速率。通过控制反应温度、反应物浓度、pH、溶剂种类等条件，可调控材料的尺寸和形貌等。这种方法的优点是简便、快速、低耗能，缺点是制得的产物可能含少量杂质，需要进一步纯化。近年来，研究人员利用此方法合成了一系列金属配合物均相催化剂[44]。例如，鲁统部等将含 $Co(ClO_4)_2 \cdot 6H_2O$ 的乙醇溶液加入到含大环穴醚有机配体的乙醇溶液中，在氩气氛围下搅拌反应15min，过滤获得双核钴配合物沉淀，可用于高效光催化 CO_2 还原为CO，CO的选择性为98%，转化数为16896，转化频率为 $0.47s^{-1}$[45]。Lau等将 $Fe(ClO_4)_2 \cdot 6H_2O$ 和四联吡啶配体分散于水中，在氩气气氛下回流1h，产生大量四联吡啶铁（Ⅱ）配合物微晶，表现出优异的光催化和电催化 CO_2 还原活性[46]。为了除去金属配合物中的杂质，一般使用重结晶、柱层色谱或溶剂扩散法提纯。Sakai等将含4,5-二氰基苯-1,2-二硫醇和三乙胺的甲醇溶液缓慢添加到含联吡啶镍的水溶液中，在室温下搅拌1h，过滤获得配合物粗产物，用乙腈重结晶得到紫色的镍配合物粉末，可作为电催化析氢反应催化剂，过电位为330~400mV，法拉第效率为92%~100%[47]。Savéant等将卟啉化合物、$FeBr_2$ 和2,6-二甲基吡啶的甲醇溶液在惰性气氛中50℃加热搅拌3h，获得配合物粗产物。利用柱层色谱法对粗产物进行提纯，得到棕色铁配合物催化剂，可用于电催化 CO_2 还原为CO，法拉第效率接近100%[48]。吴骊珠等以 $Fe(ClO_4)_2 \cdot H_2O$ 和吡啶化合物为原料，通过沉淀法合成了铁配合物催化剂，可将 CO_2 光还原为CO，CO的选择性为97%，转化频率为 $1040h^{-1}$[49]。曹睿等以 $Ni(CH_3COO)_2 \cdot 4H_2O$ 和卟啉化合物为原料，采用沉淀法合成了一系列镍卟啉配合物，用于电催化析氢反应，表现出优异的催化活性[50]。

此外，沉淀法也被用于合成非均相人工光合作用催化剂。杨启华等以氨基苯和联吡啶二甲醛为有机单元，通过沉淀法制备了黄色COF材料，然后将COF浸泡在 $Co(NO_3)_2 \cdot 6H_2O$ 乙醇溶液中，得到了 Co^{2+} 离子与联吡啶氮配位的钴基COF催化剂，该催化剂可用于光催化分解水产氢，氢气生成速率为59.4μmol/(g·h)[51]。刘天赋等利用沉淀法，以卟啉四羧酸化合物为原料，制备了数例金属卟啉基HOFs，这些HOFs可作为催化剂，将 CO_2 光还原为CO，其中，钴卟啉基HOF具有最优的催化活性[52]。Maji等利用沉淀法合成了两例孔尺寸不同的有机聚合物催化剂，可将 CO_2 光还原为甲烷，其中，具有更大孔道的有机聚合物表现出更优的催化活性，甲烷生成速率为2.15mmol/(g·h)，选择性为97%[53]。孙立成等采用沉淀法合成了配体上含三乙氧基硅烷的钌配合物，进一步将此配合物和联吡啶钌光敏剂负载到二氧化钛表面形成复合材料，用于光电催化水分解反应，在pH=6.8的磷酸盐缓冲溶液中和0.2V(*vs.* NHE)下，复合材料的光电流密度为1.7mA/cm^2[54]。

2.2.3　挥发法

挥发法是将反应原料按一定摩尔比溶于易挥发的有机溶剂中，在一定条件下使反应原料充分反应，然后在一定条件下挥发溶剂，使溶液达到饱和或过饱和状态，缓慢析出固体或晶体。为了控制晶体颗粒大小和纯度，需要控制溶液的挥发速度。挥发速度太快，形成晶体的速度快，晶核多，颗粒小，可能还含有杂质。在溶剂挥发时，可以用滤纸或塑料薄膜将容器进行封口，减慢挥发速度，获得高质量晶体。此外，利用此方法还需注意：①所选溶剂的沸点不宜过高，沸点太高不利于单晶析出；②保证容器的绝对干净；③溶剂挥发过程中不宜震动容器。室温缓慢挥发法的优点是获得的晶体完整、纯度高，缺点是需要较长时间。

鲁统部等利用室温挥发法合成了一例高稳定性的钴配合物。首先，将$Co(ClO_4)_2 \cdot 6H_2O$和三（2-苯并咪唑甲基）胺溶于乙腈中，搅拌2h，混合溶液在室温下缓慢挥发，获得紫色块状配合物晶体[55]，此配合物具有良好的光催化CO_2还原为CO性能，CO选择性为97%，转化数为1179。此外，他们将$CoCl_2$甲醇溶液缓慢滴加到喹啉甲醇溶液中，在氩气气氛下加热回流1h，冷却至室温，加入饱和$NaClO_4$甲醇溶液，在室温下挥发，获得红色双核钴配合物晶体，可用于光/电催化CO_2还原为CO[56]。孙立成等通过室温挥发法，利用$Co(NO_3)_2 \cdot 6H_2O$和2-甲基咪唑合成了一例MOF催化剂，用于光催化CO_2还原为CO[57]。此外，Sakai等利用室温挥发法合成了橙红色铂配合物催化剂，用于光催化分解水产氢[58]。Agarwal等将羰基锰和苯并咪唑在四氢呋喃中反应，得到锰配合物粗产物，进一步柱层色谱分离和重结晶，获得亮黄色的锰配合物催化剂，用于电催化CO_2还原为CO[59]。

2.2.4　界面扩散法

界面扩散法又称分层扩散法，是将两种反应物分别溶于不同的溶剂中，然后分别缓慢加入到一根较长试管中，溶剂密度较大的置于试管下层，密度小的置于上层，两种反应物溶液中间加入少量缓冲溶液，密封静置一段时间，在分层界面处形成目标产物。界面扩散法适用于制备溶解度不太好的材料。例如，鲁统部等利用界面扩散法合成了一例具有三维动态孔结构的MOF，可用于高选择性捕获CO_2分子。首先，将三（4-羧基苯）胺溶于水，置于下层，然后加入少量三乙胺作为缓冲层，最后将镍配合物的乙腈溶剂缓慢滴加到上层，在室温下放置6天，在分层界面处长出粉红色块状晶体[60]。Gascon等利用界面扩散法合成了MOF纳米片，用于分离CO_2和CH_4混合气体中的CO_2分子。首先，将1,4-苯二甲酸溶解于*N*,*N*-二甲基甲酰胺和乙腈的混合溶剂中，置于试管下层，然后加入*N*,*N*-二甲基甲酰胺和乙腈混合溶剂作为缓冲层，最后，在上层滴加*N*,*N*-二甲基甲酰胺和乙腈的$Cu(NO_3)_2 \cdot 3H_2O$混合溶液，在40℃条件下，反应24h获得蓝色MOF纳米片[61]。

2.2.5　溶胶–凝胶法

1846年，法国化学家Ebelmen发现，四氯化硅与乙醇混合可生成四乙氧基硅烷（TEOS），TEOS在湿空气中会发生水解并形成凝胶，从而开始了溶胶–凝胶化学的研究。溶胶–凝胶法是以无机物或金属醇盐作为前驱体，将这些原料均匀分散于溶剂中，经过水解和缩合反应形成稳定透明的溶胶，对溶胶进行陈化，胶粒间缓慢聚合，生成具有一定空间结构的凝胶，最终经过干燥和热处理，获得目标产物。溶胶–凝胶法的特点是：①反应原料被分散到溶剂中形成低黏度的溶液，在很短时间内原料能在分子水平上均匀地形成溶胶，此外，在获得凝胶时，反应原料之间也能在分子水平上混合均匀；②此反应在溶液中进行，一些微量元素能够容易、均匀且定量地掺入到溶液中，实现分子水平上的元素掺杂；③反应比较容易进行，且反应温度较低，反应体系中各组分可在纳米范围内进行扩散；④反应过程与溶剂加入量、pH、滴加速度、反应温度等因素有关，通过改变反应条件可调控材料的形貌和性能。但是，溶胶–凝胶法也存在一些缺点，如原材料较贵、干燥时易出现团聚和逸出对人体有害的气体或有机物等。

Maji等以四硫富瓦烯和三联吡啶化合物为原料，利用沉淀法合成了暗红色的三联吡啶基化合物。将沉淀溶于甲醇、二氯甲烷和水的混合溶剂中，再加入$Zn(NO_3)_2 \cdot 6H_2O$，加热获得黏稠液。将黏稠液降至室温放置4h，获得不透明的配合物凝胶。此凝胶可作为催化剂，将CO_2光还原为CO，生成速率为438μmol/(g·h)，选择性为99%，也能实现光催化分解水产氢，在以铂作为共催化剂时，H_2生成速率为14727μmol/(g·h)[62]。王心晨等将硼酸、尿素和淀粉加入水中形成白色悬浮液，然后往悬浮液中加入NaCl，放置4h，获得淀粉基水凝胶。将凝胶在1250℃退火5h，得到三维多孔硼碳氮（BCN）陶瓷气凝胶（图2-6），可用于光催化水分解产氢和CO_2还原为CO[63]。马天翼等将柠檬酸钠、$Bi(NO_3)_3 \cdot 5H_2O$、$SnCl_2$和$NaBH_4$水溶液加入水中，搅拌使其混合均匀，然后加入氯化铵，放置6h，获得Bi-Sn气凝胶，调控$Bi(NO_3)_3 \cdot 5H_2O$和$SnCl_2$的摩尔比，获得不同摩尔比的Bi-Sn气凝胶催化剂，此凝胶可将CO_2电还原为甲酸，在-1.0V(*vs.* RHE)时，生成甲酸的法拉第效率为93%，电流密度为9.3mA/cm^2[64]。

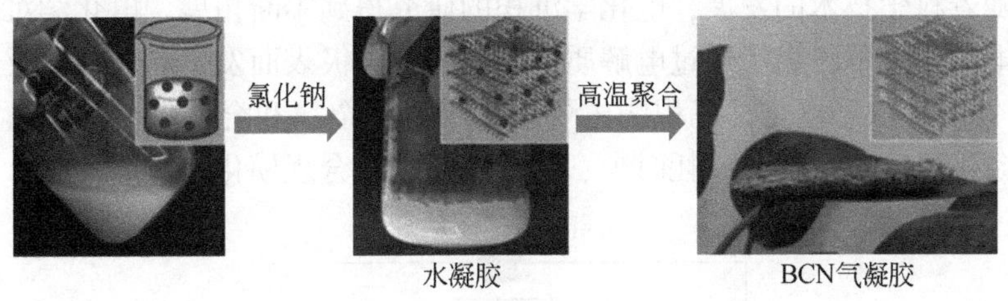

图 2-6　BCN 气凝胶的合成工艺示意图

2.2.6　微波合成法

1986 年，Gedye 等将 4-氰基酚盐与苯甲基氯进行微波反应，结果显示，该反应比传统加热回流快 240 倍，这一发现引起了研究者对微波反应的广泛关注[65]。微波合成法是在微波电磁场的作用下，带电粒子高速运动，引发反应物在极短时间内发生上亿次相互碰撞进而发生反应。此方法不会影响分子结构，仅增强了反应物分子的震荡，从而加快反应物分子之间的碰撞速度，促使反应进行。微波合成法受热均匀性好，避免了内外部的温度差。此外，微波合成只需要常规加热方法的十分之一到百分之一的时间，即可完成整个加热过程。但微波合成法也存在一定的局限性，如在液体介质中，微波穿透距离较短，反应容器较小，很难制备大规模的材料。

段镶锋等采用微波合成法制备了多种石墨烯负载的钴单原子催化剂。首先将金属盐加入到氨基氧化石墨烯溶液中，由于金属离子与氨基之间形成强相互作用，金属离子可均匀分布于氧化石墨烯片层表面。然后将含金属离子的氧化石墨烯置于微波炉中，在 1000W 下加热 2s，获得金属原子掺杂于石墨烯晶格的单原子催化剂。电化学测试表明，钴单原子催化剂在酸性条件下表现出优异的产氢活性，在电流密度为 $10mA/cm^2$时，过电位为 175mV[66]。江海龙等通过微波合成技术，以 $ZrOCl_2 \cdot 8H_2O$ 和 2,4,6-三（4-羧基苯基)-1,3,5-三嗪为反应原料，在 130℃反应 15min，获得了一例锆基 MOF，将 MOF 和铂纳米颗粒进行复合后可同时实现分解水产氢和卞胺氧化，卞胺氧化成 *N*-苄烯丁胺的速率为 1512μmol/(g·h)[67]。王磊等以 $Ru_3(CO)_{12}$、$Mo(CO)_6$和碳纳米管（CNT）为原料，通过微波合成法制备了 Ru-Mo_2C@CNT 催化剂。Ru 和 Mo_2C 纳米颗粒形成异质结，均匀负载于 CNT 上。在 1.0mol/L KOH 溶液中，Ru-Mo_2C@CNT 表现出良好的 HER 性能，在电流密度为 $10mA/cm^2$时，过电位为 15mV[68]。

2.2.7　电化学沉积法

早在 19 世纪，已有电化学沉积镀银和镀金的专利，不久以后又发明了镀镍技术。随着科学技术的发展，电化学沉积的研究得到不断拓展。电化学沉积法是指在外电场作用下，离子通过电解质溶液迁移至电极表面发生氧化还原反应形成沉积物（图 2-7）。电化学沉积法主要应用于合成金属和合金催化剂，具有操作简单、条件温和、能耗低、耗时少、形貌可调、适合规模化生产等特点。

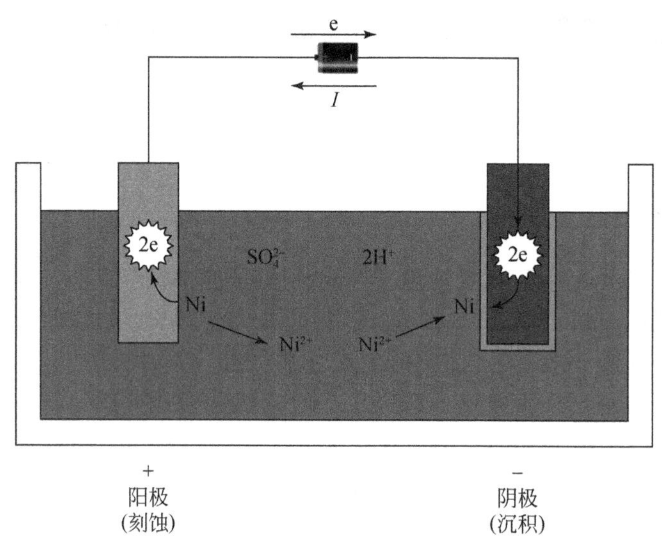

图 2-7　电化学沉积装置示意图

Chang 等将 CoS 电沉积到 FTO 导电玻璃表面，用于电化学析氢。在 pH = 7 时，CoS 表现出较好的催化活性，起始电位为 43mV，塔费尔斜率为 93mV/dec，法拉第效率约 100%。此外，CoS 也表现出良好的稳定性，在电流密度为 $50mA/cm^2$时至少可稳定 40h[69]。曾杰等利用三电极体系，通过电化学沉积获得两种 $Ir_1/Co(OH)_2$ 单原子催化剂。为了证明方法的普适性，他们又以 $Co(OH)_2$、MoS_2、MnO 和氮掺杂碳为衬底，合成了钼、钴、锰单原子催化剂，并研究了它们的电催化分解水产氢性能。催化结果显示，阴极沉积的单原子催化剂在电催化析氢反应中表现出优异的性能，尤其是负载在硒化物衬底上的铱单原子催化剂，仅需 8mV 的过电势即可获得 $10mA/cm^2$ 的电流密度[70]。韩布兴等通过电沉积和电还原方法，制备了 Ag 和 S 双元素掺杂的 Cu_2O/Cu 催化剂，可将 CO_2 电还原为甲醇，在以 1-丁基-3-甲基咪唑四氟硼酸盐/水为电解质的 H 型电池中，甲醇的法拉第效率为 67.4%，电流密度为 $122.7mA/cm^2$[71]。

2.2.8　静电纺丝法

1934 年，Formals 等首次利用静电纺丝法制备出高聚物纳米纤维，开启了静电纺丝技术在制备纳米纤维方面的应用。静电纺丝法是利用高压静电场将聚合物溶液加工成纳米纤维的方法。相关设备主要包括高压电源、带针头的推动器和接收装置。首先，选用合适的溶剂将聚合物溶解形成聚合物溶液，然后将溶液加入到带针头的推动器中，同时在推动器针头接上高压电源的一个电极，在接收装置上接上另一个电极。推动器将聚合物溶液经针头推出，针尖上的液体在高压静电作用下被拉伸并向接收装置方向运动，落于接收装置上被收集起来，最终获得纳米纤维材料。静电纺丝法制备纳米纤维的影响因素很多，包括：①聚合物溶液的浓度越高，纤维直径越大；②电场强度增大，静电斥力增大，引起拉伸应变速率增大，纤维变得更细；③针头与收集器之间的距离增大，纤维直径变小；④流体的流动速率与纤维直径成正比；⑤改变收集器的状态，可获得不同形貌的纳米纤维。静电纺丝法的优点包括：操作简单，获得的纳米纤维材料尺寸均匀且易于控制。

夏幼南等利用静电纺丝法制备了多种催化材料，如多孔纳米纤维、中空纳米纤维和定向排列的纳米纤维等，研究了这些材料在环境、催化、能源、光/电子、生物医学等领域中的应用[72]。楼雄文等以 $Co(CH_3COO)_2$、Ni（$CH_3COO)_2$、聚苯乙烯（PS）和聚丙烯腈（PAN）为原料，通过静电纺丝法制备了 Ni/Co-PS-PAN 纤维，经磷化和高温热处理，获得多通道中空碳纤维限域的高分散 NiCoOP 纳米颗粒催化剂。NiCoOP 呈现多通道中空结构，暴露了大量的催化活性位点，具有强 CO_2 吸附能力，并促进了光生载流子的迁移和分离。该催化剂表现出良好的光催化 CO_2 还原活性，CO 的产率为 16.6μmol/h[73]。何传新等将 MOF（ZIF-8）、Ni（$NO_3)_2 \cdot 6H_2O$ 和聚丙烯腈分散于 *N*，*N*-二甲基甲酰胺中，利用静电纺丝技术制备了纤维材料，在高温下煅烧获得一种柔性、镍单原子修饰的多孔碳纤维薄膜，在实验室条件下，一次性可制备 300cm² 以上（图 2-8）。这种薄膜具有良好的机械强度和均匀的单原子镍催化位点，可将 CO_2 电还原为 CO，其法拉第效率为 88%，电流密度为 308.4mA/cm²，可稳定工作 120h 以上[74]。

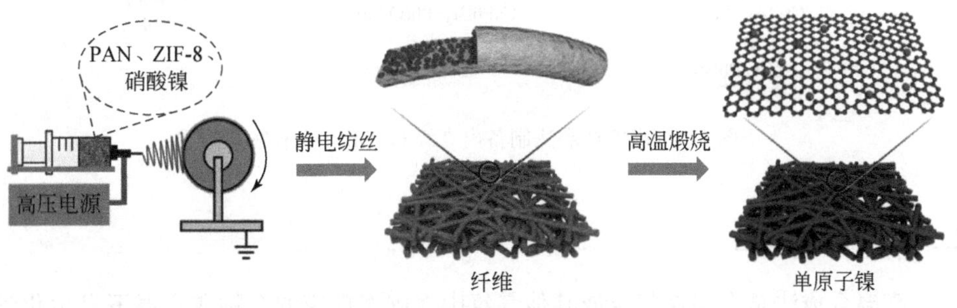

图2-8 单原子镍催化剂的合成工艺示意图

2.3　固相合成法

2.3.1　球磨法

球磨法是近年来发展起来的一种制备超细纳米粉体材料的重要方法，它可避免或减少有机溶剂的使用。根据球磨过程中是否发生反应，可分为两种过程。一种是物理过程，即利用机械方式改变材料的粒径和形貌。通过球磨机的转动或振动，对原材料进行研磨、碰撞和搅拌，将原材料粉碎成微粒。另一种是通过球磨诱发化学反应制备新材料。球磨法具有操作简便、反应温度低、粒径分布均匀、产率高等优点，被广泛用于制备超微粉末及纳米催化材料、合金材料等。

Eslava 等采用球磨法合成了克级钙钛矿 $CsPbBr_3$ 纳米晶，通过改变球磨时间和磨球尺寸，可调控纳米晶体的尺寸和形态（图 2-9）。将制备的 $CsPbBr_3$ 纳米晶与石墨烯进一步球磨得到复合催化剂，其化学稳定性、吸光能力和 CO_2 吸附与活化能力均得到显著提升，表现出高的 CO_2 光还原活性[75]。Ito 等将钛酸钡作为压电催化剂，通过球磨法合成了芳基呋喃类化合物和芳基硼酸酯。该方法以机械力代替光作为能量来源，以压电材料代替光激发催化剂，实现了有机小分子在机械力作用下的氧化还原反应。相对于光化学策略，球磨法可在较短的时间内实现更高的产率，为有机氧化还原反应开辟了一种新的合成路径[76]。

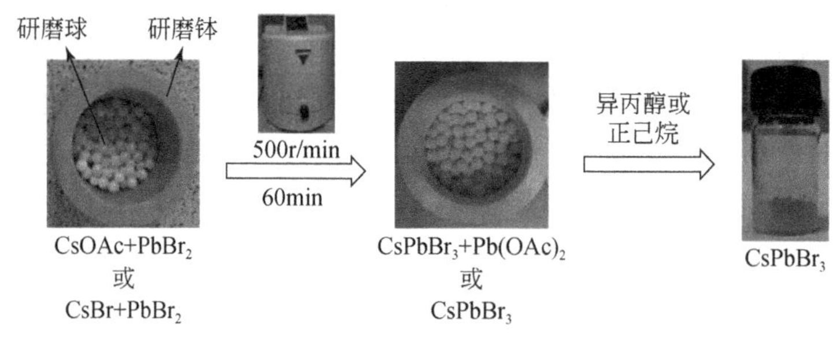

图 2-9　高能球磨法制备出克级 $CsPbBr_3$ 纳米晶[75]

2.3.2　高温合成法

高温合成法是在惰性气氛或其他气氛中，固态反应混合物在高温下发生化学反应生成固态产物的过程。在固相反应过程中，参加反应各组分的原子和离子不能像在气相或液相反应中那样自由地迁移，因此，前驱体的粒径和均匀程度对固相反应产物的形貌和性能有重要影响。高温固相法是一种传统的粉体材料制备工艺，虽然存在能耗大、效率低、易混入杂质等缺点，但由于该法制备的粉体颗粒无团聚、填充性好、成本低、产量大、制备工艺简单等优点，一直是制备金属纳米颗粒、合金纳米材料和单原子材料的重要方法。

张涛等通过高温合成法成功制备了单原子 Pt/FeO_x 催化剂，并首次提出单原子催化的概念[77]。鲁统部等首先通过离子交换将贵金属钌引入金属–有机骨架化合物（ZIF-67）的孔道内，然后在 N_2 气氛下经过高温热解，制备了钌掺杂的钴纳米颗粒。同步辐射 X 射线吸收光谱揭示单原子钌倾向于掺杂在钴纳米颗粒的亚层和表层。少量钌原子的引入，显著提升了钴的电催化析氢性能，在酸性、中性和碱性条件下，催化剂均表现出低过电位和高催化活性[78]。王定胜等将乙酰丙酮铁封装在金属–有机骨架化合物（ZIF-8）的空腔中，利用空间限域效应，使催化位点达到原子级分散，在惰性气氛下高温热解，制备了稳定的 FeN_4 单原子催化剂，该催化剂表现出优异的氧还原能力[79]。李亚栋团队利用主客体策略，将金属阳离子锚定在不同的前驱体中，如聚合物、石墨烯、碳纳米管等，利用高温热解方法，合成了一系列单原子催化剂，探索了单原子催化剂在电催化、光催化等方面的应用[79-81]。

通过在单原子催化剂中引入杂原子（如 N、S 和 O 等），可调控其配位结构，进而提升其催化性能。除在反应前加入含杂原子的前驱体外，还可通过改变载气的方式，获得不同配位结构的单原子催化剂[82,83]。李灿等以 NH_3 作为载气，在高温条件下（1223K）将 $KBa_2Ta_5O_{15}$ 转化为由 Ta_3N_5 纳米棒/$BaTaO_2$ 纳米颗粒组成的异质结构半导体催化剂，该催化剂具有出色的光生电荷分离效率，提升了其在太阳光下全分解水产氢的效率[84]。此外，还可通过热解过程中产生的气体（如 NH_3）促进颗粒或块状金属中金属键的断裂，进而制备不同配位结构的单原子催化剂。吴宇恩等利用双氰胺高温热解产生的 NH_3，促进铂（Pt）网上 Pt 原子的挥发，随后挥发的 Pt 原子被具有丰富缺陷的氧化石墨烯捕捉，形成 Pt 单原子催化剂，该催化剂表现出优良的电化学析氢性能[85]。张加涛等利用双氰胺热分解生成的 NH_3，将 Bi 纳米颗粒转化为具有 BiN_4 结构的单原子催化剂，BiN_4 单原子催化剂表现出优异的 CO_2 电还原性能，在 0.39V（*vs.* RHE）的低过电势下，CO 法拉第效率为 97%，转化频率为 $5535h^{-1}$[86]。郭少军等利用次磷酸钠热解原位产生的 PH_3，在低温（400℃）下将钯（Pd）颗粒转化为负载在 g-C_3N_4 纳米片上的 Pd 单原子催化剂，该单原子催化剂表现出优异的电催化析氧性能[87]。

2.3.3　晶种诱导合成法

在纳米晶体合成中，为解决晶体的成核时间长、成核困难的问题，可在合成原料中加入少量晶体作为“种子”诱导晶体生长，这种合成方法称为“晶种诱导合成法”。该方法可以实现对纳米晶体尺寸、形状、组成和结构的精确控制，提高目标晶相的选择性。夏幼南等利用晶种诱导合成法获得了不同种类和结构的纳米晶体[88]。张华等使用非常规六方晶相（2H）的 Pd 纳米粒子（7.2nm）为晶种，通过晶种上晶面导向的相选择性外延生长，制备了面心立方-六方（2H）-面心立方（*fcc*-2H-*fcc*）异相结构的金纳米棒，这种独特结构的纳米棒在 CO_2 电还原反应中显示了优异的催化活性，在宽的电位窗口内实现 90% 以上的 CO 法拉第效率[89]。邵敏华等以 Pd 二十面体为晶种，通过 Cu 在晶种上的原位生长，合成了形状可控的 Pd-Cu Janus 纳米晶。该纳米晶表面形成的孪晶界面可调控催化剂的电子结构，在 CO_2 电还原反应中促进了 C—C 偶联，在 -1.0V（*vs.* RHE）时，C_{2+}产物的法拉第效率为 51.0%。吴骊珠等以 CdSe 为晶种，在 CdSe 上原位生长 CdS 壳层，获得具有核壳结构的 CdSe/CdS 量子点，用于光催化分解水产氢反应，以 Pt 纳米颗粒为共催化剂，在反应 8h 后，氢气产量为 4183μmol，在 0.5h 内量子效率为 65%[90]晶种诱导合成法缩短了合成时间，提高了目标晶相的选择性，可精确控制晶面结构，避免杂相生成，有效提高催化活性和产物选择性，为金属纳米晶体提供了通用的合成方法[91]。

参 考 文 献

[1] Zhong M, Tran, K, Min Y, et al. Accelerated discovery of CO_2 electrocatalysts using active machine learning. Nature, 2020, 581: 178-183.

[2] Yang K D, Ko W R, Lee J H, et al. Morphology-directed selective production of ethylene or ethane from CO_2 on a Cu mesopore electrode. Angew Chem Int Ed, 2017, 56: 796-800.

[3] Khan U, Luo Y, Tang L, et al. Controlled vapor-solid deposition of millimeter-size single crystal 2D Bi_2O_2Se for high-performance phototransistors. Adv Funct Mater, 2019, 29: 1807979.

[4] Jiang S, Yi B, Cao L, et al. Development of advanced catalytic layer based on vertically aligned conductive polymer arrays for thin-film fuel cell electrodes. J Power Sources, 2016, 329: 347-354.

[5] Jeng E, Qi Z, Kashi A R, et al. Scalablegas diffusion electrode fabrication for electrochemical CO_2 reduction using physical vapor deposition methods. ACS Appl Mater Inter, 2022, 14: 7731-7740.

[6] Bredar A R C, Blanchet M D, Burton A R, et al. Oxygen reduction electrocatalysis with epitaxially grown spinel $MnFe_2O_4$ and Fe_3O_4. ACS Catal, 2022, 12: 3577-3588.

[7] Chen J, Morrow D J, Fu Y, et al. Single-crystal thin films of cesium lead bromide perovskite epitaxially grown on metal oxide perovskite（$SrTiO_3$）. J Am Chem Soc, 2017, 139: 13525-13532.

[8] Kuo D Y, Kawasaki J K, Nelson J N, et al. Influence of surface adsorption on the oxygen evolution reaction on IrO_2（110）. J Am Chem Soc, 2017, 139: 3473-3479.

[9] Zhang X, Li J, Xiao P, et al. Morphology-controlled electrocatalytic performance of two-dimensional VSe_2 nanoflakes for hydrogen evolution reactions. ACS Appl Nano Mater, 2022, 5:

2087-2093.

[10] 王铄，王文辉，吕俊鹏，等. 化学气相沉积法制备大面积二维材料薄膜：方法与机制. 物理学报，2021，70：026802.

[11] Kong D，Wang H，Cha J J，et al. Synthesis of MoS_2 and $MoSe_2$ films with vertically aligned layers. Nano Lett，2013，13：1341-1347.

[12] Ma Y，Lu S，Han G，et al. Chemical vapor deposition of two- dimensional molybdenum nitride/graphene van der Waals heterostructure with enhanced electrocatalytic hydrogen evolution performance. Appl Surf Sci，2022，589：152934.

[13] Fan X，Peng Z，Ye R，et al. M_3C (M：Fe，Co，Ni) nanocrystals encased in graphene nanoribbons：an active and stable bifunctional electrocatalyst for oxygen reduction and hydrogen evolution reactions. ACS Nano，2015，9：7407-7418.

[14] Kim H U，Kim M，Seok H，et al. Realization of wafer- scale 1T- MoS_2 film for efficient hydrogen evolution reaction. Chem Sus Chem，2021，14：1344-1350.

[15] Wu Z，Yu Y，Zhang G，et al. *In situ* monitored (N，O) -doping of flexible vertical graphene films with high-flux plasma enhanced chemical vapor deposition for remarkable metal-free redox catalysis essential to alkaline zinc-air batteries. Adv Sci，2022：2200614.

[16] Ehsan M A，Rehman A，Afzal A，et al. 2021. Highly effective electrochemical water oxidation by millerite-phased nickel sulfide nanoflakes fabricated on Ni foam by aerosol-assisted chemical vapor deposition. Energy & Fuels，35：16054-16064.

[17] Ehsan M A，Khan A. Aerosol-assisted chemical vapor deposition growth of $NiMoO_4$ nanoflowers on nickel foam as effective electrocatalysts toward water oxidation. ACS Omega，2021，6：31339-31347.

[18] He Q，Zhang Y，Li H，et al. Engineering steam induced surface oxygen vacancy onto Ni-Fe bimetallic nanocomposite for CO_2 electroreduction. Small，2022，18：2108034.

[19] Tian Z Q，Lim S H，Poh C K，et al. A highly order-structured membrane electrode assembly with vertically aligned carbon nanotubes for ultra- low Pt loading PEM fuel cells. Adv Energy Mater，2011，1：1205-1214.

[20] Ding M，Flaig R W，Jiang H L，et al. Carbon capture and conversion using metal- organic frameworks and MOF-based materials. Chem Soc Rev，2019，48：2783-2828.

[21] Wang H，Wang H，Wang Z，et al. Covalent organic framework photocatalysts：structures and applications. Chem Soc Rev，2020，49：4135-4165.

[22] Liang J，Huang Y B，Cao R. Metal- organic frameworks and porous organic polymers for sustainable fixation of carbon dioxide into cyclic carbonates. Coord Chem Rev，2019，378：32-65.

[23] Son H J，Pac C，Kang S O. Inorganometallic photocatalyst for CO_2 reduction. Acc Chem Res，2021，54：4530-4544.

[24] Zhou H C，Kitagawa S. Metal- organic frameworks (MOFs). Chem Soc Rev，2014，43：5415-5418.

[25] Li H, Eddaoudi M, O'Keeffe M, et al. Design and synthesis of an exceptionally stable and highly porous metal-organic framework. Nature, 1999, 402: 276-279.

[26] Fang Z B, Liu T T, Liu J, et al. Boosting interfacial charge-transfer kinetics for efficient overall CO_2 photoreduction via rational design of coordination spheres on metal-organic frameworks. J Am Chem Soc, 2020, 142: 12515-12523.

[27] Huang N Y, Shen J Q, Zhang X W, et al. Coupling ruthenium bipyridyl and cobalt imidazolate units in a metal-organic framework for an efficient photosynthetic overall reaction in diluted CO_2. J Am Chem Soc, 2022, 144: 8676-8682.

[28] Gong Y N, Mei J H, Liu J W, et al. Manipulating metal oxidation state over ultrastable metal-organic frameworks for boosting photocatalysis. Appl Catal B, 2021, 292: 120156.

[29] Gong Y N, Ouyang T, He C T, et al. Photoinduced water oxidation by an organic ligand incorporated into the framework of a stable metal-organic framework. Chem Sci, 2016, 7: 1070-1075.

[30] Wang Y R, Huang Q, He C T, et al. Oriented electron transmission in polyoxometalate-metalloporphyrin organic framework for highly selective electroreduction of CO_2. Nat Commun, 2018, 9: 4466.

[31] Li Z, He T, Gong Y, et al. Covalent organic frameworks: pore design and interface engineering. Acc Chem Res, 2020, 53: 1672-1685.

[32] Côté A P, Benin A I, Ockwig N W, et al. Porous, crystalline, covalent organic frameworks. Science, 2005, 310: 1166-1170.

[33] Li Y, Chen W, Xing G, et al. New synthetic strategies toward covalent organic frameworks. Chem Soc Rev, 2020, 49: 2852-2868.

[34] Yang J, Acharjya A, Ye M Y, et al. Protonated imine-linked covalent organic frameworks for photocatalytic hydrogen evolution. Angew Chem Int Ed, 2021, 60: 19797-19803.

[35] Peng L, Chang S, Liu Z, et al. Visible-light-driven photocatalytic CO_2 reduction over ketoenamine-based covalent organic frameworks: role of the host functional groups. Catal Sci Technol, 2021, 11: 1717-1724.

[36] Lin S, Diercks C S, Zhang Y B, et al. Covalent organic frameworks comprising cobalt porphyrins for catalytic CO_2 reduction in water. Science, 2015, 349: 1208-1213.

[37] Zhang J H, Gong Y N, Wang H J, et al. Ordered heterogeneity of molecular photosensitizer toward enhanced photocatalysis. Proc. Natl Acad Sci USA, 2022, 119: e2118278119.

[38] Giri L, Mohanty B, Thapa R, et al. Hydrogen-bonded organic framework structure: a metal-free electrocatalyst for the evolution of hydrogen. ACS Omega, 2022, 7: 22440-22446.

[39] Zhu H L, Chen H Y, Han Y X, et al. A porous π-π stacking framework with dicopper (Ⅰ) sites and adjacent proton relays for electroreduction of CO_2 to C_{2+} products. J Am Chem Soc, 2022, 144: 13319-13326.

[40] Wu J, Li X, Shi W, et al. Efficient visible-light-driven CO_2 reduction mediated by defect-engineered BiOBr atomic layers. Angew Chem Int Ed, 2018, 57: 8719-8723.

[41] Zheng M, Ding Y, Yu L, et al. *In situ* grown pristine cobalt sulfide as bifunctional photocatalyst for hydrogen and oxygen evolution. Adv Funct Mater, 2017, 27: 1605846.

[42] Ma W, Xie S, Liu T, et al. Electrocatalytic reduction of CO_2 to ethylene and ethanol through hydrogen- assisted C—C coupling over fluorine- modified copper. Nat Catal, 2020, 3: 478-487.

[43] Hou J, Cao S, Sun Y, et al. Atomically thin mesoporous In_2O_{3-x}/In_2S_3 lateral heterostructures enabling robust broad band- light photo- electrochemical water splitting. Adv Energy Mater, 2018, 8: 1701114.

[44] Elgrishi N, Chambers M B, Wang X, et al. Molecular polypyridine-based metal complexes as catalysts for the reduction of CO_2. Chem Soc Rev, 2017, 46: 761-796.

[45] Ouyang T, Huang H H, Wang J W, et al. A dinuclear cobalt cryptate as a homogeneous photocatalyst for highly selectiveand efficient visible-light driven CO_2 reduction to CO in CH_3CN/H_2O solution. Angew Chem Int Ed, 2017, 56: 738-743.

[46] Cometto C, Chen L, Lo P K, et al. Highly selectivemolecular catalysts for the CO_2 to- CO electrochemical conversion at very low overpotential: contrasting Fe vs Co quaterpyridine complexes upon mechanistic studies. ACS Catal, 2018, 8: 3411-3417.

[47] Koshiba K, Yamauchi K, Sakai K. A nickel dithiolate water reduction catalyst providing ligand-based proton- coupled electron- transfer pathways. Angew Chem Int Ed, 2017, 56: 4247-4251.

[48] Costentin C, Passard G, Robert M, et al. Ultraefficient homogeneous catalyst for the CO_2-to-CO electrochemical conversion. Proc Natl Acad Sci USA, 2014, 111: 14990-14994.

[49] Wang X Z, Meng S L, Chen J Y, et al. Mechanistic insights into iron (Ⅱ) bis(pyridyl) amine-bipyridine skeleton for selective CO_2 photoreduction. Angew Chem Int Ed, 2021, 60: 26072-26079.

[50] Guo X, Wang N, Li X, et al. Homolytic versus heterolytic hydrogen evolution reaction steered by a steric effect. Angew Chem Int Ed, 2020, 59: 8941-8946.

[51] Chen J, Tao X, Li C, et al. Synthesis of bipyridine- based covalent organic frameworks for visible-light-driven photocatalytic water oxidation. Appl Catal B, 2020, 262: 118271.

[52] Yin Q, Alexandrov E V, Si D H, et al. Metallization- prompted robust porphyrin- based hydrogen-bonded organic frameworks for photocatalytic CO_2 reduction. Angew Chem Int Ed, 2022, 61: e202115854.

[53] Barman S, Singh A, Rahimi F A, et al. Metal-free catalysis: a redox-active donor-acceptor conjugated microporous polymer for selective visible-light-driven CO_2 reduction to CH_4. J Am Chem Soc, 2021, 143: 16284-16292.

[54] Gao Y, Ding X, Liu J, et al. Visible light driven water splitting in amolecular device with unprecedentedly high photocurrent density. J Am Chem Soc, 2013, 135: 4219-4222.

[55] Ouyang T, Hou C, Wang J W, et al. A highly selective and robust Co(Ⅱ)-based homogeneous catalyst for reduction of CO_2 to CO in CH_3CN/H_2O solution driven by visible light.

Inorg Chem, 2017, 56: 7307-7311.

[56] Wang J W, Huang H H, Sun J K, et al. Electrocatalytic and photocatalytic reduction of CO_2 to CO by cobalt(Ⅱ) tripodal complexes: low overpotentials, high efficiency and selectivity. Chem Sus Chem, 2018, 11: 1025-1031.

[57] Wang M, Liu J, Guo C, et al. Metal-organic frameworks (ZIF-67) as efficient cocatalysts for photocatalytic reduction of CO_2: the role of the morphology effect. J Mater Chem A, 2018, 6: 4768-4775.

[58] Kobayashi M, Masaoka S, Sakai K. Photoinduced hydrogen evolution from water by a simple platinum(Ⅱ) terpyridine derivative: a Z-scheme photosynthesis. Angew Chem Int Ed, 2012, 51: 7431-7434.

[59] Agarwal J, Shaw T W, Stanton Ⅲ C J, et al. NHC-containing manganese(Ⅰ) electrocatalysts for the two-electron reduction of CO_2. Angew Chem Int Ed, 2014, 53: 5152-5155.

[60] Ju P, Jiang L, Lu T B. An unprecedented dynamic porous metal-organic framework assembled from five fold interlocked closed nanotubes with selective gas adsorption behaviors. Chem Commun, 2013, 49: 1820-1822.

[61] Rodenas T, Luz I, Prieto G, et al. Metal-organic framework nanosheets in polymer composite materials for gas separation. Nat Mater, 2015, 14: 48-55.

[62] Verma P, Singh A, Rahimi F A, et al. Charge-transfer regulated visible light driven photocatalytic H_2 production and CO_2 reduction in tetrathiafulvalene based coordination polymer gel. Nat Commun, 2021, 12: 7313.

[63] Luo Z, Fang Y, Zhou M, et al. A borocarbonitride ceramic aerogel for photoredox catalysis. Angew Chem Int Ed, 2019, 58: 6033-6037.

[64] Wu Z, Wu H, Cai W, et al. Engineering bismuth-tin interface in bimetallic aerogel with a 3D porous structure for highly selective electrocatalytic CO_2 reduction to HCOOH. Angew Chem Int Ed, 2021, 60: 12554-12559.

[65] Gedye R, Smith F, Westaway K, et al. The use of microwave ovens for rapid organic synthesis. Tetrahedron Lett, 1986, 27: 279-282.

[66] Fei H, Dong J, Wan C, et al. Microwave-assisted rapid synthesis of graphene-supported single atomic metals. Adv Mater, 2018, 30: 1802146.

[67] Liu H, Xu C, Li D, et al. Photocatalytic hydrogen production coupled with selective benzylamine oxidation over MOF composites. Angew Chem Int Ed, 2018, 57: 5379-5383.

[68] Wu X, Wang Z, Zhang D, et al. Solvent-free microwave synthesis of ultra-small Ru-Mo_2C@CNT with strong metal-support interaction for industrial hydrogen evolution. Nat Commun, 2021, 12: 4018.

[69] Sun Y, Liu C, Grauer D C. et al. Electrodeposited cobalt-sulfide catalyst for electrochemical and photoelectrochemical hydrogen generation from water. J Am Chem Soc, 2013, 135: 17699-17702.

[70] Zhang Z, Feng C, Liu C, et al. Electrochemical deposition as a universal route for fabricating

single-atom catalysts. Nat Commun, 2020, 11: 1215.

[71] Li P, Bi J, Liu J, et al. *In situ* dual doping for constructing efficient CO_2-to-methanol electrocatalysts. Nat Commun, 2022, 13: 1965.

[72] Xue J, Xie J, Liu W, et al. Electrospunnanofibers: new concepts, materials, and applications. Acc Chem Res, 2017, 50: 1976-1987.

[73] Wang Y, Wang S, Lou X W. Dispersed nickel cobalt oxyphosphide nanoparticles confined in multichannel hollow carbon fibers for photocatalytic CO_2 reduction. Angew Chem Int Ed, 2019, 58: 17236-17240.

[74] Yang H, Lin Q, Zhang C, et al. Carbon dioxide electroreduction on single-atom nickel decorated carbon membranes with industry compatible current densities. Nat Commun, 2020, 11: 593.

[75] Kumar S, Regue M, Isaacs M A, et al. All-inorganic $CsPbBr_3$ nanocrystals: gram-scale mechanochemical synthesis and selective photocatalytic CO_2 reduction to methane. ACS Appl Energy Mater, 2020, 3: 4509-4522.

[76] Kubota K, Pang Y, Miura A, et al. Redox reactions of small organicmolecules using ball milling and piezoelectric materials. Science, 2019, 366: 1500-1504.

[77] Qiao B, Wang A, Yang X, et al. Single-atom catalysis of CO oxidation using Pt_1/FeO_x. Nat Chem, 2011, 3: 634.

[78] Jiao J, Zhang N N, Zhang C, et al. Doping ruthenium into metal matrix for promoted pH-universal hydrogen evolution. Adv Sci, 2022, 9: 2200010.

[79] Ji S, Chen Y, Wang X, et al. Chemical synthesis of single atomic site catalysts. Chem Rev, 2020, 120: 11900-11955.

[80] Chen Y, Ji S, Wang Y, et al. Isolated single iron atoms anchored on N-doped porous carbon as an efficient electrocatalyst for the oxygen reduction reaction. Angew Chem Int Ed, 2017, 56: 6937-6941.

[81] Chen S, Li W H, Jiang W. et al. MOF Encapsulating N-heterocyclic carbene-ligated copper single-atom site catalyst towards efficient methane electrosynthesis. Angew Chem Int Ed, 2022, 61: e202114450.

[82] Chen Y, Ji S, Chen C, et al. Single-atom catalysts: synthetic strategies and electrochemical applications. Joule, 2018, 2: 1242-1264.

[83] Zhang C, Sha J, Fei H, et al. Single-atomic ruthenium catalytic sites on nitrogen-doped graphene for oxygen reduction reaction in acidic medium. ACS Nano, 2017, 11: 6930-6941.

[84] Dong B, Cui J, Gao Y, et al. Heterostructure of 1D Ta_3N_5 nanorod/$BaTaO_2N$ nanoparticle fabricated by a one-step ammonia thermal route for remarkably promoted solar hydrogen production. Adv Mater, 2019, 31: 1808185.

[85] Qu Y, Chen B, Li Z, et al. Thermal emitting strategy to synthesize atomically dispersed Pt metal sites from bulk Pt metal. J Am Chem Soc, 2019, 141: 4505-4509.

[86] Zhang E, Wang T, Yu K, et al. Bismuth single atoms resulting from transformation of metal-

organic frameworks and their use as electrocatalysts for CO_2 reduction. J Am Chem Soc, 2019, 141: 16569-16573.

[87] Zhou P, Li N, Chao Y, et al. Thermolysis of noble metal nanoparticles into electron-rich phosphorus-coordinated noble metal single atoms at low temperature. Angew Chem Int Ed, 2019, 58: 14184-14188.

[88] Xia Y, Gilroy K D, Peng H C, et al. Seed-mediated growth of colloidal metal nanocrystals. Angew Chem Int Ed, 2017, 56: 60-95.

[89] Ge Y, Huang Z, Ling C, et al. Phase-selective epitaxial growth of heterophase nanostructures on unconventional 2H-Pd nanoparticles. J Am Chem Soc, 2020, 142: 18971-18980.

[90] Li X B, Gao Y J, Wang Y, et al. Self-assembled framework enhances electronic communication of ultrasmall-sized nanoparticles for exceptional solar hydrogen evolution. J Am Chem Soc, 2017, 139: 4789-4796.

[91] Lyu Z, Zhu S, Xu L, et al. Kinetically controlled synthesis of Pd-Cu janus nanocrystals with enriched surface structures and enhanced catalytic activities toward CO_2 reduction. J Am Chem Soc, 2020, 143: 149-162.

第 3 章　人工光合作用催化剂的表征

对人工光合作用催化剂的结构和形貌进行表征至关重要，不仅有助于认识催化剂的结构，还能更好地阐明催化剂的构效关系，进一步指导催化剂的设计合成。本章主要介绍三类人工光合作用催化剂的表征技术，包括显微学表征技术、X 射线表征技术和谱学表征技术。其中显微学表征技术主要用于表征催化剂的形貌信息，介绍内容包括扫描电子显微镜、透射电子显微镜、扫描隧道显微镜和原子力显微镜等四类电子显微镜；X 射线表征技术主要用于表征催化剂的物相和组分等信息，介绍内容包括 X 射线源、X 射线衍射、X 射线光电子能谱和 X 射线吸收光谱；谱学部分主要用于研究催化剂的带隙和分子结构等信息，介绍内容包括紫外-可见吸收光谱、红外吸收光谱、拉曼光谱、核磁共振谱和质谱。本章主要从仪器的基本构造、表征技术的基本原理与应用，以及最新的原位表征技术进展等方面进行阐述，希望读者能够对这些表征技术有基本的了解，从而能够较为全面地理解催化剂的构效关系。

3.1　显微学表征技术

3.1.1　扫描电子显微镜

1. 概述

扫描电子显微镜（scanning electron microscope，SEM）是利用高能聚焦电子束对样品表面进行扫描时产生的二次电子和背散射电子等信号，来获取样品表面的形貌、组分、晶体学信息等。1938 年，冯 · 阿登成功开发出世界上第一台 SEM；1942 年，Zworykin 等首次使用 SEM 成功对固体样品表面形貌进行了观测[1]；1965 年首台商用 SEM 问世。从此 SEM 开始广泛应用于科学和工业领域样品表面形貌以及成分的表征。

相比于其他显微技术，SEM 具有放大倍率高且连续可调、分辨率高、景深大、成像直观、样品制备简单等优势。例如，传统光学显微镜主要受到可见光衍射极限的限制，空间分辨率极限在 200nm 左右，而采用钨灯丝的 SEM 空间分辨率已达 3 ~6nm，而场发射源 SEM 的分辨率更是低于 1nm。SEM 放大倍率从几十倍可连续放大到几十万倍，是放大倍率调节范围最宽的显微技术。并且 SEM 具有很大的景深，通常要比透射电子显微镜大 10 倍，比光学显微镜大 100 倍，大的景深使 SEM 观察到的图像立体感更强，有利于观察粗糙不平的样品以及断口表面。此外，SEM 所需的样品制备简单，各种不同形貌的固体样品通常可以直接用于观察，避免了复杂的制样过程导致的结果失真。SEM 可广泛应用于人工光合作用催化剂微观形貌表征，成为研究催化机制和指导设计高性能催化剂不可或缺的重要手段。

本节将对 SEM 的基本原理进行简要介绍，并展示 SEM 在人工光合作用催化剂形貌表征和元素分析中的实际应用。

2. 基本原理

如图 3-1（a）所示，SEM 主要由六大系统组成，包括电子光学系统、扫描系统、信号收集系统、图像显示和记录系统、真空系统以及电源系统。SEM 顶部的电子枪所发射的电子束在经过多级电子透镜的聚焦后，在扫描系统的控制下按照顺序对样品表面进行逐行扫描。电子照射到样品表面激发出各种物理信号，如图 3-1（b）所示，由浅及深分别为俄歇电子（Auger electron）、二次电子（secondary electron，SE）、背散射电子（back scattered electron，BSE）、特征 X 射线以及连续 X 射线等。这些信号由专门的信号收集系统进行收集和处理，最终显示在计算机上。

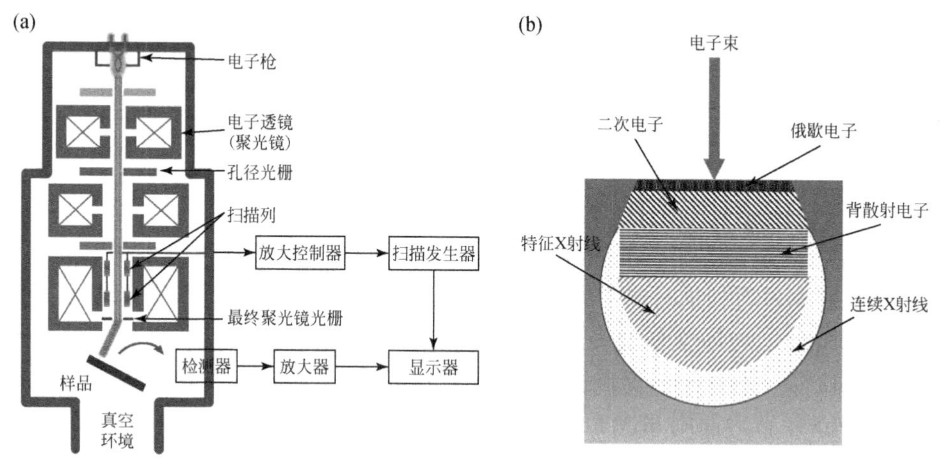

图 3-1　（a）SEM 结构示意图[2]；（b）电子束与样品相互作用产生的信号与相应深度示意图[3]

1）背散射电子

入射电子作用于样品时发生弹性或非弹性散射后离开样品表面的电子被称为背散射电子［图 3-2（a）］。背散射电子通常都具有很高的能量，有相当部分甚至接近入射电子能量。由于背散射电子的能量很大，它们在样品中产生的范围较大。更重要的是背散射电子的发射系数随原子序数的增大而增大，即原子序数更大的元素其背散射图像更亮。因此，根据背散射电子像可以分析样品表面元素成分分布。

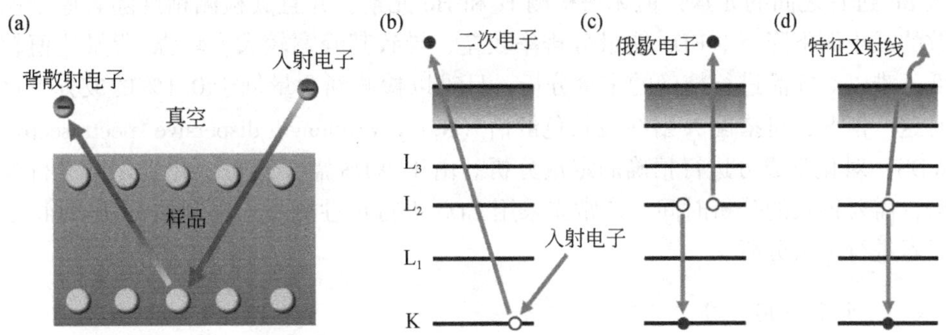

图 3-2　背散射电子（a）、二次电子（b）、俄歇电子（c）和特征 X 射线（d）产生过程示意图

2）二次电子

当原子核外电子从入射电子处所获得的能量大于其与原子核的结合能时，该核外电子便可脱离原子核成为自由电子。如果自由电子的能量大于材料的逸出功，这些自由电子便可以从材料表面逸出，成为真空中的自由电子，即二次电子［图 3-2（b）］。相比于背散射电子，二次电子的能量较低，它的逃逸深度很小，一般金属为 5nm，非金属为 50nm，二次电子产率随逃逸深度的增大而迅速减小。所以二次电子对样品表面非常敏感，能够直观有效地反映出样品表面的微观形貌。二次电子成像是 SEM 最常用的成像模式。

3）俄歇电子

当原子内层电子在入射电子激发下产生的空位被更高能级电子所占据时，由电子从高能级向低能级跃迁所产生的多余能量激发外层电子电离而逸出样品表面，成为俄歇电子［图 3-2（c）］。俄歇电子仅在样品表面极为有限的几个原子层中产生，并且由于每种原子都有其特定的壳层能量，其所发射的俄歇电子能量具有特征值，因此俄歇电子可用于表层化学成分分析。需要注意的是，原子最少要含有三个以上的电子才能产生俄歇电子。

4）特征 X 射线

不同于俄歇电子，在内层电子激发所形成的空位被更高能级的电子占据时释放的额外能量，直接以 X 射线的形式释放出来，即为特征 X 射线［图 3-2（d）］。特征 X 射线的作用深度一般为 500nm ~ 5μm。由于各元素都具有自己的特征波长，因此，特征 X 射线可用于分析样品微区成分。

X 射线能量色散谱（X-ray energy dispersive spectroscopy，EDS）是 SEM 元素分析的重要手段。它的原理就是高能电子与样品相互作用所产生的特征 X 射线，通过对 X 射线的特征波长和强度进行分析，确定扫描区域中的样品化学成分。因此，EDS 能谱仪常集成到 SEM 中。需要指出的是，X 射线能量色散谱可以分析从 Be 到 U 之间的元素，但无法检测 H 和 He 元素，并且其检测精度随着原子序数的减小而下降[2]。EDS 能量分辨率较差，导致其峰宽较大，峰强/背景比值较低，难以对样品进行精确的定量分析，且难以检测到含量低于 0.1% 的成分。针对这一情况，可搭配 X 射线波长色散谱（X-ray wavelength dispersive spectroscopy，WDS）对化学成分进行精确的定量分析。由于 WDS 需要对每个元素逐一进行展谱，需要很长的分析时间，通常先采用 EDS 进行定性测量，再利用 WDS 对特定元素进行定量分析。

3. 主要应用

催化剂的微观形貌及成分分布对催化性能起到至关重要的作用。SEM 凭借其宽的放大范围、高的分辨率和景深，能够非常直观地展示出各种不同状态催化剂的表面形貌和主要组成，成为催化剂研究中不可或缺的表征手段。下面对 SEM 在人工光合作用催化剂形貌表征和元素分析中的具体应用进行介绍。

1）纳米结构形貌表征

为提升催化反应效率，人工光合作用催化剂需要暴露尽可能多的活性位点参与催化反应。相比于块状材料，低维纳米材料如零维纳米颗粒/量子点、一维纳米线以及二维纳米片等，具有更大的比表面积。因此高效的人工光合作用催化剂一般具有低维纳米结构。SEM 是表征纳米结构最常用的手段之一，尤其是对三维立体结构的表征，具有其他表征手段难以比拟的优势。

如图 3-3（a）所示，Hwang 等[4]在研究卤素离子对 Zn 催化 CO_2 还原反应的影响过程中，利用 SEM 分别表征了在 KF、KCl、KBr 和 KI 溶液中制备的 Zn 电极的微观形貌。卤素离子从 F^- 到 I^- 吸附能力逐渐增强，因此电极表面的粗糙度逐渐增大，孔洞结构也逐渐增多，有利于吸附更多的 CO_2 以及中间产物，从而提升 CO_2 还原效率，抑制 HER。类似地，Ager 等[5]采用四种不同方法制备了用于催化 CO_2 还原反应的氧化物衍生的 Cu 电极，研究者将 SEM 获取的电极表面微观形貌［图 3-3（b）］与其催化性能进行比对，提出表面积是影响还原产物选择性的关键因素。何传新等[6]利用静电纺丝方法制备出单原子 Cu 修饰的具有中空结构的碳纳米纤维，并利用 SEM 对其在不同放大倍数下的形貌进行了表征。如图 3-3（c）所示，碳纳米纤维的直径约为 700nm，其通透的多孔结构在高倍图像中清晰可见，这种中空结构有利于负载更多的 Cu 单原子，提升 CO_2 还原反应效率，其 C1 产物电流密度达$-93mA/cm^2$。这种能够自支撑的碳纳米纤维相互交织形成网络结构，具有出色的机械性能，可直接用作 CO_2 还原反应的工作电极。Sargent 等[7]在设计一种复合多孔电极时，研究了 Ag 催化剂的沉积厚度对催化性能的影响。如图 3-3（d）所示，研究者分别在聚四氟乙烯（PTFE）多孔膜（孔洞尺寸 450nm）上表面溅射了厚度分别为 250nm、500nm 和 750nm 的 Ag 催化剂，通过测试这三种电极催化 CO_2 还原反应的性能，发现 Ag 催化剂厚度为 500nm 时具有最高的电流密度，从而证明设计电极结构时需要平衡 Ag 催化剂的负载量与电极的孔洞尺寸。

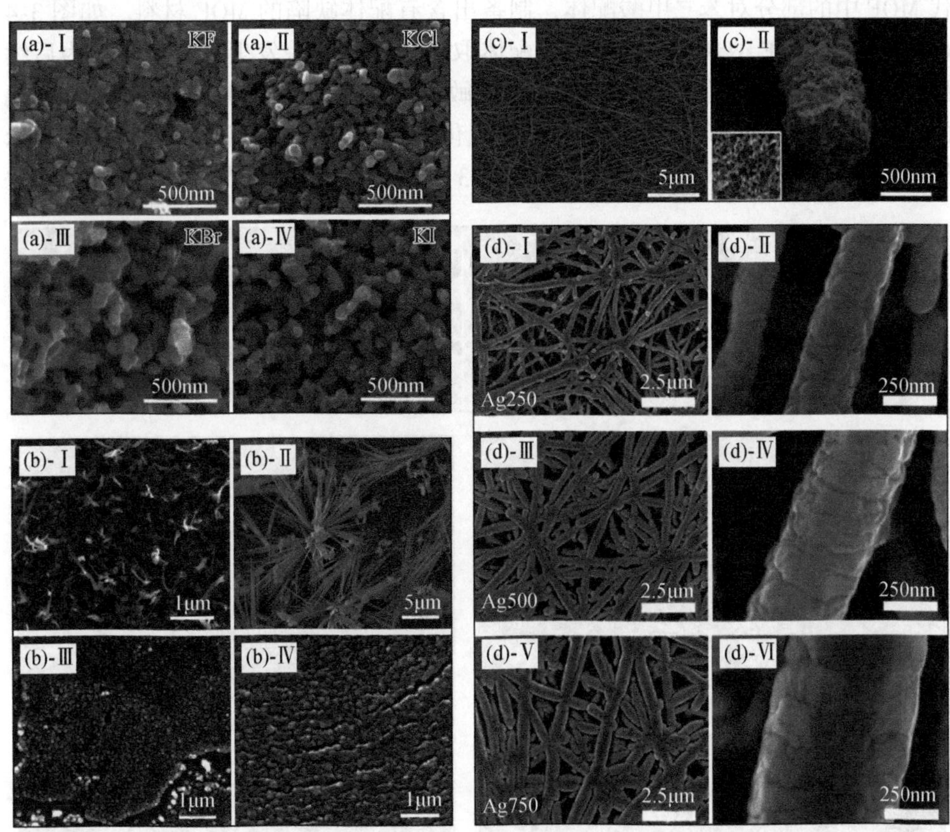

图 3-3　(a)在 KF(Ⅰ)、KCl(Ⅱ)、KBr(Ⅲ)和 KI(Ⅳ)溶液中制备的 Zn 纳米颗粒催化剂的 SEM 图像[4]；(b)热退火制备的氧化物衍生的 Cu 纳米颗粒(Ⅰ)和 Cu 纳米线阵列(Ⅱ)以及电化学氧化/还原循环(Ⅲ)和还原电沉积 Cu_2O(Ⅳ)制备的 Cu 电极表面的 SEM 图像[5]；(c)低倍(Ⅰ)与高倍(Ⅱ)视野下具有中空结构的碳纳米纤维 SEM 图像[6]；(d)在聚四氟乙烯多孔膜表面沉积 250nm Ag(Ⅰ)、500nm Ag(Ⅲ)以及 750nm Ag(Ⅴ)的 SEM 图像，(Ⅱ)、(Ⅳ)、(Ⅵ)分别为(Ⅰ)、(Ⅲ)、(Ⅴ)的局部放大图像[7]

多级纳米结构具有更加丰富的表面，在人工光合作用催化剂中被大量采用。对于多级纳米结构的表征既要求对其整体三维形貌进行观测，又需要清晰展示其纳米尺度的次级结构形貌。楼雄文等[8-11]利用溶剂热方法以 TiO_2 纳米片和碳纳米管为模板制备了一系列多级纳米结构，SEM 图像清晰地展示了这些材料表面的多级结构［图 3-4（a）］，能够极大提升材料的光催化和能源存储性能。李光琴等[12]以泡沫镍为模板，制备出具有高导电性和力学强度的 CoBDC 金属–有机骨架（metal-organic framework，MOF）纳米阵列。研究者采用羧基二茂铁（Fc）取代 MOF 中的部分对苯二甲酸配体，制备出含有配体缺陷的 MOF 材料。如图 3-4（b）所示，MOF 纳米片阵列在发生配体取代后微观形貌发生明显改变，为后续研究其催化性能的提升提供了参考。刘敏等[13]在研究局域电场强度对电催化 CO_2 还原反应的影响时，分别采用阳极氧化铝为模板制备了紧密排布的 Cu 纳米线阵列以及无序的树枝状 Cu 纳米线［图 3-4（c）］。研究者结合理论计算与催化

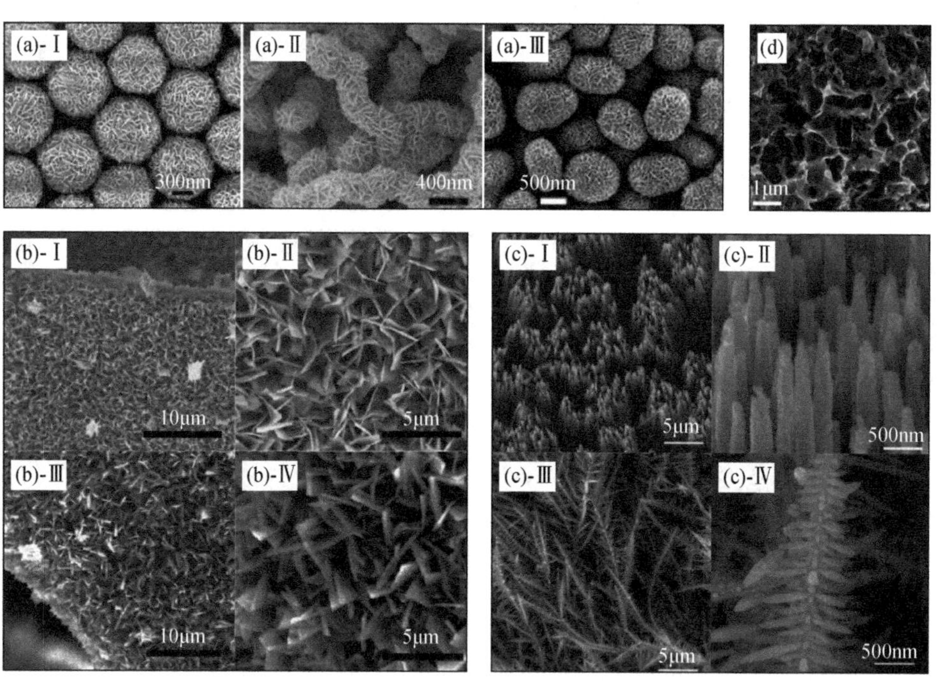

图 3-4　(a) 具有多级结构的 TiO_2 纳米球（Ⅰ）、SnO_2 纳米片@碳纳米管（Ⅱ）和 α-Fe_2O_3@SiO_2@TiO_2（Ⅲ）[8-10]；(b) 以对苯二甲酸为配体的 CoBDC 纳米阵列结构（Ⅰ、Ⅱ）与羧基二茂铁取代部分对苯二甲酸配体的 CoBDC-Fc 纳米阵列结构（Ⅲ、Ⅳ）SEM 图像[12]；(c) 紧密排列的 Cu 纳米线阵列（Ⅰ、Ⅱ）与无序的树枝状 Cu 纳米线（Ⅲ、Ⅳ）SEM 图像[13]；(d) 负载 Ni 单原子的石墨碳纳米海绵 SEM 图像[14]

性能测试，提出紧密排列的 Cu 纳米线阵列能够产生一个很强的局域电场，从而聚集更多的 K^+，有利于 *CO 的吸附和 C—C 偶联，从而大幅提升多碳产物的法拉第效率（59%）。在此研究中，扫描电子显微图像为证明局域电场对催化性能的影响提供了直观的证据。具有丰富孔洞结构和极大比表面积的纳米海绵也是一种重要的催化剂载体，陈鹏等[14]采用牺牲模板法制备了具有丰富孔洞结构的石墨碳纳米海绵［图 3-4（d）］，并在其表面负载 Ni 单原子构筑 Ni-N_4-O 催化位点，该材料在很大的电压窗口范围内（-1.06 ~ -0.56V）法拉第效率均超过 90%。

2）反应前后微观形貌变化表征

在催化剂制备过程中或催化反应前后表征催化剂微观形貌变化是判断催化剂是否制备成功、衡量催化剂稳定性的重要依据。高敏锐等[15]在研究 Cu 催化剂暴露晶面对催化性能影响时，首先制备了五种不同形状的 Cu_2O 纳米晶，随后通过电化学还原的方式将 Cu_2O 还原为 Cu 纳米晶催化剂。研究者利用 SEM 对比了这些催化剂在电化学还原前后的形貌，证明经过电化学还原形成的 Cu 纳米晶仍然很好地保持了原有的形状［图 3-5（a）］，为接下来的性能研究提供了依据。李彦光等[16]在制备用于催化 CO_2 还原反应的 N、P 共掺杂介孔碳材料（N，P-mC）时，以 ZIF-8 作为模板，通过植酸实现对 ZIF-8 的功能化处理，随后在 NH_3 氛围下高温退火得到 N，P-mC 催化剂。如图 3-5（b）所示，ZIF-8 在植酸功能化前后形貌未发生改变，经过高温退火后形成的 N，P-mC 催化剂仍然保留了 ZIF-8 十二面体的形状。Sargent 等[17]在研究中对比了不同气体氛围对于电沉积 Cu 催化剂形貌的影响。如图 3-5（c）所示，在电沉积过程中分别向溶液中通入 CO_2 和 N_2 气体，由于电解液中的 Cu(Ⅱ）离子所处环境不同，经过 60s 反应后所形成的 Cu 催化剂形貌和尺寸发生明显变化，Cu 催化剂在 N_2 环境下沉积速度更快。汪淏田等[18]设计了一种循环剥离/沉积的方法来制备暴露（100）晶面的 Cu 纳米晶催化剂。研究者利用 SEM 分别表征了初始 Cu 箔以及经过 10 次和 100 次循环后

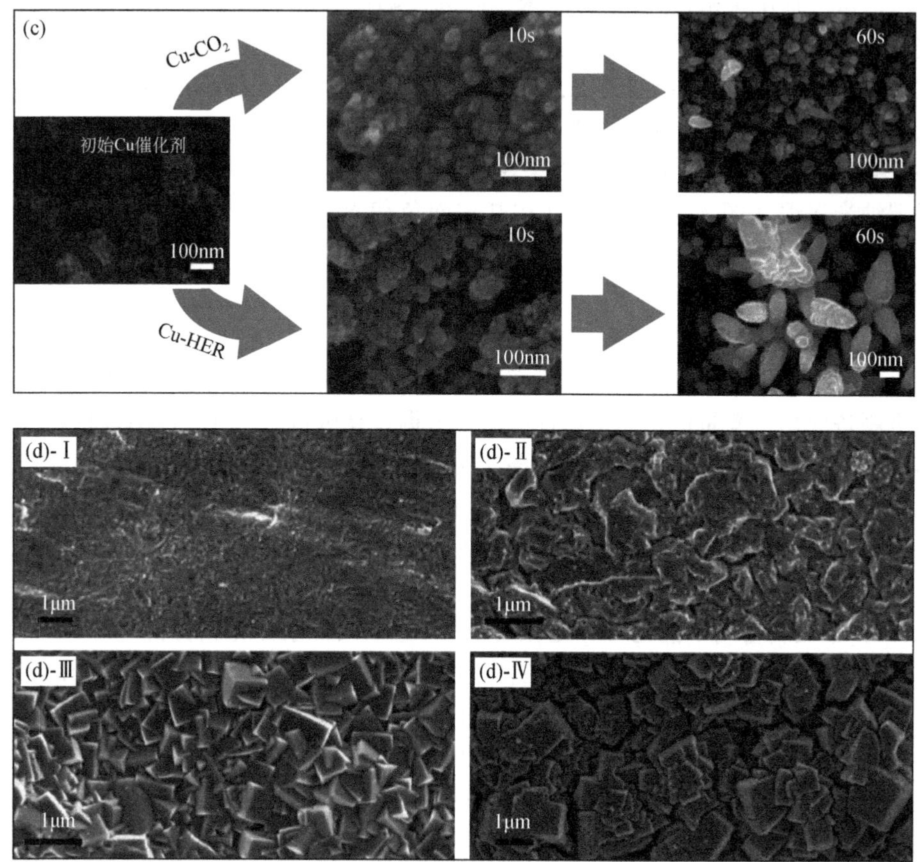

图 3-5　(a) 五种不同形貌的 Cu_2O（Ⅰ）以及经过 15min 电化学还原反应制备得到的 Cu 纳米晶催化剂 SEM 图像（Ⅱ）[15]；(b) ZIF-8 模板（Ⅰ）、植酸功能化的 ZIF-8（Ⅱ）以及氨气氛围退火得到的 N、P 共掺杂介孔碳材料（Ⅲ、Ⅳ）SEM 图像[16]；(c) CO_2 和 N_2 氛围下，在电沉积制备 Cu 催化剂过程中催化剂表面形貌随时间的变化[17]；(d) 初始铜箔（Ⅰ）、经过 10 次剥离/沉积循环（Ⅱ）、经过 100 次剥离/沉积循环（Ⅲ）的 Cu 催化剂表面形貌，在 CO_2 还原反应条件下被还原的 Cu 催化剂表面形貌（Ⅳ）[18]

的 Cu 箔表面微观形貌，清晰地显示出（100）晶面 Cu 纳米晶的形成［图 3-5(d)］。值得注意的是，所形成的 Cu 催化剂表面含有大量的 Cu_2O，这些 Cu_2O 在电催化 CO_2 还原过程中被还原为 Cu，导致催化剂形貌发生一定变化，但仍很好地保持了立方体结构。

3）横截面表征

对于紧密排列的阵列结构或多层膜结构，仅对其表面形貌进行表征难以完整地反映材料的整体结构特征，此时需要进一步借助 SEM 对其横截面进行表征。杨培东等[19]以垂直排布的 Si 纳米线阵列为模板，制备出 Si/TiO_2 纳米树阵列，作为光催化全解水的电极材料。为获得所制备的纳米树阵列的真实形貌，研究者利用 SEM 对其横截面进行了高分辨成像。如图 3-6（a）所示，具有丰富比表面积的 TiO_2 纳米线仅生长在 Si 纳米线的上半部分，为 OER 提供了丰富的反应位点；Si 纳米线的下半部分暴露在外，作为全解水反应中 HER 的位点。Sargent 等[20]为提升电极的稳定性设计了一种石墨/碳纳米颗粒/Cu 催化剂/聚四氟乙烯（PTFE）多孔膜结构的电极，其中疏水的 PTFE 膜与碳纳米颗粒分别实现气体扩散与电流收集功能，中间的 Cu 作为 CO_2 还原反应的催化剂。电极的横截面扫描电子显微图像可以清晰地反映出各层材料的微观形貌和厚度等信息［图 3-6（b）］，为分析和提升电极催化性能提供了依据。Ling 等[21]制备了一种 Ag-Au@ZIF 催化剂，其中 Ag 纳米晶作为氮气还原反应（NRR）催化剂，ZIF 薄膜一方面作为吸附层将反应活性物质限制在催化剂表面，另一方面作为超疏水层阻止水进入催化剂中。如图 3-6（c）所示，由于 Ag 纳米晶催化剂位于 ZIF 层下方，需要借助横截面扫描电子显微成像才能够对催化剂结构进行有效表征。

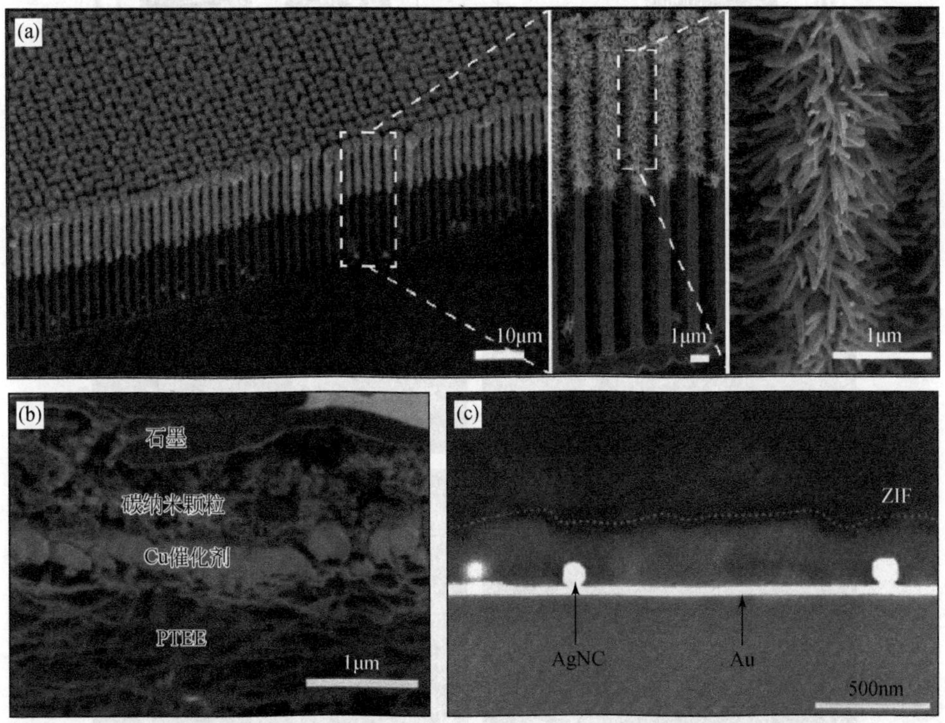

图 3-6　（a）Si/TiO_2 纳米树阵列横截面 SEM 图像[19]；（b）石墨/碳纳米颗粒/Cu 催化剂/聚四氟乙烯多孔膜结构横截面 SEM 图像[20]；（c）Ag-Au@ZIF 催化剂横截面 SEM 图像[21]

4）元素分析

SEM 除了对材料的微观结构进行成像外，还可借助集成在设备中的能谱仪接收特征 X 射线，从而分析选定区域的元素组成。如图 3-7（a）所示，Oh 等[22]利用 SEM 测量了 Co_xNi_y-CAT 催化剂的 EDS 谱线，测试结果中出现 Co 和 Ni 的特征谱，证明了 Co 和 Ni 成功掺杂到 CAT 催化剂中。除了分析元素组成外，SEM 还可以对选定区域进行元素成像，从而更加清晰地反映出特定元素的分布情况。如图 3-7（b）所示，殷亚东等[23]采用线扫描的方式测量了所制备的 CoP/Co-MOF 纳米棒催化剂的元素组成和分布情况，结果表明 CoP 相主要存在于纳米棒结构的外表面。而在吴宇恩等[24]的研究中，通过对横截面区域进行 EDS 元素面扫描成像，证明了 Ni 元素扩散进入到 N-C 电极内部，且在电极中均匀分布［图 3-7（c）］。

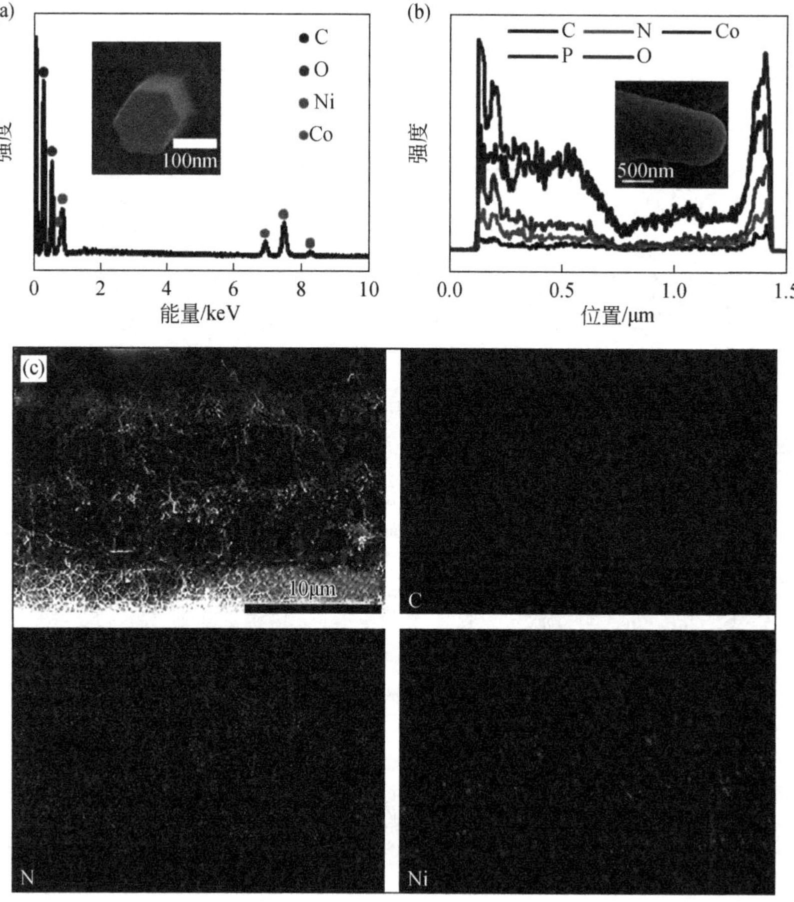

图 3-7 （a）Co_xNi_y-CAT 催化剂 EDS 谱[22]；（b）CoP/Co-MOF 纳米棒催化剂 EDS 线扫描谱[23]；（c）多级结构碳纸（H-CPs）电极横截面 SEM 图像及 C、N、Ni 元素 EDS 扫描成像图[24]

3.1.2 透射电子显微镜

1. 概述

透射电子显微镜（transmission electron microscope，TEM）同样利用经过加速和聚焦的电子束照射样品，不同于SEM，TEM主要利用透射电子成像，因此要求样品非常薄，电子能够穿透样品。电子穿过样品时与样品中的原子发生碰撞而改变方向，通过收集发生散射的透射电子来获取样品的结构信息。

世界上第一台TEM诞生于1933年，之后1939年德国西门子公司制造出首台商用TEM，其分辨率优于10nm。随着显微技术的快速发展，TEM的空间分辨率已达到0.1nm。近20年来，球差校正技术以及扫描透射电子显微术（scanning transmission electron microscopy，STEM）不断走向成熟和普及，目前透射电子显微镜的分辨率已达到亚埃量级。

在人工光合作用催化剂表征中，TEM可以直接获得原子级分辨率的衬度图像，同时利用X射线能量色散谱和电子能量损失谱（electron energy loss spectroscopy，EELS），可以在原子尺度上进行元素分布以及单个原子列的能量损失谱，从而在一次实验中获得原子级分辨率的结构、化学成分以及电子结构等信息。本节将对TEM的基本原理、透射电子显微技术，尤其是扫描透射电子显微技术在人工光合作用催化剂研究中的应用实例进行介绍。

2. 基本原理

1）TEM工作原理

TEM由照明系统（电子枪、聚光镜）、成像系统（物镜、中间镜和投影镜）、样品室、观察和记录系统、真空系统以及电源与控制系统组成。电子枪发射出的电子束经过聚光镜汇聚后形成一束明亮而又均匀的“光斑”照射在样品上。电子在透过样品时与样品中的原子发生相互作用，从而携带了样品内部的结构信息，透射的电子在经过汇聚以及放大之后将相关的图像呈现在荧光屏或显示器上。

根据TEM的成像原理，其呈现的像可分为吸收像、相位像和衍射像。其中吸收像主要根据电子透过样品时发生的散射相互作用，对于样品内部致密区域，电子的散射角更大，透过的电子数量更少，呈现出较暗的图像。当样品厚度较薄时（10nm以下），电子穿过样品引起波的振幅变化可以忽略，此时成像主要来自其相位的变化，即为相位像。电子衍射图像是TEM的另一种工作模式，当样品具有周期性晶格结构时，透过的电子束会发生衍射现象，在与入射角成2θ的方向上可收集到衍射信号。通过衍射图像可以获得样品的结晶性、晶格类型以及晶格常数等信息，也可以反映出晶体中缺陷的分布情况。

需要指出的是，TEM 对样品要求较高，需要将样品转移到专门的微栅或者碳膜上进行测试。样品尺寸和厚度不能太大，对于块状样品需要进行减薄处理。此外样品不能有磁性，以避免对电镜光路造成破坏，或者污染镜筒。

2）STEM 工作原理

不同于一般 TEM 所采用的平行电子束，STEM 利用磁透镜和光阑把场发射的电子束汇聚成原子尺度的束斑，电子束斑在线圈控制下对样品进行逐点扫描，透过样品的电子被下方的探测器同步接收。将探测器收集到的每一个点的信号集合在一起，便形成一幅扫描透射电子显微图像。STEM 可以通过控制电子束斑与样品的相对位置，实现对样品的点、线、面分析。

入射电子与样品原子相互作用产生弹性和非弹性散射，在不同位置收集信号可以得到不同信息。图 3-8 示意了 STEM 中探测器的分布情况，其中在样品正下方 θ_3 角度范围内主要是透射电子束和部分散射电子。此处的探测器获得环形明场像（ABF），可以形成各种衬度的像，类似于透射电镜的明场像。当探测器位于 θ_2 角度范围内时，主要接收发生布拉格散射的电子，得到环形暗场像（ADF）。相比于环形明场像，环形暗场像受像差影响较小，具有更高的衬度，但分辨率不如环形明场像。当探测器位于更高的 θ_1 角度范围内时，接收到的电子主要是高角度非相干散射电子，得到的像被称为高角环形暗场像（HAADF）。高角环形暗场像的信号强度近似正比于元素质量的平方，又被成为 Z 衬度像。当样品

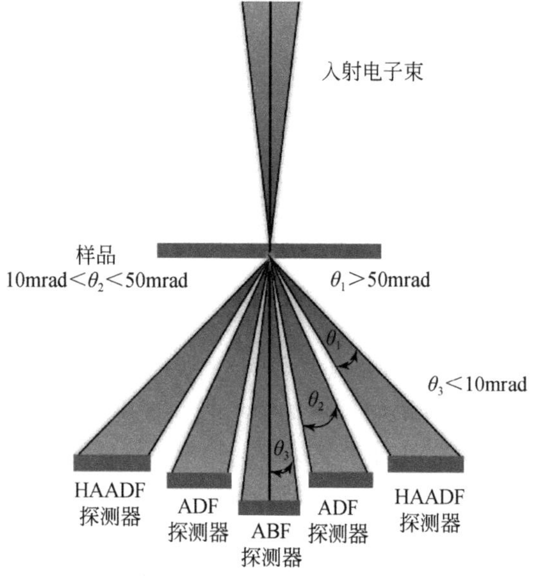

图 3-8　STEM 探测器分布示意图[25]

厚度一定时，图像中亮的部分代表原子序数大的原子。随着球差校正技术的成熟，STEM的分辨率可以达到亚埃尺度，实现对单个原子的成像。

3）TEM能谱表征技术

TEM主要集成了X射线能量色散谱和电子能量损失谱两种能谱表征手段。其中，X射线能量色散谱（EDS）的工作原理与其在SEM中相类似，能够为人工光合作用催化剂提供半定量的成分分析。X射线能量色散谱对于检查较重元素比较敏感，而对较轻的原子检测精度较低，且无法提供元素价态、电子结构等信息。

电子能量损失谱（EELS）利用入射电子发生非弹性散射时损失的能量来反映散射机制、样品的化学成分以及厚度等信息，从而分析得到测试区域的元素组成、化学键以及电子结构等信息。电子能量损失谱对于较轻的元素十分敏感，在探测轻元素方面具有其他表征手段无法比拟的优势，同时其能量分辨率可达1eV。

3. 主要应用

1）金属单原子/双原子催化剂表征

金属单原子/双原子催化剂是近年来发展迅速的新型人工光合作用催化剂，这类催化剂具有100%的原子利用率，所有的金属原子都可以参与催化反应，能够极大降低贵金属催化剂的成本，提升催化效率。另外，金属单原子/双原子的催化性能可以通过改变其周围配位环境进行有效调控，使催化剂的设计更加具有针对性。由于金属单原子/双原子催化剂的尺寸仅有几埃，常规表征手段难以对其进行直接成像，需要借助STEM高角环形暗场像，基于金属元素与衬底原子衬度上的差异进行观察。

Gates等[26]在沸石表面通过高温煅烧的方法，制备出分散均匀的Pt单原子催化剂。如图3-9（a）所示，利用HAADF-STEM图像中元素衬度差异可以清晰地显示出Pt单原子的分布状态，结合沸石的晶格结构，确定了Pt单原子在沸石表面的三种配位方式。Tsang等[27]为提升Co催化剂的反应活性和稳定性，将Co单原子以配位键的方式与MoS_2中的S空位相结合。研究者利用HAADF-STEM和EELS分析，证实了单个Co原子的存在，并结合图像模拟验证了Co单原子的三种配位方式［图3-9（b）］。

相比于金属单原子催化剂，金属双原子催化剂不仅具有相同的原子利用率，同时两个原子之间也可以发生协同催化，从而进一步提升催化性能。李亚栋等[28]在石墨相C_3N_4（mpg-C_3N_4）的表面制备出均匀分散的Pt双原子催化剂，该催化剂在催化硝基苯加氢反应时具有99%的转化率，远超金属单原子和金属团簇催化剂。研究者利用HAADF-STEM清晰地拍摄到Pt双原子的图像［图3-10（a）］。

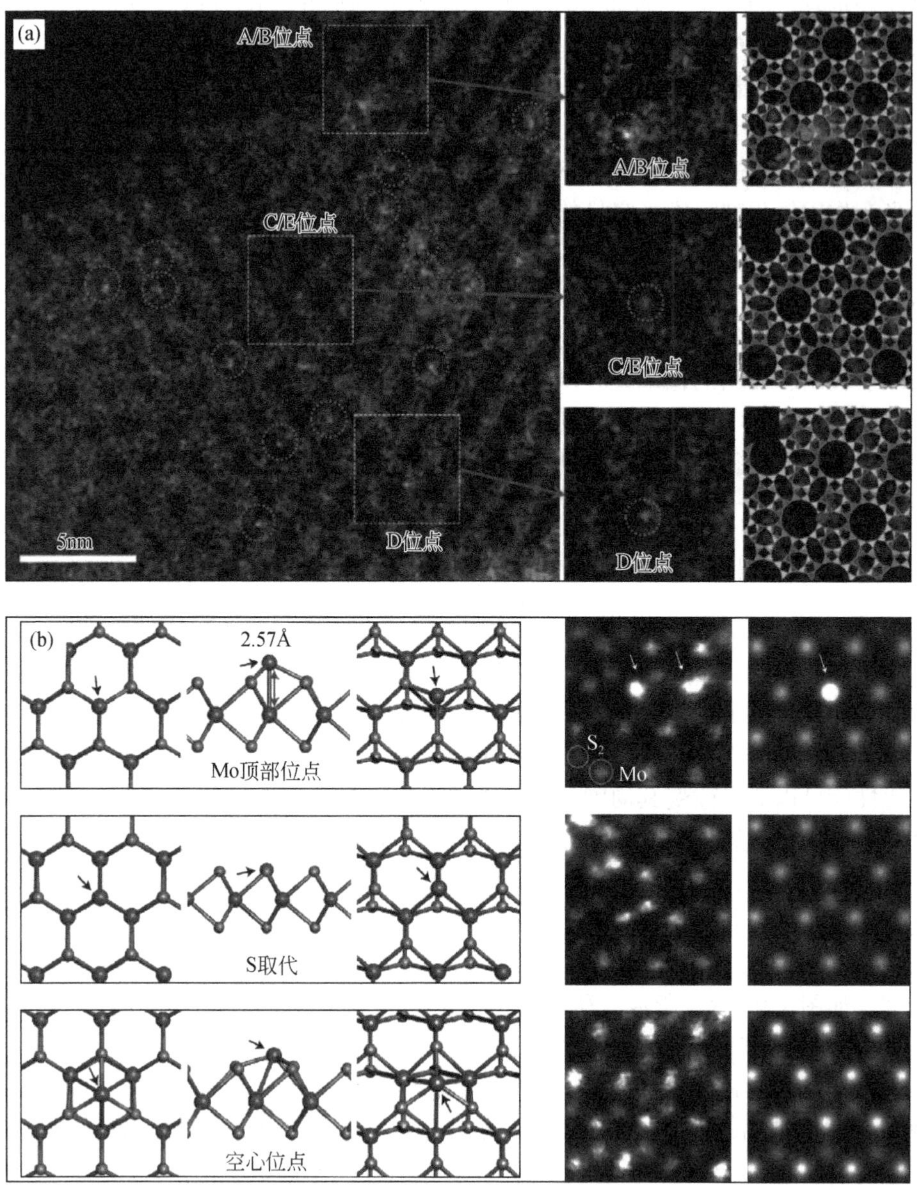

图 3-9　(a) 沸石表面负载 Pt 单原子的 HAADF-STEM 图像，Pt 单原子存在三种不同的结合位点，右侧图像为 STEM 模拟结果[26]；(b) 在 MoS_2 中 Co 单原子的三种配位结合方式，左侧为结构示意图，中间为 HAADF-STEM 图像，右侧为模拟 STEM 图像[27]

HAADF-STEM 图像结合 EELS 谱还可以表征由不同金属原子组成的双原子催化剂。如图 3-10 (b) 所示，Lee 等[29]在碳基体表面制备出 N 配位的 Ni/Co 双原子催化剂，由 HAADF-STEM 图像可以清晰地观察到相邻的两个金属原子，通过 EELS 分析这两个原子分别为 Co 和 Ni，从而证明了 Ni/Co 双原子催化剂的成功制备。研究者还利用 EDS 成像验证了 N 配位环境的存在。HAADF-STEM 技术可以对含有更多金属原子的催化剂进行精确的表征和识别[30]。

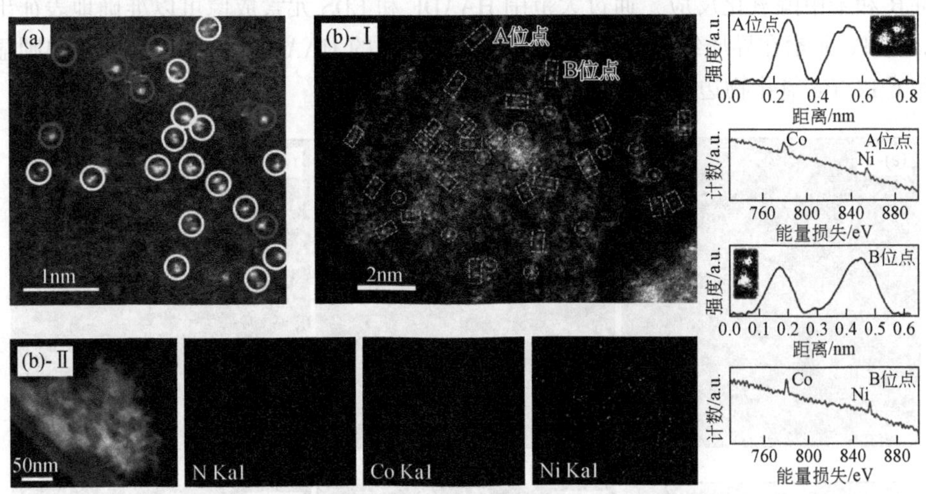

图 3-10　(a) C_3N_4 表面负载 Pt 双原子的 HAADF-STEM 图像[28]；(b)（Ⅰ）碳基体表面负载的 Ni/Co 双原子 HAADF-STEM 图像及 A、B 位点相应的强度、轮廓和 EELS 谱；（Ⅱ）碳基体 HAADF-STEM 图像以及 N、Co、Ni 元素 EDS 扫描成像[29]

2）纳米团簇/纳米颗粒催化剂表征

对于纳米团簇和纳米颗粒等尺寸在几纳米到几十纳米之间的催化剂，TEM 具有非常好的成像能力，是该尺度下催化剂结构和形貌最重要的表征手段之一。段乐乐等[31]为研究尺寸效应对 CO_2 还原反应的催化活性和选择性的影响，以石墨双炔（GDY）为载体制备了不同尺寸的 Cu 基纳米催化剂，包括 Cu 单原子催化剂、Cu 亚纳米团簇（0.5～1nm）催化剂和 Cu 纳米团簇（1～1.5nm）催化剂。HAADF-STEM 图像清晰地展示了这三种催化剂中 Cu 原子的聚集情况［图 3-11（a)］，为后续研究催化剂尺寸对催化性能的影响提供了直接证据。Telfer 等[32]以 ZIF-8 为模板制备出中空的碳胶囊结构，并在其表面负载 Pt/Co 双金属纳米颗粒。如图 3-11（b）所示，由透射电子显微图像可以清晰地看到中空胶囊结构上负载的金属纳米颗粒，其晶格条纹可以通过高分辨透射电镜图像获得。更进一步地，利用 EDS 元素成像可以直观地展示各种元素在催化剂中的分布情况，Pt 元素和 Co 元素所成图像能够很好地重合，说明纳米颗粒为 Pt/Co 合金。Liu 等[33]将 Ag 从 $Sr_{0.95}Ag_{0.05}Nb_{0.1}Co_{0.9}O_{3-\delta}$（SANC）钙钛矿结构中溶出，在表面形成

Ag 纳米颗粒作为析氧反应的高效催化剂。如图 3-11（c）所示，从 HAADF-STEM 图像可以直接观察到 SANC 表面形成的金属纳米颗粒，结合 EDS 分析证明其为 Ag 纳米颗粒。研究者还借助高分辨透射电镜以及选区电子衍射对钙钛矿的晶格结构进行了清晰的表征。王要兵等[34]制备了 Co/Fe 氧化物异质结用于催化 OER 和苯甲醇氧化反应，通过大范围 HAADF 和 EDS 元素成像可以准确地表征出 Co 和 Fe 元素在异质结中的分布，而原子分辨率的 HAADF 和 EDS 元素成像则显示了 Fe/Co 氧化物边界处的原子排布［图 3-11（d）］。

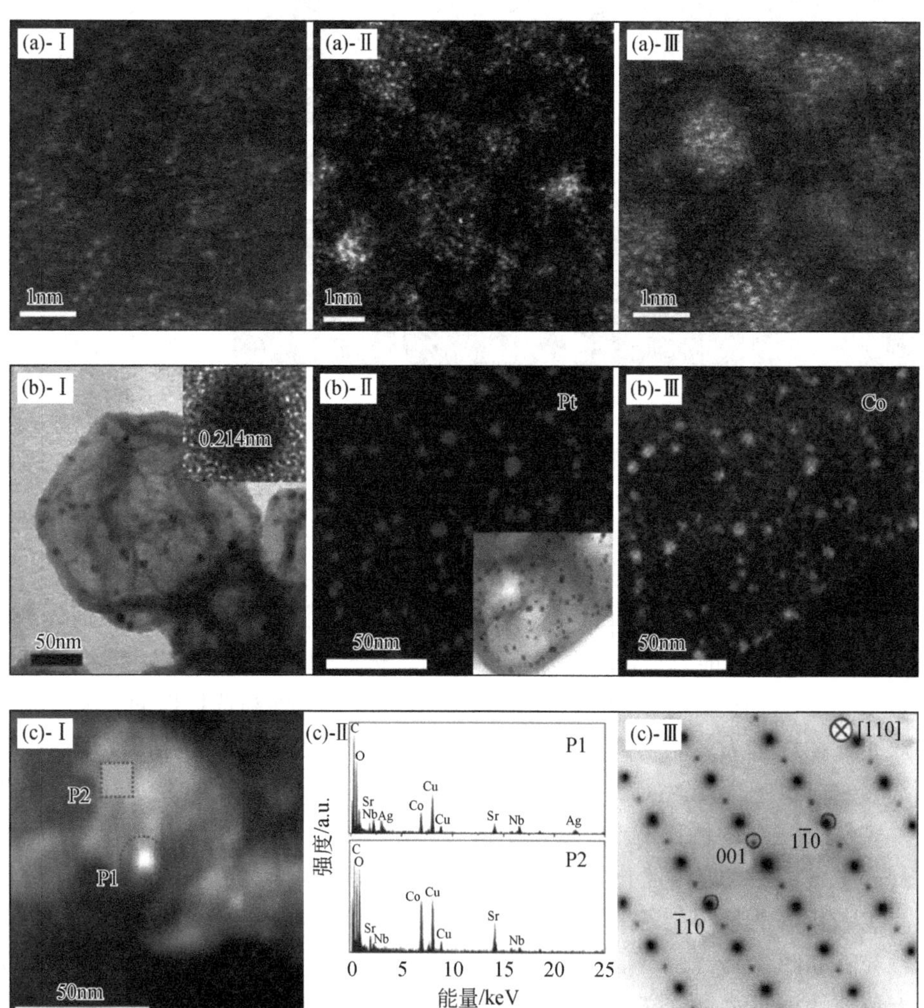

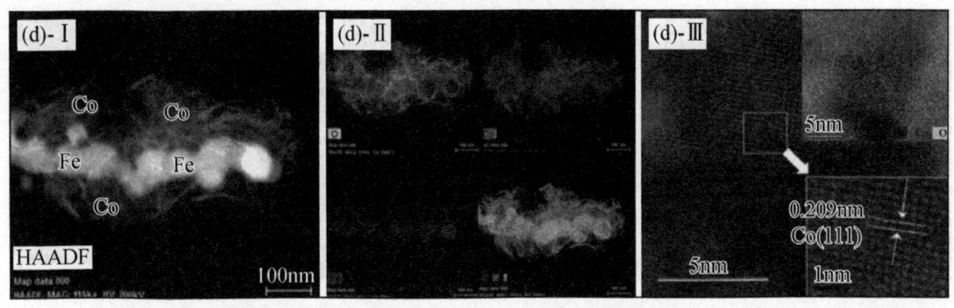

图3-11 (a)石墨双炔表面负载Cu单原子(Ⅰ)、Cu亚纳米团簇(0.5～1nm)(Ⅱ)和Cu纳米团簇(1～1.5nm)(Ⅲ)的HAADF-STEM图像[31]；(b)(Ⅰ)负载有Pt/Co纳米颗粒的氮掺杂中空多孔碳(NHPC)的HAADF-STEM图像，(Ⅱ、Ⅲ)Pt、Co元素EDS扫描成像，其中插图为相应的扫描区域[32]；(c)(Ⅰ)SANC钙钛矿表面Ag纳米颗粒的HAADF-STEM图像，(Ⅱ)P1和P2区域的EDS谱线，(Ⅲ)SANC钙钛矿SAED图像[33]；(d)Co/Fe氧化物异质结的HAADF-STEM图像(Ⅰ)以及O、Co、Fe元素EDS扫描成像(Ⅱ)，Co/Fe氧化物边界处高分辨成像以及相应元素分布(Ⅲ)[34]

3）非金属催化剂表征

非金属催化剂主要以碳材料为主体，通过引入缺陷或掺杂其他非金属原子（如N、S、B、F、P等）构筑高效稳定的催化剂。由于C元素和掺杂元素的原子质量接近，它们在HAADF-STEM中的衬度接近，较难进行区分。对非金属催化剂的表征通常采用高分辨透射电镜结合EDS元素成像。Ajayan等[35]制备了N掺杂的石墨烯量子点用于催化CO_2还原为多碳产物。如图3-12（a）所示，利用高分辨透射电镜可以清晰地看到这些石墨烯量子点为六边形蜂窝状结构，其边缘为zigzag型。石墨烯量子点的厚度甚至小于用于支撑的TEM载网，难以对其实现原子级分辨。Lin等[36]在具有多级结构的碳纳米纤维中实现了N/S共掺杂，研究者利用透射电镜表征了碳纳米纤维中的多级孔洞结构，结合EDS元素成像，证明了N元素和S元素均匀分布于整个碳纳米纤维中［图3-12（b）］。类似地，刘栋等[37]基于高分辨透射电镜和EDS元素成像表征了B/N共掺杂的多孔碳催化剂［图3-12（c）］。徐维林等[38]利用氧化石墨烯和硝酸进行水热反应制备出不同尺寸的石墨烯纳米片。研究者利用透射电镜对纳米片的尺寸进行了统计，并根据高分辨透射电镜图像中0.335nm的晶格间距推测出暴露面为（002）晶面［图3-12（d）］。

4. 原位表征技术

纳米催化剂的性能通常由其组成、尺寸、形状、表面修饰和环境等决定[39]。

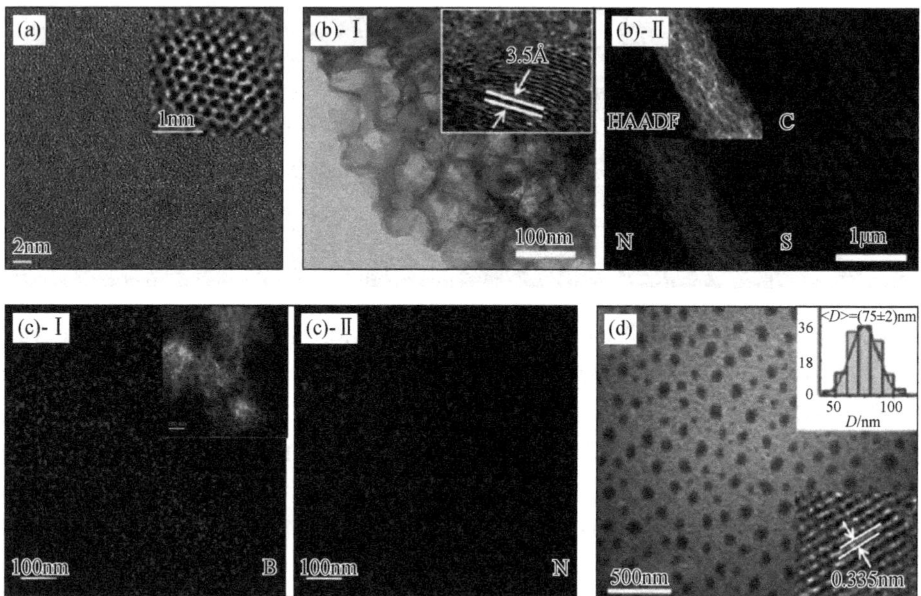

图 3-12 (a) N 掺杂的石墨烯量子点高分辨 TEM 图像[35]；(b)具有多级结构的碳纳米纤维 TEM 图像(Ⅰ)、HAADF-STEM 图像以及相应区域的 C、N、S 元素 EDS 扫描成像(Ⅱ)[36]；(c)B/N 共掺杂的多孔碳催化剂 B 元素(Ⅰ)和 N 原子(Ⅱ)的 EDS 扫描成像[37]；(d)石墨烯纳米片 TEM 图像以及尺寸分布统计[38]

前面介绍的电镜表征技术都是对催化剂静态结构进行分析。因此，很多研究工作都是依据催化剂的静态分析结果对其催化机理进行理论探究。但是，正如哲学告诉我们的那样，“事物都是发展变化的”。很多催化剂的活性可能只存在于反应条件下，或者说其活性位点在工况条件下会发生很大变化[40]。例如，Takeda 等[41]发现金颗粒表面吸附 CO 会导致其最外层晶面间距膨胀 25% [图 3-13(a)]。这种晶体结构膨胀的金颗粒的催化性质必然与其理论性质存在差异。因此，必须对人工光合作用催化剂工况条件下的结构演变进行原子尺度的观察，以对其构效关系有一个正确的认识。

透射电镜是唯一可以在原子尺度上对材料进行各种表征的工具。人们逐渐把电镜改造成一个微型实验室——利用原位电子显微技术，以高时空间分辨率实时记录催化剂在不同的气氛、温度、应力、液体、辐照和偏压等条件下的反应过程[42]。因此，原位电子显微技术打开了催化反应过程的黑匣子，已被广泛认为是电子显微技术未来的主要方向之一。

图 3-13　(a) Au 纳米颗粒在吸附 CO 前后表面晶面间距变化，在真空条件下金颗粒的表面晶面间距为 0.20nm (Ⅰ)，而在 CO 气氛下其间距膨胀到 0.25nm (Ⅱ)[41]；(b) Cu_2O 立方体在电催化 CO_2 还原反应前后的形貌变化[43]；(c) 电化学催化条件下二维 Cu_2O 纳米片结构演变的实时图像，Cu_2O 从二维纳米片逐渐演变为枝晶[44]；(d) Fe 催化 CO_2 加氢制烃过程中的结构演变[45]

经过人们多年的努力，原位电子显微技术的发展越来越完善，门类也越来越齐全。目前原位电镜系统包括原位加热、原位力学、原位气相、原位电化学、原位电学以及原位光学等设备。值得注意的是，多种外场耦合的原位电子显微技术越来越受到人们的关注。例如，原位气相系统除了能同时通入多种气体外，还可以在系统中耦合加热、通入水蒸气等；原位力学系统可以耦合通电、加热等。

用来研究人工光合作用催化剂催化过程的原位电镜系统主要有原位气相和原位液相系统。它们通常可以分为两种，一种是直接向电镜内样品台附近通入稀薄气体或蒸汽的环境电镜[39]；另一种是利用电镜外的辅助设备，向样品杆上反应仓泵入气体或液体的原位电镜系统。对于环境电镜，环绕在样品附近的气体稀薄，凝结在样品上的液膜也较薄，它们对电子的散射相对较弱，因此环境电镜通常具有较高的分辨率。但稀薄的反应气体、凝结的薄液膜与催化剂真实的工作环境差距较大，不能很好地反映其真正的反应过程。另外，环境电镜的工作方式也极大地限制了同时耦合其他外场环境。因此人们逐渐发展出了泵入式的原位电镜系统。值得一提的是，超薄 Si_3N_4 观察窗口的出现极大提高了原位电镜观察的分辨率[39]。目前原位气相系统可以在原子尺度上实时记录催化剂工况条件下的结构、成分等的演变过程。原位电化学系统的分辨率主要受限于反应仓的液膜厚度，暂时还难以实现原子级分辨的观察。

原位气相、液相电子显微技术已经在人工光合作用催化过程中取得了一些突破性的研究成果。例如，铜氧化物电化学催化 CO_2 还原反应具有良好的选择性，且产物选择性与催化剂结构密切相关。Cuenya 等[43]利用原位电化学电镜对立方体 Cu_2O 颗粒电催化 CO_2 还原过程进行详细观察，结果表明催化过程中伴随着原立方体颗粒的崩解，以及新纳米粒子的沉积形成［图 3-13（b）］。通过产物分析，研究者进一步将这种动态形态变化与催化选择性关联起来。

除了立方体 Cu_2O 纳米颗粒外，二维 Cu_2O 纳米片也具有良好的电催化 CO_2 还原活性和对 C_{2+}产物较高的选择性。Strasser 等利用原位电化学电镜观察了催化过程，结果表明，外加偏压条件下，二维 Cu_2O 纳米片会缓慢演化为 Cu_2O 枝晶［图 3-13（c）］[44]。郭新闻等[45]对 Fe 基催化剂催化 CO_2 加氢制烃过程中结构演变进行了准原位观察。在初始还原时，铁物种渗碳为 Fe_3C，随着反应的进行，进一步渗碳为 Fe_5C_2。CO_2 加氢的副产物 H_2O 将碳化铁氧化为 Fe_3O_4。在稳态下观察到 Fe_3O_4@（Fe_5C_2+Fe_3O_4）核壳结构的形成，其表面成分取决于氧化和渗碳的平衡［图 3-13（d）］。丁轶等[46]对催化甲烷热解制氢过程中纳米多孔金的结构演变进行了详细观察，发现催化反应初期纳米多孔金表面的金原子会崩解形成金单原子，随后金单原子也会重新沉积到多孔金表面或者团聚成小颗粒，最终形成多孔金或金颗粒的崩解与金单原子重新汇聚的一个竞争状态，从而形成一个多孔金、金单原子和金颗粒共同催化甲烷热解制氢的共催化系统。

3.1.3　扫描隧道显微镜

1. 概述

扫描隧道显微镜（scanning tunneling microscope，STM）诞生于 20 世纪 80 年代初，它利用原子级锐利的探针针尖与物质表面原子之间的局域相互作用来测量材料表面原子排布和电子结构，是继 TEM 之后另外一种能够实现对单个原子进行精确表征的显微技术，其横向分辨率可达 0.1 ~ 0.2nm，纵向分辨率更是高达 0.01nm。STM 被认为是 20 世纪 80 年代世界十大科技成果之一，其发明者 Gerd Binnig 和 Heinrich Rohrer 也因此荣获 1986 年诺贝尔物理学奖。

电子显微镜通常采用高速电子束轰击样品表面，电子会穿透表面进入样品内部，难以实现对样品表面的精确表征。而 STM 中金属探针/真空间隙/金属表面形成一个隧道结，利用量子力学中的隧道效应，隧道电流的变化可以有效地反映出样品表面原子的起伏以及电子结构等信息，从而实现对表面原子的高分辨表征。除真空外，STM 还可在对电子绝缘的环境中工作。例如，将针尖和样品浸入电解质溶液中可以模拟电化学反应的环境，从而研究电化学反应过程中样品表面的状态，这种手段被称为电化学 STM（EC-STM）[47,48]，已广泛应用于人工光合作用催化剂研究。STM 另一个独特的优势是可以对单个原子进行操作和控制，这也是其他表征手段无法实现的。针尖与表面原子之间存在力的相互作用，它的大小和方向可以通过针尖位置和偏压来调节，从而操纵表面原子或分子的移动，实现刻写、诱导沉积以及刻蚀等功能。例如，我国科学家在 1993 年利用超高真空 STM 在晶体硅表面写下“中国”二字。

目前，STM 已广泛应用于人工光合作用催化剂的原子形貌表征以及催化机理研究。本节将对 STM 的基本原理以及在人工光合作用催化剂中的应用实例进行介绍。

2. 基本原理

STM 基于量子力学的隧道效应，扫描针尖与样品表面的间距约为 1nm，在针尖与样品表面之间形成一个绝缘势垒。由于绝缘势垒的宽度很小，针尖和样品表面原子的电子云发生重叠，在一个较低电压（一般为 2mV ~ 2V）的驱动下，电子以隧穿的方式通过这个绝缘势垒，形成隧道电流。根据量子力学，隧道电流大小随着势垒宽度的增加而呈指数衰减，对绝缘层厚度变化极为敏感。因此，当探针沿样品表面进行扫描时，样品表面高度起伏导致绝缘层厚度发生改变，从而引起隧道电流变化。STM 将变化的隧道电流进行成像即可得到极高分辨率的样品表面原子形貌图像。需要指出的是，STM 直接反映的是样品表面电子态密度的变化，当样品表面原子类型相同时，等电子态密度轮廓等效于样品表面原子的起伏。

STM 主要由扫描探针、三维扫描控制系统、电学控制与测量系统、减震系统、真空系统以及数据分析和显示系统等组成。STM 有恒高度模式和恒电流模式两种工作模式。对于表面较为平坦且成分单一（由同一种原子组成）的样品，采用恒高度模式控制针尖在同一高度对样品表面进行扫描，待测样品表面微小的起伏也可以引起隧道电流的显著变化，通过测量隧道电流的变化即可反映出样品表面的起伏［图 3-14（a）］。当样品表面起伏较大时，为避免针尖撞击到样品表面的原子，利用压电陶瓷控制针尖在扫描过程中随样品表面的起伏而上下移动，使隧道电流保持不变（即间距不变），此时压电陶瓷的位移（控制电压）即反映了样品表面的起伏，这种工作模式被称为恒电流模式［图 3-14（b）］。采用恒电流模式获取的图像信息更加全面，图像质量更高，STM 通常采用这种工作模式。需要注意的是，STM 要求样品必须具有导电性，其对于导体的表征效果要优于半导体，而对于绝缘体则无法直接观测。

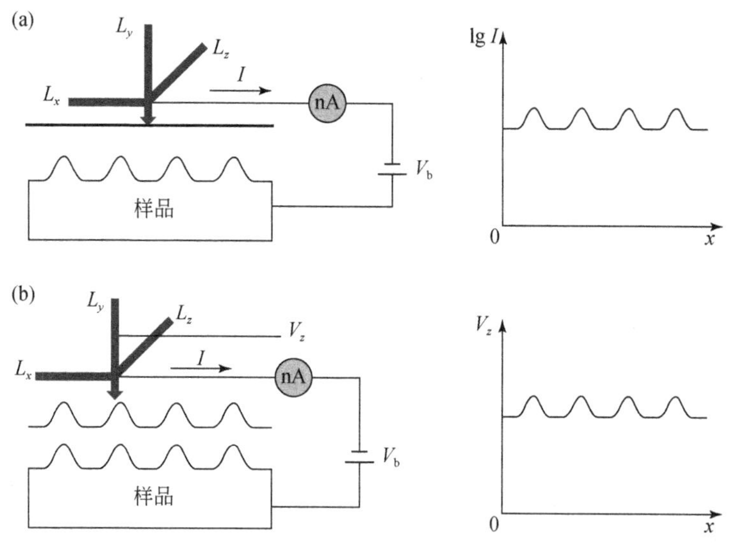

图 3-14　STM 恒高度模式（a）以及恒电流模式（b）示意图

STM 反映的是样品表面电子态密度的变化，当样品表面含有不同的原子或分子时，由于这些原子和分子具有不同的电子态密度，STM 测得的等电子态密度轮廓是样品表面电子起伏与不同原子电子态密度叠加后的结果。此时，需要采用扫描隧道谱（scanning tunneling spectroscopy，STS）来区分不同的原子。此外，扫描隧道谱还可获取样品表面的电子结构、带隙、功函数、振动态、自旋态以及输运性质等信息。

扫描隧道谱包括隧道电流 I-V 谱、I-t 谱和 I-z 谱，其中 I-V 谱还包括微分电导 dI/dV 谱和二次微分 d^2I/d^2V 谱。当待测样品存在多能态或表面态等情况时，隧道电流（I）随电压（V）变化呈现非线性的变化，从而在 dI/dV 和 d^2I/d^2V 曲线中出现相应的峰，通过峰的位置和强度等信息可以推算出样品表面的能态状况。例如，dI/dV 谱在很多情况下可以直接反映出样品的态密度，可以得到样品的功函数、带隙等信息。扫描隧道谱是少有的能够对单个分子，甚至原子进行局域表征的谱学手段，是研究小尺度体系的有力工具。

3. 主要应用

1）金属催化剂表面结构表征

Cu 是一种非常重要的人工光合作用催化剂，而 Cu 的暴露表面对催化活性、产物选择性、法拉第效率等都具有重要影响，因此研究 Cu 催化剂表面结构有利于理解反应机理，提升催化性能。Cu 催化剂表面易氧化形成 Cu_xO，需要对催化剂表面氧化程度以及活性位点处的氧化状态进行研究。Sykes 等[49,50]利用 STM 和密度泛函理论（DFT）系统研究了 Cu(111) 晶面氧化形成的“29”型 Cu_xO 薄膜，以及 CO 分子在“29” Cu_xO/Cu(111) 表面的吸附行为。研究者通过对比 STM 显微图像与 DFT 模拟结果证明“29”型 Cu_2O 结构中含有 5 个吸附的氧原子，而根据 CO 分子在“29” Cu_xO/Cu(111) 表面的覆盖度，CO 分子会形成 6 种有序结构［图 3-15（a）］。Soriaga 等[51]则利用电化学 STM 原位研究了 CO 分子在 Cu(100) 表面的吸附过程，如图 3-15（b）所示，在含有饱和 CO 的 0.1mol/L KOH 溶液中，当扫描电压为−0.9V 时在 Cu(100) 表面形成一层 CO 吸附层，而当扫描电压为−0.8V 时，CO 分子未吸附在 Cu 表面。另外，Jaramillo 等[52]在研究不同 Cu 晶面对于催化 CO_2 还原反应的活性时，利用电化学扫描隧道显微技术对 Cu(100)、Cu(111) 和 Cu(751) 结构的 Cu 催化剂表面进行表征。如图 3-15（c）所示，对于 Cu(100) 和 Cu(111) 而言，其表面晶格结构与体相保持一致，而 Cu(751) 表面则出现扭曲的（110）梯田结构，使其对超过 2 个电子的氧化产物具有更高的选择性。

2）金属单原子催化剂表征

STM 出色的原子分辨能力使其在单原子催化剂表征方面具有重要的应用。Stephanopoulos 等[53]在 Au(111) 表面制备出均匀分散的 Pt 单原子以提升加氢反应的选择性和活性，STM 显微图像清晰地显示出 Pt 单原子在 Au(111) 表面的分布情况［图 3-16（a）］，为研究催化剂性能提升的机制提供了重要依据。Sykes 等[54]制备了 Pt-Cu(111) 单原子合金催化剂用于活化 C—H 键。研究者利用 STM 非常直观地对比了 Cu(111) 催化剂以及 Pt-Cu(111) 单原子合金催化剂活化

图 3-15　(a)(Ⅰ)吸附 5 个氧原子的“29”型 Cu_2O 结构 STM 模拟结果(左)和实验图像(右),(Ⅱ)CO 分子吸附在“29”型 Cu_2O 表面形成的 6 种有序结构 STM 模拟结果(左)和实验图像(右)[49,50];(b)(Ⅰ)Cu(100)在无 CO 的 0.1mol/L KOH 溶液中施加-0.9V(*vs.* SHE)电压时的 STM 图像,(Ⅱ)Cu(100)在含有饱和 CO 的 0.1mol/L KOH 溶液中施加-0.9V(*vs.* SHE)电压时的 STM 图像,(Ⅲ)Cu(100)在含有饱和 CO 的 0.1mol/L KOH 溶液中施加-0.8V(*vs.* SHE)电压时的 STM 图像[51];(c)(Ⅰ)Cu(100)、(Ⅱ)Cu(111)和(Ⅲ)Cu(751)结构表面晶格的 STEM 图像,(Ⅳ)Cu(751)结构表面原子排布模拟示意图[52]

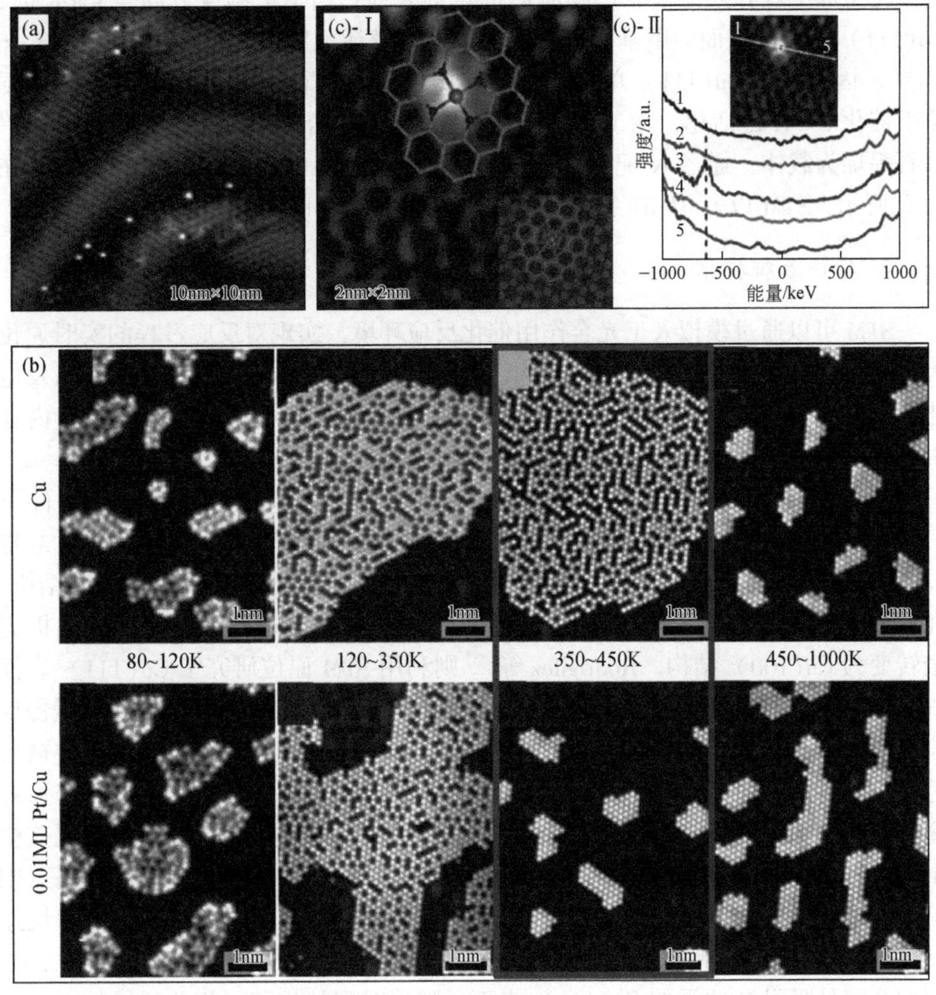

图3-16 (a)Au(111)表面Pt单原子的STM图像[53]；(b)不同退火温度下CH_3I在Cu和Pt-Cu(111)单原子合金催化剂表面吸附情况的STM图像[54]；(c)(Ⅰ)Fe-N_4配位的Fe单原子STM图像，插图为相应的模拟结果，(Ⅱ)不同位置的dI/dV扫描隧道谱[55]

C—H键性能的差异。以CH_3I为例，当退火温度为80K时（低于C—I键断裂温度），两种催化剂表面都观察到无序排列的完整CH_3I分子；当退火温度升高至120K时，甲基基团和I原子在两种催化剂表面呈现出$\sqrt{3}\times\sqrt{3}R30$有序结构，并且在Pt-Cu(111)单原子合金催化剂表面观察到分离的I原子吸附在Pt原子位点；当退火温度升高至350K时，Cu(111)催化剂表面吸附的甲基和I原子结构未发生显著变化，而Pt-Cu(111)催化剂表面仅留有I原子，甲基基团发生C—H

键活化生成甲烷和其他偶联产物脱离催化剂表面；当退火温度升高至 450K 时，Cu(111) 催化剂表面的甲基基团也发生 C—H 键活化脱离催化剂表面［图 3-16 (b)］。因此，Pt-Cu(111) 单原子合金催化剂相比于 Cu(111) 能够在更低的温度下催化 C—H 键活化。除了在金属表面制备单原子合金催化剂外，包信和等[55]以石墨烯为载体，通过 N 配位制备出均匀分散的 Fe 单原子催化剂。如图 3-16 (c) 所示，STM 以及 dI/dV 扫描隧道谱清晰地显示出 $Fe-N_4$ 配位环境。

4. 原位表征技术

STM 可以通过模拟人工光合作用催化反应环境，实现对反应过程的实时原位表征，包括金属催化剂表面结构重构、气体分子/中间产物的吸附和脱附以及电化学反应过程等。通过这些原位表征，可以深入理解化学反应的过程和内在机理。

Soriaga 等[56,57]利用电化学 STM 原位研究了 Cu 电极在 CO_2 还原条件下 (−0.9V *vs.* SHE，0.1mol/L KOH) 从多晶态向 Cu(100) 转变的过程。如图 3-17 (a) 所示，多晶 Cu 电极经过 30min 电化学处理后，首先转变为 Cu(111) 结构，随后又逐渐从 Cu(111) 向 Cu(100) 结构转变，经过 60min 处理后，Cu 电极完全转变为 Cu(100) 结构。Rodriguez 等[58]则利用 STM 原位研究了 Cu(111) 表面 Cu_2O 在 CO 氛围下的还原过程。如图 3-17 (b) 所示，Cu_2O 的还原经过“缓慢反应”和“快速反应”两个阶段：在“缓慢反应”阶段，“44”结构的 Cu_2O 被白色亮点分割成小的畴区，这些白色亮点区域不再是“44”结构，而是转变为蜂窝状结构；随着时间的推移，白色亮点区域的面积越来越大，在 2000s 时覆盖整个区域，此时 Cu_2O 完全转变为蜂窝状结构的 Cu_2O (111) 表面，而白色亮点则是失去中心吸附 O 原子的 Cu_2O (111) 结构，即含有 O 空位的 Cu_2O。在“快速反应”阶段，Cu(111) 表面出现两种不同的相，相Ⅰ仍为含有 O 空位的 Cu_2O，而相Ⅱ则是吸附 O 原子的 Cu(111) 表面；随着时间的推移，相Ⅱ区域的面积逐渐扩大，最终在 6000s 时完全取代相Ⅰ，并且相Ⅱ表面吸附的 O 原子也消失了，至此 Cu_2O 完全被还原为金属 Cu(111)。

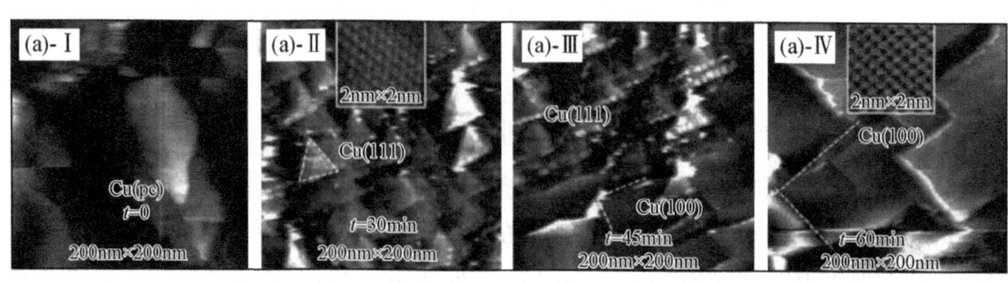

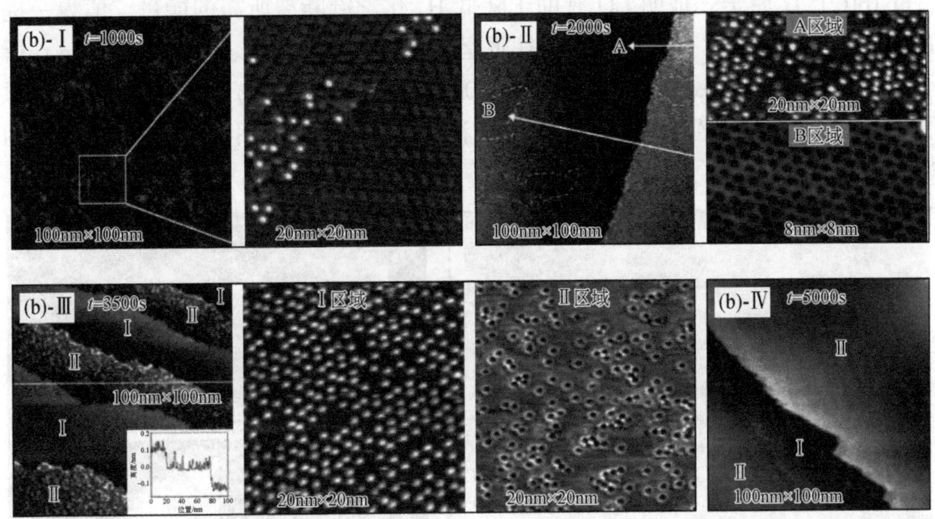

图3-17　(a)在 CO_2 还原条件下，多晶铜向 Cu(100)转变过程中的原位 STM 表征图像[56,57]；(b)Cu(111)表面 Cu_2O 在 CO 氛围下被还原为 Cu(111)，在(Ⅰ)1000s、(Ⅱ)2000s、(Ⅲ)3500s 和(Ⅳ)5000s 时测量得到的表面 STM 图像[58]

Pt 是一种重要的催化剂，在反应中具有很高的催化活性，但 Pt 位点很容易被 CO 毒化，导致催化剂失去活性。Sykes 等[59]在 Cu(111) 表面制备出均匀分散的 Pt 单原子催化剂，并利用 STM 对 CO 在 Pt 位点的吸附和脱附过程进行了原位表征。如图 3-18（a）所示，对于同时吸附 CO 和 H 原子的 Pt-Cu(111) 表面，当采用 200mV 电压进行扫描时会去除表面吸附的 H，而采用 5V 电压进行扫描时则能够使 CO 发生脱附，暴露出 CO 分子下方的 Pt 单原子，证明所有的 CO 分子都吸附在 Pt 单原子位点上。包信和等[47]构筑了 CeO_x-Au 催化剂，利用 CeO_x/Au 界面大幅提升催化剂吸附 CO_2 的能力以及催化活性。研究者利用 STM 原位表征了 CeO_x/Au(111) 界面吸附 CO_2 的过程，如图 3-18（b）所示，岛状 CeO_x 表面为 CeO_2（111）结构，其暴露的台阶边缘为配位的 Ce^{3+}，当催化剂暴露在 CO_2 氛围时，原位扫描隧道显微图像显示 CO_2 首先吸附在 CeO_x 界面边界处，沿着 CeO_2 台阶边缘可以清晰地看到一行吸附的分子。随着暴露时间的延长，更多的 CO_2 分子会沿着之前吸附的 CO_2 继续向内扩展，从而沿着 CeO_x 的外围形成一个吸附环，最终覆盖整个 CeO_x 表面。Ho 等[60]利用 STM 的探针诱导 H_2 分子化学键断裂形成 H 原子，并对这一过程进行了原位观察。研究者对比了裸露的 Cu(001) 表面、Au 单原子以及吸附的 CO 分子对 H_2 化学键断裂的影响。如图 3-18（c）所示，在三个不同区域向针尖施加 540mV，500ms 的电压脉冲，裸露的 Cu(001) 表面产生 20 个断裂的 H 原子，Au 单原子只产生 16 个 H 原子，而 CO 区域则出现了超过 160 个 H 原子，证明 CO 有助于降低 H_2 化学键断裂所需的能量。值得一提的是：研究者也可以直接利用针尖往返运动来切割 H_2 分子。如图 3-18（d）所示，经过 1000 次机械切割，裸露的 Cu(001) 和 Au-Cu(001) 都仅产生 2 个 H 原子，而 CO 区域则产生了 32 个 H 原子，证明 CO 的限域作用有助于 H_2 化学键的断裂。

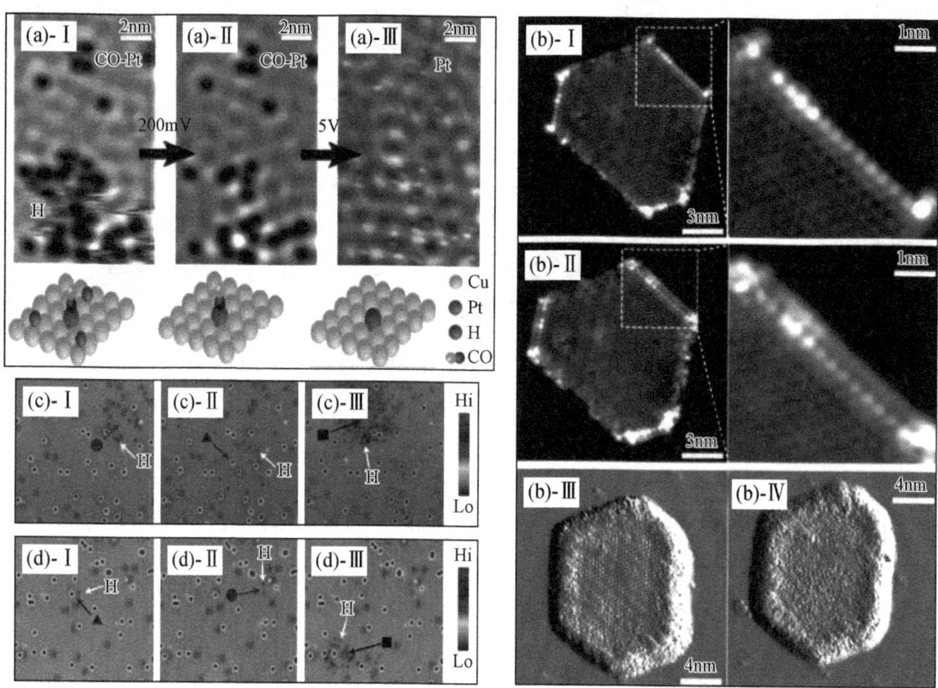

图 3-18　(a)(Ⅰ) 吸附 H 原子和 CO 的 Pt-Cu(111) 单原子合金催化剂表面，(Ⅱ) 以 200mV 电压进行扫描使吸附的 H 原子发生脱附，(Ⅲ) 以 5V 电压进行扫描使吸附的 CO 分子发生脱附，暴露出下方的 Pt 单原子位点[59]；(b) STM 原位表征 CeO_x/Au(111) 界面吸附 CO_2 过程[47]；(c) 分别向 (Ⅰ) 裸露的 Cu(001) 表面、(Ⅱ) Au 单原子和 (Ⅲ) CO 分子区域施加 540mV 电压脉冲诱导 H_2 化学键断裂；(d) 针尖分别在 (Ⅰ) 裸露的 Cu(001) 表面、(Ⅱ) Au 单原子和 (Ⅲ) CO 分子区域进行 1000 次往返运动，切割 H_2 化学键产生 H 原子[60]

3.1.4　原子力显微镜

1. 概述

原子力显微镜（atomic force microscope，AFM）是在 STM 的基础上发展起来的，二者统称为扫描探针显微镜。由于 STM 是基于电子的隧道效应，只能表征导体和部分导电性好的半导体样品。为弥补 STM 的不足，将适用对象拓展至所有固体样品，Binning 和 Quate 等于 1985 年开发出首台原子力显微镜。原子力显微镜是基于探针原子与样品表面原子之间的相互作用力来反映样品表面的形貌和物理特性，具有极强的普适性。

根据探针针尖与样品表面的接触方式，原子力显微镜有接触模式（contact mode）、非接触模式（non-contact mode）和敲击模式（tapping mode）等不同的工作模式，能够满足不同类型样品的测试要求。除了对样品形貌进行高分辨成像外，原子力显微镜还能够实现对微观力学的测量，以及利用扫描探针进行纳米加工等功能。在过去三十年里，原子力显微技术与其他技术相结合发展出一系列先进表征手段，如可用于测量材料表面电势或功函数的开尔文探针显微镜（KPFM），能够对样品导电性进行高分辨成像的导电型原子力显微镜（CAFM），以及能够表征样品表面静电势、电荷分布以及输运情况的静电力显微镜（EFM）等。此外，利用原子力显微镜的高分辨能力，与其他表征手段结合，相继发展出具有纳米级分辨率的光谱表征手段，如针尖增强拉曼光谱/红外光谱以及近场光学显微镜等。原子力显微技术已成为微米和纳米尺度下获取材料表面高精度形貌的重要工具。

原子力显微镜具有原子级的超高分辨率，能够实现对三维表面和剖面的定量分析，可同时对多个物理参数进行测量和表征，尤为重要的是，原子力显微镜能够在大气、真空以及液体等不同环境中进行操作，为原位研究化学和电化学反应过程创造了条件。目前，原子力显微镜广泛用于测量人工光合作用催化剂的形貌、厚度、尺寸以及表面粗糙度等结构信息。

2. 基本原理

原子力显微镜主要由激光系统、悬臂系统、压电驱动器、信号探测与反馈系统、防震系统以及数据处理和显示系统等组成。其工作原理如图 3-19（a）所示，原子力显微镜的探针位于微悬臂的一端，微悬臂的另一端是固定的，当针尖尖端原子与样品表面原子发生力的相互作用时，对微弱力极为敏感的微悬臂会随之发生弯曲，此时聚焦在微悬臂背面的激光经过微悬臂的反射，照射在检测器中的光斑位置也会随之偏移，通过光斑位置的偏移量即获得样品表面的形貌信息。

如图 3-19（b）所示，原子间范德华力的大小和方向与原子间距有关，原子力显微镜利用原子间的引力和斥力发展出以下多种不同的操作模式。

1）接触模式

扫描时保持探针针尖与样品表面相接触，针尖和样品表面原子之间的斥力引起悬臂梁的弯曲形变，进而导致反射光斑的位置偏移，从而检测出样品表面的起伏。接触模式适用于垂直方向上有明显起伏的坚硬样品，具有扫描速度快、分辨率高的优点，是唯一能实现原子分辨的模式。然而，接触模式受到横向力的影响

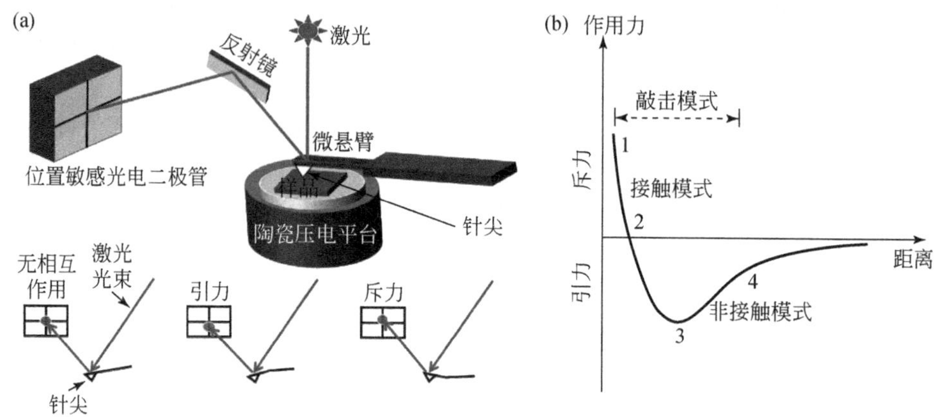

图 3-19 (a) 原子力显微镜工作原理示意图；(b) 原子间作用力与原子间距之间的关系

较大，并且针尖的刮擦易导致样品损坏和针尖污染。

2) 非接触模式

扫描时探针针尖距离样品表面 5 ~ 10nm，利用针尖原子与样品表面原子的引力来测量样品表面形貌的变化。非接触模式的优点在于针尖和样品表面没有直接接触，不会导致样品损坏和针尖污染，适合表征较为柔软脆弱的样品。但非接触模式的使用受到很大的限制，因为在室温大气环境下样品表面不可避免地会吸附一层很薄的水，在毛细力的作用下会将针尖与样品表面吸在一起，从而导致针尖对样品表面的压力增大。由于针尖距离样品表面原子较远，非接触模式的横向分辨率相对较低，其扫描速度也较慢。

3) 敲击模式

扫描过程中探针所在的微悬臂以一定的频率振动，在针尖与样品表面接触时微悬臂的振幅降至某一数值，利用反馈电路使微悬臂在扫描过程中保持这一振幅恒定，即施加在样品表面的力恒定，此时压电陶瓷管的位移量反映了样品表面的起伏。虽然敲击模式的横向分辨率低于接触模式，但这种敲击的工作方式在很大程度上降低了样品表面对针尖的黏滞，并且由于力的方向是垂直的，材料表面受到横向力的影响较小，极大地减小了对样品的损坏和针尖的污染。因此，具有较大黏附力且较为柔软的样品更适用于敲击模式。

3. 主要应用

原子力显微镜极高的纵向分辨率使其成为测量样品厚度、尺寸、形貌以及表面粗糙度等最有力的工具。

1) 厚度测量

汪骋等[61]合成了用于负载 Co 的二维金属有机层（metal-organic layer，MOL）

作为 CO_2 还原反应的催化剂。在该工作中，研究者利用原子力显微镜对制备的二维 MOL 的厚度进行了精确的测量。如图 3-20（a）所示，MOL 的厚度为（1.6±0.2）nm，与组成 MOL 的 Hf_6 二级结构单元的直径相一致，证明所制备的 MOL 为单层。吴明红等[62]通过水热法将石墨烯纳米片切割成纳米尺寸的石墨烯量子点，为统计所制备的量子点厚度，研究者将量子点均匀分散在原子级平整的云母表面，随后利用原子力显微镜进行大面积扫描成像，并对其厚度分布进行了统计，如图 3-20（b）所示，制备的石墨烯量子点厚度主要分布在 1～2nm 之间。

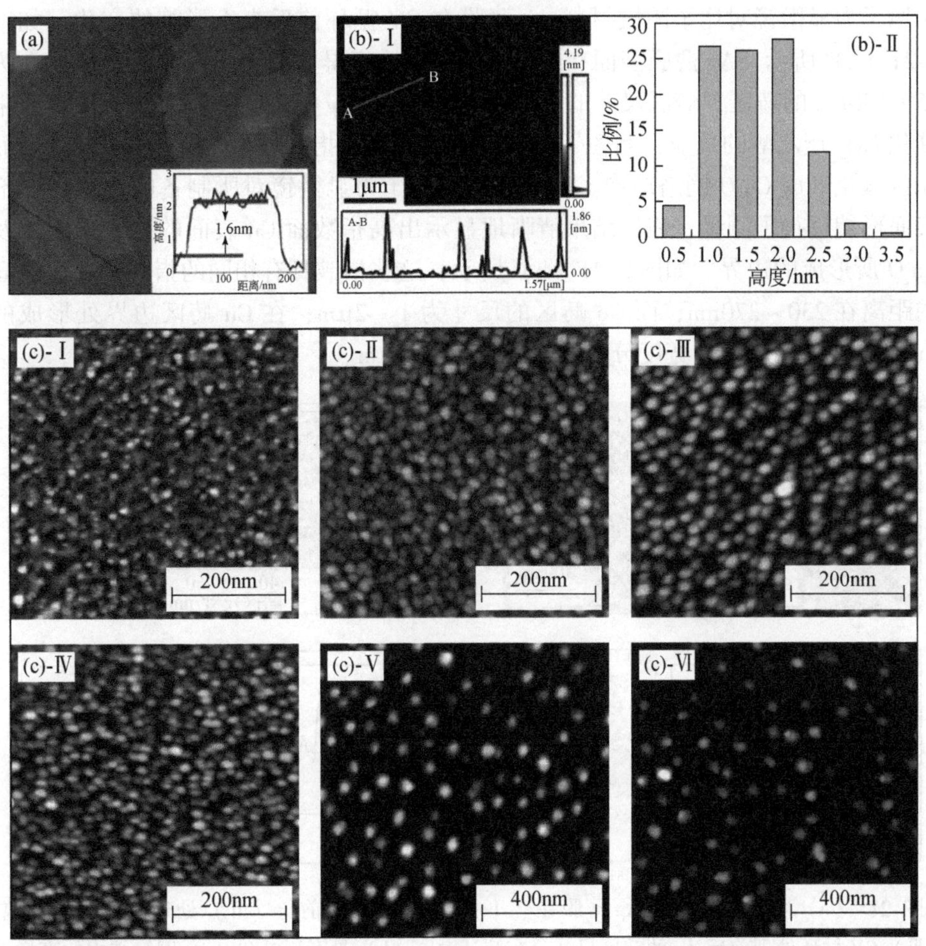

图 3-20 （a）负载 Co 的二维金属有机层 AFM 图像[61]；（b）（Ⅰ）石墨烯量子点 AFM 图像和（Ⅱ）厚度分布统计[62]；（c）利用 AFM 测量的不同尺寸的 Cu 纳米颗粒催化剂表面形貌[63]

2）尺寸测量

Strasser 等[63]在研究尺寸效应对于 CO_2 还原性能的影响时制备了 6 种不同尺寸的 Cu 纳米颗粒作为催化剂，随后研究者将这些纳米颗粒分散在 SiO_2/Si（111）基底，利用原子力显微镜对其尺寸进行了测量，并对测量结果进行统计，计算得到 Cu 纳米颗粒的平均尺寸在 2～15nm［图 3-20（c）］。

3）表面形貌测量

Kortlever 等[64]在研究等离子体对于抑制产氢、增强 CO_2 还原的机制时，利用原子力显微镜对比了阴极材料 Ag 薄膜在 CV 循环前后表面形貌的变化。如图 3-21（a）所示，Ag 薄膜表面在经过 CV 循环后变得更加粗糙，并且形成尺寸为 75～150nm 的畴区，畴区尺寸的分布更加分散。Jung 等[65]为构筑 Cu^+/Cu 界面来催化 CO_2 产乙醇的反应，制备了具有褶皱结构的高指数面 Cu 电极，并在其表面原位氧化形成 Cu_2O 网络结构。研究者利用原子力显微镜对所制备的铜基催化剂表面形貌进行了测量，表征结果清晰地显示出高指数面 Cu 表面的褶皱结构以及 Cu_2O 所形成的边界。如图 3-21（b）所示，这些褶皱具有相同的指向，它们之间的距离在 230～270nm，而 Cu 畴区的尺寸为 1～2μm；在 Cu 畴区边界处形成的 Cu_2O 层的平均高度和宽度分别为 48nm 和 0.44μm。

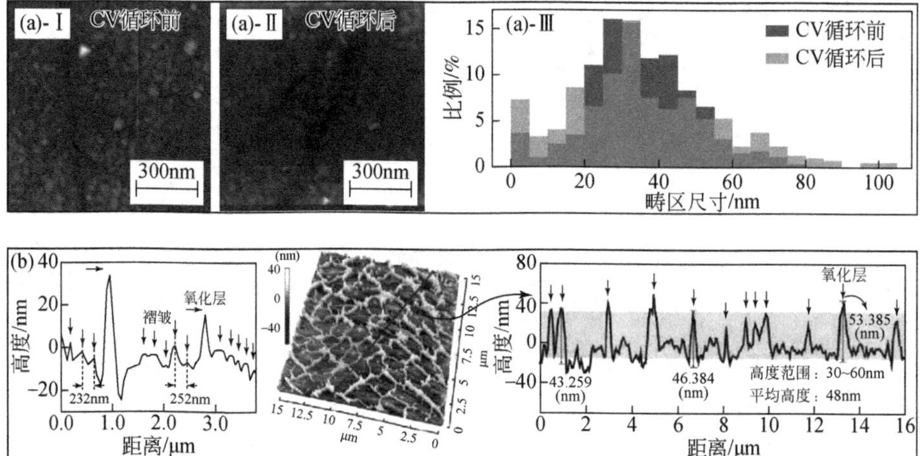

图 3-21　(a) 阴极材料表面 Ag 薄膜在（Ⅰ）CV 循环处理前与（Ⅱ）处理后的表面形貌，（Ⅲ）CV 循环处理前后 Ag 的畴区尺寸分布统计[64]；(b) 具有褶皱和 Cu_2O 网络结构的高指数面 Cu 电极表面形貌，左侧高度轮廓为畴区内褶皱，右侧高度轮廓为 Cu_2O 形成的边界[65]

4. 原位表征技术

原子力显微镜与 STM 类似，可以在各种环境下工作，从而可以模拟各种化学和电化学反应的环境，对催化剂的制备以及催化剂在反应过程中的形貌变化进行原位监测。Cuenya 等[66]利用电化学原子力显微镜对 Cu 纳米颗粒在催化 CO_2 还原反应过程中的形貌变化进行了原位表征。如图 3-22（a）所示，以高取向热解石墨为载体，采用电沉积方法制备出立方体形状的 Cu 纳米颗粒。在将催化剂浸入到 0.1mol/L $KHCO_3$ 电解液中后，立方体中的 Cl^- 由立方体内部析出并溶解于电解质溶液中，导致 Cu 纳米颗粒受到机械应力的作用在表面产生裂纹。对催化剂施加-1.1V(*vs.* RHE）电压进行 CO_2 还原反应，经过 1min 之后 Cu 纳米颗粒的表面变得更加粗糙，而立方体的边缘变得圆润，边缘长度减小了 10%，这是因为部分 Cu_2O 被还原为 Cu，并损失了少量 Cu；在经过 3h 反应后 Cu 纳米颗粒由立方体变为近乎球形，并且其尺寸再次缩小约 10%。随后，该课题组[67]又以 Cu(100）单晶为对象，利用电化学原子力显微镜研究了催化剂在不同还原电位下表面形貌的变化。如图 3-22（b）所示，当工作电位为-0.5V(*vs.* RHE）时，Cu(100）单晶表面呈现出圆形且光滑的岛状或梯田状形貌；而当工作电位增大到-1.0V（*vs.* RHE）时，Cu(100）表面的岛状或梯田状形貌具有相同取向的垂直边缘（Cu<110>)，且相邻边的夹角为 90°；当工作电位继续增大至-1.1V(*vs.* RHE）时，其表面形貌与-1.0V 时相类似，但所形成的矩形结构尺寸更小，说明阴极在此电位下发生腐蚀。

3.1.5　小结

显微学表征是对人工光合作用催化剂最直观的表征手段。由于人工光合作用催化剂通常是纳米尺度的，常规的光学显微镜难以有效实现对其表面形貌的有效表征，需要分辨率更高的电子显微镜和扫描探针显微镜。本节介绍了 SEM、

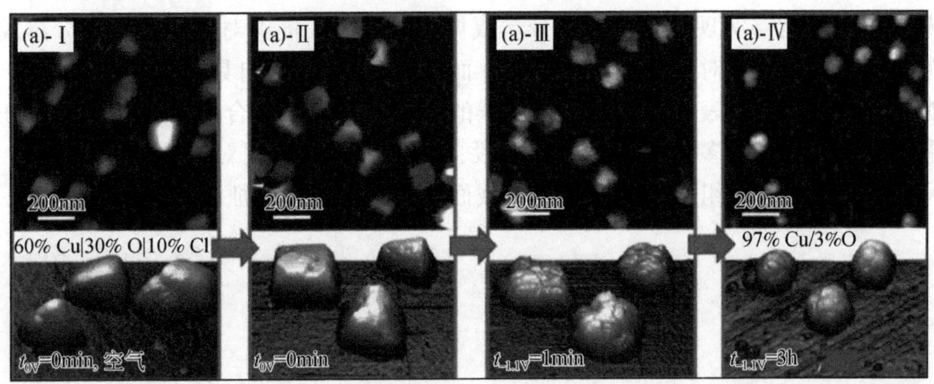

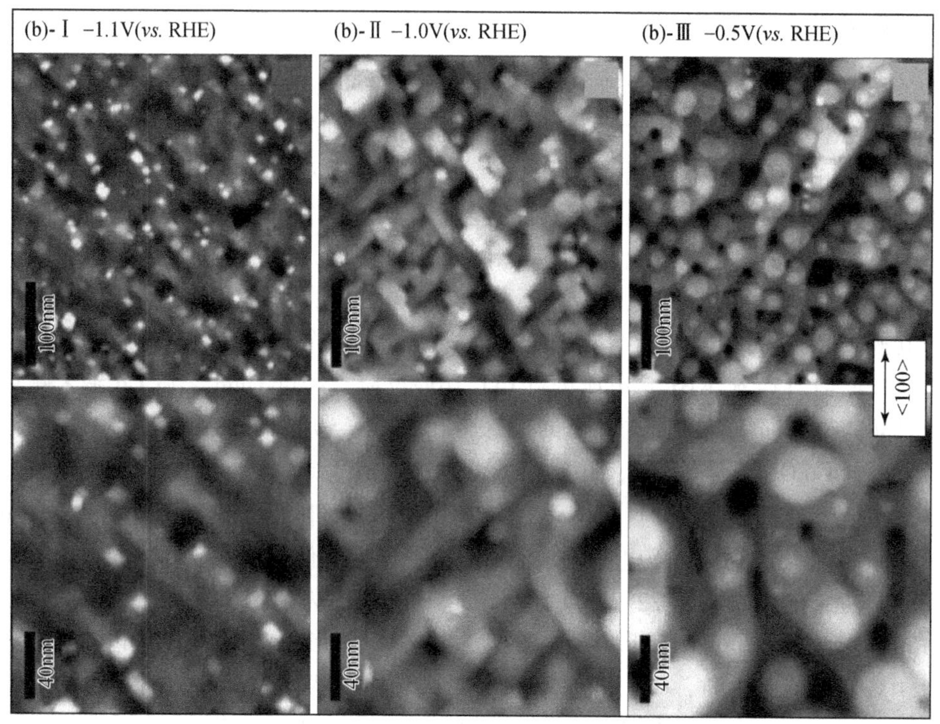

图 3-22　(a)(Ⅰ)立方体结构的 Cu 纳米颗粒在空气中的 AFM 图像，(Ⅱ)浸入到 0.1mol/L $KHCO_3$ 电解液中的 Cu 纳米颗粒在开路电压条件下表面形貌的 AFM 图像，(Ⅲ)Cu 纳米颗粒在 −1.1V(*vs.* RHE)电压下反应 1min 后表面形貌的 AFM 图像，(Ⅳ)Cu 纳米颗粒经过 3h 电化学反应后表面形貌的 AFM 图像[66]；(b)Cu(100)单晶在(Ⅰ)−0.5V、(Ⅱ)−1.0V 和(Ⅲ)−1.1V (*vs.* RHE)电压下表面形貌的 AFM 图像[67]

TEM、STM 以及 AFM 这四种最为常见的显微学表征手段。这些表征技术各自具有其独特的优势，如 SEM 具有很大的景深，能够对粗糙起伏的表面进行立体成像，TEM 能够实现原子级的高分辨成像，STM 除了能够对原子进行高分辨成像外，还可以实现对单个原子的操纵，而 AFM 在垂直方向具有超高的分辨率，能够对材料厚度和表面起伏实现高分辨的表征。在人工光合作用催化剂的表征中，往往需要采用多种不同的表征手段，从各个维度实现对催化剂表面形貌、尺寸、分布、化学组分、价态以及横截面等信息的全面表征。

3.2　X射线表征技术

3.2.1　X射线源

1. 概述

1901年12月10日，基于X射线的伟大发现，德国物理学家伦琴获得首届诺贝尔物理学奖，因此人们又称X射线为伦琴射线。X射线定义为波长范围在0.01～10nm，能量范围为0.1～100keV的电磁辐射波。根据电磁辐射波长及穿透能力的不同，通常可以将X射线分为两类：硬X射线和软X射线。硬X射线，波长为0.01～0.1nm，穿透能力强；软X射线，波长大于0.1nm，穿透能力较弱。

自1895年伦琴发现X射线并用其成功拍摄一张手部X线片以来，科学家利用X射线的强穿透性，以及与物质之间的衍射、吸收、干涉、荧光等相互作用，研制出了各类检测设备，在医学、工业、物理学、材料学等领域得到了广泛的应用，并发挥了极其重要的作用。

2. X射线的产生原理

当高速电子轰击靶材时，其与靶材的相互作用较为复杂。一方面，高速电子接近靶材原子核时，受到原子核的强库仑场作用，导致电子的运动方向发生偏转，并急剧减速，促使部分动能转化为X射线的能量并辐射出去，这种辐射称为韧致辐射。另一方面，部分高速电子与靶材原子的内层电子发生强相互作用，通过将动能传递给内层电子，使得内层电子从原子中脱出并产生一个空位，产生的空位会被更外层电子的跃迁所填充，进而在跃迁过程中发出一个X光子，这种辐射则称为特征辐射。通常来说，这两种辐射中，只有不到1%的电子动能转变为X射线的能量，而99%以上的能量都转变为热能，导致阳极靶材的温度快速升高，因此需要选择熔点相对较高的靶材。理论和实验结果表明，产生的X射线光子数与金属靶材原子序数大小呈正相关性。因此同时考虑金属靶材熔点、X射线产生效率等因素，铜、钼、钨、镍、钴等常被用作阳极靶材。

通过阴极X射线源给灯丝提供足够的电源，并在阴极和阳极施加一定的高压，就能发射出X射线。X射线管是产生X射线源的主要器件，其主体结构包括高压控制部分和灯丝加热控制部分，由灯丝、加速和聚焦系统、靶材、冷却系统、滤波窗、真空腔和外部电源等几个部分组成，如图3-23所示。最早期使用的X射线管是阴极射线管，也称克鲁克斯管，其管内存在的气体在电场作用下会电离产生电子，电子发生定向移动并轰击金属靶材，进而发射出 X 射线。气体电离所产生的电子数目较少，导致获得的 X 射线强度较低。为了克服这一缺点，科学家设计出真空热阴极 X 射线管（也称柯立芝管），它的内部完全真空，电子由灯丝加热产生，因此可以实现电子数目的极大提高，进而得到较强的 X 射线。此外，由于大量电子动能都转化为热能，阳极靶材局部升温过快，特别是长时间、大流量下，难以散热。可以通过将阳极靶材设计成旋转模式，避免电子束长期轰击同一区域，从而实现更好的散热性能，以及更高的 X 射线流量输出。

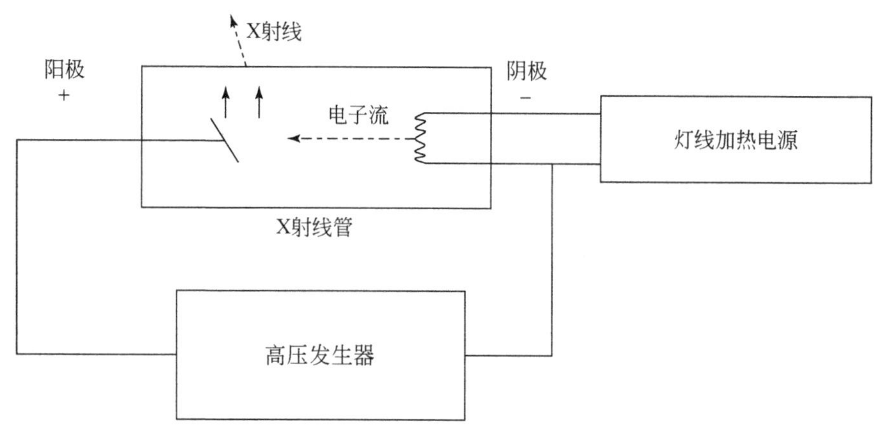

图 3-23　X 射线管的主要组成

3. X 射线源的分类

目前常用的 X 射线源主要有三类，包括常规 X 射线源、微焦斑 X 射线源和同步辐射 X 射线源。X 射线管是使用最为广泛的常规 X 射线源，其通过轫致辐射和特征辐射产生 X 射线，具体原理如上所述，所产生的 X 射线特征能谱分布与靶材料和管电压具有高度相关性。常规 X 射线源的主要特点是原理简单、使用方便、体积小巧、成本较低，被广泛应用于医疗、安检、无损探测、材料分析等多个领域。

微焦斑 X 射线源是一种能够提供较小焦斑和较高分辨率的 X 射线源。电子束打在靶材上的斑点称为焦斑，焦斑大小决定了 X 射线源的空间相干性，焦斑的尺寸越小，空间相干性越好。通常微焦斑 X 射线管是指能够产生尺寸小于 100μm 焦斑的 X 射线管。利用电子聚焦系统，将高速电子束汇聚成很小的电子焦斑，再去撞击金属靶材，从而产生具有微小焦斑的 X 射线。由于微焦斑 X 射线源所产生的焦斑相对较小，所产生的 X 射线用于成像分析的分辨率较高，主要应用于 X 射线显微成像、医学和生物学等领域。

除了常规 X 射线源和微焦斑 X 射线源之外，同步辐射 X 射线源近年来受到了极大的关注。同步辐射 X 射线源是通过改变高速电子束的运动方向而辐射 X 射线的大型科学装置。同步辐射装置主要由注入器、电子储存环、光束线三个部分组成。利用注入器的电子同步加速器将电子加速到一定能量（通常为数 GeV），并在电子储存环的强大磁场偏转力作用下做稳定的圆周运动，在圆周的切线方向会产生包括从红外至 X 射线各个频段的辐射，进而利用光束线对同步辐射光进行切割、聚焦和单色化处理，获得满足实验要求的辐射线。选取波长范围为 0.01 ~ 10nm 的辐射波，用于同步辐射 X 射线源。

至今同步辐射光源已经发展到第四代装置。第一代是以高能物理实验为主的兼用光源，在储存环的高能电子产生偏转从而产生 X 射线，如北京同步辐射光源；第二代是储存环型专用光源，通常能量较低（小于 1GeV），如合肥同步辐射光源；第三代光源普遍采用了聚焦电子束和插入件，光束线的能量和光通量更高，因此亮度和发射度明显优于上一代光源，是目前的主流装置，如上海同步辐射光源；第四代光源通常是指脉冲式自由电子激光光源，其具有更高的亮度和完全的空间相干性，代表性装置有美国斯坦福直线加速器相干光源和欧洲 X 射线自由电子激光光源。

与一般 X 射线光源相比，同步辐射光源具有高亮度、高偏振、高相干性、高准直性和能量可调等特点。同步辐射光源的亮度远高于 X 射线管，目前第三代光源的亮度比 X 射线管高 10 个量级左右，光子通量高达 10^{18} ~ 10^{20}，相当于无数台高功率激光器。与第一代和第二代光源相比，第三代和第四代同步辐射光源具有更好的空间相干性，同时满足实空间成像/衍射成像和光子关联谱学的需要，并保持光学系统的横向相干性[68]。因此在实际应用中能够大大缩短成像时间，提高图像的信噪比。同步辐射光源的光子束主要集中在以电子运动方向为中心的狭窄圆锥内，其发散张角非常小，具有高的准直性和低的发散度，其平行性可以同激光束相媲美。同时同步辐射光源具有特定的脉冲时间结构，其最小脉冲时间可以从几十微秒调节至几十皮秒，可以用于时间分辨的光谱研究。基于这些优异的特点，适宜在同步辐射源基础上安装各类进行高低压、高低温、高磁场等条件件的反应器配件，进行特殊条件下的动态及原位工况研究，能够极大地提高相关研究的实验效果。

4. X 射线技术在人工光合作用催化剂表征中的应用

X 射线在各个领域的应用十分广泛，一直以来，科学家们从未停止过对 X 射线源的研究。对于人工光合作用催化剂的表征，X 射线表征技术在测试催化剂的组分、价态、晶体结构、微观形态、配位情况等方面，起着至关重要的作用。其主要表征技术包括 X 射线衍射技术、X 射线光电子能谱技术、X 射线吸收光谱技术等。

（1）X 射线衍射技术。X 射线照射晶态物质后会产生不同程度的衍射现象，物质组分、晶型、构型等因素会影响物质产生不同的特征衍射图谱，因此 X 射线衍射技术是研究物质的物相和晶体结构的主要方法。利用 X 射线衍射可以对待测样品的晶相和含量分别进行定性和定量分析，同时可以获得物质的结构信息。进而利用原位 X 射线衍射技术，可以跟踪催化反应中的物相与结构变化。

（2）X 射线光电子能谱技术。X 射线光电子能谱技术是一种重要的表面分析技术，是用于检测催化剂样品表面价态与结构信息的无损测量技术。常规 X 射线光电子能谱可以用于催化剂组分、元素存在形态、配位情况的定性分析，元素含量、元素价态的定量分析，以及元素组分和含量的深度分析。并结合一些最新发展的原位技术，用于动态检测催化反应过程中的价态和配位变化规律。

（3）X 射线吸收光谱技术。X 射线吸收光谱技术是一种利用同步辐射光源来研究材料中特定元素的局域结构特性的光谱技术。当 X 射线能量在某一元素的电子能级能量附近时，会发生 X 射线吸收的急剧增强，并获得吸收系数随入射能量的变化曲线和随后的吸收振荡。通过调节 X 射线能量，可以分别研究材料中的不同元素，不仅可以获得吸收原子的元素价态和电子结构，还能够获得与之配位的元素种类、键长、配位数等信息。因此 X 射线吸收光谱技术具有元素分辨、对特定元素周围的局域结构和化学环境敏感等特点，在化学、材料、物理等领域有着广泛应用。

3.2.2　X 射线衍射

1. 概述

1912 年，德国科学家劳厄用实验发现了 X 射线照射到晶体内部能发生衍射现象，首次证实了晶体具有周期性的点阵结构和 X 射线具有波动性这两个科学猜想，成为 X 射线衍射学的第一个里程碑发现，并于 1914 年获得诺贝尔物理学奖。随后，英国物理学家布拉格父子将衍射线条位置、强度和晶体内部结构联系起来，提出了著名的布拉格方程，并因此共享 1915 年的诺贝尔物理学奖。1916 年，科学家德拜和谢乐创立了 X 射线粉末法（德拜–谢乐法），其适用于多晶样品的结构测定，从而免除良好晶体制备这一步骤。这些早期的理论研究与实验结果是现代 X 射线衍射（X-ray diffraction，XRD）分析技术的发展基础。

XRD 分析是利用不同晶体形成的 XRD 图谱对物质内部原子或分子的空间分布状况进行结构分析的方法，是研究物质的物相和晶体结构的主要方法。当对晶态或非晶态物质进行衍射分析时，该物质被 X 射线照射会产生不同程度的衍射现象，物质组成、晶型、分子内成键方式、分子的构型等因素决定该物质产生不同的特征衍射图谱，衍射谱正如人的指纹一样，任何晶体物质都具有特定的XRD谱，是鉴别物质结构及类别的重要标志[69]。XRD技术具有快捷、无污染、测量精度高、能完整得到晶体结构大量信息等优点。因此，XRD分析法作为材料成分和结构分析的一种现代科学方法，已在材料科学、生命科学、安全检测等领域得到了广泛应用。

2. 基本原理

当一束单色X射线照射到物体表面时，其X射线的传播路径，一般可以分为三种，一部分被物质吸收，一部分被散射，另一部分通过物质沿原来方向继续传播。由于晶体是由原子按照一定规则有序排列的晶胞组成，这些规则排列的原子间距离与入射X射线的波长具有相同量级，导致不同原子散射的X射线容易发生相互干涉，因此X射线在某些特殊方向上被加强或被减弱。由于每种结晶物质都具有特定的结构参数（如晶胞大小、晶面间距等），当X射线通过这一物质时，会形成各式各样的衍射花样，而相应的衍射花样正好能够用来表示该物质的晶体结构。通过布拉格方程$2d\sin\theta=n\lambda$（其中d为晶体的晶面间距，θ为掠射角，n为任意正整数，λ为X射线波长），可以将得到的衍射花样、衍射强度与晶体结构联系起来。衍射数据中的晶面间距d值可以反映晶胞的大小，衍射强度则反映了晶胞中原子的数量和种类，可以用于确定待测物质的组成和晶体结构。

当前常见的X射线衍射仪是Bragg-Brentano（B-B）准聚焦X射线粉末衍射仪，其构造如图3-24所示[70]，其主要由X射线发生器、测角仪、控制与数据处理系统三个部分组成。X射线发生器由X射线管、高压发生器、管压和管流稳定电路，以及各种保护电路等部分组成，其中粉末XRD最常用的靶材是铜靶。测角仪是X射线衍射仪测量中最核心的部分，是用来准确测量衍射角2θ的装置，由入射光路、试样台、衍射光路、单色器、探测器和传动装置等部件构成。入射光路和衍射光路通常由几种狭缝组成，通过用晶体单色器对入射光进行单色化处理，效果要比滤色片好很多，大大提高其分辨率。X射线经过狭缝，照射在样品上产生衍射，计数器围绕测角仪的轴在测角仪圆上运动，记录衍射线，其旋转的角度即2θ，可以从刻度盘上读出。同时采用平板式样品，扩大X射线照射面积，从而提高衍射强度。随后X射线探测器将X射线光子的能量转换成电脉冲信号，经放大器、脉高分析器等电子组件进入电子计算机系统，最后进入后续的控制与数据处理系统。

3. 主要应用

XRD技术是目前使用广泛、方便快捷的材料表征方法，主要用于材料的物相分析和晶体结构分析，本节将主要从这两部分分别进行介绍。

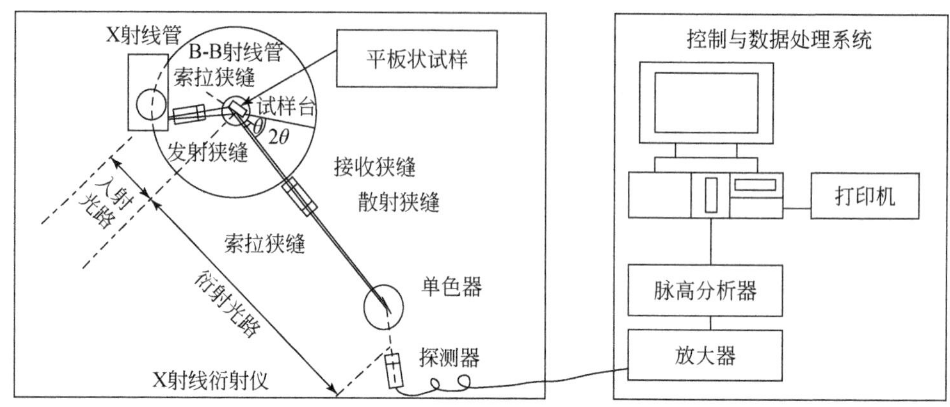

图 3-24　准聚焦 X 射线粉末衍射仪的结构示意图

(1) 物相分析。物相分析是指通过 XRD 方法确定材料由哪些相组成，并试图确定各组成相的相对含量。早在 1919 年，通用电气公司 A. W. Hull 指出，XRD 谱图是物质的特征谱，每种物质产生的 XRD 谱不受共存的其他物质的影响，会形成一套独立的 XRD 谱图，同时混合物中各组分衍射谱的强度正比于各组分在混合物中的相对含量[71]。因此，XRD 技术可以作为物相定性分析和定量分析的方法。目前 XRD 技术是进行物相鉴定最直接、最方便快捷的方法，在许多情况下是其他方法所不能取代的，因此其在材料表征中得到广泛应用。

任何结晶性物质都有其对应的衍射图谱，即 XRD 图谱中衍射线条具有一定的晶面间距 d 值和相对强度，用于物相定性分析。常用的方法是，将待测样品的 XRD 图谱上所有衍射峰对应的峰位置和衍射峰强度，与另一张已知物质的标准 XRD 图谱上所有衍射峰进行比对，依据两者的吻合程度来确定该样品的物相。其中 XRD 标准图谱通常来源于粉末衍射标准联合会（Joint Committee on Powder Diffraction Standards，JCPDS）卡片，其是目前较为完整的 XRD 卡片数据库。因此，利用 XRD 技术可以确定单一物质的物相和元素构成，也能对一些化学元素组成相同而晶相不同的物质进行鉴别。例如，Suib 等通过化学方法合成了四种具有不同物相的 MnO_2 材料，通过 XRD 图谱可以确定物相分别为无定形 MnO_2、α 相 MnO_2、β 相 MnO_2 以及 δ 相 MnO_2（图 3-25），并发现 α 相 MnO_2 材料具有最好的碱性电解水产氧活性[72]。

对于薄膜样品而言，由于样品的厚度较小，在通常的 XRD 测试中，X 射线会深入到薄膜层以下的基底材料，基底强的衍射信号会掩盖薄膜样品的衍射信号，导致测得的薄膜样品的信号较差。掠入射 XRD 技术是入射光以小的掠射角入射到样品表面的方法，通常测试得到的衍射信号基本就是表面薄膜材料的衍射信号，而不容易测到基底的衍射信号。掠入射 XRD 技术克服了薄膜样品含量少，

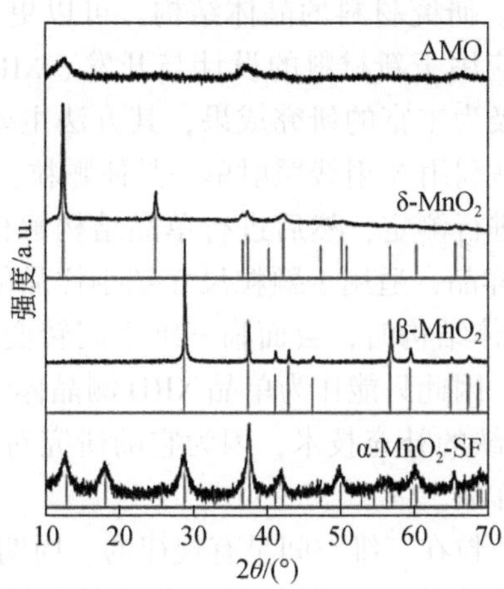

图 3-25 具有不同 MnO_2 物相的 XRD 图谱

不易用于粉末 XRD 测试的问题，同时能够保留薄膜的原始结构，因此掠入射 XRD 是专门用来测试薄膜样品物相和结构的重要方法。Fischer 等在金基底上原位生长一层镍铁基金属–有机骨架的薄膜，通过掠入射 XRD 确认表层薄膜的物相为镍铁基金属–有机骨架，以及该薄膜沿着［200］取向生长[73]。

除了单一物相样品的分析之外，XRD 技术还用于混合物样品的物相鉴定和相对含量分析。混合物 XRD 图谱的衍射线条的数目、强度及位置是由混合物的各组分叠加得到的，可以先通过可能含有的元素和组分来分别鉴定其不同组分的物相。例如，俞书宏等报道了一种多孔碳负载 Mo_2C 和 Ni 的复合双功能催化剂，用于高效电催化分解水产氢，该催化剂是以多巴胺和 $NiMoO_4$ 作为前驱体，在惰性气体保护下 800℃高温煅烧得到的[74]。研究发现，多巴胺和 $NiMoO_4$ 的投料比影响着催化剂的最终组成。XRD 结果显示，在不加多巴胺前驱体时，得到的产物是 $NiMoO_4$ 和 $Ni_2Mo_3O_8$的混合物；当多巴胺和 $NiMoO_4$ 的投料比为 0.25 时，煅烧产物为 MoO_2、Ni 和 MoNi 相；继续增加投料比到 0.5 ~ 1 时，煅烧产物为 Mo_2C、Ni 和 MoNi 相；最后当投料比为 1.5 时，得到需要的 Mo_2C 和 Ni 复合催化剂。

确定混合物中组分的物相之后，往往希望获得不同组分的相对含量。在 20 世纪中叶，组分含量的定量分析主要是利用内标法、增量法、外标法等方法。这些方法都需要使用一种或几种纯净的标样，然后与待测样品进行强度比对，因此该过程较为复杂。为了避免使用标样，全谱线拟合法目前已经被普遍应用在物相定量分析中。该方法需要获得高质量 XRD 谱图，并对谱图中不同组分的峰进行全谱线性拟合，进而获得组分的相对含量。

（2）晶体结构分析。研究材料的晶体结构，可以更好地了解物质的物理化学性质，甚至可以将其应用于新材料的设计与开发。XRD 技术自问世以来，在测定晶体结构上取得了极为丰富的研究成果，其方法主要包括单晶 XRD 法和粉末 XRD 法。单晶 XRD 是利用 X 射线照射单一晶体颗粒，比较适合对结晶颗粒较大、成分较纯净的样品进行测定，然后进行单晶结构解析；而粉末 XRD 则是利用 X 射线照射多晶粉末样品，适用于颗粒尺寸细小样品的组分和晶体结构分析。由于粉末 XRD 在解析晶体结构时，会面临三维空间转变成一维空间、丢失许多信息这一先天性的问题，因此只能作为单晶 XRD 测晶体结构的补充技术。但是，粉末 XRD 是一种不可或缺的补充技术，因为它的研究对象是无法长成单晶、不能用单晶衍射来解析的样品。

单晶是晶体内部的微粒在三维空间呈有规律的、周期性的排列，晶轴不随晶体中的位置而改变。利用单晶 XRD 数据可以分析晶体结构，如单胞的尺寸、体积、原子在单胞中的相对位置和原子位置的占有率等，也可以了解晶体中原子的三维空间排列，获得有关键长、键角、分子构型和构象、分子间相互作用和堆积等大量微观信息，因此单晶 XRD 已成为人们认识物质微观结构的最重要方法之一。单晶 XRD 测试的前提是通过控制一定的实验条件，生长成较为完整的单晶样品。例如，鲁统部等报道了一种基于镧–三羧基苯并菲的 MOF 材料，用于光电催化水氧化反应[75]。单晶 XRD 显示，该晶体属于单斜晶系，*Cc* 空间群，其晶胞参数 a 为 18.4394Å，b 为 13.7828Å，c 为 8.1160Å。镧金属与 10 个氧原子进行配位，其中 9 个氧原子来源于有机配体，1 个氧原子来源于水分子。邻近镧离子的间距是 4.085Å，通过 μ_3-CO_2 基团形成一维链状结构，进一步与有机配体连接形成三维金属–有机骨架，同时溶剂 DMF（*N*,*N*-二甲基甲酰胺）分子和水分子均填充在结构孔道内（图 3-26）。进一步的研究表明该 MOF 材料具有较好的热稳定性和耐酸碱稳定性。粉末 XRD 结果显示，通过在 30～570℃ 的温度范围进行热处理，以及在 pH 为 1～13 的溶液中进行浸泡处理，该材料能够保持其原有物相，且无任何杂质相出现。

对于无法获得单晶的粉末样品，粉末 XRD 是解析这类材料晶体结构的重要方法之一。早期利用粉末 XRD 测晶体结构，主要是采用图解法和倒易点阵法等指标化方法，但其因局限性大、过程非常烦琐，始终未被广泛应用。随着计算机的应用，实现了利用全谱线拟合法进行结构精修，包括 Rietveld、Pawley、Le Bail 等精修方法。该方法首先是用由小步进扫描得到高质量 XRD 图谱，然后利用计算机软件进行精修模拟得到适合的晶体结构。Stevenson 等报道了一种 Sr 掺杂的 $La_{1-x}Sr_xCoO_{3-\delta}$ 钙钛矿电催化剂材料[76]。通过 Rietveld 精修发现，当掺杂量 x 值为 0、0.2、0.4 时，得到的物相属于六方晶系 *R*-3*c* 空间群；当掺杂量 x 值为 0.6 或 0.8 时，得到的物相属于立方晶系 $Pm\bar{3}m$ 空间群；当掺杂量 x 值为 1 时，得到的

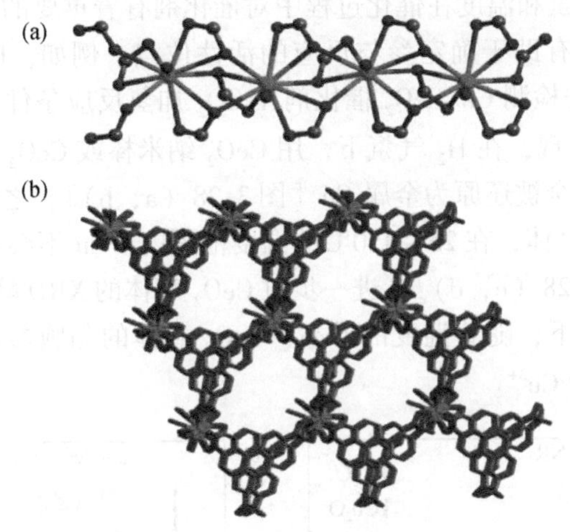

图 3-26　基于镧–三羧基苯并菲 MOF 材料的空间结构图

物相属于四方晶系 *I*4/*mmm* 空间群。

4. X 射线衍射原位表征技术

对于催化剂而言，其物相和晶体结构往往会随着反应的进行发生演变，而非原位 XRD 技术只能检测到某一状态下催化剂的晶体结构，很难准确获得催化剂在整个催化过程中结构的变化信息。原位 XRD 能够实时监测催化过程中物相或结构的动态变化，从而有助于识别真实活性位点和理解催化反应机理，为更好地设计高效催化剂提供研究基础。如图 3-27 所示，原位 XRD 与常规 XRD 方法无本质区别，是将反应气体、温度或其他催化实验条件原位引入到 XRD 的检测装置上[77]。值得注意的是，原位 XRD 技术只适用于晶体结构明确的纳米催化剂，而不适用于非晶纳米催化剂、分子催化剂或缺乏长程有序结构的催化剂。

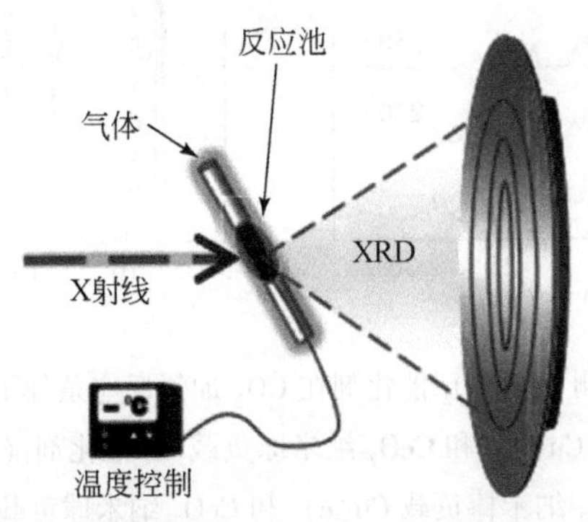

图 3-27　原位 XRD 的装置示意图

考虑到反应气氛和温度在催化过程中对催化剂有着重要的影响，动态检测催化剂的物相和结构有助于确定参与反应的活性位点。例如，Rodriguez 和马丁等利用原位 XRD 方法检测 Cu/CeO_2 催化剂在 CO_2 加氢反应条件下的物相和晶体结构变化[78]。结果发现，在 H_2 气氛下，用 CeO_2 纳米棒或 CeO_2 纳米球为载体负载的 CuO_x 在 150℃完全被还原为金属 Cu［图 3-28（a，b）］。之后将反应气氛切换为 CO_2 和 H_2 混合气体，在 25～450℃的温度范围内，Cu 不会被 CO_2 氧化，仍保持其金属态［图 3-28（c，d）］。进一步对 CeO_2 载体的 XRD 峰进行 Rietveld 精修拟合，在两种气氛下，随着温度的升高，CeO_2 载体的晶胞参数逐渐增大，表明 CeO_2 被部分还原为 Ce^{3+}。

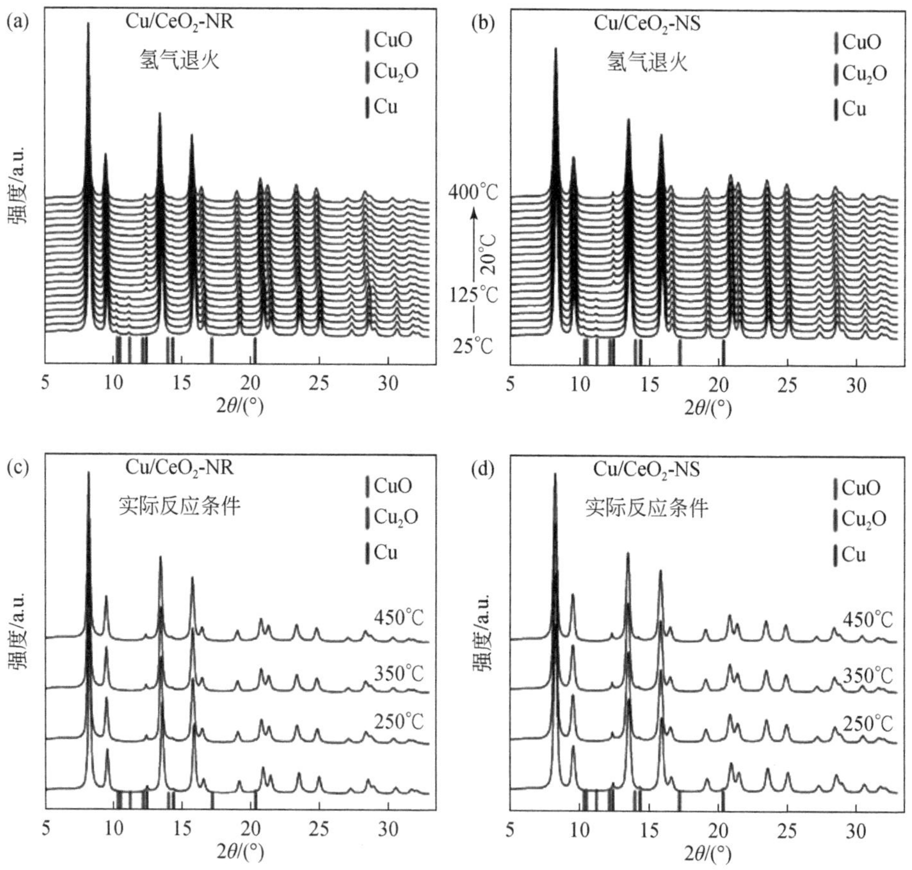

图 3-28　原位 XRD 方法检测 Cu/CeO_2 催化剂在 CO_2 加氢反应条件下的物相变化：（a，b）在 H_2 气氛下 CeO_2 纳米棒负载 Cu(a) 和 CeO_2 纳米球负载 Cu 催化剂（b）的原位 XRD；（c，d）在 CO_2 加氢反应气氛下 CeO_2 纳米棒负载 Cu(c) 和 CeO_2 纳米球负载 Cu 催化剂（d）的原位 XRD。未指标化的峰为 CeO_2 载体的 XRD 峰

除气固反应之外，原位 XRD 也可以用于检测溶液中催化剂的结构演变过程。陈经广等利用原位 XRD 研究了不同载体负载的 Pd 纳米颗粒在电催化 CO_2 还原过程中的相变过程[79]。如图 3-29 所示，在阴极施加还原电位时，质子容易插入到 Pd 的晶格中，形成新的 PdH 相，同时导致晶格扩张和 XRD 峰位置向低角度移动。由于 PdH 具有较弱的 CO 键合能力，而 Pd 容易被 CO 毒化，因此形成的 PdH 有利于电催化 CO_2 还原为 CO。在电位为-0.2V 时，样品中的 Pd 纳米颗粒部分转变成 PdH；在更负的电位条件下（-0.6V 和-0.8V），碳负载 Pd（Pd/C）和氮化铌负载 Pd（Pd/NbN）样品中的 Pd 完全转变成 PdH 相，而氮化钒负载 Pd（Pd/VN）样品含有 Pd 和 PdH 的混合物相。DFT 计算显示，在氮化钒载体上 PdH 的形成自由能较高，导致氮化钒载体不利于 Pd 到 PdH 的转化。因此，与 Pd/C 和 Pd/NbN 催化剂相比，Pd/VN 样品的 CO_2 还原活性最低。

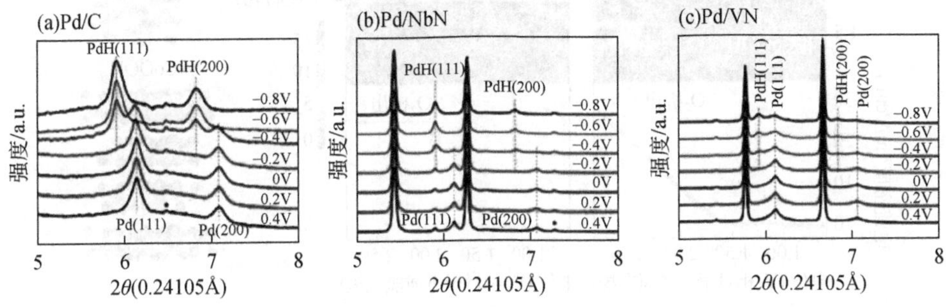

图 3-29　原位 XRD 用于检测不同载体负载 Pd 在电催化 CO_2 还原的相变过程

由于很多催化反应与表层催化剂的物种直接相关，监测表层催化剂的动态变化具有重要意义。陈浩铭等报道了一种在 Co_3O_4 纳米立方体表面包覆约 1nm 厚 CoO 层的复合电催化 OER 催化剂，并通过原位掠入射 XRD 技术检测表层 CoO 的结构变化[80]。利用高能同步辐射光源，并结合掠入射 XRD 技术可以增强催化剂表层物种的 XRD 信号。如图 3-30 所示，随着电解电压的提高，表层的无定形 CoO 层先转变成 β-CoOOH 相，然后进一步转变成 α-CoOOH 相，显示出羟基氧化钴是真实的催化活性位点，与 Magnussen 等报道的结果相一致[81]。当施加电压在 0.1～2.0V 之间变化时，表层的 CoO 与形成的羟基氧化钴之间可以进行可逆转变，进而提高催化剂的稳定性。

3.2.3　X 射线光电子能谱

1. 概述

X 射线光电子能谱（X-ray photoelectron spectroscopy，XPS）是一种重要的表

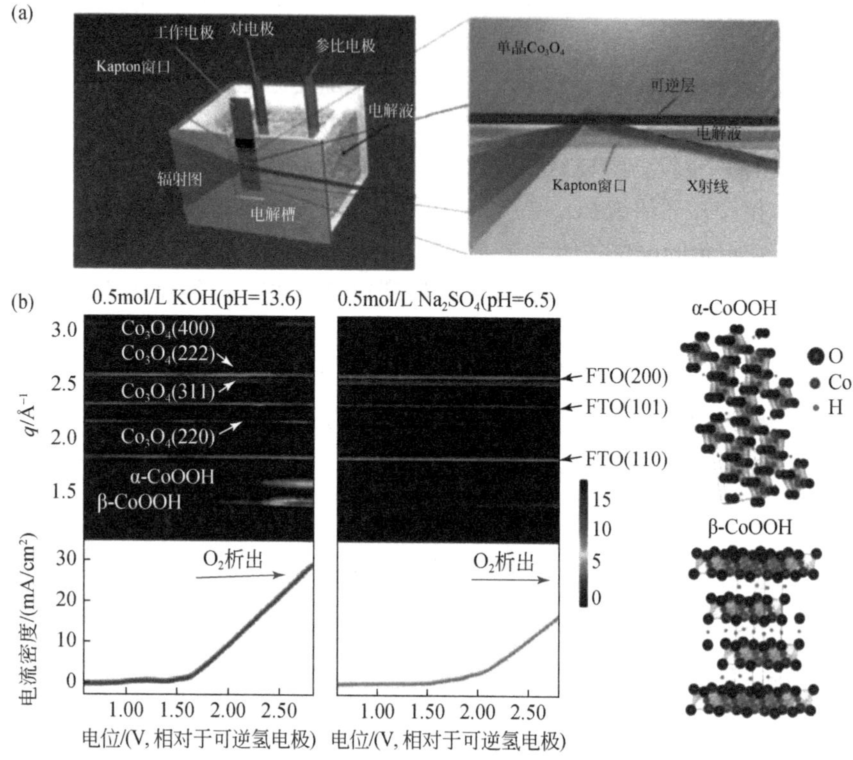

图 3-30　原位掠入射 XRD 用于检测催化剂表层 CoO 的结构变化：(a) 原位掠入射 XRD 的示意图；(b) 原位掠入射 XRD 的实验结果

面分析技术，它是通过一束入射到样品表面 3～10nm 深度的光子束，来检测样品表面价态与结构信息的无损测量技术。XPS 以光电效应为基础，在 20 世纪 60 年代，瑞典科学家 Siegbahn 及其研究小组开发研制了 XPS 表面分析仪器，并发表了一系列基于 XPS 的学术成果，使得 XPS 逐渐成为研究材料表面组分和化学价态的重要表征手段之一。鉴于 Siegbahn 在推动 XPS 发展上做出的杰出贡献，其荣获 1981 年诺贝尔物理学奖。

XPS 不仅可以确定样品的化学成分，还可确定元素的化学状态。XPS 技术的一大特色是对样品没有特殊要求，不管是结晶或非晶样品，还是导电或绝缘样品，都可以进行测试，同时测试所需的样品含量很少，几乎适用于所有样品。因此，近半个世纪以来，XPS 技术在理论上和实际技术上都得到了长足的发展，在化学、材料等多个学科和领域都有着广泛应用。

2. 基本原理

XPS 技术是通过采用一定能量的 X 射线照射样品表面，测量原子的内层电子或价电子束缚能及其化学位移，获得元素种类、原子的结合状态以及电荷分布状态等信息。XPS 的基本原理如图 3-31 所示[82]：一定能量的 X 射线光子束辐射到样品表面，X 射线在固体材料中具有很强的穿透能力，当入射的光子能量大于核外电子的结合能（E_b）时，待测样品原子中的内层电子被激发出去，激发出的光电子能量（E_k）被检测记录。由于表面原子层所产生的光电子不会损失能量，因此通常 XPS 可检测几纳米到十几纳米厚度的材料表面信息。

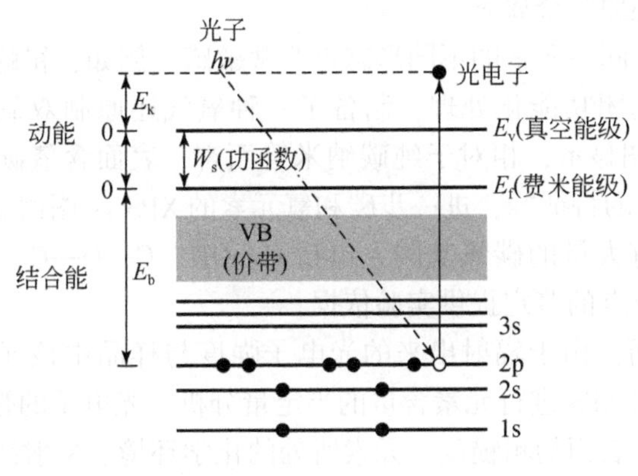

图 3-31　XPS 的原理图

XPS 仪器包括进样室、超高真空系统、X 射线源、离子源、电子能量分析器、探测器，以及数据采集和处理系统。其中超高真空系统是 XPS 仪器的主要部分，样品室、X 射线源以及探测器都在这一系统里面。真空环境可以减少光电子与残留气体发生碰撞而损失信号强度，同时避免残留气体与样品发生化学作用，干扰 XPS 谱线。一般通过机械泵、分子泵和离子泵三级真空泵系统，获得超高真空状态。常用的 X 射线源主要有 Mg K_α（光子能量为 1253.6eV）和 Al K_α（光子能量为 1486.6eV）阳极靶，具有强度高和自然宽度小的特点。

3. 主要应用

XPS 可以获得不同待测元素的结合能 E_b，可鉴别样品表面元素的化学组成、状态及含量，从而进行定性、定量分析，以及样品深度分析等。本节主要介绍下面几个主要应用。

（1）定性分析。XPS 用于定性分析的主要依据是不同元素具有不同的特征能量。光子的能量足够使除氢、氦以外的所有元素发生光电离作用，产生特征光电子。因此，对于组分不确定的样品而言，XPS 可以先对样品进行全谱扫描，不同的峰值对应不同元素的电子构型，如 1s、2s、2p、3d 等电子态，进而初步确定表面含有的化学元素，这对于未知样品的定性分析是非常有效的。之后对特定元素进行多次扫描，提高 XPS 结果的信噪比，获得特定元素的 XPS 高分辨图谱，从而进一步确定该元素的存在，以及分析该元素的存在形态。例如，通过对反应前后的催化剂进行 XPS 测试，鲁统部等发现在石墨炔上负载的 Cu^{2+} 在电催化 CO_2 还原反应后被还原为金属 Cu 单质[83]。XPS 图谱显示，起始的催化剂主要包含 Cu^{2+} 物种，特征峰位于 940.5eV 和 961.3eV；反应结束后，铜的峰位置在 953.1eV 和 933.2eV，可以归属于 Cu 单质的 $2p_{1/2}$ 峰和 $2p_{3/2}$ 峰，表明在 CO_2 还原过程中铜被完全还原为金属态。

此外，XPS 对同一元素的不同形态也非常敏感。例如，崔屹等通过对碳纳米管进行表面含氧基团功能化处理，制备了一种氧气还原制双氧水的高效电催化剂[84]。XPS 全谱图显示，相对于纯碳纳米管而言，表面含氧碳纳米管的样品在 530eV 出现氧元素的特征峰，进一步碳和氧元素的 XPS 1s 图谱显示，表面含氧碳纳米管的样品具有大量的碳氧基团，包括 C—OH、C—O—C、C ═O、C—OOH 等，为后续活性位点的鉴定提供实验依据。

（2）定量分析。由于辐射出来的光电子强度与样品中该元素的含量呈正相关，因此可以利用 XPS 进行元素含量的半定量分析。光电子的强度除了与元素含量有关，还与样品表面的粗糙度、元素所处的化学环境、X 射线强度、仪器状态等因素有关，因此 XPS 只能提供同一样品中不同元素之间的相对含量，而非元素的绝对含量。同时，定量分析还需采用元素灵敏度因子进行校正，即利用特定元素的信号强度作标准谱线，进而得到各元素的相对含量。

XPS 的定量分析除了可以确定元素的相对含量之外，还可用于分析同一元素不同价态的相对含量。虽然辐射光电子的结合能主要由元素的种类和激发轨道决定，但由于原子外层电子的屏蔽效应，具有不同化学环境的元素产生的电子结合能略有不同，导致具有不同的化学位移。一般来说，元素失去电子，化学价升高，XPS 结合能正移。对于特定元素的价态分析，需要先对该元素进行窄区域的高分辨扫描，然后结合已知价态的峰位置、峰形状等，通过软件进行背底扣除和峰的退卷积拟合处理，从而获得元素的化学价态以及主要存在形式。例如，Brian M. Leonard 等利用 XPS 分析了几种具有不同物相的碳化钼材料 Mo 元素的表面化学价态，并进行了 Mo^0、Mo^{3+}、Mo^{4+}、Mo^{6+} 四种价态的峰拟合分析[85]。碳化钼材料暴露在空气中，表面容易被氧化，导致化合价升高。如图 3-32 所示，γ-MoC 具有最低的 Mo^{6+} 含量（25.2%）；β-Mo_2C、α-MoC_{1-x}、η-MoC 的 Mo^{6+} 含量依次升高，显示出 γ-MoC 具有最好的抗空气氧化稳定性。

（3）深度分析。除了定性和定量分析外，XPS 还可以应用于材料表面的深度

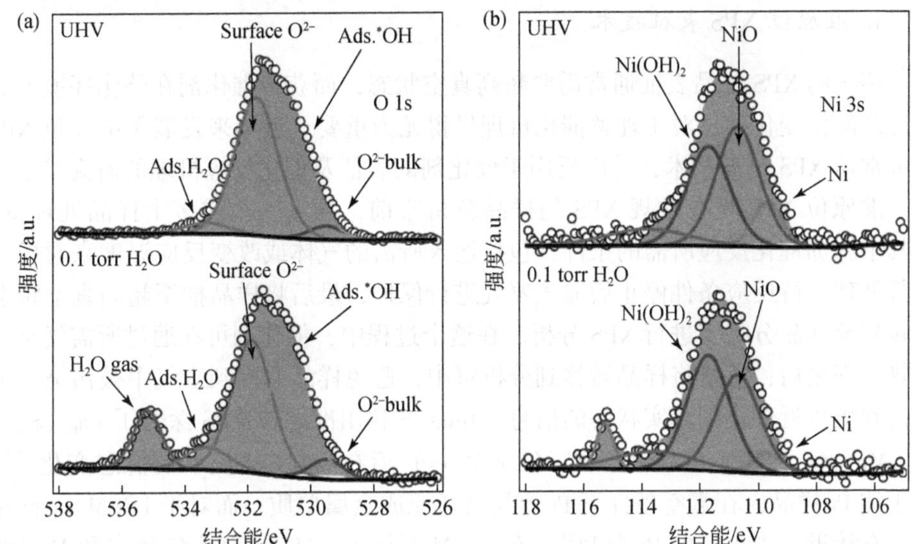

图 3-32 近常压 XPS 技术用于表征 CrO_x/Cu-Ni 催化剂上水的吸附：（a）超高真空和 0.1torr（1.33322×10^2Pa）水的压力条件下 O 1s XPS 分析；（b）超高真空和 0.1torr 水的压力条件下 Ni 3s XPS 分析

分析。一些样品由于表面镀膜、表面氧化等导致在深度上具有不同的化学状态。为了分析研究元素的化学信息在样品中的纵深分布，一种广泛采用的方法是离子束溅射辅助 XPS 技术。通过利用氩离子源对样品表面进行溅射刻蚀，调节氩离子源的溅射时间和溅射强度，将待测样品表面刻蚀到所需的深度，然后进行 XPS 分析，获得元素化学信息的分布图。戴宏杰等报道了一种表面包覆镍金属纳米层的 n 型硅材料（Ni/nSi），用于光电催化水氧化[86]。对经稳定性测试之后的样品进行 XPS 表征发现，镍包覆层厚度为 2nm 和 5nm 的样品，随着氩离子刻蚀时间的增加，镍和氧元素的信号逐渐变弱，硅元素的信号逐渐变强，验证了这种包覆结构。同时，分析镍元素的价态结果，表层的镍元素容易在光电催化过程中被阳极氧化为+3 价，而内层的镍元素保持其金属态。并且在硅与镍的界面无任何硅基和镍基氧化物形成，显示出这种复合材料具有良好的稳定性。

值得注意的是，利用离子束溅射刻蚀法进行 XPS 深度分析过程中，离子束可能会引起部分金属的还原和价态的改变。为了不影响待测元素的价态，近年来，同步辐射光电子能谱也被用于深度分析。选用同步辐射光源，可以调节光子的能量，进而用于不同深度的 XPS 分析；同时同步辐射光源可以获得更强的 XPS 信号，提高所得图谱的分辨率[87]。

4. 准原位 XPS 表征技术

传统的 XPS 样品表征通常需要超高真空状态，而获得催化剂在催化环境下的价态及配位变化信息对于理解催化机理显得尤为重要。近年来发展了准原位 XPS 和近常压 XPS 测试技术，并广泛用于催化剂的表征及催化反应机理的研究[88]。

准原位 XPS 是在常规 XPS 的样品分析室前，加入一个或多个样品处理室，在其中施加催化反应所需的条件，包括通入所需的气体或改变反应温度来对样品进行处理，待反应条件停止后通入氦气进行保护，最后将样品抽至超高真空状态后转移至样品分析室进行 XPS 分析。在这个过程中，催化剂可在通过所需气氛或加热处理之后，直接将样品转移到分析室中，避免样品暴露到空气中被污染，可以得到更接近催化剂真实状态的信息。Jung 等利用准原位 XPS 探究了 $La_{0.75}Sr_{0.25}Cr_{0.5}Mn_{0.5}O_3$ 钙钛矿负载 Pt 颗粒（LSCM/Pt）后在 650℃ 高温下的价态变化[89]。对于纯 Pt 样品，在真空条件下 Pt 容易被还原成金属单质；而对于 LSCM/Pt 催化剂，有接近一半含量的 Pt 为 Pt^{2+}。在 LSCM 载体中，Mn 元素具有 Mn^{2+} 和 Mn^{3+} 两种氧化态，其中 Mn^{3+} 的含量相对较高；而在 LSCM/Pt 催化剂中，Mn 氧化态变低，证明 LSCM/Pt 复合催化剂中 Pt 的电子转移给 Mn，导致 Pt 的价态升高和 Mn 的价态降低。

准原位 XPS 技术仍存在一些缺陷，如待测样品是在反应完之后转入超高真空样品分析室分析，与真实的反应条件并不相符。有研究表明，一些金属基催化剂在反应条件下，表面会发生价态变化或结构重构，这些原位生成的物种可能是催化反应的真实活性位点，而这些活性物种在离开反应气氛后又可能消失[90]。因此准原位 XPS 技术获得的样品信息与真实情况可能并不相同，不能准确反映出样品的真实价态变化。为了解决上述问题，研究者进一步改进 XPS 装置，发展了一种近常压 XPS 技术。该技术是利用静电场或电磁复合场形成的电子透镜来聚焦生成的光电子，同时采用多级离子泵抽走反应气体，形成一个气压梯度，在达到一定真空度后再检测光电子的信号[91]。由于近常压 XPS 技术是直接用 X 射线照射反应气氛下的样品，检测到的信号为样品在反应时的真实信号，实现了反应条件下 XPS 的原位表征。Sargent 等制备了一种基于 CrO_x/Cu-Ni 的高效电解水制氢催化剂，利用近常压 XPS 技术研究该催化剂对水分子的吸附和解离情况（图 3-32）[92]。对于中性电解水产氢而言，水吸附并解离成羟基是该反应的决速步骤。为了模拟电催化测试的含水环境，XPS 测试在 0.1torr 水的压力条件下进行。对比超高真空环境和含水环境，O 1s 和 Ni 3s XPS 结果显示，CrO_x/Cu-Ni 复合催化剂的 CrO_x 组分能够促进 Ni 转化成 $Ni(OH)_2$，从而更容易吸附水分子并解离成羟基，因此能够大大加速电催化产氢的反应速率，进而提高催化活性。

近常压 XPS 技术为表征真实气氛或反应条件下样品表面的动态变化提供了可

能，是原位研究催化剂表面结构的有效手段。但由于测试时存在一定的反应气氛，检测到的 XPS 信号比常规 XPS 要弱得多，通常需要增加检测时间来提高 XPS 谱的信号。另外，用具有更高强度的同步辐射光源取代常规光源，可以获得更高分辨率的 XPS 谱，因此原位同步辐射 XPS 也常用于研究原位过程中催化剂表面价态和结构的变化[93,94]。

3.2.4　X 射线吸收光谱

1. 概述

X 射线吸收光谱（X-ray absorption spectroscopy，XAS）是一种基于同步辐射光源从原子、分子水平上研究材料中特定元素局域结构的先进光谱技术。早在 1920 年，科学家 Fricke 和 Hertz 等首次发现了 X 射线的吸收振荡现象。但是对这种吸收振荡现象缺乏有效的认识，同时由于当时主要使用的是光强较弱的普通光源，导致实验耗费时间较长，获得的谱图质量较差，使得该技术一度发展缓慢。直到 20 世纪 70 年代，Sayers 和 Lytle 等通过理论推导发现，吸收峰对应着吸收原子周围近邻配位原子的位置，而峰的高度则与配位原子的种类和数量相关，这一推论也得到了实验证实。因此吸收峰的振荡现象与物质内部的短程有序结构有关，不需要样品具有长程有序结构。之后 Pendry 和 Lee 提出了多重散射理论，用来解释近边吸收光谱。再加上同步辐射光源的快速发展，使得实验时长缩短和实验精度大大提高，XAS 技术才逐渐发展成一种可实用的材料结构表征技术。

在大多数情况下，由于不同元素的吸收能量位置不同，XAS 技术对元素具有选择性，可以通过调节 X 射线能量，对材料中特定元素分别进行研究，进而获得选定元素的局域结构特征，包括元素价态、电子结构，以及与之配位的元素种类、键长、配位数和无序度等信息。同时由于 XAS 技术给出的是样品的局域结构信息，其主要取决于周围近邻几个配位壳层的短程有序相互作用，对样品的形态没有特殊要求，既可以研究结晶或非晶样品，又可以用于研究固态、液态甚至气态的样品。利用高强度的同步辐射光源，XAS 技术还可以对样品中含量很少的组分，如单原子、团簇等进行研究。因此 XAS 技术具有元素分辨、对吸收原子周围的局域结构和化学环境敏感等特点，在材料科学、纳米科学等领域得到广泛应用。

2. 基本原理

当 X 射线照射物质后，部分 X 射线被原子所吸收，导致原子内层电子（1s、2s、2p 等）受到激发发出光电子，激发出来的光电子与周围其他原子发生散射，散射波与起始的入射波具有相同波长，可以发生相长干涉或者相消干涉，产生物质对 X 射线的吸收振荡，从而获得元素在特定化学环境下的 XAS。

如图 3-33 所示，XAS 的吸收边通常可以分为两个部分：X 射线吸收近边结构（XANES）和扩展 X 射线吸收精细结构（EXAFS）[95]。XANES 包含了吸收边前约 10eV 至吸收边后约 50eV 的范围，其主要来源于 X 射线激发出的内壳层光电子在周围原子与吸收原子之间的单电子多重散射效应。多重散射导致其路径具有很大的不确定性，导致很难获得配位数和键长等结构信息，但 XANES 对于元素的价态和电子结构等较为敏感，因此可以通过 XANES 获得这一信息。EXAFS 指的是在吸收边后 50～1000eV 能量范围内的振荡结构，来源于 X 射线激发出来的内层光电子在周围原子与吸收原子之间的单重散射效应的结果，并受周围配位原子的存在形态影响。因此，可以利用 EXAFS 获得中心原子周围配位原子的情况，包括配位原子的种类、距离、配位数、无序度等信息。

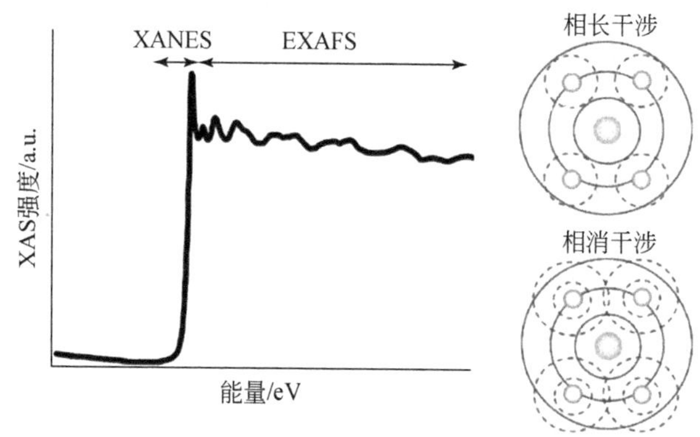

图 3-33　常见的 X 射线吸收光谱谱图

常见的 XAS 实验装置包括同步辐射光源、单色器、探测器、数据采集系统等部分（图 3-34）。其中最主要的器件是单色器，它决定了 XAS 线站的分光性能。利用两块平行的单晶硅组成双晶单色器，能够将入射光分离成单色光，进而通过改变入射光与单色器之间的角度来调节光子的能量，转动单色器就可以得到能量连续可调的单色光。最常用的单色器为 Si（111）和 Si（311），其最适用的能量范围分别为 4～25keV 和 7～41keV。根据样品中待测元素的含量不同，采用的测试方法不同，因而使用的检测系统不同。常用的主要测试方法包括透射法和荧光法两种。对于浓度较大的样品，主要采用透射法，该方法是检测 X 射线被样品吸收前后的强度比值来获得样品的吸收系数。通常需要选择合适厚度的样品，使得吸收边的跳高接近 1 左右。对于待测元素含量过低的样品，透射法得到的谱图的信噪比较差，这时需采用荧光法。由于样品吸收 X 射线产生荧光光子的数目与吸收系数成正比，因此对荧光 X 射线的测定也能够准确反映样品对 X 射线的吸收情况。

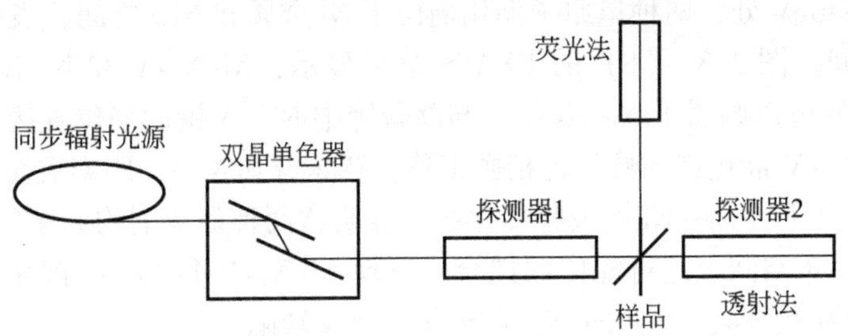

图 3-34　常见的 XAS 实验装置

3. 主要应用

根据上面的原理介绍，对于 XAS 中的 XANES 区域，主要用于研究待测元素的价态和电子结构信息，而 EXAFS 区域主要用于研究待测原子周围的配位结构信息。通常所说的 XAS 主要指的是 X 射线吸收的 K 边吸收光谱，得到的主要是材料的体相信息。若将入射线能量降低，可以得到一些过渡金属的 L 边吸收光谱，反映了材料的近表面结构信息，通常称为软 XAS。例如，常见 Fe、Co、Ni 过渡金属的 XAS 的 K 边能量位置分别在 7100～7200eV、7700～7800eV 和 8300～8400eV，而其软 XAS 的 L 边能量位置分别在 700～720eV、770～800eV 和 850～880eV。为了更好地反映待测样品的结构信息，通常在测试时需要与几个标准样品进行对照，确定与之较为接近的样品结构。XAS 技术在研究非晶物质、原子和团簇基催化剂、材料的配位结构等方面具有不可替代的优势，下面举几个例子分别介绍其应用。

（1）XANES 用于体相价态分析。XANES 的特征来自电子从占据态到未占据态的跃迁，从而提供了有关氧化态和电子结构的信息。一般来说，金属的氧化态越高，原子的总电荷就越正，因此需要更多的能量从轨道上激发电子，导致吸收边正移。目前 XANES 已经成为研究金属元素体相价态最重要的一种方法。例如，Shao-Horn 等为了确定合成的 $Ba_{0.5}Sr_{0.5}Co_{0.8}Fe_{0.2}O_{3-\delta}$（BSCF）钙钛矿中 Co 金属的体相价态，分别对 BSCF 样品以及 CoO 标样和 $LaCoO_3$ 标样进行了 Co 的吸收谱 K 边测试[96]。在 XANES 处，吸收边位置随着 CoO、BSCF、$LaCoO_3$ 依次正移，显示 BSCF 中 Co 的价态位于+2～+3 价之间。进一步的线性拟合曲线可以得到 BSCF 中 Co 的价态为+2.8。

（2）EXAFS 用于配位环境分析。通过对 EXAFS 的解析，可以精确地获得金属中心周围配位原子的种类、配位数、键长、无序度等信息。鲁统部等分别合成了具有缺陷的 Ni 单原子催化剂 Ni-N_3-V，以及不含缺陷的 Ni 单原子催化剂 Ni-

N_4，并利用 EXAFS 研究了催化剂的配位环境[97]。如图 3-35（a）所示，在边前峰 8330～8340eV 处，两种单原子催化剂位于 Ni 金属和 NiO 之间，表明其化合价在 0～2 之间。图 3-35（b）的 EXAFS 结果显示，Ni-N_3-V 和 Ni-N_4 催化剂在 1.86Å 处的峰可以归属于 Ni—N 键，与酞菁镍中 Ni—N 键的峰位置接近。相对于 Ni-N_4，Ni-N_3-V 催化剂的峰位置稍微正移，意味着其 Ni—N 距离更短、Ni—N 键更强。同时无任何 Ni—Ni 键吸收峰存在，表明这两种催化剂均为单原子催化剂。将 EXAFS 在 R 空间上进行配位数拟合，发现 Ni-N_3-V 和 Ni-N_4 催化剂的 Ni—N 配位数分别为 3 和 4，表明 Ni-N_3-V 含有一个 N 缺陷。

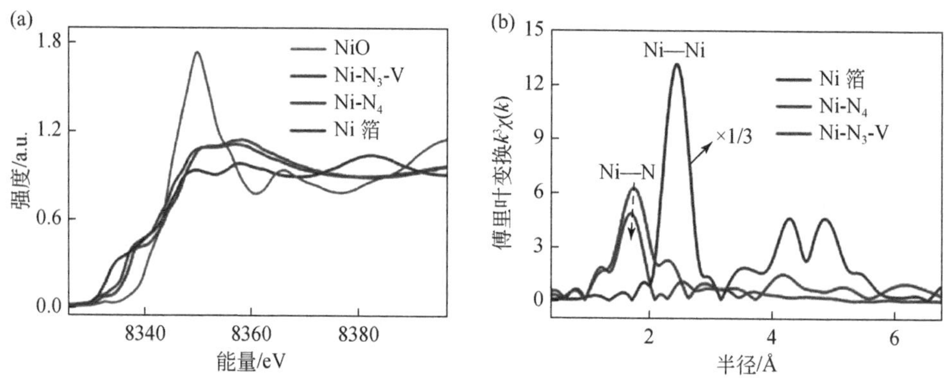

图 3-35　EXAFS 用于确定单原子 Ni 的价态和配位结构

（3）软 XAS 用于表面价态分析。由于很多催化反应仅发生在催化剂表面，因此研究催化剂的表面特性显得尤其重要。软 XAS 的入射 X 射线能量较低，导致其衰减长度较短，因此对催化剂的表面结构更为敏感，常被用于研究表面几十纳米厚度的结构信息。同时由于水和空气会吸收软 XAS 能量范围内的光子，因此软 XAS 需要在超高真空条件下进行。例如，张波等报道了一种金属均匀分布的三元 FeCoW 羟基氧化物（G-FeCoW），用于高效电催化 OER，并通过软 XAS 研究了 Fe 和 Co 元素在 OER 前后的表面价态变化[98]。作为对照，将 G-FeCoW 在空气中退火处理，得到了一种结晶性的 A-FeCoW 催化剂。研究结果表明，G-FeCoW 和 A-FeCoW 催化剂在电催化 OER 后，Fe 物种都会被氧化为 Fe^{3+}。对于 Co 物种而言，起始的 G-FeCoW 和 A-FeCoW 催化剂具有相似的 Co 价态，而 OER 后，G-FeCoW 中的 Co 更容易被氧化为更高价态的 Co，因此表现出更好的 OER 活性。软 XAS 除了研究金属元素之外，也常常用于研究氧、磷、硫等非金属元素的化学状态[99-101]。例如，Yoshida 等利用软 XAS 对镍基硼化物在 OER 过程中进行氧元素的 K 边测试，发现在 528.7eV 处出现 NiO_6 八面体的特征峰，与 NiOOH 的峰类似，说明镍基硼化物发生了表面重构[101]。

4. 原位表征技术

原位 XAS 技术可实现原位观测催化剂在催化反应过程中的结构变化，为理解催化反应真实活性位点和催化机理提供了实验依据。

韦世强等利用原位 XAS 监测了 Co 单原子位点在 HER 过程中的结构变化，其原位装置示意图如图 3-36（a）所示[102]。XANES 结果显示，单原子催化剂中 Co 的价态由初始的+2.02，到开路电压下的+2.20 和催化反应状态下的+2.40［图 3-36（b）］。同时，EXAFS 不仅证明了催化剂是以单原子形式存在，还在原位反应条件下 Co-N/O 配位峰明显向低半径方向移动，从 1.63Å 降低到 1.56Å，表明配位环境发生了明显改变［图 3-36（c）］。EXAFS 拟合结果显示，在开路电

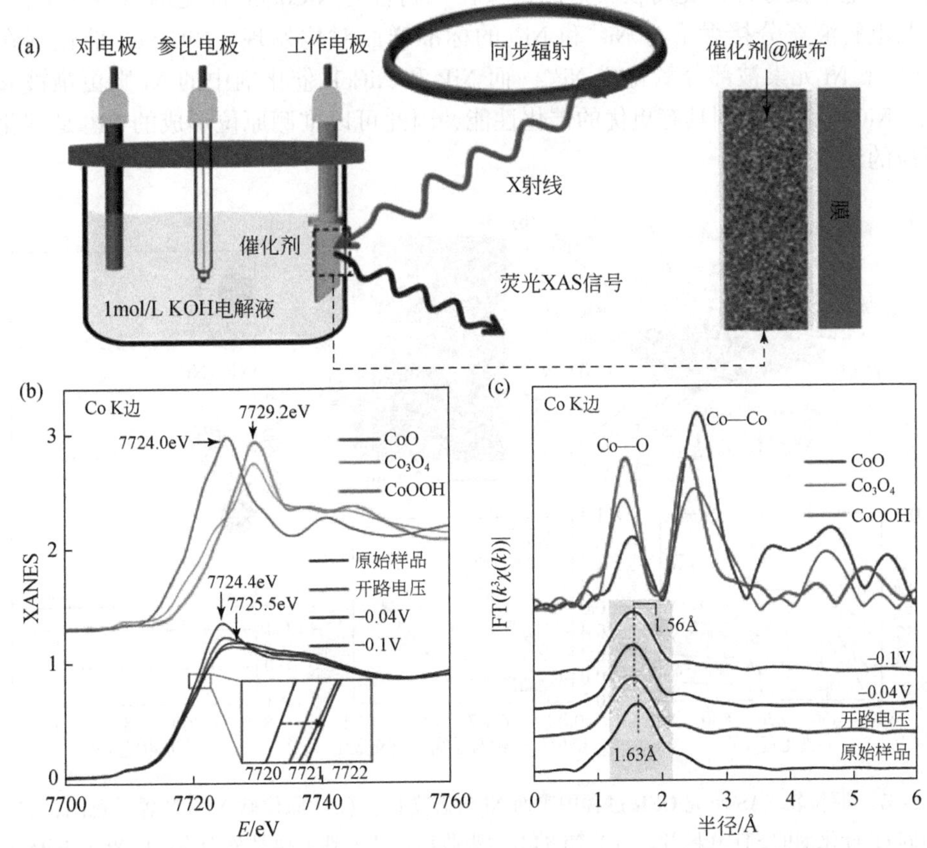

图 3-36　原位 XAS 用于研究 Co 单原子催化剂在催化 HER 过程中的结构变化：（a）原位 XAS 装置示意图；（b）Co 单原子催化剂及参照样品的 XAS；（c）Co 单原子催化剂及参照样品的 EXAFS

压下，溶液中的 OH^- 吸附到催化剂表面，形成活性的“O- Co_1- N_2”结构作为 HER 的催化中心。随后，在电催化过程中，水分子吸附到 Co 位点形成“H_2O-(HO- Co_1- N_2)”反应中间体催化 HER 过程。该催化活性位点进一步被理论计算和红外光谱所确认。

对于软 XAS 而言，过渡金属的 L 边容易发生电子从 2p 到 3d 的跃迁，使得软 XAS 测试对其表面 3d 氧化态较为敏感，因此发展原位软 XAS 技术有助于直接研究催化剂的近表面化学价态。原位软 XAS 技术的主要挑战在于，入射 X 射线的能量较低，需要在超高真空环境下进行，同时需要避免电解液或其他反应介质对 X 射线的吸收。Sargent 等利用原位软 XAS 技术探究了 OER 过程中 Ni 元素的价态变化[103]。其原位软 XAS 装置如图 3-37（a）所示，超薄 Si_3N_4 膜用于将 X 射线与电解液分开，提高吸收谱的信噪比。制备的 NiCoFeP 催化剂为多孔结构，易与电解液充分接触。与 Ni^{2+} 和 Ni^{4+} 的标准样品对比发现，NiCoFeP 催化剂在 1.6V 下 Ni 元素被部分氧化成 Ni^{4+}，而 NiP 和 NiCoP 催化剂中的 Ni 则更难被氧化。NiCoFeP 催化剂具有更优的催化性能，因此可以推测原位形成的 Ni^{4+} 是催化反应的活性位点。

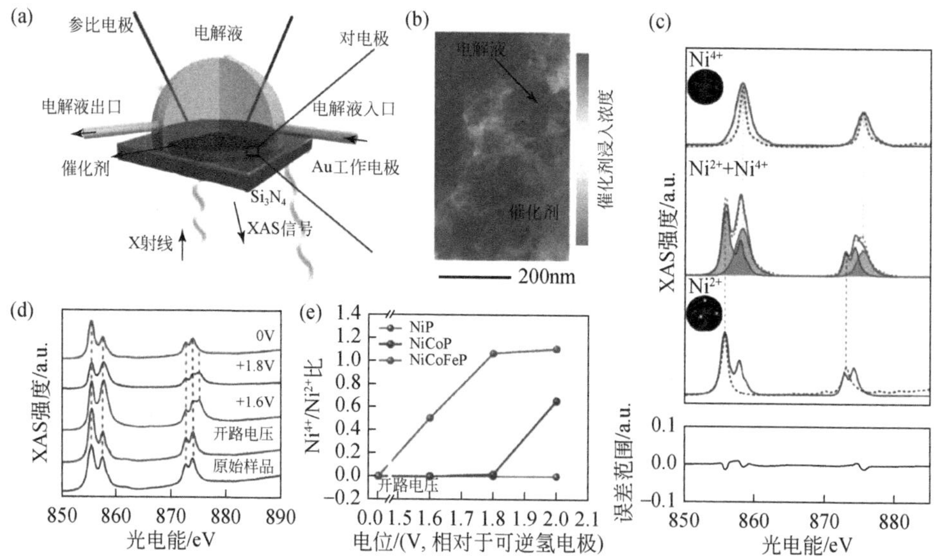

图 3-37　原位软 XAS 研究 OER 过程中表面 Ni 价态变化：（a）原位软 XAS 装置示意图；（b）NiCoFeP 催化剂的 STEM 照片；（c）Ni 的 L 边吸收谱，从上到下样品分别为：$K_2Ni(H_2IO_6)_2$ 作为 Ni^{4+} 参照样品，1.8V 下的 NiCoFeP 催化剂，NiO 作为 Ni^{2+} 参照样品；（d）NiCoFeP 催化剂在不同条件下 Ni 的 L 边吸收谱；（e）催化剂在不同电压下的 Ni^{4+}/Ni^{2+} 比例

3.2.5　小结

本节主要介绍了X射线衍射、X射线光电子能谱和X射线吸收光谱等，这些技术是表征人工光合作用催化剂的组分、物相、电子结构等关键信息的重要手段。其中，X射线衍射主要用于分析催化剂的物相和晶体结构；X射线光电子能谱主要用于分析催化剂的组分和元素价态等表面信息；X射线吸收光谱侧重于研究催化剂的元素价态、电子结构、配位环境等信息。这些技术各有优势，相互结合，能够研究催化剂的结构特征，结合原位X射线表征技术，可以揭示真实催化活性位点。

3.3　谱学表征技术

本节主要介绍紫外-可见吸收光谱、红外吸收光谱和拉曼光谱，以及核磁共振谱、质谱。由于这些表征技术大都（质谱除外）采用能量较低的非电离辐射源作为电磁波源，表征大多采用非接触式架构，表征过程对样品和环境影响较小，破坏性低，尤其适合原位（*in situ*）或工况（*operando*）条件下催化剂的表征。基于人工光合作用相关催化反应自身的特点，本节将重点介绍上述表征技术在原位条件下的应用。

在人工光合作用催化领域，传统的表征手段难以捕捉到反应位点上的瞬时信息，而借助原位谱学表征技术可以获得以下信息：①辨认关键中间体及其构型；②确认催化剂中的活性中心，以及其在真实反应条件下的稳定性；③确认优势反应路径和催化产物选择性；④活性中心周围微环境对催化反应过程的影响。

3.3.1　紫外-可见吸收光谱

紫外-可见吸收光谱（ultraviolet-visible absorption spectroscopy）测量样品对光的吸收，光源波长一般在190～800nm，能量在150～630kJ/mol，主要反映与电子跃迁相关的信息[104]。

原位/工况条件下常用如图3-38所示的电化学比色池测量紫外-可见吸收光谱[105,106]。该装置采用三电极体系，催化剂负载于工作电极。吸收光谱可以在吸收、漫反射（diffuse reflection）模式下进行采集。对于固体样品，常采用漫反射模式测量样品的吸收，从而得到带隙（bandgap）和电子跃迁等相关信息。此外，从吸收峰的位置可以大体分辨出有机物和关键中间体（如自由基）等。需要注意的是，由于紫外光、可见光的能量相对较高，可能对样品造成破坏，光照下的热效应也可能对反应过程产生影响。此外，光谱采集过程耗时一般为数分钟，因此在时间分辨率上受到限制。

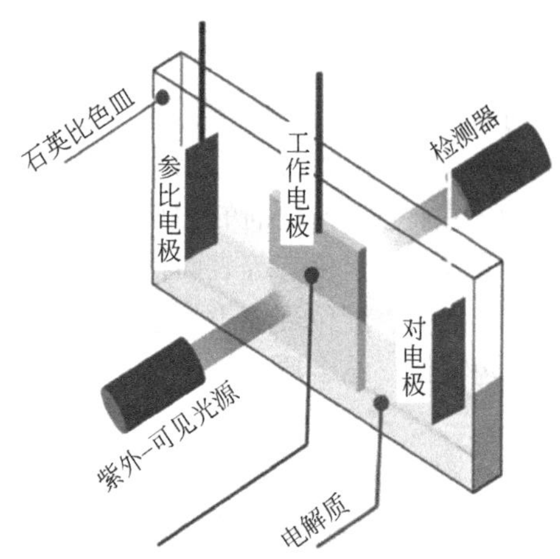

图 3-38　原位紫外-可见吸收光谱中典型的电化学比色池结构示意图[105,106]

1973 年，Tuxford 等采用原位紫外-可见吸收光谱探测了二氧化碳电还原反应过程中的中间体[107]。以金属铅为阴极，0.1mol/L 四甲基氯化铵水溶液为电解液，在-1.0～-1.8V(*vs.* RHE）电位范围内，监测催化体系在 200～400nm 的吸收光谱。结果显示，在 250nm 处可以观察到单峰。通过与前人结果对比，作者将该峰归属于 CO_2^- 中间体。Aguirre 等在玻碳电极上修饰金属-酞菁配合物（metal-phthalocyanine complexes，MPc)，考察了其电催化二氧化碳还原性能[108]。作者发现，在-0.4V(*vs.* RHE）电位下，CoPc 体系在 480nm 出现了新的吸收峰，将其归于 Co(Ⅰ）物种，并认为该物种是催化二氧化碳还原的活性物种。Koca 等制备了系列金属-酞菁配合物修饰的电极，并考察了其在析氢反应和氧还原反应中的中间体[109]。作者考察了 H_2Pc、ZnPc、CuPc、CoPc 四种配合物修饰的电极。以 CoPc 为例，在施加特定的电位时，观察到原位紫外-可见吸收光谱随时间发生变化，从中推断催化体系中存在$[Co^{II}Pc^{-2}]$、$[Co^{I}Pc^{-2}]^-$、$[Co^{I}Pc^{-3}]^{2-}$、$[Co^{II}Pc^{-1}]^+$四种中间体。

3.3.2　红外吸收光谱

红外吸收光谱（infrared absorption spectroscopy）是测量样品对电磁波的吸收，主要反映与共价键振动相关的信息，包括键的伸缩振动（stretching vibration）和弯曲振动（bending vibration)[110]。

在原位条件下，红外吸收光谱能够监测到催化剂界面上的吸附物种。由于人工光合作用催化反应通常在水相中进行，而水分子的红外吸收较强，可能对监测的信号产生干扰，因此原位红外吸收光谱测量常采用一种特殊的模式，即衰减全反射表面增强红外吸收光谱（attenuated total reflection surface-enhanced infrared absorption spectroscopy，ATR-SEIRAS），其装置如图 3-39 所示[111]。采用对红外光透明的高折射率晶体（如硅、锗），制成棱柱状或半圆柱状，在其平整表面上沉积金属薄膜作为工作电极。测量时，红外光从底部入射到工作电极表面，当入射角大于临界角时发生全反射。在界面上方产生倏逝波（evanescent wave），可以与工作电极表面的化学物种相互作用。金属薄膜一方面作为工作电极，另一方面也可以起到增强信号的作用。倏逝波在界面法线方向的强度呈指数衰减形式，如式（3-1）所示：

$$I = I_0 \exp(-z/d_p) \tag{3-1}$$

式中，I_0为界面处电场强度；z 为到界面的距离；I 为距离 z 处的电场强度；d_p为 I 衰减到 I_0/e 时的穿透深度，其值随波长不同而不同。对于晶体硅和水相溶液组成的界面，在入射角为60°时，波数为4000cm^{-1}的红外光的 d_p值约为 150nm。由此可见，硅表面沉积的金属工作电极薄膜厚度一般小于 100nm，才能允许一定强度的倏逝波到达催化剂界面。同时，金属薄膜对信号有增强作用，这是因为共价键振动模型的红外光吸收不仅与其动态偶极矩成正比，还与局域电场强度的平方成正比。在 SEIRAS 模式下，吸收的增强因子可以达到 100，足以检测电极表面甚至未形成单层（monolayer）的吸附物种。适用的金属不仅包括 Au、Ag 和 Cu，还包括 Fe、Pt、Pd 等。由于金属薄膜对信号的放大作用，测得的光谱能集中反映工作电极表面约 10nm 范围内的信息，几乎不受体相电解质的干扰，因此可以获得大量关于催化界面附近的物种信息[112]。此外，ATR 模式下的时间分辨率可以达到毫秒级甚至亚毫秒级，适合监测捕捉反应界面上的瞬态信息。

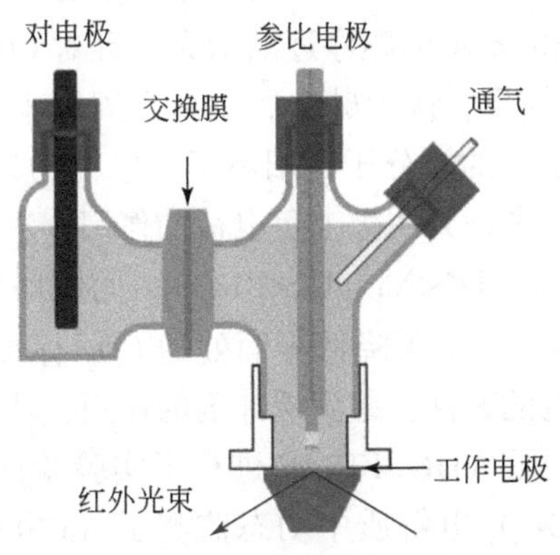

图 3-39　ATR-SEIRAS 模式下的电解池装置结构示意图[111]

美国特拉华大学徐冰君等利用 ATR-SEIRAS 技术，考察了电催化 CO_2 还原体系里电解质中碳酸氢根（HCO_3^-）的作用[111]。作者以金薄膜作为工作电极，将

^{13}C标记的 CO_2 气体通入 $NaH^{12}CO_3$ 电解质中进行电解，并通过红外吸收光谱监测金电极表面的 CO 吸收峰强度。发现电解反应初期，表面生成的 CO 大多是^{12}CO，随着反应时间的延长，^{13}C 标记的^{13}CO 信号逐渐增强。在另一组实验中，作者将$^{12}CO_2$气体通入 $NaH^{13}CO_3$ 电解质中进行电解，发现电解反应初期表面生成的 CO 大多是^{13}CO，随后才观察到^{12}CO 的信号逐渐增强。上述结果表明，在电解反应初期，工作电极表面生成的 CO 主要来自电解质中的 HCO_3^-，而不是通入的 CO_2 气体。传统认知中，电催化 CO_2 还原体系中采用的碳酸氢盐电解质主要起缓冲 pH 和质子给体的作用，徐冰君等的上述实验结果说明，HCO_3^- 还可作为碳源参与电催化二氧化碳还原过程。通过进一步实验发现，在通入 CO_2 的条件下，电解质溶液中溶解的 HCO_3^-(aq)和 CO_2(aq)之间存在快速的动态平衡，这种动态平衡机制可以辅助 CO_2 向工作电极表面的传质，从而有效提高催化界面附近的 CO_2 浓度，提高反应速率，获得更大的催化电流。

类似地，香港科技大学邵敏华等在硅基底上先后沉积了一层 Au(厚度约 60nm) 和一层 Cu(厚度约 30nm)，用作工作电极原位监测电催化二氧化碳还原过程[113]。发现在 0.1mol/L 的 $KH^{13}CO_3$ 电解液中，即使在饱和的 Ar 气氛中，电极表面仍能检测到少量 $^*CO$ 的信号。作者还将$^{12}CO_2$ 通入 $KH^{13}CO_3$ 电解液中，在 +0.2～-0.6V(*vs.* RHE) 范围内实时监测红外吸收光谱，发现通电 3s 后电极表面出现对应于$^{13}CO_2$ 的吸收峰，波数位于 $1990cm^{-1}$，随后该峰向高波数移动，且强度逐渐增大。由此作者推断，电解质中的 HCO_3^- 也是电催化二氧化碳还原反应的碳源。

研究表明，在其他条件相同的前提下，Ag 工作电极上 CO_2 还原电流按电解质阳离子 $Li^+<Na^+<K^+<Rb^+<Cs^+$的顺序逐渐增大，且对 CO 的选择性也逐渐提高。Bell 等[114]基于理论计算结果，认为碱金属阳离子周围水合层内的水分子与体相水分子性质不同，水合层内的水分子在阳离子正电荷的诱导下更易解离出质子，即表现出更强的酸性。再考虑到阴极上负电荷的作用，水合层内水分子的酸性进一步增强，这种增强效应按 $Li^+<Na^+<K^+<Rb^+<Cs^+$的顺序增加。电催化 CO_2 还原过程中阴极附近 pH 升高，会显著降低界面处的 CO_2 有效浓度；而水合 Cs^+的酸性可以有效中和阴极附近的碱性，起到缓冲剂的作用，从而提高反应速率，获得更大的电流。Cuesta 等利用 ATR-SEIRAS 进行了实验验证[115]。作者在四种碳酸氢盐（Li^+，Na^+，K^+，Cs^+）电解质中动态监测了 Au 电极表面吸附的 HCO_3^- 和 CO_2 两个物种的特征红外吸收峰，通过比较两者的峰强比，换算出界面附近的 pH。结果表明，碳酸氢铯溶液的界面 pH 最低，而碳酸氢锂溶液的界面 pH 最高，表明在工况下水合碱金属阳离子的缓冲作用的确依 $Li^+<Na^+<K^+<Rb^+<Cs^+$的顺序增强。

Koper 等利用原位红外吸收光谱，观测到 Cu(100) 表面电催化 CO_2 还原生成的二碳中间体[116]。作者在 0.1mol/L $LiHCO_3$ 溶液中，分别通入 Ar 和 CO 气体，在+0.1 ~ -0.2V(*vs.* RHE) 范围内采集红外吸收光谱。在 Ar 气氛下，未观察到任何特征峰；而在 CO 气氛下，在 $1677cm^{-1}$、$1600cm^{-1}$ 和 $1191cm^{-1}$ 处观察到新的吸收峰，其中 $1600cm^{-1}$ 处的峰归属于水分子的 O—H 弯曲振动，$1677cm^{-1}$ 处的峰归属于吸附在 Cu(100) 面上 CO 分子的 C ═O 键伸缩振动，而 $1191cm^{-1}$ 处的峰归属于某含碳物种中的 C—OH 伸缩振动。作者进一步把溶剂由水换成重水，以规避普通水分子在 1650 ~ $1450cm^{-1}$ 范围内 O—H 弯曲振动的遮蔽效应，发现 $1584cm^{-1}$ 处的 C ═O 键的伸缩振动峰，而此峰位与 CO 分子的振动峰位不符。作者结合理论计算，进一步比较了一系列可能的中间体后，将 $1584cm^{-1}$ 和 $1191cm^{-1}$ 两处的特征吸收峰归因于质子化的 CO 二聚体 *OCCOH，由此说明电催化 CO_2 还原在 Cu(100) 表面经历了一个 CO 二聚还原的关键步骤，为二碳产物的生成机理提供了重要实验证据。

谢毅等制备了两种 $CuIn_5S_8$ 纳米片用于光催化 CO_2 还原，发现以原始的 $CuIn_5S_8$ 纳米片为催化剂可以得到 CH_4 和 CO 两种还原产物，而以具有硫空位的 $CuIn_5S_8$ 纳米片为催化剂时可以得到单一的还原产物 CH_4[117]。作者利用原位红外吸收光谱测定了两种催化剂表面的反应中间体，发现均可以监测到 *COOH、CH_3O^*、CHO^* 中间体的吸收峰。而两种催化剂最显著的差别在于，只在前者体系中观察到了 *CO 的特征吸收峰（位于 $2065cm^{-1}$），说明 *CO 中间体在后者表面不能大量累积。作者进一步通过理论计算发现，在原始的 $CuIn_5S_8$ 纳米片表面，*CO 可能脱附，也可能被进一步质子化生成 CHO^*，两者皆是吸热步骤；而在具有硫空位的 $CuIn_5S_8$ 纳米片表面，*CO 脱附会吸热，而若进一步质子化生成 CHO^* 则是自发的放热步骤，因此 *CO 倾向于进一步质子化，最终以接近 100% 的选择性生成 CH_4。类似地，同课题组利用原位红外吸收光谱，考察了 CuS 纳米片上光催化 CO_2 还原过程[118]。作者发现，随反应进行，光谱在 $1545cm^{-1}$ 处出现吸收峰并逐渐增强，该峰被指认归属于 *COOH，是产物 CO 生成过程中的关键中间体。在此过程中还伴随 $1675cm^{-1}$ 处出现吸收峰，作者指认其归属于 HCO_3^- 中间体的不对称伸缩振动。

3.3.3　拉曼光谱

拉曼光谱（Raman spectroscopy）与红外吸收光谱类似，反映的信息也与分子共价键的振动有关，但两者机理不同。分子吸收红外光的前提是入射光子与分子的某两个振动能级之间的能级差相匹配。而拉曼光谱测量的是被样品散射的光子，尤其是经历了非弹性散射（inelastic scattering）的光子，因此并不要求入射光与分子的振动能级差匹配[119]，拉曼散射对分子极化率敏感，因此与红外吸收光谱有一定互补性。例如，水分子有较大的固有偶极矩，因此红外吸收较强，常对检测造成干扰；但水分子的拉曼散射截面很小。利用拉曼散射光谱与红外吸收光谱的这种互补性，可以获得样品的更多信息。

拉曼光谱表征的空间分辨率较高，可达 1μm 左右，且适用于表征在催化过程中有价态变化的催化剂，也适用于检测电解液中的催化反应产物。不过拉曼光谱反映分子中共价键的振动信息，因此对纯金属催化剂体系不适用。原位拉曼光谱常用的电解池结构如图 3-40 所示[106,120]。

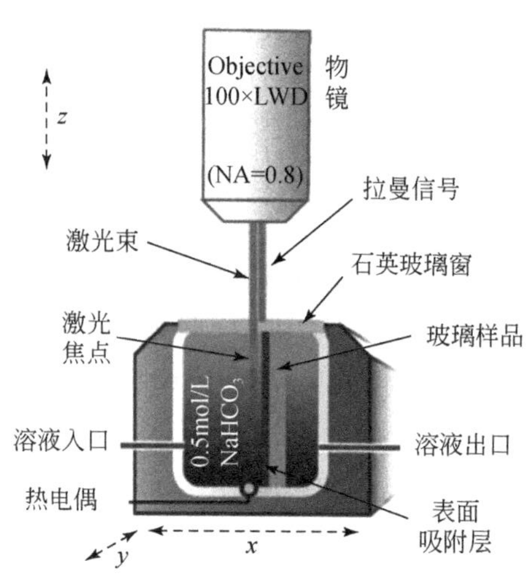

图 3-40 原位拉曼光谱电解池结构示意图[106,120]

Tong 等利用原位拉曼光谱考察了 Cu_2O/CuO@ Ni 催化剂电催化 CO_2 还原的中间体[121]。发现反应过程中出现了新的散射峰，其中 3350cm^{-1} 处的信号归属于电极表面吸附的水分子，1064cm^{-1} 和 1640cm^{-1} 处的峰分别归属于 HCO_3^- 和 $COOH^*$ 中间体的信号。作者进一步采用 ^{13}C 标记以确认 1640cm^{-1} 处散射峰归属于 $^*COOH$，发现同位素标记后，散射峰位移动到 1510cm^{-1}，表现出明显的同位素效应。基于此，作者推断 CO_2 气体先转化为 HCO_3^- 吸附到电极表面，被还原后生成 $^*COOH$ 中间体。Dutta 等用原位电化学拉曼光谱测定了 SnO_2 纳米颗粒电催化 CO_2 还原过程 Sn 的价态变化[122]。当阴极电位高于−0.25V（*vs.* RHE）时，可以在 482cm^{-1}、623cm^{-1} 和 762cm^{-1} 处观察到 SnO_2 的三个特征散射峰，分别对应于 E_g、A_{1g} 和 B_{2g} 三种模式。当阴极电位低于−0.25V 时，可以观察到 SnO 相的特征散射峰；当电位进一步降低到−1.2V 时，只能观察到金属 Sn 的特征峰。由此可见，原位电化学拉曼光谱可以为催化过程中发生的物种变化提供直接证据。作者还考察了催化剂在不同阴极电位下的活性，发现在混合物种存在时产 HCOOH 的活性最高，表明 SnO 在 HCOOH 生成过程中起重要作用。

3.3.4　核磁共振谱

核磁共振谱（nuclear magnetic resonance spectroscopy，NMR 谱）是研究原子核对射频辐射的吸收，它是对各种有机与无机物的成分与结构进行定性定量分析最强有力的工具之一。核磁共振谱以^{1}H 谱和^{13}C 谱最为常见。杨化桂等采用^{1}H 核磁共振谱研究了光催化析氢反应中的质子转移过程[123]。作者选用 Pd/TiO_2（锐钛矿）为光催化剂，水和甲醇混合液为反应体系，进行了两组对照实验：第一组选用“H_2O/CD_3OD/催化剂”组合，第二组选用“CH_3OH/D_2O/催化剂”组合。测定了两组体系下产生的 H_2 和 HD 产物。在无光照条件下，两组体系均未观察到 H_2/HD 的核磁共振峰；利用 300W 氙灯照射 2h 后，在第一组反应体系中观察到 H_2 和 HD 的信号，前者为单重峰，位于 4.56ppm（ppm 为 10^{-6}），后者为三重峰，位于 4.46ppm、4.52ppm 和 4.57ppm；对于第二组反应体系，即使在光照 24h 后，也只观察到很弱的 HD 信号。作者据此推断，光催化析氢过程中的质子大部分来自水。随后作者提高了第一组反应体系中 H_2O 的比例，发现 H_2 的单重峰随之增强，进一步验证了上述推断。在定性分析的基础上，作者还利用核磁共振谱对体系中产生的 H_2 进行了定量分析，发现在反应早期（初始的 10min 甚至更长时间），有一部分 H_2 以溶解态或吸附态存在于体系中，无法逸出；对于这些无法逸出的 H_2 产物，传统的气相色谱法、质谱法无法检测到。相较之下，核磁共振谱可以对这部分 H_2 产物进行定量检测。

Murakoshi 等利用^{1}H NMR 研究了甲醇、乙醇、异丙醇三种电子给体在 Pt-TiO_2 光催化析氢反应中的不同行为[124]。以 Pt-TiO_2/异丙醇/重水体系为例，在光照前只观察到 4.81ppm、4.01ppm 和 1.20ppm 三个信号峰，分别对应 HDO、异丙醇中的叔氢和伯氢。光照后，在 2.25ppm 处观察到了氧化产物丙酮的伯氢信号，4.63ppm 处有来自还原产物 H_2 的信号，以及 4.66ppm、4.59ppm、4.52ppm 三处有来自还原产物 HD 的信号。后者由于 H 与 D 原子之间的异核耦合，表现出三重峰。通过统计相应产物的信号峰强度，作者计算出在异丙醇/重水体积比为 1∶1 的体系中，产物 HD/H_2 比为 4.1，而当以甲醇、乙醇为电子给体时，产物 HD/H_2 比分别是 1.9 和 3.4。

3.3.5　质谱

质谱（mass spectrometry）是将待测分子离子化并在电场下进行加速，根据离子的质荷比不同对其进行分离和检测[125]。当质谱仪与催化装置联用时，可对反应产物进行原位检测分析。在电催化研究中，原位质谱法可用于确定不同产物的起始电位，以及在不同电位下分析产物的成分。通过分析质谱数据，可以方便地得到关于催化活性、选择性方面的信息，有助于高效催化剂的快速筛选。该技术不仅可以定量检测气相产物，还可以检测到有一定挥发性的液相产物，其时间分辨率在 0.1 ~ 10s 范围内，远高于传统的气相色谱法。

Wadayama 等利用原位质谱对电催化 CO_2 还原过程中的气相产物进行了连续监测[126]。作者以 Au 为催化剂，Ar 气为载气，在 -0.4 ~ -1.4V(*vs*. RHE) 电位范围内实时监测了生成的气相产物。发现气相产物的组成与电位以及 Au 催化剂的暴露晶面密切相关。Mandal 等采用原位质谱实时监测了氧化物衍生的 Cu 催化剂上 CO_2 电还原产物[127]。作者在工况条件下实时测量了一碳（甲烷）、二碳（乙烯）和三碳（丙烯）的法拉第效率。Bell 等利用原位质谱法实时监测了 Cu 催化剂上 CO_2 电还原的产物，揭示了多碳产物的生成机理[128]。作者在质谱峰中发现了醛类化合物的信号，推断乙醛是生成乙醇和丙醛的前驱体，而丙醛可以被进一步还原为正丙醇。

Cherevko 等将扫描流动电解池与 ICP-MS 联用，监测了 Ru、Ir 及其氧化物在电催化 OER 中的溶解过程[129]。作者发现，以 0.05mol/L NaOH 为电解质，在线性扫描过程中，金属溶解的程度如下：$Ru \gg Ir > RuO_2 \gg IrO_2$，相较于对应的氧化物，金属催化剂的溶解量高出 600 ~ 700 倍。Markovic 等通过原位 ICP-MS 发现，电解质中少量的 Fe 杂质可以有效提高 $NiFeO_xH_y$ 催化剂在 OER 过程中的稳定性[130]。在不含 Fe 杂质的 KOH 电解质中，$NiFeO_xH_y$ 催化剂在工作 1h 后电流密度下降超过 80%，催化剂中 Fe 的流失也恰好在 80% 左右。若 KOH 电解质中含有 0.1ppm 的 Fe 杂质，该催化剂的活性则能保持更长时间。这些结果表明，Fe 是 $NiFeO_xH_y$ 催化剂中真正的催化活性中心。作者进一步通过同位素标记，即在 KOH 电解质中引入 ^{57}Fe，电解 10min 后，作者发现催化剂中的 ^{56}Fe 有近 70% 被 ^{57}Fe 取代，证明了电解水过程中 Fe 元素在催化剂和电解质中存在动态的溶解-沉积平衡。

Grimaud 等采用在线电化学 MS 技术，辅以同位素标记法，研究了以 $SrCoO_{3-\delta}$ 为代表的系列钙钛矿催化剂电催化 OER 的机理[131]。作者对钙钛矿催化剂进行了 ^{18}O 标记，在随后的 OER 中，不仅检测到质荷比为 32 的 O_2 分子，还检测到质荷比为 34 和 36 的 O_2 分子（即 $^{16}O^{18}O$ 和 $^{18}O^{18}O$）。这些结果说明，钙钛矿催化剂晶格中的 O 原子也参与了 OER 过程。Choi 等发现，当 Pt 催化剂尺寸接近原子尺度时，CO 非但不会产生毒化作用，反而会提高其电催化析氢性能[132]。陈艳霞等将微分电化学质谱和核磁共振谱结合，考察了电催化析氢反应电解质中的烷基季铵阳离子的稳定性[133]。作者选用了三种烷基季铵阳离子（甲基、乙基和正丙基）和三种阴离子（氢氧根、高氯酸根和氯离子）。发现当阴离子是氢氧根或高氯酸根时，季铵盐在反应过程中稳定；阴离子是氯离子时，四甲基季铵阳离子是稳定的，而四乙基、四正丙基季铵阳离子会消去一个烷基，生成对应的叔胺。王双印等将醛氧化作为阳极反应，析氢作为阴极反应[134]，该体系需要的总电压约为0.1V，远低于传统的电解水体系（>1.23V）。作者采用了差分电化学质谱法验证了阳极产物 H_2 的来源。以氘代苯甲醛（C_6H_5CDO）为底物，在低脉冲电位下，可以观察到质荷比为4的 D_2 的质谱信号随脉冲时间呈周期性变化；而对于质荷比为3的HD、质荷比为2的 H_2，则未观察到类似现象，表明氢气中的两个氢原子均来自醛类分子，而非水分子。

3.3.6 小结

本节介绍了紫外-可见吸收光谱、红外光谱、拉曼光谱、核磁共振谱和质谱，并简要介绍了它们在人工光合作用催化剂研究领域的应用，尤其是在原位和工况条件下的应用。原位/工况谱学表征技术在以下方面具有优势：①能监测催化剂、中间体和产物在反应过程的实时变化；②确认真正的催化活性位点。这些信息对于深入认识催化反应的过程、揭示催化剂在催化过程中的结构演变至关重要。可以预见，原位/工况谱学表征技术将会成为催化领域不可或缺的表征手段，并将得到进一步发展和更加广泛的应用。

参考文献

[1] Mcmullan D. SEM-past, present and future. J Microsc, 1989, 155: 373-392.

[2] Goldstein J I, Newbury D E, Michael J R, et al. Scanning electron microscopy and X-ray microanalysis. Springer, 2017.

[3] Zhou W, Apkarian R, Wang Z L, et al. In scanning microscopy for nanotechnology. Springer, 2006: 1-40.

[4] Nguyen D L T, Jee M S, Won D H, et al. Effect of halides on nanoporous Zn-based catalysts for highly efficient electroreduction of CO_2 to CO. Catal Commun, 2018, 114: 109-113.

[5] Lum Y, Yue B, Lobaccaro P, et al. Optimizing C—C coupling on oxide-derived copper catalysts for electrochemical CO_2 Reduction. J Phys Chem C, 2017, 121: 14191-14203.

[6] Yang H, Wu Y, Li G, et al. Scalable production of efficient single-atom copper decorated carbon membranes for CO_2 electroreduction to methanol. J Am Chem Soc, 2019, 141: 12717-12723.

[7] Dinh C T, De Arquer F P G, Sinton D, et al. High rate, selective, and stable electroreduction of CO_2 to CO in basic and neutral media. ACS Energy Lett, 2018, 3: 2835-2840.

[8] Chen J S, Tan Y L, Li C M, et al. Constructing hierarchical spheres from large ultrathin anatase TiO_2 nanosheets with nearly 100% exposed (001) facets for fast reversible lithium storage. J Am Chem Soc, 2010, 132: 6124-6130.

[9] Ding S, Chen J S, Lou X W. One-dimensional hierarchical structures composed of novel metal oxide nanosheets on a carbon nanotube backbone and their lithium-storage properties. Adv Funct Mater, 2011, 21: 4120-4125.

[10] Chen J S, Chen C, Liu J, et al. Ellipsoidal hollow nanostructures assembled from anatase TiO_2 nanosheets as a magnetically separable photocatalyst. Chem Commun, 2011, 47: 2631-2633.

[11] Chen J S, Luan D, Li C M, et al. TiO_2 and SnO_2@TiO_2 hollow spheres assembled from anatase TiO_2 nanosheets with enhanced lithium storage properties. Chem Commun, 2010, 46: 8252-8254.

[12] Xue Z, Liu K, Liu Q, et al. Missing-linker metal-organic frameworks for oxygen evolution reaction. Nat Commun, 2019, 10: 5048.

[13] Zhou Y, Liang Y, Fu J, et al. Vertical Cu nanoneedle arrays enhance the local electric field promoting C_2 hydrocarbons in the CO_2 electroreduction. Nano Lett, 2022, 22: 1963-1970.

[14] Huang M, Deng B, Zhao X, et al. Template-sacrificing synthesis of well-defined asymmetrically coordinated single-atom catalysts for highly efficient CO_2 electrocatalytic reduction. ACS Nano, 2022, 16: 2110-2119.

[15] Wu Z Z, Zhang X L, Niu Z Z, et al. Identification of Cu(100)/Cu(111) interfaces as superior active sites for CO dimerization during CO_2 electroreduction. J Am Chem Soc, 2022, 144: 259-269.

[16] Pan B B, Zhu X R, Wu Y L, et al. Toward highly selective electrochemical CO_2 reduction using metal-free heteroatom-doped carbon. Adv Sci, 2020, 7: 2001002.

[17] Wang Y, Wang Z, Dinh C T, et al. Catalyst synthesis under CO_2 electroreduction favours faceting and promotes renewable fuels electrosynthesis. Nat Catal, 2020, 3: 98-106.

[18] Jiang K, Sandberg R B, Akey A J, et al. Metal ion cycling of Cu foil for selective C—C coupling in electrochemical CO_2 reduction. Nat Catal, 2018, 1: 111-119.

[19] Liu C, Tang J, Chen H M, et al. A fully integrated nanosystem of semiconductor nanowires for direct solar water splitting. Nano Lett, 2013, 13: 2989-2992.

[20] Dinh C T, Burdyny T, Kibria M G, et al. CO_2 electroreduction to ethylene via hydroxide-mediated copper catalysis at an abrupt interface. Science, 2018, 360: 783-787.

[21] Lee H K, Koh C S L, Lee Y H, et al. Favoring the unfavored: selective electrochemical nitrogen fixation using a reticular chemistry approach. Sci Adv, 2018, 4: eaar3208.

[22] Yoon H, Lee S, Oh S, et al. Synthesis of bimetallic conductive 2D metal-organic framework (Co_xNi_y-CAT) and its mass production: enhanced electrochemical oxygen reduction activity. Small, 2019, 15: 1805232.

[23] Liu T, Li P, Yao N, et al. CoP-doped MOF-based electrocatalyst for pH-universal hydrogen evolution reaction. Angew Chem Int Ed, 2019, 58: 4679-4684.

[24] Zhao C M, Wang Y, Li Z J, et al. Solid-diffusion synthesis of single-atom catalysts directly from bulk metal for efficient CO_2 reduction. Joule, 2019, 3: 584-594.

[25] Carter B A, Williams D B, Carter C B, et al. Transmission Electron Microscopy: a Textbook for Materials Science. Diffraction Ⅱ Springer Science & Business Media, 1996, Vol. 2.

[26] Kistler J D, Chotigkrai N, Xu P, et al. A single-site platinum CO oxidation catalyst in zeolite KLTL: microscopic and spectroscopic determination of the locations of the platinum atoms. Angew Chem Int Ed, 2014, 53: 8904-8907.

[27] Liu G, Robertson A W, Li M M J, et al. MoS_2 monolayer catalyst doped with isolated Co atoms for the hydrodeoxygenation reaction. Nat Chem, 2017, 9: 810-816.

[28] Tian S, Wang B, Gong W, et al. Dual-atom Pt heterogeneous catalyst with excellent catalytic performances for the selective hydrogenation and epoxidation. Nat Commun, 2021, 12: 3181.

[29] Kumar A, Bui V Q, Lee J, et al. Moving beyond bimetallic-alloy to single-atom dimer atomic-interface for all-pH hydrogen evolution. Nat Commun, 2021, 12: 6766.

[30] Ji S, Chen Y, Fu Q, et al. Confined pyrolysis within metal-organic frameworks to form uniform Ru_3 clusters for efficient oxidation of alcohols. J Am Chem Soc, 2017, 139: 9795-9798.

[31] Rong W F, Zou H Y, Zang W J, et al. Size-dependent activity and selectivity of atomic-level copper nanoclusters during CO/CO_2 electroreduction. Angew Chem Int Ed, 2021, 60: 466-472.

[32] Yang H, Bradley S J, Chan A, et al. Catalytically active bimetallic nanoparticles supported on porous carbon capsules derived from metal-organic framework composites. J Am Chem Soc, 2016, 138: 11872-11881.

[33] Zhu Y, Zhou W, Ran R, et al. Promotion of oxygen reduction by exsolved silver nanoparticles on a perovskite scaffold for low-temperature solid oxide fuel cells. Nano Lett, 2016, 16: 512-518.

[34] Huang Y, Yang R, Anandhababu G, et al. Cobalt/iron (oxides) heterostructures for efficient oxygen evolution and benzyl alcohol oxidation reactions. ACS Energy Lett, 2018, 3: 1854-1860.

[35] Wu J, Ma S, Sun J, et al. A metal-free electrocatalyst for carbon dioxide reduction to multi-carbon hydrocarbons and oxygenates. Nat Commun, 2016, 7: 13869.

[36] Yang H, Wu Y, Lin Q, et al. Composition tailoring via N and S co-doping and structure tuning by constructing hierarchical pores: metal-free catalysts for high-performance electrochemical reduction of CO_2. Angew Chem Int Ed, 2018, 57: 15476-15480.

[37] Ma X, Du J, Sun H, et al. Boron, nitrogen co-doped carbon with abundant mesopores for efficient CO_2 electroreduction. Appl Catal B, 2021, 298: 120543.

[38] Yang F, Ma X, Cai W B, et al. Nature of oxygen-containing groups on carbon for high-efficiency electrocatalytic CO_2 reduction reaction. J Am Chem Soc, 2019, 141: 20451-20459.

[39] Xu T, Sun L T. Investigation on material behavior in liquid by *in situ* TEM. Superlattices Microstruct, 2016, 99: 24-34.

[40] Chan C K, Tuysuz H, Braun A, et al. Advanced and *in situ* analytical methods for solar fuel

materials. Solar Energy for Fuels, 2016, 371: 253-324.

[41] Yoshida H, Kuwauchi Y, Jinschek J R, et al. Visualizing gasmolecules interacting with supported nanoparticulate catalysts at reaction conditions. Science, 2012, 335: 317-319.

[42] Canepa S, Alam S B, Ngo D T, et al. *In situ* TEM electrical measurements//Controlled Atmosphere Transmission Electron Microscopy: Principles and Practice, 2016: 281-300.

[43] Grosse P, Yoon A, Rettenmaier C, et al. Dynamic transformation of cubic copper catalysts during CO_2 electroreduction and its impact on catalytic selectivity. Nat Commun, 2021, 12: 6736.

[44] Wang X L, Klingan K, Klingenhof M, et al. Morphology and mechanism of highly selective Cu(Ⅱ) oxide nanosheet catalysts for carbon dioxide electroreduction. Nat Commun, 2021, 12: 794.

[45] Zhu J, Wang P, Zhang X B, et al. Dynamic structural evolution of iron catalysts involving competitive oxidation and carburization during CO_2 hydrogenation. Sci Adv, 2022, 8: 3629.

[46] Xi W, Wang K, Shen Y L, et al. Dynamic co-catalysis of Au single atoms and nanoporous Au for methane pyrolysis. Nat Commun, 2020, 11: 1919.

[47] Gao D, Zhang Y, Zhou Z, et al. Enhancing CO_2 electroreduction with the metal- oxide interface. J Am Chem Soc, 2017, 139: 5652-5655.

[48] Itaya K, Tomita E. Scanning tunneling microscope for electrochemistry—a new concept for the *in situ* scanning tunneling microscope in electrolyte solutions. Surf Sci, 1988, 201: L507-L512.

[49] Therrien A J, Zhang R, Lucci F R, et al. Structurally accurate model for the "29" -structure of Cu_xO/Cu(111): a DFT and STM Study. J Phys Chem C, 2016, 120: 10879-10886.

[50] Hensley A J R, Therrien A J, Zhang R, et al. CO adsorption on the "29" Cu_xO/Cu(111) surface: an integrated DFT, STM, and TPD study. J Phys Chem C, 2016, 120: 25387-25394.

[51] Baricuatro J H, Kim Y G, Korzeniewski C L, et al. Seriatim ECSTM- ECPMIRS of the adsorption of carbon monoxide on Cu(100) in alkaline solution at CO_2-reduction potentials. Electrochem Commun, 2018, 91: 1-4.

[52] Hahn C, Hatsukade T, Kim Y G, et al. Engineering Cu surfaces for the electrocatalytic conversion of CO_2: controlling selectivity toward oxygenates and hydrocarbons. Proc Natl Acad Sci USA, 2017, 114: 5918-5923.

[53] Liu J, Uhlman M B, Montemore M M, et al. Integrated catalysis- surface science- theory approach to understand selectivity in the hydrogenation of 1-hexyne to 1-hexene on PdAu single-atom alloy catalysts. ACS Catal, 2019, 9: 8757-8765.

[54] Marcinkowski M D, Darby M T, Liu J, et al. Pt/Cu single- atom alloys as coke- resistant catalysts for efficient C—H activation. Nat Chem, 2018, 10: 325-332.

[55] Deng D H, Chen X Q, Yu L, et al. A single iron site confined in a graphene matrix for the catalytic oxidation of benzene at room temperature. Sci Adv, 2015, 1: e1500462.

[56] Kim Y G, Baricuatro J H, Javier A, et al. The evolution of the polycrystalline copper surface, first to Cu(111) and then to Cu(100), at a fixed CO_2RR potential: a study by *operando* EC-STM. Langmuir, 2014, 30: 15053-15056.

[57] Kim Y G, Javier A, Baricuatro J H, et al. Surface reconstruction of pure-Cu single-crystal electrodes under CO-reduction potentials in alkaline solutions: a study by seriatim ECSTM-DEMS. J Electroanal Chem, 2016, 780: 290-295.

[58] Yang F, Choi Y M, Liu P, et al. Autocatalytic reduction of a Cu_2O/Cu(111) surface by CO: STM, XPS, and DFT studies. J Phys Chem C, 2010, 114: 17042-17050.

[59] Liu J, Lucci F R, Yang M, et al. Tackling CO poisoning with single-atom alloy catalysts. J Am Chem Soc, 2016, 138: 6396-6399.

[60] Li S, Czap G, Li J, et al. Confinement-induced catalytic dissociation of hydrogenmolecules in a scanning tunneling microscope. J Am Chem Soc, 2022, 144: 9618-9623.

[61] Guo Y, Wang Y, Shen Y, et al. Tunable cobalt-polypyridyl catalysts supported on metal-organic layers for electrochemical CO_2 reduction at low overpotentials. J Am Chem Soc, 2020, 142: 21493-21501.

[62] Pan D Y, Zhang J C, Li Z, et al. Hydrothermal route for cutting graphene sheets into blue-luminescent graphene quantum dots. Adv Mater, 2010, 22: 734-738.

[63] Reske R, Mistry H, Behafarid F, et al. Particle size effects in the catalytic electroreduction of CO_2 on Cu nanoparticles. J Am Chem Soc, 2014, 136: 6978-6986.

[64] Corson E R, Kas R, Kostecki R, et al. *In situ* ATR-SEIRAS of carbon dioxide reduction at a plasmonic silver cathode. J Am Chem Soc, 2020, 142: 11750-11762.

[65] Kim J Y, Kim G, Won H, et al. Synergistic effect of Cu_2O mesh pattern on high-facet Cu surface for selective CO_2 electroreduction to ethanol. Adv Mater, 2022, 34: 202106028.

[66] Grosse P, Gao D, Scholten F, et al. Dynamic changes in the structure, chemical state and catalytic selectivity of Cu nanocubes during CO_2 electroreduction: size and support effects. Angew Chem Int Ed, 2018, 57: 6192-6197.

[67] Simon G H, Kley C S, Cuenya B R. Potential-dependent morphology of copper catalysts during CO_2 electroreduction revealed by *in situ* atomic force microscopy. Angew Chem Int Ed, 2021, 60: 2561-2568.

[68] 姜晓明，王九庆，秦庆，等．中国高能同步辐射光源及其验证装置工程．中国科学：物理学、力学、天文学，2014，44：1075-1094.

[69] 王新，徐捷，穆宝忠．晶体的X射线衍射物相分析方法研究．实验技术与管理，2021，38：27-33.

[70] 马礼敦．X射线粉末衍射的发展与应用——纪念X射线粉末衍射发现一百年（待续）．理化检验：物理分册，2016，52：461-498.

[71] Hull A W. A new method of chemical analysis. J Am Chem Soc, 1919, 41: 1168-1175.

[72] Meng Y, Song W, Huang H, et al. Structure-property relationship of bifunctional MnO_2 nanostructures: highly efficient, ultra-stable electrochemical water oxidation and oxygen reduction

reaction catalysts identified in alkaline media. J Am Chem Soc, 2014, 136: 11452-11464.

[73] Li W, Xue S, Watzele S, et al. Advanced bifunctional oxygen reduction and evolution electrocatalyst derived from surface-mounted metal-organic frameworks. Angew Chem Int Ed, 2020, 59: 5837-5843.

[74] Yu Z Y, Duan Y, Gao M R, et al. A one-dimensional porous carbon-supported Ni/Mo_2C dual catalyst for efficient water splitting. Chem Sci, 2017, 8: 968-973.

[75] Gong Y N, Ouyang T, He C T, et al. Photoinduced water oxidation by an organic ligand incorporated into the framework of a stable metal-organic framework. Chem Sci, 2016, 7: 1070-1075.

[76] Mefford J T, Rong X, Abakumov A M, et al. Water electrolysis on $La_{1-x}Sr_xCoO_{3-\delta}$ perovskite electrocatalysts. Nat Commun, 2016, 7: 11053.

[77] Muhammad S, Lee S, Kim H, et al. Deciphering the thermal behavior of lithium rich cathode material by *in situ* X-ray diffraction technique. J Power Sources, 2015, 285: 156-160.

[78] Lin L, Yao S, Liu Z, et al. *In situ* characterization of Cu/CeO_2 nanocatalysts for CO_2 hydrogenation: morphological effects of nanostructured ceria on the catalytic activity. The J Phys Chem C, 2018, 122: 12934-12943.

[79] Liu Y, Tian D, Biswas A N, et al. Transition metal nitrides as promising catalyst supports for tuning CO/H_2 syngas production from electrochemical CO_2 reduction. Angew Chem Int Ed, 2020, 59: 11345-11348.

[80] Tung C W, Hsu Y Y, Shen Y P, et al. Reversible adapting layer produces robust single-crystal electrocatalyst for oxygen evolution. Nat Commun, 2015, 6: 8106.

[81] Reikowski F, Maroun F, Pacheco I, et al. *Operando* surface X-ray diffraction studies of structurally defined Co_3O_4 and CoOOH thin films during oxygen evolution. ACS Catal, 2019, 9: 3811-3821.

[82] 任玲玲，张姚高. X 射线光电子能谱技术在材料表面分析中的应用. 计量科学与技术，2021，1: 40-44.

[83] Wang J J, Wang H J, Zhang C, et al. Graphdiyne enables Cu nanoparticles for highly selective electroreduction of CO_2 to formate. 2D Mater, 2021, 8: 044008.

[84] Lu Z, Chen G, Siahrostami S, et al. High-efficiency oxygen reduction to hydrogen peroxide catalysed by oxidized carbon materials. Nat Catal, 2018, 1: 156-162.

[85] Wan C, Regmi Y N, Leonard B M. Multiple phases of molybdenum carbide as electrocatalysts for the hydrogen evolution reaction. Angew Chem Int Ed, 2014, 53: 6407-6410.

[86] Kenney M J, Gong M, Li Y, et al. High-performance silicon photoanodes passivated with ultrathin nickel films for water oxidation. Science, 2013, 342: 836-840.

[87] Tao F, Grass M E, Zhang Y, et al. Reaction-driven restructuring of Rh-Pd and Pt-Pd core-shell nanoparticles. Science, 2008, 322: 932-934.

[88] 李雪婧，赵国利，季洪海，等. X 射线光电子能谱在电催化材料研究中的应用. 当代化工，2022，51: 687-690.

[89] Seo J, Tsvetkov N, Jeong S J, et al. Gas-permeable inorganic shell improves the coking stability and electrochemical reactivity of pt toward methane oxidation. ACS Appl Mater Interfaces, 2020, 12: 4405-4413.

[90] Tao F F, Salmeron M. *In situ* studies of chemistry and structure of materials in reactive environments. Science, 2011, 331: 171-174.

[91] Zhong L, Chen D Z. Afeiratos S. A mini review of *in situ* near-ambient pressure XPS studies on non-noble, late transition metal catalysts. Catal Sci Technol, 2019, 9: 3851-3867.

[92] Dinh C T, Jain A, De Arquer F P G, et al. Multi-site electrocatalysts for hydrogen evolution in neutral media by destabilization of watermolecules. Nat Energy, 2018, 4: 107.

[93] Weatherup R S, Bayer B C, Blume R, et al. *In situ* characterization of alloy catalysts for low-temperature graphene growth. Nano Lett, 2011, 11: 4154-4160.

[94] Mattevi C, Wirth C T, Hofmann S, et al. *In-situ* X-ray photoelectron spectroscopy study of catalyst-support interactions and growth of carbon nanotube forests. J Phys Chem C, 2008, 112: 12207-12213.

[95] Van Oversteeg C H M, Doan H Q, De Groot F M F, et al. *In situ* X-ray absorption spectroscopy of transition metal based water oxidation catalysts. Chem Soc Rev, 2017, 46: 102-125.

[96] Suntivich J, May K J, Gasteiger H A, et al. A perovskite oxide optimized for oxygen evolution catalysis from molecular orbital principles. Science, 2011, 334: 1383-1385.

[97] Rong X, Wang H J, Lu X L, et al. Control synthesis of vacancy-defect single-atom catalyst for boosting CO_2 electroreduction. Angew Chem Int Ed, 2020, 59: 1961-1965.

[98] Zhang B, Zheng X, Voznyy O, et al. Homogeneously dispersed, multimetal oxygen-evolving catalysts. Science, 2016, 352: 333-337.

[99] Yu Z Y, Duan Y, Liu J D, et al. Unconventional CN vacancies suppress iron-leaching in prussian blue analogue pre-catalyst for boosted oxygen evolution catalysis. Nat Commun, 2019, 10: 2799.

[100] Zheng Y R, Wu P, Gao M R, et al. Doping-induced structural phase transition in cobalt diselenide enables enhanced hydrogen evolution catalysis. Nat Commun, 2018, 9: 2533.

[101] Yoshida M, Mitsutomi Y, Mineo T, et al. Direct observation of active nickel oxide cluster in nickel-borate electrocatalyst for water oxidation by *in situ* O K-edge X-ray absorption spectroscopy. J Phys Chem C, 2015, 119: 19279-19286.

[102] Cao L, Luo Q, Liu W, et al. Identification of single-atom active sites in carbon-based cobalt catalysts during electrocatalytic hydrogen evolution. Nat Catal, 2019, 2: 134-141.

[103] Zheng X, Zhang B, De Luna P, et al. Theory-driven design of high-valence metal sites for water oxidation confirmed using in situ soft X-ray absorption. Nat Chem, 2018, 10: 149-154.

[104] Pavia D L, Lampman G M, Kriz G S, et al. Introduction to Spectroscopy. 4th ed. Brooks Cole, 2009: 381-384.

[105] Park J H, Choi K M, Lee D K, et al. Encapsulation of redox polysulphides via chemical in-

teraction with nitrogen atoms in the organic linkers of metal-organic framework nanocrystals. Sci Rep, 2016: 6, 25555.

[106] Li X, Wang S, Li L, et al. Progress and perspective for in situ studies of CO_2 reduction. J Am Chem Soc, 2020, 142: 9567-9581.

[107] Alymer-Kelly A W B, Bewick A, Cantrill P R, et al. Studies of electrochemically generated reaction intermediates using modulated specular reflectance spectroscopy. Faraday Discuss Chem Soc, 1973, 56: 96-107.

[108] Isaac M, Armijo F, Ramirez G, et al. Electrochemical reduction of CO_2 mediated by poly-M-aminophthalocyanines (M = Co, Ni, Fe): poly-Co-tetraaminophthalocyanine, a selective catalyst. J Mol Catal A: Chem, 2005, 229: 249-257.

[109] Koca A, Kalkan A, Bayir Z A. Electrocatalytic oxygen reduction and hydrogen evolution reactions on phthalocyanine modified electrodes: electrochemical, *in situ* spectroelectrochemical, and *in situ* electrocolorimetic monitoring. Electrochim Acta, 2011, 56: 5513-5525.

[110] Pavia D L, Lampman G M, Kriz G S, et al. Introduction to Spectroscopy. 4th ed. Brooks Cole, 2009: 15-26.

[111] Dunwell M, Lu Q, Heyes J M, et al. The central role of bicarbonate in the electrochemical reduction of carbon dioxide on gold. J Am Chem Soc, 2017, 139: 3774-3783.

[112] Kas R, Ayemoba O, Firet N J, et al. *In-situ* infrared spectroscopy applied to the study of the electrocatalytic reduction of CO_2: theory, practice and challenges. Chem Phys Chem, 2019, 20: 2904-2925.

[113] Zhu S, Jiang B, Cai W B, et al. Direct observation on reaction intermediates and the role of bicarbonate anions in CO_2 electrochemical reduction reaction on Cu surfaces. J Am Chem Soc, 2017, 137: 15664-15667.

[114] Singh M R, Kwon Y, Lum Y, et al. Hydrolysis of electrolyte cations enhances the electrochemical reduction of CO_2 over Ag and Cu. J Am Chem Soc, 2016, 138: 13006-13012.

[115] Ayemoba O, Cuesta A. Spectroscopic evidence of size-dependent buffering of interfacial pH by cation hydrolysis during CO_2 electroreduction. ACS Appl Mater Interfaces, 2017, 9: 27377-27382.

[116] Perez-Gallent E, Figueiredo M C, Calle-Vallego F, et al. Spectroscopic observation of a hydrogenated CO dimer intermediate during CO reduction on Cu [100] electrodes. Angew Chem Int Ed, 2017, 129: 3675-3678.

[117] Li X, Sun Y, Xu J, et al. Selective visible-light-driven photocatalytic CO_2 reduction to CH_4 mediated by atomically thin $CuIn_5S_8$ layers. Nat Energy, 2019, 4: 690-699.

[118] Li X, Liang L, Sun Y, et al. Ultrathin conductor enabling efficient IR light CO_2 reduction. J Am Chem Soc, 2019: 141, 423-430.

[119] Smith E, Dent G. Modern Raman Spectroscopy: a Practical Approach. 2nd ed. Wiley, 2019: 1-19.

[120] Geisler T, Dohmen L, Lenting C, et al. Real- time *in situ* observations of reaction and transport phenomena during silicate glass corrosion by fluid- cell Raman spectroscopy. Nat Mater, 2019, 18: 342-348.

[121] Yang H, Hu Y, Chen J, et al. Intermediates adsorption engineering of CO_2 electroreduction reaction in highly selective heterostructure Cu- based electrocatalyst for CO production. Adv Energy Mater, 2019, 9: 1901396.

[122] Dutta A, Kuzume A, Rahaman M, et al. Monitoring the chemical state of catalysts for CO_2 electroreduction: an *in operando* study. ACS Catal, 2015, 5: 7498-7502.

[123] Wang X L, Liu W, Yu Y Y, et al. *Operando* NMR spectroscopic analysis of proton transfer in heterogeneous photocatalytic reaction. Nat Commun, 2016, 7: 11918.

[124] Fukushima T, Ashizawa D, Murakoshi K. Rapid detection of donor- dependent photocatalytic hydrogen evolution by NMR spectroscopy. RSC Adv, 2022, 12: 12967.

[125] Pavia D L, Lampman G M, Kriz G S, et al. Introduction to Spectroscopy. 4th ed. Brooks Cole, 2009: 418-435.

[126] Todoroki N, Tei H, Tsurumaki H, et al. Surface atomic arrangement dependence of electrochemical CO_2 reduction on gold: online electrochemical mass spectrometric study on low-index Au [*hkl*] surfaces. ACS Catal, 2019, 9: 1383-1388.

[127] Mandal L, Yang K R, Motapothula M R, et al. Investigating the role of copper oxide in electrochemical CO_2 reduction in real time. ACS Appl Mater Interfaces, 2018, 10: 8574-8584.

[128] Clark E L, Bell A T. Direct observation of the local reaction environment during the electrochemical reduction of CO_2. J Am Chem Soc, 2018, 140: 7012-7020.

[129] Cherevko S, Geiger S, Kasian O, et al. Oxygen and hydrogen evolution reactions on Ru, RuO_2, Ir, and IrO_2 thin film electrodes in acidic and alkaline electrolytes: a comparative study on activity and stability. Catal Today, 2016, 262: 170-180.

[130] Chung D Y, Lopes P P, Martins P F B D, et al. Dynamic stability of active sites in hydr [oxy] oxides for the oxygen evolution reaction. Nat Energy, 2020, 5: 222-230.

[131] Grimaud A, Diaz-Morales O, Han B, et al. Activating lattice oxygen redox reactions in metal oxides to catalyse oxygen evolution. Nat Chem, 2017, 9: 457-465.

[132] Kwon H C, Kim M, Gorte J P, et al. Carbon monoxide as a promoter of atomically dispersed platinum catalyst in electrochemical hydrogen evolution reaction. J Am Chem Soc, 2018, 140: 16198-16205.

[133] He F, Chen W, Zhu B Q, et al. Stability of quaternary alkyl ammonium cations during the hydrogen evolution reduction: a differential electrochemical mass spectrometry study. J Phys Chem C, 2021, 125: 5715-5722.

[134] Wang T, Tao L, Zhu X, et al. Combined anodic and cathodic hydrogen production from aldehyde oxidation and hydrogen evolution reaction. Nat Catal, 2022, 5: 66-73.

第 4 章 人工光合作用催化剂的性能评价

除合成外，性能评价也是人工光合作用催化剂研究的重要环节。建立科学的测试方法和规范的评价标准，有利于比较和筛选高效人工光合作用催化剂。人工光合作用催化剂性能评价主要包括活性、选择性和稳定性等。活性是指催化剂的催化效率，即改变化学反应速率能力，这是催化剂最重要的性能指标；选择性是用来衡量催化剂抑制副反应的能力；稳定性是指催化剂在催化条件下保持活性基本不变的时间。本章将对人工光合作用光催化剂、电催化剂和光电催化剂的性能评价指标进行介绍，并简要介绍光电催化装置、产物检测方法等。

4.1 光催化剂

4.1.1 生产总量和生产速率

生产总量（产量）是指一段时间内生成产物的数量。生产速率表示单位时间内生产产物的数量。对均相光催化体系，一般用转换数（TON）和转换频率（TOF）表达催化剂的生产总量和生产速率。

TON 表示催化剂可以催化的最大次数，其计算公式为

$$\mathrm{TON}=n_{产物}/n_{催化剂} \tag{4-1}$$

式中，$n_{产物}$为产物的摩尔数；$n_{催化剂}$为投入催化剂的摩尔数。

相应地，TOF 表示单位催化时间内的 TON，单位可以是 s^{-1}、min^{-1}或 h^{-1}，其计算公式为

$$\mathrm{TOF}=\mathrm{TON}/t \tag{4-2}$$

式中，t 为反应时长（s、min 或 h）。

对非均相光催化体系，产物的生产速率计算公式如式（4-3）所示，其单位一般为 μmol(mmol)/(g_{cat}·h)或 μg(mg)/(g_{cat}·h)。

$$v=n_{产物}/(m_{催化剂}t) \tag{4-3}$$

式中，$n_{产物}$为产物物质的量（μmol/mmol 或 μg/mg）；$m_{催化剂}$为催化剂的用量（g）；t 为反应时间（h 或 min）。

在测试催化剂性能时，有时需要采用低浓度条件，以更好反映催化剂的活性，但需要注意的是，催化剂用量不能太少，否则太少的产物量会导致检测误差比较大。因此，在测试催化活性时，需要选择合适的催化剂浓度，保证产物的量

在仪器检测限范围内。同时，也要做至少三次平行实验，确保实验结果的准确性。在计算 TOF 时，选择时间范围对该值有显著影响，以一个完整的催化反应周期所用时间来计算 TOF 是比较合理的，但有一些研究为了追求高的 TOF 值，刻意选择催化反应快速进行的时间范围，这并不能很好地反映催化剂的真实活性。此外，由于光子吸收是许多光催化反应的限速步骤，照射光的强度对 TON、TOF 值具有很大影响。因此，在报道催化剂光催化活性时，需要将光强列出。利用 TON、TOF 值比较不同催化剂催化活性时，也应该考虑在光强一致的情况下比较，这方面许多文献并没有考虑。另外需要注意的是，研究者在计算 TON、TOF 和生产速率时，没有一个统一的计算标准，有些结果以催化剂整体质量为基准，有些结果以催化剂物质的量为基准，还有些结果以催化活性中心的质量或物质的量为基准。显然，在不同的基准下，无法通过比较 TON、TOF 或生产速率数值来直接比较催化剂的活性。

4.1.2　量子产率

量子产率（QY）或内量子产率（IQY）是指在某一特定波长下，生成产物所需的电子数与光催化剂吸收的光子数比值。表观量子产率（AQY）或外量子产率（EQY）是生成产物所需的电子数与入射光子数的比值。这些数值是评估光催化体系性能的关键参数，其计算公式为

$$\text{QY 或 IQY} = \frac{n_e n}{N_a} \tag{4-4}$$

$$\text{AQY 或 EQY} = \frac{n_e n}{N_i} \tag{4-5}$$

式中，n_e为产生 1mol 产物所需的电子数；n 为产物物质的量；N_a为催化剂吸收的光子数；N_i为入射光子数。

表观量子产率也可以通过以下公式进行计算：

$$\text{AQY} = n_e n\, N_A hc/(IAt\lambda) \times 100\% \tag{4-6}$$

式中，n_e为产生 1mol 产物所需的电子数；n 为产物物质的量；N_A为阿伏伽德罗常数；h 为普朗克常量（6.62×10^{-34} J/s）；c 为光速（3×10^8 m/s）；I 为光功率密度（W/m^2）；A 为光照面积（m^2）；t 为反应时间（s）；λ 为入射光波长。

4.1.3　选择性

催化剂选择性计算公式为

$$\text{选择性} = n_1/n \times 100\% \tag{4-7}$$

式中，n_1为目标产物物质的量；n 为所有产物物质的量。

产物选择性与多种因素有关，催化剂结构是决定产物选择性的核心因素。此

外，催化体系中存在的共反应物、反应介质等对选择性也会有一定的影响，不同的反应介质，可能对产物中间体的稳定性不同，因此会影响反应产物的选择性。产物选择性的数据，应该是至少重复测试 3 次后计算的平均值，并须计算偏差以证明实验数据的可重现性。

4.1.4 稳定性

催化剂稳定性是评价其应用的重要指标。即使催化剂初始活性很好，若在光催化过程中分解或失活，也会阻碍其工业化应用。测试光催化剂的稳定性，可每隔一段时间进行取样分析，即采点实验，也可以测试催化剂的重复使用性，即在反应后对催化剂进行回收，进行循环测试，检验活性能否保持。

4.2 电 催 化 剂

4.2.1 电流密度

电流密度是指单位电极面积上的电流强度，是反映电催化剂催化活性的重要指标，其计算公式为

$$J=I/S \tag{4-8}$$

式中，I 为催化电流（mA 或 A）；S 为参与催化反应的电极面积（cm^2）。

4.2.2 TOF

电催化体系 TOF 的计算方法与光催化体系有所不同。一般催化剂含有金属时才会计算 TOF 值，计算公式为

$$\text{TOF}=\frac{I_{\text{产物}}/nF}{m_{\text{催化剂}}\times\omega/M_{\text{金属}}} \tag{4-9}$$

式中，$I_{\text{产物}}$ 为特定产物的分电流（A）；n 为产生 1mol 产物所需的电子数；F 为法拉第常数（96485C/mol）；$m_{\text{催化剂}}$ 为电极上催化剂的质量（g）；ω 为实验所测得催化剂中金属负载量；$M_{\text{金属}}$ 为金属的摩尔质量（g/mol）。

TOF 是一个与电化学活性面积无关的评价手段，能够更好地对比催化剂的本征催化活性。但是，在实际使用该公式时，活性位点的计算比较有争议。在使用质量来归一化催化剂时，是基于催化剂中所有金属的量，还是基于催化剂表面金属的量，这会有很大的区别。很显然，如果不是选择相同的基准，很难比较催化剂的催化活性。对于单原子催化剂，假设每个单原子都是活性位点，并且单原子均匀分布，可通过电感耦合等离子体质谱仪测其金属含量，并进一步利用式（4-9）计算 TOF 值。

4.2.3　过电位

过电位（η）是达到特定电流密度的电位与电极反应的热力学电位之间的电位差。较大的 η 将消耗更多的电能，导致能量转换效率变低[1]。高性能电催化剂可以较低的 η 实现较高的电流密度，因此过电位是反映催化剂电催化活性的重要参数。一般用两种不同的过电位来评估催化能力：一个是起始过电位，定义为具有表观电流密度以引发催化反应的过电位。起始过电位实际上是一个定义不明确的度量。目前大部分报道把电流密度达到 0.5mA/cm^2 或 1mA/cm^2 下的电位称为起始过电位。除了起始过电位外，另一个常用的过电位是达到 10mA/cm^2 电流密度所需的过电位（表示为 η_{10}）。过电位在电催化 CO_2 还原和固氮反应中提及较少，主要在评估析氢及析氧电催化剂时用得较多，η_{10} 是评估析氢电催化剂活性最简单和最重要的参数，目前已被广泛采用。

在研究工作中需要注意的是，催化剂的过电位与测量时所采用的工作电极以及工作电极的制备方法密切相关，因此，在探索催化剂的最佳活性时，需要找到合适的载体或电极。在描述催化剂的电催化活性以及利用 η_{10} 比较不同催化剂的活性时，应选择相同电极和相似制备方法获得的 η_{10} 数值进行比较。

4.2.4　法拉第效率

法拉第效率（FE）定义为用于特定产物电化学反应的电荷与通过电路总电荷的比值，可以反映出电化学过程的产物选择性，其计算公式为[2]

$$FE = n_e F\, n_{产物}/Q \times 100\% \tag{4-10}$$

式中，n_e 为转移电子数；F 为法拉第常数（96485C/mol）；$n_{产物}$ 为某一产物物质的量（mol）；Q 为通过电极的总电荷量（C）。

产物的法拉第效率是特定产物消耗电荷量与理论总电荷量的比值，催化剂应具有 100% 的总法拉第效率。在计算法拉第效率时，需要准确测定生成产物物质的量，有时会忽略某一种或某几种产量少的产物，导致总法拉第效率低于 100% 的情况发生。

4.2.5　电化学活性面积

电化学活性面积（ECSA）是指参加电催化反应的有效面积。电化学活性面积一般采用双电层电容法，测量不同扫速下的循环伏安曲线对应的非法拉第区间双电层电容电流，即在未发生氧化还原反应的区间进行循环伏安测试，并且以开路电压为中心电位，取大约 50mV 或者 100mV 的电位区间，不同扫速下获得的充电电流为 I_c，其与扫速 V 和双电层电容 C_{dl} 的关系为[3-5]

$$I_c = C_{dl} V \tag{4-11}$$

催化剂电化学活性面积的计算公式为

$$ECSA = C_{dl}/C_s \tag{4-12}$$

式中，C_s为在相同条件下，对应表面平滑样品的比电容。ECSA 数值越大，说明催化剂上的有效活性位点越多，催化活性可能会越高。通过比较电化学活性面积归一化的催化性能，可以反映催化剂的本征催化活性。

4.2.6　Tafel 斜率

Tafel 斜率用于描述电流密度与施加电压之间的关系，可以反映电催化剂上的电化学反应动力学。Tafel 斜率可通过两种方式获得，第一种是直接在电化学工作站上测试得到 Tafel 斜率值。第二种是根据原始 LSV 曲线通过公式转化得到，这是获得 Tafel 斜率数值最常用的方法。其计算公式为

$$\eta = a + b\lg|i|, b = \frac{2.303RT}{\alpha zF} \tag{4-13}$$

式中，η 为过电势；i 为电流密度；a 和 b 为常数，其中 a 表示电流密度为单位数值（$1A/cm^2$）时的过电位值，b 则被称为 Tafel 斜率；R 为气体常数［J/(mol · K)］；T 为温度（K）；z 为电极反应中电子的化学计量数；α 为对称系数，约等于0.5；F 为法拉第常数（C/mol）。

Tafel 斜率的单位为 mV/dec，在描绘 Tafel 图时，建议线性区域位于低 η 区域，因为电流密度在高 η 处时，由于产生大量气泡而偏离线性关系。较低的 Tafel 斜率值意味着增加相同的电流密度所需的 η 更小，反应动力学更快。理想的电催化剂应具有较大的电流密度和较小的 Tafel 斜率。此外，Tafel 斜率可用于推测可能的反应机理。例如，对于电催化析氢反应，根据 Butler-Volmer 方程，116mV/dec、38mV/dec 或 29mV/dec 的 Tafel 斜率分别表明 Volmer［$H^+ + e = H^*$（酸性），$H_2O + e = H^* + OH^-$（碱性）］、Heyrovsky［$H^* + H^+ + e = H_2$（酸性），$H^* + H_2O + e = H_2 + OH^-$（碱性）］或 Tafel（$H^* + H^* = H_2$）步骤是反应的决速步骤[6]，电催化析氢反应中，首先发生 Volmer 过程，然后发生 Heyrovsky 或 Tafel 过程析氢。

4.2.7　电化学阻抗

电化学阻抗（EIS）是研究电极过程动力学、电极表面现象以及催化剂电导率的重要方法。通常，在 100kHz ~ 100MHz 的频率范围内，以 5 ~ 10mV 的扰动电压幅度进行 EIS 测量。选择超过起始电位的恒定电位作为工作电位[7]，在该电位下，所研究的催化剂具有催化活性。从 EIS 获得的信息很大程度上取决于所分析的频率范围[8]。由于高频区域对应非法拉第过程，电阻与施加的电位无关。高频区域可以反映衬底和催化剂的电阻以及它们之间的接触电阻。低频区域能够反映

反应电荷转移电阻（R_{ct}），提供催化剂与反应物间的界面电荷转移信息。较小的R_{ct}值表明更快的电荷转移动力学，催化活性也就更高。

4.2.8　稳定性

稳定性同样是评估电催化剂性能的重要指标。电催化剂稳定性主要由其自身组分和结构决定，可以通过长时间电解测试或多次循环伏安测试后的性能衰减以及催化剂结构变化等来衡量，其中长时间电解测试分为计时电流法和计时电位法。目前研究更鼓励在大电流密度（200mA/cm^{2}及以上）下测试催化剂的稳定性，以评估其工业应用价值。

4.3　光电催化剂

光电催化剂的电流密度、法拉第效率、过电位等物理意义及计算方法与电催化剂相同。描述光电催化剂的另一重要指标是光电转化效率。光电转化效率即入射单色光子-电子转化效率（IPCE），是指单位时间内外电路中产生的电子数N_e与单位时间内的入射单色光子数N_p之比，其计算公式为

$$\mathrm{IPCE}=N_e/N_p\times100\%=1240\times I_{sc}/\lambda P_\lambda \tag{4-14}$$

式中，N_e为产生电子数；N_p为注入光子数；I_{sc}为单色光电流密度（mA/cm^2）；λ为单色光波长（nm）；P_λ为入射光强度（mW/cm^2）。

4.4　反应装置

不仅反应条件如温度、压力、溶剂、pH等对光、电催化反应有影响，反应装置同样会影响催化性能。针对不同的反应和需求，研究者设计了多种反应装置。光化学反应器是光催化CO_2或氮还原的主要装置，常用的有气液和气固反应器（图4-1）。在催化实验中，反应器的构造、几何形状和尺寸、容积、辐照窗口的材质，光源、光照波长及光强，气体的引入方法和产品收集，以及催化反应介质等对催化结果都有很大的影响，在研究论文中需要对这些参数进行详细说明。此外，光照会产生热量，导致反应器中温度变化而影响催化活性，需要通入循环冷凝水以维持整个光催化反应器的温度恒定。

电催化分解水制氢装置主要包括碱性电解水、质子交换膜电解水、阴离子交换膜电解水和固体氧化物电解水四种装置。其中碱性电解水制氢装置技术成熟，成本低，但效率低、响应速度慢，难以适应可再生能源发电的波动性要求；质子交换膜电解水制氢具有制氢效率高、响应速度快，能适应可再生能源发电的波动性，但需要使用贵金属催化剂，设备投资成本高；阴离子交换膜电解水制氢装置

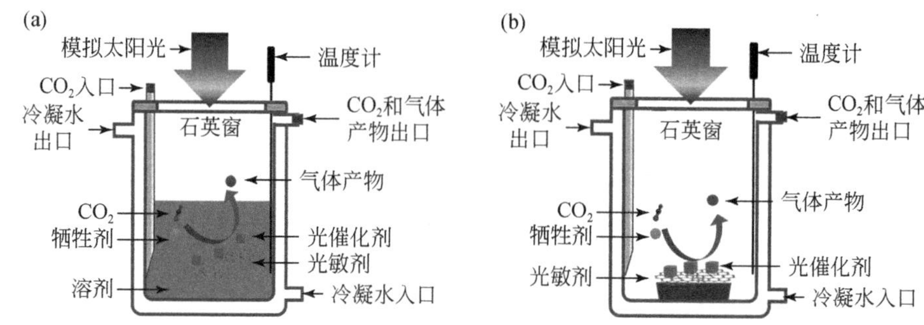

图 4-1　(a) 气液光催化反应装置；(b) 气固光催化反应装置

结合了碱性电解水制氢和质子交换膜电解水制氢设备的优点，但高稳定性和高离子传导率的阴离子交换膜制备技术还有待突破；固体氧化物电解水制氢需要在高温下进行，对催化剂和设备稳定性有极高的要求，目前还处于研发阶段。

电催化 CO_2 还原电解池主要包括：H-型电解池、流动相电解池和膜电极电解池。H-型电解池是实验室最简单的电催化 CO_2 还原的反应装置，其中阴极反应室和阳极反应室由离子交换膜隔开，并在阴极室通入饱和的 CO_2 气体［图 4-2 (a)］。在 H-型电解池中，CO_2 的催化还原受限于 CO_2 的溶解和传质过程，导致催化反应的电流密度相对较低。流动相电解池和膜电极电解池可以较好地解决这一问题。在流动相电解池中，将催化剂涂覆在疏水性多孔气体扩散层上，电极的一侧暴露于 CO_2 气体，另一侧暴露于电解质，从而形成气固液三相界面，用于 CO_2 还原电催化反应［图 4-2 (b)］，该过程能够有效解决 CO_2 的传质限制，进而实现 CO_2 还原的大电流密度电解。尽管如此，流动相电解池依然面临电解质溶液电阻的电能消耗大、CO_2 还原液体产物与电解质分离困难、中性和碱性电解质中 CO_2 利用率低、疏水性多孔气体扩散层透水造成稳定性差等问题。膜电极电解池是在不使用阴极电解液的情况下，离子交换膜与阴极和阳极催化剂形成没有任何间隙的三明治结构，因此膜电极也称为零间隙电解池［图 4-2 (c)］。这种装置的膜电极能够降低欧姆损耗，提高能量转换效率，同时还能够获得高浓度的液相产物。

研究电催化 N_2 还原的反应装置主要包括单室电解池、H-型电解池、膜电极电解池和质子交换膜电解池四种类型（图 4-3）[10,11]。对于单室电解池［图 4-3 (a)］，阴极反应和阳极反应都发生在同一电解质溶液中，这可能使阴极产生的氨在阳极被氧化，导致产氨的法拉第效率降低。H-型电解池可以避免上述问题，它也是实验室研究电催化 N_2 还原最常用的电解池装置［图 4-3 (b)］。但也存在阴极还原产物氨通过膜扩散到阳极的问题，因此在氨测定过程中需要同时测定阴极电解液和阳极电解液中的氨含量。在膜电极电解池中［图 4-3 (c)］，两个膜

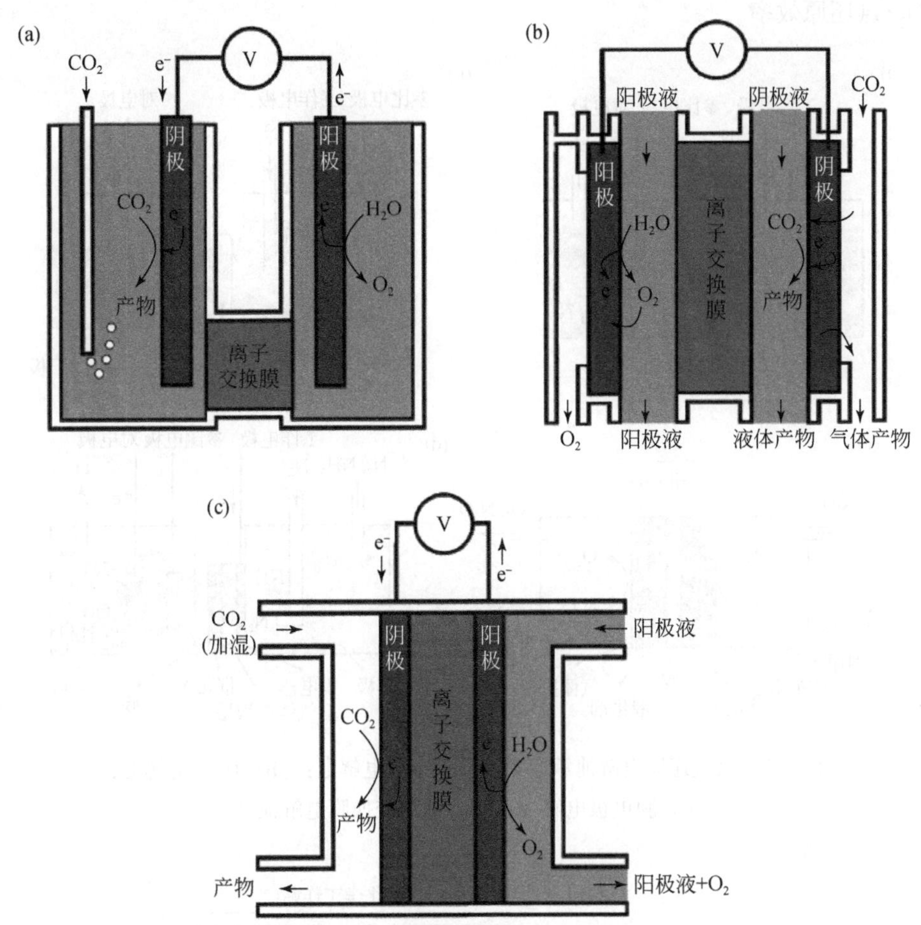

图 4-2　CO_2 还原电解池示意图[9]：(a) H-型电解池；(b) 流动相电解池；(c) 膜电极电解池

电极通常由质子交换膜或阴离子交换膜隔开，阴极和阳极分别通入 N_2 和水汽。质子交换膜（PEM）电解池与膜电极电解池稍微不同，PEM 电解池的阳极充满了电解质水溶液［图 4-3（d）］，其中水被电解放出氧气，并为阴极 N_2 还原反应提供质子。膜电极电解池和 PEM 电解池都具有通过限制质子供应来抑制 HER 的潜力。

除以上介绍的单一光、电驱动电解池外，还有一种光电双驱动反应装置，用于催化水分解和 CO_2/氮还原，这就是光电催化反应器。光电催化反应器一般由阴极、阳极和外加电场设备组成（图 4-4）。在光电催化分解水制氢和 CO_2/氮还原中，光催化剂负载在阴极上，受光激发后，产生光生电子和空穴，在外加电场的作用下，光生电子和空穴的复合可以得到抑制，从而提高光催化分解水制氢和

CO_2/氮还原效率。

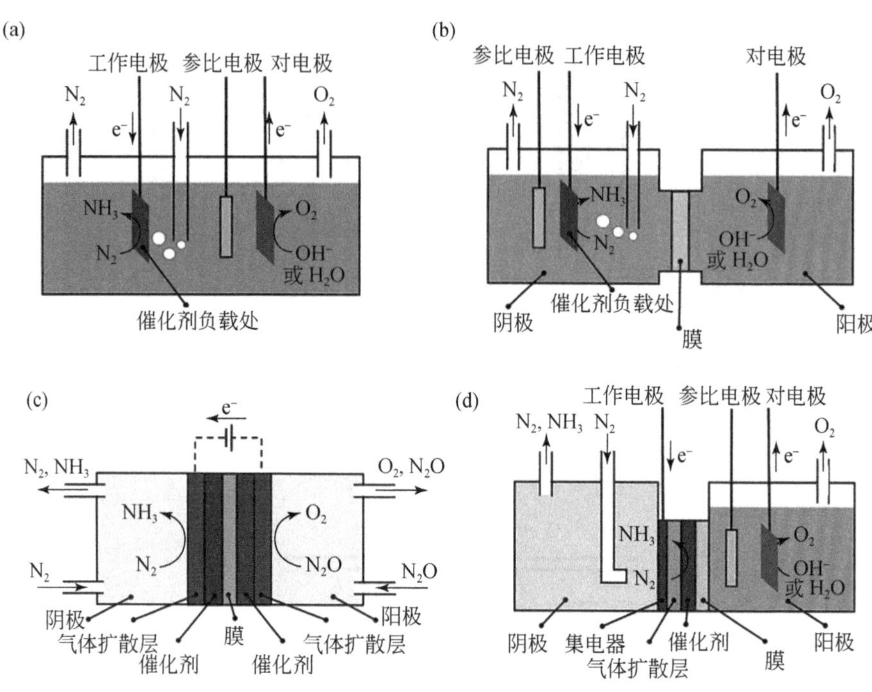

图 4-3　氮气还原电解池示意图：(a) 单室电解池；(b) H-型电解池；(c) 膜电极电解池；(d) 质子交换膜电解池[10]

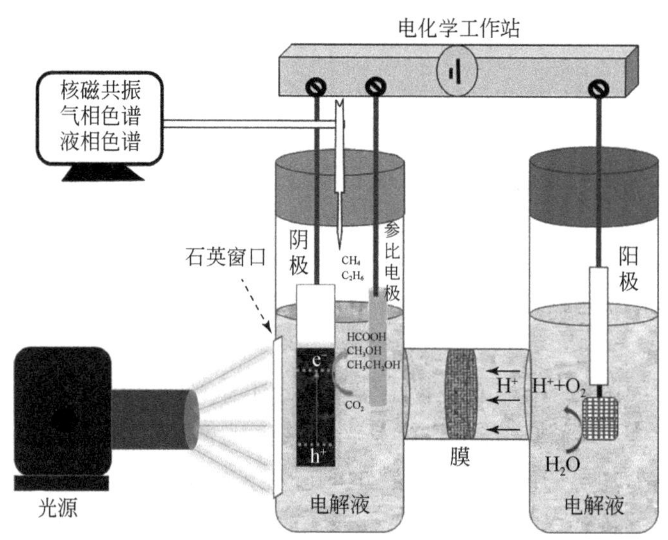

图 4-4　光电催化反应器示意图

4.5　产物检测方法

4.5.1　气相色谱及气相色谱-质谱法

气相色谱是利用试样中各组分在气相和固定相之间的分配系数不同，各组分从色谱柱中流出时间不同，进而达到分离组分的目的。根据色谱图中的出峰时间和顺序，可对气体组分进行定性分析；随后，根据色谱图中峰的面积，可对气体组分进行定量分析。质谱仪是一种根据带电粒子在电磁场中能够偏转的原理，以物质原子、分子或分子碎片的质量差异进行分离，并通过检测质谱图强度进行分析的一种仪器。气相色谱-质谱联用法是将气相色谱仪的高效分离能力与质谱仪独特的选择性、灵敏度、相对分子质量和分子结构鉴定能力相结合，用于鉴别产物中不同物质的方法。其原理是多组分产物经气相色谱气化、分离，各组分按保留时间顺序依次进入质谱仪。然后各组分的气体分子在离子源中被电离，生成不同质荷比的带电荷的离子，经加速电场形成离子束，进入质量分析器后按质荷比的大小进行分离。最后由检测器检测离子束流转变成的电信号，这些信号经计算机处理后可以得到色谱图、质谱图及其他多种信息。目前，气相色谱法、质谱法和气相色谱-质谱联用法是检测人工光合作用催化剂催化产氢和 CO_2 还原气相产物的常用方法。

4.5.2　紫外-可见分光光度法

紫外-可见分光光度法是通过测定物质在 190～800nm 波长范围内的吸光度，鉴别物质和定量分析的方法。其工作原理是：当光穿过被测物质溶液时，不同物质对光的吸收不一样；同一物质对光的吸收强度与其浓度有关。因此，可以通过比较被测样品与标准样品的吸收光谱、标准曲线，对产物进行鉴别或定量分析。紫外-可见分光光度法在检测氨方面具有重要应用。

纳氏试剂法：纳氏试剂由溶解在碱性溶液（NaOH 或 KOH）中的碘化钾和碘化汞组成，以游离态的氨或铵离子等形式存在的氨氮与纳氏试剂反应生成黄棕色络合物：

$$2K_2HgI_4+NH_3+3KOH \longrightarrow HgO \cdot Hg(NH_2)I\downarrow +7KI+2H_2O$$

其颜色深浅与氨氮的含量成正比，因此可在波长 410～425nm 间测量吸光度，利用分光光度法对溶液中氨氮含量进行测定。需要注意的是，使用纳氏试剂法测定氨氮含量时，需加入四水合酒石酸钾钠溶液（$KNaC_4H_4O_6 \cdot 4H_2O$）作为掩蔽剂，以消除阳离子干扰。此外，纳氏试剂含汞，必须妥善储存、配置和处理。

靛酚蓝法：在碱性介质中，氨与次氯酸盐及苯酚反应生成水溶性染料靛酚蓝：

$$2\,C_6H_5O^- + NH_3 + 3\,ClO^- \longrightarrow {}^-O\text{—}C_6H_4\text{—}N{=}C_6H_4{=}O + 2\,H_2O + OH^- + 3\,Cl^-$$

这是一个多步反应过程。

（1）氨与溶液中的次氯酸盐反应生成一氯胺。

（2）一氯胺与苯酚在亚硝基铁氰化钠的催化下反应生成醌氯胺。

（3）醌氯胺再与苯酚作用产生靛酚。靛酚易在碱性条件下解离生成蓝色物质，因而可通过分光光度法，在波长630～650nm之间进行定量测定。靛酚蓝法检测氨具有高度选择性，其他含氮物种如NO_2^-、NO_3^-等仅有轻微干扰[12]。

水杨酸法：该方法是对靛酚蓝法的改进，将苯酚换成水杨酸钠，可避免测试过程中生成挥发性的有毒物质——2-氯苯酚。水杨酸法反应过程与靛酚蓝法相似，区别在于一氯胺与水杨酸反应生成5-氨基水杨酸。随着氨浓度的增加，显色后的溶液由黄色到绿色再到蓝色[10]。显色原理如下：

$$C_6H_4(OH)COO^- + NH_3 + ClO^- \longrightarrow H_2N\text{—}C_6H_3(OH)COO^- + 2\,H_2O + Cl^-$$

4.5.3　离子色谱法

离子色谱以低交换容量的离子交换树脂为固定相，对产物中阴、阳离子进行分离，再用电导检测器连续检测流出物的电导变化，进而进行定量分析。常用于检测$HCOO^-$、NH_4^+等液相产物。以NH_4^+检测为例，通过离子色谱法进行定量分析的方法如下：在酸性条件下，电解液中的氨全部转化为铵盐。选择酸性流动相，不需要调节pH，使用电导检测器检测分离出的阳离子，根据保留时间确定铵离子的出峰位置。首先将一系列不同NH_4^+浓度梯度的标准液进样分析，利用其峰高和峰面积与NH_4^+浓度的正比关系，拟合得到工作曲线，然后以此工作曲线计算待测电解液中的氨浓度[13]。离子色谱法测定溶剂消耗少，避免使用毒性较大的试剂，检测灵敏度高。

4.5.4　核磁共振波谱法

核磁共振波谱可以用来检测甲酸、甲醇、乙醇、丙醇和氨等还原产物。以氨检测为例[14]，催化N_2还原产氨过程采用$^{15}N_2$同位素实验跟踪氨产物中N的来源，$^{15}NH_4^+$的^{1}H-NMR信号在7.0ppm附近出现1∶1的双重峰，而$^{14}NH_4^+$在该区域出现1∶1∶1的三重峰，据此可定性、定量检测氨并追溯氨的来源[15]。

4.5.5 氨气敏电极与铵离子选择性电极法

氨气敏电极由疏水透气膜、pH 电极和内参比电极组成。测量溶液中氨含量时，将溶液 pH 调至 11 以上，使铵离子以氨的形式存在。氨透过选择性隔膜，扩散并溶解在内部溶液中，导致 pH 变化，由 pH 电极监测。根据 pH 变化与氨浓度之间的关系，可绘制标准曲线。利用标准曲线可以确定待测液中氨浓度。

铵离子选择电极是由具有铵离子载体的聚氯乙烯膜制成。与氨气敏电极法相反，此法在测量时，需要降低溶液的 pH，使氨以铵离子形式存在。当电极与待测液接触时，电极电势的变化与待测液中的铵离子浓度成正比。因此，根据已知铵离子浓度绘制的标准曲线，可以确定待测液中铵离子的浓度[12]。

4.5.6 同位素标记

同位素法是确定产物来源的最直接方法。同位素标记的化合物其化学性质不变，能够追踪物质变化过程，可以用于确定在 CO_2 或氮还原中，还原产物是来自通入的 CO_2 或者 N_2，还是来自有机溶剂、催化剂或其他物质的分解。同位素标记实验是证明 CO_2 和 N_2 还原产物来源的最有力手段。特别是对于 N_2 还原，目前氨的产量还很低，受空气污染、人体呼吸和反应原料等因素影响较大[16,17]，因此需要在系列空白或对照实验的基础上，进一步用同位素标记确定产生的氨是否来源于 N_2 的还原。同位素标记产物一般使用气相色谱-质谱联用仪或核磁共振波谱仪检测[18,19]。例如，使用核磁共振波谱检测 CO_2 还原产物甲醇时，—CH_3 上的 H 谱信号，对于 $^{12}CH_3OH$ 是单线态（^{12}C，$S=0$），在 3.26ppm 左右出现一个特征峰；对于 $^{13}CH_3OH$ 是双线态（^{13}C，$S=1/2$）[20]，在 3.10ppm 和 3.45ppm 左右出现两个特征峰，在甲酸盐的检测中也能观察到相同的现象[21]。$^{13}CH_3OH$ 的 C 谱不存在特征峰分裂，因此同位素标记 C 谱难以区分产物 CH_3OH 是否来自 CO_2 还原。$^{13}CO_2$ 同位素标记实验也是鉴别多碳还原产物来源的有效手段，如 ^{13}C 标记的乙酸盐在 H 谱中出现两个双重峰，^{13}C 标记的乙醇在 H 谱中出现两个四重峰和两个三重峰，对应的 C 谱都出现两个双重峰[22]。

参 考 文 献

[1] Lu F, Zhou M, Zhou Y, et al. First-row transition metal based catalysts for the oxygen evolution reaction under alkaline conditions: basic principles and recent advances. Small, 2017, 13: 1701931.

[2] Yang W, Zhang J H, Si R, et al. Efficient and steady production of 1∶2 syngas (CO/H_2) by simultaneous electrochemical reduction of CO_2 and H_2O. Inorg Chem Front, 2021, 8: 1695-1701.

[3] Sheng S, Ye K, Gao Y, et al. Simultaneously boosting hydrogen production and ethanol upgrading using a highly-efficient hollow needle-like copper cobalt sulfide as a bifunctionalelectrocatalyst. J Colloid Inter Sci, 2021, 602: 325-333.

[4] Lu P, Yang Y, Yao J, et al. Facile synthesis of single-nickel-atomic dispersed N-doped carbon framework for efficient electrochemical CO_2 reduction. Appl Catal B Environ, 2018, 241: 113-119.

[5] Cheng H, Wu X, Feng M, et al. Atomically dispersed Ni/Cu dual sites for boosting the CO_2 reduction reaction. ACS Catal, 2021, 11: 12673-12681.

[6] Guio C, Stern L A, Hu X. Nanostructured hydrotreating catalysts for electrochemical hydrogen evolution. Chem Soc Rev, 2014, 43: 6555-6569.

[7] Anantharaj S, Noda S. Appropriate use of electrochemical impedance spectroscopy in water splitting electrocatalysis. Chem Electro Chem, 2020, 7: 2297.

[8] Pehlivan I B, Arvizu M A, Qiu Z, et al. Impedance spectroscopy modeling of nickel-molybdenum alloys on porous and flat substrates for applications in water splitting. J Phys Chem C, 2019, 123: 23890-23897.

[9] Perry S C, Leung P, Wang L, et al. Developments on carbon dioxide reduction: theirpromise, achievements, and challenges. Curr Opin Electrochem, 2020, 20: 88-98.

[10] Wan Y, Xu J, Lv R. Heterogeneous electrocatalysts design fornitrogen reduction reaction underambient conditions. Mater Today, 2019, 27: 69-90.

[11] Cui X, Tang C, Zhang Q. A review of electrocatalytic reduction of dinitrogen to ammonia under ambient conditions. Adv Energy Mater, 2018, 8: 1800369.

[12] Zhou L, Boyd C E. Comparison of nessler, phenate, salicylate and ion selective electrode procedures for determination of total ammonia nitrogen in aquaculture. Aquaculture, 2016, 450: 187-193.

[13] Thomas D H, Rey M, Jackson P E. Determination of inorganic cations and ammonium in environmental waters by ion chromatography with a high-capacity cation-exchange column. J Chromatogr A, 2002, 956: 181-186.

[14] Nielander A C, McEnaney J M, Schwalbe J A, et al. A versatile method for ammonia detection in a range of relevant electrolytes via direct nuclear magnetic resonance techniques. ACS Catal, 2019, 9: 5797-5802.

[15] Azofra L M, Li N, MacFarlane D R, et al. Promising prospects for 2Dd^2-d^4 M_3C_2 transition metal carbides (MXenes) in N_2 capture and conversion into ammonia. Energy Environ Sci, 2016, 9: 2545-2549.

[16] Zhang J H, Gong Y N, Wang H J, et al. Ordered heterogeneity ofmolecular photosensitizer towards enhanced photocatalysis. Proc Natl Acad Sci U S A, 2022, 119: e2118278119.

[17] Martin J S, Dang N, Raulerson E, et al. Perovskitephotocatalytic CO_2 reduction or photoredox organic transformation? . Angew Chem Int Ed, 2022: e202205572.

[18] Andersen S Z, Colic V, Yang S, et al. A rigorous electrochemical ammonia synthesis protocol

with quantitative isotope measurements. Nature, 2019, 570: 504-508.

[19] Guo W, Zhang K, Liang Z, et al. Electrochemical nitrogen fixation and utilization: theories, advanced catalyst materials and system design. Chem Soc Rev, 2019, 48: 5658-5716.

[20] Boutin E, Wang M, Lin J C, et al. Aqueous electrochemical reduction of carbon dioxide and carbon monoxide into methanol with cobalt phthalocyanine. Angew Chem Int Ed, 2019, 58: 16172-16176.

[21] Chatterjee T, Boutin E, Robert M. Manifesto for the routine use of NMR for the liquid product analysis of aqueous CO_2 reduction: from comprehensive chemical shift data to formaldehyde quantification in water. Dalton Trans, 2020, 49: 4257-4265.

[22] Kalathil S, Miller M, Reisner E. Microbial fermentation of polyethylene terephthalate (PET) plastic waste for the production of chemicals or electricity. Angew Chem Int Ed, 2022, 61: e202211057.

第 5 章　人工光合作用催化剂分解水制氢

在众多能源载体中，氢气具有单位质量能量密度高，燃烧产物绿色清洁无污染等优势，近年来受到广泛关注。按制氢来源分，氢气可分为灰氢、蓝氢和绿氢，其中绿氢是通过使用可再生能源光电催化分解水制取的氢气，在产氢过程中零碳排放，因此绿氢是氢能生产的最理想方式。绿氢的生产方式主要包括：光催化分解水制氢、电催化分解水制氢和光电催化分解水制氢。本章主要介绍近年来人工光合作用分解水制氢催化剂的研究进展，包括光催化剂、电催化剂和光电催化剂，着重介绍这三类制氢催化剂的设计策略、制备方法、结构表征、催化性能及其构效关系等，催化机理和反应路径等相关内容将在第 8 章详细介绍。

5.1　分解水制氢光催化剂

光催化分解水制氢催化剂分为均相和非均相两类。均相催化剂主要为金属配合物；非均相催化剂主要包括无机半导体、有机聚合物半导体和金属-有机骨架材料等。均相光催化分解水制氢催化剂需要光敏剂吸光产生光生电子和空穴。由于光生空穴的氧化能力较弱，难以氧化水放出氧气，通常需要加入电子牺牲还原剂湮灭光生空穴，以抑制光生电子-空穴对的复合。同时，光生电子传给催化中心用于还原质子产氢。半导体光催化剂吸收光子后产生电子和空穴对，分别处于半导体的导带和价带上。导带和价带的位置对光催化性能的影响至关重要，导带底部位置要负于 H_2O/H_2 还原电位才具有还原水产氢的能力，价带顶部位置要正于 O_2/H_2O 氧化电位才能氧化水产氧。因此，半导体催化剂的最低带隙需要 1.23eV[1]。此外，光生电子和空穴非常容易复合，导致人工光合效率下降。调控半导体的形貌、结晶度、颗粒尺寸，以及进行元素掺杂、与其他半导体构筑异质结构等都可以优化电子和空穴的分离效果，提高催化活性。分解水制氢光催化剂的研究关键在于：通过调控材料的形貌尺寸、晶体结构和晶面、掺杂元素、构筑异质结等方法，来增强全光谱的吸收，调控能带结构，调控对反应物和中间体的吸附能垒，提高催化效率[2-5]。本节将重点介绍金属配合物、无机半导体、有机聚合物和金属-有机骨架光催化产氢催化剂。

5.1.1　金属配合物

金属配合物因其具有结构明确可调、构效关系清晰等优势，被广泛用于构建光催化产氢催化剂。大多配合物以铁、钴、镍等金属为催化中心，代表了该领域主要催化剂类型。本节将着重介绍铁、钴、镍配合物在光催化产氢领域的研究进展。

1. 铁配合物

铁是地球上最丰富的过渡金属，其中［FeFe］氢化酶（活性中心为配合物**1**）因其可以催化质子还原生成氢气，引起了广泛关注[6]。2008年，孙立成等报道了基于［FeFe］氢化酶（配合物**2**～**4**）的光催化产氢体系（图5-1）。在以$[Ru(bpy)_3]^{2+}$为光敏剂时，催化剂**3**的产氢TON为86[7]。而以$[Ir(ppy)_2(bpy)]^+$为光敏剂时，催化剂**3**的产氢TON达到660[8]。研究表明，光敏剂受光激发后首先将电子转移到铁催化剂，生成Fe(Ⅰ)Fe(0)，进而与质子结合得到HFe(Ⅱ)Fe(Ⅰ)，其中，HFe(Ⅱ)Fe(Ⅰ)是影响催化性能的关键中间体[9]。在此基础上，研究者将不同官能团引入到［FeFe］氢化酶催化剂，进而与半导体、金属–有机骨架等材料结合制备出各类异相光催化剂[10]。此外，Beller等开发了系列简单的羰基铁配合物用于光催化水分解产氢，其中，$[Fe_3(CO)_{12}]$展现出最高的产氢性能，TON为510；进而通过加入不同的膦配体，TON提升至1500。机理研究表明，铁羰基氢化物$[HFe(CO)_4]^-$为影响反应进程的关键中间体[11,12]。铁基催化剂的优势是廉价、易得，但其活性较低。开发高活性、高稳定性铁基催化剂仍是该领域面临的挑战。

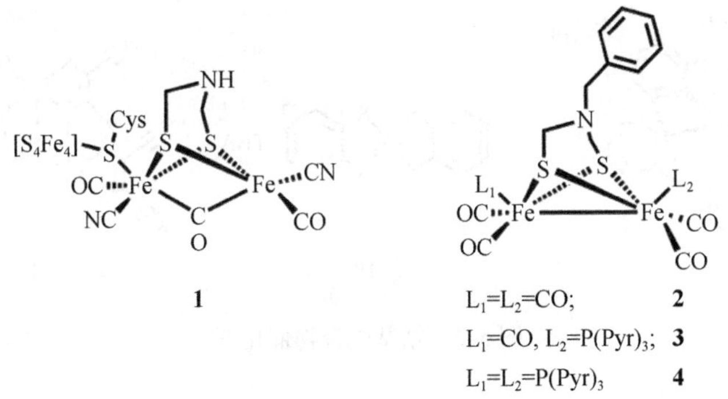

图5-1 铁基配合物催化剂

2. 钴配合物

1982年，Ziessel等以$CoCl_2$为催化剂，$[Ru(bpy)_3]^{2+}$（bpy=2,2′-联吡啶）为光敏剂，初步实现了光催化产氢，其TON为9[13]。尽管活性较低，但证明钴可作为潜在的产氢催化中心。为优化催化性能，研究者将丁二酮二肟、(多) 联吡啶等有机配体与钴配位，调控催化中心配位环境，构建了系列钴基配合物催化剂 (图 5-2)。Lehn 等报道了一例钴肟基催化剂 **5**，与 $[Ru(bpy)_3]^{2+}$光敏剂、三乙醇胺电子牺牲还原剂结合，具有光催化产氢活性，TON 为 16[14]。为了提升催化剂的稳定性，Artero 等开发了 BF_2 螯合的钴肟催化剂 **6**[15]。进而，孙立成等以罗丹明 B 为光敏剂，考察了 **6** 的光催化产氢性能，产氢 TON 提升至 327[16]。2008 年，Eisenberg 等以吡啶基轴向配位的钴肟配合物 **7** 为催化剂 (图 5-2)，在三联吡啶铂光敏剂和三乙醇胺电子牺牲还原剂存在条件下，产氢 TON 值达到 1000。研究表明，钴肟催化剂具有较低的过电势，可以连续接受两个电子生成 Co(Ⅰ)。Co(Ⅰ) 还原态物种具有强亲核性，易与质子结合生成 Co(Ⅲ) H 中间体，进一步质子化生成氢气[17]。钴肟配合物作为一类经典的催化剂，已被广泛用于考察光敏剂的敏化能力[18,19]。

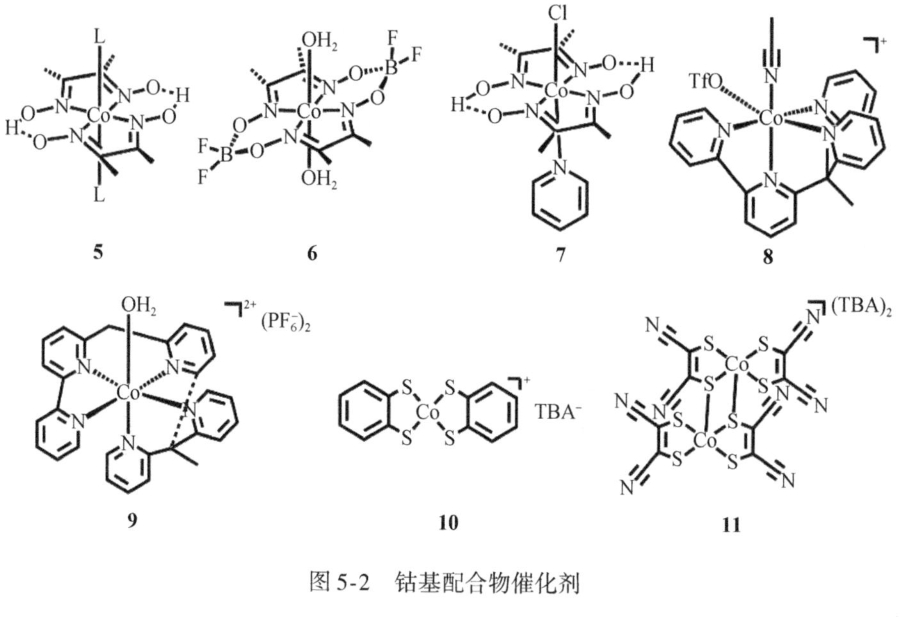

图 5-2　钴基配合物催化剂

多联吡啶钴在水溶液中较为稳定，也被用作光催化产氢催化剂 (图 5-2)。2014 年，Castellano 等制备了 10 例多联吡啶钴催化剂，研究了金属中心配位数、配位模式对光催化产氢性能的影响。结果表明，四齿配体的催化活性优于五齿配体，顺式配位模式优于反式配位模式。其中，具有顺式配位模式的四齿联吡啶钴配合物 **8** 展现出最优催化性能，其产氢 TON 达 4200[20]。2020 年，Zhao 等将柔性多联吡啶配体与钴中心配位，显著提升了钴配合物 **9** 的稳定性和催化活性。在水溶液中，以 $[Ru(bpy)_3]^{2+}$为光敏剂，**9** 的产氢 TON 超过 15000。该类催化剂良好的催化活性主要归因于柔性配体可以稳定 Co(Ⅰ) 还原态物种[21]。此外，Eisenberg 等通过邻苯二硫醇与钴配位制得一例二硫纶钴配合物 **10**，以 $[Ru(bpy)_3]^{2+}$ 为光敏剂，抗坏血酸为电子牺牲还原剂，产氢 TON 为 2700[22]。此外，他们进一步合成了带有吸电子基的二聚硫纶钴催化剂 **11**，将 TON 提升至 9000[23]。

3. 镍配合物

模拟生物体系中的 [Fe-Ni] -氢化酶，开发磷基/巯基 Ni 配合物有望实现高效水分解产氢。2011 年，DuBois 等合成了一例含膦配体的镍配合物 **12** (图 5-3)，其具有光催化分解水产氢性能[24]。随后，Holland 等以 **13** 为催化剂 (图 5-3)、曙红 Y 为光敏剂、抗坏血酸为电子牺牲还原剂，产氢 TON 达到 2700[25]。由于 DuBois 型镍催化剂具有低还原电位，可以接受长波吸收、低还原能力光敏剂提供的电子，聚合物[26]、碳点[27]、长波有机发色团[28]等类型光敏剂等均可驱动 DuBois 型镍催化剂光催化产氢。2012 年，Eisenberg 等将 2-巯基吡啶与镍盐配位得到硫醇基镍配合物 **14** (图 5-3)。在荧光素光敏剂、三乙胺电子牺牲还原剂存在条件下，**14** 可以有效驱动光催化分解水产氢。光照 40h 后，TON 可达 5500[29]。2014 年，王梅等分别以 2-(2-吡啶基)-1,8-萘啶和 2-(2-吡啶基)喹啉为配体合成了配合物 **15** 和配合物 **16** (图 5-3)，在荧光素光敏剂和三乙胺电子牺牲还原剂存在条件下，配合物 **15** 的产氢 TON 为 3230，比配合物 **16** 提升了三倍以上。理论研究表明，Ni(Ⅰ) 是催化关键活性物种。催化过程中，首先生成 Ni(Ⅰ)—H—NH，然后再发生后续产氢过程。配合物 **15** 存在分子内碱更有利于质子捕获，促进 H—H 的形成，因此具有更高的催化活性。该研究结果表明，配位微环境的改变可以显著影响催化性能，也为高效镍基催化剂的设计提供重要参考[30]。此外，Hill 等报道了一例含有四个镍中心的多酸基催化剂 **17**，与联吡啶铱光敏剂和三乙醇胺组成均相光催化体系，产氢 TON 达到 6500。作者通过动态光散射和透射电镜研究表明催化过程中体系保持均相状态，证明了多酸团簇确实为活性催化剂[31]。

5.1.2 无机半导体

自从 1972 年 Fujishima 和 Honda 首次发现 TiO_2 具有光催化产氢性能以来[32]，金属氧化物等无机半导体被广泛应用于光催化产氢研究。本节主要讨论金属氧化物、金属硫化物和钙钛矿材料的光催化产氢性能研究。

1. 金属氧化物

传统的 TiO_2 材料用于光催化产氢催化剂存在很多不足：①较大的带隙限制

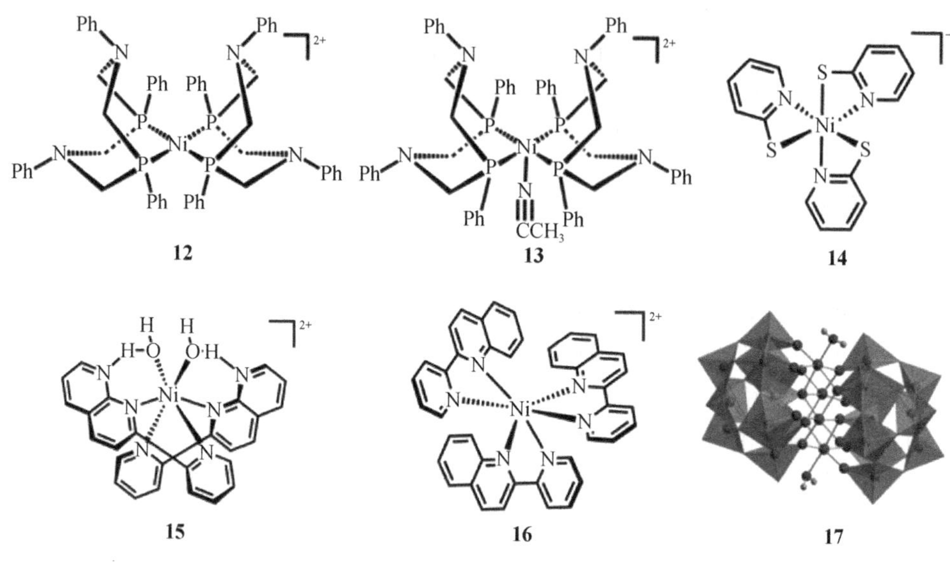

图 5-3　镍基配合物催化剂

了其对可见光的吸收；②材料表面缺乏高效的催化位点；③晶体结构和晶面多样化，导致不同工艺制备的催化剂活性不一致[33]。

为提高 TiO_2 对可见光的吸收，赵东元等合成了一种黑色介孔 TiO_2，在 1.5 个太阳光照射下，催化产氢速度达到 1.36mmol/(g · h)，是白色介孔 TiO_2 的两倍[34]。黄富强等通过在氢气氛下等离子体处理的方式，制备了核壳结构的 TiO_2@$TiO_{2-x}H_x$，实现对 TiO_2 纳米晶表面的氢掺杂，提高了对可见光的吸收能力，并很好地抑制了光生电子和空穴的复合。负载 0.5wt% Pt 助催化剂的TiO_2@$TiO_{2-x}H_x$ 在甲醇水溶液中的产氢速率达到 8.2mmol/(g · h)[35]。陈小波等通过在氢气气氛下煅烧 TiO_2 的方式，制备了一种黑色 TiO_2，黑色 TiO_2 表面被部分还原，其带隙从 3.3eV 降低到 1.54eV，将 TiO_2 光吸收范围拓展到可见光区。在 1 个太阳光的全光谱照射下，1∶1 的水和甲醇体系中，黑色 TiO_2 展现了良好的光催化产氢活性，产氢速率高达 10mmol/(g · h)[36]。

TiO_2 具有三种常见的晶体结构：锐钛矿（anatase）、金红石（rutile）和板钛矿（brookite）。不同晶体结构的原子排列方式不同，导致了不同的能带结构和催化活性。将不同晶体结构的 TiO_2 筑成异质结，有助于调控光谱吸收，降低光生电子和空穴的复合，提高催化活性。实验结果证明：锐钛矿和金红石混合晶相的 TiO_2 比单一晶相 TiO_2 具有更高的光催化产氢活性。Amal 等发现，由 39% 锐钛矿和 71% 金红石组成的 TiO_2 催化剂，其光催化产氢活性比单一晶相提高了两倍[37]。Frauenheim 等通过理论计算发现，锐钛矿相 TiO_2 的导带和价带分别低于

金红石相 TiO_2 的导带和价带。因此，在锐钛矿和金红石混合晶相的 TiO_2 光催化剂中，光激发产生的电子将富集到锐钛矿相 TiO_2 上，而空穴将富集到金红石相 TiO_2 上，产生高效的电荷分离，有助于光催化产氢[38]。

同一晶相不同的晶面对催化产氢活性也有影响。成会明等通过调控锐钛矿 TiO_2 纳米晶的形貌，得到系列富含［001］、［010］和［101］晶面的 TiO_2 纳米晶，发现［010］晶面具有最高的光催化产氢活性。而经过氟修饰后，三种晶面表现出相似的光催化产氢活性，表明其活性差异来源于其表面配位不饱和催化位点的不同[39]。毕迎普等设计了一种兼具［001］和［101］两种晶面的 TiO_2 纳米晶，通过选择性地部分刻蚀［001］晶面，并负载1wt% Pt，其光催化产氢活性达到74.3μmol/(g·h)，是未被刻蚀 TiO_2 催化剂的7倍[40]。

除 TiO_2 外，其他氧化物半导体如 WO_x、ZrO_2、CeO_2、ZnO 等也具有光催化分解水产氢活性。Murray 等合成了一种还原态的 WO_x 纳米线，在1wt% Pt 助催化剂和甲醇电子牺牲还原剂存在的条件下，产氢速率为450μmol/(g·h)[41]。童叶翔等设计合成了一种 ZnO 纳米阵列，在 Na_2SO_3 和 Na_2S 的水溶液中，白光照射下，光催化产氢速率达到122.5mmol/(g·h)[42]。Horita 等利用高压处理方式，将 ZrO_2 改性为一种黑色的具有高浓度晶格缺陷和氧空位的窄带隙半导体，负载3mol%① Y_2O_3 助催化剂后，其光催化产氢速率为30μmol/(m^2·h)[43]。董林等设计合成了系列 CeO_2/g-C_3N_4 复合材料，并调控 CeO_2 的形貌以暴露不同的 CeO_2 晶面。研究结果表明：可见光照射下，光催化产氢速率依次为：CeO_2［110］/g-C_3N_4>CeO_2［100］/g-C_3N_4>CeO_2［111］/g-C_3N_4>g-C_3N_4。CeO_2［110］晶面与 g-C_3N_4 界面具有更强的界面相互作用，促进了电子-空穴对的快速分离，从而表现出最高的催化活性[44]。最近，米泽田等通过聚集太阳光中的红外光加热 Rh/Cr_2O_3/Co_3O_4-InGaN/GaN 催化剂，在光催化全解水过程中不仅促进了正向的分解水产氢产氧反应，而且抑制了逆向的氢气和氧气的复合反应，催化剂在最佳反应温度（约70℃）下实现了高达9.2%的太阳能到氢能（STH）的转化效率[45]。

2. 金属硫化物

金属硫化物如 CdS、ZnS、CuS、MoS_2 和 WS_2，以及金属硒化物如 $MoSe_2$ 和 WSe_2 等半导体材料，因其具有良好的可见光吸收能力和丰富的催化位点，被广泛用于光催化分解水制氢研究。

通过调控其晶体结构的方法，可以调控材料的能带结构，优化电子、空穴分离效果，从而制备更高效的光催化分解水制氢催化剂。Ozin 等利用溶剂热法制备

① mol%表示摩尔分数。

了两种不同晶相的 1T-WS_2 和 2H-WS_2 纳米带，理论计算和实验表征揭示了 1T-WS_2 的导体特性和 2H-WS_2 的半导体特性。通过与 TiO_2 复合，在甲醇的水溶液中，TiO_2/1T-MoS_2 的光催化分解水产氢速率为 2570μmol/(g·h)，远高于 TiO_2 [700μmol/(g·h)] 和 TiO_2/2H-MoS_2 [225μmol/(g·h)][46]。Domen 等采用表面修饰策略设计合成了 $(ZnSe)_{0.5}(CuGa_{2.5}Se_{4.25})_{0.5}$ 纳米复合光催化剂，这种 Z 型异质结光催化剂成功地实现了可见光下全解水，在 420nm 的光照下，其表观量子效率高达 1.5%，而且在大于 420nm 波长的 300W 氙灯光照下，其产氢速率可达 4mmol/(g·h)[47]。李树本等利用乙二胺辅助的水热法制备了 CdS 纳米棒，并将 Pt 作为助催化剂沉积在表面。在 400W 光照下（>420nm），甲醇作为牺牲剂，光催化产氢速率达到了 2783μmol/(g·h)[48]。张华等将 CdS 与过渡金属硫化物纳米片（TMD）进行复合，制备了异质结构的 TMD/CdS 光催化剂，避免了贵金属助催化剂的使用。在 300W 氙灯（>420nm）照射下，乳酸作为牺牲剂，WS_2/CdS 和 MoS/CdS 两种不同异质结构催化剂的产氢速率分别达到了 1984μmol/(g·h) 和 1472μmol/(g·h)，分别是单纯 CdS 光催化活性 [119μmol/(g·h)] 的 17 倍和 12 倍左右[49]。鲁统部等将镍基金属有机层（MOLs）与二维多孔 CdS 纳米片进行复合，构筑 CdS-MOLs 异质结构，提升了电荷分离效率，从而优化光催化产氢活性，产氢速率达到 29.87mmol/(g·h)，为 CdS 异质结构产氢催化剂的设计提供了新思路[50]。与 CdS 相似，ZnS 也是一种重要的光催化活性材料。邹志刚等设计合成了具有 Zn 空位的 ZnS 光催化剂，Zn 空位不仅调控了材料的能带结构，而且引入了更多的催化位点，光催化活性为 337.71μmol/(g·h)，且在长期光催化过程中具有更高的稳定性[51]。吴骊珠等设计合成了一种巯基丙酸修饰的 CdSe 量子点，并将 [FeFe] 氢化酶 $Fe_2S_2(CO)_6$ 修饰在其表面，构筑了一种分解水制氢光催化剂，在抗坏血酸水溶液中，Fe 催化位点的 TON 值为 8781，TOF 为 $596h^{-1}$[52]。随后，她们利用聚丙烯酸将 CdSe 量子点和 [FeFe] 氢化酶复合在一起，不仅抑制了量子点自身的团聚，而且有效改善了光生电子从量子点到 [FeFe] 氢化酶的传递过程，其 TON 达到 27135，TOF 高达 $3.6s^{-1}$[53]。

3. *钙钛矿材料*

钙钛矿材料是指具有 ABX_3 类似结构的化合物，最早发现的是钛酸钙 ($CaTiO_3$)。这类材料具有结构多变，电子结构可调，光电性能优异等优点，因而在太阳能电池、光催化、发光元器件等诸多领域都有着潜在的应用。

1980 年，Wagner 和 Somorajai 设计合成了一种 $SrTiO_3$ 材料，实现了无 Pt 条件下的光电催化产氢[54]。此后，钙钛矿类光催化剂受到研究者的广泛关注。杨世和等合成了一种具有三维结构的多孔 $SrTiO_3$ 光催化剂，其三维多孔 $SrTiO_3$ 由高度取向的纳米立方体组装而成，大部分立方体暴露 [100] 晶面，其 BET 面积达到 20.83m^2/g。在 20% 的甲醇水溶液中，以 Pt 为助催化剂，光催化产氢速率为 202.6μmol/(g · h)[55]。Horita 等利用高压处理钽酸盐光催化剂 $CsTaO_3$ 和 $LiTaO_3$，成功引入应力诱导的氧空位，使催化剂带隙减小，光催化产氢活性提高了近 2.5 倍[56]。Domen 等利用铝掺杂的 $SrTiO_3$ 作为光催化剂，制备了 100m^2 的太阳光分解水制氢装置，其太阳能到氢能的转化效率达到 0.76%，并能持续运行近一年[57]。

李灿等设计合成了一种二维有机无机杂化钙钛矿，比三维钙钛矿具有更高的光催化产氢活性，以 Pt 为助催化剂，二维钙钛矿的光催化产氢速率为 1727μmol/(g · h)，太阳能到化学能的转化效率达到 1.57%[58]。黄柏标等采用光辅助卤素离子交换方法将碘离子交换到甲胺铅溴（$MAPbBr_3$）钙钛矿中，制备了混合卤素的 $MAPbBr_{3-x}I_x$，其光催化产氢速率为 2605μmol/(g · h)，表观量子效率 1.05%[59]。费泓涵等合成了一种有机铅碘晶态催化剂（$[Pb_8I_8(H_2O)_3]^{8+}[^-O_2C(CH_2)_4CO_2^-]_4$），其带隙为 2.74eV，该催化剂在高温水溶液和强酸、强碱条件下具有良好的稳定性，其电荷传输距离达到 1.4μm，载流子寿命为 1.2μs。在没有牺牲还原剂的条件下，以 Rh 为助催化剂，其光催化产氢速率为 31μmol/(g · h)[60]。

5.1.3　有机聚合物

有机聚合物也称高分子聚合物，是一类通过有机反应将有机小分子单体以共价键连接而成的具有高分子量的化合物。单体的有机聚合反应包括铃木反应、薗头耦合反应、山本耦合反应、氧化偶联反应、席夫碱反应、环聚变酚嗪反应、环三聚反应等（图 5-4）。通过改变单体分子的拓扑结构和聚合反应的合成策略，一系列一维、二维和三维结构的有机聚合物被相继合成。

通过调节单体分子，有机聚合物的物理和化学性质可以在分子尺度进行调控。用于光催化反应的有机聚合物大多为具有共轭结构的半导体材料。1985 年，Yoshino 等设计合成了聚对亚苯［poly（*p*-phenylene），PPP］材料，并首次用于光催化分解水产氢反应，以三乙胺或乙二胺为电子牺牲剂，成功将水还原为氢气。虽然 PPP 的稳定性和活性都较差，表观量子效率仅为 0.006%，但这一发现对发展能带结构适宜的有机聚合物半导体的开发具有重要意义[61]。本节将主要介绍一维、二维和三维有机聚合物半导体光催化产氢催化剂的研究进展。

1. 一维有机聚合物

一维有机聚合物的能带结构与聚合物的分子量和共轭程度紧密相关。Yamamoto 等制备了含不同单体数量的 PPP 材料。研究发现，含有 13 个苯环单体的聚合物，其带隙为 2.9eV，可以吸收波长小于 427nm 的可见光。在波长大于 290nm 的光源照射下，以三乙醇胺为电子牺牲剂，有氢气连续析出，表观量子效

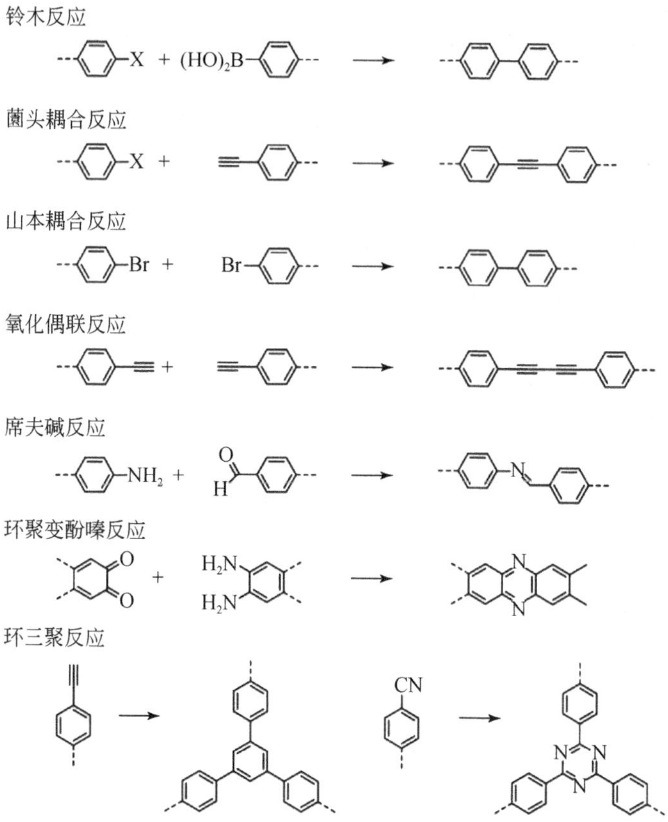

铃木反应

$\cdots\text{Ar}-X + (HO)_2B-\text{Ar}\cdots \longrightarrow \cdots\text{Ar}-\text{Ar}\cdots$

薗头耦合反应

山本耦合反应

氧化偶联反应

席夫碱反应

环聚变酚嗪反应

环三聚反应

图 5-4　有机聚合物半导体材料的合成反应

率（AQY）为 0.04%。在催化反应过程中，PPP 表现出较高的化学稳定性。但在相同催化条件下，含六个单体的聚合物没有光催化产氢活性，表明聚合度对催化活性有显著影响，这可能是由于高聚合度可以产生更大的离域 π 体系，从而具有更强的光吸收性能。研究者进一步利用光沉积的方法将 Ru 共催化剂沉积在 PPP 聚合物表面，AQY 达到 0.015%[62]。

为增强苯环类有机聚合物的共轭性和电子离域性能，在苯环之间引入亚甲基或其他官能团能降低苯环之间的扭转角度，增强聚合物链的刚性。如图 5-5 所示，Cooper 等在两个苯环之间引入亚甲基形成芴，得到大共轭结构的芴基化合物，有效增强了聚合物的共轭性，带隙从 4.4eV 降低到 4.0eV，提高了光子的捕获能力和光催化反应活性。此外，引入咔唑、二苯并噻吩等杂元环也能提高聚合物的共轭性、减小带隙，从而提高可见光催化产氢活性[63]。

除单一聚合物外，多种聚合物复合可以进一步增强有机聚合物的光催化产氢活性。田海宁等合成了一种含有三种聚合物半导体的量子点材料，三种聚合物通

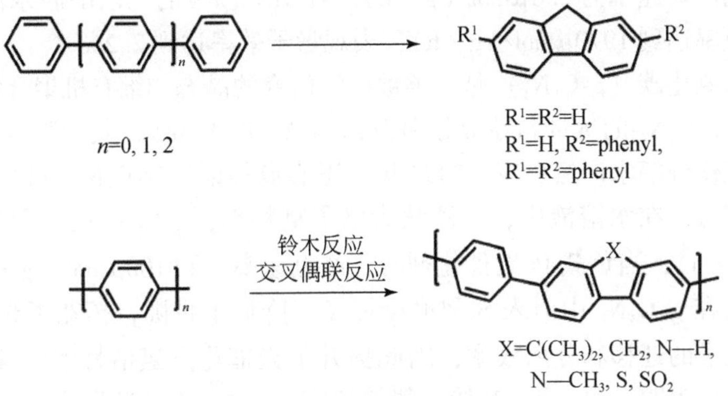

图 5-5　大共轭有机聚合物的合成

过含有羧酸的聚合物黏结剂复合。三种半导体聚合物之间的相互作用增强了光吸收能力和聚合物间的电荷转移，在 Pt 共催化剂和抗坏血酸电子牺牲剂存在的条件下，析氢速率达到 60.8mmol/(g·h)[64]。

2. 二维有机聚合物

同一维有机聚合物相比，二维有机聚合物在稳定性、共轭性和孔道结构等方面都具有优势。根据聚合物的结晶程度，二维有机聚合物可分为非晶二维有机聚合物［包括二维共轭微/介孔聚合物（conjugated micro-mecroporous polymers，CMPs）］，以及晶态二维有机聚合物［包括共价有机骨架（covalent organic frameworks，COFs）聚合物］。

聚合物单体的选择对其光催化产氢性能至关重要。作为一类重要的有机光敏分子，芘能够有效吸收太阳光，因此经常被用于构筑有机聚合物产氢光催化剂。Cooper 等选取多种有机小分子单体与芘聚合，成功制备了系列芘基 CMPs。通过调整单体的比例，芘基 CMPs 的比表面积从 $597m^2/g$ 增加到 $1710m^2/g$，带隙从 2.95eV 降到 1.94eV，吸收光谱带边从 445nm 红移到 588nm。研究发现，当芘基 CMPs 的带隙从 2.95eV 降低到 2.33eV 时，其光催化产氢速率最高。进一步降低带隙，产氢速率显著降低。这是因为带隙的进一步降低，导致芘基 CMPs 半导体的导带位置小于水还原产氢电位，无法驱动光催化分解水产氢反应[65]。

不同于非晶态的 CMPs，COFs 是一类多孔晶态材料，其周期性的孔道结构是研究光催化产氢反应的理想模型催化剂。基于席夫碱反应，Lotsch 等合成了一种具有蜂窝状平面结构的二维腙基 COF（TFPT-COF）。BET 测试结果表明，TFPT-COF 为介孔材料，比表面积高达 $1603m^2/g$，其带隙为 2.8eV，可以吸收可见光。通过沉积 Pt 助催化剂，以抗坏血酸钠为电子牺牲剂，在可见光（>420nm）照射下，光催化产氢速率为 230μmol/(g · h)。在 10vol%①的三乙醇胺水溶液中，氢气的析出速率达到 1970μmol/(g · h)，表观量子效率达到 2.2%[66]。

石墨相氮化碳（g-C_3N_4）是一类被广泛研究的晶态二维有机聚合物光催化产氢催化剂。g-C_3N_4 的价带和导带分别为+1.4eV 和−1.3eV，其带隙为 2.7eV，能够实现光催化分解水产氢反应。2009 年，王心晨等证实 g-C_3N_4 可以在光照下催化水分解产氢，在水溶液中，三乙胺为电子牺牲剂，g-C_3N_4 的产氢速率为 1 ~ 40μmol/(g · h)；当负载 Pt 助催化剂时，产氢速率达到 100μmol/(g · h)[67]。朱永法等通过在 g-C_3N_4 中引入 S 和 P 杂原子，降低了带隙，拓宽了光吸收范围，提高了载流子的迁移和分离效率，因此提升了光催化产氢活性[68]。其他课题组的研究结果也表明，通过 S、P 掺杂能够拓宽 g-C_3N_4 的光吸收范围，降低带隙，提高光催化产氢性能[69,70]。石墨烯具有良好的导电性，构筑石墨烯与 g-C_3N_4 的复合材料有望提高 g-C_3N_4 的光催化产氢活性。吴克琛等通过理论计算发现，石墨烯和 g-C_3N_4 可以形成 Ⅱ 型异质结，有望降低光生电子和空穴的复合[71]。Jaroniec 等研究发现，当石墨烯负载量达到 1.0wt% 时，g-C_3N_4 光催化产氢活性达到 451μmol/(g · h)，是 g-C_3N_4 的 3 倍[72]。

3. 三维有机聚合物

同二维有机聚合物相比，三维有机聚合物大都表现出更大的比表面积，从而暴露出更多的活性位点，在异相催化中具有独特的优势。苏陈良等合成了一种含咔唑基团的三维有机聚合物，利用咔唑为电子给体（donor），苯环上的氰基为电子受体（acceptor），这种 D-A 型的三维有机聚合物能够提高光生载流子的分离效率和光催化产氢活性[73]。但三维有机聚合物由于其共轭性低，导致其光生载流子的传输性能较二维聚合物差。因此三维有机聚合物用于光催化产氢的研究相对较少。

5.1.4 金属–有机骨架

金属–有机骨架（MOFs）是一类由金属离子或金属簇与有机配体通过配位键连接而成的晶态多孔材料。其中，金属离子或金属簇的配位不饱位点可作为催化活性中心，而有机配体可作为光敏中心。在光催化过程中，有机配体吸光后可将光生电子传递给金属离子/金属簇，以实现光催化产氢。得益于大的比表面积、可调的孔结构以及规整的晶体结构，MOFs 材料非常适合于光催化产氢反应。其周期性的孔道结构缩短了光生电子到催化中心的传输距离，提高了光生电子–空

① vol% 表示体积分数。

穴的分离效率。而结构明确的MOFs催化剂有利于催化反应机理和构效关系的认知。黄柏标等以铝离子和氨基对苯二甲酸（ATA）为原料，构筑了Al-ATA MOF，并利用氨基对镍粒子的配位作用，制备得到Al-ATA-Ni催化剂。在光催化反应过程中，Ni^{2+}被还原为Ni^{+}，作为析氢催化位点，氨基对苯二甲酸催化水氧化，从而实现了光催化分解水的全反应。将30mg催化剂分散在30mL水中，光照下析氢和析氧速率分别为36.0μmol/h和15.5μmol/h。对比实验发现，在没有Ni位点的情况下，催化剂没有催化活性，表明Ni是光催化产氢活性中心[74]。

MOFs具有开放的有机骨架和孔道结构，因此非常适合与其他光敏剂或助催化剂复合，以提高其光催化产氢活性。张志明、林文斌等首先将联吡啶Ir引入UiO-MOF骨架上，随后将含Ni杂多酸（$Ni_4(H_2O)_2(PW_9O_{34})_2]^{10-}$）封装到MOF的孔道中，在10%的甲醇水溶液中，400nm滤光片的光源照射下，其光催化产氢TON为1476。UiO-MOF骨架上结合的联吡啶Ir光敏中心与Ni杂多酸催化中心的近距离结合缩短了光生电子的传输距离，从而提高了光催化产氢活性[75]。王家强等将CdS量子点封装在MIL-101的孔道中，在10%的乳酸水溶液和0.5wt% Pt共催化剂存在下，单位质量CdS的产氢速率为75.5mmol/(g·h)。MIL-101周期性孔道结构有助于CdS量子点的均匀分散，负载的Pt纳米粒子进一步提高了光催化产氢性能[76]。

5.1.5 小结

利用太阳能催化分解水产氢被认为是制备清洁能源氢的一种有效手段，有助于缓解能源危机和环境污染。因此，制备高效稳定的光催化剂至关重要。尽管目前分解水制氢光催化剂已取得了较大进展，但仍存在一些问题亟待解决：①催化剂的稳定性有待提高，以实现长期使用；②避免牺牲剂的使用，实现光催化全解水制氢；③降低合成催化剂的成本，实现规模化合成。因此，分解水制氢光催化剂的研究还处于初始阶段，离工业化应用还有一定的距离，仍需要开展更多的基础研究。

5.2 分解水制氢电催化剂

电催化分解水产氢为两电子还原过程，涉及氢原子在催化位点表面的吸附和脱附。由于在酸性（$2H^++2e^-\longrightarrow H_2$）和碱性（$2H_2O+2e^-\longrightarrow H_2+2OH^-$）溶液中电催化产氢的反应路径不同，氢气析出的活化能具有明显的pH依赖性。在酸性电解液中首先发生的是Volmer步骤，氢离子吸附到催化活性位点并得到电子，从而被还原为吸附态氢原子（H^*）；之后，H^*与另一个氢离子（H^+）结合并得到电子还原为氢气，称为Heyrovsky步骤；如果两个吸附态氢原子直接结合生成氢气，则称为 Tafel 步骤。在碱性电介质中，HER 路径与酸性条件下类似，唯一不同的是碱性溶液内 H^+浓度较低，需要先通过水分子解离形成 H^+ 和 OH^-，再进行之后的一系列反应路径[77]。

本节简要介绍金属配合物电催化剂、贵金属电催化剂、非贵金属电催化剂和非金属电催化剂等电解水制氢催化剂的研究进展。

5.2.1 金属配合物

在电催化分解水制氢反应过程中，金属配合物首先发生 2 电子还原从 M^{n+} 到 $M^{(n-2)+}$，然后质子化得到 $^-H—M^{n+}$ 中间体，$^-H—M^{n+}$ 中间体与另外一个质子反应生成 H_2，这种 H_2 形成的异裂途径被称为 EECC 催化反应机制。或者金属配合物 M^{n+}首先获得 1 个电子生成 $M^{(n-1)+}$，然后发生质子化反应生成 $H—M^{(n+1)+}$ 中间体，2 个 $H—M^{(n+1)+}$ 中间体通过均裂途径反应生成 H_2，该反应途径被称为 ECEC 机制。

通过调控金属中心和配体结构，可优化金属配合物催化剂的产氢性能，金属中心包括 Fe、Co、Ni、Mn、Cu 和 Mo 等。而对有机配体的合理设计有助于稳定低氧化态金属位点，从而降低 HER 过电位[78]。由于部分金属配合物难溶于水，催化反应通常在有机体系中进行。但是，有机体系中缺乏质子耦合过程所需的质子源，反应需要高的过电位。因此，添加少量的质子试剂，如 2,2,2-三氟乙酸（TFA），质子化的 *N*,*N*-二甲基甲酰胺［（DMF）H^+］，乙酸（AcH）和质子化的三乙胺（Et_3NH^+），甚至甲醇、乙醇或水都可以加速催化 HER[79]。

1. 铁配合物

铁卟啉基配合物可作为电催化剂用于电催化分解水制氢反应。1996 年，Savéant 等合成了［FeTPPCl］配合物 **18**（TPP＝四苯基卟啉）（图 5-6），在盐酸三乙胺溶液中，电催化产氢的 TON 为 22。催化机理研究表明，Fe^{II}-H 的生成是析氢的限速步骤[80]。2017 年，Alenezi 将氟修饰到［FeTPPCl］的苯基上制备了［Fe（PFTPP）Cl］配合物 **19**（图 5-6），用于电催化产氢，对比于未修饰的［FeTPPCl］配合物，其质子还原电位降低了 50mV[81]。除了铁卟啉配合物外，Lichtenberger 等还报道了一种茂铁配合物［Fe（η^5-C_5H_5）$(CO)_2$H］（FpH）电催化剂 **20**（图 5-6），在乙酸溶液中，可将质子还原为 H_2[82]。此外，Liaw 等合成了一种含［Fe $(NO)_2$］的铁配合物 **21**（图 5-6），也可将质子电还原为 H_2。与 Pt 电极相比，虽然铁配合物表现出更大的起始电位，但是，这种配合物在 1.0mol/L 氯化钾溶液中展现出更小的塔费尔斜率[83]。

2. 钴配合物

1980 年，Fisher 和 Eisenberg 合成了四氮杂环钴配合物 **22** 和 **23** 电催化剂

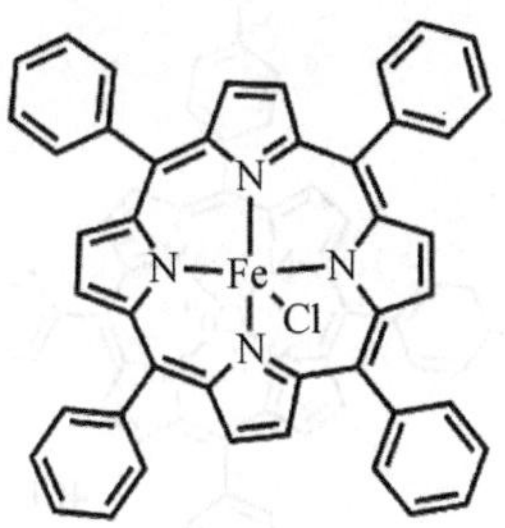

图5-6 铁配合物电催化剂

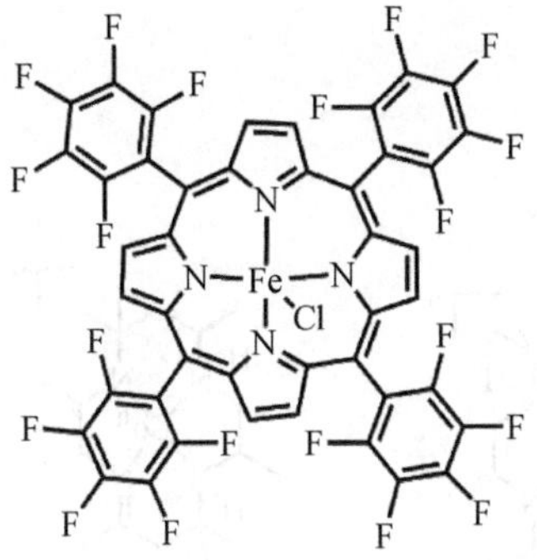

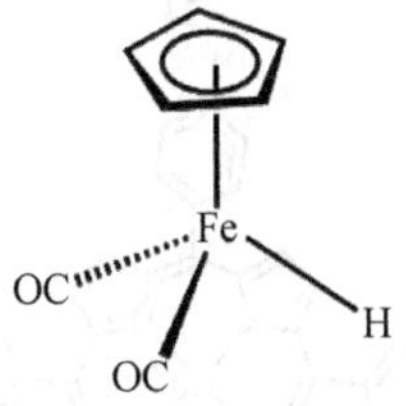

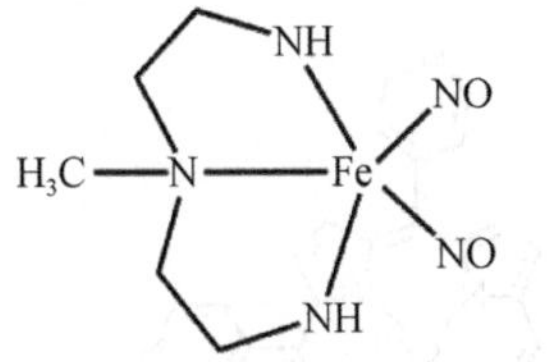

(图5-7)，在 N_2 气氛中能将质子还原为氢气，其中，配合物**23**的法拉第效率为80%[84]。之后一系列钴基配合物电催化析氢催化剂相继被报道。2011年，Chang等以五齿吡啶化合物为有机配体，与三氟甲基磺酸钴反应制备了高稳定的钴基配合物电催化剂。在中性水溶液中，电催化产氢的TON为 5.5×10^4，法拉第效率为100%，且可长期使用至少60h[85]。此外，曹睿等合成了冠醚修饰的钴咔咯配合物用于电催化析氢反应，以质子酸作为质子源，当在催化体系中加入水时，配合物的催化活性显著提升，而利用不含冠醚修饰的钴咔咯配合物为析氢电催化剂时，未发现此现象。原因是冠醚与水分子产生氢键作用，构筑了分子内水簇氢键网络，有助于质子转移和还原[86]。

钴卟啉基配合物也可作为电催化析氢催化剂。1985年，Spiro等合成了三种含不同官能团的卟啉基配合物**24**~**26**（图5-7），用于电催化析氢，当催化体系的pH降低时，产氢速率增大。在0.1mol/L三氟乙酸和-0.95V(*vs.* SCE)电位下，这三例钴卟啉配合物的法拉第效率接近100%[87]。2020年，曹睿等合成了三种水溶性的钴卟啉聚合物，用于电催化析氢反应，在这些聚合物中，钴卟啉作为反应中心，通过引入三种不同侧链，可调节催化剂的析氢活性。在中性水溶液介质中，具最好催化活性的催化剂的起始电位为390mV，TOF高达 $23000s^{-1}$[88]。

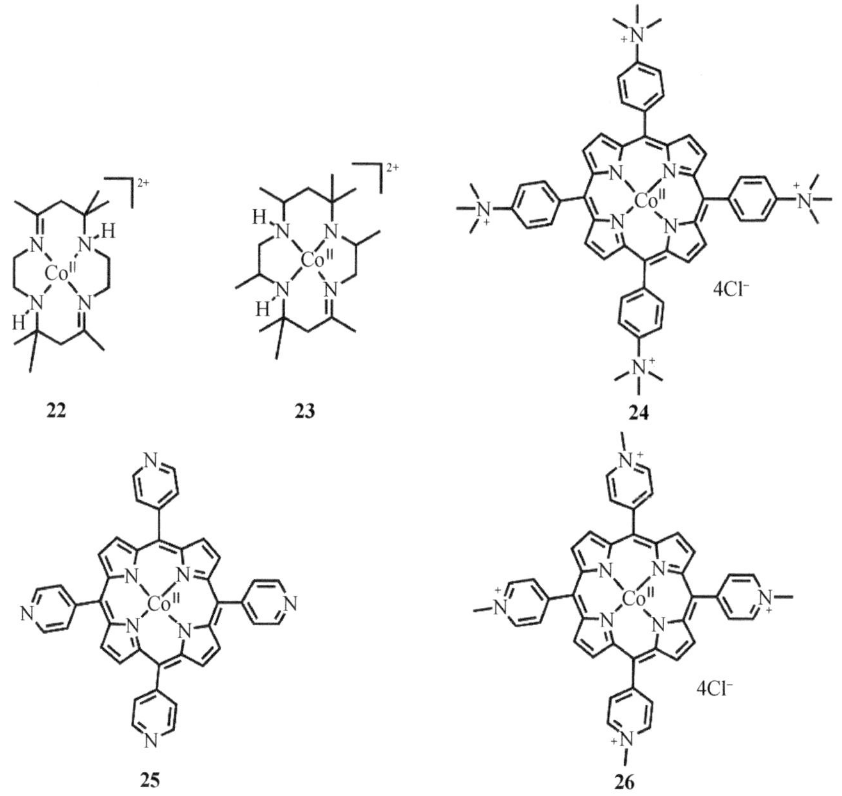

图 5-7　钴配合物电催化剂

3. 镍配合物

镍含有多种氧化态，包括 Ni^{0}、Ni^{Ⅰ}、Ni^{Ⅱ}、Ni^{Ⅲ}和 Ni^{Ⅳ}。Ni 基配合物催化剂在 HER 过程中，通常发生 Ni^{Ⅱ}到 Ni^{Ⅰ}的还原，并伴随着配位构型的畸变，从 Ni^{Ⅱ}的平面四配位结构到 Ni^{Ⅰ}的四面体配位构型。

镍配合物 HER 催化剂的研究最早可以追溯到 1980 年 Eisenberg 等以 5,5,7,12,12,14-六甲基-1,4,8,11-四氮杂环十四烷配体形成配合物 **27**（图 5-8），研究其在水相体系中的 CO_2 电还原性能，由催化结果发现，电解过程中产生大量 H_2[84]。之后 Fujita 等对与 **27** 具有类似结构的配合物 **28～31**（图 5-8）进行研究，发现在 pH＝2 时，这些配合物均具有较高的 HER 活性，并认为酸性条件下有助于提高 Ni—H 物种的稳定性，从而提高其 HER 活性[89]。1992 年，Crabtree 等发现，具有氧化还原活性配体的大环镍配合物 **32**（图 5-8）可作为 HER 的电催化剂，反应的活性中间体被认为是镍（Ⅰ）配体自由基，其中 Ni（Ⅱ）和配体各获得一个电子，催化循环遵循 EECC 途径[90]。

镍卟啉基配合物催化剂在 HER 中也受到广泛关注。Nocera 等探究了 Ni 卟啉的 HER 性能，发现羧基功能化镍卟啉（**33**）的催化活性高于溴基镍卟啉（**34**）(图 5-8)，这是由于 **33** 中羧酸的分子内质子转移促进了催化反应的进行，并发现催化反应中间体为一价镍-卟啉而不是零价镍-卟啉[91]。

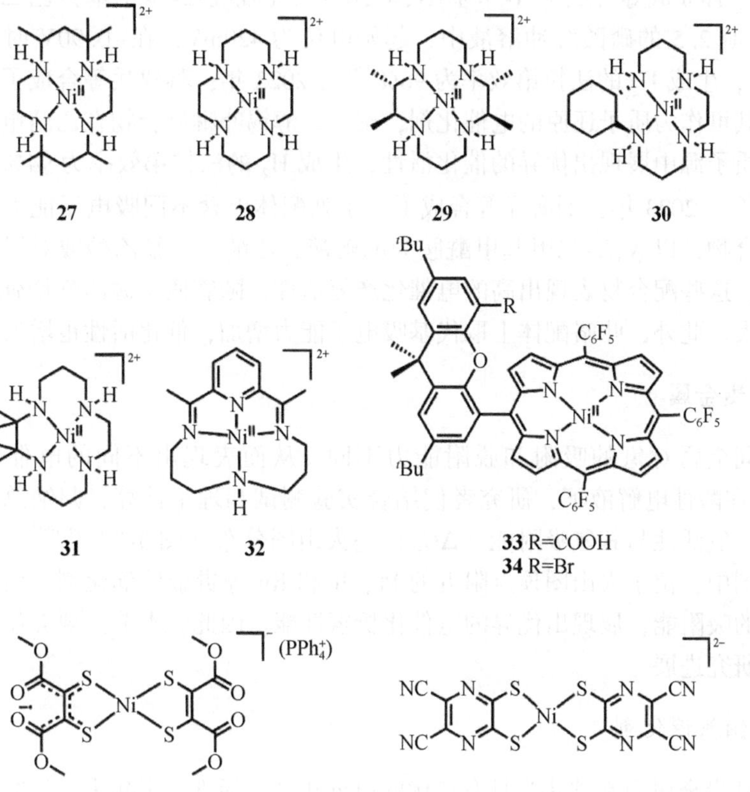

图 5-8 镍配合物电催化剂

硫元素具有强的给电子能力，有利于稳定低氧化态金属位点。2010 年，Sarkar 等合成了含｛NiS_4｝的镍配合物（**35**）（图 5-8），并用于 HER，以对甲苯磺酸（TsOH）为质子源，在乙腈溶液中，质子还原电位为 -0.69V（*vs.* Ag/AgCl），当增加 TsOH 浓度时，还原电位负移到-0.77V（*vs.* Ag/AgCl），表明质子被还原[92]。2017 年，Sakai 等也合成了一种含｛NiS_4｝的镍配合物（**36**），用于 HER。这种镍配合物展现出高催化活性，在 pH 4～6 时，过电位为 330～400mV，TON 高达 20000，法拉第效率为 92%～100%[93]。

4. 其他金属配合物

2010 年，Long 等合成了一种基于五齿配体 2,6-二[1,1-二(2-吡啶基)乙基]吡啶钼配合物，在中性水或海水中均可高效电催化水分解产氢。在磷酸缓冲液中的过电位为 520mV，在−1.40V(*vs.* SHE) 的电位下，TON 最高达 6.1×10^{5}[94]。2014 年，孙立成等合成了 *N*-苄基-*N*,*N'*,*N'*-三（吡啶-2-基甲基）乙二胺铜配合物，在 pH 2.5 的磷酸缓冲溶液中，起始电位为 420mV，在−0.90V 时，TON 为 1.4×10^{4}，生成 H_2 的法拉第效率为 96%[95]。2022 年，蒋建兵等合成了锡卟啉配合物，其可作为质子还原的电催化剂，聚乙二醇锡卟啉复合物在乙腈电解液和三氟乙酸质子源中展现出优异的催化活性，生成 H_2 的法拉第效率为 94%，TOF 为 $1099s^{-1}$[96]。2023 年，刘海洋等合成了一系列配体上含不同吸电子能力基团的锰咔咯配合物，以 *N*,*N*-二甲基甲酰胺为电解液，乙酸、三氟乙酸或对甲苯磺酸为质子源，这些配合物表现出高的电催化产氢活性，随着质子源酸性增强，其催化活性增大。此外，咔咯配体上取代基吸电子能力增加，催化活性也增大[97]。

5.2.2 贵金属

不同金属对氢的吸附和脱附能力不同，从而表现出不同的电催化产氢活性[98]。在酸性电解液下，研究者们结合实验测试和理论计算，归纳总结出不同金属的产氢活性与其氢吸附能（ΔG_H）呈火山图分布（图 5-9）[99,100]。在众多金属催化剂中，位于火山图顶点附近的 Pt、Ir 和 Ru 等贵金属催化剂，由于具有接近于零的吸附能，展现出优异的电催化析氢性能。因此，本节主要介绍这几种催化剂的研究进展。

1. 铂基催化剂

Pt 基贵金属通常被认为具有最优的电催化产氢活性。近年来，研究者开展了大量基于 Pt 基析氢催化剂的工作，并取得了系列研究进展。一种最简单的策略是通过构筑不同特定形貌的 Pt 基纳米催化剂，包括零维纳米颗粒[101]、一维纳米线/纳米带[102]、二维纳米片[103]、三维纳米骨架[104]，来增加 Pt 基金属的电化学活性面积，进而提高其产氢性能。例如，黄昱等通过生物分子诱导组装的方法制备了一种二维超薄 Pt 纳米片，在 70mV 过电位下，其电催化产氢的质量活性是商业 Pt/C 催化剂的 2.5 倍[103]。

虽然 Pt 基催化剂具有优异的 HER 催化性能，但是其价格较为昂贵。通过在 Pt 基催化剂中引入廉价的过渡金属并形成合金，不仅可以降低 Pt 的用量，而且可以调控 Pt 的配位环境和电子性质，从而优化催化性能，提升 Pt 的利用率[105-107]。郑兰荪等利用溶剂热法合成了一种六方相的 Pt-Ni 合金催化剂，其呈

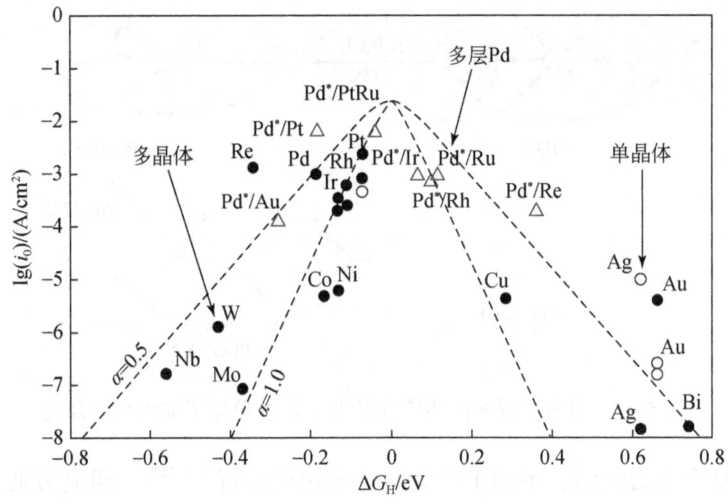

图 5-9　不同金属的产氢活性与其氢吸附能

现出多级纳米六角棱柱状[105]。该 Pt-Ni 合金催化剂中 Pt 的原子占比为 12%，在碱性电解液下能够有效催化析氢反应，10mA/cm^{2}时的过电位仅为 65mV，优于面心立方的合金催化剂和 Pt/C 催化剂。

为了进一步提高 Pt 金属的利用率，Pt 基团簇和单原子催化剂相继被开发出来[108-111]。通过将 Pt 团簇/单原子分散在合适的载体上，利用载体与 Pt 的相互作用来调控 Pt 的电子结构，实现产氢性能的优化；同时借助于载体对 Pt 的分散与稳定，从而提高催化剂的循环稳定性。例如，宋礼等将 Pt 单原子（0.27wt%）负载在纳米洋葱碳上，得益于纳米洋葱碳的高曲率表面，Pt 位点构成尖端并产生局域电场效应，诱导质子聚集在 Pt 位点周围，促进了质子耦合的电子转移过程，最终表现出优异的 HER 性能[108]。其在 10mA/cm^2 电流密度下的过电位仅为 38mV，明显优于平面石墨烯负载 Pt 单原子的催化剂材料，并保持良好的长期稳定性。鲁统部等以石墨炔作为载体，利用简单的热处理过程，实现了 Pt 单原子配位微环境的有效调控（图 5-10）[110]。研究发现，在 100mV 过电位下，具有四配位 Pt 位点的 Pt-石墨炔催化剂（Pt-GDY2）的质量活性为 23.64A/mg，是五配位的 Pt-石墨炔催化剂（Pt-GDY1）的 3.3 倍，商业 Pt/C 催化剂的 26.9 倍。这是因为四配位的 Pt 位点具有更多的 5d 未占据轨道和更优的氢吸附能。

2. 铱基催化剂

Ir 的原子半径与 Pt 接近，晶格匹配度较高，被认为是一种高效的 HER 催化剂。其中，Ir 的（111）晶面作为金属 Ir 最稳定的晶面，其氢吸附能较高，导致

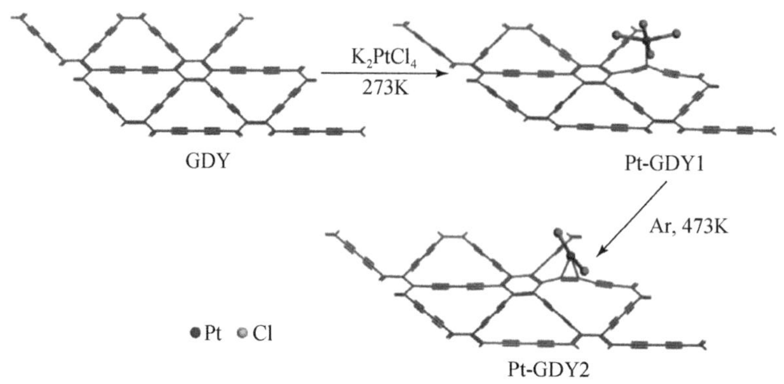

图 5-10　具有不同配位环境石墨炔负载 Pt 单原子催化剂的合成

Ir 与氢的结合能力较弱，不利于产氢反应的快速进行[112,113]。研究者通过将 Ir 金属负载在杂原子掺杂的碳载体上，利用碳、氮等非金属原子来降低其氢吸附能[114,115]。例如，李峰等报道了一种氮掺杂碳的空心纳米球来负载 Ir 纳米颗粒，其中 Ir 颗粒的含量为 7. 16wt%，尺寸为 0. 9 ~ 2. 5nm[114]。理论计算显示，在 Ir 原子周围引入电负性的碳和氮元素，能够提高附近 Ir 位点的电子密度，促进催化剂对氢的吸附，从而能够将 Ir 的氢结合能从 0. 25eV 降低到 0. 04eV。该复合催化剂表现出优异的产氢性能，在过电位为 10mV 下的质量活性为 1. 12A/mg，同时在电流密度为 $10mA/cm^2$ 和 $100mA/cm^2$ 下的过电位分别为 4. 5mV 和 39mV，明显低于 Ir 颗粒催化剂的 37mV 和 169mV，以及 Pt/C 催化剂的 18mV 和 111mV。

除了利用非金属元素外，过渡金属也被用于形成 IrNi[116]、IrMo[117]、IrW[118]等合金催化剂，来优化 Ir 的产氢性能。杨英威等发展了一种 IrMo 团簇催化剂，用于碱性电催化产氢反应[117]。水的吸附并解离为吸附态的氢是碱性产氢反应最为关键的步骤。IrMo 团簇中 Mo 位点的水吸附能和解离能分别为 -0. 07eV 和 -0. 42eV，而在单独的 Ir 催化剂中其值分别为 0. 31eV 和 0. 63eV，因此通过引入亲氧性的 Mo 元素，能够有效提高 IrMo 催化剂的水解离速率。在 1mol/L KOH 电解液下，IrMo 催化剂的塔费尔斜率为 28. 1mV/dec，只需 12mV 的过电位获得 $10mA/cm^2$ 的电流密度，且能够在该条件下稳定运行 100h 以上。

3. 钌基催化剂

与 Pt 相比，金属 Ru 由于具有更低的价格，以及相近的氢结合能，因此在电催化产氢中受到广泛的关注。将 Ru 纳米粒子负载在适宜的载体上，是一种常见的 Ru 基催化剂改性手段，主要的载体包括碳基材料和过渡金属基材料[119-121]。例如，Baek 等将小尺寸 Ru 纳米颗粒（约 1. 6nm）负载在 C_2N 载体上，制备了一种高度分散的Ru@ C_2N 催化剂（图5-11）[119]。Ru@ C_2N 催化剂表现出接近Pt/C催化剂的产氢性能，在酸性和碱性电解液中10mA/cm²时的过电位分别为13.5mV和17mV，优于相同条件下制备的Pt@ C_2N、Pd@ C_2N、Co@ C_2N 以及Ni@ C_2N 催化剂。理论计算显示，独特的 C_2N 孔道能够稳定超细Ru纳米颗粒，进而优化Ru的氢结合能。戴志晖等报道了一种Ru颗粒修饰Ni@ Ni_2P 纳米棒的复合催化剂，其中金属Ru促进氢气从纳米棒表面的快速脱附和释放，同时Ni@ Ni_2P 基底用于提高催化剂的导电性和电子转移速率，这种多组分能够协同提高其产氢活性[121]。其在酸性电解液下，10mA/cm² 电流密度时的过电位为51mV，塔费尔斜率为35mV/dec，明显优于单独的Ni@ Ni_2P 和Ru催化剂。

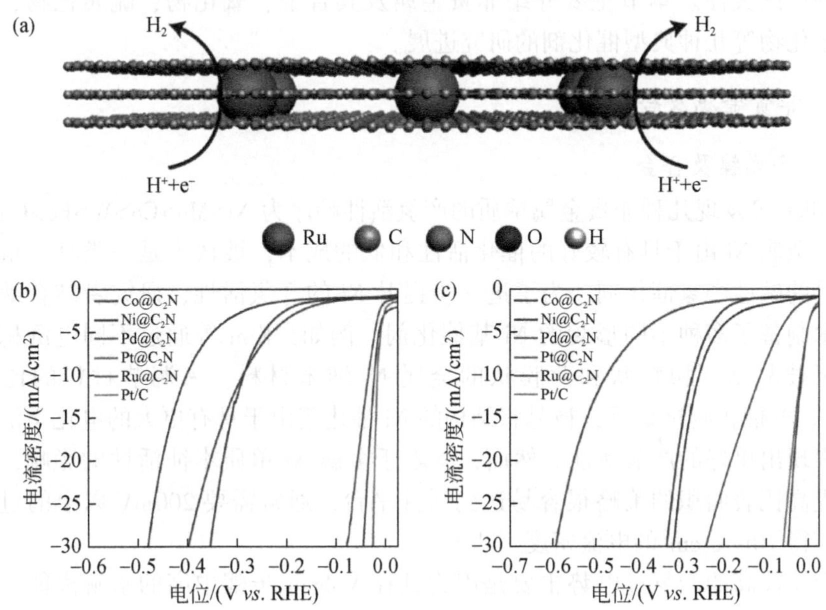

图5-11　Ru@ C_2N 催化剂用于高效电催化产氢：（a）Ru@ C_2N 结构示意图；（b）不同催化剂在酸性电解液（0.5mol/L H_2SO_4）中的电催化产氢活性；（c）不同催化剂在碱性电解液（1mol/L KOH）中的电催化产氢活性

此外，设计Ru单原子催化剂不仅能降低Ru的用量，还能够优化其产氢性能[122-124]。例如，侯军刚等利用一步电沉积法，将单原子Ru负载在富含缺陷的NiFe基层状氢氧化物（NiFe-LDH）上[122]。该复合催化剂在Ru含量为1.2wt%时，只需18mV和61mV的过电位就能分别获得10mA/cm²和100mA/cm²的电流密度，明显优于Ru负载在不含缺陷的NiFe-LDH催化剂、Pt/C催化剂。这主要是因为含有缺陷的NiFe-LDH基底能够提供大量的活性位点来锚定Ru单原子，同时调节Ru的配位环境，优化催化剂对氢的吸附能，进而提升其产氢活性。

除铂、铱、钌外，其他贵金属包括钯、铑等也被用于电催化产氢的研究[125,126]。例如，李玉良等构造了一种石墨炔/RhO_x/石墨炔三层结构催化剂，利用 sp 杂化的炔基碳与 RhO_x 纳米晶形成 sp-C ~ O-Rh 界面，可以实现高效碱性电催化产氢，在 $10mA/cm^2$、$500mA/cm^2$ 和 $1000mA/cm^2$ 电流密度下的过电势分别为 9mA、142mA 和 249mV，优于单独的石墨炔和 RhO_x、Pt/C 催化剂[126]。

5.2.3　非贵金属

虽然贵金属催化剂具有很高的催化产氢活性，但是其昂贵的价格与稀缺的储量都限制了其大规模应用。因此，基于廉价过渡金属产氢催化剂的研究也引起研究者的广泛关注。本节主要介绍非贵金属及其合金、氧化物、硫属化物、磷化物、碳化物等几种典型催化剂的研究进展。

1. 非贵金属及合金

1）金属镍及合金

Miles 等发现几种非贵金属单质的产氢活性顺序为 Ni>Mo>Co>W>Fe>Cu[127]。其中，金属 Ni 由于具有较好的催化活性和低的成本，被认为是一类具有重要应用前景的碱性产氢催化剂。为了进一步提升 Ni 的产氢活性，研究者结合纳米合成技术制备了多种不同形貌的 Ni 基催化剂。例如，Kim 等通过不同电沉积条件制备了枝晶状、颗粒状和薄膜状的金属 Ni 纳米材料，来调节材料的比表面积[128]。电催化测试显示，枝晶状结构的 Ni 催化剂由于具有更大的电化学活性面积，表现出更好的产氢活性。然而，受限于金属 Ni 单质本征活性的影响，这种单纯提高比表面积的策略很容易达到活性平台，通常需要 200mV 以上的过电势才能获得 $10mA/cm^2$ 的电流密度[128-130]。

金属镍高的产氢过电势主要是因为其在 Volmer 步骤中高的水解离能。为了提高金属镍的水解离速率，一种最直接的方法是通过与 Ni 形成合金，来调节金属 Ni 的化学环境和对中间体的吸附，从而实现催化性能的提升。例如，冯新亮等报道了一种 $MoNi_4$ 合金催化剂，其具有优异的产氢活性，在 $10mA/cm^2$ 和 $200mA/cm^2$ 电流密度下的过电势分别为 15mV 和 44mV，并具有极低的塔费尔斜率，远优于镍单质和钼单质催化剂（图 5-12）[131]。理论计算表明，$MoNi_4$ 合金可以大大降低水解离能，其活化能仅为 0.39eV，远低于镍单质的 0.91eV 和钼单质的 0.65eV。除了镍钼合金外[131,132]，其他镍钴[133]、镍铁[134]、镍铜[135,136]、镍钨[137]等合金催化剂也被开发出来，并表现出优异的产氢性能。

除了上述将 Ni 应用于碱性电解液中外，Ni 基催化剂也被用于酸性电解液中电催化产氢。例如，李玉良等利用石墨炔来锚定和稳定零价 Ni 单原子，在 0.5mol/L H_2SO_4 电解液下，只需 88mV 的过电势就能获得 $10mA/cm^2$ 电流密度，

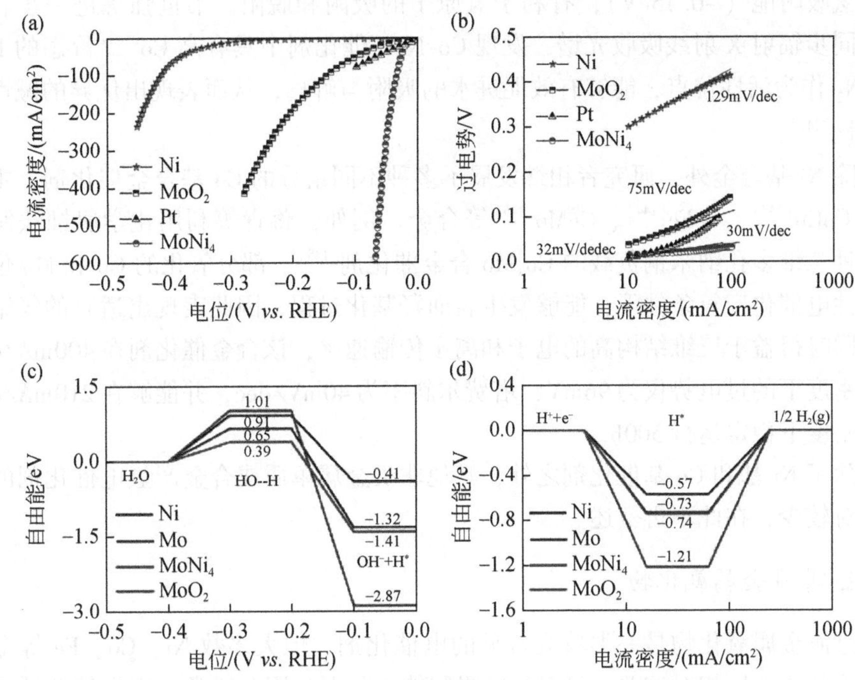

图 5-12　镍钼合金产氢催化剂：（a 和 b）不同催化剂的产氢极化曲线和塔费尔斜率；（c 和 d）理论计算得到不同催化剂在 Volmer 和 Tafel 步骤的吸附自由能

且能够稳定运行 100h 以上[138]。这是因为石墨炔载体与 Ni 单原子形成 Ni—C 键，能够调节 Ni 与氢的吸附能，并保护 Ni 不被酸性溶液刻蚀。这一策略也被他们应用于石墨炔负载的零价 Fe 单原子催化剂。

2）金属钴及合金

金属 Co 也是一类研究较多的产氢电催化剂。Asefa 等通过简单的热处理过程制备了金属 Co 纳米颗粒嵌入的氮掺杂碳纳米管催化剂（Co-NRCNTs）[139]。Co-NRCNTs 催化剂在酸性、中性和碱性介质中都表现出良好的产氢活性和稳定性，在酸性介质中的起始电位仅为 50mV，塔费尔斜率为 69mV/dec。除 Co 基纳米颗粒外，研究者也开发了 Co 基单原子产氢催化剂，其中最为典型的是 Co 单原子与氮掺杂碳配位，形成具有 Co-N-C 结构的电催化剂[140-142]。例如，张新波等以吸附钴离子的聚苯胺为前驱体，先后进行煅烧和酸刻蚀处理，得到 Co 含量仅为 0.22at%①的 Co-N-C 单原子催化剂[140]。其在 0.5mol/L H_2SO_4 电解液中，产生 100mA/cm² 电流密度的过电势为 212mV。理论计算显示，Co-N-C 催化剂具有适

① at% 表示原子分数。

宜的氢吸附能（–0.15eV），有利于氢原子的吸附和脱附。韦世强等进一步利用原位同步辐射X射线吸收光谱，发现Co-N-C催化剂中具有高$Co^{2\sim3+}$价态的$HO\text{-}Co_1\text{-}N_2$作为活性位点，能够有效促进水的吸附与解离，从而表现出优异的碱性产氢活性[142]。

除Ni基合金外，研究者相继发展了多种不同组分的Co基合金催化剂，主要包括CoCu[143]、CoFe[144]、CoMo[145]等合金。例如，蒋青等利用化学腐蚀法制备了一种三维多孔纳米铜负载的Co_3Mo合金催化剂[145]。部分氧化的Co和Mo位点在碱性电催化产氢条件下，能够发生表面羟基化过程，因此表现出适宜的氢结合能。同时得益于三维结构高的电子和离子传输速率，该合金催化剂在400mA/cm^2电流密度下的过电势仅为96mV，塔费尔斜率为40mV/dec，并能够在210mA/cm^2电流密度下稳定运行500h。

除了Ni基和Co基催化剂之外，其他非贵金属单质或合金产氢电催化剂的报道相对较少，在此不再赘述。

2. 非贵金属氧化物

过渡金属氧化物是一类较为常见的电催化剂，但大多数Ni、Co、Fe等金属氧化物的导电性相对较差，且对氢的吸附能力较弱，因此通常表现出较差的产氢活性。例如，崔屹等发现，$NiFeO_x$氧化物催化剂需要高达350mV的过电势才能获得10mA/cm^2电流密度，而通过嵌锂脱锂方法处理得到的$NiFeO_x$催化剂只需88mV的过电势就能获得相同的电流密度[146]。该方法能够将尺寸约20nm大小的氧化物颗粒转化为2～5nm的超小纳米颗粒，通过增加催化剂的电化学活性面积和表面缺陷位点，改善催化剂对反应中间体的吸附与脱附，从而提高其产氢活性。乔世璋等发现传统的CoO纳米棒阵列（P-CoO NRs）在10mA/cm^2电流密度下的过电势为208mV，塔费尔斜率为164mV/dec；利用阳离子交换法在CoO晶格中引入约3.0%的拉伸应变（3.0% S-CoO NRs），可以将过电势和塔费尔斜率分别降低到73mV和82mV/dec（图5-13）[147]。虽然CoO有利于水的解离，但CoO中氧位点对氢的吸附太强，导致氢的脱附较为困难；在CoO表面引入氧缺陷并形成拉伸应变，能够有效减弱CoO对氢的吸附，大大加速产氢反应的进行［图5-13（d）］。

除Fe、Co、Ni等过渡金属氧化物外，MoO_2和WO_2由于具有类金属的电导率，将其应用于产氢电催化剂引起了人们的研究兴趣[148-150]。例如，为了提高催化剂的暴露活性位点，避免催化剂在产氢过程中发生团聚，沈培康等在三维泡沫镍上生长超薄多孔MoO_2纳米片，其产氢活性明显优于致密的MoO_2材料，仅需要27mV的过电位就能获得10mA/cm^2的电流密度，并作为双功能催化剂用于全

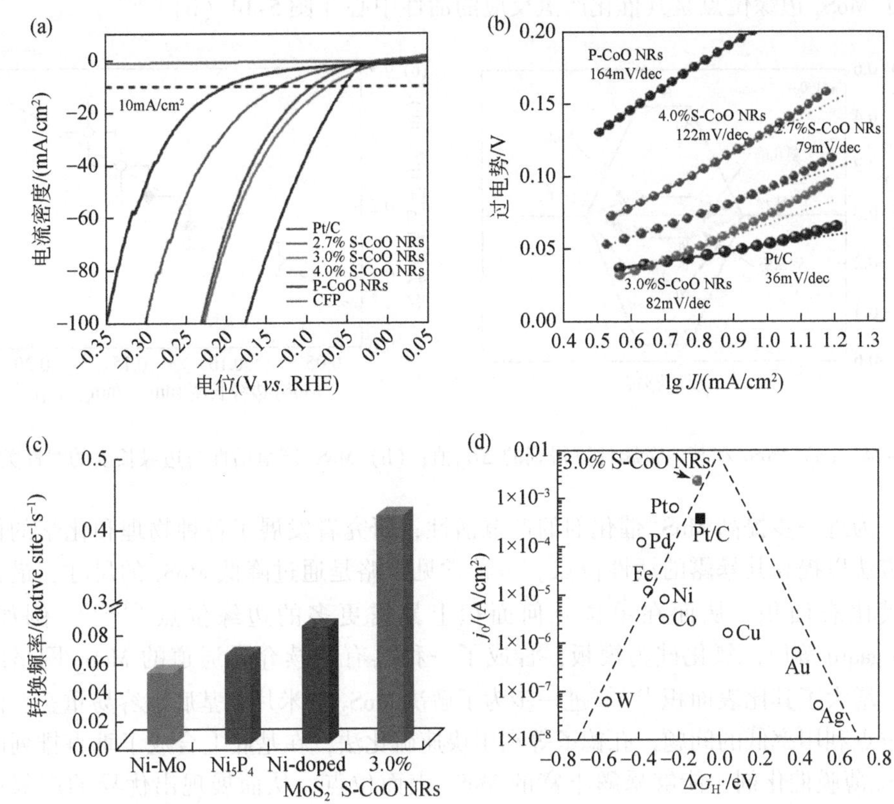

图 5-13　应力作用对 CoO 产氢性能的影响：（a 和 b）不同催化剂的产氢极化曲线和塔费尔斜率；（c）与其他催化剂对照的 TOF 值；（d）理论计算得到不同催化剂的 ΔG_H 值

水分解反应[148]。张兵等通过对有机-无机复合的乙二胺-WO_3 纳米线，在惰性气氛下进行 700℃煅烧处理，制备了一种多孔碳负载 WO_2 颗粒的催化剂[150]，在酸性介质中，10mA/cm²下的过电位为 58mV，而原始的 WO_3 几乎无产氢活性。

3. 非贵金属硫属化物

二硫化钼（MoS_2）作为产氢催化剂中研究最多的一种硫属化合物，近年来在催化性能和理论模拟研究方面均取得较大进展。2005 年，Nørskov 等通过理论计算发现，MoS_2 在 Mo（−1010）边缘位点处的 ΔG_H 值约为 0.08eV，与 Pt 的 ΔG_H 值非常接近，预测了 MoS_2 材料有望作为一种高效产氢催化剂［图 5-14（a）］[151]。随后，Chorkendorff 等利用扫描隧道显微镜进一步验证了 MoS_2 的产氢活性与 MoS_2 纳米片的边长呈线性关系，而非 MoS_2 纳米片的面积，从而有力地证

明了 MoS_2 边缘位点是其催化产氢反应的活性中心［图 5-14（b）］[152]。

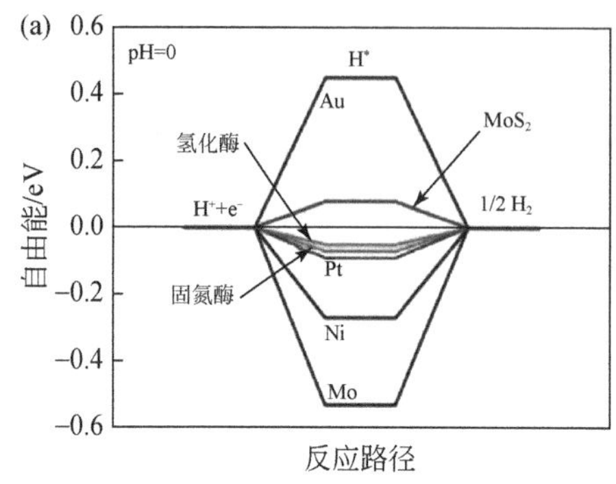

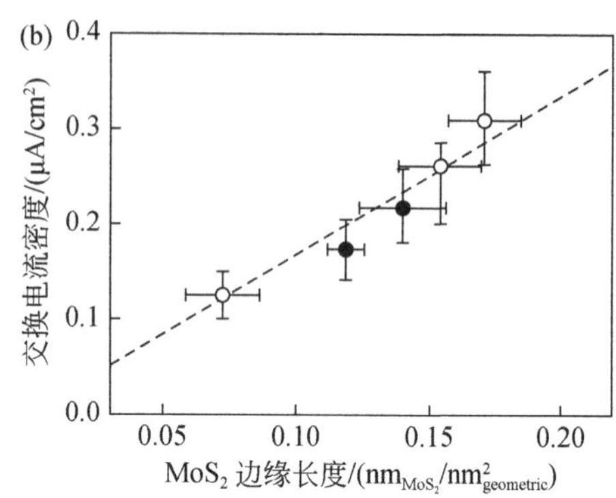

图 5-14 （a）MoS_2 和其他金属计算得到的 ΔG_H 值；（b）MoS_2 产氢活性与边缘长度的线性关系

为进一步提高 MoS_2 催化剂的产氢活性，研究者发展了各种物理和化学的修饰方法以提高其暴露的活性位点。一种常见策略是通过降低 MoS_2 的尺寸，最大化其比表面积，从而在单位几何面积上暴露更多的边缘位点[153,154]。例如，Kibsgaard 等以二氧化硅为模板，合成了一种具有连续介孔通道的 MoS_2 网络结构，增大了其比表面积[153]。进一步为了解决 MoS_2 纳米片在基底上容易重叠、活性位点利用率低的问题，孔德圣等利用快速硫化法，在基底上合成了垂直排列的 MoS_2 薄膜催化剂，能够暴露丰富的 MoS_2 表面位点，从而展现出优异的产氢性能[155]。此外，还可以通过缺陷、应力、掺杂等策略优化 MoS_2 的本征活性[156-158]。例如，郑晓琳等通过在单层 MoS_2 中引入硫缺陷和拉伸应力，其中硫缺陷促进暴露的 Mo 位点与氢自由基直接键合，拉伸应变能够将带隙移动到更靠近费米能级的位置，二者协同提高了 MoS_2 对氢的吸附，在 50mV 过电势下转换频率为 $1.0s^{-1}$，远优于其他对照材料[156]。

除了钼基硫属化合物外，其他过渡金属硫属化合物（MX_y，M = Fe、Co、Ni、W，X = S、Se、Te，$y = 1 \sim 2$），也被应用于产氢催化剂的研究中[159,160]。例如，崔屹等利用化学气相沉积法，制备了多种 Fe、Co、Ni 金属的硫化物和硒化物[161]。测试不同催化剂在酸性条件下的电化学性能，发现 Co 基硫化物和硒化物具有最优产氢性能，其塔费尔斜率约为 40mV/dec，这可能是因为其部分填充的 e_g 轨道有利于氢中间体的吸附与脱附。Chhowalla 等发现具有 2H 相结构的 $Nb_{1+x}S_2$ 能够实现大电流密度下电催化产氢，在 420mV 过电势下可获得高达 $5000mA/cm^2$ 的电流密度[162]。进一步通过对金属硫属化物进行阳离子或阴离子掺杂，可以实现性能的进一步优化[163-165]。例如，席聘贤等研究了不同掺杂金属 M 对 NiS_2（M-NiS_2，M = Co、Fe、Cu）催化性能的影响，发现 Co-NiS_2 材料具有最好的碱性产氢活性，在 10mA/cm^2 电流密度下的过电势为 80mV，优于 Cu-NiS_2 的 143mV、Fe-NiS_2 的 192mV、不掺杂 NiS_2 的 172mV[163]。理论计算显示，Co 的掺杂能够促进 Ni-3d 轨道上移至费米能级附近，并提高 S-3p 轨道的耦合概率，从而降低水的活化能和提高产氢速率。高敏锐等借助晶相调控策略，发展了 S、P 等阴离子掺杂 $CoSe_2$ 的方法，实现了产氢性能的有效提升[164,165]。

除了产氢活性外，过渡金属硫属化物的催化稳定性也需要特别关注[166,167]。Markovic 等发现，虽然 CoS_x 比 MoS_x 具有更高的活性，但其稳定性相对较差[166]。在 500 圈的循环伏安测试中，CoS_x 材料在 5mA/cm^2 下的过电位从 100mV 增加到 300mV，同时 CoS_x 中 Co 的溶解速率是 MoS_x 中 Mo 溶解速率的 40 倍。通过将两种材料结合起来，得到的 $CoMoS_x$ 复合催化剂则兼备高催化活性和高稳定性。

4. 非贵金属磷化物

过渡金属磷化物作为一类非贵金属化合物，由于其优异的电催化产氢活性，近年来受到广泛关注。早在 2005 年，Rodriguez 等通过理论计算，预测 Ni_2P（001）面与镍铁氢化酶类似，具有高的产氢活性，其中 Ni 位点和 P 位点协同用于调控对氢的吸附与脱附[168]。直到 2013 年，Schaak 等通过油相法合成得到单分散的 Ni_2P 纳米颗粒，并发现其具有较好的产氢活性，在 20mA/cm^2 和 100mA/cm^2 下的过电位分别为 130mV 和 180mV[169]。之后，孙旭平等通过低温磷化法在三维导电基底上生长 CoP、FeP、Cu_3P 等多种过渡金属磷化物阵列催化剂[170-172]。例如，CoP 阵列催化剂在全 pH 范围都具有较好的产氢活性，其中在酸性介质中 10mA/cm^2 和 100mA/cm^2 电流密度下的过电位分别为 67mV 和 204mV，并具有良好的稳定性[170]。这些研究工作为金属磷化物应用于产氢电催化剂奠定了基础[173,174]。

金属磷化物可以看作是 P 原子掺杂到过渡金属的晶格中，理论计算显示 P 原子在电催化产氢中起着重要作用[175]。电负性大的 P 原子能够从金属中获得电子，从而降低金属的电子云密度，而带负电荷的 P 原子可以与质子结合，作为催化活性位点。提高磷化物的 P 含量有望提高催化剂的产氢活性，如王昕等合成了 Mo、Mo_3P 和 MoP 纳米催化剂，系统地研究了它们的产氢性能，发现其活性顺序为 MoP>Mo_3P>Mo，产氢活性随着磷化程度的增加而提高[175]。相对于其他材料，MoP 中的 P 位点具有适宜的氢结合能。此外，高的磷含量也被认为有助于提高其在酸性介质中的耐腐蚀性和催化稳定性[176]。进一步将金属磷化物与其他材料复合形成异质结构，也有助于提升产氢活性。例如，鲁统部等报道了一种 Ni_2P@NiFe（OH）$_x$ 异质催化剂，在 10mA/cm^2 电流密度下的过电位为 75mV，远低于 Ni_2P 的 190mV 和 NiFe（OH）$_x$ 的 230mV[177]。

虽然已有大量金属磷化物产氢催化剂被报道，但将其应用于商业电解水器件的工作相对较少。酸性质子交换膜（PEM）电解水通常需要使用 Pt 基贵金属作为阴极产氢催化剂，但是其成本相对较高。Jaramillo 等提出利用廉价的 CoP 催化剂来取代 Pt 金属，并组装成面积为 86cm^{2}的酸性 PEM 电解槽（图 5-15）[178]。测试发现，在相同阳极催化剂的条件下，以 CoP 作为阴极产氢催化剂组装成的电解槽能够在 1.86A/cm^{2}的电流密度下稳定运行 1700h 以上，每千克氢气消耗的电能为 60.4kW·h；而对于 Pt 基 PEM 电解槽所需的电压稍有降低，每千克氢气消耗的电能为 54.5kW·h。相对于 Pt 基电解槽，CoP 基电解槽虽然多消耗了 10%~20% 的电能，但是其催化剂成本降低到 1% 以下，显示出非贵金属磷化物应用于酸性 PEM 电解槽的巨大潜力。

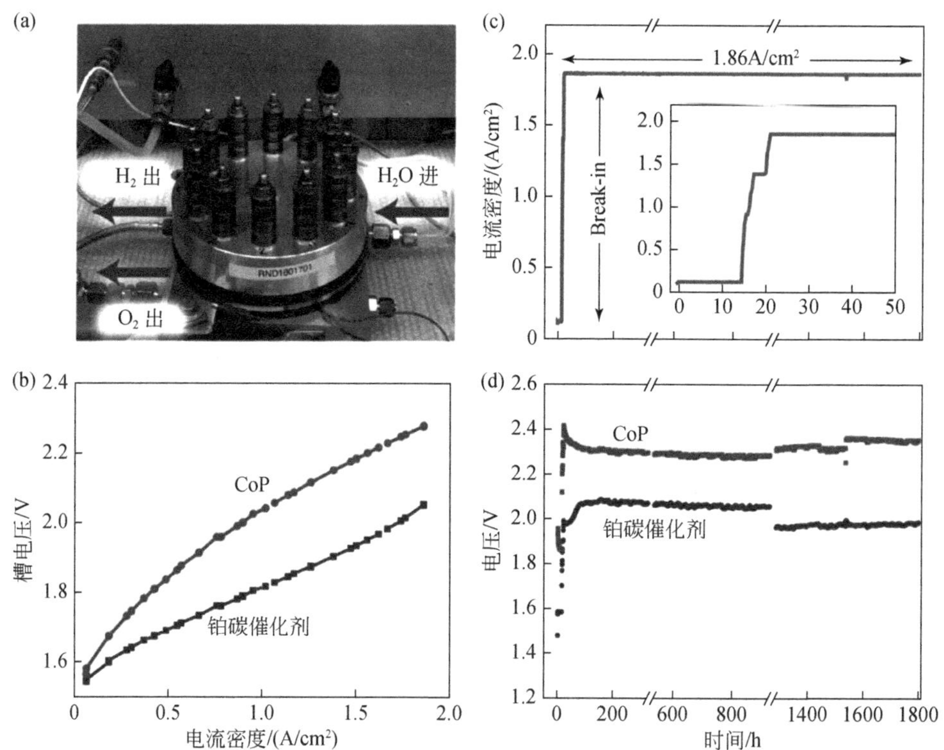

图 5-15　CoP 催化剂应用于商业 PEM 电解槽：（a）PEM 电解槽的示意图；（b）分别以 Pt 和 CoP 作为阴极产氢催化剂的 PEM 电解槽的电压-电流曲线；（c 和 d）分别以 Pt 和 CoP 作为阴极产氢催化剂的 PEM 电解槽的长期稳定性测试

5. 非贵金属碳化物

过渡金属碳化物由于具有类 Pt 的电子结构、高的导电性、耐酸碱腐蚀等特点，引起了人们的广泛关注。胡喜乐等发现商业 Mo_2C 微米颗粒具有较好的产氢活性和稳定性，在 $10mA/cm^2$ 下酸性和碱性介质中的过电位分别为 210mV 和 190mV[179]。理论计算显示，钼位点的 d 轨道与碳位点的 s、p 轨道杂化能够拓宽钼的 d 轨道，导致其与金属 Pt 的 d 轨道类似，显示出潜在的高产氢性能[180]。Leonard 等合成了具有不同晶相结构的 Mo 基碳化物，其产氢活性顺序为 β-Mo_2C>γ-MoC>η-MoC>α-MoC_{1-x}，其中最常见的 β-Mo_2C 具有最高的催化活性[181]。

金属碳化物通常需要经过高温煅烧处理，得到的比表面积相对较小，导致暴露的活性位点数目有限。为了增加金属碳化物的活性位点，楼雄文等以高比表面积的金属-有机骨架材料为前驱体，结合限域生长策略，制备出多孔碳负载的 MoC_x 复合催化剂，其具有高达 $147m^2/g$ 的比表面积，MoC_x 颗粒的尺寸约为 5nm，在酸性和碱性电解液中表现出明显提升的产氢活性[182]。此外，多个研究组发现，在碳化钼催化剂中引入适量掺杂剂，包括钴[183]、镍[184]等阳离子掺杂，以及氮[185,186]、磷[187,188]等阴离子掺杂，可以明显提升其产氢性能。例如，王煜等通过低温磷化法，实现了对 Mo_2C 材料的 P 单原子掺杂[188]。Mo_2C 材料对氢的吸附较强，不利于氢的脱附。掺杂少量 P 单原子可以与表面 Mo 原子进行杂化，能够有效减弱其对氢的吸附，得到的 ΔG_H 值接近于零，因此表现出优异的产氢性能。在 0.5mol/L H_2SO_4 电解液中，P 掺杂 Mo_2C 催化剂在 $10mA/cm^2$ 电流密度的过电势为 36mV，塔费尔斜率为 38mV/dec，与 Pt/C 催化剂的性能接近，远优于不掺杂的 Mo_2C 催化剂，其过电势和塔费尔斜率分别为 143mV 和 107mV/dec。

通常认为金属碳化物中的金属位点比碳位点具有更高的催化活性，是其主要的活性中心[180]。而大多数金属碳化物需要在富碳的环境下进行高温煅烧，导致大量碳在表面累积，影响其催化性能。如何避免金属碳化物表面碳的富集，实现在贫碳环境下的可控制备，是进一步优化碳化物产氢性能的有效途径。例如，李彦光等以非挥发性的碳纳米管作为载体，在其表面负载超小 WO_x 纳米颗粒，利用高温条件下固固界面处缓慢的碳迁移过程，制备得到具有低碳/钨比的 W_2C 颗粒；而以 CH_4 气体作为碳源时，金属 W 表面容易被大量 CH_x 分子所覆盖，得到碳含量更高的 WC 颗粒[189]。电化学测试显示，W_2C 比 WC 具有更高的产氢活性，表明暴露更多的 W 位点有助于提升其催化性能。除了钼基和钨基碳化物外，其他碳化物用于电催化产氢的报道相对较少，这可能是因为稳定性和催化活性较差。

5.2.4 非金属

非金属电催化剂具有来源丰富、价格便宜、易于修饰、绿色环保等优点，因此，文献中也有基于非金属催化剂用于电催化产氢的研究报道。非金属电催化剂的研究集中于碳基材料，主要包括石墨烯和其他碳材料，本节将分别介绍。

1. *石墨烯*

石墨烯是一种由 sp^2 杂化碳构成的层状结构材料，具有高的电荷迁移速率和离子电导率，以及大的比表面积，是一类非常有发展前景的电化学材料。但纯的石墨烯材料不具有产氢性能，通常需要对其进行杂原子掺杂，使其表面电荷不均匀分布，从而引入催化活性位点[190-193]。例如，Asefa 等利用溶剂热法，以缺陷石墨烯为前驱体，硼烷-四氢呋喃为硼化试剂，制备得到硼掺杂的石墨烯，在酸性条件下产氢的起始过电位为200mV[191]。汪国秀等利用胶束模板法制备了一种具有介孔结构的氮掺杂石墨烯催化剂，其多孔结构不仅能暴露更多的活性位点，而且有助于提升电解质的渗透和氢气的扩散。该催化剂在酸性溶液中，10mA/cm² 电流密度下的过电位为240mV[192]。除了单一杂原子掺杂外，多种杂原子共掺杂被用于进一步提高石墨烯材料的电催化产氢活性[194-196]。例如，乔世璋等结合理论计算和实验测试，发现单一 O、N、B、P 或 S 原子掺杂的石墨烯对氢的吸附能力较弱，导致其差的产氢活性[194]。进一步以 N 掺杂石墨烯为研究对象，引入 B、P 或 S 等第二种掺杂原子，形成双原子掺杂石墨烯催化剂。其中 N/S 共掺杂的石墨烯具有最低的 ΔG_H 值和最高的产氢活性（图 5-16），这是因为 N、S 的电负性不同，N 和 S 原子分别作为电子受体和电子给体，电荷分布的不均匀性可以有效活化临近的 C 原子。理论计算显示，当进一步提高掺杂量或提高材料的比表面积时，可以获得超越 MoS_2 材料的产氢活性。

2. *其他碳基催化剂*

除了石墨烯外，对其他碳材料如碳纳米管、多孔碳等，进行功能化或杂原子掺杂，也被应用于电催化产氢。孙旭平等通过在酸性溶液中氧化处理的方法，对多壁碳纳米管进行表面修饰和改性，增加了碳纳米管表面羧酸基团的数量，提高了质子的吸附能力，其产氢活性得到了显著提高[197]。戴胜等通过将碳纳米管与聚多巴胺、巯基乙醇进行煅烧处理，得到 N/S 共掺杂的碳纳米管材料，这种双掺杂催化剂表现出优于单一掺杂元素的产氢活性[198]。

此外，将碳纳米管与其他材料复合，也是一种提升催化性能的有效策略。例如，张忠等设计合成了一种单壁碳纳米管与聚（3,4-二硝基噻吩）复合的催化剂材料，通过调控两种组分的比例，实现了对产氢性能的调控[199]。余丁山等将碳纳米管、氮掺杂碳和聚合物进行化学耦合，制备得到一种三元组分复合的自支撑膜电极材料[200]。该催化剂在酸性、碱性、中性电解液下，产生 10mA/cm² 电流密度的过电位分别为 317mV、289mV 和 278mV。

值得说明的是，尽管非金属材料在电催化产氢方面的研究已经取得了不错的

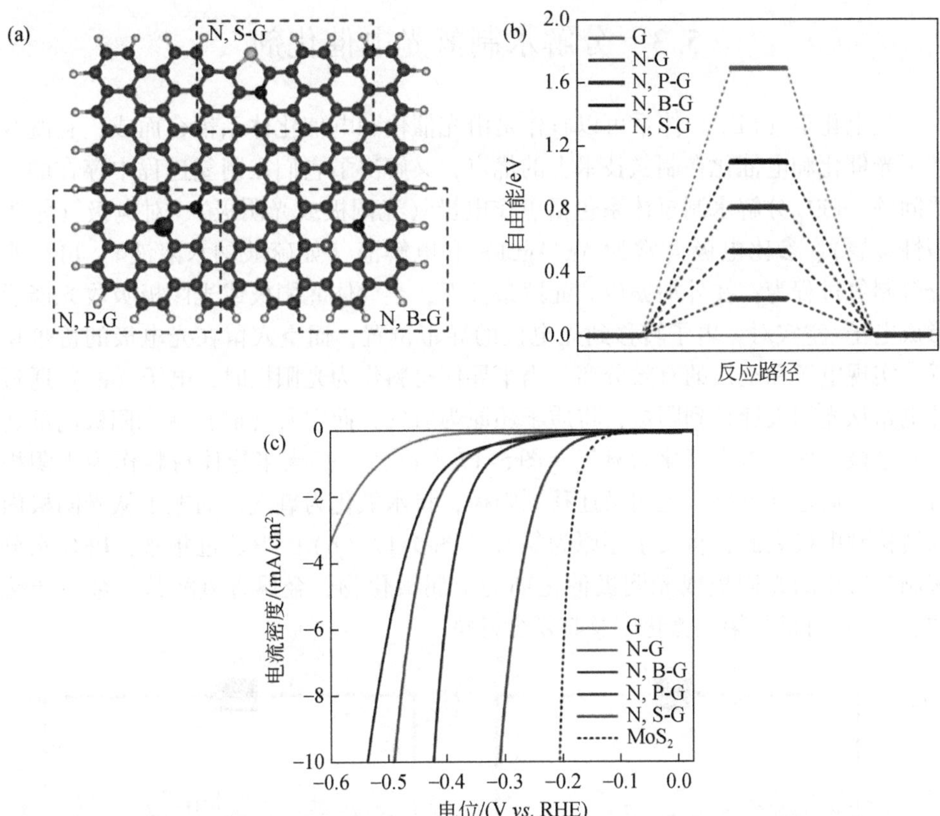

图5-16　双原子掺杂石墨烯用于电催化产氢：(a) 不同双原子掺杂石墨烯的结构示意图；(b) 计算得到的不同双原子掺杂石墨烯的 ΔG_H 值；(c) 不同双原子掺杂石墨烯的产氢活性

进展，但其催化性能仍相对较差，在 $10mA/cm^2$ 电流密度下的过电位仍需 200mV 以上，进一步发展高效非金属基产氢电催化剂材料仍面临着巨大的挑战。

5.2.5　小结

电催化分解水产氢是众多制氢技术中最可持续的途径之一，具备良好的工业基础和应用前景。近年来，大量的分解水产氢电催化剂被开发，其中贵金属是目前活性最高的电催化剂。但是，高成本和有限的存储量严重制约其在电催化领域的大规模应用，因此，设计合成高性能的非贵金属和非金属代替贵金属电催化剂对电催化产氢工业的发展至关重要。

5.3　分解水制氢光电催化剂

光电化学（PEC）体系可以看作是由光催化和电催化体系耦合而成，它既继承了光催化和电催化在制氢技术上的优点，又解决了它们在制氢过程中存在的一些问题。PEC 分解水制氢体系包括工作电极（光阳极或光阴极）、对电极（常为惰性金属）、参比电极（常为 Ag/AgCl）和电解液（如硫酸钠水溶液）。PEC 水分解制氢过程为：在外加偏压和光照条件下，半导体光阳极或光阴极吸收光能后形成电子–空穴对，电子转移到光电极的导带位置，而空穴留在光电极的价带位置，实现电子和空穴的有效分离。当半导体材料作为光阳极时，电子（e^-）通过外电路从光阳极迁移到阴极，将质子还原为氢气，而空穴（h^+）从光阳极内部转移到电极表面，将水氧化为氧气［图 5-17（a）］[201]。当半导体材料作为光阴极时，空穴通过外电路从光阴极迁移到阳极，将水氧化为氧气，而电子从光阴极内部转移到电极表面，将质子还原为氢气［图 5-17（b）］[201]。近年来，PEC 水分解制氢常用的光阳极或光阴极催化剂为金属氧化物、金属含氧酸盐、金属硫化物、金属–有机骨架、氮化碳及其复合材料。

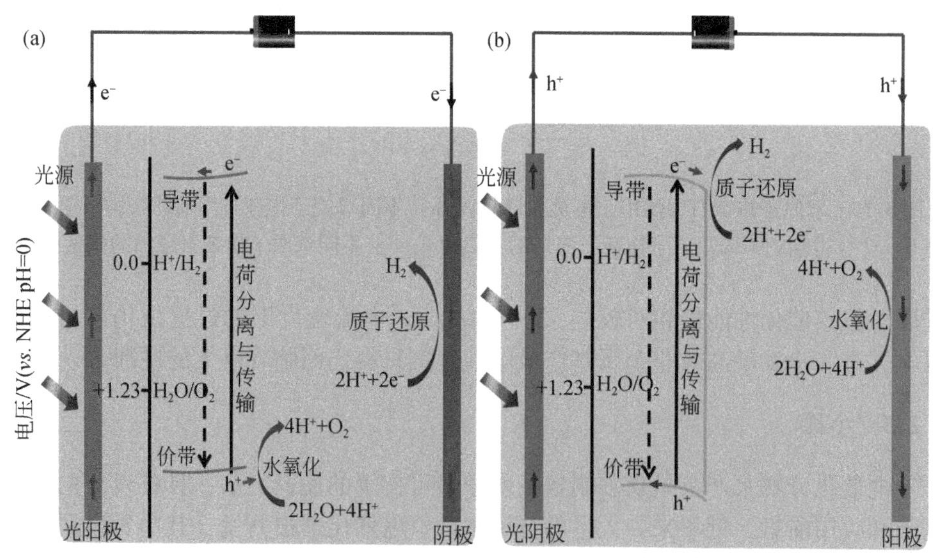

图 5-17　PEC 分解水制氢过程：（a）光阳极；（b）光阴极

5.3.1　金属氧化物

金属氧化物不仅广泛应用于光或电催化分解水制氢，而且在 PEC 分解水制氢中也展现出潜在应用。在过去几十年中，种类繁多的金属氧化物被用于 PEC 分解水制氢，如二氧化钛、氧化锌、氧化亚铜和氧化铁等[202-204]。

1. 二氧化钛

二氧化钛（TiO_2）主要以锐钛矿和金红石型结构存在，两种晶型的基本结构单元都是八面体。由于锐钛矿处于亚稳态，晶格中存在缺陷，产生了较多的氧空位，有利于捕获更多的电子，可降低光生电子和空穴的复合，因此，锐钛矿被广泛应用于光电催化领域。Sreekantan 等通过热处理方法将 TiO_2 纳米管阵列的锐钛矿相转变为金红石相，在400℃时，TiO_2 纳米管阵列以锐钛矿相存在，当温度升高到600℃时，锐钛矿相转变为金红石相。PEC 水分解实验结果显示，相比于金红石相 TiO_2，锐钛矿相 TiO_2 表现出更大的光电流密度（$1.25mA/cm^2$）和析氢速率［$190\mu L/(cm^2 \cdot min)$］[205]。赵东元等通过挥发诱导自组装方法合成了高度有序介孔和大孔锐钛矿相 TiO_2 薄膜，这两种孔的尺寸分别为5nm和255nm，TiO_2 薄膜的表面积为$240m^2/g$，孔体积为$1.2cm^3/g$。PEC 水分解结果显示，TiO_2 薄膜表现出优异的 PEC 水分解活性，光电流密度为$8.54mA/cm^2$[206]。

2. 氧化锌

氧化锌（ZnO）是白色粉末六角晶系结晶相，受热变为黄色，冷却后又重新恢复到白色，加热至1800℃时升华。在室温下，ZnO 的带隙为3.37eV，具有高的电子迁移率，有利于 PEC 过程中电子传输。在六角晶系的 ZnO 中，紧密排列的 O^{2-} 和 Zn^{2+} 层交替堆叠，相邻的 O^{2-} 和 Zn^{2+} 形成四面体结构，表现出非中心对称性，ZnO 催化水分解的活性与其形貌密切相关。Hsu 等通过改变氯化锌的浓度，合成了 ZnO 纳米片和纳米管（图5-18）。PEC 分解水结果显示，ZnO 纳米片的催化活性是纳米管的3倍，主要原因是具有极性平面的 ZnO 纳米管表现出高表面能、自发极化和负平带电位，从而降低了 PEC 水分解活性[207]。张金中等采用正常脉冲激光沉积、脉冲激光斜角沉积和电子束掠射角沉积方法合成了不同形貌的 ZnO 薄膜，其中，通过正常脉冲激光沉积方法合成了致密的薄膜，晶粒尺寸为200nm，而脉冲激光斜角沉积方法制备的具有鱼鳞形貌的纳米片，平均厚度为450nm。相比之下，利用电子束掠射角沉积方法合成了高度多孔、相互连接的球形纳米颗粒，直径为15～40nm。莫特-肖特基测试结果显示，这三种方法获得的样品的平带电位分别为-0.29V、-0.28V 和0.20V，这些 ZnO 薄膜都具有光电催化分解水产氢活性，其中，ZnO 纳米颗粒具有最高的电荷分离效率，因此表现出最优 PEC 水分解活性[208]。

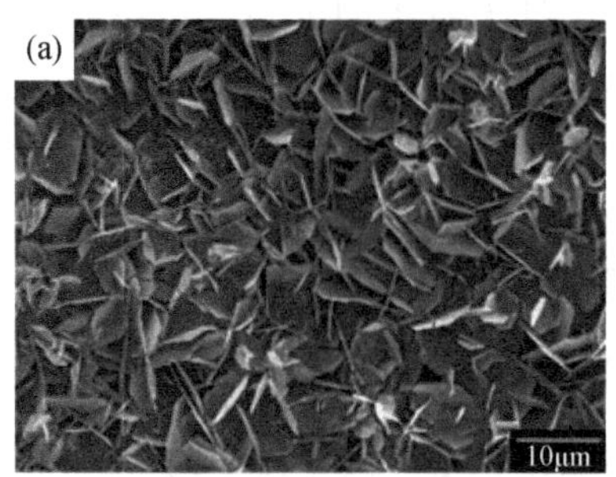

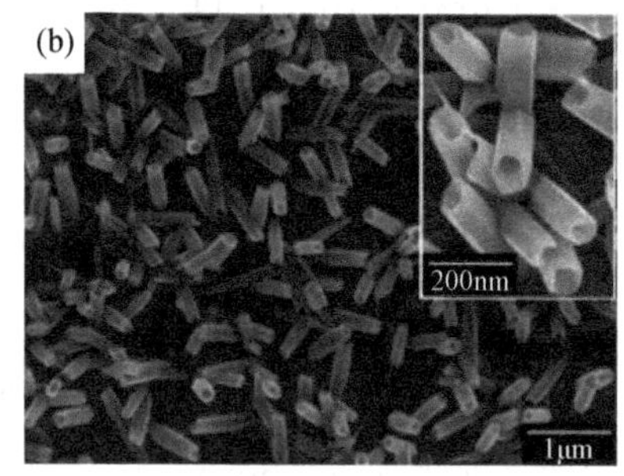

图 5-18　ZnO 纳米片（a）和纳米管（b）的扫描电镜图

3. 氧化亚铜

氧化亚铜（Cu_2O）是一价铜的氧化物，为鲜红色粉末状固体，在干燥条件下稳定，但在潮湿的空气中逐渐被氧化为黑色的氧化铜。Cu_2O 带隙为 2.1eV，可吸收可见光，在光催化和光电催化领域展现出潜在应用前景。在 AM 1.5G 光照下，理论电流密度为 14.7mA/cm^2，光电转换效率（IPCE）为 18%。近年来，研究者们通过不同模板法制备了 Cu_2O 催化剂，用于 PEC 水分解。例如，林彦谷等利用 ZnO 纳米棒作为牺牲模板剂，制备了 Cu_2O 纳米颗粒薄膜。首先，将 ZnO 纳米棒浸入 $CuCl_2$ 和 NaOH 溶液中，获得了 $Cu(OH)_2$ 纳米棒，进一步浸入到 $NaBH_4$ 溶液中，$Cu(OH)_2$ 纳米棒转变为 Cu 纳米棒，最终浸入到 NaOH 溶液中，制备了 Cu_2O 纳米颗粒薄膜。Cu_2O 纳米颗粒薄膜的带隙为 2.03eV，载流子浓度为 $4\times10^2 cm^{-3}$，平带电位为 0.02V。将 Cu_2O 纳米颗粒薄膜作为光阴极，用于 PEC 水分解，表现出良好的催化活性[209]。Sivula 等利用电沉积方法，以 CuSCN 为牺牲模板剂，将其原位转化为负载在 FTO 基底上的 Cu_2O 薄膜，用于 PEC 水分解，180nm 厚的 Cu_2O 薄膜的光电流密度达到 4mA/cm^2[210]。

4. 氧化铁

氧化铁（Fe_2O_3）在自然界中含量丰富，具有 α、β、γ、ε 四种晶型，其中，α-Fe_2O_3 为六方晶系，具有刚玉型晶体结构，带隙宽度为 2.1eV，最大吸收波长为 590nm，能吸收太阳能光谱中的紫外到黄色波长的可见光。在 1.23V（*vs.* RHE）偏压下，用 100mW/cm^2 的模拟太阳光照射时，α-Fe_2O_3 的理论光电流密度为 12.6mA/cm^2，起始电位为 0.4V（*vs.* RHE），理论太阳能到氢能的转换效率为 15.3%。Grätzel 等采用溶液胶体法制备了介孔 α-Fe_2O_3 光阳极，通过调节合成 α-Fe_2O_3 的煅烧温度，调控了 α-Fe_2O_3 的颗粒尺寸，进而调控其吸光性能。扫描电镜表征显示，随着煅烧温度从 400℃升高到 800℃，α-Fe_2O_3 的颗粒尺寸从 30nm

增加到75nm，颗粒尺寸的增大导致吸光性能增强。PEC水分解结果显示，在AM 1.5G光照和1.23V(*vs.* RHE)偏压下，75nm的α-Fe_2O_3水分解活性最好，光电流密度为0.56mA/cm²[211]。张立静等首先利用水热法制备了α-Fe_2O_3，然后通过溶剂热技术，以乙二醇为溶剂，将氧空位引入到α-Fe_2O_3中。通过X射线光电子能谱表征了氧空位，电化学阻抗谱测试表明，氧空位的引入显著提高了α-Fe_2O_3的电导率，降低了电极材料和电极之间的电荷传输阻力。PEC水分解结果显示，在1.23V(*vs.* RHE)下，含氧空位α-Fe_2O_3的光电流密度为2.8mA/cm²，比原始α-Fe_2O_3（0.1mA/cm²）高1~2个数量级[212]。

5.3.2　金属含氧酸盐

金属含氧酸盐是指金属氧酸根与金属组成的盐，金属氧酸根一般包含一些价态大于+4价的金属，如钒酸根、高锰酸根、铬酸根等。金属含氧酸盐具有较好的化学稳定性，带隙较小，能吸收太阳光谱中的紫外和可见光，是具有良好产氢活性的光电催化剂。

1. 钒酸铋

钒酸铋（$BiVO_4$）是一种亮黄色的金属含氧酸盐，带隙为2.4eV，$BiVO_4$有三种晶体结构：单斜白钨矿、四方锆石型和四方白钨矿。相比于其他两种结构，单斜白钨矿具有更好的光电催化活性。在AM 1.5G光照下，$BiVO_4$的理论最大光电流密度为7.5mA/cm²，太阳能到氢能的转化效率为9%。研究表明，$BiVO_4$的晶面和原子缺陷对光电催化性能产生重要影响。例如，郑晓琳等合成了[001]晶面的$BiVO_4$，其具有良好的电荷传输性能，在1.23V(*vs.* RHE)下，其PEC水分解活性是随机取向$BiVO_4$的16倍。此外，当[001]晶面$BiVO_4$的表面进一步被析氧电催化剂修饰后，在AM 1.5G光照和1.23V(*vs.* RHE)下的光电流密度为6.1mA/cm²，是理论值的82%[213]。张侃等通过后合成技术，从$BiVO_4$晶格中刻蚀金属Bi形成缺陷，与传统氧缺陷相比，Bi缺陷在PEC水分解性能方面显示出不同的作用。氧缺陷可调控电子结构，而Bi缺陷有利于电荷传输，电荷扩散系数由$1.82\times10^{-7}cm^2/s$提高至$1.06\times10^{-6}cm^2/s$，在1.23V(*vs.* RHE)下，载流子分离效率从26.42%提高至96.45%。PEC水分解结果显示，在AM 1.5G光照和1.23V(*vs.* RHE)下，含Bi缺陷的$BiVO_4$的光电流密度为4.5mA/cm²，明显高于含氧缺陷$BiVO_4$的光电流密度[214]。

2. 铬酸铅

铬酸铅（$PbCrO_4$）是黄色或橙黄色结晶性粉末，溶于碱、无机酸，不溶于水和有机溶剂。$PbCrO_4$ 是 n 型半导体，带隙为 2.3eV。李灿等通过不同策略调控了 $PbCrO_4$ 的成核和晶体生长，其中，使用乙酰丙酮（Acac）和聚乙二醇（PEG）双配体策略制备了高质量且大尺寸晶粒的薄膜，含较少的氧缺陷［图 5-19（a～c）］。对比于单配体策略，双配体策略获得的 $PbCrO_4$ 能有效抑制光生电子和空穴复合，电荷分离效率从 47% 提高到 90%。在 AM 1.5G 光照和 1.23V(*vs.* RHE) 下，其光电流密度为 2.7mA/cm^2［图 5-19（d）］[215]。Cho 等利用电沉积法，通过控制成核速率，制备了 1μm 的 $PbCrO_4$ 单晶微米棒，其能吸收紫外-可见光（λ <540nm）。相比于 100nm $PbCrO_4$ 纳米棒，$PbCrO_4$ 微米棒表现出更好的光电催化活性，在 AM 1.5G 光照和 1.23V(*vs.* RHE) 下，负载 Co-Pi 助催化剂的 $PbCrO_4$ 微米棒的光电流密度为 0.5mA/cm^2[216]。

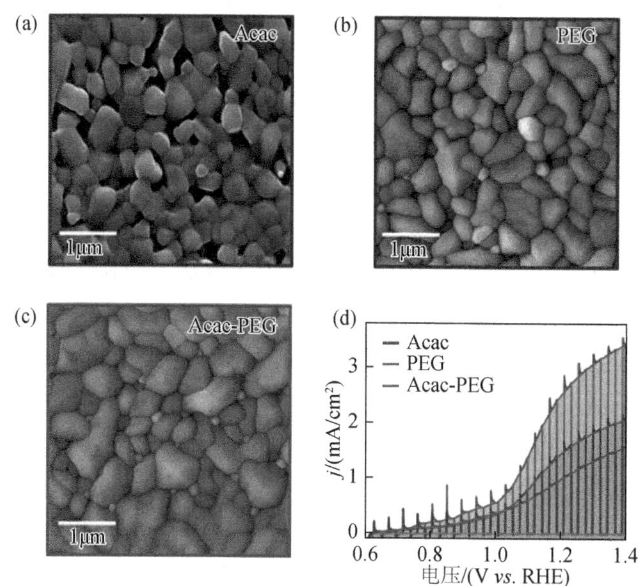

图 5-19　$PbCrO_4$ 薄膜的扫描电镜图：（a）乙酰丙酮单配体策略；（b）聚乙二醇单配体策略；（c）乙酰丙酮和聚乙二醇双配体策略；（d）三种策略构建 $PbCrO_4$ 薄膜的电流-电压曲线

5.3.3　金属硫化物

金属硫化物一般有颜色、难溶于水。按照金属阳离子的种类，金属硫化物可分为二元、三元以及多元金属硫化物，其中，二元金属硫化物包括 CdS、ZnS 和 MoS_2 等，三元金属硫化物主要有 $ZnInS_4$、$CdIn_2S_4$ 和 $CaInS_4$ 等，而多元金属硫化物包括 Cu_6WSnS_8 和 Cu_2ZnSnS 等。它们具有合适的带隙和能带位置，大部分金属硫化物能吸收可见光，在光电催化方面具有潜在应用[217]。

1. 硫化镉

硫化镉（CdS）是黄色至橙色的结晶性粉末，具有很强的可见光吸收能力和载流子输运效率。CdS室温下的带隙为2.42eV，对应520nm的波长。常见的CdS晶体结构有六方晶系纤巧矿结构和立方闪锋矿结构，在热力学上，六方结构比立方结构稳定，在高温下，立方结构处于亚稳态，因此，大多数CdS是六方结构。例如，张兵等通过阴离子交换策略，将氧掺杂到三维CdS纳米棒阵列中，构建了内置能带弯曲的CdS。在PEC水分解中，氧掺杂的CdS在0.4V(*vs.* RHE)下表现出较大的光电流密度［(6.0±0.1) mA/cm^2］和较高的稳定性（催化活性可保持42h)，氧掺杂引起了连续内置能带弯曲，促进光生电子和空穴的有效分离，同时增强了光捕获能力[218]。乔世璋等将萘酚旋涂到三维有序CdS上作为光电极，使PEC水分解装置具有许多重要和理想的特性，即简单且可扩展的沉积过程、光学透明性以及有效的电子和能带结构。在AM 1.5G光照和0V(*vs.* RHE)下，光电流密度为5.68mA/cm^2[219]。

2. 硫化锌

硫化锌（ZnS）为白色或微黄色粉末，不溶于水，易溶于酸，见光颜色变深，带隙宽度为3.3~3.7eV。ZnS包括六方纤锌矿（α-ZnS）和立方闪锌矿（β-ZnS）两种晶型，其中，纤锌矿结构是高温稳定相，而闪锌矿结构是低温相，两种结构在自然界中都可稳定存在，闪锌矿结构的ZnS在1020℃温度下可转变为纤锌矿结构。由于ZnS的带隙较宽，一般对ZnS进行改性后用于PEC水分解。Hart等通过调控N_2压力，将缺陷引入到ZnS结构中，改变了ZnS的电子结构和带隙，实测带隙为2.4eV。在可见光照射和不加助催化剂时，ZnS薄膜的光电流密度为1.5mA/cm^2[220]。Wu等采用超声方法将In和Cu共掺杂到ZnS中，PEC水分解活性得到了明显提高。研究结果表明，当4mol% In和4mol% Cu共掺杂到ZnS结构中时，其析氢速率为1189.4μmol/(g·h)。在1.1V(*vs.* RHE)时，掺杂后的ZnS纳米颗粒的光电流密度为12.2mA/cm^2[221]。

3. 二硫化钼

二硫化钼（MoS_2）属六方晶系，黑色固体粉末，有金属光泽，带隙为1.2~1.9eV，具有强的可见光吸收能力。MoS_2由二维层堆积而成，每一层厚度约为0.65nm，层内以较强的共价键作用力为主，层与层之间通过较弱的范德华力结合。块体MoS_2可通过剥离获得少层或单层结构，其中，单层MoS_2由三层原子组成，一层钼原子被两层硫原子夹着，每个钼原子周围有6个硫原子，而每个硫原子周围有3个钼原子，形成三棱锥型配位结构。MoS_2的光电催化性能与层数有关，随着层数的减少，MoS_2 价带电势逐渐正于水的氧化电位，增强了水的氧化能力。张璋等通过一步化学气相沉积法在硅纳米线阵列上直接生长超薄 MoS_2 纳米片。由于硅纳米线阵列的高比表面积，MoS_2 纳米片具有高密度的活性位点。在 0V(*vs.* RHE) 时，MoS_2 纳米片的光电流密度为 16.5mA/cm^2，PEC 水分解的稳定性超过 48h[222]。金松等通过化学剥离技术在硅表面制备了超薄 MoS_2 纳米片光电极。在 0V(*vs.* RHE) 和模拟 1 个太阳光照下，MoS_2 纳米片的光电流为 17.6mA/cm^2。电化学阻抗谱测试表明，催化剂和电解质界面处电荷转移的电阻低，同时具有缓慢的载流子复合动力学，因此表现出良好的电荷分离效率和催化活性[223]。

5.3.4 多孔聚合物

多孔聚合物主要包括金属–有机骨架、共价有机骨架、氢键有机骨架和石墨相氮化碳（g-C_3N_4）等，这些多孔聚合物在催化领域受到了广泛关注，其中，金属–有机骨架和 g-C_3N_4 在 PEC 水分解制氢方面研究较多。

1. 金属–有机骨架

近年来，MOFs 在 PEC 水分解制氢方面的研究相对较少。鲁统部等利用均苯并菲三酸和稀土镧离子组装获得一例高稳定的 MOF，其骨架不仅表现出高热稳定性，而且在 pH = 1 ~ 13 的水溶液中能稳定 7 天。将 MOF 涂覆在氧化铟锡(ITO) 导电玻璃上作为光阳极，在施加 1.96V(*vs.* RHE) 偏压下，光电催化分解水的光电流密度为 1.36mA/cm^2，是有机配体和空白光电极的 4 倍。气相色谱检测结果表明，产物氢气和氧气的摩尔比约为 2 : 1[224]。Mobin 等通过混合配体策略合成了一例二维钴基 MOF，二维层之间相互穿插形成了三维超分子结构，在 2.01V(*vs.* RHE) 下，光电流密度为 5.89mA/cm^2。电化学阻抗测试结果表明，对比于不加光照，光照条件下 MOF 的电荷分离效率和导电性明显提高[225]。

2. 石墨相氮化碳

g-C_3N_4 具有二维层状平面结构，与石墨烯结构类似，带隙为 2.7eV，可吸收波长为 400 ~ 470nm 的可见光。g-C_3N_4 中的 C、N 原子都采用 sp^2 杂化，平面上的 C、N 原子通过 σ 键结合形成六元环结构，此外，C、N 原子在空间上形成了高度离域化的 π 电子共轭体系，因此，g-C_3N_4 具有独特的光电特性，被广泛应用于 PEC 水分解[226,227]。刘志锋等利用热汽液聚合法在 FTO 导电玻璃上生长了 g-C_3N_4 薄膜，其表现出良好的可见光捕获能力和光生电子–空穴分离性能。在 1.1V(*vs.* RHE) 下，其光电流密度为 89μA/cm^2[225]。秦冬冬等将磷均匀掺杂到 g-

C_3N_4 中，用于 PEC 水分解产氢。磷的掺杂改变了 g-C_3N_4 的电子结构，增加了光生电子和空穴分离效率，并提高了导电性。改性后的 g-C_3N_4 表现出更优的 PEC 水分解活性，在一个太阳光光照和 1.23V（*vs.* RHE）下，光电流密度为 0.3mA/cm^2[229]。

5.3.5 复合材料

单一半导体催化剂的载流子迁移率较低，且寿命短，大部分光生电子和空穴未迁移至材料表面参与反应，而是在本体中发生复合。因此，单一半导体作为光阳极或光阴极时，通常表现出低的 PEC 水分解产氢性能。为了提高催化活性，利用两种或多种半导体材料在带隙上的差异进行互补，以达到抑制光生载流子复合，拓展光吸收范围，提升 PEC 水分解产氢活性。近年来，金属氧化物、金属硫化物、多孔聚合物等常被用于构建半导体复合催化剂[230,231]。

1. 二氧化钛复合催化剂

TiO_2 的禁带较宽（3.2eV），光吸收波长范围主要在紫外区，太阳光利用率低，极大限制了其在光催化领域中的应用。将 TiO_2 与其他半导体复合，一方面可扩宽光吸收，另一方面也能抑制光生电子和空穴复合，进而提高 TiO_2 的 PEC 分解水产氢性能。朱路平等通过两步溶剂热技术，首先在 FTO 导电玻璃上生长了 TiO_2 纳米阵列，然后将 Sn_3O_4 纳米片负载到 TiO_2 上获得 TiO_2@Sn_3O_4 复合催化剂。PEC 水分解结果显示，复合催化剂的光电流密度是纯 TiO_2 的 4 倍，起始电位从-0.13V(*vs.* RHE)降低到-0.33V(*vs.* RHE)，复合催化剂同时也表现出更高的光开/关循环稳定性。催化活性的提高归因于复合催化剂的光捕获能力增强和接触面积增大，从而提高了电荷分离和传输效率[232]。Millet 等通过一锅法将 TiO_2 纳米颗粒和棒状 Sb_2S_3 负载到还原石墨烯表面上形成 TiO_2/Sb_2S_3/RGO 复合催化剂，用于 PEC 水分解产氢。在复合催化剂中，Sb_2S_3 的掺入增强材料的吸光性能，而掺入 RGO 增加了材料的导电性。复合催化剂的吸收带边可扩展至 750nm。其中，当利用含 10% RGO 的复合催化剂 TiO_2/Sb_2S_3/10%RGO 作光阳极时，其光电流密度是纯 TiO_2 的 4 倍，是 TiO_2/Sb_2S_3 复合催化剂的 2 倍[233]。李红霞等报道了 $MoSe_2$ 纳米片修饰的三维 TiO_2 纳米花复合催化剂光阳极，$MoSe_2$ 的加入既增强了催化剂的光捕获能力，又增加了光生电子和空穴的分离效率。在一个太阳光照射下，复合催化剂的光电流密度为 1.40mA/cm^2，是 TiO_2 的 5 倍[234]。Lee 等将不同 Fe/Ni 比的双金属基 MOFs 包覆在 TiO_2 纳米棒表面，构建了异质结构的光阳极。MOFs 的带隙可通过改变 Fe 和 Ni 的比例进行调控，在 TiO_2 纳米棒和双金属 MOFs 之间实现了能带调控，其中，[Fe]/[Ni]=0.25/0.75 为最佳比率，在一个太阳光照和 1.23V(*vs.* RHE）下，复合催化剂的光电流密度为

1.56mA/cm^2，是纯 TiO_2 纳米棒的3.2倍[235]。

2. 钒酸铋复合催化剂

$BiVO_4$ 作为光电极时，电子迁移率低，光生电子和空穴容易复合。此外，$BiVO_4$ 光电极容易发生光化学腐蚀，限制了其在PEC水分解中的应用。构建 $BiVO_4$ 复合催化剂是解决上述问题的有效方法。毕迎普等利用电沉积技术，将 $NiFe_2O_4$ 和 $CoFe_2O_4$ 分别负载到 $BiVO_4$ 表面，形成n-n和p-n异质结复合催化剂。相比于纯 $BiVO_4$，复合催化剂的吸光性能明显增强，同时增加了光生电子和空穴的分离效率。PEC水分解结果表明，$NiFe_2O_4/BiVO_4$ 和 $CoFe_2O_4/BiVO_4$ 复合催化剂在1.23V(*vs.* RHE）时的光电流密度明显高于纯 $BiVO_4$[236]。李洁等采用溶剂热方法，将WCoFe三元羟基氧化物负载到 $BiVO_4$ 表面，制备了核壳结构的复合催化剂，由于WCoFe能富集光照复合物产生的空穴，促进了光生电子和空穴的有效分离，WCoFe/$BiVO_4$ 比 $BiVO_4$ 具有更低的起始电位。在1.23V(*vs.* RHE）时，复合催化剂的光电流密度为4.35mA/cm^2，明显高于 $BiVO_4$ 的光电流密度(1.60mA/cm^2)[237]。申燕等利用低成本、高电导率和快速电荷转移能力的硫化钴（CoS）修饰 $BiVO_4$，形成CoS/$BiVO_4$ 复合催化剂，与纯 $BiVO_4$ 相比，复合催化剂在可见光范围内光吸收能力明显增强，在1.23V(*vs.* RHE）和一个太阳光照下，其光电流密度为3.2mA/cm^2，是纯 $BiVO_4$ 的2.5倍[238]。

除了与金属氧化物和金属硫化物形成复合催化剂外，$BiVO_4$ 也能与MOFs及其衍生物复合，进而提升PEC水分解产氢活性。徐群杰等将铁和镍基MOFs同时负载到 $BiVO_4$ 表面形成复合催化剂，MOFs的引入不仅增加了水氧化的活性位点，而且增强了水氧化能力和催化剂稳定性。PEC水分解结果表明，$BiVO_4$/Fe-MOF/Ni-MOF复合催化剂在1.23V(*vs.* RHE）的光电流密度为1.80mA/cm^2，是纯 $BiVO_4$ 的2.7倍。此外，复合催化剂的起始电位为0.69V，明显低于纯 $BiVO_4$ 的起始电位（0.9V）。在复合催化剂中，双层MOFs的协同作用促进了光生电子和空穴的有效分离，提高了PEC水分解活性[239]。施伟东等首先通过静电吸引将钴基MOF（ZIF-67）负载到 $BiVO_4$ 表面形成复合催化剂，然后将复合催化剂在高温下退火，获得 Co_3O_4 薄膜修饰的 $BiVO_4$ 复合催化剂。PEC水分解结果显示，复合催化剂在1.23V(*vs.* RHE）下的光电流密度为2.35mA/cm^2，明显高于纯 $BiVO_4$ 的光电流密度（0.81mA/cm^2）。此外，在模拟太阳光照和1.23V(*vs.* RHE）时，$Co_3O_4/BiVO_4$ 复合催化剂的氢气生成速率为0.61mmol/cm^2，是纯 $BiVO_4$ 的3.2倍。MOF退火原位生成 Co_3O_4 薄膜具有独特的结构、大的比表面积和丰富的活性位点，进而提高了光电催化性能[240]。

3. 硫化镉复合催化剂

将 CdS 与其他半导体材料进行组合也是提高其催化活性的一种有效方法。曹茂盛等将 Cu_2O 纳米颗粒负载到 CdS 表面形成 p-n 异质结复合催化剂，用于 PEC 水分解制氢，在 300W 氙灯和 0V(*vs.* Ag/AgCl) 时，复合催化剂的光电流密度为 4.2mA/cm^2，是纯 CdS 的 4 倍。此外，复合催化剂的 PEC 水分解产氢速率为 161.2μmol/h，是纯 CdS 的 3 倍。复合催化剂也表现出较好的稳定性，在使用 7200s 后，光电流密度基本不变。复合催化剂催化活性高于纯 CdS 可归因于其更有效的电子和空穴分离效率，同时 Cu_2O 和 CdS 之间产生协同催化效应，形成了内电场作用[241]。

李亮等采用水热/溶剂热方法合成了 CdS/SnS_x复合催化剂，用于 PEC 水分解。首先，通过水热方法在 FTO 基底上合成了一维 CdS 纳米棒。然后，通过溶剂热技术，将二维 SnS_x纳米片负载到 CdS 纳米棒上，获得了 CdS/SnS_x复合催化剂。在 AM 1.5G 光照和 1.23V (*vs.* RHE) 下，复合催化剂的光电流密度为 1.59mA/cm^2，明显高于纯 CdS 的光电流密度（约 0.67mA/cm^2）。复合催化剂中的SnS_x纳米片不仅能防止 CdS 光腐蚀，而且 CdS 和 SnS_x之间形成了Ⅱ型异质结，促进电子和空穴的分离，从而提高了催化活性[242]。Tok 等采用水热方法将 CdS 纳米棒生长到 WO_3 纳米片表面形成了Ⅱ型异质结复合催化剂，对比于单一 CdS 和 WO_3，异质结的形成促进了光生电子和空穴的有效分离。在 0.8V(*vs.* RHE) 时，复合催化剂的光电流密度为 5.4mA/cm^2，分别是 WO_3 和 CdS 的 12 倍和 3 倍[243]。

4. 石墨相氮化碳复合催化剂

g-C_3N_4 为层间堆叠结构，比表面积较小，具有较差的导电性和电荷分离效率，限制了其在光电催化领域的应用。构建 g-C_3N_4 基异质结复合催化剂是提升其光电催化性能的一种有效策略。鲁统部等将 g-C_3N_4 和石墨炔（GDY）通过 π-π 堆积作用复合形成 g-C_3N_4/GDY 异质结，g-C_3N_4 的光生空穴可注入 GDY，并通过 GDY 快速传输，有效抑制了 g-C_3N_4 光生电子和空穴复合。复合催化剂的光生电子寿命是 g-C_3N_4 的 7 倍。在 pH=7 和 0V(*vs.* RHE) 时，复合催化剂的光电流密度为 98μA/cm^2，明显高于 g-C_3N_4 的光电流密度（32μA/cm^2）。此外，将 Pt 共催化剂负载到 g-C_3N_4/GDY 上可进一步提升光电催化性能，Pt@g-C_3N_4/GDY 在 pH=7 和 0V(*vs.* RHE) 下的光电流密度为 133μA/cm^2[244]。

沈铸睿等将 $AgVO_3$ 负载到 g-C_3N_4 表面形成 $AgVO_3$/g-C_3N_4 异质结复合催化剂，用于 PEC 水分解产氢。在可见光照和 0V(*vs.* RHE) 下，$AgVO_3$/g-C_3N_4 的光

电流密度为1.02mA/cm^2，分别是纯 g-C_3N_4 和 $AgVO_3$ 的2.22倍和7.28倍。在复合催化剂中，光生电子聚集在 $AgVO_3$ 上，而空穴聚集在 g-C_3N_4 上，形成有效的电荷分离，提高了催化活性[245]。金永灿等以 g-C_3N_4 为原料，木质素为胶黏剂，碳纳米管（CNT）为添加剂，利用“墨水”在打印过程中受针头剪切应力的作用，构建了多孔 g-C_3N_4/CNT 阵列复合催化剂。阵列结构表现出多重光散射，从而增强了可见光的吸收能力，CNT 的添加提升了 g-C_3N_4 表面光生电子的转移效率，复合催化剂的多孔结构暴露丰富的活性位点，同时可作为传质通道。因此，复合催化剂表现出优异的光电催化产氢活性，在 AM 1.5G 光照时，g-C_3N_4/CNT 阵列复合催化剂的光电流密度为0.75mA/cm^2，是纯 g-C_3N_4 的40倍[246]。

5.3.6 小结

光电催化分解水制氢是将太阳能和水转化为绿色氢能源的有效方法，它整合了光催化和电催化制氢技术，从而更高效地利用太阳能，同时避免牺牲剂的使用。近年来，虽然大量光电催化剂被相继开发，但离工业化应用还有一定的距离，今后的发展方向为：①提高催化剂的活性和稳定性，以实现工业化应用；②开发新型高效的光电催化剂；③减小偏压，降低成本。

5.4 总结与展望

本章介绍了分解水制氢光催化剂、电催化剂和光电催化剂，着重介绍了金属配合物、金属氧化物、金属硫化物、金属氮化物、多孔聚合物以及它们的复合催化剂等的设计合成、结构特征、催化性能与构效关系。这些催化剂表现出良好的分解水制氢活性，显示出潜在的应用价值。但是，分解水制氢催化剂的研究目前还处于初始阶段，离工业化应用还有一定的距离，还需要开展更多的基础研究。分解水制氢催化剂的发展方向为：①尽量减少贵金属的使用量，以降低成本；②提高催化剂的稳定性，以实现长期规模化使用；③实现催化剂的绿色制备；④力求实现光催化全解水制氢，避免牺牲剂的使用。

参考文献

[1] Sun K, Qian Y, Jiang H L. Metal-organic frameworks for photocatalytic water splitting and CO_2 reduction. Angew Chem Int Ed, 2023, 62: e202217565.

[2] Liu Y, Huang D, Cheng M, et al. Metal sulfide/MOF-based composites as visible-light-driven photocatalysts for enhanced hydrogen production from water splitting. Coord Chem Rev, 2020, 409: 213220.

[3] Nikoloudakis E, López-Duarte I, Charalambidis G, et al. Porphyrins and phthalocyanines as

biomimetic tools for photocatalytic H_2 production and CO_2 reduction. Chem Soc Rev, 2022, 51: 6965-7045.

[4] Yang W, Wang H J, Liu R R, et al. Tailoring crystal facets of metal-organic layers to enhance photocatalytic activity for CO_2 reduction. Angew Chem Int Ed, 2021, 60: 409-414.

[5] Hu J, Chen D, Mo Z, et al. Z-Scheme 2D/2D heterojunction of black phosphorus/monolayer bi_2WO_6 nanosheets with enhanced photocatalytic activities. Angew Chem Int Ed, 2019, 58: 2073-2077.

[6] Xu T, Chen D, Hu X. Hydrogen-activating models of hydrogenases. Coord Chem Rev, 2015, 303: 32-41.

[7] Na Y, Wang M, Pan J, et al. Visible light-driven electron transfer and hydrogen generation catalyzed by bioinspired [$2Fe_2S$] complexes. Inorg Chem, 2008, 47: 2805-2810.

[8] Zhang P, Wang M, Na Y, et al. Homogeneous photocatalytic production of hydrogen from water by a bioinspired [Fe_2S_2] catalyst with high turnover numbers. Dalton Trans, 2010, 39: 1204-1206.

[9] Na Y, Pan J, Wang M, et al. Intermolecular electron transfer from photogenerated $Ru(bpy)_3^+$ to [$2Fe_2S$] model complexes of the iron-only hydrogenase active site. Inorg Chem, 2007, 46: 3813-3815.

[10] Wang M, Han K, Zhang S, et al. Integration of organometallic complexes with semiconductors and other nanomaterials for photocatalytic H_2 production. Coord Chem Rev, 2015, 287: 1-14.

[11] Gartner F, Sundararaju B, Surkus A E, et al. Light-driven hydrogen generation: efficient iron-based water reduction catalysts. Angew Chem Int Ed, 2009, 48: 9962-9965.

[12] Gartner F, Boddien A, Barsch E, et al. Photocatalytic hydrogen generation from water with iron carbonyl phosphine complexes: improved water reduction catalysts and mechanistic insights. Chemistry, 2011, 17: 6425-6436.

[13] Lehn J M, Ziessel R. Photochemical generation of carbon monoxide and hydrogen by reduction of carbon dioxide and water under visible light irradiation. Proc Natl Acad Sci USA, 1982, 79: 701-704.

[14] Hawecker J, Lehn J M, Ziessel R. Efficient homogeneous photochemical hydrogen generation and water reduction mediated by macrocyclic cobalt complexes. Nouv J Chim, 1983, 7: 271-277.

[15] Baffert C, Artero V, Fontecave M. Cobaloximes as functional models for hydrogenases. 2. proton electroreduction catalyzed by difluoroborylbis (dimethylglyoxima- to) cobalt (Ⅱ) complexes in organic media. Inorg Chem, 2007, 46: 1817-1824.

[16] Zhang P, Wang M, Dong J, et al. Photocatalytic hydrogen production from water by noble-metal-free molecular catalyst systems containing rose bengal and the cobaloximes of BF_x-bridged oxime ligands. J Phys Chem C, 2010, 114: 15868-15874.

[17] Du P, Knowles K, Eisenberg R. A homogeneous system for the photogeneration of hydrogen from water based on a platinum (Ⅱ) terpyridyl acetylide chromophore and a molecular cobalt

catalyst. J Am Chem Soc, 2008, 130: 12576-12577.

[18] Yuan Y J, Yu Z T, Chen D Q, et al. Metal-complex chromophores for solar hydrogen generation. Chem Soc Rev, 2017, 46: 603-631.

[19] Mulfort K L, Utschig L M. Modular homogeneous chromophore-catalyst assemblies. Acc Chem Res, 2016, 49: 835-843.

[20] Khnayzer R S, Thoi V S, Nippe M, et al. Towards a comprehensive understanding of visible-light photogeneration of hydrogen from water using cobalt (Ⅱ) polypyridyl catalysts. Energy Environ Sci, 2014, 7: 1477-1488.

[21] Wang P, Liang G, Smith N, et al. Enhanced hydrogen evolution in neutral water catalyzed by a cobalt complex with a softer polypyridyl ligand. Angew Chem Int Ed, 2020, 59: 12694-12697.

[22] McNamara W R, Han Z, Alperin P J, et al. A cobalt dithiolene complex for the photocatalytic and electrocatalytic reduction of protons. J Am Chem Soc, 2011, 133: 15368-15371.

[23] McNamara W R, Han Z, Yin C J, et al. Cobalt-dithiolene complexes for the photocatalytic and electrocatalytic reduction of protons in aqueous solutions. Proc Natl Acad Sci USA, 2012, 109: 15594-15599.

[24] Helm M L, Stewart M P, Bullock R M, et al. A synthetic nickel electrocatalyst with a turnover frequency above 100, 000 s^{-1} for H_2 Production. Science, 2011, 333: 863-866.

[25] McLaughlin M P, McCormick T M, Eisenberg R, et al. A stablemolecular nickel catalyst for the homogeneous photogeneration of hydrogen in aqueous solution. Chem Commun, 2011, 47: 7989-7991.

[26] Yong W W, Lu H, Li H, et al. Photocatalytic hydrogen production with conjugated polymers as photosensitizers. ACS Appl Mater Interfaces, 2018, 10: 10828-10834.

[27] Martindale B C, Hutton G A, Caputo C A, et al. Solar hydrogen production using carbon quantum dots and a molecular nickel catalyst. J Am Chem Soc, 2015, 137: 6018-6025.

[28] Wang G Y, Guo S, Wang P, et al. Heavy-atom free organic photosensitizers for efficient hydrogen evolution with λ>600nm visible-light excitation. Appl Catal B, 2022, 316: 121655.

[29] Han Z, McNamara W R, Eum M S, et al. A nickel thiolate catalyst for the long-lived photocatalytic production of hydrogen in a noble-metal-free system. Angew Chem Int Ed, 2012, 51: 1667-1670.

[30] Yang Y, Wang M, Xue L, et al. Nickel complex with internal bases as efficient molecular catalyst for photochemical H_2 production. ChemSusChem, 2014, 7: 2889-2897.

[31] Lv H, Guo W, Wu K, et al. A noble-metal-free, tetra-nickel polyoxotungstate catalyst for efficient photocatalytic hydrogen evolution. J Am Chem Soc, 2014, 136: 14015-14018.

[32] Fujishima A, Honda K. Electrochemical photolysis of water at a semiconductor electrode. Nature, 1972, 238: 37-38.

[33] Gao C, Wei T, Zhang Y, et al. A photoresponsive rutile TiO_2 heterojunction with enhanced electron-hole separation for high-performance hydrogen evolution. Adv Mater, 2019,

31: 1806596.

[34] Zhou W, Li W, Wang J Q, et al. Ordered mesoporous black TiO_2 as highly efficient hydrogen evolution photocatalyst. J Am Chem Soc, 2014, 136: 9280-9283.

[35] Wang Z, Yang C, Lin T, et al. H-doped black titania with very high solar absorption and excellent photocatalysis enhanced by localized surface plasmon resonance. Adv Funct Mater, 2013, 23: 5444-5450.

[36] Chen X, Liu L, Yu P Y, et al. Increasing solar absorption for photocatalysis with black hydrogenated titanium dioxide nanocrystals. Science, 2011, 331: 746-750.

[37] Kho Y K, Iwase A, Teoh W Y, et al. Photocatalytic H_2 evolution over TiO_2 nanoparticles. The synergistic effect of anatase and rutile. J Phys Chem C, 2010, 114: 2821-2829.

[38] Deák P, Aradi B, Frauenheim T. Band lineup and charge carrier separation in mixed rutile-anatase systems. J Phys Chem C, 2011, 115: 3443-3446.

[39] Pan J, Liu G, Lu G Q, et al. On the true photoreactivity order of {001}, {010}, and {101} facets of anatase TiO_2 crystals. Angew Chem Int Ed, 2011, 50: 2133-2137.

[40] Liu X, Dong G, Li S, et al. Direct observation of charge separation on anatase TiO_2 crystals with selectively etched {001} facets. J Am Chem Soc, 2016, 138: 2917-2920.

[41] Paik T, Cargnello M, Gordon T R, et al. Photocatalytic hydrogen evolution from substoichiometric colloidal WO_{3-x} nanowires. ACS Energy Letters, 2018, 3: 1904-1910.

[42] Lu X, Wang G, Xie S, et al. Efficient photocatalytic hydrogen evolution over hydrogenated ZnO nanorod arrays. Chem Commun, 2012, 48: 7717-7719.

[43] Wang Q, Edalati K, Koganemaru Y, et al. Photocatalytic hydrogen generation on low-bandgap black zirconia (ZrO_2) produced by high-pressure torsion. J Mater Chem A, 2020, 8: 3643-3650.

[44] Zou W, Deng B, Hu X, et al. Crystal-plane-dependent metal oxide-support interaction in $CeO_2/g\text{-}C_3N_4$ for photocatalytic hydrogen evolution. Appl Catal B, 2018, 238: 111-118.

[45] Zhou P, Navid I A, Ma Y, et al. Solar-to-hydrogen efficiency of more than 9% in photocatalytic water splitting. Nature, 2023, 613: 66-70.

[46] Mahler B, Hoepfner V, Liao K, et al. Colloidal synthesis of 1T-WS_2 and 2H-WS_2 nanosheets: applications for photocatalytic hydrogen evolution. J Am Chem Soc, 2014, 136: 14121-14127.

[47] Chen S, Vequizo J J M, Pan Z, et al. Surface modifications of $(ZnSe)_{0.5}(CuGa_{2.5}Se_{4.25})_{0.5}$ to promote photocatalytic z-scheme overall water splitting. J Am Chem Soc, 2021, 143: 10633-10641.

[48] Li Y, Hu Y, Peng S, et al. Synthesis of CdS nanorods by an ethylenediamine assisted hydrothermal method for photocatalytic hydrogen evolution. J Phys Chem C, 2009, 113: 9352-9358.

[49] Chen J, Wu X J, Yin L, et al. One-pot synthesis of CdS nanocrystals hybridized with single-layer transition-metal dichalcogenide nanosheets for efficient photocatalytic hydrogen evolution. Angew Chem Int Ed, 2015, 54: 1210-1214.

[50] Yang W, Xu M, Tao K Y, et al. Building 2D/2D CdS/MOLs heterojunctions for efficient photocatalytic hydrogen evolution. Small, 2022, 18: 2200332.

[51] Hao X, Wang Y, Zhou J, et al. Zinc vacancy- promoted photocatalytic activity and photostability of ZnS for efficient visible-light-driven hydrogen evolution. Appl Catal B, 2018, 221: 302-311.

[52] Li C B, Li Z J, Yu S, et al. Interface-directed assembly of a simple precursor of [FeFe]-H_2 ase mimics on CdSe QDs for photosynthetic hydrogen evolution in water. Energy Environ Sci, 2013, 6: 2597-2602.

[53] Wang F, Liang W J, Jian J X, et al. Exceptional poly (acrylic acid)-based artificial [fefe]-hydrogenases for photocatalytic H_2 production in water. Angew Chem Int Ed, 2013, 52: 8134-8138.

[54] Wagner F T, Somorjai G A. Photocatalytic hydrogen production from water on Pt-free $SrTiO_3$ in alkali hydroxide solutions. Nature, 1980, 285: 559-560.

[55] Kuang Q, Yang S. Template synthesis of single-crystal-like porous $SrTiO_3$ nanocube assemblies and their enhanced photocatalytic hydrogen evolution. ACS Appl Mater Interfaces, 2013, 5: 3683-3690.

[56] Edalati K, Fujiwara K, Takechi S, et al. Improved photocatalytic hydrogen evolution on tantalate perovskites $CsTaO_3$ and $LiTaO_3$ by strain-induced vacancies. ACS Appl Energy Mater, 2020, 3: 1710-1718.

[57] Nishiyama H, Yamada T, Nakabayashi M, et al. Photocatalytic solar hydrogen production from water on a 100-m^2 scale. Nature, 2021, 598: 304-307.

[58] Wang H, Zhang H, Wang J, et al. Mechanistic understanding of efficient photocatalytic H_2 evolution on two-dimensional layered lead iodide hybrid perovskites. Angew Chem Int Ed, 2021, 60: 7376-7381.

[59] Wu Y, Wang P, Guan Z, et al. Enhancing the photocatalytic hydrogen evolution activity of mixed-halide perovskite $CH_3NH_3PbBr_{3-x}I_x$ achieved by bandgap funneling of charge carriers. ACS Catal, 2018, 8: 10349-10357.

[60] Song X, Wei G, Sun J, et al. Overall photocatalytic water splitting by an organolead iodide crystalline material. Nat Catal, 2020, 3: 1027-1033.

[61] Yanagida S, Kabumoto A, Mizumoto K, et al. Poly (*p*-phenylene) -catalysed photoreduction of water to hydrogen. J Chem Soc Chem Commun, 1985: 474-475.

[62] Yamamoto T, Maruyama T, Kubota K. Polarizing film prepared by using linear poly (2, 5-pyridinediyl). Chem Lett, 1985, 18: 1951-1952.

[63] Sprick R S, Bonillo B, Clowes R, et al. Visible-light-driven hydrogen evolution using planarized conjugated polymer photocatalysts. Angew Chem Int Ed, 2016, 55: 1792-1796.

[64] Liu A, Gedda L, Axelsson M, et al. Panchromatic ternary polymer dots involving subpicosecond energy and charge transfer for efficient and stable photocatalytic hydrogen evolution. J Am Chem Soc, 2021, 143: 2875-2885.

[65] Sprick R S, Jiang J X, Bonillo B, et al. Tunable organic photocatalysts for visible-light-driven hydrogen evolution. J Am Chem Soc, 2015, 137: 3265-3270.

[66] Stegbauer L, Schwinghammer K, Lotsch B V. A hydrazone-based covalent organic framework for photocatalytic hydrogen production. Chem Sci, 2014, 5: 2789-2793.

[67] Wang X, Maeda K, Thomas A, et al. A metal-free polymeric photocatalyst for hydrogen production from water under visible light. Nat Mater, 2009, 8: 76-80.

[68] Ma X, Lv Y, Xu J, et al. A strategy of enhancing the photoactivity of g-C_3N_4 via doping of nonmetal elements: a first-principles study. J Phys Chem C, 2012, 116: 23485-23493.

[69] Zhang J, Sun J, Maeda K, et al. Sulfur-mediated synthesis of carbon nitride: band-gap engineering and improved functions for photocatalysis. Energy Environ Sci, 2011, 4: 675-678.

[70] Ran J, Ma T Y, Gao G, et al. Porous P-doped graphitic carbon nitride nanosheets for synergistically enhanced visible-light photocatalytic H_2 production. Energy Environ Sci, 2015, 8: 3708-3717.

[71] Ma Z, Sa R, Li Q, et al. Interfacial electronic structure and charge transfer of hybrid graphene quantum dot and graphitic carbon nitride nanocomposites: insights into high efficiency for photocatalytic solar water splitting. Phys Chem Chem Phys, 2016, 18: 1050-1058.

[72] Xiang Q, Yu J, Jaroniec M. Preparation and enhanced visible-light photocatalytic H_2-production activity of graphene/C_3N_4 composites. J Phys Chem C, 2011, 115: 7355-7363.

[73] Zhang G, Ou W, Wang J, et al. Stable, carrier separation tailorable conjugated microporous polymers as a platform for highly efficient photocatalytic H_2 evolution. Appl Catal B, 2019, 245: 114-121.

[74] An Y, Liu Y, An P, et al. Ni^{II} coordination to an al-based metal-organic framework made from 2-aminoterephthalate for photocatalytic overall water splitting. Angew Chem Int Ed, 2017, 56: 3036-3040.

[75] Kong X J, Lin Z, Zhang Z M, et al. Hierarchical integration of photosensitizing metal-organic frameworks and nickel-containing polyoxometalates for efficient visible-light-driven hydrogen evolution. Angew Chem Int Ed, 2016, 55: 6411-6416.

[76] He J, Yan Z, Wang J, et al. Significantly enhanced photocatalytic hydrogen evolution under visible light over CdS embedded on metal-organic frameworks. Chem Commun, 2013, 49: 6761-6763.

[77] Batool M, Hameed A, Nadeem M A. Recent developments on iron and nickel-based transition metal nitrides for overall water splitting: a critical review. Coord Chem Rev, 2023, 480: 215029.

[78] Solis B H, Maher A G, Dogutan D K, et al. Nickel phlorin intermediate formed by proton-coupled electron transfer in hydrogen evolution mechanism. Proc Natl Acad Sci USA, 2016, 113: 485-492.

[79] Helm M L, Stewart M P, Bullock R M, et al. A synthetic nickel electrocatalyst with a turnover frequency above 100, 000 s^1 for H_2 production. Science, 2011, 333: 863-866.

[80] Bhugun I, Lexa D, Savéant J M. Homogeneous catalysis of electrochemical hydrogen evolution by iron (0) porphyrins. J Am Chem Soc, 1996, 118: 3982-3983.

[81] Alenezi K. Electrocatalytic hydrogen evolution reaction using meso- tetrakis-(pentafluorophenyl) porphyrin iron (Ⅲ) chloride. Int J Electrochem Sci, 2017, 12: 812-818.

[82] Felton G N, Vannucci A K, Okumura N, et al. Hydrogen generation from weak acids: electrochemical and computational studies in the $[(\eta_5\text{-}C_5H_5)Fe(CO)_2]_2$ system. Organometallics, 2008, 27: 4671-4679.

[83] Chiou T W, Lu T T, Wu Y H, et al. Developmentofa dinitrosyl iron complex molecular catalyst into a hydrogen evolution cathode. Angew Chem Int Ed, 2015, 54: 14824-14829.

[84] Fisher B J, Eisenberg R. Electrocatalytic reduction of carbon dioxide by using macrocycles of nickel and cobalt. J Am Chem Soc, 1980, 102: 7361-7363.

[85] Sun Y, Bigi J P, Piro N A, et al. Molecular cobalt pentapyridine catalysts for generating hydrogen from water. J Am Chem Soc, 2011, 133: 9212-9215.

[86] Li X, Lv B, Zhang X P, et al. Introducing water-network-assisted proton transfer for boosted electrocatalytic hydrogen evolution with cobalt corrole. Angew Chem Int Ed, 2022, 61: e202114310.

[87] Kellett R M, Spiro T G. Cobalt (Ⅰ) porphyrin catalysis of hydrogen production from water. Inorg Chem, 1985, 24: 2373-2377.

[88] Xie L, Tian J, Ouyang Y, et al. Water-soluble polymers with appending porphyrins as bioinspired catalysts for the hydrogen evolution reaction. Angew Chem Int Ed, 2020, 59: 15844-15848.

[89] Schneider J, Jia H, Kobiro K, et al. Nickel (ii) macrocycles: highly efficient electrocatalysts for the selective reduction of CO_2 to CO. Energy Environ Sci, 2012, 5: 9502-9510.

[90] Efros L L, Thorp H H, Brudvig G W, et al. Towards a functional model of hydrogenase: electrocatalytic reduction of protons to dihydrogen by a nickel macrocyclic complex. Inorg Chem, 1992, 31: 1722-1724.

[91] Bediako D K, Solis Brian H, Dogutan D K, et al. Role of pendant proton relays and proton-coupled electron transfer on the hydrogen evolution reaction by nickel hangman porphyrins. Proc Natl Acad Sci USA, 2014, 111: 15001-15006.

[92] Begum A, Moula G, Sarkar S. A nickel (Ⅱ)-sulfur-based radical-ligand complex as a functional model of hydrogenase. Chem-Eur J, 2010, 16: 12324-12327.

[93] Koshiba K, Yamauchi K, Sakai K. A nickel dithiolate water reduction catalyst providing ligand-based proton-coupled electron-transfer pathways. Angew Chem Int Ed, 2017, 56: 4247-4251.

[94] Karunadasa H I, Chang C J, Long J R. Amolecularmolybdenum-oxo catalyst for generating hydrogen from water. Nature, 2010, 464: 1329-1333.

[95] Zhang P, Wang M, Yang Y, et al. A molecular copper catalyst for electrochemical water reduction with a large hydrogen-generation rate constant in aqueous solution. Angew Chem Int

Ed, 2014, 53: 13803-13807.

[96] Chaturvedi A, McCarver G A, Sinha S, et al. A PEGylated tin porphyrin complex for electrocatalytic proton reduction: mechanistic insights into main-group-element catalysis. Angew Chem Int Ed, 2022, 61: e202206325.

[97] Wan B, Cheng F, Lan J, et al. Electrocatalytic hydrogen evolution of manganese corrole. Int J Hydrogen Energy, 2023, 48: 5506 e5517.

[98] Hammer B, Norskov J K. Why gold is the noblest of all the metals. Nature, 1995, 376: 238-240.

[99] Nørskov J K, Bligaard T, Logadottir A, et al. Trends in the exchange current for hydrogen evolution. J Electrochem Soc, 2005, 152: J23.

[100] Greeley J, Jaramillo T F, Bonde J, et al. Computational high-throughput screening of electrocatalytic materials for hydrogen evolution. Nat Mater, 2006, 5: 909-913.

[101] Chen J, Lim B, Lee E P, et al. Shape-controlled synthesis of platinum nanocrystals for catalytic and electrocatalytic applications. Nano Today, 2009, 4: 81-95.

[102] Yin H, Zhao S, Zhao K, et al. Ultrathin platinum nanowires grown on single-layered nickel hydroxide with high hydrogenevolution activity. Nat Commun, 2015, 6: 6430.

[103] Zhu E, Yan X, Wang S, et al. Peptide-assisted 2-D assembly toward free-floating ultrathin platinum nanoplates as effective electrocatalysts. Nano Lett, 2019, 19: 3730-3736.

[104] Chen C, Kang Y J, Huo Z Y, et al. Highly crystalline multimetallic nanoframes with three-dimensional electrocatalytic surfaces. Science, 2014, 343: 1339-1343.

[105] Cao Z, Chen Q, Zhang J, et al. Platinum-nickel alloy excavated nano-multipods with hexagonal close-packed structure and superior activity towards hydrogen evolution reaction. Nat Commun, 2017, 8: 15131.

[106] Li G, Fu C, Shi W, et al. Dirac nodal arc semimetal $PtSn_4$: an ideal platform for understanding surface properties and catalysis for hydrogen evolution. Angew Chem Int Ed, 2019, 58: 13107-13112.

[107] Zhang S L, Lu X F, Wu Z P, et al. Engineering platinum-cobalt nano-alloys in porous nitrogen-doped carbon nanotubes for highly efficient electrocatalytic hydrogen evolution. Angew Chem Int Ed, 2021, 60: 19068-19073.

[108] Liu D, Li X, Chen S, et al. Atomically dispersed platinum supported on curved carbon supports for efficient electrocatalytic hydrogen evolution. Nat Energy, 2019, 4: 512-518.

[109] Yan Q Q, Wu D X, Chu S Q, et al. Reversing the charge transfer between platinum and sulfur-doped carbon support for electrocatalytic hydrogen evolution. Nat Commun, 2019, 10: 4977.

[110] Yin X P, Wang H J, Tang S F, et al. Engineering the coordination environment of single-atom platinum anchored on graphdiyne for optimizing electrocatalytic hydrogen evolution. Angew Chem Int Ed, 2018, 57: 9382-9386.

[111] Zhang J, Zhao Y, Guo X, et al. Single platinum atoms immobilized on an MXene as an

efficient catalyst for the hydrogen evolution reaction. Nat Catal, 2018, 1: 985-992.

[112] Engstrom J, Tsai W, Weinberg W. The chemisorption of hydrogen on the (111) and (110) -(1×2) surfaces of iridium and platinum. J Chem Phys, 1987, 87: 3104-3119.

[113] Li C, Baek J B. Recent advances in noble metal (Pt, Ru, and Ir) -based electrocatalysts for efficient hydrogen evolution reaction. ACS Omega, 2019, 5: 31-40.

[114] Li F, Han G F, Noh H J, et al. Balancing hydrogen adsorption/desorption by orbital modulation for efficient hydrogen evolution catalysis. Nat Commun, 2019, 10: 4060.

[115] Wu X, Feng B, Li W, et al. Metal-support interaction boosted electrocatalysis of ultrasmall iridium nanoparticles supported on nitrogen doped graphene for highly efficient water electrolysis in acidic and alkaline media. Nano Energy, 2019, 62: 117-126.

[116] Liu S, Hu Z, Wu Y, et al. Dislocation-strained irni alloy nanoparticles driven by thermal shock for the hydrogen evolution reaction. Adv Mater, 2020, 32: 2006034.

[117] Xiao X, Li Z, Xiong Y, et al. IrMo nanocluster-doped porous carbon electrocatalysts derived from cucurbit [6] uril boost efficient alkaline hydrogen evolution. J Am Chem Soc, 2023, 145: 16548-16556.

[118] Lv F, Feng J, Wang K, et al. Iridium-tungsten alloy nanodendrites as pH-universal water-splitting electrocatalysts. ACS Cent Sci, 2018, 4: 1244-1252.

[119] Mahmood J, Li F, Jung S M, et al. An efficient and pH-universal ruthenium-based catalyst for the hydrogen evolution reaction. Nat Nanotechnol, 2017, 12: 441-446.

[120] Wu Y L, Li X, Wei Y S, et al. Ordered macroporous superstructure of nitrogen-doped nanoporous carbon implanted with ultrafine Ru nanoclusters for efficient pH-universal hydrogen evolution reaction. Adv Mater, 2021, 33: 2006965.

[121] Liu Y, Liu S, Wang Y, et al. Ru modulation effects in the synthesis of unique rod-like Ni@Ni_2P-Ru heterostructures and their remarkable electrocatalytic hydrogen evolution performance. J Am Chem Soc, 2018, 140: 2731-2734.

[122] Zhai P, Xia M, Wu Y, et al. Engineering single-atomic ruthenium catalytic sites on defective nickel-iron layered double hydroxide for overall water splitting. Nat Commun, 2021, 12: 4587.

[123] Sun Y, Xue Z, Liu Q, et al. Modulating electronic structure of metal-organic frameworks by introducing atomically dispersed Ru for efficient hydrogen evolution. Nat Commun, 2021, 12: 1369.

[124] Ramalingam V, Varadhan P, Fu H C, et al. Heteroatom-mediated interactions between ruthenium single atoms and an mXene support for efficient hydrogen evolution. Adv Mater, 2019, 31: 1903841.

[125] Zhang X, Luo Z, Yu P, et al. Lithiation-induced amorphization of $Pd_3P_2S_8$ for highly efficient hydrogen evolution. Nat Catal, 2018, 1: 460-468.

[126] Gao Y, Xue Y, He F, et al. Controlled growth of a high selectivity interface for seawater electrolysis. Proc Natl Acad Sci USA, 2022, 119: e2206946119.

[127] Miles M H, Thomason M A. Periodic variations of overvoltages for water electrolysis in acid solutions from cyclic voltammetric studies. J Electrochem Soc, 1976, 123: 1459.

[128] Ahn S H, Hwang S J, Yoo S J, et al. Electrodeposited Ni dendrites with high activity and durability for hydrogen evolution reaction in alkaline water electrolysis. J Mater Chem, 2012, 22: 15153-15159.

[129] Gong M, Wang D Y, Chen C C, et al. A mini review on nickel-based electrocatalysts for alkaline hydrogen evolution reaction. Nano Res, 2015, 9: 28-46.

[130] McArthur M A, Jorge L, Coulombe S, et al. Synthesis and characterization of 3D Ni nanoparticle/carbon nanotube cathodes for hydrogen evolution in alkaline electrolyte. J Power Sources, 2014, 266: 365-373.

[131] Zhang J, Wang T, Liu P, et al. Efficient hydrogen production on $MoNi_4$ electrocatalysts with fast water dissociation kinetics. Nat Commun, 2017, 8: 15437.

[132] Wang Y, Zhang G, Xu W, et al. A 3D nanoporous ni-mo electrocatalyst with negligible overpotential for alkaline hydrogen evolution. ChemElectroChem, 2014, 1: 1138-1144.

[133] Deng J, Ren P, Deng D, et al. Enhanced electron penetration through an ultrathin graphene layer for highly efficient catalysis of the hydrogen evolution reaction. Angew Chem Int Ed, 2015, 54: 2100-2104.

[134] Wu S, Shen X, Zhu G, et al. Metal organic framework derived NiFe@ N-doped graphene microtube composites for hydrogen evolution catalyst. Carbon, 2017, 116: 68-76.

[135] Li Z, Yu C, Wen Y, et al. Mesoporous hollow Cu-Ni alloy nanocage from core-shell Cu@ Ni nanocube for efficient hydrogen evolution reaction. ACS Catal, 2019, 9: 5084-5095.

[136] Shen Y, Zhou Y, Wang D, et al. Nickel-copper alloy encapsulated in graphitic carbon shells as electrocatalysts for hydrogen evolution reaction. Adv. Energy Mater, 2017, 7: 1701759.

[137] Nsanzimana J M V, Peng Y, Miao M, et al. An earth-abundant tungsten-nickel alloy electrocatalyst for superior hydrogen evolution. ACS Appl Nano Mater, 2018, 1: 1228-1235.

[138] Xue Y, Huang B, Yi Y, et al. Anchoring zero valence single atoms of nickel and iron on graphdiyne for hydrogen evolution. Nat Commun, 2018, 9: 1460.

[139] Zou X, Huang X, Goswami A, et al. Cobalt-embedded nitrogen-rich carbon nanotubes efficiently catalyze hydrogen evolution reaction at all pH values. Angew Chem Int Ed, 2014, 53: 4372-4376.

[140] Wang Z L, Hao X F, Jiang Z, et al. C and N hybrid coordination derived Co—C—N complex as a highly efficient electrocatalyst for hydrogen evolution reaction. J Am Chem Soc, 2015. 137: 15070-15073.

[141] Liang H W, Bruller S, Dong R, et al. Molecular metal-N_x centres in porous carbon for electrocatalytic hydrogen evolution. Nat Commun, 2015, 6: 7992.

[142] Cao L, Luo Q, Liu W, et al. Identification of single-atom active sites in carbon-based cobalt catalysts during electrocatalytic hydrogen evolution. Nat Catal, 2019, 2: 134-141.

[143] Kuang M, Wang Q, Han P, et al. Cu, Co-embedded N-enriched mesoporous carbon for

efficient oxygen reduction and hydrogen evolution reactions. Adv Energy Mater, 2017, 7: 1700193.

[144] Deng J, Ren P, Deng D, et al. Highly active and durable non-precious-metal catalysts encapsulated in carbon nanotubes for hydrogen evolution reaction. Energy Environ Sci, 2014, 7: 1919-1923.

[145] Shi H, Zhou Y T, Yao R Q, et al. Spontaneously separated intermetallic Co_3Mo from nanoporous copper as versatile electrocatalysts for highly efficient water splitting. Nat Commun, 2020, 11: 2940.

[146] Wang H, Lee H W, Deng Y, et al. Bifunctional non-noble metal oxide nanoparticle electrocatalysts through lithium-induced conversion for overall water splitting. Nat Commun, 2015, 6: 7261.

[147] Ling T, Yan D Y, Wang H, et al. Activating cobalt (Ⅱ) oxide nanorods for efficient electrocatalysis by strain engineering. Nat Commun, 2017, 8: 1509.

[148] Jin Y, Wang H, Li J, et al. Porous MoO_2 nanosheets as non-noble bifunctional electrocatalysts for overall water splitting. Adv Mater, 2016, 28: 3785-3790.

[149] Tang Y J, Gao M R, Liu C H, et al. Porous molybdenum-based hybrid catalysts for highly efficient hydrogen evolution. Angew Chem Int Ed, 2015, 54: 12928-12932.

[150] Wu R, Zhang J, Shi Y, et al. Metallic WO_2-carbon mesoporous nanowires as highly efficient electrocatalysts for hydrogen evolution reaction. J Am Chem Soc, 2015, 137: 6983-6986.

[151] Hinnemann B, Moses P G, Bonde J, et al. Biomimetic hydrogen evolution: MoS_2 nanoparticles as catalyst for hydrogen evolution. J Am Chem Soc, 2005, 127: 5308-5309.

[152] Jaramillo T F, Jørgensen K P, Bonde J, et al. Identification of active edge sites for electrochemical H_2 evolution from MoS_2 nanocatalysts. Science, 2007, 317: 100-102.

[153] Kibsgaard J, Chen Z, Reinecke B N, et al. Engineering the surface structure of MoS_2 to preferentially expose active edge sites for electrocatalysis. Nat Mater, 2012, 11: 963-969.

[154] Li Y, Wang H, Xie L, et al. MoS_2 nanoparticles grown on graphene: an advanced catalyst for the hydrogen evolution reaction. J Am Chem Soc, 2011, 133: 7296-7299.

[155] Kong D, Wang H, Cha J J, et al. Synthesis of MoS_2 and $MoSe_2$ Films with Vertically Aligned Layers. Nano Lett, 2013, 13: 1341-1347.

[156] Li H, Tsai C, Koh A L, et al. Activating and optimizing MoS_2 basal planes for hydrogen evolution through the formation of strained sulphur vacancies. Nat Mater, 2016, 15: 48-53.

[157] Qi K, Cui X, Gu L, et al. Single-atom cobalt array bound to distorted 1T MoS_2 with ensemble effect for hydrogen evolution catalysis. Nat Commun, 2019, 10: 5231.

[158] Xiong Q, Wang Y, Liu P F, et al. Cobalt covalent doping in MoS_2 to Induce bifunctionality of overall water splitting. Adv Mater, 2018, 30: 1801450.

[159] Gao M R, Zheng Y R, Jiang J, et al. Pyrite-type nanomaterials for advanced electrocatalysis. Acc Chem Res, 2017, 50: 2194-2204.

[160] Mondal A, Vomiero A. 2D transition metal dichalcogenides-based electrocatalysts for hydrogen

evolution reaction. Adv Funct Mater, 2022, 32: 2208994.

[161] Kong D, Cha J J, Wang H, et al. First-row transition metal dichalcogenide catalysts for hydrogen evolution reaction. Energy Environ Sci, 2013, 6: 3553-3558.

[162] Yang J, Mohmad A R, Wang Y, et al. Ultrahigh-current-density niobium disulfide catalysts for hydrogen evolution. Nat Mater, 2019, 18: 1309-1314.

[163] Yin J, Jin J, Zhang H, et al. Atomic arrangement in metal doped NiS_2 boosts hydrogen evolution reaction in alkaline media. Angew Chem Int Ed, 2019, 58: 18676-18682.

[164] Zheng Y R, Wu P, Gao M R, et al. Doping-induced structural phase transition in cobalt diselenide enables enhanced hydrogen evolution catalysis. Nat Commun, 2018, 9: 2533.

[165] Zhang X L, Yu P C, Su X Z, et al. Efficient acidic hydrogen evolution in proton exchange membrane electrolyzers over a sulfur-doped marcasite-type electrocatalyst. Sci Adv, 2023, 9: eadh2885.

[166] Staszak-Jirkovský J, Malliakas C D, Lopes P P, et al. Design of active and stable Co-Mo-S_x chalcogels as pH-universal catalysts for the hydrogen evolution reaction. Nat Mater, 2016, 15: 197-203.

[167] Liu W, Hu E, Jiang H, et al. A highly active and stable hydrogen evolution catalyst based on pyrite-structured cobalt phosphosulfide. Nat Commun, 2016, 7: 10771.

[168] Liu P, Rodriguez J A. HER: NiFe hydrogenase and Ni_2P (001) surface. J Am Chem Soc, 2005, 127: 14871-14878.

[169] Popczun E J, McKone J R, Read C G, et al. Nanostructured nickel phosphide as an electrocatalyst for the hydrogen evolution reaction. J Am Chem Soc, 2013, 135: 9267-9270.

[170] Tian J, Liu Q, Asiri A M, et al. Self-supported nanoporous cobalt phosphide nanowire arrays: an efficient 3D hydrogen-evolving cathode over the wide range of pH 0-14. J Am Chem Soc, 2014, 136: 7587-7590.

[171] Liang Y, Liu Q, Asiri A M, et al. Self-supported FeP nanorod arrays: a cost-effective 3D hydrogen evolution cathode with high catalytic activity. ACS Catal, 2014, 4: 4065-4069.

[172] Tian J, Liu Q, Cheng N, et al. Self-supported Cu_3P nanowire arrays as an integrated high-performance three-dimensional cathode for generating hydrogen from water. Angew Chem Int Ed, 2014, 53: 9577-9581.

[173] Shi Y, Zhang B. Recent advances in transition metal phosphide nanomaterials: synthesis and applications in hydrogen evolution reaction. Chem Soc Rev, 2016, 45: 1529-1541.

[174] Xiao P, Chen W, Wang X. A review of phosphide-based materials for electrocatalytic hydrogen evolution. Adv Energy Mater, 2015, 5: 1500985.

[175] Xiao P, Sk M A, Thia L, et al. Molybdenum phosphide as an efficient electrocatalyst for the hydrogen evolution reaction. Energy Environ Sci, 2014, 7: 2624-2629.

[176] Zhu J, Hu L, Zhao P, et al. Recent advances in electrocatalytic hydrogen evolution using nanoparticles. Chem Rev, 2020, 120: 851-918.

[177] Zhang F S, Wang J W, Luo J, et al. Extraction of nickel from NiFe-LDH into Ni_2P@ NiFe

hydroxide as a bifunctional electrocatalyst for efficient overall water splitting. Chem Sci, 2018, 9: 1375-1384.

[178] King L A, Hubert M A, Capuano C, et al. A non-precious metal hydrogen catalyst in a commercial polymer electrolyte membrane electrolyser. Nat Nanotechnol, 2019, 14: 1071-1074.

[179] Vrubel H, Hu X. Molybdenum boride and carbide catalyze hydrogen evolution in both acidic and basic solutions. Angew Chem Int Ed, 2012, 51: 12703-12706.

[180] Kitchin J R, Nørskov J K, Barteau M A, et al. Trends in the chemical properties of early transition metal carbide surfaces: a density functional study. Catal Today, 2005, 105: 66-73.

[181] Wan C, Regmi Y N, Leonard B M. Multiple phases of molybdenum carbide as electrocatalysts for the hydrogen evolution reaction. Angew Chem Int Ed, 2014, 53: 6407-6410.

[182] Wu H B, Xia B Y, Yu L, et al. Porousmolybdenum carbide nano-octahedrons synthesized via confined carburization in metal-organic frameworks for efficient hydrogen production. Nat Commun, 2015, 6: 6512.

[183] Ouyang T, Ye Y Q, Wu C Y, et al. Heterostructures comprised of Co/β-Mo_2C-encapsulated N-doped carbon nanotubes as bifunctional electrodes for water splitting. Angew Chem Int Ed, 2019, 58: 4923-4928.

[184] Xiong K, Li L, Zhang L, et al. Ni-doped Mo_2C nanowires supported on Ni foam as a binder-free electrode for enhancing the hydrogen evolution performance. J Mater Chem A, 2015, 3: 1863-1867.

[185] Liu Y, Yu G, Li G D, et al. Coupling Mo_2C with nitrogen-rich nanocarbon leads to efficient hydrogen-evolution electrocatalytic sites. Angew Chem Int Ed, 2015, 54: 10752-10757.

[186] Li J S, Wang Y, Liu C H, et al. Coupledmolybdenum carbide and reduced graphene oxide electrocatalysts for efficient hydrogen evolution. Nat Commun, 2016, 7: 11204.

[187] Zhangping S, Nie K, Shao Z, et al. Phosphorus-Mo_2C@ carbon nanowires toward efficient electrochemical hydrogen evolution: composition, structural and electronic regulation. Energy Environ Sci, 2017, 10: 1262-1271.

[188] Fu W, Wang Y, Tian W, et al. Non-metal single-phosphorus-atom catalysis of hydrogen evolution. Angew Chem Int Ed, 2020, 59: 23791-23799.

[189] Gong Q, Wang Y, Hu Q, et al. Ultrasmall and phase-pure W_2C nanoparticles for efficient electrocatalytic and photoelectrochemical hydrogen evolution. Nat Commun, 2016, 7: 13216.

[190] Xu Y, Kraft M, Xu R. Metal-free carbonaceous electrocatalysts and photocatalysts for water splitting. Chem Soc Rev, 2016, 45: 3039-3052.

[191] Sathe B R, Zou X, Asefa T. Metal-free B-doped graphene with efficient electrocatalytic activity for hydrogen evolution reaction. Catal Sci Technol, 2014, 4: 2023-2030.

[192] Huang X, Zhao Y, Ao Z, et al. Micelle-template synthesis of nitrogen-doped mesoporous graphene as an efficient metal-free electrocatalyst for hydrogen production. Sci Rep, 2014, 4: 7557.

[193] Tian Y, Ye Y, Wang X, et al. Three-dimensional N-doped, plasma-etched graphene:

Highly active metal-free catalyst for hydrogen evolution reaction. Appl Catal A-Gen, 2017, 529: 127-133.

[194] Jiao Y, Zheng Y, Davey K, et al. Activity origin and catalyst design principles for electrocatalytic hydrogen evolution on heteroatom-doped graphene. Nat Energy, 2016, 1: 16130.

[195] Zheng Y, Jiao Y, Li L H, et al. Toward design of synergistically active carbon-based catalysts for electrocatalytic hydrogen evolution. ACS Nano, 2014, 8: 5290-5296.

[196] Ito Y, Cong W, Fujita T, et al. High catalytic activity of nitrogen and sulfur co-doped nanoporous graphene in the hydrogen evolution reaction. Angew Chem Int Ed, 2015, 54: 2131-2136.

[197] Cui W, Liu Q, Cheng N, et al. Activated carbon nanotubes: a highly-active metal-free electrocatalyst for hydrogen evolution reaction. Chem Commun, 2014, 50: 9340-9342.

[198] Qu K, Zheng Y, Jiao Y, et al. Polydopamine-inspired, dual heteroatom-doped carbon nanotubes for highly efficient overall water splitting. Adv Energy Mater, 2017, 7: 1602068.

[199] Xie K, Wu H, Meng Y, et al. Poly (3, 4-dinitrothiophene) /SWCNT composite as a low overpotential hydrogen evolution metal-free catalyst. J Mater Chem A, 2015, 3: 78-82.

[200] Yang M, Zhang Y, Jian J, et al. Donor-acceptor nanocarbon ensembles significantly boost metal-free all-pH hydrogen evolution catalysis via combined surface and dual electronic modulation. Angew Chem Int Ed, 2019, 58: 16217-16222.

[201] Zou X, Sun Z, Hu Y H. g-C_3N_4-based photoelectrodes for photoelectrochemical water splitting: a review. J Mater Chem A, 2020, 8: 21474-21502.

[202] Ye K H, Li H, Huang D, et al. Enhancing photoelectrochemical water splitting by combining work function tuning and heterojunction engineering. Nat Commun, 2019, 10: 3687.

[203] Wang S, Liu G, Wang L. Crystal facet engineering of photoelectrodes for photoelectrochemical water splitting. Chem Rev, 2019, 119: 5192-5247.

[204] Yang Y, Niu S, Han D, et al. Progress in developing metal oxide nanomaterials for photoelectrochemical water splitting. Adv Energy Mater, 2017, 7: 1700555

[205] Lai C W, Sreekantan S. Higher water splitting hydrogen generation rate for single crystalline anatase phase of TiO_2 nanotube arrays. Eur Phy J Appl Phys, 2012, 59: 20403.

[206] Zhang R, Shen D, Xu M, et al. Ordered macro-/mesoporous anatase films with high thermal stability and crystallinity for photoelectrocatalytic water-splitting. Adv Energy Mater, 2014, 4: 1301725.

[207] Hsu Y K, Lin Y G, Chen Y C. Polarity-dependent photoelectrochemical activity in ZnO nanostructures for solar water splitting. Electrochem Commun, 2011, 13: 1383-1386.

[208] Wolcott A, Smith W A, Kuykendall T R, et al. Photoelectrochemical study of nanostructured ZnO thin films for hydrogen generation from water splitting. Adv Funct Mater, 2009, 19: 1849-1856.

[209] Lin Y G, Hsu Y K, Lin Y C, et al. Synthesis of Cu_2O nanoparticle films at room temperature

for solar water splitting. J Colloid Interf Sci, 2016, 471: 76-80.

[210] Caretti M, Lazouni L, Xia M, et al. Transparency and morphology control of Cu_2O photocathodes via an *in situ* electroconversion. ACS Energy Lett, 2022, 7: 1618-1625.

[211] Sivula K, Zboril R, Formal F L, et al. Photoelectrochemical water splitting with mesoporous hematite prepared by a solution-based colloidal approach. J Am Chem Soc, 2010, 132: 7436-7444.

[212] Zhang L, Xue X, Guo T, et al. Creation of oxygen vacancies to activate Fe_2O_3 photoanode by simple solvothermal method for highly efficient photoelectrochemical water oxidation. Int J Hydrogen Energy, 2021, 46: 12897-12905.

[213] Han H S, Shin S, Kim D H, et al. Boosting the solar water oxidation performance of a $BiVO_4$ photoanode by crystallographic orientation control. Energy Environ Sci, 2018, 11: 1299-1306.

[214] Lu Y, Yang Y, Fan X, et al. Boosting charge transport in $BiVO_4$ photoanode for solar water oxidation. Adv Mater, 2022, 34: 2108178.

[215] Zhou H, Zhang D, Gong X, et al. A dual-ligand strategy to regulate the nucleation and growth of lead chromate photoanodes for photoelectrochemical water splitting. Adv Mater, 2022, 34: 2110610.

[216] Kang J, Gwon Y R, Cho S K. Photoelectrochemical water oxidation on $PbCrO_4$ thin film photoanode fabricated via pechini method: various solution-processes for $PbCrO_4$ film synthesis. J Electroanal Chem, 2020, 878: 114601.

[217] Chandrasekaran S, Yao L, Deng L, et al. Recent advances in metal sulfides: from controlled fabrication to electrocatalytic, photocatalytic and photoelectrochemical water splitting and beyond. Chem Soc Rev, 2019, 48: 4178-4280.

[218] Yu Y, Huang Y, Yu Y, et al. Design of continuous built-in band bending in self-supported CdS nanorod-based hierarchical architecture for efficient photoelectrochemical hydrogen production. Nano Energy, 2018, 43: 236-243.

[219] Zheng X L, Song J P, Ling T, et al. Strongly coupled nafionmolecules and ordered porous CdS networks for enhanced visible-light photoelectrochemical hydrogen evolution. Adv Mater, 2016, 28: 4935-4942.

[220] Kurnia F, Ng Y H, Amal R, et al. Defect engineering of ZnS thin films for photoelectrochemical water-splitting under visible light. Sol Energy Mater Sol Cells, 2016, 153: 179-185.

[221] Lee G J, Chen H C, Wu J J. (In, Cu) Co-doped ZnS nanoparticles for photoelectrochemical hydrogen production. Int J Hydrogen Energy, 2019, 44: 110-117.

[222] Hu D, Xiang J, Zhou Q, et al. One-step chemical vapor deposition of MoS_2 nanosheets on SiNWs as photocathodes for efficient and stable solar-driven hydrogen production. Nanoscale, 2018, 10: 3518-3525.

[223] Ding Q, Meng F, English C R, et al. Efficient photoelectrochemical hydrogen generation

using heterostructures of Si and chemically exfoliated metallic MoS_2. J Am Chem Soc, 2014, 136: 8504-8507.

[224] Gong Y N, Ouyang T, He C T, et al. Photoinduced water oxidation by an organic ligand incorporated into the framework of a stable metal- organic framework. Chem Sci, 2016, 7: 1070-1075.

[225] Natarajan K, Gupta A K, Ansari S N, et al. Mixed- ligand- architected 2D Co(Ⅱ) - MOF expressing a novel topology for an efficient photoanode for water oxidation using visible light. ACS Appl Mater Interfaces, 2019, 11: 13295-13303.

[226] Ong W J, Tan L L, Ng Y H, et al. Graphitic carbon nitride ($g-C_3N_4$)-based photocatalysts for artificial photosynthesis and environmental remediation: are we a step closer to achieving sustainability?. Chem Rev, 2016, 116: 7159-7329.

[227] Jiang L, Yang J, Zhou S, et al. Strategies to extend near- infrared light harvest of polymer carbon nitride photocatalysts. Coord Chem Rev, 2021, 439: 213947.

[228] Lu X, Liu Z, Li J, et al. Novel framework $g-C_3N_4$ film as efficient photoanode for photoelectrochemical water splitting. Appl Catal B, 2017, 209: 657-662.

[229] Duan S F, Tao C L, Geng Y Y, et al. Phosphorus- doped isotype $g-C_3N_4/g-C_3N_4$: an efficient charge transfer system for photoelectrochemical water oxidation. Chem Cat Chem, 2019, 11: 729-736.

[230] Sun J, Zhong D K, Gamelin D R. Composite photoanodes for photoelectrochemical solar water splitting. Energy Environ Sci, 2010, 3: 1252-1261.

[231] Gong Y N, Liu J W, Shao B Z, et al. Stable metal-organic frameworks for PEC water splitting. FlatChem, 2021, 27: 100240.

[232] Zhu L, Lu H, Hao D, et al. Three-dimensional lupinus-like TiO_2 Nanorod@ Sn_3O_4 nanosheet hierarchical heterostructured arrays as photoanode for enhanced photoelectrochemical performance. ACS Appl Mater Interfaces, 2017, 9: 38537-38544.

[233] Elbakkay M H, El Rouby W M A, Mariño- López A, et al. One- pot synthesis of TiO_2/Sb_2S_3/RGO complex multicomponent heterostructures for highly enhanced photoelectrochemical water splitting. Int J Hydrogen Energy, 2021, 46: 31216-31227.

[234] Li H, Yang C, Wang X, et al. Mixed 3D/2D dimensional TiO_2 nanoflowers/$MoSe_2$ nanosheets for enhanced photoelectrochemical hydrogen generation. J Am Ceram Soc, 2020, 103: 1187-1196.

[235] Yoon J W, Kim D H, Kim J H, et al. NH_2-MIL-125(Ti)/TiO_2 nanorod heterojunction photoanodes for efficient photoelectrochemical water splitting. Appl Catal B, 2019, 244: 511-518.

[236] Wang Q, He J, Shi Y, et al. Synthesis of MFe_2O_4 (M = Ni, Co)/$BiVO_4$ film for photolectrochemical hydrogen production activity. Appl Catal B, 2017, 214: 158-167.

[237] Li W, Du L, Liu Q, et al. Trimetallic oxyhydroxide modified 3D coral-like $BiVO_4$ photoanode for efficient solar water splitting. Chem Eng J, 2020, 384: 123323.

[238] Zhou Z, Chen J, Wang Q, et al. Enhanced photoelectrochemical water splitting using a cobalt-sulfide-decorated $BiVO_4$ photoanode. Chin J Catal, 2022, 43: 433-441.

[239] Jiang L, Qin Q, Wang Y, et al. High-performance $BiVO_4$ photoanodes cocatalyzed with bilayer metal-organic frameworks for photoelectrochemical application. J Colloid Interface Sci, 2022, 619: 257-266.

[240] Xu D, Xia T, Fan W, et al. MOF-derived Co_3O_4 thin film decorated $BiVO_4$ for enhancement of photoelectrochemical water splitting. Appl Sur Sci, 2019, 491: 497-504.

[241] Wang L, Wang W, Chen Y, et al. Heterogeneous p-n junction CdS/Cu_2O nanorod arrays: synthesis and superior visible-light-driven photoelectrochemical performance for hydrogen evolution. ACS Appl Mater Interfaces, 2018, 10: 11652-11662.

[242] Fu Y, Cao F, Wu F, et al. Phase-modulated band alignment in CdS nanorod/SnS_x nanosheet hierarchical heterojunctions toward efficient water splitting. Adv Funct Mater, 2018, 28: 1706785.

[243] Wang Z, Yang G, Tan C K, et al. Amorphous TiO_2 coated hierarchical WO_3 nanosheet/CdS nanorod arrays for improved photoelectrochemical performance. Appl Sur Sci, 2019, 490: 411-419.

[244] Han Y Y, Lu X L, Tang S F, et al. Metal-free 2D/2D heterojunction of graphitic carbon nitride/graphdiyne for improving the hole mobility of graphitic carbon nitride. Adv Energy Mater, 2018, 8: 1702992.

[245] Ye M Y, Zhao Z H, Hu Z F, et al. 0D/2D Heterojunctions of vanadate quantum dots/graphitic carbon nitride nanosheets for enhanced visible-light-driven photocatalysis. Angew Chem Int Ed, 2017, 56: 8407-8411.

[246] Jiang B, Huang H, Gong W, et al. Wood-inspired binder enabled vertical 3D printing of g-C_3N_4/CNT arrays for highly efficient photoelectrochemical hydrogen evolution. Adv Funct Mater, 2021, 31: 2105045.

第6章 人工光合作用催化剂光电催化二氧化碳还原

CO_2 中碳的化合价为+4 价，为最高氧化态。因此，将 CO_2 转化为低价碳产物的反应通常称为 CO_2 还原反应。目前已开发了多种 CO_2 还原方法，包括光催化、电催化等。光催化 CO_2 还原具有催化体系简单、投资少、反应条件温和、污染少等优点，但目前太阳能到化学能的转换效率很低，离实际应用还有较大距离；通过光伏发电耦合电催化 CO_2 还原，则具有太阳能到化学能转换效率高，还原产物易于调控等优势，但催化剂与电催化装置的稳定性还达不到产业化的要求。本章从以下几个方面阐述人工光合作用催化剂光电催化还原 CO_2 制燃料与化学品的原理、方法和进展：①光催化 CO_2 还原；②电催化 CO_2 还原；③光电催化 CO_2 还原；④光热催化 CO_2 还原。

6.1 二氧化碳还原光催化剂

光催化 CO_2 还原由光吸收、光生电荷迁移和催化反应三个步骤构成。其中，高效和高选择性 CO_2 还原催化剂是关键。本章主要介绍四类光催化剂，包括金属配合物、无机半导体、金属–有机骨架和有机聚合物。

6.1.1 金属配合物

均相光催化 CO_2 还原体系与产氢体系类似，由催化剂、光敏剂和电子牺牲剂三部分组成。在光催化 CO_2 还原过程中，光敏剂接受激发光后变为激发态，随后通过氧化或还原的途径将电子传递给催化剂用于催化 CO_2 还原（详见 8.1.1 节）。常见的光敏剂和电子牺牲还原剂如图 6-1 所示。

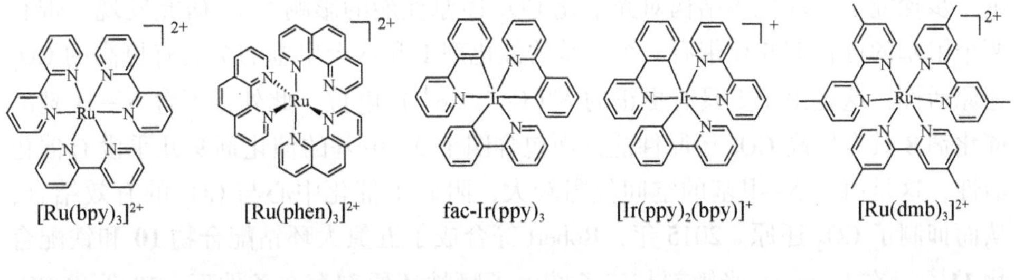

$[Ru(bpy)_3]^{2+}$　　$[Ru(phen)_3]^{2+}$　　fac-$Ir(ppy)_3$　　$[Ir(ppy)_2(bpy)]^{+}$　　$[Ru(dmb)_3]^{2+}$

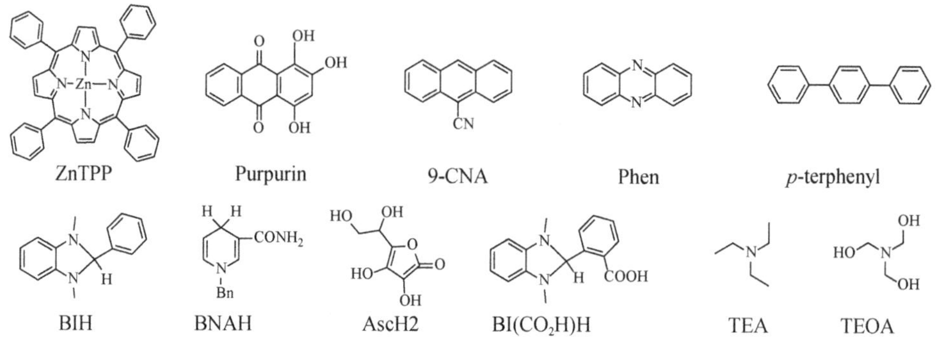

图 6-1 均相光催化体系中常用的光敏剂和电子牺牲还原剂

20 世纪 70 年代，金属配合物开始被探索用于光催化 CO_2 还原[1]。随后，基于铼、钌、铱、铁、锰、钴、铜、镍等金属中心的配合物被证明具有 CO_2 还原活性[2]。研究发现，有机配体类型是决定配合物催化活性的关键因素之一，同时也对催化产物选择性有重要影响。此外，与有限的金属中心类型相比，配体具有更加丰富的结构。因此，通过有机配体调控配位中心电子结构，进而优化催化性能是该领域的主要研究方向。鉴于此，本节将根据有机配体类型，依次介绍大环配合物、卟啉配合物、多吡啶配合物等在光催化 CO_2 还原方面的研究进展。

1. 大环配合物

含氮大环配体可与钴、镍、铁等金属配位得到大环配合物（图 6-2）。1984 年，Tinnemans 等报道了三例四氮大环 Co 配合物（**1～3**），初步实现 CO_2 到 CO 的光还原过程[3]。其中，含催化剂 **1** 体系的 CO 产量最高，**2** 体系产生 CO 的选择性最高（47%），而 **3** 的催化体系主要产生氢气，几乎没有 CO 生成。上述实验结果表明，配体结构对催化活性和产物选择性均有显著影响。作者认为，上述催化体系之所以在产 CO 的同时无法避免产氢，主要是因为它们源自同一个关键中间体 Co(Ⅲ) LH^-。随后，Fujita 等合成了系列四氮大环配合物（**2**，**5～9**），进一步探究了大环配体结构对光催化 CO_2 还原性能的影响[4-6]。研究发现，带有两个甲基的催化剂 **5** 比带有六个甲基的催化剂 **1** 和八个甲基的 **7** 具有更高的 CO_2 还原活性，这是由于 **5** 具有更正的 $E^0(Co^{Ⅱ}/Co^{Ⅰ})$ 电位。此外，不含 N—H 键的催化剂 **8** 具有较高 CO_2 还原性能，而包含四个 N-甲基的催化剂 **9** 几乎没有催化活性，这是由于 N-甲基的空间位阻较大，阻碍了催化中心与 CO_2 的有效结合，从而抑制了 CO_2 还原。2015 年，Robert 等合成了五氮大环钴配合物 **10** 和铁配合物 **11**[7]。在 $Ir(ppy)_3$ 光敏剂与三乙胺电子牺牲还原剂存在条件下，**10** 催化 CO_2 还原的主要产物为 CO，TON 为 270，选择性达到 97%；而 **11** 催化 CO_2 还原的主要产物为甲酸，TON为5。机理研究表明，**10** 的Co中心与配体之间存在强的反馈π键，有效促进C—O键断裂生成CO。而 **11** 的反馈π键较弱，使中间体发生异构化，从而导致甲酸生成。因此，在配体相同时，更换金属催化中心也可以实现对催化产物的调控。

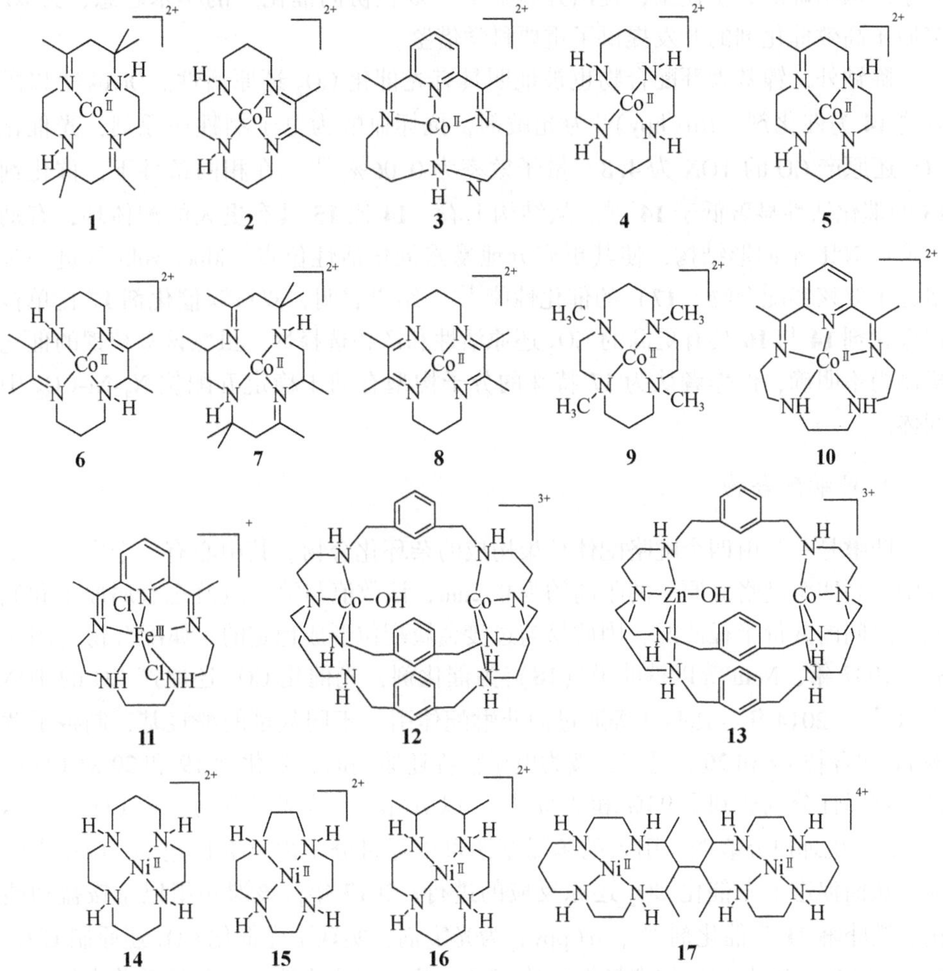

图6-2　氮杂大环配合物分子催化剂的结构

考虑到生物体中酶催化中心多为双核或多核结构，鲁统部等设计了氮杂穴醚双核钴配合物 **12**[8]，以$[Ru(phen)_3](PF_6)_2$为光敏剂、三乙醇胺为电子牺牲还原剂，光催化产CO的TON高达16896，选择性为98%，显著优于相应的单核钴催化剂。研究表明，双核钴催化剂的一个Co(Ⅱ)作为催化活性中心用于结合与还原CO_2，另一个Co(Ⅱ)作为辅助催化位点促使反应中间体O═C—OH中—OH

的离去，降低了速控步的活化能。为进一步验证双核金属的协同催化作用，将 **12** 中的一个钴替换为锌获得异核锌钴配合物 **13**[9]，产 CO 的 TON 进一步提升至 65000。Zn（Ⅱ）比 Co(Ⅱ) 对羟基具有更强的结合力，更有利于反应中间体 O ═C—OH中 OH—的离去，从而提升了 CO_2 还原为 CO 的催化效率。上述工作基于结构明确的分子模型，提出并验证了“双核协同催化”的学术思想，为双/多原子高效催化剂的开发提供了重要科学借鉴。

除钴外，镍基大环配合物也被证明具有光催化 CO_2 还原活性。Otvos 等以配合物 **14** 为催化剂，$Ru(bpy)_3^{2+}$ 为光敏剂，抗坏血酸为电子牺牲还原剂，光催化 CO_2 还原产 CO 的 TON 为 4. 8，量子效率为 0. 06%[10]。在相同条件下，催化剂 **15** 的催化活性显著低于 **14**[11]。从结构上看，**14** 比 **15** 具有更大的配体环，有助于形成 $N^{II}L$ 平面形结构，使其更充分地暴露催化活性位点。Mochizuki 等进一步研究了双核镍配合物（**17**）的催化性能[12]。结果表明，双核镍催化剂 **17** 比单核镍催化剂 **14** 与 **16** 具有更高的 CO_2 还原活性和产物选择性。虽然该双核镍的催化机制尚不明确，但作者认为 **17** 特殊的分子构型有助于稳定五配位 N_4-Ni-CO_2 中间体。

2. 卟啉配合物

卟啉是一类由四个吡咯配体环聚构成的杂环化合物。其中心有一个空腔，空腔中心到四个吡咯氮原子的距离约为 0. 2nm，该数值与第一过渡态金属原子和氮原子之间的共价半径匹配，因此易与过渡金属配位形成稳定的金属配合物（图 6-3）。1997 年，Neta 等以铁卟啉（**18**）为催化剂，光催化 CO_2 还原产 CO 的 TON 为 70[13]。2014 年，Robert 等通过向卟啉配体引入不同数量的酚羟基，制备了两例 Fe 配合物 **19** 和 **20**。以三乙胺为电子牺牲还原剂时，催化剂 **19** 和 **20** 对 CO 产物的选择性分别达到了 93% 和 76%[14]。以 $Ir(ppy)_3$ 为光敏剂时，产 CO 的 TON 为 140。机理研究表明，引入的苯酚基团可以通过分子内氢键稳定 Fe^0-CO_2 中间体，从而促进了光催化 CO_2 还原反应的进行。2017 年，该课题组以季铵盐功能化的铁卟啉 **21** 为催化剂[15]，$Ir(ppy)_3$ 为光敏剂，实现了光催化 CO_2 还原制 CH_4，TON 为 140，生成 CH_4 的选择性可达 82%。机制研究表明，催化体系首先经过一个两电子转移过程，将 CO_2 还原为 CO，进而在铁催化剂驱动下，CO 经过六电子转移过程还原生成 CH_4。随后，Sakai 等合成了两例离子型钴卟啉配合物 **22** 和 **23**，实现了在纯水体系中高效 CO_2 光还原。以 $[Ru(bpy)_3]^{2+}$ 为光敏剂时，产生 CO 的 TON 为 926。当选用更丰产的铜光敏剂时，阴离子配合物 **22** 催化产生 CO 的 TON 为 1085，阳离子配合物 **23** 则表现出更为优异的催化性能，TON 提升至 2680[16,17]。

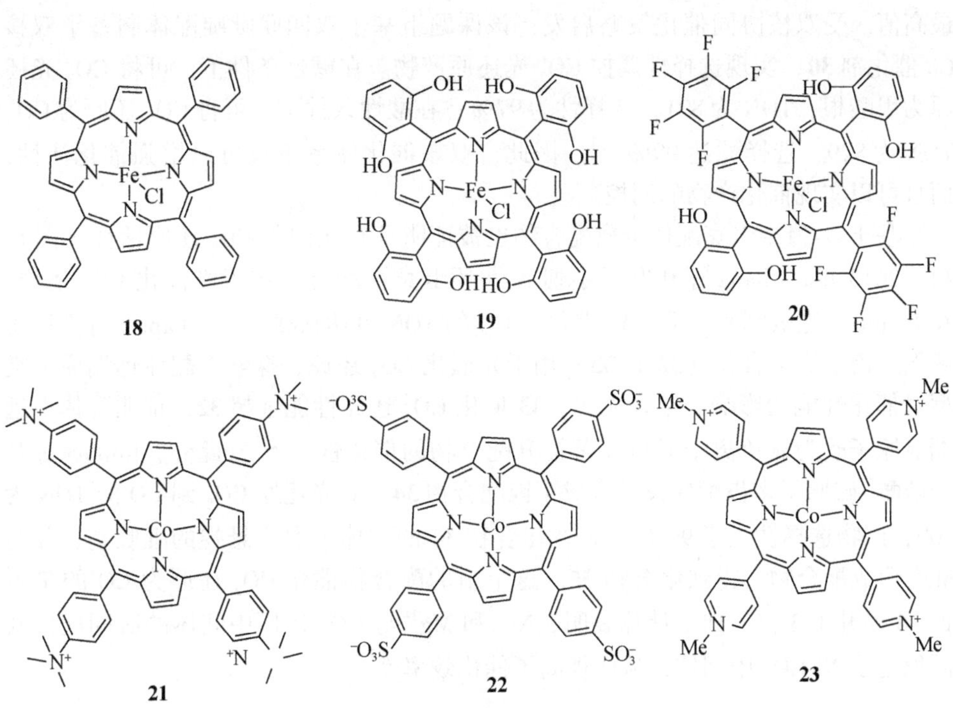

18 19 20

21 22 23

图6-3 卟啉配合物分子催化剂的结构

3. 多吡啶配合物

多吡啶氮原子 sp^2 杂化轨道上有一对未成键的孤对电子，易与金属离子配位形成金属配合物（图6-4），进而被用于光催化 CO_2 还原研究。1983年，Lehn等首次将联吡啶铼配合物 $Re^{I}(bpy)(CO)_3X$ 用于光催化 CO_2 还原[18]，其中，$Re^{I}(bpy)(CO)_3Cl$（**24**）产CO的TON为48。将贵金属铼更换为非贵金属锰得到配合物 $Mn(bpy)(CO)_3Br$（**25**），在 $[Ru(bpy)_3]^{2+}$ 光敏剂和三乙醇胺电子牺牲还原剂存在条件下，实现光还原 CO_2 制甲酸，TON为149[19]。为了增强了催化剂的活性和稳定性，Saito等报道了一例四齿PNNP型稳定铱中心制备得到配合物Mes-IrPCy$_2$（**26**）。该配合物在反应过程中兼具催化剂和光敏剂的双重功能，在可见光辐照下，可将 CO_2 高效光还原为甲酸，TON为2560，产物选择性为87%[20]。2016年，Lau等以四联吡啶钴、铁配合物**27**和**28**为催化剂，以 $[Ru(bpy)_3]^{2+}$ 为光敏剂，BIH为电子牺牲还原剂，**27**和**28**光催化 CO_2 还原产CO的TON分别为2660和3844[21]。进而将金属中心换为铜得到配合物**29**，光催化产CO的TON大幅提升至12400，产物选择性达97%，是当时报道的3d金属配合物催化剂中的最高值。受双核协同催化策略启发，该课题组基于双四联吡啶配体制备了双核 Co 催化剂 **30**，实现选择性调控 CO_2 光还原产物。在碱性条件下，可将 CO_2 光还原为甲酸根，TON 为 821，选择性为 97%；在酸性条件下，可将 CO_2 还原为 CO，TON 为 829，选择性达 99%[22]。因此，双核催化体系不仅可以增强催化活性，而且可以实现催化产物的调控。

基于 *N*-氮杂卡宾配体金属配合物也被证明具有光催化 CO_2 还原活性（图 6-4）。2013 年，Chang 等开发了系列 N 杂环卡宾镍配合物用于光催化 CO_2 还原。在 $Ir(ppy)_3$ 光敏剂驱动下，**31** 催化产 CO 的 TON 可达 98000[23]。Papish 等随后将两例三齿卡宾配合物（**32** 和 **33**）用于光催化 CO_2 还原，探索了配体远端原子类型对催化性能的影响。结果表明，**33** 催化 CO_2 还原性能远超 **32**，证明配体上远端氢原子改为氧负离子后可显著提升配合物的催化性能[24]。此外，Kojima 等基于硫醚-硫原子多齿配体设计合成了镍配合物 **34**，其光还原 CO_2 到 CO 的 TON 为 700，产物选择性大于 99%[25]。在化合物 **34** 的配体上引入悬挂的吡啶基，并与 Mg^{2+} 形成配合物，得到化合物 **35**。这个新的配合物催化 CO_2 还原为 CO 的 TON 比 **34** 提升了 3 倍。DFT 计算表明，Ni^{2+} 和 Mg^{2+} 与 CO_2 还原中间体的协同配位共同稳定了 Ni-CO_2 中间体，从而提高了催化效率[26]。

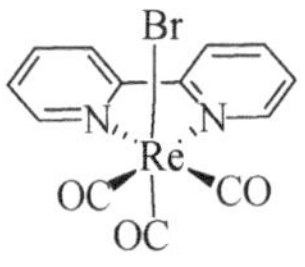

24 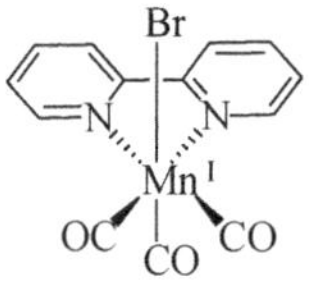 **25** 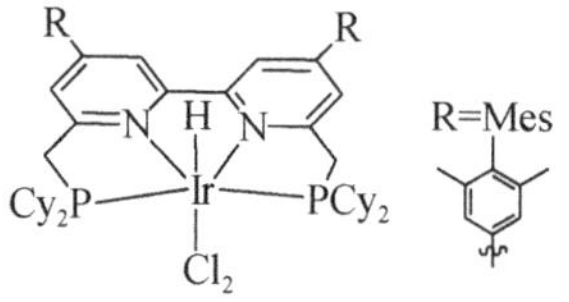 **26** 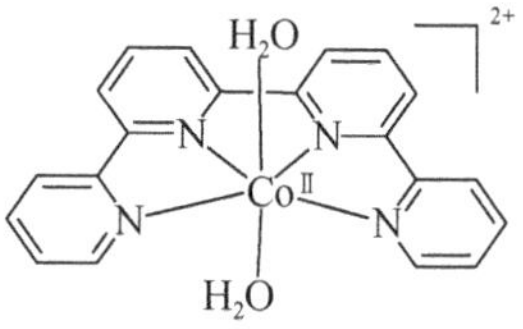 **27**

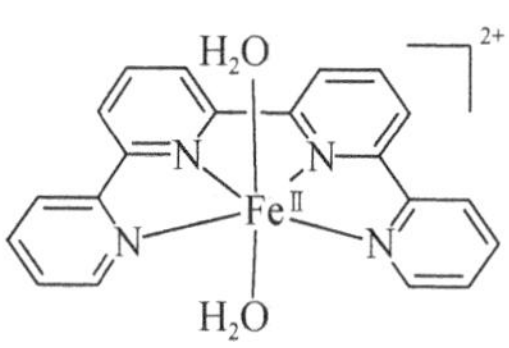

28 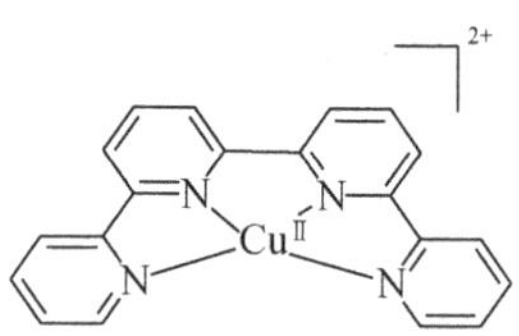 **29** 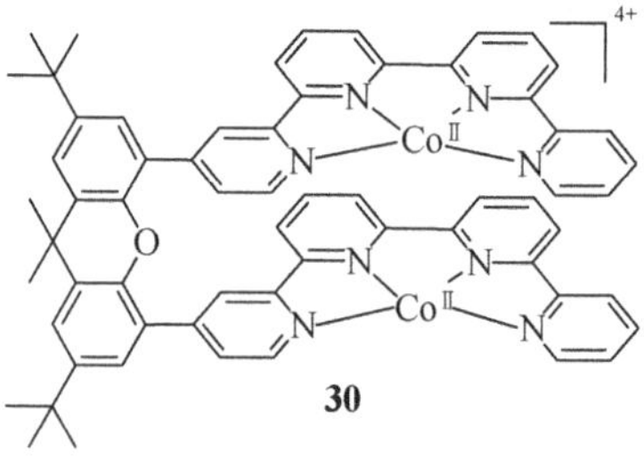 **30**

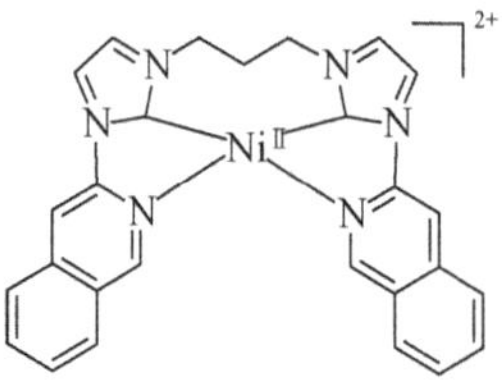

31 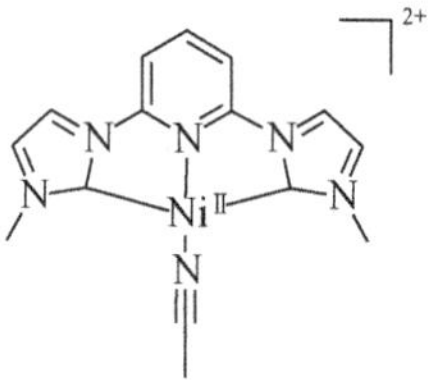 **32** 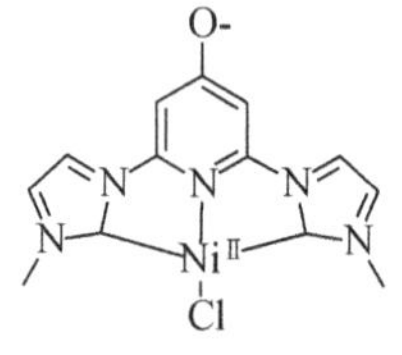 **33** 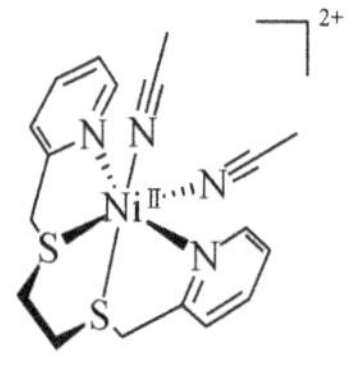 **34**

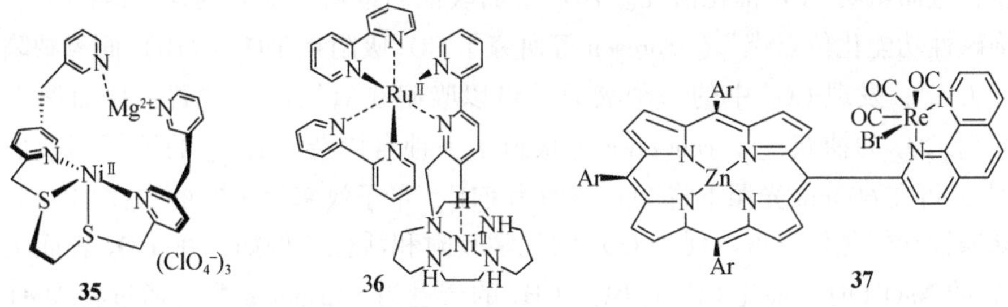

图 6-4　多吡啶配合物分子催化剂的结构

4. 催化剂–光敏剂共价键合配合物

将催化剂与光敏剂通过共价偶联，可缩短激发态光敏剂电子到催化中心的传输距离，提高电子传输效率。1999 年，Kimura 等将光敏剂 $[Ru(phen)_3]^{2+}$ 和催化剂 $[Ni(cyclam)]^{2+}$ 通过共价偶联合成了配合物 **36**，该催化剂具有优异的光催化 CO_2 还原性能，产物 CO 的选择性为 72%，高于 $[Ru(phen)_3]^{2+}$ 和 $[Ni(cyclam)]^{2+}$ 物理混合物活性和选择性[27]。2020 年，Satake 等合成了由 Zn 卟啉和 $Re(phen)(CO)_3Br$ 共价连接形成的配合物 **37**，在 DMF 溶液中，其光催化 CO_2 还原为 CO 的 TON 值远高于相应的物理混合物[28]。以上研究结果表明，共价键合催化剂与光敏剂，有助于促进光敏剂的电子有效转移至催化剂，提高光催化效率。

6.1.2　无机半导体

与无机半导体光催化分解水制氢催化剂相似，在进行光催化 CO_2 还原过程中，半导体能带结构中 CB 位置须比 CO_2 还原电位更负，才能将 CO_2 还原。许多无机半导体材料，如金属氧化物、金属硫化物和钙钛矿均展现出良好的光催化 CO_2 还原活性。本节将主要介绍上述材料的光催化 CO_2 还原性能。

1. 金属氧化物

1）TiO_2

与光催化产氢类似，TiO_2 在光催化 CO_2 还原中也存在可见光吸收能力弱、CB 位置偏正、催化位点少等缺点，导致 TiO_2 光催化 CO_2 还原活性较差。为此，研究人员通过对 TiO_2 进行表面改性、引入助催化剂和构筑复合材料等策略，提高其光催化 CO_2 还原性能。

对 TiO_2 进行表面改性可以改变其光催化 CO_2 还原中间体的电子结构和结合

强度，进而影响 TiO_2 催化活性。TiO_2 表面改性的策略主要有构建氧缺陷[29-39]和修饰碱性功能化位点[40-45]。Sorescu 等研究了 CO_2 吸附在 TiO_2（110）面氧缺陷上的行为[31]，发现 CO_2 中的一个氧原子可以吸附在氧缺陷的位置，从而增强了 TiO_2 对 CO_2 的捕获[33]。Umezawa 等报道了一种自掺杂 $SrTiO_{3-\delta}$ 的缺氧钙钛矿结构[29]，可在 600nm 光照下将 CO_2 还原为 CH_4，量子效率为 0.21%。在 TiO_2 表面修饰碱性功能化位点可以促进 CO_2 的化学吸附和活化。例如，在 TiO_2 表面负载 3wt% 的 NaOH 时，催化 CO_2 还原为 CH_4 的产量为 52μmol/g[40]。通过将 MgO 负载到 TiO_2 表面，以 H_2O 作为牺牲还原剂，也可以将 CO_2 光还原为 CO[41]。当使用原子层沉积（ALD）在多孔 TiO_2 混合锐钛矿-金红石相上涂覆多层超薄 MgO 层时，所得催化剂光催化 CO_2 为 CO 的产量分别是原始多孔 TiO_2 和普通 P25 的 4 倍和 21 倍[43]。

为了提高 TiO_2 在光催化 CO_2 还原中的性能，研究人员引入了助催化剂来增强其催化性能。这些助催化剂的引入可以增加材料的可见光吸收能力，并提高其催化位点数量。此外，助催化剂还可以促进电荷载流子分离，并稳定光反应中的中间体。通过这些措施，可以显著提高 TiO_2 在光催化 CO_2 还原中的活性[46-49]。其中，TiO_2 的助催化剂主要包括金属催化剂和金属氧化物催化剂[42,48-64]。光照射时，金属催化剂位点可以作为电子肼活化 CO_2，如掺杂 Cu 的 TiO_2 催化剂，在紫外灯照射下可将 CO_2 还原为甲酸，其反应速率为 25.7μmol/(g·h)[52]。而负载原子级 Cu 的超薄 TiO_2 纳米片催化剂，可将 CO_2 光催化还原为 CO，其反应速率为 TiO_2 纳米片催化剂的 10 倍[54]。另外，双组分助催化剂对于提升 TiO_2 的光催化性能具有显著作用[42,55]。在 $Cu_2O/Pt/TiO_2$ 和 MgO-Pt/TiO_2 这两种体系中，如果同时将 Cu_2O 或 MgO 与 Pt 共同沉积在 TiO_2 上，可有效地抑制催化剂的光催化产氢过程，这种抑制作用进而提高其还原产物的选择性，对于 $Cu_2O/Pt/TiO_2$ 和 MgO-Pt/TiO_2 催化剂，它们的光催化 CO_2 还原为 CH_4 的选择性分别可达到 85% 和 83%。

制备 TiO_2 复合材料可有效提高其光催化 CO_2 还原性能。复合材料可提供大面积活性位点，促进电荷转移以增强 CO_2 吸附并抑制电子-空穴复合。碳基材料包括石墨烯、石墨炔、石墨相氮化碳（g-C_3N_4）、氧化石墨烯和碳纳米管等，具有位点活性高、比表面积大等优点。在与 TiO_2 复合后，增加了对可见光的吸收，加速了电子转移，提高了催化剂的光催化活性。例如，相比于单一的 TiO_2 催化剂，TiO_2 和石墨烯纳米片的复合催化剂在光催化 CO_2 还原为甲烷的过程中，催化速率提升了 7 倍[65]。具有中空球形结构的 $Ti_{0.91}O_2$/石墨烯纳米片复合催化剂，其独特的结构和优异的电子传输性能有效提高了催化剂的导电性和光生电荷的分离效率，从而提升了其 CO_2 还原为 CO [8.91μmol/(g·h)] 和甲烷 [1.14μmol/(g·h)] 的催化速率[66]。此外，纳米片构型的 TiO_2 可与石墨烯形成二维夹层状结构的复合材料，复合催化剂光催化 CO_2 还原为甲烷和 C_2H_6 的产率分别为 8μmol/(g · h) 和 16. 8μmol/(g · h)[67]。

在碳基材料中，g-C_3N_4 具有比 TiO_2 更窄的带隙（2. 7eV），因此具有更好的可见光吸收能力，将 Cu-TiO_2 分散在 g-C_3N_4 上可提高光催化 CO_2 到甲烷的性能[68]。用还原氧化石墨烯（r-GO）包裹 Pt/TiO_2 纳米晶，获得具有核壳结构的催化剂，提高了电子转移和分离效率，进而提升了还原产物 CO 的生成速率[69]。此外，r-GO 表面残留的羟基可促进催化剂对 CO_2 的吸附和活化，使 CO_2 深度还原为 CH_4[70]。采用水热法将 $CuInS_2$纳米片沉积在 TiO_2 纳米纤维上，可构建 Z 型 TiO_2/$CuInS_2$异质结构，在光照下可将 CO_2 还原为 CH_4 和 CH_3OH[71]。采用煅烧法在Ti_3C_2上原位生长 TiO_2 纳米颗粒，高导电性的 Ti_3C_2 可促进光生电子转移，从而抑制电子–空穴复合，TiO_2/Ti_3C_2 复合催化剂光催化 CO_2 还原产 CH_4 的产率是商业 TiO_2（P25）的 3. 7 倍[72]。

在光催化 CO_2 还原中，将 TiO_2 限域在 MOFs 孔道中，可以提高其光催化活性。2020 年，邓鹤翔等在 MIL-101 孔道内生长 TiO_2，利用 MOF 的空腔创建了"分子隔室"，使光吸收/产生电子的 TiO_2 单元与 MIL-101 中金属簇催化单元近距离接触，缩短了光生电子传输距离，提升光催化 CO_2 还原活性[73]。在 350nm 波长的光照下，所制备的 TiO_2-in-MOF 复合催化剂光还原 CO_2 的表观量子效率高达 11. 3%。Anpo 等通过水热合成法将 TiO_2 高度分散于沸石（Ti-MCM）中，实现了光催化 CO_2 还原为 CH_4 和 CH_3OH。分散良好的 Ti 沸石催化 CO_2 还原为 CH_4 的性能比纯 TiO_2 粉末高出 10 倍。当以 Ti-MCM-48 作为催化剂时，能够将 CO_2 转化为 CH_3OH[74]。

综上所述，利用对 TiO_2 的晶相和晶面调控，以及活性位点分散等方法，可显著提高其光催化 CO_2 还原活性。未来的研究中，还需进一步提高催化剂对 CO_2 的吸附和活化性能，以及提高对可见光的利用效率，以进一步提高其光催化性能。

2）CuO

CuO 可有效吸收可见光并产生光生电子和空穴。通过将 CuO 与其他半导体材料复合可形成异质结构，从而抑制光生电子与空穴复合，提高其光催化性能。如将 CuO 量子点和 WO_3纳米片复合可制备出具有光催化 CO_2 还原活性的复合催化剂[75]，在复合催化剂中，量子点与纳米片形成紧密接触的界面，缩短了载流子的传输距离，提高了载流子的分离效率。通过原子层沉积将 ZnO 沉积在含有缺陷的 CuO 纳米线上，可以明显提高其光催化 CO_2 还原活性[76]。随着原子层沉积循环次数的增加，ZnO 的厚度不断增加，其催化生成 CO 的产率也增加。

氧化亚铜（Cu_2O）是一种具有较窄带隙的 p 型半导体材料，可以吸收可见光。由于具有界面电荷分离和传输速度快、表面积大、量子效率高以及结构可调等优点，Cu_2O 被认为是一种潜在的 CO_2 还原催化剂。但单一 Cu_2O 光催化还原 CO_2 为 CO 的产率仅为 0.09μmol/(g·h)，催化性能较差。研究者开发了多种方法来优化催化剂的结构，以提高其催化性能。首先，在 Cu_2O 中掺杂其他金属纳米粒子可改变其能带结构和电子状态，如将 Pd NPs 原位沉积在暴露不同晶面的 Cu_2O 上，得到的复合材料光催化 CO_2 还原为 CO 的产率为 Cu_2O（100）的 3 倍[77]，Pd NPs 的掺杂使光生空穴从 Cu_2O 转移到 Pd NPs，从而提高了光生载流子的分离效率和光催化活性。此外，Cu_2O 量子点可负载在 g-C_3N_4 纳米片表面形成复合催化剂，复合催化剂光催化 CO_2 为 CO 的产率达到 8.182μmol/(g·h)，是单纯 g-C_3N_4 的 11 倍[78]。负载的 Cu_2O 可作为电子存储层，促进光生电荷分离，并为 CO_2 还原提供活性位点，从而提高了复合催化剂的催化性能。

构建异质结也是提高 Cu_2O 光催化活性的一种有效策略。将 Cu_2O 与其他半导体构建不同类型的异质结，如Ⅱ型异质结、肖特基异质结或 Z 型异质结，均可以实现光生电子和空穴的空间分离，从而提高光催化活性。例如，Cu_2O 和 RuO_x 构建的 Cu_2O-RuO_x 异质结，光生空穴可以从 Cu_2O 转移到 RuO_x，使得电子–空穴的复合受到抑制，进而延长了 Cu_2O 的光生电子寿命，提高了其光催化 CO_2 还原为 CO 的活性[79]。Cu_2O 和还原氧化石墨烯形成的 Cu_2O/RGO 复合催化剂光催化 CO_2 还原为 CO 的速率比纯 Cu_2O 高 6 倍，并且提高了 Cu_2O 的稳定性[80]。Aguirre 等制备了 TiO_2 包覆的 Cu_2O Z 型异质结，其光催化 CO_2 还原为 CO 产率是纯 Cu_2O 的 4 倍。此外，TiO_2 保护 Cu_2O 免受光的腐蚀，从而提高了复合催化剂的稳定性[81]。此外，构筑三元异质结也能提高光催化性能。例如，Cu_2O@Cu@UiO-66-NH_2 三元纳米立方体催化 CO_2 还原产 CO 的产率为 20.9μmol/(g·h)，比单纯 Cu_2O提高了许多[82]。

3）ZnO

ZnO 是一种 n 型半导体，具有较低的介电常数和较高的电子输运性能。但其带隙较大，对可见光吸收弱导致其光催化活性低。通常需要将其与其他窄带隙半导体复合，形成异质结，以提高光催化 CO_2 还原性能。例如，通过简单的两步水热法制备的 ZnO/ZnSe 异质结复合催化剂表现出良好的 CO_2 光催化效率，以异丙醇为牺牲还原剂，还原产物甲醇产率达 1581μmol/(g·h)，远高于 CdS［503.88μmol/(g·h)］和 ZnO［763.9μmol/(g·h)］[83]。

p 型和 n 型光催化剂的费米能级不同，导致电子和空穴的分布和能量状态也不同。在 n 型半导体中，电子的能量状态较高，倾向于向能量较低的 p 型半导体中扩散，同时留下带正电的物质。在 p 型半导体中，空穴的能量状态较高，倾向于向能量较低的 n 型半导体中扩散，同时留下带负电的物质。这种电子和空穴的扩散导致了在 p-n 型异质结界面处形成了一个内建电场，该电场的方向从 n 型半导体指向p型半导体。这个内建电场可以加速电荷的分离，提高光催化效率。例如，张军等报道的一种p-n型ZnO/NiO异质结催化剂，表现出较好的电荷分离效率和CO_2还原为甲醇的光催化活性，其产率为1.57μmol/(g·h)[84]。构建Z型异质结是另一种提升ZnO催化性能的策略[85-91]。Zubair等报道了一种稳定的Cu_2ZnSnS_4/ZnO Z型异质结，这种异质结光催化CO_2还原为CH_4的产率是纯ZnO纳米棒和Cu_2ZnSnS_4纳米颗粒的31倍和22倍[91]。

2. 金属硫化物

金属硫化物因其具有合适的光响应范围和能带结构而受到研究者的广泛关注。其中，CdS是一种具有可见光响应的n型半导体，禁带宽度接近2.4eV。然而，CdS的带隙较窄，导致电子和空穴的还原和氧化能力较弱，另外，光生电子和空穴分别处于Cd和S元素上，导致光腐蚀现象严重。为解决上述问题，研究者开发了多种方法提高CdS光催化CO_2还原活性[92-97]。

构筑异质结复合催化剂是提高CdS光催化活性的有效方法。例如，余家国等将CdS纳米颗粒沉积在WO_3上，制备出CdS/WO_3纳米复合材料，其展示出良好的光催化CO_2还原性能。在CdS含量为5mol%的条件下，CdS/WO_3异质结复合催化剂光催化CO_2生成CH_4的速率最高，为1.02μmol/(g·h)，为WO_3和CdS的100倍和10倍[93]。调控CdS的形貌也能有效提高其光吸收能力和光催化活性。例如，一维CdS纳米棒在径向上表现出量子约束效应，光生载流子主要沿轴向传输，构筑CdS纳米棒复合催化体系，可有效提升其光催化CO_2还原性能。Kandy等在多孔氧化铝（PAA）模板上制备了CdS纳米棒复合催化剂，可将CO_2还原为CH_3OH，其产率为144.5μmol/(g·h)，CO_2转化效率为1.97%[94]。李鑫等利用水热法制备了Bi_2S_3/CdS复合催化剂，光催化CO_2还原为甲醇的产率最高可达613μmol/g，是纯CdS或Bi_2S_3的3倍和2倍[95]。二维CdS也展示出良好的催化性能。Kandy等通过电化学方法合成了PAA/Al/PAA支撑的CdS纳米片，在阳光直射和水存在下，CO_2可转化为HCOOH，其产率达1392.3μmol/(g·h)[96]。此外，空心结构的CdS光催化剂由于具有大的比表面积和丰富的活性位点，也是一种较好的CO_2光还原催化剂。楼雄文等通过溶液生长、硫化和阳离子交换三个步骤，合成了树莓状中空结构的CdS，薄壳结构的CdS可有效吸收太阳能，并缩短了光生载流子的扩散距离，从而增强了催化剂的光催化性能，该催化剂催化CO_2转换为CO的产率达1337μmol/(g·h)[97]。

ZnS为n型半导体，其带隙为3.72eV，对紫外光具有较好的吸收，而对可见光的响应较弱。为了提高ZnS对可见光的吸收能力，可通过调节ZnS的带隙来改善对可见光的吸光能力[98]。调节带隙的方法包括形貌调控和元素掺杂等。ZnS的粒径大小对 ZnS 的光催化活性有重要影响。随着尺寸的缩小，ZnS 比表面积和活性位点显著增加，从而有助于提高光催化性能。同时，较小的尺寸也有效缩短了光生载流子的扩散路径，抑制其快速复合，从而进一步提升了其光催化性能[99]。除了形貌调控外，元素掺杂也是有效的调控方法。例如，将 Cu 和 Cd 掺杂到 ZnS 纳米晶中，实现了太阳光照射下和全无机反应体系中的光催化 CO_2 还原。实验结果表明，Cu^+的掺杂使 ZnS 的光吸收范围扩展到可见光区，而 Cd^{2+}对 ZnS 的表面修饰显著提高了对 CO_2 的还原活性，产物甲酸选择性达 99%[100]。Ni 掺杂的 ZnS 胶体纳米颗粒在 390nm 和 420nm 波长的光照下，可催化 CO_2 还原产生甲酸盐，量子产率分别为 59.1%（390nm）和 5.6%（420nm），选择性超过 95%[101]。

此外，构建缺陷也是提高 ZnS 光催化活性的一种有效方法。在纳米材料的合成过程中，表面产生缺陷结构在所难免。这些缺陷对 ZnS 的光吸收、CO_2 活化以及光生载流子分离均有重要影响。它们不仅可以抑制光生载流子的复合，还可增强对 CO_2 的吸附能力。此外，表面缺陷还可影响反应产物的选择性，如增加 ZnS 中的硫空位浓度可使产物从甲酸盐转变为 CO，而减少硫空位的浓度可促进甲酸盐的生成。除硫空位外，ZnS 中还可存在锌空位。锌空位可通过酸蚀刻工艺合成，在不含助催化剂的情况下，含锌空位的 ZnS 可选择性地将 CO_2 还原为甲酸酯[102]。

MoS_2也是一种常见的二维材料。2014 年，Asadi 等将 MoS_2用于 CO_2 光催化还原，反应在离子液体中进行，CO_2 在 MoS_2的催化下可转化为 1-丙醇[103]，但产率较低。为了提高 MoS_2的光催化活性，可通过掺杂、构建 MoS_2异质结等方法促进电子转移和电荷分离，提高其光催化 CO_2 还原性能[103]。

SnS_2是一种 n 型半导体材料，其结构与 CdI_2相似，属于 $P3m1$ 空间群。其中 Sn 原子被夹在两层 S 原子之间。SnS_2的带隙宽度在 2.0～2.5eV 之间，对可见光有较强的吸收能力。通过构建异质结可提高光生载流子分离与传输性能，从而提高材料的光催化活性。例如，在 g-C_3N_4 上沉积 SnS_2量子点，形成具有 Z 型异质结结构的 g-C_3N_4/SnS_2催化剂，可选择性将 CO_2 还原成 CH_4 和 CH_3OH，其中 CH_3OH 产率分别为纯 g-C_3N_4 和 SnS_2催化剂的 2 倍和 2.8 倍[48]。此外，通过异质结形貌的调控可进一步提高其光催化活性。例如，具有空壳结构的 SnS_2/SnO_2可催化 CO_2 光还原为 CO，产物选择性达 100%[104]。将 SnS_2和 S-CTFs 复合形成具有 Z 型异质结结构的 SnS_2/S-CTF 纳米复合材料，可高效催化 CO_2 转化为 CH_4 和 CO[105]。

Bi_2S_3属于Ⅴ-Ⅵ族的 n 型半导体，具有 1.3eV 的窄带隙，可吸收可见光和近红外光。例如，将管状结构的 Bi_2S_3 和 WS_2 量子点复合用于光催化 CO_2 还原，当 WS_2的负载量为 4% 时，复合催化剂在可见-近红外光下照射 4h 时，催化 CO_2 还原为 CH_3OH 和 CH_3CH_2OH 的产率分别为 38.2μmol/g 和 27.8μmol/g[106]。

综上所述，半导体材料因其优异的光物理和光化学性质，已被应用于多种可

见光催化 CO_2 还原体系[107-112]，但该领域仍存在一些问题，如纳米半导体材料还存在自身光腐蚀、CO_2 还原产物大多为 CO 等缺点。因此，如何通过材料和体系的设计，提高半导体材料的光化学稳定性，以及二碳产物的选择性和产量等，是该领域今后努力的方向。

3. 钙钛矿

根据组成成分的不同，钙钛矿可以分为传统的氧化物钙钛矿和新型的卤化物钙钛矿。传统氧化物钙钛矿的晶体结构如图 6-5 所示，其化学式为 ABO_3，该结构中，A、B 和 O 分别位于八面体的顶点、体心和面心位置，其中 A 和 B 为价态和半径不同的阳离子，A 位点通常比 B 位点的尺寸大。钙钛矿的本征性质主要由占据晶格中 A 位点和 B 位点的阳离子决定。

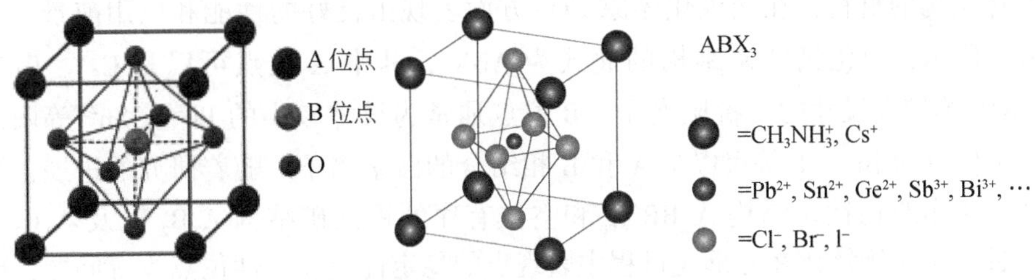

图 6-5　氧化物钙钛矿（左）和卤化钙钛矿（右）的典型结构

与其他材料相比，氧化物钙钛矿具有高的化学稳定性、有序/无序转变特性、导电性和离子导电性。在可见光下，氧化物钙钛矿表现出良好的光催化活性和稳定性。1978 年，Hemminger 等使用 $SrTiO_3$ 钙钛矿在 CO_2 光热催化转化为 CH_4 方面取得重要进展[113]。自此之后，众多课题组陆续报道了将 $SrTiO_3$[114]、$CaTiO_3$[115] 和 $NaTaO_3$[116] 等用于光催化 CO_2 还原的研究。近年来，研究人员采用系列改性策略以实现其光催化活性的提升。主要包括以下几个方面。

（1）形貌结构调控。例如，叶金花等构筑了一种三维钛酸盐钙钛矿仿生叶片结构，以水作为电子供体，CO_2 作为碳源，模仿树叶的作用，用于 CO_2 光还原制碳氢化合物燃料[117]。吴骊珠等以多面体 $SrTiO_3$ 纳米晶为研究对象，制备了包括立方体、十八面体与二十六面体的 $SrTiO_3$ 纳米晶，研究了 $SrTiO_3$ 中原子空位与不同晶面对光生载流子产生与迁移特性的影响[118]。

（2）阴/阳离子掺杂和构建氧空位。例如，贺涛等制备了一种 Cr 掺杂 $SrTiO_3$ 光催化剂[119]，Cr 的引入拓宽了 $SrTiO_3$ 的可见光响应，有效提升了催化剂光催化还原 CO_2 到 CH_4 的活性。用氮取代钙钛矿氧化物中的晶格氧是一种常用的增加可见光吸收的策略。2016 年，孙立成等制备了一种 N 掺杂且富含氧空位的钙钛

矿光催化剂 V_o-NaTaON[120]。氮和氧空位的引入成功将钙钛矿的吸收边从 315nm 拓宽到 600nm，并有效改善了电荷分离，最终促进了其光催化活性的改善。

（3）负载助催化剂及构筑异质结。2020 年，Reisner 等制备了一种具有高效电荷分离特性的 Z 型异质结光催化剂 $SrTiO_3$：La，Rh/Au/$BiVO_4$：Mo[121]。该光催化剂由两种粉末组成：担当还原反应端的 $SrTiO_3$：La，Rh（La，Rh 共掺杂 $SrTiO_3$）粉末和担当氧化反应端的 $BiVO_4$：Mo（Mo 掺杂 $BiVO_4$）粉末，其 Z 型电荷传输通过 Au 膜实现。同时，分别通过分子催化剂 CotpyP 和助催化剂 RuO_2 修饰还原端和氧化端，在模拟太阳光照射下，该催化剂甲酸的转化率达到（0.08±0.01)%，选择性达到（97±3)%。2022 年，邱永福、孙毅飞等采用两步连续原位还原策略制备了一种 Cu 修饰的 $LaFeO_3$ 光催化剂，提高了光催化 CO_2 的转化效率[122]。

卤化钙钛矿是一种具有带隙可调、高摩尔吸光系数、高载流子寿命和易于改变晶体结构的材料，在光催化还原 CO_2 方面表现出良好的性能和应用前景。如图 6-5 所示，卤化钙钛矿结构的通式为 ABX_3，其中 A 位点可以是 Cs^+、Rb^+、$CH_3NH_3^+$等较大尺寸的一价阳离子，B 位点通常为尺寸较小的 Pb^{2+}、Sn^{2+}等阳离子，X 位点为 Br^-、I^-等可以与 A 和 B 相结合的卤素离子。随着研究的进展，进一步衍生出双钙钛矿结构 $A_2BB'X_6$ 和空位有序的钙钛矿结构 $A_2B_2X_6$ 及 $A_3B_2X_9$ 等。针对卤化钙钛矿在光催化过程中表现出的稳定性差、活性位点少等问题，研究人员采用了一系列的改性策略，主要包括以下几个方面。

（1）形貌结构调控。2017 年孙立成等研究了 $CsPbBr_3$ 尺寸对光催化 CO_2 还原活性的影响［图 6-6（a)］[123]。研究表明，$CsPbBr_3$ 量子点尺寸的改变可以有效调节其本征带隙，改变载流子的氧化还原能力及寿命，其中尺寸为 8.5nm 的样品具有最佳的催化效果，电子还原速率达到 20.9μmol/g。2020 年 Pradhan 等研究了 $CsPbBr_3$ 纳米颗粒的晶面对其光催化还原 CO_2 的性能影响［图 6-6（b)］[124]。他们合成了立方、六角形和非立方的 $CsPbBr_3$ 纳米颗粒，分别由（110)、(110）和（112）面组成。非立方纳米颗粒有着更优异的催化活性，是立方纳米颗粒的 8 倍，而催化选择性没有随颗粒形状而改变。研究表明，非立方纳米颗粒在（112）面上 CO_2 结合能力的增强和载流子寿命的提高有助于提高其光催化 CO_2 还原的反应活性。

（2）助催化剂负载。匡代彬等将分子催化剂 Re（CO)$_3$Br（dcbpy）（dcbpy = 4，4′-二羧基-2，2′-联吡啶）与 $CsPbBr_3$ 通过羧基连接，制备了系列复合光催化剂用于光催化 CO_2 还原［图 6-6（c)］[125]。由于羧基能够快速转移电子，该复合催化剂的 CO_2 还原催化活性得到明显增强。光催化实验结果表明，复合催化剂的光催化电子消耗速率是纯 $CsPbBr_3$ 的 23 倍。然而，复合材料中贵金属的使用限制了其大规模应用。2020 年，李正全等利用静电吸附作用将过渡金属配合物

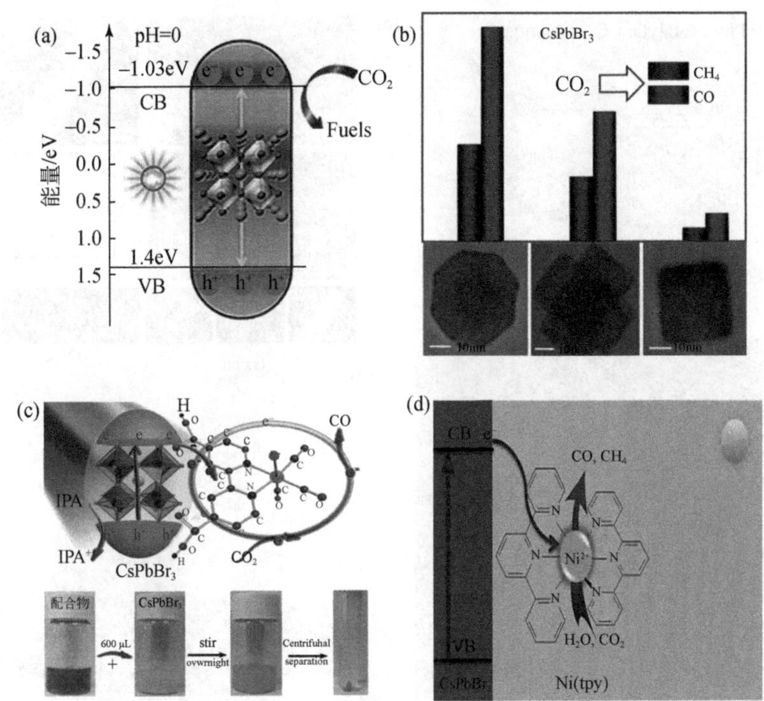

图6-6　(a) CsPbBr 光催化 CO_2 还原的能级示意图[123]；(b) 立方、六角形和非立方的 $CsPbBr_3$ 纳米颗粒光催化 CO_2 还原[124]；(c) $CsPbBr_3$/$Re(CO)_3Br$(dcbpy) 还原 CO_2 示意图[125]；(d) $CsPbBr_3$-(Ni(tpy))光催化还原 CO_2 为 CO/CH_4 的示意图[126]

[Ni (terpy)$_2$]$^{2+}$ (Ni (tpy)) 固定在 $CsPbBr_3$ 纳米晶上，用于光催化 CO_2 还原 [图6-6 (d)]。在该光催化体系中，Ni (tpy) 不仅可以提供特定的催化位点，并且能够抑制 $CsPbBr_3$ 纳米晶中的电子-空穴复合。$CsPbBr_3$- (Ni (tpy)) 在光催化还原 CO_2 为 CO/CH_4 的过程中表现出较高的产率（1724μmol/g），是原始 $CsPbBr_3$ 纳米晶的26倍[126]。

(3) 异质结构筑。2018年，Rong Xu 等借助 N—Br 键将 $CsPbBr_3$ 纳米晶负载于多孔 g-C_3N_4 上 [图6-7 (a)]，大幅提升了电荷分离效率和光催化 CO_2 还原活性[127]。余家国等通过静电自组装构建 $CsPbBr_3$/TiO_2 S 型异质结，使人工光合作用整体活性得到提升 [图6-7 (b)][128]。鲁统部等利用超薄小尺寸石墨烯 (GO) 构筑了 $CsPbBr_3$/GO/α-Fe_2O_3 全固态 Z 型异质结和 LF-$FAPbBr_3$/α-Fe_2O_3 直接 Z 型异质结，将催化剂的电荷分离效率提高到93%，光催化活性显著增强 [图6-7 (c, d)][129,130]。这些研究表明，构建卤化钙钛矿结合半导体异质结是提高光催化 CO_2 还原性能的有效方法。

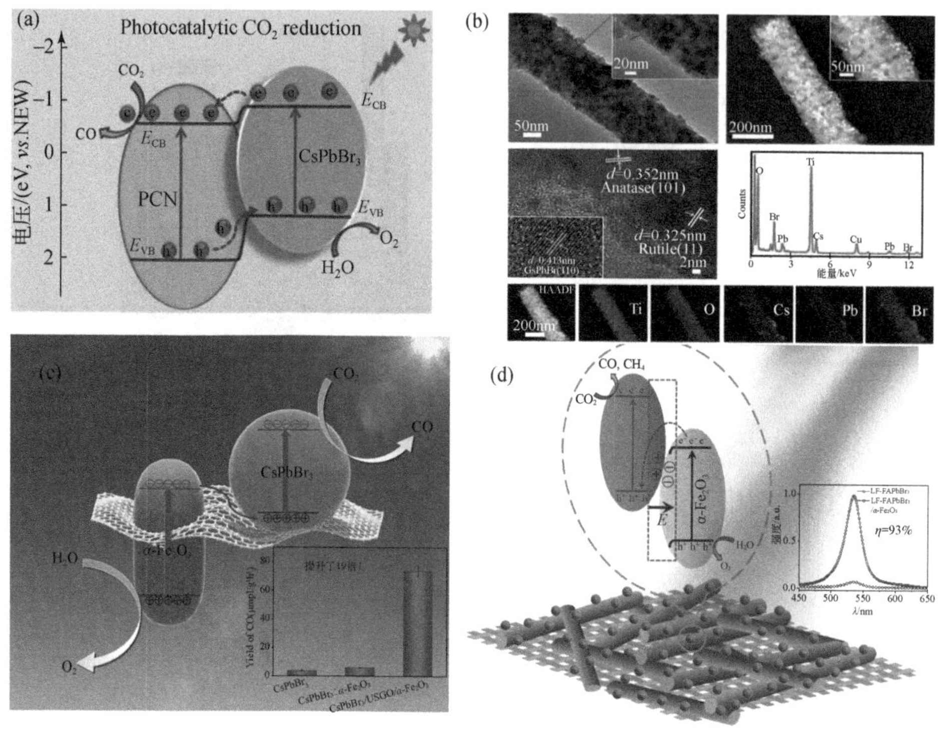

图 6-7　(a) $CsPbBr_3/g\text{-}C_3N_4$ 复合材料光催化 CO_2 还原的能级示意图[127]；(b) $TiO_2/CsPbBr_3$ S 型异质结的形貌与结构[128]；(c) $CsPbBr_3/USGO/\alpha\text{-}Fe_2O_3$ 还原 CO_2 示意图[129]；(d) LF-$FAPbBr_3/\alpha\text{-}Fe_2O_3$ 还原 CO_2 示意图[130]

(4) 核壳结构构筑。构建核壳结构也是提高卤化钙钛矿稳定性和 CO_2 催化还原活性的有效途径。金属氧化物、聚合物、二氧化硅和金属–有机骨架(MOF) 等已被成功用来提高卤化钙钛矿的稳定性，促进其光催化性能。例如，匡代彬等在 $CsPbBr_3$ 量子点表面生长锌基金属–有机骨架（ZIF-8）和钴基金属–有机骨架（ZIF-67）涂层，并用于光催化 CO_2 还原。结果表明，$CsPbBr_3$@ZIF 核壳结构催化剂在六个连续的催化循环中表现出较高的稳定性。机理研究表明，ZIF 的弱疏水性提高了 $CsPbBr_3$ 的稳定性[131]。鲁统部等采用“序列沉积、原位生长”的策略将 $CH_3NH_3PbI_3$($MAPbI_3$) 量子点封装于铁卟啉基金属–有机骨架的孔道中，构筑了 $MAPbI_3$@PCN-221(Fe) 复合催化剂 [图 6-8 (a)][132]。复合催化剂在连续光照 80h 内表现出良好的稳定性和光催化 CO_2 还原活性。他们还通过氟烷链表面修饰和金属离子功能化掺杂制备了 Co-$CsPbBr_3/Cs_4PbBr_6$ 钙钛矿纳米晶，实现了在纯水体系中高效光催化 CO_2 还原 [图 6-8 (b)][133]。随后，他们还利用微波合成法，在 $CsPbBr_3$ 卤化钙钛矿纳米晶表面原位包裹石墨炔（GDY）薄层，制备出系列 $CsPbBr_3$@GDY 复合催化剂，并将其用作还原 CO_2 的光催化剂［图6-8（c）］[134]。在GDY的保护下，$CsPbBr_3$@GDY 复合光催化剂在含水体系中的稳定性得到显著提高。

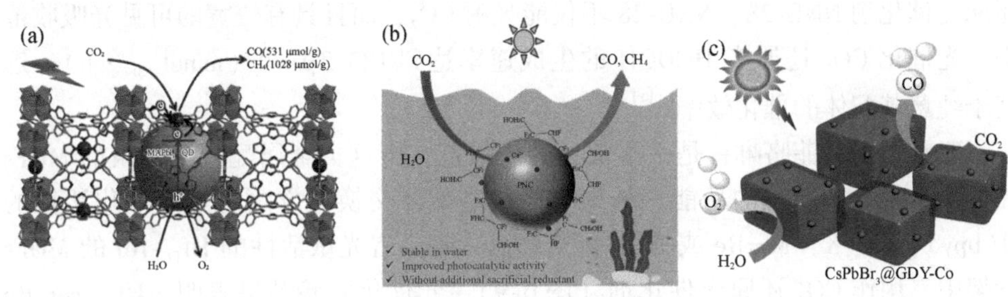

图6-8 （a）$MAPbI_3$@PCN-221（Fe）复合材料光催化 CO_2 还原示意图[132]；（b）Co-$CsPbBr_3$/Cs_4PbBr_6 在纯水体系下光催化 CO_2 还原示意图[133]；（c）$CsPbBr_3$@GDY 复合纳米晶光催化 CO_2 还原示意图[134]

6.1.3 金属–有机骨架

金属–有机骨架（MOFs）具有比表面积大、结构可调和孔隙率高等优点，成为研究光催化 CO_2 还原的理想材料。根据 MOFs 光催化 CO_2 还原的研究进展，本节分 MOF 光催化剂和 MOF 复合催化剂两部分进行详细介绍。

1. MOF 光催化剂

在构建 MOFs 光催化剂时，通常需选择具有共轭或带有发色基团（—OH、—NH_2 等）的有机配体，以提高 MOFs 对可见光的吸收能力。卟啉作为一种共轭配体，具有较宽的可见光吸收范围及较高的 CO_2 吸附能力，因此含卟啉共轭配体的 MOFs 通常具有较好的光催化活性。例如，江海龙等发现卟啉基 Zr-MOF（PCN-222）光催化还原 CO_2 为 HCOOH 的产量是卟啉配体的12.5倍。通过超快瞬态吸收和光致发光光谱测试，他们发现 PCN-222 带隙内含有长寿命的电子陷阱态，能有效抑制电子–空穴复合，从而提高了其光催化性能[135]。Sharifnia 等研究了卟啉基 Zn-MOF 光催化 CO_2 还原的性能，发现以水为还原剂时，Zn-MOF 可以将 CO_2 高选择性地转化为 CH_4，CH_4 生成速率为8.7μmol/(g · h)[136]。张健等用含—OH 基团的钴卟啉与锆氧簇配位合成了两例稳定的 ZrPP-1 和 ZrPP-2 MOFs。在可见光照射下，ZrPP-1 催化 CO_2 还原为 CO 的生成速率为14mmol/(g · h)[137]。兰亚乾等报道了两例稳定的多金属氧酸盐连接的金属卟啉 MOFs，即 NNU-13 和

NNU-14。光催化 CO_2 还原实验结果表明，可见光下，NNU-13 和 NNU-14 催化 CO_2 生成 CH_4 的产率分别为 704μmol/g 和 312μmol/g，产物选择性均高于 96%[138]。除卟啉之外，蒽基、芘基等共轭配体与金属自组装后得到的 MOFs 也具有较好的光催化活性。例如，苏忠民等以蒽基配体和金属锆构筑了稳定的 CO_2 还原光催化剂 NNU-28。NNU-28 不仅能吸附 CO_2，而且具有较宽的可见光吸收范围，光催化 CO_2 还原产 HCOOH 的生成速率达到 183.3μmol/(mmol$_{MOF}$·h)，远高于纯蒽基配体的催化效率[139]。

联吡啶钌和菲咯啉钌是一类常见的光敏剂，由这类金属配合物构筑的 MOFs 往往兼具吸光和催化的功能。林文斌等通过配体交换的方法将具有催化活性的 M(bpy)(CO)$_3$X（M=Re 或 Mn）配合物引入到具有光敏活性的 Hf_{12}-Ru 的 MOFs 骨架中，用作 CO_2 还原光催化剂（图 6-9）。光催化实验结果表明，Hf_{12}-Ru-Re MOF 催化 CO_2 还原为 CO 的 TON 值为 8613，这是由于在 MOF 骨架中光敏中心与催化中心的距离较短，有利于光生电子的快速转移，进而改善了 MOF 光催化剂的催化活性[140]。

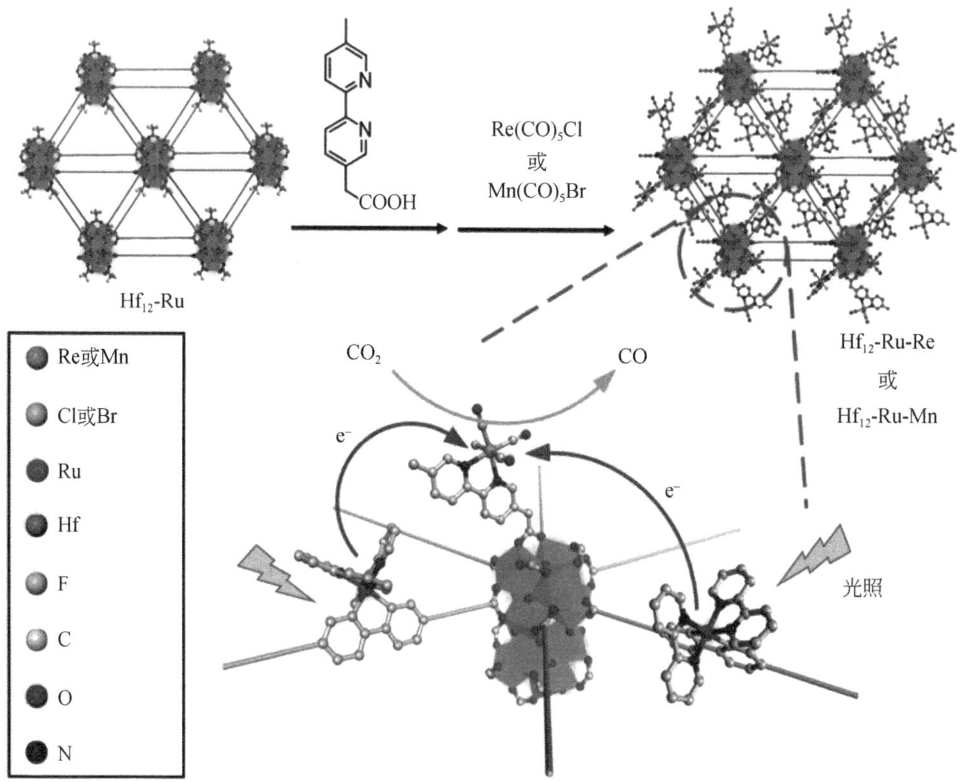

图 6-9　Hf_{12}-Ru-M（M=Re 或 Mn）的制备和可见光驱动 CO_2 还原示意图[140]

—NH_2、—OH 等是常见的助色团，由含有此类基团有机配体组装成的 MOFs 也是一类常见的光催化剂。李朝晖等报道了 MIL-101(Fe)、MIL-53(Fe)、MIL-88B(Fe)、NH_2-MIL-101(Fe)、NH_2-MIL-53(Fe) 和 NH_2-MIL-88B(Fe) 等系列 Fe 基 MOFs 用作 CO_2 还原催化剂。与未氨基化的 MOFs 相比，氨基化的 MOFs 催化活性有了显著提高。其中，NH_2-MIL-101(Fe) 光催化 CO_2 还原产 HCOOH 的生成速率为 22.2μmol/h，是 MIL-101(Fe) 的 3 倍。研究结果表明，氨基化的 MOF 具有双激发途径：一是激发 Fe—O 簇，光生电子从 O^{2-} 转移到 Fe^{3+} 形成 Fe^{2+}；二是激发 NH_2-BDC 中的氨基，随后光生电子转移到催化中心 Fe，双激发途径的存在提高了光催化活性[141]。2019 年，兰亚乾等制备了两种含—NH_2 基团的 MOFs，分别为 AD-MOF-1 和 AD-MOF-2。在无光敏剂和助催化剂的条件下，AD-MOF-1 和 AD-MOF-2 将 CO_2 转化为 HCOOH 的速率分别为 179.0μmol/(g·h) 和 443.2μmol/(g·h)[142]。

当 MOFs 本身没有吸光能力时，需要外加光敏剂促进光催化 CO_2 还原反应的进行。例如，王心晨等将 Co-ZIF-9 催化剂与 $[Ru(bpy)_3]Cl_2 \cdot 6H_2O$ 光敏剂、TEOA 牺牲还原剂结合用于光催化 CO_2 还原。在可见光驱动下，Co-ZIF-9 催化 CO_2 还原为 CO 的 TON 为 450[143]。2018 年，Peng 等构建了另外一种光催化 CO_2 还原体系，该体系包含 $[Ru(bpy)_3]Cl_2 \cdot 6H_2O$ 光敏剂、二维 MOF $[Ni_3(HITP)_2]$ 催化剂、TEOA 电子牺牲剂。在可见光照射下，该体系将 CO_2 还原为 CO 的产率达到了 34.5mmol/(g·h)。研究结果表明，$Ni_3(HITP)_2$ 良好的导电性和 Ni-N_4 活性位点有利于光生电子的转移和 CO_2 的吸附，从而改善了其光催化 CO_2 还原活性[144]。鲁统部、钟地长等采用晶体工程方法，制备了块状 Ni-MOF 和分别暴露（100）晶面的 Ni-MOL-100、暴露（010）晶面的 Ni-MOL-010。与块状 Ni-MOF 相比，Ni-MOL-100 和 Ni-MOL-010 的比表面积增加，从而暴露更多的活性中心，因此表现出更高的 CO_2 还原为 CO 的催化活性。其中，Ni-MOL-100 催化活性可达 569mmol/g。密度泛函理论（DFT）计算结果表明，在（100）面上，相邻两个 Ni 催化中心之间能发生协同催化作用，降低了决速步的反应自由能，从而促进其光催化性能[145]。

除作催化剂外，MOFs 还能单独作为光敏剂使用。例如，以 Gd-TCA 作为光敏剂、$[Ni(Cyclam)Cl_2]$ 作为催化剂、三乙胺作为电子牺牲剂构建的光催化 CO_2 还原体系，在可见光驱动下，可催化 CO_2 生成 HCOOH。研究结果表明，在 Gd-TCA 中，Gd^{3+} 的能级较高，配体 TCA^{3-} 受光激发后产生的电子无法转移到 Gd^{3+} 上，因此 Gd-TCA 将电子传递到催化剂 $[Ni(Cyclam)Cl_2]$ 上，进而完成光催化循环过程[146]。2018 年，孙立成等以 Zn-TCPP 超薄纳米片作为光敏剂，ZIF-67 或 $[Co_2(OH)L](ClO_4)_3$ 配合物作为催化剂，三乙醇胺作为电子牺牲剂，在可见光驱动下可以将 CO_2 还原为 CO[147]。

2. MOF 复合催化剂

将 MOFs 与半导体或光敏剂结合可形成复合催化剂，从而可提高 MOFs 的光催化性能。例如，王心晨等将 Co-ZIF-9 与 CdS 复合用于光催化 CO_2 还原，可见光驱动下，CO_2 还原为 CO 的产率最高达到 50.4μmol/h，表观量子效率为 1.93%（420 nm）。荧光发射光谱测试结果表明，在 Co-ZIF-9/CdS 复合催化体系中，CdS 光生电子可以快速转移给 Co-ZIF-9，有效抑制了电子和空穴的复合，进而提高了催化活性[148]。苏成勇等将 $CsPbBr_3$ 与 ZIFs 复合制备了 $CsPbBr_3$@ZIFs-67 和 $CsPbBr_3$@ZIFs-8 复合催化剂，能将 CO_2 还原为 CH_4 和 CO，其中复合催化剂的催化活性分别是 $CsPbBr_3$ 的 2.66 倍和 1.39 倍，$CsPbBr_3$@ZIFs 复合催化剂不仅提高了 $CsPbBr_3$ 在水相中的稳定性，也增强了催化剂富集 CO_2 的能力[130]。2019 年，鲁统部等将 $CH_3NH_3PbI_3$（$MAPbI_3$）钙钛矿量子点封装在 PCN-221 的孔道中，制备了系列 $MAPbI_3$@PCN-221(Fe_x)($x=0\sim1$)复合催化剂，可见光下能将 CO_2 还原为 CO 和 CH_4，同时将水氧化为氧气。其中，$MAPbI_3$@PCN-221($Fe_{0.2}$）具有最高的光催化活性，CO 和 CH_4 的产率分别为 530μmol/g 和 1029μmol/g，是 PCN-221($Fe_{0.2}$）的 38 倍[149]。

此外，金属纳米颗粒、金属氧化物、金属硫化物和有机半导体也被用来构筑 MOF 复合催化剂[150]。2017 年，Yaghi 等通过共价键将光催化剂 $Re^{I}(CO)_3$(BPYDC) Cl 连接到 UiO-67 上获得系列 Re_n-MOF（$n=0$，1，2，3，5，11，16 和 24），其中 Re_3-MOF 具有最高的催化活性。随后，作者将 Ag 纳米颗粒涂覆在 Re_3-MOF 上制备了 Ag⊂Re_3-MOF 复合催化剂，可见光驱动下 Ag⊂Re_3-MOF 将 CO_2 还原为 CO 的催化活性是 Re_3-MOF 的 7 倍[151]。同年，王勇等报道了系列不同 MOFs 含量的 $Cd_{0.2}Zn_{0.8}S$@UiO-66-NH_2 复合催化剂，并用于光催化 CO_2 还原。其中 NH_2-UiO-66(Zr）含量为 20wt% 时，$Cd_{0.2}Zn_{0.8}S$@UiO-66-NH_2 具有最高的光催化 CO_2 活性，甲醇的产率为 6.8μmol/(g·h)[152]。段春迎等通过静电相互作用将 Au 纳米颗粒锚定在 MOF 纳米片（PPF-3_ 1 和 PPF-3_ 2）上得到 Au/PPF-3 复合催化剂。其中，Au/PPF-3_ 1 在乙腈/乙醇体系中将 CO_2 还原为 HCOOH 的生成速率为 42.7μmol/(g·h)，是单一 PPF-3_ 1 催化剂的 5 倍[153]。2018 年，叶金花等采用静电吸附策略制备了 BIF-20@g-C_3N_4 复合催化剂，在光驱动下可将 CO_2 还原为 CH_4 和 CO，其生成速率分别为 15.5μmol/(g·h) 和 53.9μmol/(g·h)，分别是 g-C_3N_4 的 9.7 倍和 9.8 倍[154]。

除上述复合催化剂外，还有 MOF 衍生催化剂的报道。例如，楼雄文等以 In-MIL-68 为前驱体，通过两步热解法制备了 $ZnIn_2S_4$-In_2O_3 催化剂，在可见光驱动下，$ZnIn_2S_4$-In_2O_3 催化剂将 CO_2 还原为 CO 的生成速率为 3075μmol/(g·h)，是 $ZnIn_2S_4$ 的2.4倍[155]。2021年，鲁统部等以块状 Co-MOF 为前驱体，通过两步法制备了 g-C_3N_4 基 Co(Ⅱ) 单原子催化剂（图6-10）。可见光驱动下，单原子催化剂还原 CO_2 产 CO 的生成速率为 464.1μmol/(g·h)，分别是块状 Co-MOF 和 $CoCl_2$ 的3倍和222倍。在上述催化剂中，Co(Ⅱ) 位点的均匀分散促进了催化剂对 CO_2 的吸附和活化，进而提高了光催化 CO_2 还原活性[156]。随后该课题组又用 Co-MOF 和尿素为原料制备了系列 X-g-C_3N_4（X代表Co单原子的含量）催化剂，其中26-g-C_3N_4 具有最高的催化活性，催化 CO_2 还原为 CO 的生成速率为 394.4μmol/(g·h)，是 g-C_3N_4 的80倍，其良好的催化活性同样源于催化剂上数量丰富且高度分散的Co位点[157]。

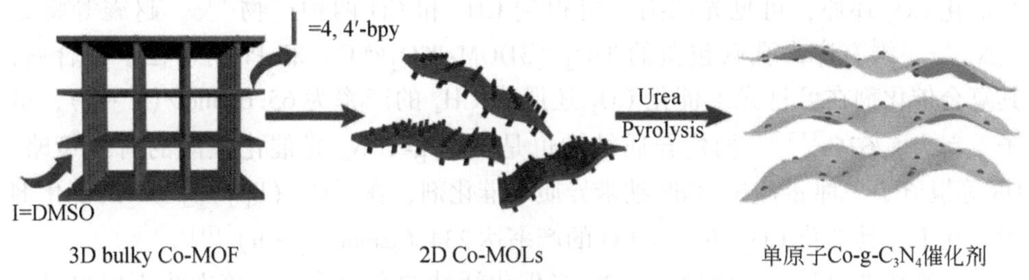

图6-10　g-C_3N_4 基 Co（Ⅱ）单原子催化剂的制备方法[156]

尽管 MOF 基光催化剂在 CO_2 还原方面取得了很大进展，但目前仍存在一些挑战。首先 MOF 材料通常具有块状结构，导致活性位点难以暴露。其次，在 MOF 基催化剂用于光催化 CO_2 还原时，大多数情况下需要外加牺牲还原剂和光敏剂。最后，MOF 基光催化剂催化 CO_2 还原的产物主要是一碳产物，开发能将 CO_2 还原为多碳产物的 MOF 基催化剂仍具有一定的挑战。

6.1.4　有机聚合物

有机聚合物是由C、N、O、S等非金属元素通过共价键连接形成的大分子有机物。它们具有大的孔隙率和比表面积、可调的光电特性以及良好的化学和热稳定性等，已成为一类新兴的非均相光催化剂[158]。本节简要介绍石墨相氮化碳（g-C_3N_4）、共价有机框架（COFs）等常见的有机聚合物在光催化 CO_2 还原方面的研究进展。

1. *石墨相氮化碳*

g-C_3N_4 具有制备简单、无毒、价格低廉、较好的热稳定性和化学稳定性、合适的带隙（约 2.7eV）、良好的可见光吸收能力等优点，被广泛用于光催化 CO_2 还原研究[159,160]。此外，研究人员还通过调整其形貌[161]、引入助催化剂[162]、构建异质结[163]、元素掺杂[164,165]等方法来进一步提高 g-C_3N_4 的光催化活性。具有多孔结构的 g-C_3N_4 催化剂不仅可暴露更多的活性位点，还增加了对 CO_2 的吸附能力[166]。徐晖等通过超分子自组装策略制备了多孔 g-C_3N_4 纳米管，其可见光催化 CO_2 到 CO 的转化速率达到 103.6μmol/(g · h)，是块状 g-C_3N_4 的 17 倍[167]。引入助催化剂与 g-C_3N_4 形成复合催化剂，可以明显改善 g-C_3N_4 的电荷分离效果，提高其光催化能力。向全军等将单原子 Au 锚定在氨基修饰的 g-C_3N_4 表面，其复合催化剂催化 CO_2 还原为 CO 和 CH_4 产率分别是纯 g-C_3N_4 的 1.97 倍和 4.15 倍[168]。将 g-C_3N_4 与锐钛矿 TiO_2 纳米晶和 Au 纳米颗粒复合用于光催化 CO_2 还原，可见光照射下可得到 CH_4 和 CO 两种产物[169]。赵震等将 g-C_3N_4 与三维有序微孔碳包覆的 TiO_2（3DOM-TiO_2@C）和 Pt 纳米粒子复合后，其复合催化剂在可见光下催化 CO_2 还原为 CH_4 的产率为 65.6μmol/(g · h)，量子效率为 5.67%[170]。构建异质结构也是提高 g-C_3N_4 光催化性能的有效策略。Do 等报道了一种 g-C_3N_4/CdS 纳米异质结催化剂，在 [Co (bpy)$_3$] Cl_2助催化剂的存在下，其催化 CO_2 还原为 CO 的产率达 234.6μmol/(g · h)[171]。

元素掺杂也是一种调控 g-C_3N_4 光催化活性的有效途径。该方法不仅可以改变 g-C_3N_4 的能带结构，还可以调节其表面电子状态，增强 g-C_3N_4 对 CO_2 的吸附能力[172]。掺杂的元素主要分为两类：非金属元素和金属元素。卤素是一类常用的掺杂元素，如在 g-C_3N_4 中掺杂 F 元素，可将其光催化 CO_2 还原到 CO 的产率从 6.35μmol/g 提高到 35.14μmol/g。C、O 和 Se 也常被掺杂于 g-C_3N_4 中，掺杂的 O、C 元素分别作为电子供体和受体在 g-C_3N_4 中发挥作用。例如，在没有外加助催化剂和牺牲剂的条件下，掺杂 C 和 O 之后的 g-C_3N_4 光催化 CO_2 还原为 CO 的生成速率可达 34.97μmol/g[173]。Kumar 等在 g-C_3N_4 中掺杂 Se 元素制备了多孔 Se-CN 纳米片，在可见光照射下，可将 CO_2 还原为甲酸，其产率达到 100.1mmol/(g · h)[174]。许小亮等将掺杂钾的 g-C_3N_4 用于可见光催化还原 CO_2 为 CO，产率为 8.7μmol/(g · h)[175]。

虽然 g-C_3N_4 光催化剂的研究取得较大进展，但目前仍存在电子–空穴对复合快，催化效率不高等问题。如何大幅度提高 g-C_3N_4 光催化 CO_2 还原的效率，仍是今后需要解决的关键问题。

2. 共价有机聚合物

共价有机骨架（COFs）材料是近年来发展起来的一类新型晶态共价有机聚合物。本节将简要介绍 COFs 在光催化 CO_2 还原方面的研究进展。

合理的单体设计是构筑具有高催化活性COFs的关键。2020年，Yan等构筑了一例供体-受体（D-A）类型的COF（CT-COF），该催化剂在没有金属存在的情况下，实现了CO_2和H_2O光催化全反应。CT-COF具有强可见光吸收能力，当以水作为牺牲剂时，它可将CO_2还原为CO，转化速率达到102.7μmol/(g·h)。原位傅里叶变换红外光谱测试发现，CT-COF可以吸附并活化CO_2和H_2O分子生成*COOH中间体[176]。张根等构筑了两例基于八连接立方节点的三维COFs，即NUST-5和NUST-6，并将其用于可见光催化CO_2还原。在可见光照射10h后，NUST-5和NUST-6的CO产率分别为54.7μmol/g和76.2μmol/g，CH_4的产率分别为17.2μmol/g和12.8μmol/g[177]。

将金属活性位点引入COFs中，是提高其光催化性能的一种有效策略。这些金属中心不仅可以吸附CO_2，还可以降低COFs活化CO_2的反应能垒。例如，基于三嗪基团合成的二维COF在负载金属Re后，可见光照射下能将CO_2还原为CO，产率为15mmol/$g_{Re\text{-}COF}$，选择性达到98%。其中，以三嗪COF作为光敏剂，Re（bpy）$(CO)_3$Cl作为催化剂，其反应体系表现出比均相体系更好的催化活性和产物选择性[178]。曹荣等也报道了一例基于三嗪基团的二维COF（CTF-py）。该COF具有丰富的*N*, *N*-螯合位点，他们将Re配位到COF骨架上后，得到了Re-CTF-py。在气-固反应体系中，Re-CTF-py光催化CO_2还原为产物CO的TON为4.8，产率达到353.05μmol/(g·h)[179]。2019年，兰亚乾等设计合成了系列基于卟啉-四硫富瓦烯的TTCOF-M（M=H、Zn、Ni、Cu），在没有光敏剂和牺牲剂的情况下，TTCOF-Zn光催化CO_2还原产CO效率最高，产量为12.33μmol，选择性接近100%[180]。同年，兰亚乾等利用层间配位作用设计合成了三种金属离子修饰的DQTP-COF-M，并将其用于光催化CO_2还原。其中，DQTP-COF-Co表现出最高的CO产率，为1020μmol/(g·h)[181]。研究还发现，金属离子的自旋态和电子结构也会影响COFs的光催化性能。2020年，江海龙等发现COF-367-Co^{II}（$S=1/2$）光催化产HCOOH、CO和CH_4的产率分别为48.6μmol/(g·h)、16.5μmol/(g·h)和12.8μmol/(g·h)，而COF-367-Co^{III}（$S=0$）的HCOOH产率有了明显提高，为93.0μmol/(g·h)，CO和CH_4产率减少，分别为5.5μmol/(g·h)和10.1μmol/(g·h)[182]。

在合成过程中生成COFs纳米片，或者将块状COF剥离成纳米片，也可提高COFs的光催化活性。2019年，姜建壮等合成了基于亚胺键的超薄（<2.1nm）二维COF纳米片（COF-367-Co NSs）。该纳米片可将CO_2转化为CO，产率高达10.162mmol/(g·h)，催化性能远优于块状材料[183]。相比于块状COFs材料，COF-367-Co能暴露更多的活性位点，促进了COF对CO_2的吸附和转化。

金属纳米颗粒在催化过程中容易发生团聚，进而催化活性降低。如果将金属纳米颗粒封装到 COFs 孔道中，不仅可以稳定金属纳米颗粒的结构，同时可发挥两者的协同作用，提高 COF 复合材料光催化 CO_2 还原性能。张志明等将预先合成的超细 PdIn 纳米颗粒封装到 N_3-COF 孔道中，合成了系列 Pd_xIn_y@N_3-COF（$x:y=1:0$，$0:1$，$1:2$，$1:1$，$2:1$），并将其用于在水中光还原 CO_2 为醇[184]。其中，PdIn@N_3-COF 产甲醇和乙醇的总产率达到 798μmol/g，远优于 Pd@N_3-COF、In@N_3-COF 和 N_3-COF。兰亚乾等将多金属氧簇（POMs）引入 COF 的孔道中，制备了 COF-POMs 复合催化剂，该复合催化剂具有吸光能力强、电荷转移快等优点，在气–固反应体系中能将 CO_2 催化还原为 CO，其中 COF-$MnMo_6$ 表现出最高的 CO 产率，为 37.25μmol/(g·h)，选择性接近 100%[185]。王瑞虎等将碳量子点封装在金属卟啉基 COF 孔道中，获得的复合催化剂也能将 CO_2 还原为 CO，可见光照射 2h 后还原产物 CO 的产率为 956μmol/g，选择性为 98%[186]。

COFs 还可与其他半导体材料复合形成异质结，以提高 COFs 的光催化性能。叶金花等将 C_3N_4 纳米片与 Tp-Tta COF 复合，得到的复合催化剂在可见光照射下可将 CO_2 还原为 CO[187]。兰亚乾等将半导体（TiO_2、Bi_2WO_6 和 α-Fe_2O_3）与 COF-316/318 相结合，合成了系列 COF–半导体 Z 型异质结光催化剂，并用于光催化还原 CO_2 到 CO。在气–固相反应体系中，以水作牺牲剂，COF-318-TiO_2 催化 CO_2 还原为 CO 的产量达到 69.67μmol/(g·h)[188]。王其召等制备了由 CuP-Ph 和 TiO_2-INA 结合形成的 Z 型异质结催化剂，该催化剂在模拟太阳光下催化 CO_2 还原为 CO 的产率为 50.5μmol/(g·h)，明显高于卟啉 COF 和 TiO_2[189]。Do 等利用酮烯胺 COF（TpPa-1）与还原氧化石墨烯（rGO）结合制备了复合催化剂 rGO_x@TpPa-1（x=5%、10%、15% 和 20%），其中 rGO_{15}@TpPa-1 复合催化剂在可见光照射下产 CO 的速率约为 200μmol/(g·h)，选择性为 89%。TpPa-1 和 rGO 之间的相互作用加速了电荷分离以及载流子向催化剂表面的快速迁移，从而提高了光催化活性[190]。兰亚乾等还将 MOF 和 TiO_2 先后与 COFs 进行复合，合成了三组分 NH_2-MIL-125/TiO_2@COF-366-Ni-OH-Hac 复合催化剂，该复合催化剂在连续光照 4h 后，CO_2 还原为 CO 的产率为 67.49μmol/g[191]。

虽然 COFs 具有催化位点明确，结构可调等优势，在光催化 CO_2 还原构效关系研究中展现出巨大潜力，但现阶段研究仍存在需要解决的难题。例如，COFs 的合成方法较为烦琐，大部分 COFs 在光催化过程中需要额外添加牺牲剂，CO_2 还原产物产量低、多碳产物少等。通过研究和解决这些问题，可以使 COFs 在光催化 CO_2 还原领域中得到更广泛的应用。

综上所述，光催化 CO_2 还原是将 CO_2 转化为高附加值化学品和燃料的有效途径。影响光催化 CO_2 还原效率的因素有很多，包括电荷的激发和传输、CO_2 的

吸附和活化以及 CO_2 还原动力学等。虽然已开发出众多高效和高选择性催化剂，但目前研究仍存在以下需要解决的挑战性难题：①如何通过简单的制备方法，以较低的价格合成出克级甚至千克级催化剂。②对催化剂结构与催化活性之间的构效关系研究还不深入，对反应过程中的一些重要中间体无法准确监测和识别，难以通过构效关系指导高效催化剂的理性合成。③光催化 CO_2 转化研究大多集中在 CO_2 还原半反应，耦合水氧化半反应实现 CO_2 还原的人工光合作用研究还比较少见。④光催化 CO_2 还原的效率和产量还很低，难以达到实用化要求。而通过高稳定性和高效催化剂的宏量合成，并利用可再生能源驱动 CO_2 还原转化为高附加值产物，是缓解能源需求压力和改善能源结构的重要方向，因此需要围绕制约人工光合作用效率的关键科学问题开展持续研究，并期待在不久的将来实现人工光合作用的大规模应用。

6.2 二氧化碳还原电催化剂

电催化 CO_2 还原是指惰性 CO_2 分子在阴极催化剂作用下，经过多步电子和质子转移反应被还原为碳基化学品的过程，这一技术也被认为是实现 CO_2 资源化利用的最具潜力的途径之一。由于 CO_2 还原过程涉及多电子和多质子步骤，产物往往比较复杂。表 6-1 列举了几种典型的 CO_2 还原半反应和其理论还原电位。目前，通过电催化技术，可将 CO_2 还原为 CO、CH_4、CH_3OH、HCOOH 等一碳产物，C_2H_4、C_2H_5OH、CH_3COOH 等二碳产物，甚至 C_3H_7OH 等三碳产物[192]。

表 6-1 几种具有代表性的 CO_2 还原半反应的和理论还原电位[196]

CO_2 还原半反应	理论还原电位(V *vs.* RHE, pH=7)
$CO_2(g)+2H^++2e^-\longrightarrow CO(g)+H_2O(l)$	−0.106
$CO_2(g)+2H^++2e^-\longrightarrow HCOOH(l)$	−0.250
$CO_2(g)+4H^++4e^-\longrightarrow HCHO(l)+H_2O(l)$	−0.070
$CO_2(g)+6H^++6e^-\longrightarrow CH_3OH(l)+H_2O(l)$	0.016
$CO_2(g)+8H^++8e^-\longrightarrow CH_4(l)+2H_2O(l)$	0.169
$2CO_2(g)+12H^++12e^-\longrightarrow C_2H_4(g)+4H_2O(l)$	0.064
$2CO_2(g)+12H^++12e^-\longrightarrow C_2H_5OH(l)+2H_2O(l)$	0.084

有关电催化 CO_2 还原反应的研究最早可追溯至1870年，研究人员首次基于大面积汞电极将 CO_2 转化为甲酸[193]。在之后十年内，在 Zn、In 和 Cu 等金属电

极上陆续实现了 CO_2 的还原[194,195]，特别是在 Cu 电极上，获得了 CH_4 和 C_2H_4 等烃类的还原产物[196]。20 世纪 90 年代，纳米材料合成技术的发展推动了科学家们对 CO_2 还原电催化剂的进一步研究和催化机理的初步探索。然而，作为气-液-固三界面反应，电催化 CO_2 还原过程中依旧存在 CO_2 溶解度低、还原效率和反应选择性不高、产物复杂等问题。直到近十年来，随着表征技术，特别是原位表征技术的不断进步和对催化机理研究的不断深入，科研工作者们在催化剂的开发、电解液的调控和电解槽的设计等方面取得了长足发展，成功解决了电催化 CO_2 还原领域的一些关键科学问题，为其实际应用奠定了扎实的基础。

催化剂是电催化 CO_2 还原技术中最核心的部分，对 CO_2 还原反应的性能，特别是还原产物的种类起到关键的作用，催化剂的种类和结构直接影响电催化 CO_2 还原性能。开发具有高催化活性、高选择性和优异稳定性的催化剂一直是电催化 CO_2 还原领域中重要的研究方向。在 CO_2 电还原催化过程中，催化剂活性位点与反应中间体结合强度的差异会导致 CO_2 还原产物不同。这里将电催化 CO_2 还原催化剂分成金属配合物、单原子催化剂、双原子催化剂、金属基催化剂和非金属催化剂五部分进行举例介绍。

6.2.1　金属配合物

均相催化 CO_2 还原一般采用金属配合物作为催化剂，此类催化剂具有明确的配位几何结构，其配体可以进行结构设计和修饰，从而便于人们从分子和原子层面上研究其结构-性能之间的构效关系。因此，金属配合物作为均相分子催化剂在电催化 CO_2 还原领域引起了广泛的关注。研究表明，金属配合物中的配体是影响其催化性能的关键因素之一。本节按配体类型，重点介绍大环配体、吡啶基配体和卟啉基配体的金属配合物在电催化 CO_2 还原反应中的应用研究。

1. 大环金属配合物

大环配体能够有效稳定催化反应过程中形成的中间体，从而获得较高的催化活性[197]。常见的大环金属配合物见图 6-11。早在 1980 年，Fisher Eisenberg 等[198]首次将大环金属配合物用于电催化 CO_2 还原。他们发现，Co、Ni 大环配合物 **38**～**42** 能够以高法拉第效率将 CO_2 还原为 CO。Fujita 等[199]系统地研究了基于大环配体及其衍生物的 Ni 基配合物对电催化 CO_2 还原活性的影响。研究发现，配合物的催化活性与其结合 CO_2 能力呈正相关，配合物 **43** 和 **44** 的 CO_2 结合常数分别为 8.3L/md 和 13L/md，远高于配合物 **45** 和 **46**。电催化实验结果表明，相比于配合物 **45** 和 **46**，配合物 **43** 和 **44** 具有更高的电催化 CO_2 还原催化活性。除单核金属大环配合物外，双核金属大环配合物也被用于电催化 CO_2 还原。1987 年，Sauvage 等[200]合成了一种双核镍大环配合物 **47**，其中两个镍原子通过桥联配体连接。以 DMF 为电解质时，配合物 **47** 在−1.4V（*vs.* SCE）电位下还原 CO_2 为 CO 和 $HCOO^-$ 的法拉第效率分别为16%和68%。鲁统部等合成了一种双核 Ni 大环配合物 **48** 及单核 Ni 大环配合物 **49**，用于电催化 CO_2 还原反应。电催化实验结果表明，**48** 可以高效地将 CO_2 还原为 CO，TOF 和 TON 分别高达 4.1×10^6 和 $190.0s^{-1}$，法拉第效率为95%，远高于单核 Ni 配合物 **49** 的法拉第效率（62%）。理论计算表明，双核 Ni 之间的协同效应对提高 CO_2 为 CO 的催化活性和选择性起着关键作用[201]，本研究为设计高活性 CO_2 还原催化剂提供了新的思路。

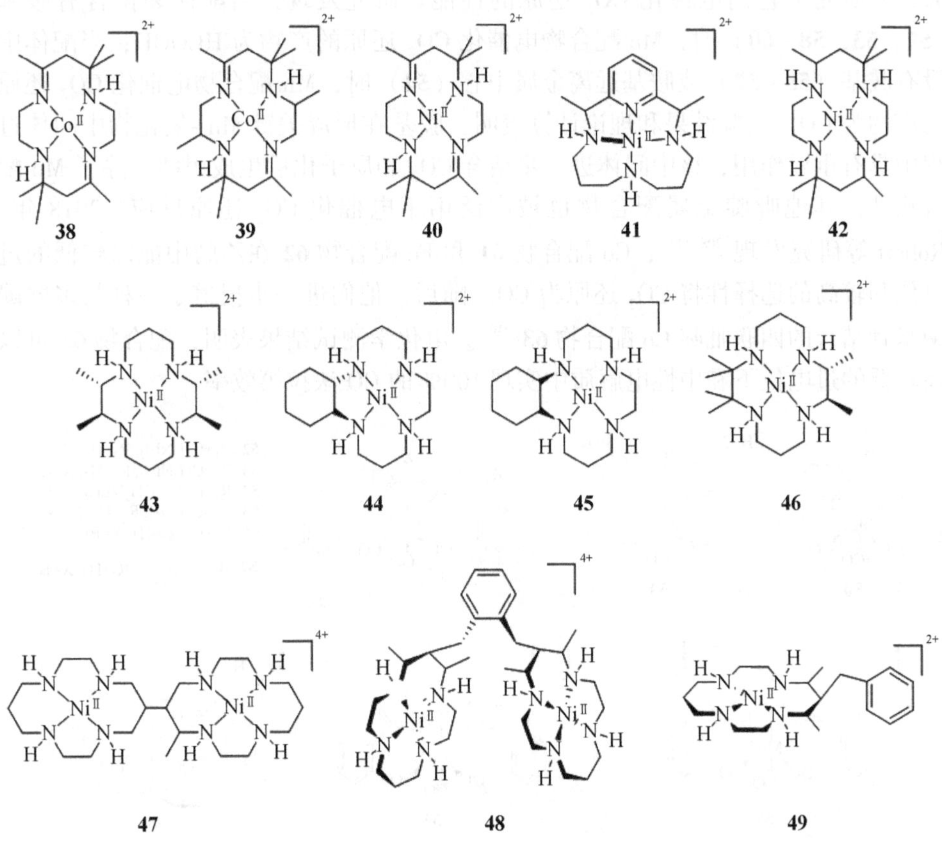

图 6-11　大环金属配合物

2. 吡啶金属配合物

吡啶配体是设计合成均相分子催化剂的常用配体，主要是因为它们不仅可以稳定金属中心，还可以通过配体 π 体系参与多电子/多质子的还原反应[202-204]，不同结构的吡啶金属配合物被用于电催化 CO_2 还原（图 6-12）。早在1983年，吡啶金属配合物就作为分子催化剂用于光催化 CO_2 还原研究[205]。直到 2011 年，Deronzier 等才首次将联吡啶 Mn 配合物 **50**，**51** 用于电催化 CO_2 还原反应[206]。实验结果表明，配合物 **50** 在−1.78V（*vs.* Fc+/Fc）电位下，电催化 CO_2 还原为 CO 的法拉第效率为 85%；在相同电位下，**51** 生成 CO 的法拉第效率达 100%。机理研究表明，在催化反应过程中，Mn 配合物中 Mn^{I} 被还原为 Mn^{0}-Mn^{0} 二聚体，随后该二聚体与 CO_2 和质子作用生成 Mn^{II}-COOH 中间体，该中间体进一步被还原，最终生成 CO。Daasbjerg 等[207]报道了系列联吡啶配体与 Mn 形成的配合物 **52**～**60**，并研究了它们电催化 CO_2 还原的性能。研究发现，当配体邻位含有胺基（**52**，**53**，**58**～**60**）时，Mn 配合物电催化 CO_2 还原的产物为 HCOOH；当配体中没有胺基（**55**～**57**）或胺基远离金属中心（**54**）时，Mn 配合物电催化 CO_2 还原的产物为 CO。实验结果和理论计算表明，胺基在形成关键 Mn–氢化物中间体过程中具有重要作用，该中间体进一步结合 CO_2 和质子化后生成甲酸。除了 Mn 配合物外，其他吡啶金属配合物也被广泛用于电催化 CO_2 还原反应。2018 年，Robert 等研究发现[208,209]，Co 配合物 **61** 和 Fe 配合物 **62** 在乙腈中能以较低的过电位和较高的选择性将 CO_2 还原为 CO。随后，他们进一步报道了一种与多壁碳纳米管结合的四联吡啶 Co 配合物 **63**[210]。电化学测试结果表明，配合物 **63** 可以在较低的过电位下和中性电解质中实现 100% 的 CO 法拉第效率。

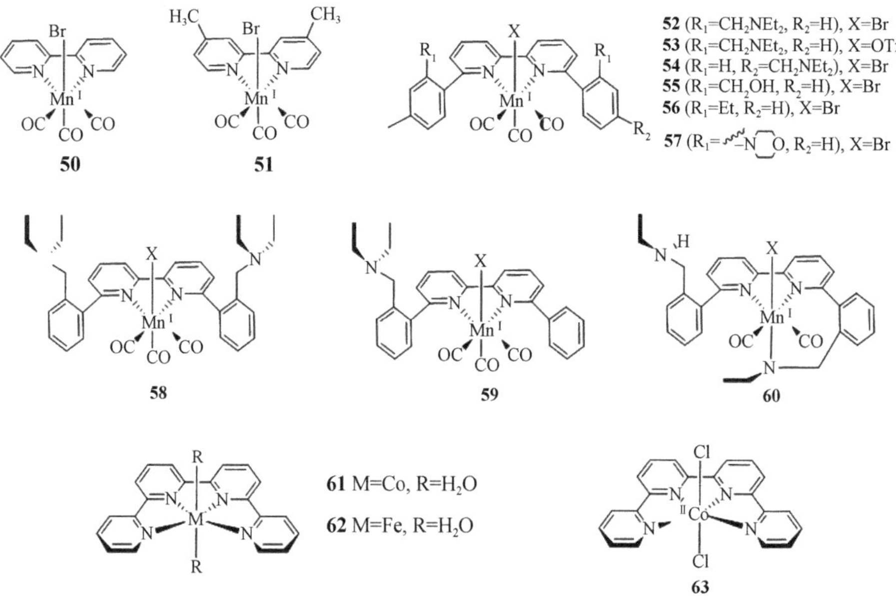

图 6-12　吡啶金属配合物

3. 卟啉金属配合物

由于具有较高的 CO_2 催化活性和选择性，卟啉金属配合物的研究受到广泛关注（图 6-13）。其中，铁卟啉是研究较多的 CO_2 还原分子催化剂[211,212]。2012 年，Costentin 等研究了不同取代基对四苯基卟啉铁配合物 **64** 电催化 CO_2 还原性能的影响[213]。他们发现，在四苯基卟啉铁的苯基上引入酚羟基后（**65**），CO_2 还原为 CO 的催化效率得到显著提高，最高可达 94%。当配合物 **65** 的酚羟基被甲氧基取代后，得到的配合物 **66** 的催化活性明显降低。机理研究表明，配合物 **65** 中引入的酚羟基可以提供较高的局部质子浓度，从而提高其催化活性。此外，利用吸电子取代基对配合物 **65** 的苯基进行修饰也是提高其催化活性的有效途径。例如，在配合物 **65** 的 2 个苯基上引入 10 个氟原子得到的配合物 **68**，能够在更正的电位下达到更高的 TOF[214]。在配合物 **64** 苯基的邻位引入四个电正性的三甲基胺得到的配合物 **67**，同样展现出优异的催化活性[215]。有趣的是，在苯酚存在的条件下，配合物 **67** 电催化 CO_2 还原成 CO 的 TOF 高达 $1\times10^6 s^{-1}$，法拉第效率为 100%。在含有 3mol/L 苯酚的 DMF 中连续电解 80h 后，CO 选择性没有明显下降，表明配合物 **67** 兼具高催化活性和高稳定性。除了单一的铁卟啉之外，铁卟

64　**65**　**66**

69 $R_1=R_2=C_6F_6$

70 $R_1=R_2=2, 6\text{-}F_2C_6H_3$

71 $R_1=R_2=2, 6\text{-}Cl_2C_6H_3$

72 $R_1=R_2=C_6H_5$

73 $R_1=R_2=2, 4, 6\text{-}(CH_3)_3C_6H_2$

74 $R_1=2, 4, 6\text{-}(CH_3)_3C_6H_2, R_2=C_6F_5$

67　**68**

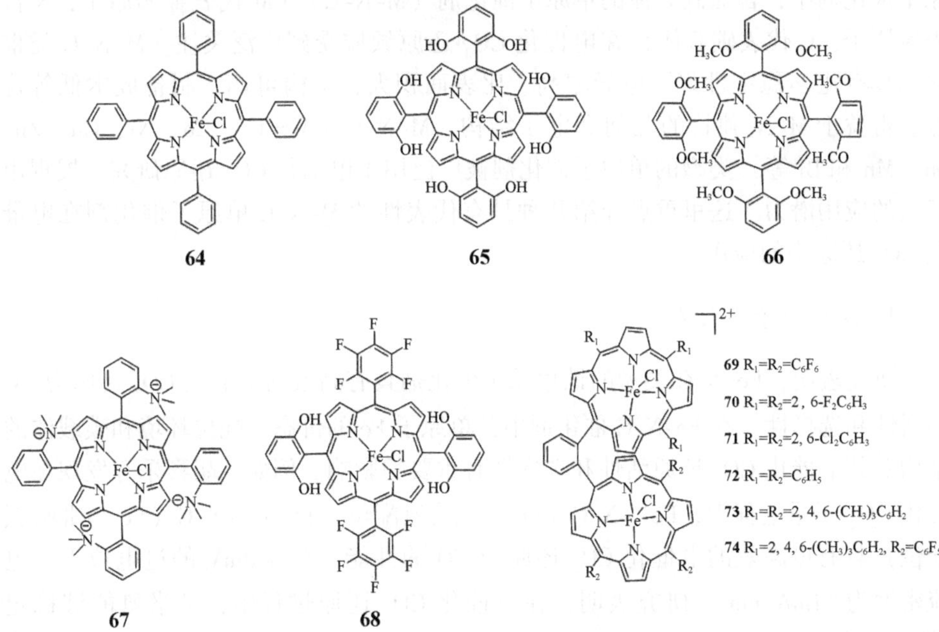

图 6-13　卟啉金属配合物

啉二聚体也被用于电催化 CO_2 还原研究。Naruta 等使用几种含有不同取代基的共面卟啉二聚体作为配体，获得两个具有合适 Fe-Fe 距离的配合物 **69** ~ **74**[216]。研究发现，与具有供电子的均苯三甲基的配合物 **73** 相比，具有吸电子的全氟苯基配合物 **69** 可降低约 300mV 的 CO_2 还原过电位。实验表明，催化剂中双核 Fe 的协同作用是将 CO_2 高效转化为 CO 的主要原因。

6.2.2 单原子催化剂

单原子催化剂是指金属活性组分以单个原子的形式被稳定在载体上而形成的一类特殊的负载型金属催化剂。2011 年，张涛等共同提出“单原子催化剂”（single-atom catalysts，SACs）的概念[217]。相比于均相催化剂和传统的非均相催化剂，单原子催化剂具有以下特点：①最大限度地提高了金属原子的利用率，使其接近 100%；②金属以单原子的形式高度分散，结构相对明确；③金属中心的配位数较低，具有较高的催化活性和选择性。近年来，单原子催化剂在催化领域获得突飞猛进的发展，被认为是均相催化剂和非均相催化剂之间的桥梁，为从原子水平上理解催化反应机理提供了理想的材料模型。通过调控单原子催化剂金属位点的配位和电子结构等能有效优化催化性能和理解催化机制。在众多报道的单原子催化剂中，含氮碳载体的单原子催化剂（M-N-C）（M 代表金属原子，N 代表氮原子，C 代表碳载体）在电催化 CO_2 还原领域受到广泛关注。M-N-C 类催化剂具有化学稳定性好、电导率高、比表面积大、结构可调、制备成本低等优点。得益于 M-N_x 独特的几何和电子结构，M-N-C（M = Fe、Co、Ni、Cu、Zn、Sn、Mn 和 Bi 等）类型的单原子催化剂被广泛用于电催化 CO_2 还原研究，展现出巨大的应用潜力。这里重点介绍几种具有代表性的 M-N-C 单原子催化剂在电催化 CO_2 还原中的应用。

1. 铁单原子催化剂

研究表明，Fe-N-C 类型的铁单原子催化剂具有高效的电催化 CO_2 还原为 CO 的活性和选择性。在 Fe-N-C 催化剂中，单原子 Fe 的价态、配位环境和碳载体的结构对其电催化 CO_2 还原活性和选择性有重要的影响。例如，胡喜乐等发现在电催化 CO_2 还原过程中，Fe^{3+}-N-C（Fe 与吡咯氮配位）比 Fe^{2+}-N-C（Fe 与吡啶氮配位）具有更高效的电催化 CO_2 还原为 CO 的性能，在 340mV 的过电位下，电流密度为 94mA/cm^2。研究表明，在电催化 CO_2 还原过程中，吡咯氮能够稳定 Fe^{3+}，相比 Fe^{2+}-N-C，Fe^{3+}-N-C 能够更容易实现 CO_2 的吸附和还原产物 CO 的脱附[218]。王俊中等以石墨烯、血红素和三聚氰胺为前驱体，通过高温热解制备了具有 FeN_5 配位构型的 Fe-N-C 催化剂。其中 FeN_5 中的 Fe 分别与 4 个平面上的吡啶 N 和一个轴向上的吡咯 N 配位[219]。结果表明，FeN_5结构中轴向吡咯 N 配体降低了 Fe 的 3d 轨道的电子密度，从而减弱了 Fe 与 CO 的相互作用，利于 CO 的快速脱附，进而使得该催化剂表现出高的电催化 CO_2 还原为 CO 活性和选择性。在过电位为 0.35V 条件下，具有 FeN_5 配位构型的 Fe-N-C 的 CO 法拉第效率为 97%。此外，在碳载体中引入其他元素掺杂，改变 Fe 金属活性中心的电子结构，从而实现性能的优化。例如，王定胜等将单个 P 原子引入 Fe-N-C 催化剂（Fe-SAC/NPC）中，其中 P 主要以 P—C 键的形式存在，Fe 原子与四个 N 和一个羟基配位，简写为 $Fe\text{-}N_4O$ 构型［图6-14（a）］[220]。相比于不含 P 的对比催化剂，Fe-SAC/NPC 表现出更优异的催化性能，在 320mV 的低过电位下表现出 97% 的 CO 法拉第效率。实验和理论计算结果表明，P 原子的掺杂增加了 FeN_4O 中心 Fe 的电子密度，从而显著促进了*COOH 的形成，优化了低过电位下电催化 CO_2 还原性能［图6-14（b）］。

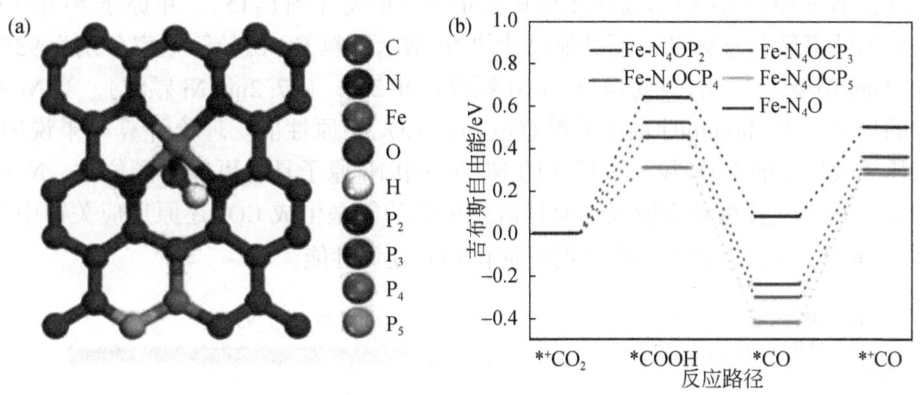

图6-14　（a）$Fe\text{-}N_4O$ 中不同位置的 P 掺杂结构；（b）P 掺杂前后催化剂电催化 CO_2 还原为 CO 反应中间体的吉布斯自由能[220]

2. 钴单原子催化剂

与 Fe-N-C 类似，调控 Co-N-C 单原子催化剂中 Co 的配位环境也能显著优化 Co 位点的 CO_2 还原活性。例如，吴宇恩等通过改变合成温度，制备了具有 $Co\text{-}N_2$、$Co\text{-}N_3$和 $Co\text{-}N_4$配位结构的 Co-N-C 催化剂，并对它们电催化还原 CO_2 的性能进行了研究[221]。电化学测试结果表明，$Co\text{-}N_2$ 表现出最佳的电催化 CO_2 还原为 CO 的性能，在-0.63V 电位下，$Co\text{-}N_2$ 表现出 18.1mA/cm^2的电流密度，分别是钴纳米颗粒、$Co\text{-}N_3$和 $Co\text{-}N_4$的 2.0 倍、7.3 倍和 23.3 倍。实验结果和理论计算结果表明，降低钴位点的 N 配位数能有效地促进 CO_2 分子转化为中间体

$CO_2^{\cdot -}$，从而促进 CO_2 电还原为 CO。此外，通过调节 Co 单原子的轴向配位原子也可以优化其电催化 CO_2 还原性能。例如，陈晨等采用轴向 N 配位策略在聚合物衍生的空心氮掺杂多孔碳球上锚定酞菁钴分子，形成 Co-N_5位点。该催化剂的 CO 法拉第效率在-0.57～-0.88V 宽电位范围内均大于 90%，在-0.73V 和-0.79V下大于 99%。催化剂的稳定性良好，经过 10h，CO 的电流密度以及 CO 法拉第效率几乎没有衰减[222]。理论计算证明，Co-N_5位点的轴向 N 可以优化反应能垒，促进*COOH 的生成和 CO 的脱附。

3. 镍单原子催化剂

Ni 纳米颗粒催化剂通常具有电催化产氢活性。但当尺寸降低到单原子级别时，则表现出优异的电催化 CO_2 还原性能。吴红军等对氮掺杂碳载体负载的 Ni 催化剂在电催化 CO_2 还原反应中的尺寸效应开展了研究[223]。结果表明，Ni 基金属催化剂对 CO 的法拉第选择性与其尺寸密切相关（图 6-15）。单原子 Ni 的 CO 法拉第效率最高为 97%，而其他尺寸的 Ni 纳米颗粒 CO 法拉第效率分别为 93%（4.1nm Ni 颗粒）、61%（14.3nm Ni 颗粒）和 29%（37.2nm Ni 颗粒）。当 Ni 颗粒的尺寸大于 100nm 时，几乎没有电催化 CO_2 还原性能。理论计算结果说明，相比于大尺寸的 Ni 颗粒，小尺寸的 Ni 颗粒中 Ni 原子具有更低的配位数，Ni 的 3d 轨道电子更接近费米能级，而且需要更低的能垒生成 CO_2 还原反应关键中间体*COOH，因此表现出更优异的电催化 CO_2 还原性能。

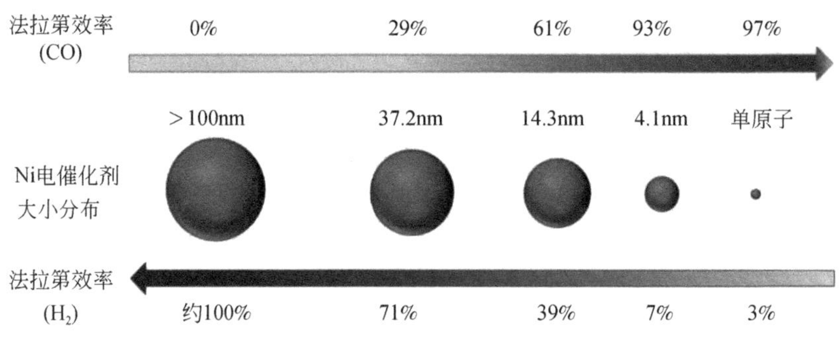

图 6-15　氮掺杂碳载体负载的 Ni 催化剂电催化 CO_2 还原反应中的尺寸效应[223]

Ni-N-C 催化剂中 Ni 原子的配位数和配位环境与其电催化 CO_2 还原性能密切相关。鲁统部等研究发现，与传统的 Ni-N_4配位相比，含有空位缺陷的 Ni 单原子催化剂（Ni-N_3-V SAC）具有更优异的电催化 CO_2 还原性能（图 6-16）[224]。在-0.9V电压条件下，Ni-N_3-V 的 CO_2 转化为 CO 的法拉第效率为 94%，电流密度为 $65mA/cm^2$，转换频率为 $1.35\times10^5h^{-1}$。理论计算的结果表明，空位缺陷对于提高

$Ni-N_3$位点的电催化CO_2还原性能起到关键作用。相比于传统的$Ni-N_4$结构和不含空位缺陷的$Ni-N_3$结构，$Ni-N_3-V$具有最佳的*COOH中间体形成和CO脱附反应能[图6-16（c）]，因此表现出优异的电催化CO_2还原为CO的活性和选择性。江海龙等通过对热解温度的调节，也获得了系列具有不同N原子配位数的单原子Ni催化剂（$Ni_{SA}-N_x-C$），包括$Ni_{SA}-N_2-C$，$Ni_{SA}-N_3-C$和$Ni_{SA}-N_4-C$，其中具有最低配位数的$Ni-N_2-C$表现出98%的CO法拉第效率，远优于$Ni_{SA}-N_3-C$和$Ni_{SA}-N_4-C$[225]。理论计算结果表明，$Ni_{SA}-N_2-C$有利于*COOH中间体的形成，这是其具有高活性的原因。

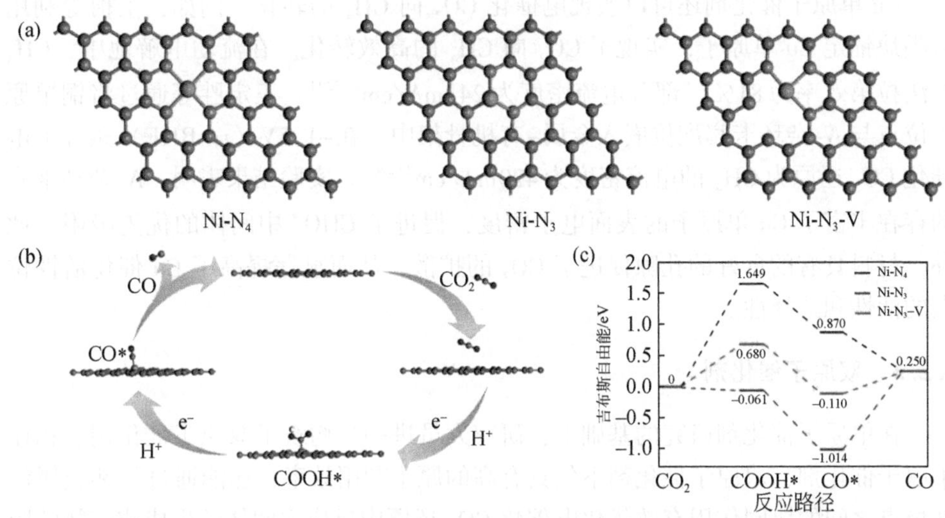

图6-16　（a）三种Ni SACs的结构；（b）$Ni-N_3-V$上CO_2电还原为CO的反应路径；（c）CO_2还原为CO的吉布斯自由能图[224]

研究表明，在电催化CO_2还原过程中，Ni-N-C催化剂中Ni^+是真正的活性位点。例如，黄延强等将镍（Ⅱ）2，9，16，23-四（氨基）酞菁（Ni-TAPc）通过C—C共价键连接到碳纳米管（CNT）上，构建了具有精确结构的单原子Ni催化剂（Ni-CNT-CC）[226]。Ni-CNT-CC在-0.53～-0.83V（*vs.* RHE）的电势窗口内，CO_2转变为CO的法拉第效率均保持在90%以上，最高电流密度大于$90mA/cm^2$。在-0.65V（*vs.* RHE）下连续反应100h后，Ni-CNT-CC依然能保持95%的初始电流密度，法拉第效率几乎不变，具有很好的稳定性。在催化过程中Ni-CNT-CC上的Ni^{2+}被还原为Ni^+，是CO_2还原反应真正的催化活性位点。

4. 铜单原子催化剂

与其他M-N-C单原子催化剂相比，Cu-N-C单原子催化剂CO_2还原产物更加多样。例如，何传新等在碳纳米纤维薄膜上制备了一种具有 Cu-N_4结构的 Cu 单原子催化剂（CuSAs/TCNFs），实现了高效的 CO_2 向甲醇和 CO 的转化[227]。在-0.9V（*vs.* RHE）下，CuSAs/TCNFs 的甲醇法拉第效率为 44%，CO 法拉第效率为 56%，连续电解 50h 之后性能没有明显降低。全燮等将 Cu 单原子锚定在富含吡咯 N 掺杂的多孔碳上[228]，可在低过电位下将 CO_2 还原为乙酸、乙醇和丙酮，其中丙酮为主要产物，法拉第效率为 36.7%，产率为 336.1μg/h。实验结合理论计算结果表明，与四个吡咯 N 配位的 Cu 原子是主要的活性位点，该活性位点能够有效降低 CO_2 活化和 C—C 偶联所需的反应自由能。

Cu 单原子催化剂还可以实现电催化 CO_2 向 CH_4 的转化。例如，王梅等利用石墨炔锚定 Cu 单原子，实现了 CO_2 向 CH_4 的高效转化。在流动电解池中，CH_4 的法拉第效率为 81%，部分电流密度为 243mA/cm²[229]。王定胜等通过将铜单原子位点与 *N*-杂环卡宾配位嵌入金属-有机骨架中，在-1.5V（*vs.* RHE）条件下电催化 CO_2 还原为 CH_4 的电流密度为 420mA/cm²[230]。实验结果表明，*N*-杂环卡宾的存在丰富了 Cu 单原子的表面电子密度，促进了 CHO^* 中间体的优先吸附。此外，材料具有的良好的孔隙促进了 CO_2 的扩散，从而显著提高了 Cu 催化活性位点的活性和选择性。

6.2.3　双原子催化剂

在单原子催化剂研究的基础上，研究人员进一步构筑了双原子催化剂。相比单原子催化剂，双原子催化剂不仅具有高的原子利用效率，还能通过相邻金属活性位点之间的协同作用有效优化电催化 CO_2 还原中反应中间体的生成或产物的脱附等过程，促进催化反应进行，从而显著提高催化活性。本节主要介绍 M_2-N-C 类型的同核和异核双原子催化剂在电催化 CO_2 还原反应中的应用。

1. 同核双原子催化剂

在 M_2-N-C 类型的同核双原子催化剂中，双原子位点为相同的金属原子。两个邻近金属原子之间的相互作用可以有效调控金属位点的电子结构，从而优化电催化 CO_2 还原路径。姚涛等以 $Ni_2(dppm)_2Cl_3$（dppm = $Ph_2PCH_2PPh_2$）为合成双原子 Ni 的前驱体，以金属-有机骨架衍生的氮掺杂多孔碳为载体，成功构筑了结构明确的 Ni 双原子催化剂，并将其应用在电催化 CO_2 还原反应中[231]。在该催化剂中，双核 Ni 的配位环境相同，均为 Ni-N_4配位，共享两个 N 原子，形成 Ni_2-N_6 结构。在 CO_2 电化学还原反应中，Ni_2-N_6位点进一步吸附电解液中的氧，形成氧桥连的 O-Ni_2-N_6双原子催化剂（图 6-17）。理论计算结果表明，相比 Ni-N_4 SAC，O-Ni_2-N_6结构可以优化 CO_2 还原过程，降低生成 $^*COOH$ 反应中间体的能垒，加速 CO 产物的脱附。O-Ni_2-N_6 在 150mA/cm^2 电流密度下，CO 法拉第效率为 94.3%，是 Ni-N_4的1.3倍。鲁统部等以双核 Ni 配合物为前驱体，在 N 掺杂的碳纳米管上可控合成了纯度大于 90% 的 Ni 双原子催化剂（Ni_2-NCNT），Ni_2-NCNT 在电催化 CO_2 还原反应中表现出优异的催化活性和稳定性[232]。王定胜等探索了 Pd 单原子和 Pd 双原子催化剂在 CO_2 还原反应中的催化性能[233]。在 Pd 双原子和 Pd 单原子催化剂中，Pd 都具有 Pd-N_2O_2的配位结构。电化学研究发现，Pd 双原子催化剂最高 CO 法拉第效率为 98.2%，而 Pd 单原子催化剂最高 CO 法拉第效率仅为 65%。相比 Pd 单原子催化剂，Pd 双原子催化剂之间存在电子转移，降低了 CO^* 的吸附能，促进了 CO 产物的脱附，从而显著提升电催化 CO_2 还原为 CO 的法拉第效率。

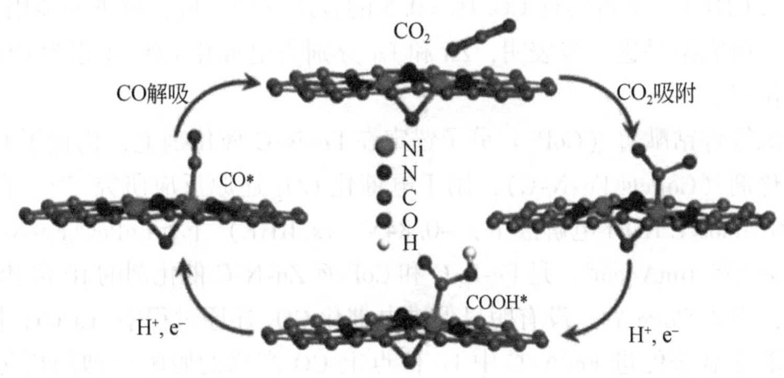

图 6-17　CO_2 在 O-Ni_2-N_6上的反应路径[231]

精准调控双原子催化剂的中双金属的配位和电子结构以实现催化性能的优化是该领域的重要研究方向。钟地长等通过调控合成温度，成功制备了三种配位环境不同的双原子 Ni 催化剂（Ni_2-N_7、Ni_2-N_5C_2 和 Ni_2-N_3C_4）[234]。其中 Ni_2-N_3C_4 电催化还原 CO_2 为 CO 的电流密度和法拉第效率明显高于相应的 Ni 单原子催化剂（Ni-N_2C_2）和其他结构的 Ni 双原子催化剂（Ni_2-N_7、Ni_2-N_5C_2）。理论计算结果表明，Ni_2-N_3C_4的优异性能归因于其 N_3C_4 结构优化了 Ni 双原子对中间体 *COOH和 *CO 的反应自由能。

2. 异核双原子催化剂

在异核双原子催化剂中，双原子位点由不同的金属原子组成。不同金属原子电子结构的差异展现出不同的催化活性，为复杂催化反应提供更多活性位点。基于 M_1M_2-N-C 类型异核双原子催化剂中双金属的协同作用，可实现对电催化 CO_2 还原过程的优化和催化性能的显著提升。例如，巩金龙等在 N 掺杂碳载体上，构筑了 Zn/Co 双原子催化剂，揭示了 Zn 和 Co 原子之间的电子效应对促进电催化 CO_2 还原为 CO 的机理[235]。Zn/Co 双原子催化剂在-0.5V 下，CO 的法拉第效率为93.2%，远高于 Co 单原子催化剂（67.3%）和 Zn 单原子催化剂（56.3%）。实验和理论计算结果表明，*COOH 中间体在 Zn 单原子位点上的吸附和*CO 在 Co 单原子位点上的脱附都比较困难，而 Zn/Co 双原子位点实现了*COOH 中间体在 Co 位点上形成，然后进一步还原为*CO，*CO 随后转移到 Zn 位点上进行脱附，从而优化了反应途径，提高了 CO 的法拉第效率。此外，杜亚平和黄勃龙等在氮化碳载体上构建了 La/Zn 双原子催化剂，用于电催化 CO_2 还原制合成气（CO 和 H_2 的混合气体）的研究[236]。通过调控 La 和 Zn 的比例，可以实现产物 CO/H_2 比值的调控。当 La 和 Zn 比例合适时，该双原子催化剂在较宽的电位范围［-1.6～-1.3V（*vs.* RHE）］下可实现 CO/H_2=0.5 的合成气的生成，可进一步用于费-托合成反应。研究结果进一步表明，Zn 和 La 分别为电催化 CO_2 还原为 CO 和电催化析氢的位点。

汪国雄等将钴酞菁（CoPc）分子锚定在 Fe-N-C 催化剂上，构建了 Co/Fe 的双原子催化剂（CoPc@Fe-N-C），用于电催化 CO_2 还原反应研究[237]。在流动相电解池，0.5mol/L KOH 电解液中，-0.84V（*vs.* RHE）下，CoPc@Fe-N-C 的 CO 电流密度为275.6mA/cm^2，是 Fe-N-C 和 CoPc@Zn-N-C 催化剂的10 倍和2.5 倍。研究表明，引入 CoPc 后，没有明显促进电催化 CO_2 还原过程中*COOH 中间体的形成，但能够显著促进 Fe-N-C 中 Fe 位点上 CO 产物的脱附和抑制析氢竞争反应，因此极大地提高了催化剂电催化 CO_2 还原为 CO 的性能。他们进一步构建了 CoPc@Zn-N-C 催化剂，研究了 Co/Zn 双原子位点在电催化 CO_2 还原反应制 CH_4 中的应用[238]。在 CoPc@Zn-N-C 催化剂上，电催化 CO_2 还原为 CH_4 的反应被分解到 Co 和 Zn 两个活性位点上，CO_2 首先在 CoPc 上被还原为 CO，CO 扩散到 Zn-N-C上进一步还原为 CH_4，从而提高了 CH_4 的生成速率。与单纯的 CoPc 或 Zn-N-C 相比，CoPc@Zn-N-C 的电催化 CO_2 还原产物中 CH_4/CO 的比值提高了100 倍以上。韩布兴等构筑了一种负载在空心氮掺杂碳上的 Cu/Ni 双原子催化剂（Cu/Ni-NC），用于电催化 CO_2 还原[239]。Cu/Ni-NC 在酸性、中性和碱性电解质中 CO 的法拉第效率均为99%，CO 的部分电流密度分别为（190±11）mA/cm^2、（225±10）mA/cm^2和（489±14）mA/cm^2。原位衰减全反射表面增强红外吸收光谱表征和理论计算表明，Ni 位点是吸附和转化 CO_2 的活性位点，Cu 位点通过有效调控 Ni 的电子结构，促进 CO_2 的活化和*COOH 的生成。

6.2.4 金属基催化剂

金属基催化剂表面对 CO_2 中间体结合能力的差异决定了还原产物的种类和选

择性。一般来说，在Zn、Pd、Au和Ag等金属催化剂表面容易稳定*COOH中间体，电催化CO_2还原产物主要是CO；其中，Pd在电催化CO_2还原为CO领域相对研究较少，有研究表明，在反应过程中钯会转化为氢化钯，能显著抑制CO中毒。Zn由于资源丰富、成本低、CO选择性高等优势被逐渐关注并研究。Au对于电催化CO_2还原生成CO具有高选择性和相对较低的过电位，近年来对Au纳米团簇、纳米粒子、纳米线以及具有丰富缺陷或暴露活性面的薄膜等催化剂进行了广泛研究。与Au催化剂相比，Ag催化剂由于高的CO选择性和相对较低的价格而更受欢迎。此外，在电催化CO_2还原过程中，Sn、Bi、In和Pb等金属基催化剂表面更容易稳定*OCHO中间体，电催化CO_2还原产物主要是HCOOH或$HCOO^-$。研究表明，Sn基纳米催化剂通过构建多孔结构或缩小尺寸可以增加活性表面积，产生晶界和缺陷，并调节反应的局部环境，能显著提高其CO_2还原转化效率。作为电催化CO_2还原生成甲酸的高活性金属，Bi具有经济环保、CO_2还原选择性高等优点，是目前电催化CO_2还原生成甲酸研究最广泛的催化剂之一。除了Bi或Sn基催化剂外，In、Pb等主族金属具有类似的催化产氢的高过电位，也常被用于电催化CO_2还原至甲酸。与上述其他金属基催化剂不同，Cu基材料表面能够稳定多种中间体，其CO_2还原产物较多，包含一碳产物、二碳产物甚至多碳产物。作为生成多碳产物最有前途的催化剂之一，铜基催化剂仍是目前研究的重点。综合考虑催化反应活性、产物选择性、经济成本及绿色环保等问题，本节将重点介绍银基、铋基和铜基催化剂这三类有代表性的金属基催化剂在电催化CO_2还原反应中的研究进展。

1. 银基催化剂

1975年，McQuillan等利用拉曼光谱对银电极在0.1mol/L Na_2CO_3水溶液中的CO_2还原反应进行了原位表征，结果证实·CO_2^-物种吸附在多晶Ag电极表面[240]；1993年，Hori等发现Ag电极在−1.37V（*vs.* NHE）时电催化CO_2还原生成CO的选择性为81.5%，而副产物$HCOO^-$和H_2的选择性分别为0.8%和12.4%。机理研究表明，Ag金属具有高的给电子能力，能够快速形成并稳定关键中间体·CO_2^-，有利于CO的生成[241]。最近研究表明，未改性的多晶银金属，如传统的银箔，往往表现出较差的CO法拉第效率，对银基材料晶面结构进行调控或对其表面进行修饰以及引入其他金属等能显著提升其电催化CO_2还原性能。本部分将围绕银纳米催化剂、银基化合物衍生催化剂和银基复合催化剂对其在电催化CO_2还原反应中的应用进行介绍。

1）银纳米催化剂

银纳米催化剂的尺寸、形貌及表面结构对其电催化CO_2还原生成CO的性能有重要影响。例如，Hwang 等使用半胱胺作为锚定剂，通过一锅法在碳载体上合成了不同尺寸的银纳米颗粒（3nm、5nm 和 10nm），并研究了其电催化 CO_2 还原性能。与金属银箔相比，不同尺寸银纳米颗粒都表现出增强的 CO_2 还原活性。其中尺寸为 5nm 的银纳米颗粒在 -0.75V（*vs.* RHE）时的 CO 法拉第效率为 79.2%，是银箔（16.5%）的 4.8 倍。理论计算研究表明，银纳米颗粒的尺寸效应，以及与半胱胺中的 S 形成的 Ag—S 键对其电催化 CO_2 还原性能有重要影响[242]。骆静利等用 $NaBH_4$ 还原 $AgNO_3$ 制备了三角形银纳米片，该催化剂在 96mV 的低过电势下便有 CO 生成，CO 最大法拉第效率为 96.8%，远优于尺寸相似的银颗粒（65.4%）和块材银（57.2%）。此外，三角形银纳米片还具有 61.7% 的能量利用率和超高的稳定性。理论计算表明，三角形银纳米片优先暴露（100）晶面及边角位点，使其具有更低的 CO_2 到 CO 的反应能垒[243]。Amal 等采用简单的电沉积方法制备了一种三维多孔泡沫银，并将其应用于电催化 CO_2 还原。该催化剂生成 CO 的法拉第效率为 94.7%，电流密度为 10.8mA/cm^2。研究表明，该材料优异的电催化性能主要归功于其三维多孔结构，该结构不仅提供了更多的催化活性位点，而且有利于反应物、离子和产物的迁移与扩散[244]。此外，金属银纳米材料的晶面结构与其电催化 CO_2 还原能力息息相关。例如，Hori 等发现 Ag（110）具有较高的将 CO_2 还原为 CO 的活性[245]。Bell 等在相同取向的单晶硅片上外延生长（111）、（100）和（110）取向的银薄膜，探究了不同晶面对于电催化 CO_2 还原性能的影响。结果表明，Ag（110）晶面比 Ag（111）和 Ag（100）晶面具有更高的 CO_2 还原为 CO 的催化活性[246]。

对金属银催化剂表面进行修饰也能进一步提高其电催化 CO_2 还原性能。例如，Toma 等利用二十六烷基二甲基溴化铵对银表面进行了改性处理，最终将 CO 的法拉第效率从 25% 提高到 97%，同时，CO 的部分电流密度提高了 9 倍[247]。孙玉刚等通过对银-硫代苯酚纳米立方盒进行电还原合成了纳米多孔银催化剂。在纳米多孔银的制备过程中，银-硫代苯酚前驱体会在电化学还原时脱附硫代苯酚，部分脱附到溶液中的硫代苯酚又会重新吸附在纳米多孔银表面。吸附了硫代苯酚的纳米多孔银表现出优异的电催化 CO_2 还原性能，在-1.03V（*vs.* RHE）时 CO 的质量比电流密度为 502A/g，CO 的法拉第效率为 96%，明显优于表面没有吸附硫代苯酚的银催化剂（82%）。理论计算表明，当银表面吸附硫代苯酚后，H 原子倾向于吸附在硫代苯酚的 S 原子上，H 和 S 之间成键会使电子从 H 向 S 转移，H 的吉布斯吸附自由能将会增大到 0.34eV，使电催化析氢得到抑制[248]。

陈元等使用动态氢气泡模板电沉积的方法，制备了自支撑的三维多孔银纳米泡沫，该催化剂表面存在丰富的硫氰酸根配体，表现出优异的电催化 CO_2 还原为 CO 的活性。在-0.5 ~ -1.2V（*vs.* RHE）的电位窗口内，该催化剂的 CO 法拉第效率均保持在90.0%以上。在-1.2V（*vs.* RHE）时，其CO_2还原电流密度和法拉第效率分别为-33.4mA/cm^{2}和（94.8±2.9）%，远高于银纳米颗粒［-18.4mA/cm^2，(39.0±3.3)%］和银箔［-6.1mA/cm^2，(12.6±3.9)%］。机理研究表明，SCN^-的引入降低了反应的塔费尔斜率，加快了反应的动力学过程，提高了催化剂的稳定性。密度泛函理论计算表明，该催化剂中具有更高的局域未配对电子密度，有利于稳定表面吸附的CO_2^-自由基，促进其接受质子后向*COOH的转化，从而提高了催化活性[249]。

孙予罕等通过改变电解质组成在中空纤维Ag电极上引入氯离子，实现了CO安培级电流密度下的稳定运行[250]。实验结果表明，痕量氯离子以低配位形式特异性吸附在中空纤维Ag电极上，没有改变银的物相组成，也未明显改变其活性位点数量，而是调控银电极表面的电子结构，优化CO_2还原反应的动力学过程，提升了银电极电催化CO_2还原为CO的选择性，同时有效抑制了析氢副反应的发生。在总电流密度为1A/cm^{2}的条件下稳定运行超150h，CO法拉第效率始终大于92%。原位拉曼测试结合理论计算证实了低配位氯离子吸附在中空纤维Ag电极上，通过同时抑制析氢反应和优化CO_2还原动力学来提升银电催化CO_2还原为CO的活性和选择性。

2）银基化合物衍生催化剂

相比于纯银材料，银基化合物衍生得到的催化剂一般具有更优异的电催化CO_2还原活性和选择性。例如，Geyer等制备了磷化银纳米晶用于电催化CO_2还原。与纯银相比，磷化银纳米晶电催化CO_2生成CO的过电位降低了0.3V，在500mV的电位窗口内，CO的法拉第效率最高为82%，且具有较好的稳定性。理论计算结果表明，H^*中间体在Ag上的吸附较弱，在P上的吸附较强。H^*在P上的强吸附不仅能抑制HER，而且可作为质子源参与邻近Ag位点上CO_2还原中间体的形成[251]。Smith等利用电化学方法制备了一种氧化物衍生的纳米结构银催化剂，其展现出优异的电催化CO_2还原为CO活性和选择性。与多晶银相比，氧化物衍生的银电催化CO_2还原反应过电位变低，同时提高了CO_2还原为CO的法拉第效率。研究表明，氧化物衍生银表面的低配位Ag位点更容易稳定*COOH中间体，从而提高其电催化CO_2还原的催化活性和选择性。此外，氧化物衍生的银催化剂具有纳米多孔结构，从而使反应局部pH升高，这在一定程度上也能抑制H_2析出，促进CO_2还原[252]。为进一步了解银氧化物种在电催化CO_2还原生成CO中的反应动力学，Cuenya等使用等离子体处理氧化银，制备了具有高度缺陷的银纳米催化剂，该催化剂也表现出优于金属银箔的电催化CO_2还原性能。理论计算结果表明，与金属银箔相比，氧化物衍生的银催化剂具有较高的表面粗糙度和较低的配位数，增加了催化剂的比表面积，增强了*COOH中间体的结合，从

而降低了电催化 CO_2 还原为 CO 的能垒，提高了 CO 选择性[253]。邵宗平等利用原位电还原方法将 Ag_2O 转化为具有缺陷结构的银催化剂，大幅提升了其 CO_2 还原的性能。该催化剂在宽的电势范围内［-0.8～-1.0V（*vs.* RHE）］表现出近 100% 的 CO 法拉第效率，并且在超过 120h 的恒电位测试中，CO 选择性几乎保持不变。作者利用原位 X 射线吸收光谱，记录了催化剂的变化过程。当阴极施加电压时，Ag—O 键被来自阴极的电子迅速破坏，Ag—O 特征峰逐渐减弱，出现 Ag—Ag 特征峰，形成纳米结构的 Ag 催化剂，从而确认了缺陷位点的存在。密度泛函理论计算表明，该银基催化剂的高性能源于其丰富的缺陷位点，*COOH 中间体在缺陷 Ag 位点上的吸附增强，进而促进了对 CO_2 的活化[254]。

3）银基复合催化剂

通过与其他金属制备合金或复合物来获得银基复合催化剂，可以改变银的电子结构，并通过双金属或者多金属间的协同作用来优化 CO_2 还原过程。研究表明，钯能使电化学 CO_2 还原生成甲酸的过电位接近于零，但是稳定性较差。将钯与银进行合金化，可以调节钯电子结构及其与反应中间体的相互作用，并提高银基催化剂还原 CO_2 的性能。基于此，李彦光等分别以硝酸银和氯钯酸为银源和钯源，以抗坏血酸为还原剂，并加入二十六烷基二甲基氯化铵，在水溶液中制备了一维钯银合金纳米线（Pd_xAg，x 为起始 Pd/Ag 摩尔比），其中 Pd_4Ag 纳米线的性能最为优异，可以在接近零的过电位下进行反应，在-0.08～-0.24V（*vs.* RHE）之间保持了 95% 的甲酸盐选择性，远优于纯钯纳米颗粒。理论计算表明，Ag 的引入降低了 Pd 催化剂的 d 带中心，并稀释了 PdH_x 活性位点，削弱了 CO 在 Pd 位点上的结合，更有利于*OCHO 的形成，从而提高了合金纳米线电催化 CO_2 还原生成甲酸的性能[255]。

构建银基复合物是提高催化剂 CO_2 还原性能的重要策略。例如，竹文坤等报道了一种银纳米线和二硫化锡纳米片的复合催化剂 Ag-SnS_2，并研究了其电催化 CO_2 还原制备甲酸盐和合成气的性能。在电催化 CO_2 还原反应中，该复合催化剂在-1.0V（*vs.* RHE）时的电流密度为 38.8mA/cm^2，其中甲酸盐为 23.3mA/cm^2，合成气（CO/H_2 比为 1∶1）为 15.5mA/cm^2。机理研究表明，该复合催化剂具有优异的导电性和丰富的缺陷位点，有利于电催化 CO_2 还原反应的高效进行[256]。陈忠伟等将氧化锌和银纳米晶粒负载在多孔碳纳米球上制备了一种双金属催化剂 ZnO-Ag@UC，并将其用于选择性还原 CO_2 为 CO。ZnO-Ag@UC 催化剂生成 CO 的能量效率为 60.9%，法拉第效率为（94.1±4.0）%，能在 6 天内保持稳定。机理研究表明，通过构建 Zn-Ag-O 异质界面，调节了双金属电子构型，优化了*COOH中间体的结合能，从而促进了 CO 生成。此外，多孔结构能够暴露更多活性位点，促进了物质传递和电子迁移，加快了催化动力学[257]。

研究表明，铜基催化剂可以实现 CO_2 电催化还原为多碳产物，其中 CO 是 CO_2 还原为多碳产物过程中重要的中间体。鉴于银基材料具有优异的催化 CO_2 还原为 CO 活性，因此构建银铜串联催化剂有望提高铜基催化剂电催化 CO_2 还原为多碳产物的性能[258]。例如，杨培东等通过混合商业银粉和铜粉制备了银铜串联催化剂，实现了高效的电催化 CO_2 还原为多碳产物。在气体扩散电解池中，与纯铜或纯银催化剂相比，银铜串联催化剂的 CO_2 还原电流密度更高，特别是多碳产物的部分电流密度可达 160mA/cm^2，远高于纯铜催化剂（37mA/cm^2）。实验结果表明，在纯铜催化剂中，C—C 偶联反应占主导地位，CO 产率较低；纯银催化剂的 CO 电流密度随过电位增加而增大；随着纯银催化剂 CO 电流密度的提高，银铜串联催化剂上多碳产物的电流密度也在增加。因此，串联催化剂中多碳产物电流密度的提高归因于 Ag 表面产生的高浓度 CO[259]。Broekmann 等通过电沉积制备了双金属银铜泡沫催化剂 $Ag_{15}Cu_{85}$，该催化剂中纳米银高度分散在铜基底中。在低过电位下，$Ag_{15}Cu_{85}$对 CO_2 还原为 CO 具有较高的选择性。在较高的过电位下，$Ag_{15}Cu_{85}$电催化 CO_2 还原产物还包含 C_2H_4，-1.1V（*vs.* RHE）时 C_2H_4 的法拉第效率为 36.56%，电流密度为 11.31mA/cm^2。此外，作者对 $Ag_{15}Cu_{85}$ 做进一步退火处理，将双金属体系中的 Cu 转变为结晶 Cu_2O 和非晶 CuO 的混合物，而 Ag 保持金属状态，从而获得了氧活化的双金属催化剂。在-1.0V（*vs.* RHE）时，氧活化的双金属催化剂生成乙醇的选择性为 33.7%，电流密度为 8.67mA/cm^2，并在 100h 内保持稳定。研究表明，该催化剂的优异性能得益于高电位下 CO 浓度的增加，以及银和铜组分的协同作用[260]。陈宇辉等通过改变银前驱体的加入量，制备了四种具有不同银壳厚度的铜银核壳（Cu@ Ag）纳米颗粒[261]。在电催化 CO_2 还原过程中，Ag 壳层上生成 CO，在 Cu 核上实现 C—C 偶联，Ag 壳层与 Cu 核之间的协同作用增强了 CO 在 Cu/Ag 界面上的键合，加速了电荷转移，实现了 CO_2 还原反应的串联催化。结果表明，在-1.1 V（*vs.* RHE）下，Ag 壳层厚度为 11.2nm 的 Cu@ Ag 催化剂生成二碳产物的法拉第效率为 67.6%，其中 C_2H_4的法拉第效率为 32.2%。

2. 铋基催化剂

铋基催化剂具有低成本、低毒性、高活性和高选择性等优点，被广泛用于电催化 CO_2 还原研究[262]。在离子液体或非质子电解质中，铋基催化剂电催化 CO_2 还原的产物主要为 CO，但在水溶液中，铋表面生成*OCHO 中间体所需能垒远低于*COOH 与 H*中间体，还原产物以甲酸或甲酸盐为主[263]。1995 年，Komatsu 等发现铋金属在 $KHCO_3$水溶液中具有电催化 CO_2 还原的性能[264]，随后开发了多种铋基催化剂用于电催化 CO_2 还原研究。目前铋基催化剂主要包括铋纳米催化剂和铋基复合催化剂，本节将围绕这两类介绍铋基催化剂在电催化 CO_2 还原中的应用[265]。

1）铋纳米催化剂

铋纳米催化剂可通过化学还原、电化学还原和电沉积等多种方法获得[266-268]。通过控制形貌、构建缺陷和表面修饰等手段可有效提升 Bi 纳米催化剂的电催化 CO_2 还原活性和选择性。例如，余家国等制备了直径为 5～7nm、壁厚约 2nm 的 Bi 纳米管，以及厚度为 2nm 的 Bi 纳米片，探究了不同形貌 Bi 对电催化 CO_2 还原性能的影响[269]。电化学测试表明，相较于 Bi 纳米片，Bi 纳米管表现出更优异的催化性能。在－0.75～－1.35V（*vs.* RHE）时，Bi 纳米管甲酸盐法拉第效率均大于 90%，明显优于 Bi 纳米片。在－1.35V（*vs.* RHE）时，Bi 纳米管的甲酸盐部分电流密度为 $50mA/cm^2$，而 Bi 纳米片以产 H_2 为主，甲酸盐部分电流密度为 $15mA/cm^2$。理论计算结果表明，Bi 纳米管的曲率明显高于 Bi 纳米片，随着曲率的增大，CO_2 还原为 CO 和析氢反应的能垒增大，而 CO_2 还原为甲酸盐的能垒减小。柴国良等通过化学还原合成法，以新癸酸铋和 1－十八烯等为主要原料制备了暴露（104）和（110）面的单晶 Bi 菱形十二面体催化剂[266]。在流动相电解池中，催化剂在 9.8～290.1mA/cm^2 的宽电流密度范围内甲酸盐法拉第效率均大于 92.2%，在 $200mA/cm^2$ 的电流密度下稳定 20h 以上。

大量研究表明，通过原位电化学转化获得的 Bi 纳米材料表面会存在大量缺陷位点，从而表现出提升的电催化 CO_2 还原性能。例如，李彦光等以富含缺陷的氧化铋纳米管为模板，通过电化学原位还原方法将其转化为富含缺陷的 Bi 纳米管[270]。Bi 纳米管在－0.7～－1.0V（*vs.* RHE）范围内甲酸法拉第效率保持在 93% 以上。在流动电解池中，其电流密度在－0.61V（*vs.* RHE）时为 $288mA/cm^2$。理论计算结果表明，在完美的 Bi 表面，CO_2 还原生成甲酸中间体 $^*OCHO$ 的吉布斯自由能为 0.47eV，当存在 5～7 环缺陷，单－空位缺陷或者双－空位缺陷时，形成 $^*OCHO$ 的吉布斯自由能分别降至 0.43eV，0.37eV 和 0.07eV，表明 Bi 纳米催化剂表面缺陷位点具有较高的电催化 CO_2 还原为甲酸的活性。黄宏文等将氢氧化铋纳米片还原为富有缺陷的铋纳米片[271]，发现催化剂的表面缺陷是电催化 CO_2 还原反应的高活性位点。与完美的 Bi 纳米片相比，富有缺陷的铋纳米片电流密度增加了 2.6 倍。在流动相电解池中，－0.5V～－1.4V（*vs.* RHE）电位窗口内，甲酸盐法拉第效率均在 95% 以上，甲酸盐部分电流密度最高为 $325mA/cm^2$。此外，该催化剂稳定性良好，在 $200mA/cm^2$ 电流密度下，可连续稳定电解 110h。

在 Bi 纳米催化剂表面进行修饰也能提高电催化 CO_2 还原为甲酸的性能。例如，吴浩斌等通过对 Bi 基金属－有机骨架（Bi-MOF）进行原位电化学处理，得到有机配体残留的 Bi 纳米片[272]。在原位电化学转化过程中，Bi-MOF 中大部分配体被去除，少量配体残留在 Bi 表面。这些残留的配体能够有效稳定 Bi 纳米片表面低配位高活性 Bi 缺陷位点，抑制其在催化过程中发生重排或者溶解，提高其稳定性。该工作说明，在 Bi 催化剂表面进行修饰，不仅能够提升其催化性能，还能增强其稳定性。

研究表明，在电催化 CO_2 还原过程中，即使在较负的还原电位下，Bi 基氧化物中部分 Bi-O 结构在整个电解过程中也能稳定存在。Bi-O 的存在降低了关键中间体的自由能垒，加快了反应动力学，有利于提高 Bi 在电催化 CO_2 还原过程中宽电位范围内的甲酸法拉第效率[273]。夏宝玉等通过对 Bi 纳米球进行氧化处理制备了氧化铋纳米球。结果表明，随着氧化时间的延长，Bi^{3+}/Bi 和 Bi-O/Bi-OH 的比例逐渐增加，氧化处理5h 的样品（Bi_2O_3-5h）中 Bi-O/Bi-OH 的比值达到最大。原位拉曼结果证明在 CO_2 还原过程中，Bi-O 结构始终存在。电化学测试结果表明，Bi_2O_3-5h 在-0.9V（*vs.* RHE）时，生成甲酸盐的法拉第效率最大为91%，优于其他氧化处理时间的样品。理论计算结果表明，Bi-O 基团对 CO_2 有更强的吸附作用，同时将决速步从电子转移路径转变为加氢步骤，进而提高了催化剂的 CO_2 还原的活性。此外，姚伟等通过电化学沉积、原位还原和高温氧化过程，在碳纸上原位合成了具有丰富 Bi-O 结构的超薄花状 $Bi_2O_2CO_3$ 纳米片催化剂，并用于电催化 CO_2 还原反应研究[274]。实验结果表明，在-1.5 ~ -1.8V（*vs.* Ag/AgCl）的较宽电位窗口内，甲酸法拉第效率均高于90%，明显优于没有经历过高温氧化处理的 Bi 样品。这归因于 $Bi_2O_2CO_3$ 纳米片中超薄花状结构提供了丰富的 Bi-O 结构和活性位点。

2）铋基复合催化剂

Bi 基材料可与其他材料进行复合形成 Bi 基复合催化剂。和纯 Bi 催化剂相比，形成 Bi 基复合催化剂可以提高催化剂导电性，加快电子转移，增强催化剂对 CO_2 的吸附以及稳定关键中间体等，从而获得更加优异的 CO_2 还原为甲酸性能。翟天佑等合成了一种具有［Bi_2O_2］$^{2+}$层和［Cu_2Se_2］$^{2-}$层交替堆垛的复合催化剂，并将其用于 CO_2 电还原。在电催化 CO_2 还原过程中，［Cu_2Se_2］$^{2-}$作为导电层能够快速传导电子，且能够有效保护［Bi_2O_2］$^{2+}$层不被还原，使［Bi_2O_2］$^{2+}$作为活性中心参与 CO_2 还原为甲酸的反应。实验结果表明，该催化剂在-0.4 ~ -1.1V（*vs.* RHE）的电位范围内，甲酸法拉第效率均在90%以上。理论计算结果表明，［Bi_2O_2］$^{2+}$中 Bi-O 结构与 OCHO＊中间体具有很强的耦合效应，是催化剂显示出优异活性的主要原因[275]。李彦光等通过简单溶剂热法一步合成了 Pd_3Bi 金属间化合物（Pd_3Bi-IMA），通过球差电子显微镜可以清晰地看到 Pd 和 Bi 原子在晶格内的有序排布，且该纳米晶体形貌为均匀的纳米颗粒。电催化 CO_2 还原结果表明，Pd_3Bi-IMA 在0 ~ -0.33V（*vs.* RHE）范围内甲酸法拉第效率均在90%以上。理论计算结果表明，Pd_3Bi-IMA 能抑制*CO 结合，增强对*OCHO 中间体吸附，从而表现出较好的甲酸盐选择性和良好的抗 CO 中毒能力[276]。

鲁统部等在 $Bi_2O_2CO_3$（BOC）纳米片表面修饰了石墨炔（GDY），成功构筑了 BOC@ GDY 复合催化剂，并将其用于电催化 CO_2 还原反应[277]。BOC@ GDY 最高甲酸法拉第效率为 95.5%，明显优于未修饰的 BOC（85.9%）。在气体扩散电解池中，–1.1V（*vs.* RHE）时，BOC@ GDY 的电流密度为 200 mA/cm^2，甲酸盐法拉第效率为 93.5%。研究结果表明，GDY 不仅能改善催化剂导电性，促进 Bi^{3+}还原为金属 Bi，还能够显著提升催化剂对 CO_2 的吸附，从而提升催化剂的 CO_2 还原性能。蒋青等以碳酸氧铋/氧化铈为前驱体，通过原位电还原成功制备了铋/氧化铈（Bi/CeO_x）复合催化剂[278]，在电流密度为 104mA/cm^{2}时，甲酸盐法拉第效率为 92%，生成 HCOOH 的最大产率为 2600μmol/(h · cm^2)，显著优于纯铋催化剂。研究发现，CeO_x的引入有效提高了催化剂对 CO_2 的吸附和活化能力，加快了还原过程中的电子转移，促进了关键中间体生成。刘佳等通过电沉积方法将双金属铋和锡沉积在铜网上，制备了 Bi_5Sn_{60}电极（铋沉积时间为 5min，锡沉积时间为 60min）。Bi_5Sn_{60}电极的松针状结构可以提供大的比表面积和大量的活性位点，有利于电催化二氧化碳还原反应中电子的快速转移[268]。Bi_5Sn_{60}在–1.0V（*vs.* RHE）时，甲酸盐法拉第效率为 94.8%，部分电流密度为 34.0mA/cm^2，可稳定运行 20h。钟苗等通过物理气相沉积法，在气体扩散电极上沉积了厚度约为 0.5 ~ 1μm 的 $Bi_{0.1}Sn$ 合金薄膜，该薄膜表面在电催化 CO_2 还原过程中会形成一层 50 ~ 100nm 的 Sn-Bi/SnO_2保护层，从而提供大量高活性的 Bi-Sn 和 Bi-Sn-SnO_2反应活性位点[279]。在气体扩散电解池和 1mol/L KOH 电解质中，该催化剂在–0.65V（*vs.* RHE）下实现了大于 95% 的甲酸盐法拉第效率，并在 100mA/cm^{2}的电流密度下可以连续稳定工作 2400h。鲁统部等以碘和芘基石墨炔修饰的碳酸氧铋为原料，通过原位电还原合成了一种表面碘和芘基石墨炔共修饰的 Bi 催化剂，可在酸性电解质中高效还原 CO_2。在 H–型电解池中，–1.7V（*vs.* RHE）电位下甲酸的部分电流密度为 98.71mA/cm^2。碘和芘基石墨炔共修饰的 Bi 催化剂展现出 240h 的长期稳定性，优于未修饰的 Bi 催化剂（60h）[280]。实验和理论计算结果表明，碘和芘基石墨炔的协同作用是保证催化剂在 CO_2 电还原过程中具有良好活性和稳定性的关键：催化剂表面的碘不仅可以降低 $OCHO^*$ 中间体的形成能垒，还通过提高反应界面处 K^+的浓度来抑制竞争性析氢反应。同时表面修饰的芘基石墨炔层不仅提高了催化剂对 CO_2 的吸附能力，还在催化反应过程中阻止了活性 Bi 原子在表面的溶解和再沉积，从而防止催化剂失活。

3. 铜基催化剂

自 Yoshio 等在 20 世纪 80 年代发现铜能将 CO_2 还原为多碳产物以来[281]，铜基催化剂受到广泛的关注。相比于其他金属催化剂，铜基催化剂的 CO_2 还原产物更加多样。电催化 CO_2 还原产物的种类主要取决于铜基催化剂表面的原子排列、电子结构、化学价态及形态结构等，这些因素可以影响关键中间体和产物分子在催化剂表面的吸附，最终影响反应路径以及还原产物选择性。金属铜纳米材料在空气中极易氧化，而氧化铜在电催化还原过程中又容易被还原为零价铜。铜基催化剂的这种特性，导致其在催化过程中表面结构不稳定。近年来，人们通过对铜基催化剂的组成、形貌和结构的精确控制，极大优化了其电催化 CO_2 还原性能，特别是生成多碳产物的催化活性和选择性的提高。下面将对铜基催化剂包括铜团簇催化剂、铜纳米催化剂、铜化合物衍生催化剂和铜基多金属催化剂在电催化 CO_2 还原中的应用进行介绍。最后对铜基催化剂还原 CO_2 为多碳产物的优化策略进行了总结。

1）铜基催化剂的分类

（1）铜团簇催化剂。理论计算结果表明，铜团簇的 d 带中心随着尺寸变小而逐渐上移，这有利于增强 $^{*}CO$ 中间体在催化剂表面的吸附。相比更大尺寸铜基纳米催化剂和块材铜催化剂，小尺寸的铜团簇催化剂更有利于抑制析氢反应，从而促进电催化 CO_2 向 CH_4 的转化。基于此，何传新等通过浸渍-焙烧方法，在富含缺陷的碳载体上合成了尺寸为 1nm 的铜团簇催化剂[282]。相比铜纳米颗粒催化剂，铜团簇催化剂表现出较高的电催化 CO_2 还原为 CH_4 活性和选择性，在-1.0V（*vs.* RHE）电位下，CH_4 部分电流密度为 18.0mA/cm^2，法拉第效率为 81.7%，优于大多数报道的铜基催化剂。曾杰等通过电化学氧化-还原法，基于铜基金属-有机骨架材料制备了尺寸小于 1nm 的亚纳米 Cu 团簇催化剂，并在团簇表面保留了金属-有机骨架中的有机配体分子。这一方法不仅解决了铜团簇在催化过程中稳定性较差的问题，还提升了其电催化 CO_2 向 CH_4 转化的选择性和活性。CH_4 法拉第效率为 51.2%，部分电流密度最高为 150mA/cm^2。而没经过氧化-还原预处理的铜基金属-有机骨架只得到铜颗粒催化剂，其 CH_4 法拉第效率仅为 2.7%[283]。在电催化 CO_2 还原过程中，单原子铜位点有可能会演变成铜团簇，并作为真正的活性位点参与 CO_2 还原转化。例如，徐涛等通过 Cu-Li 混合法在碳载体上构建了含氧基团配位的铜单原子位点，并将其用于 CO_2 电催化还原为乙醇的研究[284]。研究发现在催化过程中，发生了单原子位点向团簇的转变，聚合后的小尺寸铜团簇通过进一步的电子和质子转移实现 CO_2 到乙醇的转化，在-0.7V（*vs.* RHE）电位下，乙醇的法拉第效率最高为 91%。

相比于其他类型铜基催化剂，铜团簇催化剂在电催化 CO_2 还原中的研究还比较少。如何通过载体调控和表面修饰，进一步优化和稳定铜团簇电催化 CO_2 还原性能是该领域今后的研究方向。

（2）铜纳米催化剂。相比于铜团簇，金属铜纳米材料具有更大尺寸，并且其形貌和表面结构更易调控，被广泛用于研究电催化 CO_2 向二碳甚至多碳产物的转化。金属铜纳米催化剂暴露的晶面类型、表面原子价态和结构都与其催化性能密切相关。例如，王超等研究发现，在碱性电解质中，与具有相似尺寸的铜纳米颗粒相比，暴露（100）晶面的铜立方纳米晶表现出更高的 CO_2 还原为 C_2H_4 的法拉第效率和部分电流密度[285]。理论计算表明，铜（100）晶面优化了生成 C_2H_4 的关键步骤，即 $^*CO$ 中间体的 C—C 耦合。杨健等制备了配体（聚乙烯吡咯烷酮）保护的铜纳米颗粒，并研究了其电催化 CO_2 性能[286]。结果表明，配体保护的铜纳米颗粒表面是零价铜，其 CO_2 还原产物主要是 CH_4，法拉第效率大于 70%；部分配体保护的铜纳米颗粒表面存在零价和 Cu^+ 的混合价态，其 CO_2 还原产物主要是多碳产物，总法拉第效率大于 80%；而没有配体保护的铜纳米颗粒表面 Cu^+ 增多，多碳产物总法拉第效率降为 49%，证明铜催化剂表面的原子价态对其电催化 CO_2 还原性能有重要影响。郑耿峰等利用电化学沉积方法，通过对沉积过程的精准调控，制备了富含缺陷和基本不含缺陷的铜纳米枝晶，探索了缺陷对电催化 CO_2 还原性能的影响[287]。在流动相电解池中，富含缺陷的铜纳米晶产生多碳醇类产物的法拉第效率为 67%（乙醇 52% + 丙醇 15%），电流密度为 $100mA/cm^2$，而基本不含缺陷的铜枝晶仅表现出 60% 的乙烯法拉第效率，表明铜表面缺陷可以调控电催化 CO_2 还原产物的种类。

（3）铜化合物衍生催化剂。铜化合物（包括氧化物、氮化物和硫化物等）衍生的铜催化剂表面存在大量低价铜组分和缺陷结构，有利于将 CO_2 电催化还原为二碳或多碳产物。不同组分、结构和形貌铜化合物衍生的催化剂 CO_2 还原活性、选择性和稳定性具有明显差异。Kim 等研究了枝状 CuO 和立方 Cu_2O 纳米颗粒衍生的铜催化剂在电催化 CO_2 还原反应中的性能差异[288]。枝状 CuO 包含许多晶界组成的高活性区域，使其在催化过程中具有更大的比表面积和高局部 pH，因此实现 70% 的 C_2H_4 法拉第效率。而立方体 Cu_2O 纳米颗粒衍生的铜催化剂只能实现 30% C_2H_4 法拉第效率。由于 Cu^+ 在电催化 CO_2 还原过程中易被还原，氧化铜衍生的铜催化剂一般不稳定。孙守恒等发现在电催化 CO_2 还原过程中，Cu_3N（100）表面的 Cu^+ 组分能够稳定存在，且作为高活性位点参与催化反应[289]。因此氮化铜衍生的铜催化剂在电催化 CO_2 还原方面的应用受到关注。例如，Sargent 等经氧化-电化学还原过程在 Cu_3N 表面构建了稳定的 Cu^+ 组分，用于电催化 CO_2 还原为多碳产物[290]。相比纯铜催化剂，由 Cu_3N 氧化-还原过程衍生的铜催化剂的稳定性和活性更好，对多碳产物的法拉第效率最高为 64%。此外，有研究表明在硫化铜表面构建硫空位有利于促进 CO_2 电催化还原为多碳醇[291]。例如，郑耿锋等研究发现，具有双硫空位的硫化铜催化剂，在含 0.1mol/L $KHCO_3$ 的 H-型电解池中，正丙醇法拉第效率为 15.4%[292]。

(4) 铜基多金属催化剂。在电催化 CO_2 还原反应中，铜基催化剂的还原产物种类丰富。为进一步改善铜基催化剂对单一 CO_2 还原产物的催化活性和选择性，与其他金属或金属化合物形成合金或多金属复合物是一种有效策略。例如，范战西等报道了一系列暴露 Cu {100} 晶面且具有不同组成的 Ag-Cu 双面催化剂 (Ag_{65}-Cu_{35} JNS-100，Ag_{50}-Cu_{50} JNS-100 和 Ag_{25}-Cu_{75} JNS-100) 用于电催化 CO_2 还原反应[293]。在 Ag-Cu 双面催化剂中，CO_2 首先在 Ag 上被还原为 CO，随后 CO 分子溢流到 Cu 的 {100} 晶面上发生 C—C 偶联反应，提高了二碳产物的法拉第效率。其中，Ag_{65}-Cu_{35} JNS-100 对 C_2H_4 和 C_{2+} 产物的最高法拉第效率分别为 54% 和 72%。胡文平等制备了不对称的三金属 AuAgCu 串联催化剂[294]。在该串联催化剂中，CO_2 首先在 Au@Ag 表面被还原为 CO，而后 CO 溢流到 Cu 表面高选择性地生成乙醇，最佳法拉第效率为 37.5%。

2) 铜基催化剂还原 CO_2 为多碳产物的优化策略

铜基材料是目前已知可实现 CO_2 向二碳和多碳产物转化的最具潜力的金属电催化剂。与 CO、CH_4 等一碳产物相比，二碳或多碳产物具有更高的经济价值。然而，由于涉及更多电子-质子转移过程，CO_2 还原到多碳产物的过程更加困难和复杂。随着先进原位表征技术与理论计算的发展，反应过程中涉及的多个反应中间体与多种反应路径逐渐被认识。尽管具体催化路径依旧存在争议，但是目前人们普遍认为铜基催化剂首先将 CO_2 电化学还原为 $^*CO$，$^*CO$ 经过进一步 C—C 偶联（关键决速步骤）生成二碳或多碳产物。下面将重点介绍如何通过调控晶面结构、优化氧化态、表面修饰和设计纳米结构这四方面来提高 CO 在催化剂表面的吸附，进而促进碳-碳偶联反应，提升铜基催化剂将 CO_2 还原为二碳或多碳产物的活性和选择性。

(1) 调控晶面结构。研究表明，CO 易吸附在 Cu (100) 晶面，且在此晶面上 CO 二聚化形成 C—C 的能垒更低，有利于多碳还原产物的形成。Sargent 等利用密度泛函理论计算证实了 CO 在 Cu (100) 上二聚反应的活化能和焓变分别为 0.66eV 和 0.30eV，明显低于在 Cu (111) 和 Cu (211) 上的活化能和焓变[295]。基于此，该课题组提出了一种在 CO_2 还原条件下原位电沉积合成铜催化剂的方法，实现了对 Cu 晶面有效调控，使 Cu (100) 晶面占总晶面面积的比例增加到 70%。得益于高比例的 Cu (100) 晶面，在电流密度超过 $580mA/cm^2$ 时，该催化剂多碳产物的总法拉第效率约为 90%。汪淏田等开发了一种金属离子电池循环方法，即 Cu^{2+} 经过 100 次类似于电池恒电流充放电的循环过程，在铜箔表面生成了暴露 (100) 晶面的 Cu_2O 层[296]。铜箔在经过 10 个循环后，表面变粗糙，继续反应 100 个循环后，逐渐演变成非常光滑的立方结构 Cu (100) 面。经过 100 次循环得到的 Cu 催化剂与原始抛光 Cu 箔相比，催化 CO_2 还原生成多碳产物与一碳产物的比值提高了6倍，多碳产物的法拉第效率超过60%，部分电流密度超过40mA/cm^2。巩金龙等通过动态的沉积–刻蚀–轰击的方法制备了暴露Cu（100）的Cu薄膜[297]。在流动相电解池中，该薄膜CO_2还原为乙烯和多碳（含乙烯）产物的法拉第效率分别为58.6%和86.6%。由此可见，制备富含Cu（100）晶面的铜基催化剂是提升其CO_2还原为高碳产物的有效策略。

此外，高敏锐等研究了富含（100）/(111）晶界的铜催化剂[298]。理论计算表明，相比于Cu（100）晶面和其他晶界，Cu（100）/Cu（111）界面处的CO二聚能垒最低，从而有利于提高C—C耦合的效率。实验结果也与理论计算一致，在电流密度为300mA/cm^{2}时，该催化剂可将CO_2还原为多碳产物，法拉第效率为（74.9±1.7)%，并且在50h内没有出现衰减。

（2）优化氧化态。铜基催化剂表面的$Cu^{\delta+}$被认为能有效促进*CO的二聚反应。通过研究$Cu^{\delta+}$的结构与作用，有助于设计高催化活性、产物选择性和优异稳定性的Cu基催化剂。例如，陈刚等使用硼掺杂来调节$Cu^{\delta+}$与Cu^0活性位点的比例以提高电催化还原CO_2生成二碳产物的稳定性和效率[299]。与纯Cu相比，硼掺杂Cu与CO具有更强的电子相互作用，且随着$Cu^{\delta+}$增加，催化剂对CO吸附强度也不断增加。当铜的平均价态为+0.35时，硼掺杂Cu催化剂二碳产物的法拉第效率达到80%，并可稳定40h。巩金龙等进一步发现，在电催化CO_2还原反应中，铜基催化剂中的Cu^0和Cu^+具有协同作用（图6-18）[300]。其中，Cu^0有助于活化CO_2，而Cu^+则有利于增强*CO反应中间体的吸附，加快反应动力学，从而促进后续的C—C耦合过程生成多碳产物。基于此，他们合成了$CuO/CuSiO_3$复合催化剂，经过电还原处理后，$CuO/CuSiO_3$中的Cu^{2+}位点被还原为Cu^0和Cu^+，并且Cu^0和Cu^+的比例可通过改变前驱物中Cu^{2+}的量来调控。当$Cu^0/(Cu^0+Cu^+)$ = 86%时，复合催化剂电催化CO_2还原为C_2H_4的法拉第效率最高（51.8%）。

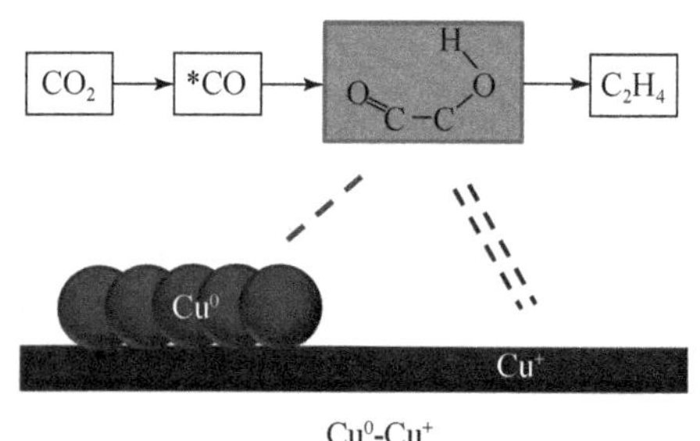

图6-18　Cu^0和Cu^+协同催化CO_2还原为C_2H_4[300]

在电催化过程中$Cu^{\delta+}$不稳定，如何稳定铜基催化剂中的$Cu^{\delta+}$组分是一个极具挑战性的难题。目前，已报道的方法主要包括结构设计、表面保护和控制电解电位等。例如，余颖等设计了一种多级孔和富晶界结构的含氧铜纳米线，发现该纳米线在电催化 CO_2 还原反应中是以亚稳态的 Cu_4O 结构存在[301]。理论研究和实验结果表明，Cu_4O 结构能增强对 $^*CO$ 的吸附，促进CO二聚反应和C—C偶联，在中性条件下催化 CO_2 还原为 C_2H_4 的部分电流密度为44.7mA/cm²，法拉第效率为45%。此外，Kim等利用石墨烯的包裹，稳定了铜基催化剂的表面结构，获得 Cu^+ 位点和高晶面共存的电催化剂[302]。在石墨烯生长过程中，平整的铜表面会转变为具有高晶面的褶皱结构。其中均匀生长的石墨烯层可作为钝化层，稳定铜的表面结构。在石墨烯层的缺陷位置，氧分子与Cu发生反应，生成 Cu_2O（Cu^+）结构，最终形成 Cu^+ 位点和高晶面共存的铜基催化剂。Cu^+ 位点与CO具有较强的键合作用，可促进CO的吸附，高晶面Cu有利于C—C偶联的进行。在-0.9V（*vs.* RHE）电位下，该铜基催化剂催化 CO_2 还原为乙醇法拉第效率达到40%，二碳产物的总法拉第效率为57%。陈浩铭等在电催化 CO_2 还原过程中，通过采用切换电位（氧化还原切换）的方法获得稳定的 CuO_x 结构，CuO_x 中Cu的化学态稳定在 Cu^0 和 Cu^+ 之间，而采用传统计时安培法制备 CuO_x 时Cu主要转变为 Cu^0[303]。传统电解方式获得的 CuO_x 电催化 CO_2 还原主要得到CO产物，采用切换电位电解方法时，CuO_x 在低于-0.9V时，C_2H_5OH 是唯一检测到的碳产物，且在-0.75V时法拉第效率达到最高（12.9%）。

（3）表面修饰。在铜基电催化剂表面进行修饰不仅能够稳定 Cu^+ 物种，还能优化催化剂表面结构，提高 CO_2 在催化界面的浓度，实现催化剂对CO中间体的最佳吸附，最终提高其催化生成多碳产物的活性和选择性。例如，庄林等通过在Cu表面添加聚苯胺涂层，有效抑制了析氢竞争反应，并提高了 CO_2 电还原中多碳产物的选择性[304]。和无聚苯胺涂层修饰的催化剂相比，修饰后的铜纳米颗粒在电催化 CO_2 还原反应中，多碳产物的法拉第效率达80%，C_2H_4 的法拉第效率在40%以上。Cu/聚苯胺界面的协同作用有效提高了CO在催化剂表面的富集，同时增强了 $^*CO$—$^*CO$ 相互作用，促进了C—C耦合，最终实现了多碳产物选择性的显著提高。Masuda等研究了甲硫醇单分子膜修饰对Cu电极在电催化 CO_2 还原性能的影响[305]。在电位负于-1.4V（*vs.* Ag/AgCl）时，甲硫醇单分子膜使Cu表面发生重构，生成粗糙的表面结构和含有 Cu^+ 的组分，从而促进了 CO_2 还原生成二碳产物。Peters等在多晶铜表面修饰有机添加剂衍生膜，可以有效限制 H^+ 从电解液到电极的传输，抑制析氢副反应，从而在酸性介质中将 CO_2 高效还原为 C_{2+} 产物，在-1.4V（*vs.* RHE）时法拉第效率大于70%[306]。

（4）设计纳米结构。Cu催化剂的纳米结构能有效优化电催化 CO_2 还原反应的局部微观环境。例如，蒋良兴等研究了有序铜纳米针阵列和无序铜纳米阵列在电催化 CO_2 还原中的应用[307]。通过分别对有序和无序纳米针阵列的电场分布进行模拟和实验表征发现，相比于朝向不一致的无序型铜纳米针阵列，有序铜纳米针阵列尖端的电场强度更强，有利于电解液中 K^+ 的吸附和聚集。在 -1.2V（*vs.* RHE）下，吸附 K^+ 的浓度提高了 30 倍。理论计算结果表明，在较高的电场和 K^+ 的作用下，$^*CO$ 在 Cu 催化剂上的吸附能力变强，C—C 偶联的能垒变低。在 -1.2V（*vs.* RHE）下，有序纳米针阵列对二碳产物的法拉第效率为 59%，而无序纳米针阵列二碳产物的法拉第效率仅为 20%。

6.2.5 非金属催化剂

在电催化 CO_2 还原中，非金属催化剂主要是碳纳米纤维、碳纳米管、石墨烯、金刚石、多孔碳和石墨烯量子点等碳基催化剂[308]。与金属基催化剂相比，碳基催化剂具有地壳丰度高，成本低，化学稳定性强，结构和形貌易于调控等优点。碳基非金属催化剂的活性位点主要来源于其本征碳缺陷和非本征碳缺陷。碳基非金属催化剂的 CO_2 还原性能受其缺陷类型、浓度和材料形貌结构等影响，不同碳基非金属催化剂的活性位点和 CO_2 还原产物及法拉第效率有明显差异。

碳基非金属催化剂中的本征缺陷，特别是拓扑缺陷具有较高的电催化 CO_2 还原活性。例如，张铁锐等研究了碳材料本征碳缺陷浓度和电催化 CO_2 还原性能之间的关系，发现碳材料中本征碳缺陷浓度和其电催化 CO_2 还原为 CO 性能呈正相关。理论计算结果进一步说明，相比其他缺陷，碳材料中拓扑缺陷（碳五元环和八元环）具有最高的电催化 CO_2 还原为 CO 活性[309]。基于此，陈亮等将富氮多孔碳颗粒在 NH_3 氛围中热处理，选择性去除吡啶氮和吡咯氮以获得高浓度拓扑缺陷，用于电催化 CO_2 还原反应。该催化剂最高可实现 95.2% 的 CO 法拉第效率。实验和理论研究证实多孔碳颗粒中的拓扑缺陷是电催化 CO_2 还原的高活性位点[310]。谢小吉等通过两步碳化法，将含氮丰富的蚕茧碳化为富含本征碳缺陷的催化剂，用于电催化 CO_2 还原反应研究，实现了 89% CO 法拉第效率和优异的稳定性[311]。

在电催化 CO_2 还原反应中，非本征缺陷位点也可作为或诱导相邻碳原子成为电催化 CO_2 还原的活性位点。例如，黄海涛等设计了具有多孔结构和高浓度吡啶氮与石墨氮的碳材料用于电催化 CO_2 还原为 CO 的研究，在 -0.55V（*vs.* RHE）电位下，该碳材料 CO 法拉第效率为 98.4%。通过实验表征和理论计算证实，吡啶氮和石墨氮具有高效的 CO_2 还原为 CO 的活性和选择性[312]。徐维林等以氧化石墨烯为前驱体，通过改变水热反应的温度，合成了系列具有不同氧组分（包括羧基、羰基和环氧基）的石墨烯纳米盘，用于电催化 CO_2 还原为甲酸的研究[313]。研究结果表明，羧基与其他相邻基团（—OH、C—O—C 和 C═O）之间的协同作用有助于提高碳位点电催化 CO_2 还原为甲酸的活性和选择性。Janaky 等制备了具有相似碳、氮和氧组成但孔结构不同的碳材料，用于电催化 CO_2 还原反应研究[314]。结果表明，碳材料中孔的尺寸能够影响其对 CO_2 分子的吸附，从而影响催化剂的电催化 CO_2 还原性能。由此可见，在电催化 CO_2 还原反应中，碳基非金属催化剂的研究需要综合考虑催化剂组成和结构等多方面的因素。

综上所述，同光催化 CO_2 还原研究相比，利用太阳能及风能等可再生能源耦合电催化 CO_2 还原制燃料和化学品离产业化目标更接近一步。但目前电催化 CO_2 还原研究还存在以下难题：①电催化 CO_2 还原过程关键中间体和催化机理研究还不充分，难以实现高效催化剂的理性合成；②CO_2 还原反应产物种类多，产物在电解液中浓度低，分离能耗大；③目前已报道的催化剂稳定性大部分在 200h 以下，离实用化还有较大距离，需要进一步开发稳定性在几千小时以上的高稳定性催化剂；④电催化 CO_2 还原为多碳产物的电流密度和法拉第效率仍然较低，还需对催化剂进行优化和改进；⑤CO_2 原料在碱性和中性电解液中被大量转化为碳酸盐和碳酸氢盐，造成较大碳损失。为提高反应过程中 CO_2 的利用率，降低能量损耗，需开发在酸性体系中电催化 CO_2 还原活性和选择性高、稳定性好、价格低廉的高效催化剂及相应的电催化装置，以推动电催化 CO_2 还原的实用化进程。

6.3　二氧化碳还原光电催化剂

光电催化（photoelectrochemistry，PEC）是一种将光和电结合的催化反应过程，在光电催化中，光照射电解液中的电极，产生高活性的光生电子和空穴，再通过外加电场使其分离，形成特定的光电极。光生电子和空穴在光电极表面与液体中的离子进行化学反应。同光、电催化相比，其主要优点有：①外加电场使光生电子和空穴定向迁移，有效抑制光生电子和空穴的复合，相比光催化更加高效；②光生电子–空穴参与还原和氧化反应，使电催化反应可在低电位下发生，降低能耗。因此，利用光电催化进行 CO_2 还原是人工光合作用未来的重要发展方向。

为实现 CO_2 的光电催化还原，光电催化剂的选择是关键。本节将简要介绍半导体催化剂、半导体掺杂催化剂、负载型催化剂在光电催化 CO_2 还原中的研究进展。

6.3.1　半导体催化剂

1978 年，Halmann 在 pH 6.8 的缓冲溶液中，利用 p-GaP 半导体作为光阴极，碳棒为光阳极，饱和甘汞电极为参比电极，组装成光电化学池用于 CO_2 还原。在外加偏压为 –1.0V（*vs.* SCE），光照 18h 后，还原产物甲酸（HCOOH）、甲醛（HCHO）和甲醇（CH_3OH）的浓度分别为 0.012mol/L、0.00032mol/L 和 0.00011mol/L；90h 后，甲酸和甲醇的量分别增加到 0.05mol/L 和 0.00081mol/L，而甲醛的量减小到 0.00028mol/L[315]。1979 年，Inoue 等研究了 TiO_2、CdS、ZnO

等半导体的光电催化 CO_2 还原性能[316]。1983 年，Halmann 等在氯化钒酸性水溶液中，以碳为对电极，可见光照下在 p-GaAs 单晶电极上进行光电催化 CO_2 还原，当外加偏压电位为-0. 7V（与碳对电极相比）时，电流密度为 8. 5mA/cm^2，还原产物甲酸、甲醛和甲醇的法拉第效率分别为 1. 5%、0. 3%和 0. 14%[317]。

6. 3. 2 半导体掺杂催化剂

单一半导体在光电催化中的效率并不理想。为了提高其光电催化效率，研究人员尝试将非金属和金属元素掺杂到半导体中，调节半导体的光吸收和电子性质，以提升半导体的光电催化性能。

掺杂 S、N 等非金属元素，可以有效调节半导体的能带结构和带隙，进而提高其光电催化性能。2017 年，Salimi 等报道了一种 S 掺杂的 Cu_2O/CuO 异质结光电催化剂 S-Cu_2O/CuO，S 的掺杂使 Cu_2O 的禁带宽度从 1. 95eV 增加至 2. 05eV，能光电催化 CO_2 还原生成甲醇和丙酮。与未掺杂 S 的 Cu_2O/CuO 相比，S-Cu_2O/CuO 在光电催化 CO_2 转化为甲醇和丙酮时展现出更好的催化活性和稳定性[318]。2016 年，Sagara 等制备了一种硼掺杂的石墨相氮化碳薄膜电极 BCN_x，用于光电催化 CO_2 还原为乙醇。石墨相氮化碳为 n 型半导体，在掺入硼元素后，它的能级发生显著的改变，使 BCN_x 成为 p 型半导体。实验结果表明，BCN_x 的光电流是石墨相氮化碳的 5 倍，当在 BCN_x 上负载银、铑或金等纳米颗粒作为助催化剂时，其光电催化 CO_2 还原为乙醇和 CO 的活性得到进一步提升，总产量由石墨相氮化碳的约 70nmol 提升至约 150nmol[319]。

通过在半导体中掺杂金属元素，可以在禁带中诱导杂化能级的形成，这些杂化能级的出现会导致半导体的带隙缩小或分裂为两步激发过程，使其对光的吸收范围得以红移，增强其对可见光的吸收能力。2013 年，Bocarsly 等研究了镁掺杂 $CuFeO_2$ 铜铁矿光电催化 CO_2 还原为甲酸盐的性能。发现 Mg 的掺杂使 $CuFeO_2$ 对可见光的吸收范围得到拓展，并提高了光电阴极的导电性。在 340nm 波长及-0. 9V（*vs*. SCE）的电势下，该催化剂实现了 10%的甲酸法拉第效率，以及 14%的光电转换效率（IPCE）[320]。

6. 3. 3 负载型催化剂

将金属配合物或金属–有机骨架等负载在半导体上构筑负载型催化剂，能将半导体光照产生的光生电子迅速转移到负载催化剂上，可有效抑制半导体中光生电子和空穴的复合，并为 CO_2 还原提供电子。本节将主要介绍负载分子催化剂和负载金属–有机骨架催化剂的研究进展。

2016 年，Reisner 等将分子锰催化剂 MnP（图 6-19）固定在介孔 TiO_2 电极上，用于光电催化 CO_2 还原产 CO，反应的 TON 为 112±17，法拉第效率为（67±

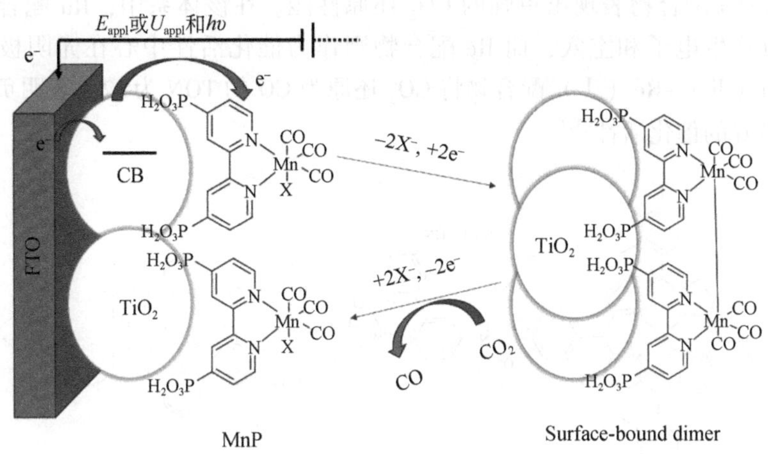

图 6-19　TiO_2/MnP 负载型催化剂的结构及光电催化 CO_2 还原为 CO 示意图[321]

5)%[321]。2010 年，Kubiak 等将 Re（bipy-Bu^t）$(CO)_3$Cl 作为共催化剂加入反应体系中，以提高 p-Si 光电阴极上 CO_2 还原为 CO 的活性[322]。将金属络合物直接溶解到电解液中即可提升其光电催化性能，CO 的法拉第效率达 97%。为了进一步促进电子转移，将 Re 分子催化剂直接连接到光电阴极表面。这种连接可以防止络合物在反应过程中发生脱落，从而提高还原过程中光电阴极的稳定性。2016 年，Gratzel 等在介孔 TiO_2 修饰的 Cu_2O 光电阴极上通过共价键固定 Re 络合物光电催化 CO_2 还原为 CO。负载 Re 分子催化剂后提高了光电流密度，并使 CO 的法拉第效率保持在 80% ~ 95%[323]。2010 年，Motohiro 等将［Ru（bpy）CO_2］固定在 p-InP-Zn 半导体材料上，用于光电催化 CO_2 还原为甲酸[324]。2015 年，Cowan 等将羧基化（Ni［cyclam］)$^{2+}$（［cyclam＝1，4，8，11-四氮杂环十四烷］）分子催化剂负载在 TiO_2 表面，以提高光阴极的稳定性。与均相体系相比，该体系表现出更高的稳定性和更快的电荷转移[325]。

除负载单金属分子配合物外，双金属配合物也被负载在半导体催化剂上用于光电催化 CO_2 还原。在双金属配合物中，一个金属配合物单元作为光敏剂部分，另一个金属配合物单元作为 CO_2 还原催化中心。例如，Inoue 等将含有锌卟啉（ZnDMCPP）光敏剂单元和 Re 联吡啶络合物 Re（bpy）（NHAc）催化单元通过共价键耦合形成双金属配合物（图 6-20），并将其固定在半导体 NiO 上作为工作电极。在 λ＝430nm 可见光照射和－1.71V（*vs.* Ag/$AgNO_3$）偏压下，该电极显示出恒定的光电流，将 CO_2 还原为 CO 的法拉第效率为 6.2%[326]。Ishitani 等将 Ru（Ⅱ）-Re（Ⅰ）双金属配合物负载在 CoO_x/TaON 光阴极上（图 6-20），用于光电催化 CO_2 还原。与只含有 Re 和 Ru 单一金属配合物相比，这种 Ru（Ⅱ）-Re

（Ⅰ）双金属配合物表现出更强的 CO_2 还原性能。在该体系中，Ru 配合物吸收可见光并产生电子和空穴，而 Re 配合物则作为催化活性中心在光阴极上还原 CO_2。Ru（Ⅱ）-Re（Ⅰ）配合物将 CO_2 还原为 CO 的 TON 为 32，表明负载催化剂具有良好的催化活性[327]。

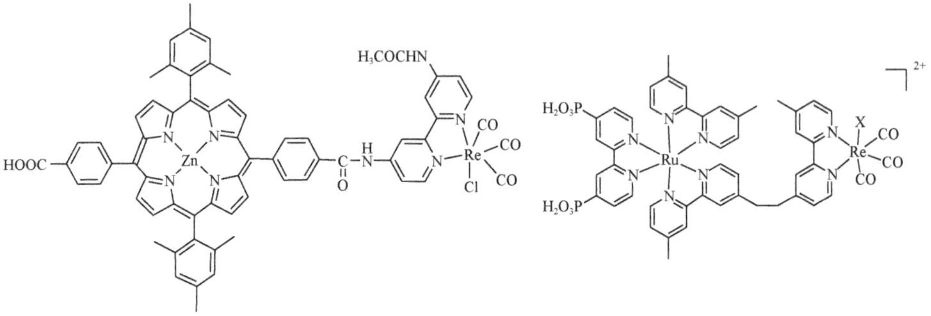

图 6-20　ZnDMCPP-Re(bpy)(NHAc)（左）和 Ru(Ⅱ)-Re(Ⅰ)（右）双金属配合物结构

同金属配合物相比，MOFs 和 COFs 本身具有类似半导体的吸光和产生光生电子–空穴等特性，此外，多孔的 MOFs 和 COFs 还具有良好的 CO_2 吸附能力，因此，将 MOFs 或 COFs 与半导体复合构筑负载型光电阴极能进一步提高光电催化 CO_2 还原的性能。2020 年，Silva 等将 Cu(BDC)MOF 沉积在 Cu/Cu_2O 电极上（BDC=对苯二甲酸盐），同 Cu/Cu_2O 电极相比，Cu/Cu_2O-Cu(BDC) 负载催化剂的甲醇产量增加了 20 倍。原位漫反射傅里叶变换红外光谱研究表明，负载催化剂中的 MOF 组分能捕获 CO_2 分子，促进光电催化还原 CO_2 为甲醇[328]。Cardoso 等在 TiO_2 纳米管阵列上负载了一层 ZIF-8 纳米颗粒用作 CO_2 还原的光电阴极。在+0.1V的偏压和紫外–可见光照射下，TiO_2-ZIF-8 负载催化剂在 0.1mol/L 的 Na_2SO_4溶液中催化 CO_2 还原产生了 10mmol/L 的乙醇和 0.7mmol/L 的甲醇[329]。同 TiO_2 纳米管阵列光电极相比，TiO_2-ZIF-8 负载催化剂的甲醇和乙醇产率分别提高了 20 倍和 430 倍。机理研究表明，ZIF-8 中甲基咪唑的 N 作为甲醇和乙醇的催化中心，同时 ZIF-8 的多孔结构能在光电阴极表面富集 CO_2 分子，从而显著提高了 TiO_2-ZIF-8 负载催化剂光电催化 CO_2 还原的性能。

6.4　二氧化碳还原光热催化剂

作为多相催化领域的前沿研究方向，光热催化结合了光和热的优势，一方面，光通过光热效应增加了催化剂表面的温度，同时激发载流子并降低了活化能垒和反应温度；另一方面，热量则助力于提升物质的扩散、增强吸附、加速电荷的转移，以及提高反应速率，为催化反应提供必要的动力，这种光热协同效应极大促进了 CO_2 还原催化反应的发生。光热催化 CO_2 还原主要体现为两种方式：一种是外部加热，另一种是光热效应。

6.4.1　外部加热

光催化 CO_2 还原过程中，单纯依赖光照可能不足以为反应提供必要的能量，导致反应动力学缓慢甚至难以发生。热是许多化学反应发生的关键因素，它可以促进物质之间的相互作用，加速反应的进行。对于光催化 CO_2 还原而言，提升温度不仅能加速 CO_2 的转化，还可以增强催化活性，从而使得反应更为高效。外部加热有助于提高光催化 CO_2 还原反应的活性。这种结合了太阳能和热能的方法，被称为“光热催化”。例如，将 AuCu 合金纳米粒子负载在超薄多孔g-C_3N_4纳米片上，可用于光热催化 CO_2 还原为乙醇。在 AuCu 合金中，电子从 Au 流向 Cu，使 Cu 带更多的负电荷，有利于在铜位点上将 CO_2 还原为 $^*CO$ 中间体。同时，在反应过程中提高温度，可以加速分子的热运动，并提升光生电子空穴的迁移速度，这种光催化和热催化的协同作用有利于 $^*CO$ 在 Cu 位点上发生 C—C 偶联反应，促进乙醇的生成。当加热到 120℃时，AuCu/g-C_3N_4 催化剂的乙醇产率达到 0.89mmol/(g·h)，分别是光催化和热催化的 4.2 倍和 7.6 倍，选择性也有显著的提升，达到了 93.1%[330]。聚焦太阳光加热也是一种为光催化提供热源的有效手段。使用自制的聚光太阳能反应器，利用 Fe_2O_3 薄膜，可实现 CO_2 与 H_2O 的光热还原。研究发现，在高强度光照和高温条件下，Fe_2O_3 的表面可以被部分还原成 Fe_3O_4，形成 Fe_2O_3/Fe_3O_4异质结，利于对 CO_2 的活化，从而获得更高的催化效率。Fe_2O_3 薄膜在高太阳光强度和高温度下表现出很高的 CO_2 光还原活性，还原产物 CH_4、C_2H_4 和 C_2H_6 的最大生成速率分别达到 1470.7μmol/(g_{cat}·h)、736.2μmol/(g_{cat}·h) 和 277.2μmol/(g_{cat}·h)[331]。周宝文等在硅片上生长了 InGaN 半导体纳米阵列，并在 InGaN 上进一步负载了 AuIr 双金属催化剂，用于水中光热催化二氧化碳还原产乙烷。研究发现，当光强从 1.5W/cm^2 增强到 3.5W/cm^2 时，水浴温度从 20℃ 增加到 50℃，以水为还原剂，CO_2 还原为乙烷的产率达到 58.8mmol/(g·h)，60h 内的 TON 达到 54595，太阳能到化学能的转换效率为约 0.59%[332]。

6.4.2　光热效应

在光照下，黑色催化剂的晶格会发生振动，从而吸收光子能量并释放出热能，这是光热效应最基本的表现形式。叶金花等利用水热法制备了一种碳掺杂的超薄 2D 黑色 In_2O_{3-x} 纳米片，碳掺杂降低了氧缺陷的生成自由能，产生富含氧缺陷的 In_2O_{3-x} 纳米片，同时掺杂碳和氧空位的存在降低了黑色 In_2O_{3-x} 的带隙，增强了对可见光的吸收能力，并产生明显的光热效应，光热催化 CO_2 还原产物 CO 的量达到 123. 6mmol/(g · h)，选择性接近 100%[333]。

局域表面等离子体共振也能产生热量，光热效应是等离子体激元效应的一种能量利用方式。例如，余家国等通过无模板阳极氧化法制备得到的 TiO_2 光子晶体可用于光催化 CO_2 还原[334]。这种光子晶体结构赋予 TiO_2 特定的光子能量/热辐射捕获能力，TiO_2 表现出慢光子和局部表面光热效应，提高了光利用率和催化反应速率。TiO_2 光子晶体将 CO_2 还原为 CH_4 的生成速率为 35μmol/(m^2 · h)，分别是商业 TiO_2 和 TiO_2 纳米管阵列的 16 倍和 5 倍。何乐等通过二氧化硅保护的 MOFs 热解法制备了一种 Co-SiO_2光热催化剂[335]，其具有优异的光吸收能力，对太阳能全光谱的利用率高达 90%，并且催化剂的活性随着光强的增加而提升。在 2700mW/cm^2 的光强下，Co-SiO_2 催化剂的光热 CO_2 转化速率可达 1522 mmol/(g_{Co} · h)。对照实验表明，Co-SiO_2 催化剂的催化活性和稳定性都显著增强，在相同催化条件下，CO_2 转化率从 SiO_2的 0. 9% 提高到 Co-SiO_2的 26. 2%。

光热催化将光能和热能相结合，不仅提高了光催化中太阳能的利用效率，也避免了热催化加热过程中额外的能耗。尽管如此，光与热的协同作用仍是一个复杂的催化过程，需要对光热协同催化反应机理做进一步研究。

参考文献

[1] Yamazaki Y, Takeda H, Ishitani O. Photocatalytic reduction of CO_2 using metal complexes. J Photochem Photobiol C, 2015, 25: 106-137.

[2] Zhang B, Sun L. Artificial photosynthesis: opportunities and challenges of molecular catalysts. Chem Soc Rev, 2019, 48: 2216-2264.

[3] Tinnemans A, Koster T, Thewissen D, et al. Tetraaza-macrocyclic cobalt (Ⅱ) and nickel (Ⅱ) complexes as electron-transfer agents in the photo (electro) chemical and electrochemical reduction of carbon dioxide. Recl Trav Chim Pays-Bas, 1984, 103: 288-295.

[4] Ogata T, Yanagida S, Brunschwig B, et al. Mechanistic and kinetic studies of cobalt macrocycles in a photochemical CO_2 reduction system: evidence of Co-CO_2 adducts as intermediates. J Am Chem Soc, 1995, 117, 25: 6708-6716.

[5] Matsuoka S, Yamamoto K, Ogata T, et al. Efficient and selective electron mediation of cobalt complexes with cyclam and related macrocycles in the *p*-terphenyl-catalyzed photoreduction of carbon dioxide. J Am Chem Soc, 1993, 115: 601-609.

[6] Matsuoka S, Yamamoto K, Pac C, et al. Enhanced p-terphenyl-catalyzed photoreduction of CO_2 to CO through the mediation of Co (Ⅲ) -cyclam complex. Chem Lett, 1991, 20: 2099-2100.

[7] Chen L J, Guo Z G, Wei X G, et al. Molecular catalysis of the electrochemical and photochemical reduction of CO_2 with earth-abundant metal complexes. Selective production of CO *vs* HCOOH by switching of the metal center. J Am Chem Soc, 2015, 137: 10918-10921.

[8] Ouyang T, Huang H H, Wang J W, et al. A dinuclear cobalt cryptate as a homogeneous photocatalyst for highly selective and efficient visible-light driven CO_2 reduction to CO in CH_3CN/H_2O solution. Angew Chem Int Ed, 2017, 56: 738-743.

[9] Ouyang T, Wang H J, Huang H H, et al. Dinuclear metal synergistic catalysis boosts photochemical CO_2-to-CO conversion. Angew Chem Int Ed, 2018, 57: 16480-16485.

[10] Grant J L, Goswami K, Spreer L O, et al. Photochemical reduction of carbon dioxide to carbon monoxide in water using a nickel (Ⅱ) tetra-azamacrocycle complex as catalyst. J Chem Soc, Dalton Trans, 1987, 9: 2105-2109.

[11] Craig C A, Spreer L O, Otvos J W, et al. Photochemical reduction of carbon dioxide using nickel tetraazamacrocycles. J Phys Chem C, 1990, 94: 7957-7960.

[12] Mochizuki K, Manaka S, Takeda I, et al. Synthesis and structure of [6, 6 '-Bi (5, 7-dimethyl-1, 4, 8, 11-tetraazacyclotetradecane)] dinickel (Ⅱ) triflate and its catalytic activity for photochemical CO_2 reduction. Inorg Chem, 1996, 35: 5132-5136.

[13] Grodkowski J, Behar D, Neta P, et al. Iron porphyrin-catalyzed reduction of CO_2. photochemical and radiation chemical studies. J Phys Chem CA, 1997, 101: 248-254.

[14] Bonin J, Chaussemier M, Robert M, et al. Homogeneous photocatalytic reduction of CO_2 to CO using iron (0) porphyrin catalysts: mechanism and intrinsic limitations. ChemCatChem, 2014, 6: 3200-3207.

[15] Rao H, Schmidt L, Bonin J, et al. Visible-light-driven methane formation from CO_2 with a molecular iron catalyst. Nature, 2017, 548: 74-77.

[16] Call A, Cibian M, Yamamoto K, et al. Highly efficient and selective photocatalytic CO_2 reduction to CO in water by a cobalt porphyrin molecular catalyst. ACS Catal, 2019, 9: 4867-4874.

[17] Zhang X, Cibian M, Call A, et al. Photochemical CO_2 reduction driven by water-soluble copper (Ⅰ) photosensitizer with the catalysis accelerated by multi-electron chargeable cobalt porphyrin. ACS Catal, 2019, 9: 11263-11273.

[18] Hawecker J, Lehn J M, Ziessel R. Efficient photochemical reduction of CO_2 to CO by visible light irradiation of systems containing Re (bipy) $(CO)_3X$ or Ru $(bipy)_3^{2+}$-CO_2^+ combinations as homogeneous catalysts. J Chem Soc, Chem Commun, 1983, 9: 536-538.

[19] Takeda H, Koizumi H, Okamoto K, et al. Photocatalytic CO_2 reduction using a Mn complex as a catalyst. Chem Commun, 2014, 50: 1491-1493.

[20] Kamada K, Jung J, Wakabayashi T, et al. Photocatalytic CO_2 reduction using a robust multifunctional iridium complex toward the selective formation of formic acid. J Am Chem Soc, 2020, 142: 10261-10266.

[21] Guo Z, Cheng S, Cometto C, et al. Highly efficient and selective photocatalytic CO_2 reduction by iron and cobalt quaterpyridine complexes. J Am Chem Soc, 2016, 138: 9413-9416.

[22] Guo Z, Chen G, Cometto C, et al. Selectivity control of CO versus $HCOO^-$ production in the visible-light-driven catalytic reduction of CO_2 with two cooperative metal sites. Nat Catal, 2019,

2: 801-808.

[23] Thoi V S, Kornienko N, Margarit C G, et al. Visible-light photoredox catalysis: selective reduction of carbon dioxide to carbon monoxide by a nickel *N*-heterocyclic carbene-isoquinoline complex. J Am Chem Soc, 2013, 135: 14413-14424.

[24] Burks D B, Davis S, Lamb R W, et al. Nickel (Ⅱ) pincer complexes demonstrate that the remote substituent controls catalytic carbon dioxide reduction. Chem Commun, 2018, 54: 3819-3822.

[25] Hong D, Tsukakoshi Y, Kotani H, et al. Visible-light-driven photocatalytic CO_2 reduction by a Ni (Ⅱ) complex bearing a bioinspired tetradentate ligand for selective CO production. J Am Chem Soc, 2017, 139: 6538-6541.

[26] Hong D, Kawanishi T, Tsukakoshi Y, et al. Efficient photocatalytic CO_2 reduction by a Ni (Ⅱ) complex having pyridine pendants through capturing a Mg^{2+} ion as a lewis-acid cocatalyst. J Am Chem Soc, 2019, 141: 20309-20317.

[27] Kimura E, Bu X, Shionoya M, et al. A new nickel (Ⅱ) cyclam (cyclam=1, 4, 8, 11-tetraazacyclotetradecane) complex covalently attached to tris (1, 10-phenanthroline) ruthenium (2+). A new candidate for the catalytic photoreduction of carbon dioxide. Inorg Chem, 1992, 31: 4542-4546.

[28] Kuramochi Y, Fujisawa Y, Satake A. Photocatalytic CO_2 reduction mediated by electron transfer via the excited triplet state of Zn (Ⅱ) porphyrin. J Am Chem Soc, 2020, 142: 705-709.

[29] Xie K, Umezawa N, Zhang N, et al. Self-doped $SrTiO_3-\delta$ photocatalyst with enhanced activity for artificial photosynthesis under visible light. Energy Environ Sci, 2011, 4: 4211-4219.

[30] Chen C, Tang C, Xu W, et al. Design of iron atom modified thiophene-linked metalloporphyrin 2D conjugated microporous polymer as CO_2 reduction photocatalyst. Phys Chem Chem Phys, 2018, 20: 9536-9542.

[31] Lee J, Sorescu D C, Deng X. Electron-induced dissociation of CO_2 on TiO_2 (110). J Am Chem Soc, 2011, 133: 10066-10069.

[32] Liu J Y, Gong X Q, Alexandrova A N. Mechanism of CO_2 photocatalytic reduction to methane and methanol on defected anatase TiO_2 (101): a density functional theory study. J Phys Chem C, 2019, 123: 3505-3511.

[33] Liu L, Jiang Y, Zhao H, et al. Engineering coexposed {001} and {101} facets in oxygen-deficient TiO_2 nanocrystals for enhanced CO_2 photoreduction under visible light. ACS Catal, 2016, 6: 1097-1108.

[34] Fang W, Khrouz L, Zhou Y, et al. Reduced {001} -TiO_{2-x} photocatalysts: noble-metal-free CO_2 photoreduction for selective CH_4 evolution. Phys Chem Chem Phys, 2017, 19: 13875-13881.

[35] Liu L, Zhao C, Li Y. Spontaneous dissociation of CO_2 to CO on defective surface of Cu (Ⅰ) /TiO_{2-x} nanoparticles at room temperature. J Phys Chem C, 2012, 116: 7904-7912.

[36] Liu L, Gao F, Zhao H, et al. Tailoring Cu valence and oxygen vacancy in Cu/TiO_2 catalysts for enhanced CO_2 photoreduction efficiency. Appl Catal B, 2013, 134-135: 349-358.
[37] Zhao J, Li Y, Zhu Y, et al. Enhanced CO_2 photoreduction activity of black TiO_2-coated Cu nanoparticles under visible light irradiation: role of metallic Cu. App Catal A-Gen, 2016, 510: 34-41.
[38] Pham T D, Lee B K. Novel capture and photocatalytic conversion of CO_2 into solar fuels by metals co-doped TiO_2 deposited on PU under visible light. App Catal A-Gen, 2017, 529: 40-48.
[39] Pham T D, Lee B K. Novel photocatalytic activity of Cu@V co-doped TiO_2/PU for CO_2 reduction with H_2O vapor to produce solar fuels under visible light. J Catal, 2017, 345: 87-95.
[40] Meng X, Ouyang S, Kako T, et al. Photocatalytic CO_2 conversion over alkali modified TiO_2 without loading noble metal cocatalyst. Chem Commun, 2014, 50: 11517-11519.
[41] Xie S, Wang Y, Zhang Q, et al. Photocatalytic reduction of CO_2 with H_2O: significant enhancement of the activity of Pt-TiO_2 in CH_4 formation by addition of MgO. Chem Commun, 2013, 49: 2451-2453.
[42] Xie S, Wang Y, Zhang Q, et al. MgO-and Pt-promoted TiO_2 as an efficient photocatalyst for the preferential peduction of carbon dioxide in the presence of water. ACS Catal, 2014, 4: 3644-3653.
[43] Feng X, Pan F, Zhao H, et al. Atomic layer deposition enabled MgO surface coating on porous TiO_2 for improved CO_2 photoreduction. Appl Catal B, 2018, 238: 274-283.
[44] Liao Y, Cao S W, Yuan Y, et al. Efficient CO_2 capture and photoreduction by amine-functionalized TiO_2. Chemistry, 2014, 20: 10220-10222.
[45] Liu S, Xia J, Yu J. Amine-functionalized titanate nanosheet-assembled yolk @ shell microspheres for efficient cocatalyst-free visible-light photocatalytic CO_2 reduction. ACS Appl Mater Interfaces, 2015, 7: 8166-8175.
[46] Ouyang T, Fan W, Guo J, et al. DFT study on Ag loaded 2H-MoS_2 for understanding the mechanism of improved photocatalytic reduction of CO_2. Phys Chem Chem Phys, 2020, 22: 10305-10313.
[47] Di T, Zhu B, Cheng B, et al. A direct Z-scheme g-C_3N_4/SnS_2 photocatalyst with superior visible-light CO_2 reduction performance. J Catal, 2017, 352: 532-541.
[48] Lan Y, Xie Y, Chen J, et al. Selective photocatalytic CO_2 reduction on copper-titanium dioxide: a study of the relationship between CO production and H_2 suppression. Chem Commun, 2019, 55: 8068-8071.
[49] Li N, Liu M, Yang B, et al. Enhanced photocatalytic performance toward CO_2 hydrogenation over nanosized TiO_2-Loaded Pd under UV Irradiation. J Phys Chem C, 2017, 121: 2923-2932.
[50] Wang W N, An W J, Ramalingam B, et al. Size and structure matter: enhanced CO_2 photoreduction efficiency by size-resolved ultrafine Pt nanoparticles on TiO_2 single crystals. J Am Chem Soc, 2012, 134: 11276-11281.

[51] Liu Y, Miao C, Yang P, et al. Synergetic promotional effect of oxygen vacancy-rich ultrathin TiO_2 and photochemical induced highly dispersed Pt for photoreduction of CO_2 with H_2O. Appl Catal B, 2019, 244: 919-930.

[52] Gonell F, Puga A V, Julián-López B, et al. Copper-doped titania photocatalysts for simultaneous reduction of CO_2 and production of H_2 from aqueous sulfide. Appl Catal B, 2016, 180: 263-270.

[53] Fang B, Xing Y, Bonakdarpour A, et al. Hierarchical CuO-TiO_2 hollow microspheres for highly efficient photodriven reduction of CO_2 to CH_4. ACS sustain. Chem Eng, 2015, 3: 2381-2388.

[54] Jiang Z, Sun W, Miao W, et al. Living atomically dispersed cu ultrathin TiO_2 nanosheet CO_2 reduction photocatalyst. Adv Sci, 2019, 6: 1900289.

[55] Zhai Q, Xie S, Fan W, et al. Photocatalytic conversion of carbon dioxide with water into methane: platinum and copper (Ⅰ) oxide co-catalysts with a core-shell structure. Angew Chem Int Ed, 2013, 52: 5776-5779.

[56] Tan D, Zhang J, Shi J, et al. Photocatalytic CO_2 transformation to CH_4 by Ag/Pd bimetals supported on N-Doped TiO_2 nanosheet. ACS Appl Mater Interfaces, 2018, 10: 24516-24522.

[57] Meng A, Zhang L, Cheng B, et al. TiO_2-MnO_x-Pt hybrid multiheterojunction film photocatalyst with enhanced photocatalytic CO_2-reduction activity. ACS Appl Mater Interfaces, 2019, 11: 5581-5589.

[58] Kang Q, Wang T, Li P, et al. Photocatalytic reduction of carbon dioxide by hydrous hydrazine over Au-Cu alloy nanoparticles supported on $SrTiO_3$/TiO_2 coaxial nanotube arrays. Angew Chem Int Ed, 2015, 54: 841-845.

[59] Kim S M, Lee S W, Moon S Y, et al. The effect of hot electrons and surface plasmons on heterogeneous catalysis. J Phys Condens Matter, 2016, 28: 254002.

[60] Choi C H, Chung K, Nguyen T T H, et al. Plasmon-mediated electrocatalysis for sustainable energy: from electrochemical conversion of different feedstocks to fuel cell reactions. ACS Energy Lett, 2018, 3: 1415-1433.

[61] Jang Y H, Jang Y J, Kim S, et al. Plasmonic solar cells: from rational design to mechanism overview. Chem Rev, 2016, 116: 14982-15034.

[62] Low J, Qiu S, Xu D, et al. Direct evidence and enhancement of surface plasmon resonance effect on Ag-loaded TiO_2 nanotube arrays for photocatalytic CO_2 reduction. Appl Surf Sci, 2018, 434: 423-432.

[63] Zhang Z, Wang Z, Cao S W, et al. Au/pt nanoparticle-decorated TiO_2 nanofibers with plasmon-enhanced photocatalytic activities for solar-to-fuel conversion. J Phys Chem C, 2013, 117: 25939-25947.

[64] Tahir M. Synergistic effect in MMT-dispersed Au/TiO_2 monolithic nanocatalyst for plasmon-absorption and metallic interband transitions dynamic CO_2 photo-reduction to CO. Appl Catal B, 2017, 219: 329-343.

[65] Liang Y T, Vijayan B K, Gray K A, et al. Minimizing graphene defects enhances titania nano-

composite-based photocatalytic reduction of CO_2 for improved solar fuel production. Nano Lett, 2011, 11: 2865-2870.

[66] Tu W, Zhou Y, Liu Q, et al. Robust hollow spheres consisting of alternating titania nanosheets and graphene nanosheets with high photocatalytic activity for CO_2 conversion into renewable fuels. Adv Funct Mater, 2012, 22: 1215-1221.

[67] Tu W, Zhou Y, Liu Q, et al. An *in situ* simultaneous reduction-hydrolysis technique for fabrication of TiO_2-graphene 2D sandwich-Like hybrid nanosheets: graphene-promoted selectivity of photocatalytic-driven hydrogenation and coupling of CO_2 into methane and ethane. Adv Funct Mater, 2013, 23: 1743-1749.

[68] Jin B, Yao G, Jin F, et al. Photocatalytic conversion of CO_2 over C_3N_4-based catalysts. Catal Today, 2018, 316: 149-154.

[69] Wada K, Ranasinghe C S K, Kuriki R, et al. Interfacial manipulation by rutile TiO_2 nanoparticles to boost CO_2 reduction into CO on a metal-complex/semiconductor hybrid photocatalyst. ACS Appl Mater Interfaces, 2017, 9: 23869-23877.

[70] Zhao Y, Wei Y, Wu X, et al. Graphene-wrapped Pt/TiO_2 photocatalysts with enhanced photogenerated charges separation and reactant adsorption for high selective photoreduction of CO_2 to CH_4. Appl Catal B, 2018, 226: 360-372.

[71] Xu F, Zhang J, Zhu B, et al. $CuInS_2$ sensitized TiO_2 hybrid nanofibers for improved photocatalytic CO_2 reduction. Appl Catal B, 2018, 230: 194-202.

[72] Low J, Zhang L, Tong T, et al. TiO_2/MXene Ti_3C_2 composite with excellent photocatalytic CO_2 reduction activity. J Catal, 2018, 361: 255-266.

[73] Jiang Z, Xu X, Ma Y, et al. Filling metal-organic framework mesopores with TiO_2 for CO_2 photoreduction. Nature, 2020, 586: 549-554.

[74] Hwang J S, Chang J S, Park S E, et al. Photoreduction of carbondioxide on surface functionalized nanoporous catalysts. Top Cata, 2005, 35: 311-319.

[75] Xie Z, Xu Y, Li D, et al. Construction of CuO quantum dots/WO_3 nanosheets 0D/2D Z-scheme heterojunction with enhanced photocatalytic CO_2 reduction activity under visible-light. J Alloys Compd, 2021, 858: 157668.

[76] Wang W N, Wu F, Myung Y, et al. Surface engineered CuO nanowires with ZnO islands for CO_2 photoreduction. ACS Appl Mater Interfaces, 2015, 7: 5685-5692.

[77] Zhang X, Zhao X, Chen K, et al. Palladium-modified cuprous (Ⅰ) oxide with {100} facets for photocatalytic CO_2 reduction. Nanoscale, 2021, 13: 2883-2890.

[78] Sun Z, Fang W, Zhao L, et al. g-C_3N_4 foam/Cu_2O QDs with excellent CO_2 adsorption and synergistic catalytic effect for photocatalytic CO_2 reduction. Environ Int, 2019, 130: 104898.

[79] Pastor E, Pesci F M, Reynal A, et al. Interfacial charge separation in Cu_2O/ RuO_x as a visible light driven CO_2 reduction catalyst. Phys Chem Chem Phys, 2014, 16: 5922-5926.

[80] An X, Li K, Tang J. Cu_2O/reduced graphene oxide composites for the photocatalytic conversion of CO_2. ChemSusChem, 2014, 7: 1086-1093.

[81] Aguirre M E, Zhou R, Eugene A J, et al. Cu_2O/ TiO_2 heterostructures for CO_2 reduction through a direct Z-scheme: protecting Cu_2O from photocorrosion. Appl Catal B, 2017, 217: 485-493.

[82] Wang S Q, Zhang X Y, Dao X Y, et al. Cu_2O@ Cu@ UiO-66-NH_2 ternary nanocubes for photocatalytic CO_2 reduction. ACS Appl Nano Mater, 2020, 3: 10437-10445.

[83] Zhang S, Yin X, Zheng Y. Enhanced photocatalytic reduction of CO_2 to methanol by ZnO nanoparticles deposited on ZnSe nanosheet. Chem Phys Lett, 2018, 693: 170-175.

[84] Chen S, Yu J, Zhang J. Enhanced photocatalytic CO_2 reduction activity of MOF-derived ZnO/NiO porous hollow spheres. J CO_2 Util, 2018, 24: 548-554.

[85] Iqbal M, Wang Y, Hu H, et al. Corrigendum to "Interfacial charge kinetics of ZnO/ZnTe heterostructured nanorod arrays for CO_2 photoreduction" . Electrochim Acta, 2018, 283: 203-211.

[86] Wang K, Li J, Zhang G. Ag-bridged Z-scheme 2D/2D $Bi_5FeTi_3O_{15}$/g-C_3N_4 heterojunction for enhanced photocatalysis: mediator-induced interfacial charge transfer and mechanism insights. ACS Appl Mater Interfaces, 2019, 11: 27686-27696.

[87] Low J, Jiang C, Cheng B, et al. A review of direct Z-scheme photocatalysts. Small Methods, 2017, 1: 1700080.

[88] Wang J, Wang J, Li N, et al. Direct Z-scheme 0D/2D heterojunction of $CsPbBr_3$ quantum Dots/Bi_2WO_6 nanosheets for efficient photocatalytic CO_2 reduction. ACS Appl Mater Interfaces, 2020, 12: 31477-31485.

[89] Li H, Tu W, Zhou Y, et al. Z-scheme photocatalytic systems for promoting photocatalytic performance: recent progress and future challenges. Adv Sci, 2016, 3: 1500389.

[90] Meng J, Chen Q, Lu J, et al. Z-scheme photocatalytic CO_2 reduction on a heterostructure of oxygen-defective ZnO/reduced graphene oxide/UiO-66-NH_2 under visible light. ACS Appl Mater Interfaces, 2019, 11: 550-562.

[91] Zubair M, Razzaq A, Grimes C A, et al. Cu_2ZnSnS_4 (CZTS) -ZnO: a noble metal-free hybrid Z-scheme photocatalyst for enhanced solar-spectrum photocatalytic conversion of CO_2 to CH_4. J CO_2 Util, 2017, 20: 301-311.

[92] Cheng L, Xiang Q, Liao Y, et al. CdS-Based photocatalysts. Energy Environ Sci, 2018, 11: 1362-1391.

[93] Jin J, Yu J, Guo D, et al. A hierarchical Z-scheme CdS-WO_3 photocatalyst with enhanced CO_2 reduction activity. Small, 2015, 11: 5262-5271.

[94] Kandy M M, Gaikar V G. Photocatalytic reduction of CO_2 using CdS nanorods on porous anodic alumina support. Mater Res Bull, 2018, 102: 440-449.

[95] Li X, Chen J, Li H, et al. Photoreduction of CO_2 to methanol over Bi_2S_3/CdS photocatalyst under visible light irradiation. J Nat Gas Sci Eng, 2011, 20: 413-417.

[96] Kandy M M, Gaikar V G. Enhanced photocatalytic reduction of CO_2 using CdS/Mn_2O_3 nanocomposite photocatalysts on porous anodic alumina support with solar concentrators. Renew

Energ, 2019, 139: 915-923.

[97] Zhang P, Wang S, Guan B Y, et al. Fabrication of CdS hierarchical multi-cavity hollow particles for efficient visible light CO_2 reduction. Energy Environ Sci, 2019, 12: 164-168.

[98] Li P, He T. Recent advances in zinc chalcogenide-based nanocatalysts for photocatalytic reduction of CO_2. J Mater Chem A, 2021, 9: 23364-23381.

[99] Li P, Luo G, Zhu S, et al. Unraveling the selectivity puzzle of H_2 evolution over CO_2 photoreduction using ZnS nanocatalysts with phase junction. Appl Catal B, 2020, 274: 119115.

[100] Meng X, Zuo G, Zong P, et al. A rapidly room-temperature-synthesized Cd/ZnS: Cu nanocrystal photocatalyst for highly efficient solar-light-powered CO_2 reduction. Appl Catal B, 2018, 237: 68-73.

[101] Pang H, Meng X, Song H, et al. Probing the role of nickel dopant in aqueous colloidal ZnS nanocrystals for efficient solar-driven CO_2 reduction. Appl Catal B, 2019, 244: 1013-1020.

[102] Kanemoto M, Hosokawa H, Wada Y, et al. Semiconductor photocatalysis. Part 20. -Role of surface in the photoreduction of carbon dioxide catalysed by colloidal ZnS nanocrystallites in organic solvent. J Chem Soc, Faraday Trans, 1996, 92: 2401-2411.

[103] Zheng Y, Yin X, Jiang Y, et al. Nano Ag-decorated MoS_2 nanosheets from 1T to 2H phase conversion for photocatalytically reducing CO_2 to methanol. Energy Technol, 2019, 7: 1900582.

[104] You F, Wan J, Qi J, et al. Lattice distortion in hollow multi-shelled structures for efficient visible-light CO_2 reduction with a SnS_2/SnO_2 junction. Angew Chem Int Ed, 2020, 59: 721-724.

[105] Guo S, Yang P, Zhao Y, et al. Direct Z-scheme heterojunction of SnS_2/sulfur-bridged covalent triazine frameworks for visible-light-driven CO_2 photoreduction. ChemSusChem, 2020, 13: 6278.

[106] Dai W, Yu J, Luo S, et al. WS_2 quantum dots seeding in Bi_2S_3 nanotubes: a novel vis-NIR light sensitive photocatalyst with low-resistance junction interface for CO_2 reduction. Chem Eng J, 2020, 389: 123430.

[107] Thakur L, Hirono Y. Spectral functions of heavy quarkonia in a bulk-viscous quark gluon plasma. J High Energy Phys, 2022, 2: 207.

[108] Peduzzi M. O SUS é interprofissional. Interface - Comunicação, Saúde, Educação, 2016, 20: 199-201.

[109] Wang C, Thompson R L, Baltrus J, et al. Visible light photoreduction of CO_2 using CdSe/Pt/TiO_2 heterostructured catalysts. J Phys Chem Lett, 2009, 1: 48-53.

[110] Zhao J, Miao Z, Zhang Y, et al. Oxygen vacancy-rich hierarchical BiOBr hollow microspheres with dramatic CO_2 photoreduction activity. J Colloid Interface Sci, 2021, 593: 231-243.

[111] Wu J, Li X, Shi W, et al. Efficient visible-light-driven CO_2 reduction mediated by defect-engineered BiOBr atomic layers. Angew Chem Int Ed, 2018, 57: 8719-8723.

[112] Zhang L, Wang W, Jiang D, et al. Photoreduction of CO_2 on BiOCl nanoplates with the assistance of photoinduced oxygen vacancies. Nano Res, 2014, 8: 821-831.

[113] Hewfinger J C, Carr R, Somorjai G A. The photossisted reaction of gaseous water and carbon dioxide adsorbed on the SrTiOs (111) crystal face to form methane. Chem Phys Lett, 1978, 57: 100-104.

[114] Luo C, Zhao J, Li Y, et al. Photocatalytic CO_2 reduction over $SrTiO_3$: correlation between surface structure and activity. Appl Surf Sci, 2018, 447: 627-635.

[115] Yoshida H, Zhang L, Sato M, et al. Calcium titanate photocatalyst prepared by a flux method for reduction of carbon dioxide with water. Catal Today, 2015, 251: 132-139.

[116] Zhou H, Li P, Guo J, et al. Artificial photosynthesis on tree trunk derived alkaline tantalates with hierarchical anatomy: towards CO_2 photo-fixation into CO and CH_4. Nanoscale, 2015, 7: 113-120.

[117] Zhou H, Guo J, Li P, et al. Leaf-architectured 3D hierarchical artificial photosynthetic system of perovskite titanates towards CO_2 photoreduction into hydrocarbon fuels. Sci Rep, 2013, 3: 1667.

[118] Jia Q, Wang C, Liu J, et al. Synergistic effect of Sr-O divacancy and exposing facets in $SrTiO_3$ micro/nano particle: accelerating exciton formation and splitting, highly efficient Co^{2+} photooxidation. Small, 2022, 18: 2202659.

[119] Bi Y, Ehsan M F, Huang Y, et al. Synthesis of Cr-doped $SrTiO_3$ photocatalyst and its application in visible-light-driven transformation of CO_2 into CH_4. J CO_2 Util, 2015, 12: 43-48.

[120] Hou J, Cao S, Wu Y, et al. Perovskite-based nanocubes with simultaneously improved visible-light absorption and charge separation enabling efficient photocatalytic CO_2 reduction. Nano Energy, 2016, 30: 59-68.

[121] Wang Q, Warnan J, Rodríguez-Jiménez S, et al. Molecularly engineered photocatalyst sheet for scalable solar formate production from carbon dioxide and water. Nat Energy, 5: 2020, 703-710.

[122] Zhang L, Yang Y, Zhou Z, et al. Redispersion of exsolved Cu nanoparticles on $LaFeO_3$ photocatalyst for tunable photocatalytic CO_2 reduction. Chem Eng J, 2023, 452: 139273.

[123] Hou J, Cao S, Wu Y, et al. Inorganic colloidal perovskite quantum dots for robust solar CO_2 reduction. Chemistry, 2017, 23: 9481-9485.

[124] Shyamal S, Dutta S K, Das T, et al. Facets and defects in perovskite nanocrystals for photocatalytic CO_2 reduction. J Phys Chem Lett, 2020, 11: 3608-3614.

[125] Kong Z C, Zhang H H, Liao J F, et al. Immobilizing Re $(CO)_3$Br (dcbpy) complex on $CsPbBr_3$ nanocrystal for boosted charge separation and photocatalytic CO_2 reduction. Sol RRL, 2019, 4: 1900365.

[126] Chen Z, Hu Y, Wang J, et al. Boosting photocatalytic CO_2 reduction on $CsPbBr_3$ perovskite nanocrystals by immobilizing metal complexes. Chem Mater, 2020, 32: 1517-1525.

[127] Ou M, Tu W, Yin S, et al. Amino-assisted anchoring of $CsPbBr_3$ perovskite quantum dots on porous g-C_3N_4 for enhanced photocatalytic CO_2 reduction. Angew Chem Int Ed, 2018, 57: 13570-13574.

[128] Xu F, Meng K, Cheng B, et al. Unique S-scheme heterojunctions in self-assembled TiO_2/$CsPbBr_3$ hybrids for CO_2 photoreduction. Nat Commun, 2020, 11: 4613.

[129] Mu Y F, Zhang W, Dong G X, et al. Ultrathin and small-size graphene oxide as an electron mediator for perovskite-based Z-scheme system to significantly enhance photocatalytic CO_2 reduction. Small, 2020, 16: e2002140.

[130] Mu Y F, Zhang C, Zhang M R, et al. Direct Z-scheme heterojunction of ligand-free $FAPbBr_3$/alpha-Fe_2O_3 for boosting photocatalysis of CO_2 reduction coupled with water oxidation. ACS Appl Mater Interfaces, 2021, 13: 22314-22322.

[131] Kong Z C, Liao J F, Dong Y J, et al. Core@ Shell $CsPbBr_3$@ Zeolitic imidazolate framework nanocomposite for efficient photocatalytic CO_2 reduction. ACS Energy Lett, 2018, 3: 2656-2662.

[132] Wu L Y, Mu Y F, Guo X X, et al. Encapsulating perovskite quantum dots in iron-based metal-organic frameworks (MOFs) for efficient photocatalytic CO_2 reduction. angew. Chem Int Ed, 2019, 58: 9491-9495.

[133] Mu Y F, Zhang W, Guo X X, et al. Water-tolerant lead halide perovskite nanocrystals as efficient photocatalysts for visible-light-driven CO_2 reduction in pure water. ChemSusChem, 2019, 12: 4769-4774.

[134] Su K, Dong G X, Zhang W, et al. *In situ* coating $CsPbBr_3$ nanocrystals with graphdiyne to boost the activity and stability of photocatalytic CO_2 reduction. ACS Appl Mater Interfaces, 2020, 12: 50464-50471.

[135] Xu H Q, Hu J, Wang D, et al. Visible-light photoreduction of CO_2 in a metal-organic framework: boosting electron-hole separation via electron trap states. J Am Chem Soc, 2015, 137: 13440-13443.

[136] Sadeghi N, Sharifnia S, Sheikh Arabi M. A porphyrin-based metal organic framework for high rate photoreduction of CO_2 to CH_4 in gas phase. J CO_2 Util, 2016, 16: 450-457.

[137] Chen E X, Qiu M, Zhang Y F, et al. Acid and base resistant zirconium polyphenolate-metalloporphyrin scaffolds for efficient CO_2 photoreduction. Adv Mater, 2018, 30: 1704388.

[138] Huang Q, Liu J, Feng L, et al. Multielectron transportation of polyoxometalate-grafted metalloporphyrin coordination frameworks for selective CO_2-to-CH_4 photoconversion. Nat Sci Rev, 2020, 7: 53-63.

[139] Chen D, Xing H, Wang C, et al. Highly efficient visible-light-driven CO_2 reduction to formate by a new anthracene-based zirconium MOF via dual catalytic routes. J Mater Chem A, 2016, 4: 2657-2662.

[140] Lan G, Li Z, Veroneau S S, et al. Photosensitizing metal-organic layers for efficient sunlight-driven carbon dioxide reduction. J Am Chem Soc, 2018, 140: 12369-12373.

[141] Wang D, Huang R, Liu W, et al. Fe-based MOFs for photocatalytic CO_2 reduction: role of coordination unsaturated sites and dual excitation pathways. ACS Catal, 2014, 4: 4254-4260.

[142] Li N, Liu J, Liu J J, et al. Adenine components in biomimetic metal-organic frameworks for efficient CO_2 photoconversion. Angew Chem Int Ed, 2019, 58: 5226-5231.

[143] Wang S, Yao W, Lin J, et al. Cobalt imidazolate metal-organic frameworks photosplit CO_2 under mild reaction conditions. Angew Chem Int Ed, 2014, 53: 1034-1038.

[144] Zhu W, Zhang C, Li Q, et al. Selective reduction of CO_2 by conductive MOF nanosheets as an efficient co-catalyst under visible light illumination. Appl Catal B, 2018, 238: 339-345.

[145] Yang W, Wang H J, Liu R R, et al. Tailoring crystal facets of metal-organic layers to enhance photocatalytic activity for CO_2 reduction. Angew Chem Int Ed, 2021, 60: 409-414.

[146] Wu P, Guo X, Cheng L, et al. Photoactive metal-organic framework and its film for light-driven hydrogen production and carbon dioxide reduction. Inorg Chem, 2016, 55: 8153-8159.

[147] Ye L, Gao Y, Cao S, et al. Assembly of highly efficient photocatalytic CO_2 conversion systems with ultrathin two-dimensional metal-organic framework nanosheets. Appl Catal B, 2018, 227: 54-60.

[148] Wang S, Wang X. Photocatalytic CO_2 reduction by CdS promoted with a zeolitic imidazolate framework. Appl Catal B, 2015, 162: 494-500.

[149] Wu L Y, Mu Y F, Guo X X, et al. Encapsulating perovskite quantum dots in iron-based metal-organic frameworks (MOFs) for efficient photocatalytic CO_2 reduction. Angew Chem Int Ed, 2019, 58: 9491-9495.

[150] Yang Q, Xu Q, Jiang H L. Metal-organic frameworks meet metal nanoparticles: synergistic effect for enhanced catalysis. Chem Soc Rev, 2017, 46: 4774-4808.

[151] Choi K M, Kim D, Rungtaweevoranit B, et al. Plasmon-enhanced photocatalytic CO_2 conversion within metal-organic frameworks under visible light. J Am Chem Soc, 2017, 139: 356-362.

[152] Su Y, Zhang Z, Liu H, et al. $Cd_{0.2}Zn_{0.8}S$@UiO-66-NH_2 nanocomposites as efficient and stable visible-light-driven photocatalyst for H_2 evolution and CO_2 reduction. Appl Catal B, 2017, 200: 448-457.

[153] Chen L, Wang Y, Yu F, et al. A simple strategy for engineering heterostructures of Au nano-particle-loaded metal-organic framework nanosheets to achieve plasmon-enhanced photocatalytic CO_2 conversion under visible light. J Mater Chem A, 2019, 7: 11355-11361.

[154] Xu G, Zhang H, Wei J, et al. Integrating the g-C_3N_4 nanosheet with B—H bonding decorated metal-organic framework for CO_2 activation and photoreduction. ACS Nano, 2018, 12: 5333-5340.

[155] Wang S, Guan B Y, Lou X W. Construction of $ZnIn_2S_4$-In_2O_3 hierarchical tubular heterostructures for efficient CO_2 photoreduction. J Am Chem Soc, 2018, 140: 5037-5040.

[156] Zhang J H, Yang W, Zhang M, et al. Metal-organic layers as a platform for developing single-atom catalysts for photochemical CO_2 reduction. Nano Energy, 2021, 80:

105542- 105542.

[157] Gong Y N, Shao B Z, Mei J H, et al. Facile synthesis of C_3N_4-supported metal catalysts for efficient CO_2 photoreduction. Nano Res, 2022, 15: 551-556.

[158] Liras M, Barawi M, De La Pena O'shea V A. Hybrid materials based on conjugated polymers and inorganic semiconductors as photocatalysts: from environmental to energy applications. Chem Soc Rev, 2019, 48: 5454-5487.

[159] Dong G, Zhang L. Porous structure dependent photoreactivity of graphitic carbon nitride under visible light. J Mater Chem, 2012, 22: 1160-1166.

[160] Ong W J, Putri L K, Mohamed A R. Rational design of carbon-based 2D nanostructures for enhanced photocatalytic CO_2 reduction: a dimensionality perspective. Chem Eur J, 2020, 26: 9710-9748.

[161] Yang Z, Zhang Y, Schnepp Z. Soft and hard templating of graphitic carbon nitride. J Mater Chem A, 2015, 3: 14081-14092.

[162] Zhang G, Lan Z A, Lin L, et al. Overall water splitting by Pt/g-C_3N_4 photocatalysts without using sacrificial agents. Chem Sci, 2016, 7: 3062-3066.

[163] Jiang X, Zhang Z, Sun M, et al. Self-assembly of highly-dispersed phosphotungstic acid clusters onto graphitic carbon nitride nanosheets as fascinating molecular-scale Z-scheme heterojunctions for photocatalytic solar-to-fuels conversion. Appl Catal B, 2021, 281: 119473.

[164] Liu G, Niu P, Sun C, et al. Unique electronic structure induced high photoreactivity of sulfur-doped graphitic C_3N_4. J Am Chem Soc, 2010, 132: 11642-11648.

[165] Guo S, Deng Z, Li M, et al. Phosphorus-doped carbon nitride tubes with a layered micro-nanostructure for enhanced visible-light photocatalytic hydrogen evolution. Angew Chem Int Ed, 2016, 55: 1830.

[166] Akple M S, Ishigaki T, Madhusudan P. Bio-inspired honeycomb-like graphitic carbon nitride for enhanced visible light photocatalytic CO_2 reduction activity. Environ Sci Pollut Res, 2020, 27: 22604-22618.

[167] Mo Z, Zhu X, Jiang Z, et al. Porous nitrogen-rich g-C_3N_4 nanotubes for efficient photocatalytic CO_2 reduction. Appl Catal B, 2019, 256: 117854.

[168] Yang Y, Li F, Chen J, et al. Single Au atoms anchored on amino-group-enriched graphitic carbon nitride for photocatalytic CO_2 reduction. ChemSusChem, 2020, 13: 1979-1985.

[169] Wang C, Zhao Y, Xu H, et al. Efficient Z-scheme photocatalysts of ultrathin g-C_3N_4-wrapped Au/TiO_2-nanocrystals for enhanced visible-light-driven conversion of CO_2 with H_2O. Appl Catal B, 2020, 263: 118314.

[170] Wang C, Liu X, He W, et al. All-solid-state Z-scheme photocatalysts of g-C_3N_4/Pt/macroporous- (TiO_2@ carbon) for selective boosting visible-light-driven conversion of CO_2 to CH_4. J Catal, 2020, 389: 440-449.

[171] Vu N N, Kaliaguine S, Do T O. Synthesis of the g-C_3N_4/CdS nanocomposite with a chemically bonded interface for enhanced sunlight-driven CO_2 photoreduction. ACS Appl Energy Mater,

2020, 3: 6422-6433.

[172] Zhou Y, Zhang L, Liu J, et al. Brand new P-doped g- C_3N_4: enhanced photocatalytic activity for H_2 evolution and Rhodamine B degradation under visible light. J Mater Chem A, 2015, 3: 3862-3867.

[173] Song X, Li X, Zhang X, et al. Fabricating C and O co-doped carbon nitride with intramolecular donor-acceptor systems for efficient photoreduction of CO_2 to CO. Appl Catal B, 2020, 268: 118736.

[174] Kumar A, Yadav R K, Park N J, et al. Facile one-pot two-step synthesis of novel *in situ* selenium-doped carbon nitride nanosheet photocatalysts for highly enhanced solar fuel production from CO_2. ACS Appl Nano Mater, 2018, 1: 47-54.

[175] Wang S, Zhan J, Chen K, et al. Potassium-doped g-C_3N_4 achieving efficient visible-light-driven CO_2 reduction. ACS Sustain Chem Eng, 2020, 8: 8214-8222.

[176] Lei K, Wang D, Ye L, et al. A metal- free donor- acceptor covalent organic framework photocatalyst for visible- light- driven reduction of CO_2 with H_2O. ChemSusChem, 2020, 13: 1725-1729.

[177] Shan Z, Wu M, Zhu D, et al. 3D covalent organic frameworks with interpenetrated pcb topology based on 8-connected cubic nodes. J Am Chem Soc, 2022, 144: 5728-5733.

[178] Yang S, Hu W, Zhang X, et al. 2D covalent organic frameworks as intrinsic photocatalysts for visible light-driven CO_2 reduction. J Am Chem Soc, 2018, 140: 14614-14618.

[179] Xu R, Wang X S, Zhao H, et al. Rhenium- modified porous covalent triazine framework for highly efficient photocatalytic carbon dioxide reduction in a solid-gas system. Catal Sci Technol, 2018, 8: 2224-2230.

[180] Lu M, Liu J, Li Q, et al. Rational design of crystalline covalent organic frameworks for efficient CO_2 photoreduction with H_2O. Angew Chem Int Ed, 2019, 58: 12392-12397.

[181] Lu M, Li Q, Liu J, et al. Installing earth-abundant metal active centers to covalent organic frameworks for efficient heterogeneous photocatalytic CO_2 reduction. Appl Catal B, 2019, 254: 624-633.

[182] Gong Y N, Zhong W, Li Y, et al. Regulating photocatalysis by spin-state manipulation of cobalt in covalent organic frameworks. J Am Chem Soc, 2020, 142: 16723-16731.

[183] Liu W, Li X, Wang C, et al. A scalable general synthetic approach toward ultrathin imine-linked two-dimensional covalent organic framework nanosheets for photocatalytic CO_2 reduction. J Am Chem Soc, 2019, 141: 17431-17440.

[184] Huang Y, Du P, Shi W X, et al. Filling COFs with bimetallic nanoclusters for CO_2-to-alcohols conversion with H_2O oxidation. Appl Catal B, 2021, 288: 120001.

[185] Lu M, Zhang M, Liu J, et al. Confining and highly dispersing single polyoxometalate clusters in covalent organic frameworks by covalent linkages for CO_2 photoreduction. J Am Chem Soc, 2022, 144: 1861-1871.

[186] Zhong H, Sa R, Lv H, et al. Covalent organic framework hosting metalloporphyrin-based

carbon dots for visible-light-driven selective CO_2 reduction. Adv Funct Mater, 2020, 30: 2002654.

[187] Wang J, Yu Y, Cui J, et al. Defective g-C_3N_4/covalent organic framework van der Waals heterojunction toward highly efficient S-scheme CO_2 photoreduction. Appl Catal B, 2022, 301: 120814.

[188] Zhang M, Lu M, Lang Z L, et al. Semiconductor/covalent-organic-framework Z-scheme heterojunctions for artificial photosynthesis. Angew Chem Int Ed, 2020, 59: 6500-6506.

[189] Wang L, Huang G, Zhang L, et al. Construction of TiO_2-covalent organic framework Z-scheme hybrid through coordination bond for photocatalytic CO_2 conversion. J Energy Chem, 2022, 64: 85-92.

[190] Gopalakrishnan V N, Nguyen D T, Becerra J, et al. Manifestation of an enhanced photoreduction of CO_2 to CO over the in situ synthesized rGO-Covalent organic framework under visible light irradiation. ACS Appl Energy Mater, 2021, 4: 6005-6014.

[191] Zhang M, Chang J N, Chen Y, et al. Controllable synthesis of COFs-Based multicomponent nanocomposites from core-shell to Yolk-shell and hollow-sphere structure for artificial photosynthesis. Adv Mater, 2021, 33: e2105002.

[192] Li L, Li X, Sun Y, et al. Rational design of electrocatalytic carbon dioxide reduction for a zero-carbon network. Chem Soc Rev, 2022, 51: 1234-1252.

[193] Royer M E. Réduction de l'acide carbonique en acide formique. Compt Rend, 1870, 70: 731-732.

[194] Nakato Y, Yano S, Yamaguchi T, et al. Reactions and mechanism of the electrochemical reduction of carbon dioxide at alloyed copper-silver electrodes. Denki Kagaku, 1991, 59: 491-498.

[195] Hori Y, Kikuchi K, Murata A, et al. Production of methane and ethylene in electrochemical reduction of carbon dioxide at copper electrode in aqueous hydrogencarbonate solution. Chem Lett, 1986, 15: 897-898.

[196] Gu Z, Shen H, Shang L, et al. Nanostructured copper-based electrocatalysts for CO_2 reduction. Small Methods, 2018, 2: 1800121.

[197] Saravanakumar D, Song J, Jung N, et al. Reduction of CO_2 to CO at low overpotential in neutral aqueous solution by a Ni (cyclam) complex attached to poly (allylamine). ChemSusChem, 2012, 5: 634-636.

[198] Fisher B J, Eisenberg R. Electrocatalytic reduction of carbon dioxide by using macrocycles of nickel and cobalt. J Am Chem Soc, 1980, 102: 7361-7363.

[199] Schneider J, Jia H, Kobiro K, et al. Nickel (Ⅱ) macrocycles: highly efficient electrocatalysts for the selective reduction of CO_2 to CO. Energy Environ Sci, 2012, 5: 9502-9510.

[200] Collin J P, Jouaiti A, Sauvage J P. Electrocatalytic properties of (tetraazacyclotetradecane) nickel^{2+} and Ni_2 (biscyclam)$^{4+}$ with respect to carbon dioxide and water reduction. Inorg

Chem, 1988, 27, 1990-1993.

[201] Cao L M, Huang H H, Wang J W, et al. The synergistic catalysis effect within a dinuclear nickel complex for efficient and selective electrocatalytic reduction of CO_2 to CO. Green Chem, 2018, 20: 798-803.

[202] Kaes C, Katz A, Hosseini M W. Bipyridine: the most widely used ligand. A review of molecules comprising at least two 2, 2′-bipyridine units. Chem Rev, 2000, 100: 3553-3590.

[203] Rawat K S, Mandal S C, Pathak B. A computational study of electrocatalytic CO_2 reduction by Mn (Ⅰ) complexes: role of bipyridine substituents. Electrochim Acta, 2019, 297: 606-612.

[204] Elgrishi N, Chambers M B, Wang X, et al. Molecular polypyridine-based metal complexes as catalysts for the reduction of CO_2. Chem Soc Rev, 2017, 46: 761-796.

[205] Hawecker J, Lehn J M, Ziessel R. Efficient photochemical reduction of CO_2 to CO by visible light irradiation of systems containing Re (bipy) $(CO)_3X$ or Ru $(bipy)_3^{2+}$-CO_2^+combinations as homogeneous catalysts. J Chem Soc, Chem Commun, 1983, 9: 536-538.

[206] Bourrez M, Molton F, Chardon-Noblat S, et al. [Mn (bipyridyl) $(CO)_3Br$]: an abundant metal carbonyl complex as efficient electrocatalyst for CO_2 reduction. Angew Chem Int Ed, 2011, 50: 9903-9906.

[207] Ronne M H, Cho D, Madsen M R, et al. Ligand-controlled product selectivity in electrochemical carbon dioxide reduction using manganese bipyridine catalysts. J Am Chem Soc, 2020, 142: 4265-4275.

[208] Cometto C, Chen L, Lo P K, et al. Highly selective molecular catalysts for the CO_2-to-CO electrochemical conversion at very low overpotential. Contrasting Fe *vs* Co quaterpyridine complexes upon mechanistic studies. ACS Catal, 2018, 8: 3411-3417.

[209] Cometto C, Chen L, Anxolabéhère-Mallart E, et al. Molecular electrochemical catalysis of the CO_2-to-CO conversion with a Co complex: a cyclic voltammetry mechanistic investigation. Organometallics, 2018, 38: 1280-1285.

[210] Wang M, Chen L, Lau T C, et al. A hybrid Co quaterpyridine complex/carbon nanotube catalytic material for CO_2 reduction in water. Angew Chem Int Ed, 2018, 57: 7769-7773.

[211] Costentin C, Robert M, Saveant J M. Catalysis of the electrochemical reduction of carbon dioxide. Chem Soc Rev, 2013, 42: 2423-2436.

[212] Savéant J M. Molecular catalysis of electrochemical reactions. Mechanistic aspects. Chem Rev, 2008, 108: 2348-2378.

[213] Costentin C, Drouet S, Rober T M, et al. A local proton source enhances CO_2 electroreduction to CO by a molecular Fe catalyst. Science, 2012, 338: 90-94.

[214] Costentin C, Passard G, Rober T M, et al. Ultraefficient homogeneous catalyst for the CO_2-to-CO electrochemical conversion. PNAS, 2014, 111: 14990-14994.

[215] Azcarate I, Costentin C, Robert M, et al. Through-space charge interaction substituent effects in molecular catalysis leading to the design of the most efficient catalyst of CO_2-to-CO

electrochemical conversion. J Am Chem Soc, 2016, 138: 16639-16644.

[216] Zahran Z N, Mohamed E A, Naruta Y. Bio-inspired cofacial Fe porphyrin dimers for efficient electrocatalytic CO_2 to CO conversion: overpotential tuning by substituents at the porphyrin rings. Sci Rep, 2016, 6: 24533.

[217] Qiao B T, Wang A Q, Yang X F, et al. Single-atom catalysis of CO oxidation using Pt_1/FeO_x. Nat Chem, 2011, 3: 634-641.

[218] Gu J, Hsu C S, Bai L C, et al. Atomically dispersed Fe^{3+} sites catalyze efficient CO_2 electroreduction to CO, Science, 2019, 364: 1091-1094.

[219] Zhang H N, Li J, Xi S B, et al. A graphene-supported single-atom FeN_5 catalytic site for efficient electrochemical CO_2 reduction. Angew Chem Int Ed, 2019, 58: 14871-14876.

[220] Sun X H, Tuo Y X, Ye C L, et al. Phosphorus induced electron localization of single iron sites for boosted CO_2 electroreduction reaction. Angew Chem Int Ed, 2021, 60: 23614-23618.

[221] Wang X Q, Chen Z, Zhao X Y, et al. Regulation of coordination number over single Co sites: triggering the efficient electroreduction of CO_2. Angew Chem Int Ed, 2018, 57: 1944-1948.

[222] Pan Y, Lin R, Chen Y J, et al. Design of single-atom Co-N_5 catalytic site: a robust electrocatalyst for CO_2 reduction with nearly 100% CO selectivity and remarkable stability. J Am Chem Soc, 2018, 140: 4218-4221.

[223] Li Z D, He D, Yan X X, et al. Size-dependent nickel-based electrocatalysts for selective CO_2 reduction. Angew Chem Int Ed, 2020, 59: 18572-18577.

[224] Rong X, Wang H J, Lu X L, et al. Controlled synthesis of a vacancy-defect single-atom catalyst for boosting CO_2 electroreduction. Angew Chem Int Ed, 2020, 59: 1961-1965.

[225] Gong Y N, Jiao L, Qian Y Y, et al. Regulating the coordination environment of MOF-templated single-atom nickel electrocatalysts for boosting CO_2 reduction. Angew Chem Int Ed, 2020, 59: 2705-2709.

[226] Liu S, Yang H B, Hung S F, et al. Elucidating the electrocatalytic CO_2 reduction reaction over a model single-atom nickel catalyst. Angew Chem Int Ed, 2020, 59: 798-803.

[227] Yang H P, Wu Y, Li G D, et al. Scalable production of efficient single-atom copper decorated carbon membranes for CO_2 electroreduction to methanol. J Am Chem Soc, 2019, 141: 12717-12723.

[228] Zhao K, Nie X W, Wang H Z, et al. Selective electroreduction of CO_2 to acetone by single copper atoms anchored on N-doped porous carbon. Nat Commun, 2020, 11: 2455.

[229] Shi G D, Xie Y L, Du L L, et al. Constructing Cu-C bonds in a graphdiyne-regulated Cu single-atom electrocatalyst for CO_2 reduction to CH_4. Angew Chem Int Ed, 2022, 61: e202203569.

[230] Chen S H, Li W H, Jiang W J, et al. MOF encapsulating N-heterocyclic carbene-ligated copper single-atom site catalyst towards efficient methane electrosynthesis. Angew Chem Int Ed, 2022, 61: e202114450.

[231] Ding T, Liu X K, Tao Z N, et al. Atomically precise dinuclear site active toward

electrocatalytic CO_2 reduction. J Am Chem Soc, 2021, 143: 11317-11324.

[232] Liang X M, Wang H J, Zhang C, et al. Controlled synthesis of a Ni_2 dual-atom catalyst for synergistic CO_2 electroreduction. Appl Catal B Environ, 2023, 322: 122073.

[233] Zhang N Q, Zhang X X, Kang Y K, et al. A supported Pd_2 dual-atom site catalyst for efficient electrochemical CO_2 reduction. Angew Chem Int Ed, 2021, 60: 13388-13393.

[234] Gong Y N, Cao C Y, Shi W J, et al. Modulating the electronic structures of dual-atom catalysts via coordination environment engineering for boosting CO_2 electroreduction. Angew Chem Int Ed, 2022, 61: e202215187.

[235] Zhu W J, Zhang L, Liu S H, et al. Enhanced CO_2 electroreduction on neighboring Zn/Co monomers by electronic effect. Angew Chem Int Ed, 2020, 59: 12664-12668.

[236] Liang Z, Song L P, Sun M Z, et al. Tunable CO/H_2 ratios of electrochemical reduction of CO_2 through the Zn-Ln dual atomic catalysts. Sci Adv, 2021, 7: eabl4915.

[237] Lin L, Li H B, Yan C C, et al. Synergistic catalysis over iron-nitrogen sites anchored with cobalt phthalocyanine for efficient CO_2 electroreduction. Adv Mater, 2019, 31: e1903470.

[238] Lin L, Liu T F, Xiao J P, et al. Enhancing CO_2 electroreduction to methane with a cobalt phthalocyanine and zinc-nitrogen-carbon tandem catalyst. Angew Chem Int Ed, 2020, 59: 22408-22413.

[239] Zhang L B, Feng J Q, Liu S J, et al. Atomically dispersed Ni-Cu catalysts for pH-universal CO_2 electroreduction. Adv Mater, 2023, 35: 2209590.

[240] McQuillan A J, Hendra P J, Fleischmann M. Raman spectroscopic investigation of silver electrodes. J Electroanal Chem, 1975, 65: 933-944.

[241] Hori M, Hakebe H, Hsukamoto T, et al. Electrocatalytic process of CO selectivity in electrochemical reduction of CO_2 at metal electrodes in aqueous. Electrochim. Acta, 1994, 39: 1833-1839.

[242] Kim C, Jeon H S, Eom T, et al. Achieving selective and efficient electrocatalytic activity for CO_2 reduction using immobilized silver nanoparticles. J Am Chem Soc, 2015, 137: 13844-13850.

[243] Liu S, Tao H, Zeng L, et al. Shape-dependent electrocatalytic reduction of CO_2 to CO on triangular silver nanoplates. J Am Chem Soc, 2017, 139: 2160-2163.

[244] Daiyan R, Lu X, Ng Y H, et al. Highly selective conversion of CO_2 to CO achieved by a three-dimensional porous silver electrocatalyst. ChemistrySelect, 2017, 2: 879-884.

[245] Hoshi N, Kato M, Hori Y. Electrochemical reduction of CO_2 on single crystal electrodes of silver Ag (111), Ag (100) and Ag (110) . J Electroanal Chem, 1997, 440: 283-286.

[246] Clark E L, Ringe S, Tang M, et al. Influence of atomic surface structure on the activity of Ag for the electrochemical reduction of CO_2 to CO. ACS Catal, 2019, 9: 4006-4014.

[247] Buckley A K, Cheng T, Oh M H, et al. Approaching 100% selectivity at low potential on Ag for electrochemical CO_2 reduction to CO using a surface additive. ACS Catal, 2021, 11: 9034-9042.

[248] Abeyweera S C, Yu J, Perdew J P, et al. Hierarchically 3D porous Ag nanostructures derived from silver benzenethiolate nanoboxes: enabling CO_2 reduction with a near-unity selectivity and mass-specific current density over 500 A/g. Nano Lett, 2020, 20: 2806-2811.

[249] Wei L, Li H, Chen J, et al. Thiocyanate-modified silver nanofoam for efficient CO_2 reduction to CO. ACS Catal, 2020, 10: 1444-1453.

[250] Li S J, Dong X, Zhao Y H, et al. Chloride ion adsorption enables ampere-level CO_2 electroreduction over silver hollow fiber. Angew Chem Int Ed, 2022, 61: e202210432.

[251] Li H, Wen P, Itanze D S, et al. Colloidal silver diphosphide (AgP_2) nanocrystals as low overpotential catalysts for CO_2 reduction to tunable syngas. Nat Commun, 2019, 10: 5724.

[252] Ma M, Trzesniewski B J, Xie J, et al. Selective and efficient reduction of carbon dioxide to carbon monoxide on oxide-derived nanostructured silver electrocatalysts. Angew Chem Int Ed, 2016, 55: 9748-9752.

[253] Mistry H, Choi Y W, Bagger A, et al. Enhanced carbon dioxide electroreduction to carbon monoxide over defect-rich plasma-activated silver catalysts. Angew Chem Int Ed, 2017, 129: 11552-11556.

[254] Wu X, Guo Y, Sun Z, et al. Fast operando spectroscopy tracking in situ generation of rich defects in silver nanocrystals for highly selective electrochemical CO_2 reduction. Nat Commun, 2021, 12: 660.

[255] Han N, Sun M, Zhou Y, et al. Alloyed palladium-silver nanowires enabling ultrastable carbon dioxide reduction to formate. Adv Mater, 2021, 33: 2005821.

[256] He R, Yuan X, Shao P, et al. Hybridization of defective tin disulfide nanosheets and silver nanowires enables efficient electrochemical reduction of CO_2 into formate and syngas. Small, 2019, 15: 1904882.

[257] Zhang Z, Wen G, Luo D, et al. "Two ships in a bottle" design for Zn-Ag-O catalyst enabling selective and long-lasting CO_2 electroreduction. J Am Chem Soc, 2021, 143: 6855-6864.

[258] Wakerley D, Lamaison S, Ozanam F, et al. Bio-inspired hydrophobicity promotes CO_2 reduction on a Cu surface. Nat Mater, 2019, 18: 1222-1227.

[259] Chen C, Li Y, Yu S, et al. Cu-Ag tandem catalysts for high-rate CO_2 electrolysis toward multicarbons. Joule, 2020, 4: 1688-1699.

[260] Dutta A, Montiel I Z, Erni R, et al. Activation of bimetallic AgCu foam electrocatalysts for ethanol formation from CO_2 by selective Cu oxidation/reduction. Nano Energy, 2020, 68: 104331.

[261] Zhang S, Zhao S, Qu D, et al. Electrochemical reduction of CO_2 toward C_2 valuables on Cu@Ag core-shell tandem catalyst with tunable shell thickness. Small, 2021, 17: 2102293.

[262] Huang W, Zhu J, Wang M, et al. Emerging mono- elemental bismuth nanostructures: controlled synthesis and their versatile applications. Adv Funct Mater, 2020, 31: 2007584.

[263] Yi L, Chen J, Shao P, et al. Molten-salt-assisted synthesis of bismuth nanosheets for long-

term continuous electrocatalytic conversion of CO_2 to formate. Angew Chem Int Ed, 2020, 59: 20112-20119.

[264] Komatsu S, Yanagihara T, Hiraga Y, et al. Electrochemical reduction of CO_2 at Sb and Bi electrodes in $KHCO_3$ solution. Denki Kagaku, 1995, 63: 217-224.

[265] Yang C, Chai J, Wang Z, et al. Recent progress on bismuth-based nanomaterials for electrocatalytic carbon dioxide reduction. Chem Res Chin Univ, 2020, 36: 410-419.

[266] Xie H, Zhang T, Xie R, et al. Facet engineering to regulate surface states of topological crystalline insulator bismuth rhombic dodecahedrons for highly energy efficient electrochemical CO_2 reduction. Adv Mater, 2021, 33: e2008373.

[267] Yao D, Tang C, Vasileff A, et al. The controllable reconstruction of bi-mofs for electrochemical CO_2 reduction through electrolyte and potential mediation. Angew Chem Int Ed, 2021, 60: 18178-18184.

[268] Li Z, Feng Y, Li Y, et al. Fabrication of Bi/Sn bimetallic electrode for high-performance electrochemical reduction of carbon dioxide to formate. Chem Eng J, 2022, 428: 130901.

[269] Fan K, Jia Y, Ji Y, et al. Curved surface boosts electrochemical CO_2 reduction to formate via bismuth nanotubes in a wide potential window. ACS Catal, 2019, 10: 358-364.

[270] Gong Q, Ding P, Xu M, et al. Structural defects on converted bismuth oxide nanotubes enable highly active electrocatalysis of carbon dioxide reduction. Nat Commun, 2019, 10: 2807.

[271] Yuan Y, Wang Q, Qiao Y, et al. *In situ* structural reconstruction to generate the active sites for CO_2 electroreduction on bismuth ultrathin nanosheets. Adv Energy Mater, 2022, 12: 2200970.

[272] Li N, Yan P, Tang Y, et al. *In-situ* formation of ligand-stabilized bismuth nanosheets for efficient CO_2 conversion. Appl Catal B, 2021, 297: 120481.

[273] Deng P, Wang H, Qi R, et al. Bismuth oxides with enhanced bismuth-oxygen structure for efficient electrochemical reduction of carbon dioxide to formate. ACS Catal, 2019, 10: 743-750.

[274] Wang Y, Wang B, Jiang W, et al. Sub-2 nm ultra-thin $Bi_2O_2CO_3$ nanosheets with abundant Bi-O structures toward formic acid electrosynthesis over a wide potential window. Nano Res, 2021, 15: 2919-2927.

[275] Duan J, Liu T, Zhao Y, et al. Active and conductive layer stacked superlattices for highly selective CO_2 electroreduction. Nat Commun, 2022, 13: 2039.

[276] Jia L, Sun M Z, Xu J, et al. Phase-dependent electrocatalytic CO_2 reduction on Pd_3Bi nanocrystals. Angew Chem Int Ed, 2021, 60: 21741-21745.

[277] Tang S F, Lu X L, Zhang C, et al. Decorating graphdiyne on ultrathin bismuth subcarbonate nanosheets to promote CO_2 electroreduction to formate. Sci Bull, 2021, 66: 1533-1541.

[278] Duan Y X, Zhou Y T, Yu Z, et al. Boosting production of hcooh from CO_2 electroreduction via Bi/CeO_x. Angew Chem Int Ed, 2021, 60: 8798-8802.

[279] Li L, Ozden A, Guo S, et al. Stable, active CO_2 reduction to formate via redox-modulated stabilization of active sites. Nat Commun, 2021, 12: 5223.

[280] Zhang M, Wang J, Rong X, et al. Surface iodine and pyrenyl-graphdiyne co-modified Bi catalysts for highly efficient CO_2 electroreduction in acidic electrolyte. Nano Res, 2023, DOI: 10.1007/s12274-023-6073-4.

[281] Yoshio H, Katsuhei K, Akira M, et al. Production of methane and ethylene in electrochemical reduction of carbon dioxide at copper electrode in aqueous hydrogencarbonate solution. Chem Lett, 1986, 15: 897-898.

[282] Hu Q, Han Z, Wang X D, et al. Facile synthesis of sub-nanometric copper clusters by double confinement enables selective reduction of carbon dioxide to methane. Angew Chem Int Ed, 2020, 59: 19054-19059.

[283] Zhang H, Yang Y, Liang Y X, et al. Molecular stabilization of sub-nanometer Cu clusters for selective CO_2 electromethanation. ChemSusChem, 2022, 15: e202102010.

[284] Xu H P, Rebollar D, He H Y, et al. Highly selective electrocatalytic CO_2 reduction to ethanol by metallic clusters dynamically formed from atomically dispersed copper. Nat Energy, 2020, 5: 623-632.

[285] Wang Y X, Shen H, Livi K J T, et al. Copper nanocubes for CO_2 reduction in gas diffusion electrodes. Nano Lett, 2019, 19: 8461-8468.

[286] Fan Q K, Zhang X, Ge X H, et al. Manipulating Cu nanoparticle surface oxidation states tunes catalytic selectivity toward CH_4 or C_{2+} products in CO_2 electroreduction. Adv Energy Mater, 2021, 11, 2101424.

[287] Gu Z X, Shen H, Chen Z, et al. Efficient electrocatalytic CO_2 reduction to C_{2+} alcohols at defect-site-rich Cu surface. Joule, 2021, 5: 429-440.

[288] Kim J, Choi W, Park J W, et al. Branched copper oxide nanoparticles induce highly selective ethylene production by electrochemical carbon dioxide reduction. J Am Chem Soc, 2019, 141: 6986-6994.

[289] Yin Z Y, Yu C, Zhao Z L, et al. Cu_3N nanocubes for selective electrochemical reduction of CO_2 to ethylene. Nano Lett, 2019, 19: 8658-8663.

[290] Liang Z Q, Zhuang T T, Seifitokaldani A, et al. Copper-on-nitride enhances the stable electrosynthesis of multi-carbon products from CO_2. Nat Commun, 2018, 9: 3828.

[291] Zhuang T T, Liang Z Q, Seifitokaldani A, et al. Steering post-C—C coupling selectivity enables high efficiency electroreduction of carbon dioxide to multi-carbon alcohols. Nat Catal, 2018, 1: 421-428.

[292] Peng C, Luo G, Zhang J B, et al. Double sulfur vacancies by lithium tuning enhance CO_2 electroreduction to n-propanol. Nat Commun, 2021, 12: 1580.

[293] Ma Y B, Yu J L, Sun M Z, et al. Confined growth of silver-copper janus nanostructures with {100} facets for highly selective tandem electrocatalytic carbon dioxide reduction. Adv Mater, 2022, 34: 2110607.

[294] Zhu Y T, Gao Z Q, Zhang Z C, et al. Selectivity regulation of CO_2 electroreduction on asymmetric AuAgCu tandem heterostructures. Nano Res, 2022, 15: 7861-7867.

[295] Wang Y H, Wang Z Y, Dinh C T, et al. Catalyst synthesis under CO_2 electroreduction favours faceting and promotes renewable fuels electrosynthesis. Nat Catal, 2019, 3: 98-106.

[296] Jiang K, Sandberg R B, Akey A J, et al. Metal ion cycling of Cu foil for selective C—C coupling in electrochemical CO_2 reduction. Nat Catal, 2018, 1: 111-119.

[297] Zhang G, Zhao Z J, Cheng D F, et al. Efficient CO_2 electroreduction on facet-selective copper films with high conversion rate. Nat Commun, 2021, 12: 5745.

[298] Wu Z Z, Zhang X L, Niu Z Z, et al. Identification of Cu (100) /Cu (111) interfaces as superior active sites for CO dimerization during CO_2 electroreduction. J Am Chem Soc, 2022, 144: 259-269.

[299] Zhou Y S, Che F, Liu M, et al. Dopant-induced electron localization drives CO_2 reduction to C_2 hydrocarbons. Nat Chem, 2018, 10: 974-980.

[300] Yuan X T, Chen S, Cheng D F, et al. Controllable Cu^0-Cu^+ sites for electrocatalytic reduction of carbon dioxide. Angew Chem Int Ed, 2021, 60: 15344-15347.

[301] Zhang W, Huang C Q, Xiao Q, et al. Atypical oxygen-bearing copper boosts ethylene selectivity toward electrocatalytic CO_2 reduction. J Am Chem Soc, 2020, 142: 11417-11427.

[302] Kim J Y, Kim G, Won H, et al. Synergistic effect of Cu_2O mesh pattern on high-facet Cu surface for selective CO_2 electroreduction to ethanol. Adv Mater, 2022, 34: 2106028.

[303] Lin S C, Chang C C, Chiu S Y, et al. Operando time-resolved X-ray absorption spectroscopy reveals the chemical nature enabling highly selective CO_2 reduction. Nat Commun, 2020, 11: 3525.

[304] Wei X, Yin Z L, Lyu K, et al. Highly selective reduction of CO_2 to C_{2+} hydrocarbons at copper/polyaniline interfaces. ACS Catal, 2020, 10: 4103-4111.

[305] Iijima G, Yamaguchi H, Inomata T, et al. Methanethiol SAMs induce reconstruction and formation of Cu^+ on a Cu catalyst under electrochemical CO_2 reduction. ACS Catal, 2020, 10: 15238-15249.

[306] Nie W X, Heim G P, Watkins N B, et al. Organic additive-derived films on Cu electrodes promote electrochemical CO_2 reduction to C_{2+} products under strongly acidic conditions. Angew Chem Int Ed, 2023, 62: e202216102.

[307] Zhou Y J, Liang Y Q, Fu J W, et al. Vertical Cu nanoneedle arrays enhance the local electric field promoting C_2 hydrocarbons in the CO_2 electroreduction. Nano Lett, 2022, 22: 1963-1970.

[308] Duan X, Xu J, Wei Z, et al. Metal-free carbon materials for CO_2 electrochemical reduction. Adv Mater, 2017, 29: 1701784.

[309] Wang W, Shang L, Chang G, et al. Intrinsic carbon-defect-driven electrocatalytic reduction of carbon dioxide. Adv Mater, 2019, 31: e1808276.

[310] Dong Y, Zhang Q, Tian Z, et al. Ammonia thermal treatment toward topological defects in

porous carbon for enhanced carbon dioxide electroreduction. Adv-Mater, 2020, 32: e2001300.

[311] Chen M, Wang S, Zhang H, et al. Intrinsic defects in biomass-derived carbons facilitate electroreduction of CO_2. Nano Res, 2020, 13: 729-735.

[312] Ye L, Ying Y, Sun D, et al. Highly efficient porous carbon electrocatalyst with controllable N-species content for selective CO_2 reduction. Angew Chem Int Ed, 2020, 59: 3244.

[313] Yang F, Ma X, Cai W B, et al. Nature of oxygen-containing groups on carbon for high-efficiency electrocatalytic CO_2 reduction reaction. J Am Chem Soc, 2019, 141: 20451-20459.

[314] Hursan D, Samu A A, Janovak L, et al. Morphological attributes govern carbon dioxide reduction on n-doped carbon electrodes. Joule, 2019, 3: 1719-1733.

[315] Halmann M. Photoelectrochemical reduction of aqueous carbon dioxide on p-type gallium phosphide in liquid junction solar cells. Nature, 1978, 275: 115-116.

[316] Inoue T, Fujishima A, Konishi S, et al. Photoelectrocatalytic reduction of carbon dioxide in aqueous suspensions of semiconductor powders. Nature, 1979, 277: 637-638.

[317] Zafrir M, Ulman M, Zuckerman Y, et al. Photoelectrochemical reduction of carbon dioxide to formic acid, formaldehyde and methanol on p-gallium arsenide in an aqueous V (Ⅱ) -V (Ⅲ) chloride redox system. J Electroanal Chem Interfacial Electrochem, 1983, 159: 373-389.

[318] Navaee A, Salimi A. Sulfur doped-copper oxide nanoclusters synthesized through a facile electroplating process assisted by thiourea for selective photoelectrocatalytic reduction of CO_2. J Colloid Interface Sci, 2017, 505: 241-252.

[319] Sagara N, Kamimura S, Tsubota T, et al. Photoelectrochemical CO_2 reduction by a p-type boron-doped g-C_3N_4 electrode under visible light. Appl Catal B, 2016, 192: 193-198.

[320] Gu J, Wuttig A, Krizan J W, et al. Mg-doped $CuFeO_2$ photocathodes for photoelectrochemical reduction of carbon dioxide. J Phys Chem C, 2013, 117: 12415-12422.

[321] Rosser T E, Windle C D, Reisner E. Electrocatalytic and solar-driven CO_2 reduction to CO with a molecular manganese catalyst immobilized on mesoporous TiO_2. Angew. Chem Int Ed, 2016, 55: 7388-7392.

[322] Kumar B, Smieja J M, Kubiak C P, et al. Photoreduction of CO_2 on p-type silicon using re (bipy-but) $(CO)_3Cl$: photovoltages exceeding 600 mV for the selective reduction of CO_2 to CO. J Phys Chem C, 2010, 114, 14220-14223.

[323] Schreier M, Luo J, Gao P, et al. Covalent immobilization of a molecular catalyst on Cu_2O photocathodes for CO_2 reduction. J Am Chem Soc, 2016, 138: 1938-1946.

[324] Arai T, Sato S, Uemura K, et al. Photoelectrochemical reduction of CO_2 in water under visible-light irradiation by a p-type InP photocathode modified with an electropolymerized ruthenium complex. Chem Commun, 2010, 46: 6944-6946.

[325] Neri G, Walsh J J, Wilson C, et al. A functionalised nickel cyclam catalyst for CO_2 reduction: electrocatalysis, semiconductor surface immobilisation and light-driven electron

transfer. Phys Chem Chem Phys, 2015, 17: 1562-1566.

[326] Kou Y, Nakatani S, Sunagawa G, et al. Visible light-induced reduction of carbon dioxide sensitized by a porphyrin-rhenium dyad metal complex on p-type semiconducting NiO as the reduction terminal end of an artificial photosynthetic system. J Catal, 2014, 310: 57-66.

[327] Sahara G, Kumagai H, Maeda K, et al. Photoelectrochemical reduction of CO_2 coupled to water oxidation using a photocathode with a Ru (Ⅱ) -Re (Ⅰ) complex photocatalyst and a CoO_x/TaON photoanode. J Am Chem Soc, 2016, 138: 14152-14158.

[328] Silva B C, Irikura K, Flor J B S, et al. Electrochemical preparation of Cu/Cu_2O-Cu (BDC) metal-organic framework electrodes for photoelectrocatalytic reduction of CO_2. J CO_2 Util, 2020, 42: 101299.

[329] Cardoso J C, Stulp S, de Brito J F, et al. MOFs based on ZIF-8 deposited on TiO_2 nanotubes increase the surface adsorption of CO_2 and its photoelectrocatalytic reduction to alcohols in aqueous media. Appl Catal B, 2018, 225: 563-573.

[330] Li P, Liu L, An W, et al. Ultrathin porous g-C_3N_4 nanosheets modified with AuCu alloy nanoparticles and C-C coupling photothermal catalytic reduction of CO to ethanol. Appl Catal B, 2020, 266: 118618.

[331] Zhang Z, Gao Z, Liu H, et al. High photothermally active Fe_2O_3 film for CO_2 photoreduction with H_2O driven by solar light. ACS Appl Energy Mater, 2019, 2: 8376-8380.

[332] Zhou B, Ma Y, Ou P, et al. Light-driven synthesis of C_2H_6 from CO_2 and H_2O on a bimetallic AuIr composite supported on InGaN nanowires. Nat Catal, 2023, 6: 987-995.

[333] Qi Y, Jiang J, Liang X, et al. Fabrication of black In_2O_3 with dense oxygen vacancy through dual functional carbon doping for enhancing photothermal CO_2 hydrogenation. Adv Funct Mater, 2021, 31: 2100908.

[334] Low J, Zhang L, Zhu B, et al. TiO_2 photonic crystals with localized surface photothermal effect and enhanced photocatalytic CO_2 reduction activity. ACS Sustain Chem Eng, 2018, 6: 15653-15661.

[335] He L, Li C, Xiao M, et al. Preparation and photothermal catalytic application of powder-form cobalt plasmonic superstructures. J Inorg Mater, 2022, 37: 356-366.

第7章 人工光合作用催化剂光电催化氮还原制氨

氨是一种重要的化学物质，以氨为原料可以制硝酸、化肥、农药和炸药等[1]。此外，氨易液化、储存和运输方便，能量密度高，可以作为高效可再生燃料载体。因此，氨在工业、农业、能源等领域都有着广泛的应用[2-4]。但至今为止，氨的工业化生产仍主要依赖于20世纪初开发的Haber-Bosch（哈伯）工艺。该工艺需要在高温（400~500℃）和高压（100~200atm）进行，会消耗大量能源[4]。而且哈伯工艺中使用的H_2主要来自化石能源，导致高的碳排放，加剧温室效应。因此，发展新的合成氨工艺，实现绿色、经济、高效的氨生产具有重要意义。

近年来，受自然界固氮酶通过多质子和多电子转移路径合成氨的启发[4]，研究者探索了多种人工固氮合成氨的方法，包括光催化、电催化、酶催化、热催化等[5-9]。光、电催化氮还原合成氨是指在催化剂作用下，利用光、电驱动氮气（N_2）或硝酸根等连续获得质子和电子还原为氨，是一种绿色的合成氨过程。在过去十几年中，光、电催化氮还原制氨发展迅速，研究者探索了多种催化剂用于N_2还原反应（NRR），但合成氨的效率都很低，这些研究尚处于实验室阶段，离工业应用还有很大差距。需要进一步设计合成高效的催化剂，以提高光、电催化合成氨的效率[10,11]。

本章主要介绍近年来光、电催化氮还原制氨催化剂的研究进展，包括N_2还原制氨催化剂、硝酸根和亚硝酸根还原制氨催化剂等，在分析催化剂构效关系和催化机理的基础上，进一步总结了合成氨催化剂的设计策略。

7.1 N_2还原制氨催化剂

大气中N_2含量为78%，是自然界中丰富的氮资源。然而，N_2分子在热力学上非常稳定，$N\equiv N$键裂解能高达941kJ/mol，同时，N_2分子具有较负电子亲和能（-1.8eV）和较大的最高占据分子轨道-最低未占分子轨道（HOMO-LUMO）能级差（22.9eV），导致N_2分子在温和条件下很难被活化和还原转化[12-14]。近年来，光、电催化N_2还原制氨因反应条件温和、环境友好等优势，被认为是替代哈伯工艺制氨的理想方式，其中高效催化剂的开发是瓶颈。本节主要介绍近年来研究者在光、电催化N_2还原制氨催化剂研究方面取得的最新进展，这些催化剂主要包括金属催化剂、非金属催化剂、缺陷型催化剂、单原子催化剂、仿生催化剂等，希望为高效 N_2 还原制氨催化剂的设计合成提供参考。

7.1.1 光催化剂

合成氨光催化剂已有很多报道[15-17]。1977 年，Schrauzer 和 Guth 发现 Fe 掺杂的 TiO_2 在紫外光照下具有光催化固氮活性[18]。随后，人们开发了大量半导体材料用于光催化固氮。研究发现：大部分传统半导体材料需要通过晶面调控、缺陷引入、掺杂和异质结构建等对其进行改性，才能满足光催化固氮中所需的还原电位，实现光催化固氮[19-21]。

1. 缺陷型光催化剂

缺陷作为电子捕获位点，不仅能改变催化剂的能带结构，而且可以作为化学吸附位点[22,23]。缺陷的种类、数目都会影响半导体的催化性能[24]。常见的缺陷有氧缺陷、硫缺陷、碳缺陷和氮缺陷等。

1）氧缺陷光催化剂

氧缺陷（氧空位）是一类重要的缺陷，在光催化固氮过程中，氧空位不仅能促进 N_2 的吸附和活化，而且促进光生电子的分离[25-27]。1988 年，Bourgeois 等通过在空气中退火处理制备具有表面氧缺陷的 TiO_2，表现出光催化固 N_2 的活性[28]。2014 年，赵伟荣等通过水热和煅烧的方法制备了掺杂 Fe^{3+} 的 TiO_2 催化剂，在 254nm 紫外光驱动下，以乙醇为牺牲剂，氨的产率为 400μmol/(g · h)，是未掺杂 TiO_2 的 3.8 倍[29]。机理研究表明，Fe^{3+} 的引入促进了氧空位的形成和抑制了光生载流子的复合，提高了催化反应活性。米宏伟等通过调控还原温度制备了系列具有不同浓度氧空位的 TiO_2（R-x，x 代表还原温度），并对其进行光催化固氮研究。结果表明，在全光谱照射下，催化剂 R-340 具有最高的光催化固氮活性，氨的生成速率为 324.8μmol/(h · g)，是未还原 TiO_2 的 3.86 倍（图 7-1）[30]。

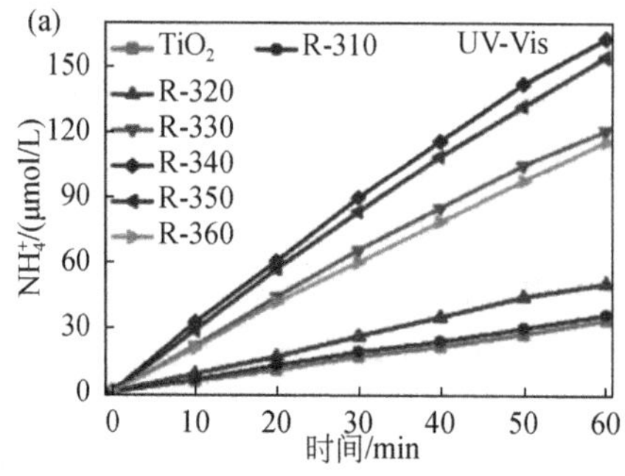

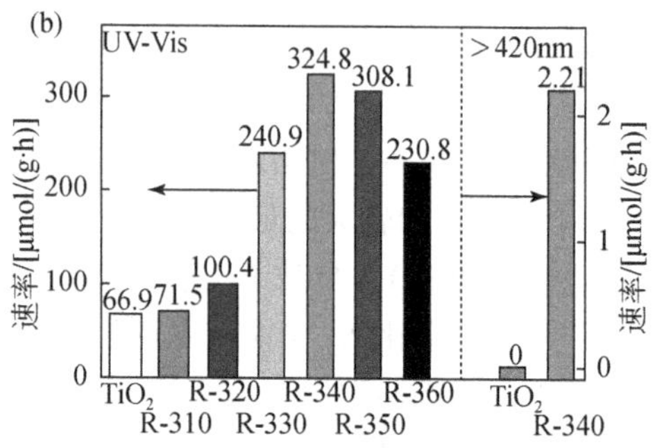

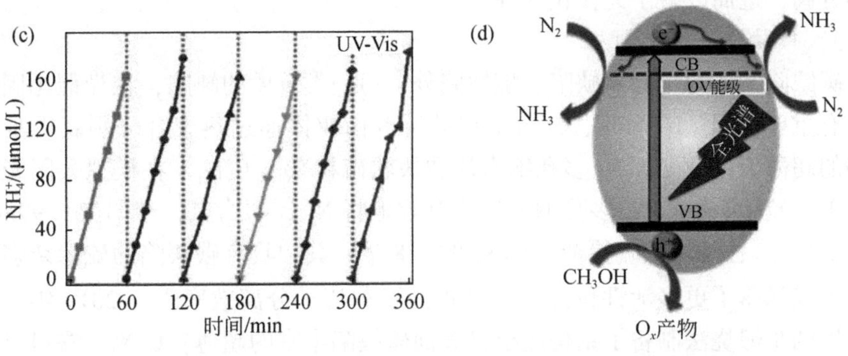

图7-1 (a)全光谱下R-x催化剂的固氮性能;(b)R-x归一化固氮速率;(c)R-340固氮循环实验;(d)固氮机理示意图[30]

结构中含有氧空位的卤氧化物也表现出良好的光催化固氮活性,它们主要是铋基材料,简称卤氧化铋(BiOX),其中X表示Cl、Br、I元素。BiOX具有低成本、低毒性、高化学稳定性、良好的导电性和合适的带隙等优势,目前已成为理想的光催化固氮材料[31]。2015年,张礼知等报道了在BiOBr纳米片(001)晶面上引入氧空位后,所得催化剂具有光催化固氮活性。在纯水和可见光驱动下,光催化NRR产氨的速率为104.2μmol/(g·h),而在紫外光照射下,氨的生成速率为223.3μmol/(g·h)。BiOBr纳米片中氧空位的引入能捕获电子并吸附活化N_2分子,进而实现光催化N_2还原成氨[32]。2017年,叶金花等通过低温湿化学法制备了直径为5nm的Bi_5O_7Br纳米管,该纳米管具有丰富的活性位点且在可见光诱导下易形成大量的氧空位。在纯水中,无贵金属助催化剂条件下,Bi_5O_7Br光催化NRR产氨的速率为1.38mmol/(g·h)[33]。2018年,熊宇杰等通过溶剂热法制备了Mo掺杂的$W_{18}O_{49}$催化剂,发现掺杂1% Mo的催化剂产氨速率为195.5μmol/(g_{cat}·h),是不掺杂Mo的7倍。光催化固氮活性来源于$W_{18}O_{49}$表面的氧空位和掺杂Mo对光催化剂缺陷状态的改性[15]。

2)硫缺陷光催化剂

硫缺陷(硫空位)与氧缺陷类似,构建硫空位催化剂也有利于改善光催化固氮活性[34]。2016年,王琼等报道了一种含丰富硫空位的$Mo_{0.1}Ni_{0.1}Cd_{0.8}S$催化剂,在可见光驱动下,以乙醇为牺牲剂,产氨速率为3.2mg/(L·g_{cat}·h)。进一步研究发现,固氮活性的改善源于硫空位促进N_2分子的吸附活化和界面电荷的转移[35]。何益明等通过水热法制备了含丰富硫空位的g-C_3N_4/ZnSnCdS异质结光催化剂,在可见光和乙醇为牺牲剂条件下,产氨速率为7.5mg/(L·h·g_{cat}),分别是g-C_3N_4和ZnSnCdS的33.2倍和1.6倍。机理研究表明,g-C_3N_4/ZnSnCdS中的硫空位不仅有利于吸附和活化N_2分子,而且可以促进界面电荷转移和电子-空穴的分离，进而改善了光催化活性[36]。

3）碳缺陷光催化剂

碳缺陷被认为是除氧缺陷、硫缺陷外，另一类重要的缺陷，在光催化固氮方面也有重要作用。2018 年，江芳等以硫脲为前驱体通过热聚合分别获得具有碳缺陷的超薄硫掺杂 g-C_3N_4 多孔纳米片和块状硫掺杂 g-C_3N_4。在模拟太阳光照射条件下，硫掺杂 g-C_3N_4 多孔纳米片能有效地将 N_2 还原为氨，产率为 5.99mmol/(L · g_{cat} · h)，是块状硫掺杂 g-C_3N_4 的 2.8 倍。其中具有碳缺陷的硫掺杂多孔纳米片不仅暴露了更多活性位点，而且提高了载流子分离效率[37]。2019 年，李华明等以两步煅烧法制备了结构疏松且表面碳缺陷丰富的超薄 g-C_3N_4。在可见光和纯水条件下，g-C_3N_4 将 N_2 还原为氨的生成速率为 648μmol/(g_{cat} · h)。催化剂的优异活性主要在于表面丰富的碳缺陷，它们不仅促进了 N_2 的吸附和活化，而且提高了光生载流子的分离效率[38]。

4）氮缺陷光催化剂

氮缺陷在光催化固氮反应中更具有吸引力，因为氮空位与原料 N_2 中 N 原子的形状和大小匹配，有利于选择性化学吸附和活化 N_2 分子。此外，氮空位可以捕光进而激发电子，促进界面电荷从催化剂转移到被吸附的 N_2 分子上，有利于提高载流子的分离效率。g-C_3N_4 是一种构建氮空位的理想材料，因为材料本身含有丰富的 N 原子，且容易离去，从而形成富含氮空位的稳定光催化材料。构建氮空位 g-C_3N_4 的常用方法包括金属掺杂法、煅烧处理法、微波法和模板法等。2016 年，刘娜等以硫脲为前驱体通过微波法合成了系列含丰富氮空位的 g-C_3N_4 固氮催化剂，在可见光驱动和乙醇体系中，产氨速率为 1.51mg/(h · g_{cat})。研究表明，丰富的氮空位不仅可以作为吸附和活化 N_2 分子的位点，而且有利于加快催化剂向 N_2 分子的界面电荷转移，进而显著提升光催化固氮活性[39]。2018 年，Shiraishi 等通过煅烧的方式制备了含氮空位的 P 掺杂氮化碳、含氮空位的氮化碳和 P 掺杂氮化碳催化剂。在可见光照射下，前者在纯水中的光催化固氮活性远高于后两者，对应的产氨速率为 1.02μmol/(g_{cat} · h)，太阳能转化为氨的效率为 0.1%。进一步研究发现，掺杂的 P 原子作为水氧化的位点，而氮空位作为 N_2 还原的位点，进而实现人工光合作用全反应[40]。

2. 单原子光催化剂

单原子光催化具有高原子利用率、高效活性等优势，已成为催化领域的研究热点。2018 年，王金兰等以 B 原子修饰 g-C_3N_4，构筑了热稳定性良好的 B/g-C_3N_4光催化剂，其可以通过酶作用机制将 N_2 还原为氨[41]。其中 B 原子的修饰增强了 g-C_3N_4 对可见光的吸收能力，从而提升了光催化固氮活性。同年，谢毅等通过热聚合和退火处理得到单原子 Cu 修饰的氮化碳催化剂，可见光下光催化 NRR 产氨速率为 186μmol/(g·h)，420nm 下的量子效率达到 1.01%。机理研究表明：单原子 Cu 能有效地促进共轭 π 电子云的价电子离域，而这些孤立的价电子在光照下很容易被激发产生自由电子，进而光催化诱导 N_2 还原合成氨[42]。鲁统部等以尿素和不同量的 $Na_2MoO_4 \cdot 2H_2O$ 为前驱体，通过煅烧制备了系列不同 Mo 含量的单原子催化剂，在纯水体系中，光催化 NRR 产氨速率为 50.9 μmol/(g_{cat}·h)，而在乙醇体系中，产氨速率为 830μmol/(g_{cat}·h)。进一步研究发现，低配位的 MoN_2 可以吸附和活化 N_2 分子，进而提升了光催化 NRR 活性[43]。

3. 金属-有机骨架光催化剂

金属-有机骨架（MOFs）因具有多孔结构和类半导体性质等特点，在光催化领域显示出巨大的应用潜力。2020 年，叶金花等通过自组装合成了系列含不同官能团的 Ti 基 MOFs，包括 MIL-125（Ti）、CH_3-MIL-125（Ti）、NH_2-MIL-125（Ti）和 OH-MIL-125（Ti），其中 NH_2-MIL-125（Ti）具有相对较高的活性[44]。同年，姜忠义等以溶剂热法合成了系列含 Fe^{II}/Fe^{III} 混合价态的 MIL-53（Fe^{II}/Fe^{III} 比例在 0.18∶1 和 1.21∶1 之间）。研究发现，MIL-53（Fe^{III}）没有光催化固氮活性，而 Fe^{II}/Fe^{III} 比例为 1.06∶1 的 MIL-53（Fe^{II}/Fe^{III}）具有最高的光催化固氮活性，产氨速率为 306μmol/(h·g)。机理研究结果表明，MIL-53（Fe^{II}/Fe^{III}）的固氮活性增强主要源于其暴露的配位不饱和活性位点、拓宽的可见光吸收范围和有效的电子转移[45]。虽然目前报道的 MOF 光催化固氮的活性低[46]，但是通过合理的结构修饰有望获得高效的 MOF 基固氮光催化材料。

4. 仿生光催化剂

自然界固氮酶是通过铁硫蛋白和钼铁蛋白两种活性中心驱动固氮反应。模拟固氮酶实现温和条件下固氮是催化领域的研究热点。2016 年，Brown 等将 CdS 与 MoFe 蛋白结合，获得具有光催化固氮活性的仿生催化剂，量子效率为 3.3%，相当于固氮酶的 63%[47]。同年，Kanatzidis 等以［$Mo_2Fe_6S_8(SPh)_3$］和［Fe_4S_4］仿生簇与惰性离子（Sb^{3+}、Sn^{4+}、Zn^{2+}）构筑固氮仿生凝胶催化剂，发现由［Fe_4S_4］簇构筑的凝胶催化剂在可见光驱动和水溶液中具有最高的固氮活性，产氨速率为 0.33mg/(L·h)[48]。

7.1.2 电催化剂

电催化 N_2 还原制氨涉及气-液-固三相，其中气体扩散、电子传输、催化剂活性等都对催化性能起重要的作用。电催化 N_2 还原制氨最早由 van Tamelen 和 Seeley 等在 1969 年报道[49]。他们使用镍铬合金和铝分别作为阴极和阳极，在异丙醇钛和异丙醇铝的甘醇二甲醚溶液中将 N_2 电催化还原成氨。随后，人们探索了多种类型的电催化剂用于 NRR，大致可分为金属基和非金属电催化剂。

1. 金属基电催化剂

1）贵金属基电催化剂

贵金属基材料具有优异的导电性和对 N_2 分子较强的吸附能力，在 N_2 还原电催化剂研究中成为首选[50]。钌（Ru）是哈伯工艺合成氨的最佳催化剂，早期的理论计算结果表明，Ru 基催化剂能有效地促进电催化 NRR[51,52]。Ru 靠近金属表面的理论过电位与 N_2 吸附能的火山图峰位置，有利于通过缔合途径解离 N_2 分子生成 NH_3[52-54]。此外，Ru 具有空的 d 轨道，可以接受 N_2 提供的孤对电子活化 $N\equiv N$ 键。最初研究人员使用石墨作为载体制备 Ru/C 催化剂用于电催化 NRR[55]，在-1.10V（*vs.* RHE）电位下，NH_3产率达到 0.21μg/(h · cm^2)，法拉第效率为 0.28%。随后曾杰等将 Ru^{3+}掺入 ZIF 类金属-有机骨架材料中，通过热解制备得到 Ru 分散在氮掺杂碳上的单原子催化剂。与块状或分散的 Ru 簇催化剂相比，Ru 单原子催化剂电催化 N_2 还原活性提高了 1 ~2 个数量级，NH_3的产率达到 120μg/(h · mg_{cat})，法拉第效率达到 29.6%[56]。进一步研究表明，Ru 单原子催化剂的高催化活性与高度分散的 Ru 活性位点以及和载体的协同作用密切相关。其他研究也表明，Ru 基催化剂的 NRR 活性与载体密切相关。例如，王建国等使用密度泛函理论（DFT）综合评估了不同单原子 Ru 载体（$-C_2N$、$-C_3N_4$ 和 γ-石墨烯）对电催化 NRR 活性的影响[57]，这些载体中的 N 或 C 与 Ru 原子配位可以防止 Ru 发生聚集和脱落，并加速电子转移，计算结果表明，N_2 最有可能通过缔合途径吸附在 Ru 活性位点上，然后被活化和还原。段乐乐等将零价 Ru、Rh 单原子固定在石墨炔载体上，实现了加压条件下的高效电催化 NRR[58]。实验结果表明，在加压条件下，催化体系中的析氢反应被有效抑制，NRR 活性和选择性显著提升，并且保持了很高的稳定性。除 C、N 载体外，其他载体和掺杂剂对 Ru 催化剂 NRR 活性也有重要影响。孙成华等利用 DFT 计算证明，缺电子的配位硼原子可以使 Ru 位点通过缔合途径将 N_2 转化为 NH_3[59]。此外，引入另一种金属对 Ru 电催化 NRR 活性也有一定的辅助作用[60-62]。例如，将 Ru 锚定在钛板上，所得催化剂具有高缺陷密度和对 N_2 较强的电子亲和力，能够有效促进电催化 N_2 还原[62]。

Pd 基催化剂也具有较好的电催化 NRR 活性，在电催化 NRR 时很容易从环境中吸附 H，因此可以充当转移 H_2O 中质子至 N_2 的媒介。在电催化 NRR 过程中，

N_2 到 $^*N_2H$ 的转化通常为 Pd 基催化剂的决速步骤，该决速步可以通过氢化钯转化为 α-钯氢化物（α-Pd-H）来降低能垒[63]。王军等在炭黑上制备了表面氢化的 α-Pd-H，其表现出优异的电催化 NRR 性能[64]。与 Pt 和 Au 相比，Pd 表面氢化后在动力学和热力学都更有利于 N_2 转化为 $^*N_2H$。研究者进一步探索了氢化钯电催化 NRR 性能，发现多孔 $PdH_{0.43}$ 电催化 NRR 产氨速率可达到 20.4μg/(h · mg)，法拉第效率为 43.6%，仅需要 150mV 过电位[65]。同位素实验结果表明，$PdH_{0.43}$ 的晶格氢原子是电催化 NRR 的活性氢源。DFT 计算结果表明，氢化钯能够降低决速步骤 N_2 到 $^*N_2H$ 的活化能。梁长浩等将氢化钯与碳纳米管结合，制备了具有双重界面的 Pd 基 NRR 电催化剂（PdO-Pd）[66]。在 PdO-Pd 电催化 NRR 时，Pd 和 PdO 分别充当 N_2 吸附和活化位点，从而降低了过电位。掺杂可以调节 Pd 的电子结构，成为优化 Pd 基催化剂的电催化 NRR 性能的重要途径。孙旭平等制备了系列具有不同 Pd：Ag 比的合金，发现 Pd_1Ag_1 具有最佳的电催化 NRR 活性[67]，这主要是因为 Pd_1Ag_1 具有更大晶格常数（α=4.09Å），Ag 的引入会产生拉伸应变，从而改变了 Pd 的电子结构，提高电催化 NRR 活性。李玉良等合成了石墨炔负载的零价 Pd 单原子催化剂[68]。Pd 的负载增加了材料的缺陷和电负性，当 Pd 含量为 1.02 wt%，催化剂显示出高的 NRR 活性，产氨速率达 45.4μg/(h · mg_{cat})，法拉第效率为 31.6%。虽然研究者在 Pd 基催化剂电催化 NRR 方面开展了许多的研究工作，但是，由于 Pd 基催化剂一般具有较好的析氢活性，因此在抑制析氢、提高 NRR 选择性和产量方面尚未取得突破。

金（Au）基催化剂被认为在电催化 NRR 中具有巨大潜力，主要原因是 Au 未占据 d 轨道可以接受来自 N_2 的孤对电子，且 Au 基催化剂的析氢活性远低于 Ru、Pt 和 Pd 基催化剂，从而表现出更高的 NRR 选择性[69]。Au 基电催化剂的设计策略侧重于控制微观形貌、晶面及引入缺陷、加强 Au 基催化剂与载体之间的协同作用等。多孔、树枝状或纳米片状等蓬松结构能使 Au 基催化剂暴露更多的活性位点，提高 NRR 催化效率[70]。王亮等通过超声法制备了“花瓣”状 Au 纳米颗粒，“花瓣”状的二维结构可以暴露更多 Au 活性位点［图 7-2（a）］，产氨速率和法拉第效率分别为 25.57μg/(h · mg_{cat}）和 6.05%[71]。调控晶面也能增强 Au 电催化 NRR 活性。鄢俊敏等制备了暴露（730）高指数晶面的四面体 Au 纳米棒[72]。电催化实验结果表明：（730）晶面上低配位的 Au 原子有利于 N_2 的吸附，能促进电催化 NRR［图 7-2（b）］。调节结晶度可以产生亚稳态的非晶金属材料，并影响电催化 NRR 性能[73]。鄢俊敏等发现，将无定形 Au 纳米粒子负载在还原的氧化石墨烯（RGO）上获得的复合材料（α-Au/CeO_x-RGO），比 RGO 上负载的晶态纳米 Au 复合材料具有更优异的电催化 NRR 活性［图 7-2（c）］[74]。活性提高主要归因于亚稳态非晶 Au 具有更多的悬挂键，使其对 N_2 的结合力更牢固。

掺杂可以调节 Au 的电子结构，从而提高 Au 基催化剂电催化 NRR 活性。李景虹等将高指数 Au 纳米粒子锚定在二维 Ti_3C_2 上，Ti_3C_2 的网状结构能有效捕获 N_2。实验和理论计算表明，Ti_3C_2 与高指数 Au 纳米团簇的界面处具有较高的 N_2 吸附能，可以削弱 N ≡ N 键，然后通过交替加氢路径，进行 N_2 还原［图 7-2（d）］[75]。载体上氧空位的增加也有助于提高 Au 电催化 NRR 活性。在富含氧空位的 TiO_2 上负载二维纳米 Au，所得催化剂电催化 NRR 产氨速率达到 64.6 μg/(h · mg)，法拉第效率为 29.5%[76]。理论计算表明，氧空位可作为电催化 NRR 的电子供体，在 TiO_2 中引入富含氧空位后，极大降低了 Au 电催化 NRR 决速步骤能垒，Au 和氧空位协同促进电催化 NRR［图 7-2（e，f）］。

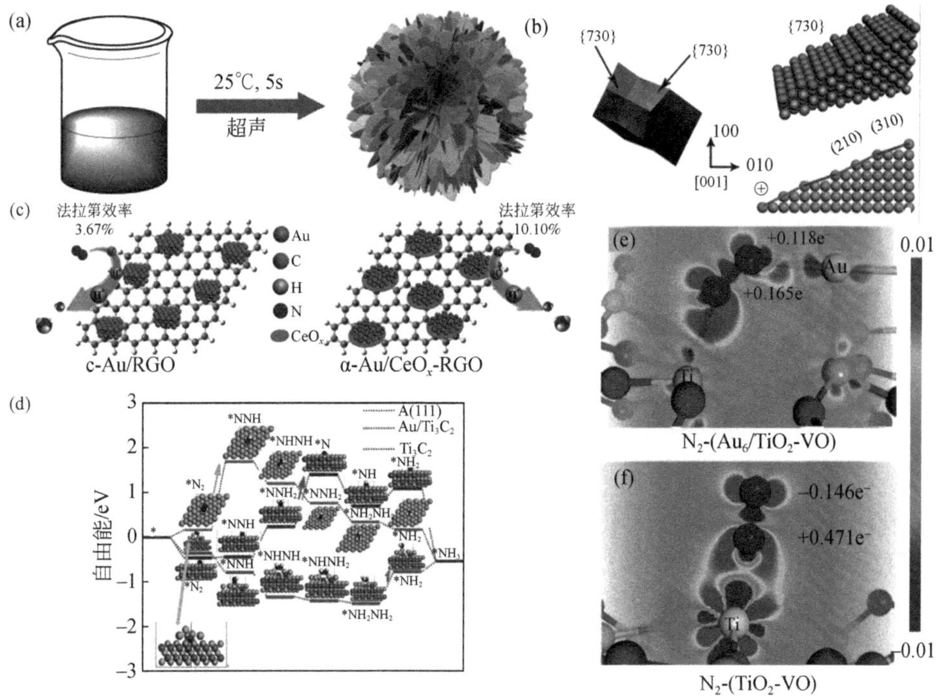

图 7-2　(a) 超声制备花状金纳米颗粒[72]；(b) 由 (210) 和 (310) 晶面组成的 (730) 晶面金的几何模型[74]；(c) α-Au/CeO_x-RGO 和 c-Au/RGO 电催化 N_2 还原示意图[74]；(d) Au(111)、Ti_3C_2 和 Au/Ti_3C_2 催化 N_2 还原吉布斯自由能图[75]；N_2 在 (e) Au_6/TiO_2-VO 和 (f) TiO_2-VO 上吸附的电荷密度差异[76]

Pt、Rh、Ir 等其他贵金属也被用于电催化 NRR 研究，但其产率和选择性相对较低[77-82]。例如，由于 Pt 优异的电催化产氢性能，其电催化 NRR 的选择性较差[77-81]。此外，贵金属的高成本也极大地限制了它们的大规模应用，为此研究者进一步探究了非贵金属催化剂电催化 NRR 的性能。

2）非贵金属基电催化剂

作为固氮酶的活性成分之一，Fe 基催化剂有望在环境条件下实现电催化 NRR。零价 Fe 在电催化 NRR 中的应用相对较少，通常构建单原子 Fe 和在载体上引入氧空位来增强电催化 NRR 活性。刘熙俊等将 Fe 前驱体浸入 ZIF 骨架，并对其进行碳化和酸处理，制备了一种 Fe 单原子电催化剂[83]，电催化 NRR 产氨速率为 62.9μg/(h · mg_{cat})，法拉第效率为 18.6%。机理研究表明，Fe 原子与 N 配位能避免 Fe 发生团聚，从而抑制析氢的发生，提高电催化 NRR 活性[84-86]。氧空位的存在也能促进 Fe 基催化剂电催化 NRR 性能，Chu 等将 Fe 掺杂到 CeO_2 中形成 Fe-CeO_2 异质结，Fe-CeO_2 异质结为纳米片形貌，能够暴露更多的活性位点，并且 Fe 掺杂到 CeO_2 中产生氧空位，降低了电催化 NRR 决速步能垒，因此 Fe-CeO_2 具有比 CeO_2 更优异的电催化 NRR 活性[87]。除 Fe 单原子外，Fe 基氧化物也具有电催化 NRR 性能。Fe_2O_3 和掺杂改性的 Fe_2O_3 等都表现出良好的电催化 NRR 活性[88-90]。这主要是因为 Fe_2O_3 表面富含氧空位，可以与 N_2 作用并为其还原提供电子[91]。此外，还可以通过将 Fe_2O_3 或 Fe_3O_4 掺杂或锚定在石墨炔[92]、碳纳米管[93]、氧化石墨烯[94]或其他过渡金属[95,96]等载体上，通过形成复合催化剂来提高电催化 NRR 活性。碳纳米管和氧化石墨烯等载体不仅可以提高电子传输速率，还可以分散和保护活性中心，从而促进 NRR 还原。李玉良等制备了一种富含铁空位的 Fe_3O_4/石墨二炔异质结，用于高效电催化 NRR 产氨[92]，最高产氨速率达到 134.02μg/(h · mg_{cat})，法拉第效率达到 60.9%。

Mo 是天然固氮酶的另一个活性成分，Mo 基催化剂具有比 Fe 基催化剂更高的电催化 NRR 活性。Mo 基催化剂主要包含零价 Mo[97-99]、Mo_xS_y[100-102]、Mo_xN[103,104] 和 Mo_xC[105,106] 等。研究者常采用暴露活性位点、控制形貌、掺杂和电子结构调控等方式提高 NRR 活性。例如，在 N 掺杂多孔碳上负载 Mo 单原子或将 Mo 单原子锚定在 g-C_3N_4 上，制备的 Mo 单原子催化剂表现出优异的电催化 NRR 活性[107]。李玉良等通过溶剂热方法合成了以石墨炔为载体的零价 Mo 单原子催化剂[108]。DFT 计算表明，富电子的石墨炔可以通过 p-d 耦合稳定零价 Mo 单原子，同时 Mo 单原子的锚定增加了石墨炔的缺陷和导电性，使其在酸性和中性电解质中均表现出较高的法拉第效率（21.0%）和产氨速率［145.4μg/(h · mg_{cat})］，同时具有优异的稳定性。此外，褚克等发现将 Mo 掺杂到 SnS_2 中可以调节催化剂的电子结构，并产生丰富的硫空位，形成的硫空位能够促进 N_2 的活化并降低电催化 NRR 能垒[109]。除 Mo 单原子外，MoS_2 也具有电催化 NRR 活性。研究表明，富含缺陷的花状 MoS_2 电催化产氨速率达到 29.3μg/(h · mg_{cat})，法拉第效率为 8.3%；无缺陷的 MoS_2 的产率和法拉第效率仅为 13.4μg/(h · mg_{cat}) 和

2.2%[110]。DFT 计算表明，缺陷 MoS_2 可以降低电催化 NRR 决速步的能垒，从而表现出更高的催化活性。将 MoS_2 负载于功能载体也可以提升电催化 NRR 活性。例如，将 MoS_2 负载在还原氧化石墨烯上，其电催化 NRR 活性要优于单一 MoS_2，这归因于氧化石墨烯的二维结构增加了 MoS_2 活性位点的暴露和电子迁移速率[111]。掺杂 C、N 和 B 等，可以改变 Mo 基催化剂的电子结构和形貌，因此也可以优化 Mo 基催化剂电催化 NRR 活性。C 或 B 的引入可以改变 Mo 中 d 带中心的位置，促进 N_2 在 Mo 位点的吸附，削弱和活化 N≡N 键[112]。不同于其他 Mo 基催化剂，Mo_xN 在电催化 NRR 中具有独特的反应机制，被证明遵循 MvK（或混合）路径；即产氨的 N 来自 Mo_xN，而 Mo_xN 中产生的 N 空位由 N_2 补偿。进一步研究表明，Mo_xN 也有可能在电催化 NRR 过程中发生分解，从而检测到来自 Mo_xN 中 N 转化的氨[113]。因此，在电催化 NRR 研究中，开展 $^{15}N_2$ 同位素跟踪实验非常有必要，这是避免 NRR 产氨实验假象的重要手段。

具有空 d 轨道的 Ti 也可以与 N_2 发生作用活化 N_2 分子，已报道的催化剂主要有 2DMXene（$Ti_3C_2T_x$）纳米片、TiO_2 及其衍生物等[114-121]。研究发现，N_2 吸附在 MXene 层中间的 Ti 上而不是 MXene 基底表面，证明 Ti 是活性位点[114]，当使用 HF 为溶剂时，部分 F 会残留在 $Ti_3C_2T_x$ 中，这会降低 $Ti_3C_2T_x$ 电导率，阻碍电子传输，影响电催化活性。基于此，张荻等合成了不含 F 的 $Ti_3C_2T_x$（T＝O，OH）纳米片，产氨速率为 36.9μg/(h · mg_{cat})[116]。这一结果也启发研究者通过除去残留的 F 来提高 $Ti_3C_2T_x$ 电催化 NRR 活性和选择性[117]。TiO_2 是一种低电导率的过渡金属氧化物，将 TiO_2 纳米片阵列沉积在 Ti 板上，在电催化过程中能够形成氧空位，可以促进 N_2 的吸附和活化[108]。Oschatz 等将 MIL-125（Ti）热解得到 C-Ti_xO_y/C 催化剂，并通过控制温度调节其中的氧空位和 Ti—C 键的浓度，发现氧空位对 C-Ti_xO_y/C 电催化 NRR 活性有促进作用[109]。过渡金属碳化物也具有吸附 N_2 的能力，对称性匹配的空 d 轨道可以促进 N_2 与过渡金属之间形成反馈 π 键，从而促进 N_2 活化[120]。例如，通过静电纺丝制备的 TiC/碳杂化纳米纤维（TiC/C NFs）具有电催化 NRR 活性。DFT 计算表明，N_2 经过更低能垒的酶途径转化为氨[121]。

Mn 也表现出电催化 NRR 活性，李玉良等采用原位还原策略，将 Mn 单原子成功锚定并高度分散在石墨炔表面，形成具有良好电荷转移和丰富活性位点的催化剂[122]，电催化 NRR 产氨速率为 46.8μg/(h · mg_{cat})，法拉第效率为 39.8%。张海民和赵惠军等将具有双金属活性位点的 Fe-Co 双原子催化剂负载到玻碳电极上，其表现出优异的电催化 NRR 活性[123]，产氨速率高达 579.2μg/(h · mg_{cat})，法拉第效率为（79.0±3.8)%。

对 Li 也有电催化 NRR 的报道。1994 年 Tsuneto 等发现，在少量乙醇作为质子源的条件下，锂盐的有机电解质可有效电催化合成氨[124]。2021 年，Westhead 等发现含锂和磷盐的有机电解质可以高效电催化合成氨[125]。最近，付先彪等通过耦合氮气还原和氢气氧化，首先通过电化学过程将锂离子还原为金属锂，然后金属锂活化惰性 N_2 生成氮化锂，氮化锂通过质子穿梭剂乙醇质子化产氨，最后乙醇盐接受阳极产生的质子复原，实现了常温常压下连续电化学合成氨，产氨的法拉第效率高达 61%[126]。孙振宇等总结了金属 Li 电催化固氮的机理及发展历程，不同阴极催化剂在锂介导固氮反应中的特性，以及不同电解质溶液对锂介导固氮反应体系的影响[127]。

除上述金属基催化剂外，对 Bi、Cr 和 Cu 基催化剂电催化 NRR 也有研究[128-132]。乔世璋等通过形貌控制和电子调控，构建了具有 p 电子离域的二维 Bi 纳米片，该催化剂电催化 NRR 的活性是 Bi 纳米颗粒的 10 倍[131]。此外，通过制造缺陷[133]、形貌控制[134]和掺杂等也可以提高 Bi 基电催化剂的 NRR 活性。

2. 非金属电催化剂

非金属电催化剂由于其经济、环境友好、无腐蚀性，以及独特的物理化学性质，在电催化 NRR 领域也有较多研究[135,136]。郑耿锋等发现聚（萘四甲酰基乙二胺）（PNFE）具有良好的导电性，并且嵌入 Li^+ 之后不会影响电导率，且能抑制析氢［图 7-3（a～c）］[137]。王海辉等发现含有 Li^+ 的聚（*N*-乙基苯-1，2，4，5-四羧酸二亚胺）（PEBCD）也具有电催化 NRR 活性[138]。电化学测试研究表明，PEBCD 的富电子 C ═O 基团与缺电子 Li^+ 结合形成 O-Li^+ 活性位点，从而抑制电催化过程中析氢的发生［图 7-3（d，e）］。理论计算结果表明，PEBCD 上的 O-Li^+ 活性位点可以吸附 N_2 形成［O-Li^+］N_2-H_x，促进 N_2 交替加氢生成氨［图 7-3（f）］。

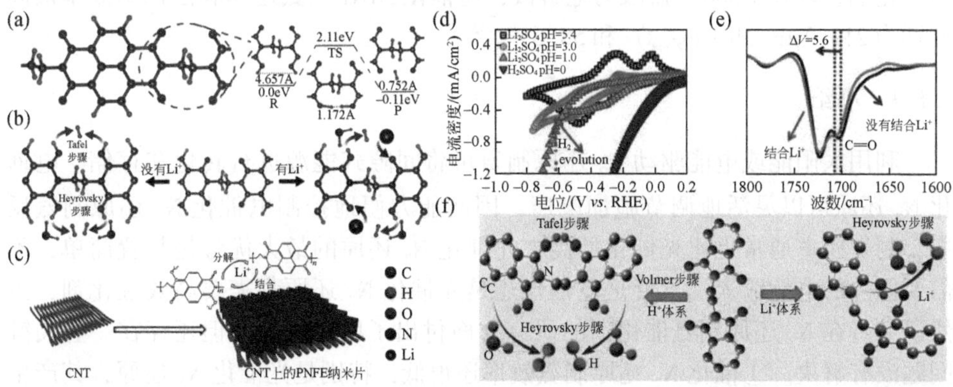

图 7-3　（a）模拟析氢在 PNFE 上的 Tafel 反应途径；（b）Li^+ 缔合钝化析氢活性示意图；（c）PNFE纳米片在 CNT 上合成和储锂过程[137]；（d）PEBCD/C 电极在不同 pH 的 0.5mol/L Li_2SO_4 电解质中的 CV 曲线；（e）Li^+ 掺入前后 PEBCD 的 FTIR 光谱图；（f）Li^+ 与 O 位点缔合示意图[138]

碳基材料具有优异的导电性和大的比表面积等，但纯碳纳米管电催化 NRR 性能并不好，氨的产率仅为 0.21μg/(h · cm^2)[139]，这主要是因为纯碳材料缺乏必要的活性位点，导致 N_2 和质子无法吸附。掺杂 N、B 和 S 等杂原子能产生不均匀的电子密度分布，可以改善碳基材料电催化 NRR 性能。例如，以含氮聚合物或化合物作为前驱体，王红等合成了一种氮掺杂碳纳米多孔膜，其表现出电催化 NRR 活性，氨生成速率为 8μg/(h · cm^2) [0.3V (*vs.* RHE)]，法拉第效率为 5.2% (0.2V)[140]。ZIF-8 常被用作制备 N 掺杂多孔碳的前驱体[141,142]。ZIF-8 在惰性气氛热解过程中，低沸点金属 Zn 在高温下蒸发，从而产生具有丰富孔隙的氮掺杂多孔碳（NPC）。在 0.05mol/L 硫酸电解液中，NPC 在 0.9V (*vs.* RHE) 表现出最佳 NRR 性能，产氨速率为 1.40mmol/(g · h)，法拉第效率为 1.42%[142]。DFT 计算表明，吡咯和吡啶 N 都是活性位点，NRR 过程遵循交替缔合机制。吴刚等进一步研究发现，在 1100℃下煅烧 ZIF-8 获得的 NPC，在碱性电解液比酸性电解液表现出更高的 NRR 性能，并且 KOH 优于 NaOH。在 0.1mol/L KOH 电解液，-0.3V (*vs.* RHE) 时，电催化 NRR 产氨速率为 3.4μmol/(cm^2 · h)，法拉第效率为 10.2%[144]。除 N 外，缺电子 B 的引入也可以使碳基材料局部电子密度重新分布，B 的路易斯酸性还可以加强对 N_2 键合，从而提升 NRR 活性[145]。例如，将氧化石墨烯和硼酸一起退火得到的 B 掺杂石墨烯（BG）具有电催化 NRR 活性，在 0.05mol/L 硫酸电解液中，氨产量为 9.8μg/(h · cm^2)，法拉第效率为 10.8%。实验结果表明，B_3C 为催化位点，B 的掺杂增强了对 N_2 的化学吸附，从而提高了催化活性。段乐乐等利用腐蚀方法对石墨二炔进行杂原子掺杂和刻蚀，得到的超薄和掺杂的石墨二炔催化剂电催化 NRR 产氨速率是 10.7μg/(h · cm^2)，法拉第效率为 8.7%[141]。李玉良等报道了一种基于三维石墨炔的异质结催化剂，以 0.1mol/L 盐酸为电解液，电催化 NRR 产氨速率和法拉第效率最高分别为 219.7μg/(h · mg$_{cat}$) 和 58.6%[142]。

7.1.3 小结

利用太阳能或电能驱动 N_2 还原制氨可将间隙式能源进行转化和存储。电催化 N_2 还原可以灵活地调节施加电压，因而能方便地控制电催化 N_2 还原制氨反应，制氨速率通常也比光催化的高；光催化 N_2 还原的最大优势是装置简单，不需要额外的电能输入。不管是电催化还是光催化 N_2 还原都需要高效催化剂，虽然研究者在 N_2 还原制氨催化剂的研究方面付出了巨大努力，但还存在一些关键问题没有解决。①催化 N_2 还原制氨效率还很低，特别是光催化 N_2 还原，其产生的少量氨有可能来源于环境而非 N_2 还原。②催化 N_2 还原制氨机理还不够明晰。通过原位红外光谱等手段可以跟踪 N_2 还原反应中间体，但相关研究还比较有限，对 N_2 还原反应的规律性认识还不足。③虽然通过先进的表征技术，包括球差校正电子显微镜、X 射线吸收光谱（XAS）等对催化剂结构进行了解析，并分析和建立了催化剂 N_2 还原性能与结构之间的关系，但这些构效关系往往仅局限于特定研究体系，没有普适性，对高效 N_2 还原催化剂的设计指导意义有限。尽管存在上述困难，光、电催化 N_2 还原仍被认为是替代哈伯工艺的最理想方案，其核心是高性能催化剂的突破。

7.2　硝酸根还原制氨催化剂

光、电催化硝酸根还原比 N_2 还原容易得多，因此，通过硝酸盐还原制氨是利用可再生能源驱动产氨的有效途径。硝酸盐大量存在于自然界中，由于硝酸盐具有非常好的水溶性，氮肥的大量使用使水体富营养化，造成环境污染。因此，硝酸根污染处理已成为水处理过程中的一项重要工作。目前人们已开发出几种硝酸根污染处理技术，但其成本高、效率低等问题限制其广泛应用[146-148]。利用光、电催化硝酸盐转化也是减少硝酸根污染的有效策略。本节主要介绍近年来硝酸根还原光、电催化剂研究方面的最新进展。

7.2.1　光催化剂

利用光催化剂将溶液中 NO_3^- 和 NO_2^- 还原制氨是一种绿色、可持续的合成氨技术。1987 年，Onishi 和 Kudo 团队报道了 Pt-TiO_2 在光驱动下，将水溶液中 NO_3^- 催化还原为氨[149]。随后，人们开发了大量半导体催化剂用于光催化还原 NO_3^- 和 NO_2^- 制氨，这些催化剂包括单组分、掺杂和复合光催化剂[150-152]。

1. 单组分光催化剂

在金属氧化物中，传统的半导体材料 TiO_2 具有光催化还原 NO_3^- 性能。1999 年，Dai 等报道了在不同条件下 TiO_2 光催化 NO_3^- 还原制氨活性，在 pH=3、NO_3^- 浓度为 1.0mmol/L 和甲酸为牺牲剂条件下，TiO_2 具有最高的光催化活性，氨生成速率为 330μmol/(g · h)[150]。2002 年，Kudo 等通过固相反应制备了 $K_3Ta_3Si_2O_{13}$、$BaTa_2O_6$、$KTaO_3$ 和 $NaTaO_3$ 等系列钽酸盐光催化剂用于光催化 NO_3^- 还原。结果表明，$BaTa_2O_6$ 的氨生成速率高于其他钽酸盐催化剂[153]。2017 年，杨涛等通过溶剂热法制备了含 In^{3+} 空位的四方 β-In_2S_3 催化剂，在可见光驱动下，NO_3^- 的转化速率为 0.91mg N/h（N 是指还原产物 NO_2^-、N_2 和氨）。光催化还原 NO_3^- 活性源于 β-In_2S_3 催化剂的高结晶性、花瓣状层级结构以及局部有序的 In 空位[154]。

2. 掺杂光催化剂

通过掺杂对半导体材料进行改性，是提升单组分光催化剂活性的一种有效策略。掺杂可以改善催化剂的吸光范围和促进载流子的分离效率，从而提高光催化活性。2002 年，Kudo 等采用共沉淀法制备了 Ni 掺杂 ZnS 光催化剂，光催化实验结果表明：以甲醇为牺牲剂，在可见光驱动下，该催化剂可将 NO_3^- 和 NO_2^- 还原为氨，生成速率分别为 2. 1μmol/(g · h) 和 4. 1μmol/(g · h)。此外，催化过程中还生成了 NO_2^-、N_2 和 H_2，说明 NO_3^-/NO_2^- 还原和水还原是竞争反应[155]。2007 年，李向忠等通过溶胶-凝胶法制备了系列掺杂不同浓度 Bi^{3+} 的 TiO_2 光催化剂，并用于光催化还原 NO_3^-。实验结果表明，在紫外光驱动下，以甲酸为牺牲剂，掺杂1. 5 wt% Bi^{3+} 的 TiO_2 催化剂具有最高产氨速率[156]。2013 年，Gholami 等通过光沉积和不同温度煅烧制备了掺杂不同 Ag 含量的 TiO_2，发现在紫外光驱动下，400℃煅烧得到的掺杂 1% Ag 的 TiO_2 具有最佳光催化还原 NO_3^- 制氨活性[157]。2015 年，Kudo 等制备了 Cu、Ni 和 Ag 掺杂的 $BaLa_4Ti_4O_{15}$光催化剂，发现只有 Ni 掺杂的光催化还原产物中才有氨生成。当 Ni 含量为 0. 5wt% 时，氨生成速率最高，达到 140μmol/(g · h)[158]。

3. 复合光催化剂

与单组分催化剂相比，复合催化剂中形成的异质结可促进电子-空穴的有效分离，提高光生电子的利用率，进而促进光催化还原反应。2015 年，韩煦等制备了 Ag_2O/P25 和 Ag/P25 复合催化剂（P25 为 TiO_2）。光催化 NO_3^- 还原研究表明，在紫外光驱动下，以甲酸为牺牲剂，5% Ag_2O/P25 光催化 NO_3^- 还原的转化率高达 97. 2%，是 P25 的 3. 7 倍。催化活性的提高源于 Ag_2O/P25 复合型催化剂促进了电子-空穴分离。此外，与 Ag/P25 催化剂相比，Ag_2O/P25 在 NO_3^- 还原过程中表现出更好的循环稳定性。这是因为在光催化反应过程中，部分 Ag_2O 被光还原为 Ag，形成了 Ag-Ag_2O/P25 结构，它在光催化 NO_3^- 还原过程中具有更好的稳定性[159]。2019 年，Rossetti 等分别以具有纳米结构的商业 P25 和通过火焰喷射热解（FSP）制备的纳米尺寸 TiO_2（FSP-TiO_2）作为催化剂，并在 P25 和 FSP-TiO_2 分别负载 4 种贵金属（Pd、Pt、Ag 和 Au）作为助催化剂，用于光催化 NO_3^- 还原。研究结果表明，Ag-P25 和 Ag-FSP-TiO_2 催化剂在 pH 为 11. 4 和 5. 1 体系中具有最佳的光催化活性，反应 5h 后硝酸盐的转化率分别为 10. 7% 和 14. 5%，优于未负载金属的 P25 和 FSP-TiO_2[160]。2020 年，Vela 等制备了系列 Ni_2P/Ta_3N_5、Ni_2P/TaON 和 Ni_2P/TiO_2 复合催化剂，并研究了它们光催化 NO_3^- 还原性能。结果表明：与 Ta_3N_5 相比，Ni_2P/Ta_3N_5 光催化还原 NO_3^- 产氨的活性显著提升，光催化活性的提升源于光生电子从半导体迁移到助催化剂 Ni_2P，提高了其费米能级，更高的费米能级提供了更大的驱动力，因此活性得到显著提升[161]。

7.2.2　电催化剂

电催化 NO_3^- 还原最早被用于处理工业废物、盐水和核废料[162-165]。由于在电解液中的溶解度高，NO_3^- 和 NO_2^- 比 N_2 更容易在电极表面吸附和活化，从而比电催化 N_2 还原合成氨具有更高的转化率和更低的能耗[166,167]。此外，电催化 NO_3^- 和 NO_2^- 还原过程使用活性氢和电子作为还原剂，还原过程不会对环境造成污染[168]，由此引发了研究者对电催化 NO_3^-/NO_2^- 还原的兴趣。近年来报道了系列电催化 NO^-/NO_2^- 还原催化剂，包括单金属电催化剂、双金属电催化剂和仿生金属酶电催化剂等。

1. 单金属电催化剂

1）单一贵金属基电催化剂

Pt 具有较好的电催化 NO_3^- 还原活性，单晶和多晶 Pt 电极通常用于酸性溶液中的 NO_3^- 还原[169,170]。Koper 等通过在 Pt 表面建立 NO_3^- 还原对 pH 依赖性的模型，证明酸性溶液对 NO_3^- 还原有显著影响[171]。Goldsmith 等通过 DFT 计算发现，O 和 N 的吸附强度会影响电催化剂对 NO_3^- 还原的活性和选择性。他们依据覆盖率分布、O 和 N 的吸附强度、决速率步和还原电位，进一步推断了不同金属催化剂电催化 NO_3^- 还原的活性和选择性[172]。Ru 基电催化剂在还原 NO_3^- 方面同样引起关注。张礼知等制备了 2nm 的 Ru 纳米团簇，研究了拉伸应变对电催化 NO_3^- 还原制氨性能的影响。当拉伸应变达到 12% 时，所得 Ru 催化剂在 -0.8V（*vs.* RHE）时氨的生成速率达到 5.56mol/(g_{cat} · h)[173]。与拉伸应变为 0.6% 和 5% 的 Ru 催化剂相比，具有 12% 拉伸应变的 Ru 催化剂对析氢抑制更明显。同时，产氨的部分电流密度比拉伸应变为 0.6% 的 Ru 催化剂高 77 倍。拉伸应变能促进主要活性物种氢自由基的产生，这些氢自由基通过在较低的动力学势垒下氢化中间体，从而加速 NO_3^- 还原成氨的转化过程。

Rh 基电催化剂也展现出良好的电催化 NO_3^- 还原活性。Brylev 等研究了 Rh 电极还原 NO_3^- 的动力学，讨论了 pH、还原电位、温度和添加剂对氨选择性的影响[174]。结果表明，在电催化 NO_3^- 还原过程中，酸性和碱性电解液中分别产生 NH_4^+ 和 NO_2^-。邵敏华等通过微分电化学质谱和原位红外吸收光谱研究了 N_2 和 NO_3^- 在 Rh 表面的还原活性[175]，发现在碱性电解液中，NO_3^- 和 N_2 还原经历相同的中间体 N_2H_x。由于电解液中 NO_3^- 的浓度高，NO_3^- 还原成氨的产率和法拉第效率远高于 N_2 还原。原位红外光谱测试结果表明，随还原电位负移，N ═N 伸缩振动的强度降低，而 H 的覆盖度增加，表明析氢是 NO_3^- 还原的主要竞争反应。Clark 等在研究 Rh 电催化 NO_2^- 还原时发现，在较高的 pH 下具有活性，但在较低的 pH 下没有活性[176]。DFT 计算结果表明，当溶液的 pH 小于 3.25 时，质子化的亚硝酸盐（HNO_2）会快速分解，产生的 *NO 会导致 Rh 中毒；当 pH 高于 3.25 时，没有质子化的 NO_2^- 不容易分解，不会产生 *NO 毒化 Rh。因此，Rh 在较高 pH 溶液中表现出更高的 NO_3^- 还原活性。陈煜等在水热条件下通过自模板法合成了具有粗糙表面的空心 Ir 纳米管，电催化 NO_3^- 还原产氨的法拉第效率最高为 84.7%，产率为 921μg/(g_{cat}·h)[177]。与商业 Ir 纳米晶相比，Ir 纳米管表现出更高的 NO_3^- 还原制氨电流密度。

2）单一非贵金属基电催化剂

除贵金属外，非贵金属也可用于电催化还原 NO_3^-，其中 Cu 表现出最高的催化活性[178]。同时，由于反应动力学快、成本低，Cu 被认为是 NO_3^- 还原制氨最有前途的电极材料之一。最近，王海辉等将 π-共轭有机固体 3，4，9，10-苝四羧酸二酐与 Cu 纳米粒子复合用于电催化 NO_3^- 还原制氨，结合 DFT 计算阐明了反应机理[179]。结果发现，NO_3^- 在 Cu（103）晶面的吸附能远强于 Cu（111）晶面，从而抑制了析氢活性，加速电催化 NO_3^- 还原反应的进行。在最优条件下，复合催化剂产氨速率为 436μg/(h·cm^2)，法拉第效率达 85.9%。张兵等以 CuO 纳米线作为前驱体，通过热处理和原位电化学转化，制备了 Cu/Cu_2O 纳米线，在−0.55 ~ −0.95V 的范围内，NO_3^- 的转化率逐渐增加，合成氨的法拉第效率呈现火山型曲线，在−0.85V 时达到最大（95.8%）[180]。^{15}N 同位素标记实验进一步证实了氨的形成源于 NO_3^- 的还原。微分电化学质谱和 DFT 计算结果表明，电子在界面处从 Cu_2O 转移到 Cu，促进了 NOH* 中间体的形成，同时抑制了析氢，从而提高了产氨的选择性和法拉第效率。Butcher 等通过原位拉曼光谱证实 Cu 的（100）、（111）和（110）晶面均具有电催化 NO_3^- 还原活性，且三种晶面具有相同的中间体和相似的催化机理[181]。此外，Fe 基材料也能够将 NO_3^- 电催化还原为氨[182]。薛建军等将 Fe 与 Ti/TiO_2 纳米管结合探究了其电催化 NO_3^- 还原性能[183]，NO_3^- 转化效率高达 94.3%。张兵等发现富含氧空位的 TiO_2 纳米管（TiO_{2-x}）对电催化 NO_3^- 还原表现出较高的法拉第效率（85.0%）和氨选择性（87.1%）[184]。循环实验表明 TiO_{2-x} 具有良好的稳定性。微分电化学质谱和 DFT 计算结果表明，NO_3^- 的氧被填充到 TiO_2 的氧空位中，削弱了 N—O 键并抑制副产物的形成，从而实现高法拉第效率和氨选择性。除了 Cu、Fe 和 Ti 外，Ni、Sn、Bi 等金属也被用于电催化 NO_3^- 还原研究。结果表明，Ni 电催化 NO_3^- 还原生成氨的产率较低[185]；Sn 电极需要较高的还原电位［−2.9V（*vs*. Ag/AgCl）］才能将 NO_3^- 还原，并且氨选择性较低[186]；Bi 也需要大于−2.0V（*vs*. Ag/AgCl）的还原电位才能有效还原 NO_3^-，反应过程缓慢且容易形成副产物[187]。

2. 双金属电催化剂

贵金属和非贵金属合金化是提高双金属纳米材料催化性能的有效策略，与单一金属相比，双金属催化剂具有更高的电催化 NO_3^- 还原活性和选择性[188]。Koper 等对 NO_3^- 还原产物进行分析，发现在 Pt 电极上修饰 Sn 能够促进 NO_3^- 转化为 NO_2^-，从而提升电催化 NO_3^- 还原效率[189,190]。汪淏田等报道了一种高性能的 Ru 分散于 Cu 纳米线催化剂，可实现在 $1A/cm^2$ 的大电流密度下保持 93% 的产氨法拉第效率。可将硝酸盐浓度为 2000ppm 的工业废水降至<50ppm 的饮用水，超过 99% 的硝酸盐被转化为氨，并保持超过 90% 的法拉第效率。DFT 计算表明，高度分散的 Ru 原子提供了 NO_3^- 还原活性位点，而周围的 Cu 位点可以抑制析氢反应，从而获得了高活性和选择性[191]。

双过渡金属催化剂也具有良好的电催化还原 NO_3^- 制氨性能。Sargent 等用 $Cu_{50}Ni_{50}$ 合金催化剂显著改善了电催化 NO_3^- 还原性能[192]，其电流密度达到 $170mA/cm^2$，高于纯 Cu 电催化剂（$100mA/cm^2$）和没有活性的纯 Ni 催化剂。在 pH=14 条件下，与纯铜相比，$Cu_{50}Ni_{50}$ 电极的半波电位上升了 0.12V（*vs.* RHE），活性提高了 6 倍。Ni 的引入，使 Cu 的 d 带中心向其费米能级靠近，从而调节了对中间体 $^*NO_3^-$、$^*NO_2$ 和 $^*NH_2$ 的吸附能，提高了电催化 NO_3^- 还原活性。为进一步提高电催化活性，他们利用大电流密度（$3A/cm^2$）沉积，制备了多孔 CuNi 合金电极，其具有相互连接的大孔和由微小枝晶组成的海绵状结构，可以提供大的比表面积并增强电子传输。多孔 CuNi 合金在高电流密度下依旧能保持稳定，有效地将 NO_3^- 还原成氨[193]。基于 NiO 多孔纳米片，于一夫等合成了 Co_3O_4@NiO 纳米管，电催化 NO_3^- 还原制氨产率为 6.93mmol/(h·g)，法拉第效率为 55%[194]。在−0.65～−0.80V（*vs.* RHE）范围内，氨产率不断增加，对氨选择性几乎没有明显差异，法拉第效率显示出火山型曲线，在−0.70V（*vs.* RHE）时达到最大值。

3. 仿生金属酶电催化剂

Mo 是自然界中硝酸根还原酶的活性金属，受此启发，研究者制备了系列 Mo 基催化剂，用于中性环境中电催化硝酸根还原。2017 年，Nakamura 等发现 MoS_2 在 pH=3～11 宽 pH 范围内对 NO_3^-/NO_2^- 还原产氨展现出良好的电催化活性[195]。机理研究表明，氢键对反应中间体的稳定有助于 NO_3^-/NO_2^- 的活化。2020 年，Nakamura 等进一步合成了与硝酸根还原酶结构更类似的氧代硫化钼（oxo-MoS_x），在中性条件下，oxo-MoS_x 表现出良好的电催化还原 NO_3^- 产氨性能[196]。研究表明：NO_3^- 还原为 NO_2^- 是该反应的决速步。电子顺磁共振和拉曼光谱结果表明，Mo^{V}（=O）S_4为电催化还原 NO_3^- 产氨的活性中间体，它在中性水溶液中的良好稳定性，极大地促进了 NO_3^- 还原产氨活性。

除含 Mo 的仿生金属酶外，含 Co 的仿生催化剂也被发现具有电催化 NO_3^- 还原制氨活性。Bren 等发现钴-三肽复合物（CoGGH）电催化剂能将 NO_2^- 还原为氨，在-0.90V（*vs.* RHE）时法拉第效率为90%，TON 为3550[196]。CoGGH 还可以催化 NO 和羟胺中间体还原为氨。机理研究表明：Co（Ⅰ）-NO_2中间体得到两个质子和一个电子后，N—O 键发生断裂，生成 CoNO 络合物，质子化后形成的 Co（Ⅱ）-HNO（硝酰基）继续得到四个电子和四个质子，形成 Co（Ⅱ）-氨络合物，进一步质子化后生成 NH_4^+ 被释放。Smith 等合成了钴大环络合物［Co（DIM）Br_2］$^+$电催化剂[197]。实验和计算结果表明，NO_3^- 倾向于与双电子还原物质 Co^{II}（DIM^-）结合，其中钴和 DIM 配体各被一个电子还原。［Co（DIM）Br_2］$^+$显示出97%的法拉第效率，氨是唯一还原产物。此外，Koper 等发现，金属卟啉在酸性介质、-0.5V（*vs.* RHE）电位下，可以将 NO_3^- 还原为 NH_2OH/NH_3OH^+ 和 NH_3/NH_4^+[198]。在所研究的金属卟啉中，钴卟啉对 NH_2OH/NH_3OH^+的选择性最高。

7.2.3　小结

利用太阳能或电能等绿色可再生能源催化硝酸根还原制氨为未来氨的绿色合成提供了新方向，也为去除饮用水中的硝酸根提供了新途径。因此，制备高性能低成本的硝酸根还原催化剂引起研究者的广泛兴趣。尽管目前的研究已取得较大进展，但仍存在下列问题需要进一步解决。①催化剂选择性有待提高，大多数催化剂无法避免析氢竞争反应，这削弱了对硝酸根的还原活性。开发具有高产氨选择性的催化剂至关重要。②产氨催化剂作为电极或者在光照条件下可能会发生氧化溶解、浸出和中毒，导致稳定性下降和活性降低。因此，除了活性和选择性外，催化剂的稳定性也应重点关注。③由于还原中间体的反应活性高，稳定性差，硝酸根还原机理尚不完全明确。开发新的原位表征方法探测还原中间体对于总结和理解构效关系非常重要。④大多数研究都在溶液中进行，忽略了复杂水组分和催化剂之间的相互作用。尽管如此，光、电催化硝酸根还原制氨依旧是降低合成氨过程中的能源消耗和温室气体排放，以及解决硝酸根造成的水污染的理想途径。

7.3　制氨催化剂设计策略

为了实现光、电催化 N_2/NO_3^- 还原制氨的规模化生产，设计开发高效稳定的催化剂至关重要[199]。光、电催化 N_2/NO_3^- 还原性能与催化剂活性位点、电荷传输速率和 N_2/NO_3^- 吸附与活化等密切相关。基于当前光、电催化 N_2/NO_3^- 还原研究，高效催化剂的设计策略主要有缺陷工程、掺杂、晶面调控、结构工程等。

7.3.1　缺陷工程

缺陷工程是指在催化剂中引入空位，常见的有氧空位、氮空位、碳空位和硫空位。它们可以调节局部电子结构，调整反应中间体的表面吸附性能，有助于 N_2 分子的吸附和活化，从而提高催化活性。例如，氧空位可以捕获吸附态 N_2 反键轨道中的亚稳态电子，进而活化 $N \equiv N$ 键[199]。空位的存在也有利于暴露活性位点和促进电荷传输[200]，引入空位还可以调节光催化剂的能带结构和带隙，增大吸光范围，提高电子-空穴的分离效率。同时，光催化剂表面丰富的空位也有助于吸附和活化 N_2/NO_3^-，进而提升 N_2/NO_3^- 还原活性[201]。

7.3.2　掺杂

除缺陷工程外，掺杂也是提高 N_2/NO_3^- 还原光、电催化剂催化活性的有效策略。掺杂是对催化剂进行改性常用的方法，可以分为金属掺杂和非金属掺杂。掺杂方法有共沉淀法、溶胶-凝胶法、微乳液法、化学气相沉积法等。对 N_2/NO_3^- 还原半导体光催化剂而言，掺杂不仅可以拓宽催化剂的光谱吸收范围，增强催化剂对光的吸收和利用，还可以引入助催化剂，促进光生电子转移，有效提高催化剂的载流子分离效率[202]。对 N_2/NO_3^- 还原电催化剂而言，掺杂有助于提高催化剂导电率和调控附近原子的电子结构，从而改善电催化剂对 N_2/NO_3^- 还原过程中不同中间体的吸附能，提高催化剂的活性和产物选择性[203]。

7.3.3　晶面调控

催化反应过程主要发生在催化剂表面，因此催化剂表面的物理化学性质如晶面指数、比表面积等对催化活性具有重要影响[204,205]。不同晶面指数的晶体表面能不同，表面能高的晶面通常具有更好的催化活性，这适用于所有晶体催化剂。因此设计暴露特定晶面的催化材料可以提高催化活性。然而，根据 Wulff 晶体生长理论，较高表面能的晶面在晶体生长过程中易消失，一般暴露的面都是表面能低的晶面。因此，改变晶体的常规生长过程以暴露高指数晶面能够提高晶体催化剂光电催化 N_2/NO_3^- 还原活性。例如，叶立群等通过煅烧和水解法分别合成了主要暴露（001）和（100）晶面的两种 Bi_5O_7I 纳米片。光催化固氮研究结果表明，暴露（001）晶面的 Bi_5O_7I 纳米片合成氨速率为 11.15μmol/(g · h)，明显高于暴露（001）晶面的纳米片［4.76μmol/(g · h)］[206]。

7.3.4　结构工程

结构工程主要包含形貌控制和构建异质结。其中，形貌控制是指通过调控催化剂的尺寸和形状来提升催化剂性能。通常，比表面积和孔体积大的催化剂含有丰富的活性位点，有利于 N_2/NO_3^- 的充分接触和活化，因而具有较高的催化活性。刘娜等通过调节微波反应时间，合成了系列具有丰富孔隙和大比表面积的石墨化氮化碳。当微波加热 25min 时，所得氮化碳的比表面积最大（$42.5m^2/g$），该催化剂展现出最高的光催化固氮活性，氨生成速率为 $1.51mg/(h \cdot g_{cat})$[128]。异质结是指两种能级位置不同的半导体材料耦合后形成的界面区域，异质结材料通常会表现出比单一半导体更优的催化性能。例如，选择窄带隙的半导体进行复合后，可以有效拓宽异质结催化剂的光响应范围，提高光的利用率；选择宽带隙的半导体进行复合后，可以提高异质结催化剂的氧化还原能力，提高光催化效率。何益明等通过水热法和离子交换法合成了 $Ag/AgBr/Bi_4O_5Br_2$ 纳米异质结材料，其表现出良好的光催化固氮活性。AgBr 和 $Bi_4O_5Br_2$ 之间的电子定向迁移使电荷分离效率显著提高，而 AgBr 原位分解形成的 Ag 纳米粒子可以作为电荷迁移的桥梁，因此表现出良好的光催化活性[207]。

7.3.5　小结

通过催化剂改性是提升光、电催化 N_2/NO_3^- 还原制氨性能的有效策略。缺陷工程不仅有利于活性位点的暴露和 N_2/NO_3^- 的吸附活化，而且促进了电荷的传输，可显著提升催化活性。掺杂可以拓宽光催化剂的吸光范围、提高电催化剂的导电率和调控相邻活性位点的电子结构，从而改善催化剂对 N_2/NO_3^- 还原中间体的吸附能，提高催化性能。调控晶面可以获得表面能高的晶面，因此也是提升 N_2/NO_3^- 还原催化剂活性的有效手段。结构工程不仅有利于暴露丰富的活性位点，而且有利于调控催化剂的电子结构，也可以显著提高 N_2/NO_3^- 还原的活性和选择性。

参 考 文 献

[1] Nocera D G. The artificial leaf. Acc Chem Res, 2012, 45: 767-776.

[2] Deng J, Iñiguez J A, Liu C. Electrocatalytic nitrogen reduction at low temperature. Joule, 2018, 2: 846-856.

[3] Shipman M A, Symes M D. Recent progress towards the electrosynthesis of ammonia from sustainable resources. Catal Today, 2017, 286: 57-68.

[4] 刘晓璐，耿钰晓，郝然，等. 环境条件下电催化氮还原的现状、挑战与展望. 化学进展, 2021, 33: 1074-1091.

[5] Foster S L, Bakovic S I P, Duda R D, et al. Catalysts for nitrogen reduction to ammonia. Nat Catal, 2018, 1: 490-500.

[6] Shi M M, Bao D, Wulan B R, et al. Au sub-nanoclusters on TiO_2 toward highly efficient and

selective electrocatalyst for N_2 conversion to NH_3 at ambient conditions. Adv Mater, 2017, 29: 1606550.

[7] Iwamoto M, Akiyama M, Aihara K, et al. Ammonia synthesis on wool-like Au, Pt, Pd, Ag, or Cu electrode catalysts in nonthermal atmospheric-pressure plasma of N_2 and H_2. ACS Catal, 2017, 7: 6924-6929.

[8] Huang H H, Xia L, Shi X F, et al. Ag nanosheets for efficient electrocatalytic N_2 fixation to ammonia under ambient conditions. ChemCommun, 2018, 54: 11427-11430.

[9] Xue Z H, Zhang S N, Lin Y X, et al. Electrochemical reduction of N_2 into NH_3 by donor-acceptor couples of Ni and Au nanoparticles with a 67.8% faradaic efficiency. J Am Chem Soc, 2019, 141: 14976-14980.

[10] Wang B, Yao L, Xu G Q, et al. Highly efficient photoelectrochemical synthesis of ammonia using plasmon-enhanced black silicon under ambient conditions. ACS Appl Mater Interfaces, 2020, 12: 20376-20382.

[11] Kitano M, Inoue Y, Yamazaki Y, et al. Ammonia synthesis using a stable electride as an electron donor and reversible hydrogen store. Nat Chem, 2012, 4: 934-940.

[12] Li M Q, Huang H, Low J X, et al. Recent progress on electrocatalyst and photocatalyst design for nitrogen reduction. Small Methods, 2019, 3: 180038.

[13] Shilov A E. Catalytic reduction of molecular nitrogen in solutions. Russ Chem Bull, 2003, 52: 2555-2562.

[14] Jia H P, Quadrelli E A. Mechanistic aspects of dinitrogen cleavage and hydrogenation to produce ammonia in catalysis and organometallic chemistry: relevance of metal hydride bonds and dihydrogen. Chem Soc Rev, 2014, 43: 547-564.

[15] Zhang N, Jalil A, Wu D X, et al. Refining defect states in $W_{18}O_{49}$ by Mo doping: a strategy for tuning N_2 activation towards solar-driven nitrogen fixation. J Am Chem Soc, 2018, 140: 9434-9443.

[16] Liu H M, Wu P, Li H T, et al. Unraveling the effects of layered supports on Ru nanoparticles for enhancing N_2 reduction in photocatalytic ammonia synthesis. Appl Catal B: Environ, 2019, 259: 118026.

[17] Liu X F, Luo Y N, Ling C C, et al. Rare earth La single atoms supported MoO_{3-x} for efficient photocatalytic nitrogen fixation. ApplCatal B: Environ, 2022, 301: 120766.

[18] Schrauzer G N, Guth T D. Photolysis of water and photoreduction of nitrogen on titanium dioxide. J Am Chem Soc, 1977, 99: 7189-7193.

[19] Li H, Shang J, Shi J G, et al. Facet-dependent solar ammonia synthesis of BiOCl nanosheets via a proton-assisted electron transfer pathway. Nanoscale, 8: 1986-1993.

[20] Xiong J, Di J, Xia J X, et al. Surface defect engineering in 2D nanomaterials for photocatalysis. AdvFunct Mater, 2018, 28: 1801983.

[21] Shen Z K, Cheng M, YuanY J, et al. Identifying the role of interface chemical bonds in activating charge transfer for enhanced photocatalytic nitrogen fixation of Ni_2P-black phosphorus

photocatalysts. Appl Catal B: Environ, 2021, 295: 120274.

[22] Cheng M, Xiao C, Xie Y. Photocatalytic nitrogen fixation: the role of defects in photocatalysts. J Mater Chem A, 2019, 7: 19616-19633.

[23] Shen H D, Yang M M, Hao L D, et al. Photocatalytic nitrogen reduction to ammonia: insights into the role of defect engineering in photocatalysts. Nano Res, 2022, 15: 2773-2809.

[24] Song M Y, Wang L J, Li J X, et al. Defect density modulation of La_2TiO_5: an effective method to suppress electron-hole recombination and improve photocatalytic nitrogen fixation. J Colloid Interface Sci, 2021, 602: 748-755.

[25] Hirakawa H, Hashimoto M, Shiraishi Y, et al. Photocatalytic conversion of nitrogen to ammonia with water on surface oxygen vacancies of titanium dioxide. J Am Chem Soc, 2017, 139: 10929-10936.

[26] Yang J H, Guo Y Z, Jiang R B, et al. High-efficiency "working-in-tandem" nitrogen photofixation achieved by assembling plasmonic gold nanocrystals on ultrathin titania nanosheets. J Am Chem Soc, 2018, 140: 8497-8508.

[27] Fujishima A, Honda K. Electrochemical photolysis of water at a semiconductor electrode. Nature, 1972, 238: 37-38.

[28] Bourgeois S, Diakite D, Perdereau M. A study of TiO_2 powders as a support for the photochemical synthesis of ammonia. Reactivity of Solids, 1988, 6: 95-104.

[29] Zhao W R, Zhang J, Zhu X, et al. Enhanced nitrogen photofixation on Fe-doped TiO_2 with highly exposed (101) facets in the presence of ethanol as scavenger. Appl Catal B: Environ, 2014, 144: 468-477.

[30] Zhang G Q, Yang X, He C X, et al. Constructing a tunable defect structure in TiO_2 for photocatalytic nitrogen fixation. J Mater Chem A, 2020, 8: 334-341.

[31] Huang Y W, Zhang N, Wu Z J, et al. Artificial nitrogen fixation over bismuth-based photocatalysts: fundamentals and future perspectives. J Mater Chem A, 2020, 8: 4978-4995.

[32] Li H, Shang J, Ai Z H, et al. Efficient visible light nitrogen fixation with BiOBrnanosheets of oxygen vacancies on the exposed {001} facets. J Am Chem Soc, 2015, 137: 6393-6399.

[33] Wang S Y, Hai X, Ding X, et al. Light-switchable oxygen vacancies in ultrafine Bi_5O_7Br nanotubes for boosting solar-driven nitrogen fixation in pure water. Adv Mater, 2017, 29: 1701774.

[34] Shi R, Zhao Y X, Waterhouse G I N, et al. Defect engineering in photocatalytic nitrogen fixation. ACS Catal, 2019, 9: 9739-9750.

[35] Cao Y H, Hu S Z, Li F Y, et al. Photofixation of atmospheric nitrogen to ammonia with a novel ternary metal sulfide catalyst under visible light. RSC Adv, 2016, 6: 49862-49867.

[36] Xing P X, Chen P F, Chen Z Q, et al. Novel ternary MoS_2/C-ZnO composite with efficient performance in photocatalytic NH_3 synthesis under simulated sunlight. ACS Sustain Chem Eng, 2018, 6: 14866-14879.

[37] Cao S H, Fan B, Feng Y C, et al. Sulfur-doped $g\text{-}C_3N_4$ nanosheets with carbon vacancies:

general synthesis and improved activity for simulated solar-light photocatalytic nitrogen fixation. ChemEng J, 2018, 353: 147-156

[38] Zhang Y, Di J, Ding P H, et al. Ultrathin g-C_3N_4 with enriched surface carbon vacancies enables highly efficient photocatalytic nitrogen fixation. J Colloid Interface Sci, 2019, 553: 530-539.

[39] Ma H Q, Shi Z Y, Li S, et al. Large-scale production of graphitic carbon nitride with outstanding nitrogen photofixation ability via a convenient microwave treatment. Appl Surf Sci, 2016, 379: 309-315.

[40] Shiraishi Y, Shiota S, Kofuji Y, et al. Nitrogen fixation with water on carbon-nitride-based metal-free photocatalysts with 0.1% solar-to-ammonia energy conversion efficiency. ACS Appl Energy Mater, 2018, 1: 4169-4177.

[41] Ling C Y, Niu X H, Li Q, et al. Metal-free single atom catalyst for N_2 fixation driven by visible light. J Am Chem Soc, 2018, 140: 14161-14168.

[42] Huang P C, Liu W, He Z H, et al. Single atom accelerates ammonia photosynthesis. Sci China Chem, 2018, 61: 1187-1196.

[43] Guo X W, Chen S M, Wang H J, et al. Single-atom molybdenum immobilized on photoactive carbon nitride as efficient photocatalysts for ambient nitrogen fixation in pure water. J Mater Chem A, 2019, 7: 19831-19837.

[44] Huang H, Wang X S, Philo D, et al. Toward visible-light-assisted photocatalytic nitrogen fixation: a titanium metal organic framework with functionalized ligands. ApplCatal B: Environ, 2020, 267: 118686.

[45] Zhao Z F, Yang D, Ren H J, et al. Nitrogenase-inspired mixed-valence MIL-53 (Fe^{II}/Fe^{III}) for photocatalyticnitrogenfixation. Chem Eng J, 2020, 400: 125929.

[46] Hu K Q, Qiu P X, Zeng L W, et al. Solar-driven nitrogen fixation catalyzed by stable radical-containing MOFs: improved efficiency induced by a structural transformation. Angew Chem Int Ed, 2020, 59: 20666-20671.

[47] Brown K A, Harris D F, Wilker M B, et al. Light-driven dinitrogen reduction catalyzed by a CdS: nitrogenaseMoFe protein biohybrid. Science, 2016, 352: 448-450.

[48] Liu J, Kelley M S, Wu W Q, et al. Nitrogenase-mimic iron-containing chalcogels for photochemical reduction of dinitrogen to ammonia. Proc Natl Acad Sci USA, 2016, 113: 5530-5535.

[49] van Tamelen E E, Seeley D A. The catalytic fixation of molecular nitrogen by electrolytic and chemical reduction. J Am Chem Soc, 1969, 91: 5194-5194.

[50] Liu H L, Nosheen F, Wang X. Noble metal alloy complex nanostructures: controllable synthesis and their electrochemical property. Chem Soc Rev, 2015, 44: 3056-3078.

[51] Gu J, Zhang Y, Tao F. Shape control of bimetallic nanocatalysts through well-designed colloidal chemistry approaches. Chem Soc Rev, 2012, 41: 8050-8065.

[52] Dahl S, Törnqvist E, Chorkendorff I. Dissociative adsorption of N_2 on Ru (0001): a surface

reaction totally dominated by steps. J Catal, 2000, 192: 381-390.

[53] Singh A R, Rohr B A, Statt M J, et al. Strategies toward selective electrochemical ammonia synthesis. ACS Catal, 2019, 9: 8316-8324.

[54] Garden A L, Skúlason E. The mechanism of industrial ammonia synthesis revisited: calculations of the role of the associative mechanism. J Phys Chem C, 2015, 119: 26554-26559.

[55] Kordali V, Kyriacou G, Lambrou C. Electrochemical synthesis of ammonia at atmospheric pressure and low temperature in a solid polymer electrolyte cell. Chem Commun, 2000, 17: 1673-1674.

[56] Geng Z, Liu Y, Kong X, et al. Achieving a record-high yield rate of 120.9 $\mu g_{NH_3} mg_{cat}^{-1} h^{-1}$ for N_2 electrochemical reduction over Ru single-atom catalysts. Adv Mater, 30: 1803498.

[57] Cao Y, Gao Y, Zhou H, et al. Highly efficient ammonia synthesis electrocatalyst: single Ru atom on naturally nanoporous carbon materials. Adv Theory Simul, 2018, 1: 1800018.

[58] Zou H, Rong W, Wei S, et al. Regulating kinetics and thermodynamics of electrochemical nitrogen reduction with metal single-atom catalysts in a pressurized electrolyser. Proc Natl Acad Sci USA, 2020, 117: 29462-29468.

[59] Liu C, Li Q, Zhang J, et al. Conversion of dinitrogen to ammonia on Ru atoms supported on boron sheets: a DFT study. J Mater Chem A, 2019, 7: 4771-4776.

[60] Wang H, Li Y, Yang D, et al. Direct fabrication of bi-metallic PdRunanorod assemblies for electrochemical ammonia synthesis. Nanoscale, 2019, 11: 5499-5505.

[61] Kugler K, Luhn M, Schramm J A, et al. Galvanic deposition of Rh and Ru on randomly structured Ti felts for the electrochemical NH_3 synthesis. Phys Chem Chem Phys, 2015, 17: 3768-3782.

[62] Back S, Jung Y. On the mechanism of electrochemical ammonia synthesis on the Ru catalyst. Phys Chem Chem Phys, 2016, 18: 9161-9166.

[63] Agmon N. The grotthuss mechanism. Chem Phys Lett, 1995, 244: 456-462.

[64] Wang J, Yu L, Hu L, et al. Ambient ammonia synthesis via palladium-catalyzed electrohydrogenation of dinitrogen at low overpotential. Nat Commun, 2018, 9: 1795.

[65] Xu W, Fan G, Chen J, et al. Nanoporous palladium hydride for electrocatalytic N_2 reduction under ambient conditions. Angew Chem Int Ed, 2020, 59: 3511-3516.

[66] Lv J, Wu S, Tian Z, et al. Construction of PdO-Pd interfaces assisted by laser irradiation for enhanced electrocatalytic N_2 reduction reaction. J Mater Chem A, 2019, 7: 12627-12634.

[67] Deng G, Wang T, Alshehri A A, et al. Improving the electrocatalytic N_2 reduction activity of Pd nanoparticles through surface modification. J Mater Chem A, 2019, 7: 21674-21677.

[68] Yu H, Xue Y, Hui L, et al. Graphdiyne-based metal atomic catalysts for synthesizing ammonia. Natl Sci Rev, 2021, 8: nwaa213.

[69] Wang H, Yu H, Wang Z, et al. Electrochemical fabrication of porous Au film on Ni foam for nitrogen reduction to ammonia. Small, 2019, 15: 1804769.

[70] Yang Y, Wang S Q, Wen H, et al. Nanoporous gold embedded ZIF composite for enhanced electrochemical nitrogen fixation. Angew Chem Int Ed, 2019, 58: 15362-15366.

[71] Wang Z, Li Y, Yu H, et al. Ambient electrochemical synthesis of ammonia from nitrogen and water catalyzed by flower-like gold microstructures. ChemSusChem, 2018, 11: 3480-3485.

[72] Bao D, Zhang Q, Meng F L, et al. Electrochemical reduction of N_2 under ambient conditions for artificial N_2 fixation and renewable energy storage using N_2/NH_3 cycle. Adv Mater, 2017, 29: 1604799.

[73] Wang Y, Gong X G. First-principles study of interaction of cluster Au_{32} with CO, H_2, and O_2. J Chem Phys, 2006, 125: 124703.

[74] Li S J, Bao D, Shi M M, et al. Amorphizing of Au nanoparticles by CeO_x-RGO hybrid support towards highly efficient electrocatalyst for N_2 reduction under ambient conditions. Adv Mater, 2017, 29: 1700001.

[75] Liu D, Zhang G, Ji Q, et al. Synergistic electrocatalytic nitrogen reduction enabled by confinement of nanosized Au particles onto a two-dimensional Ti_3C_2 substrate. ACS Appl Mater Interfaces, 2017, 11: 25758-25765.

[76] Zhao S, Liu H X, Qiu Y, et al. An oxygen vacancy-rich two-dimensional Au/TiO_2 hybrid for synergistically enhanced electrochemical N_2 activation and reduction. J Mater Chem A, 2020, 8: 6586-6596.

[77] Kugler K, Luhn M, Schramm J A, et al. Galvanic deposition of Rh and Ru on randomly structured Ti felts for the electrochemical NH_3 synthesis. Phys Chem Chem Phys, 2015, 17: 3768-3782.

[78] Liu H M, Han S H, Zhao Y, et al. Surfactant-free atomically ultrathin rhodium nanosheet-nanoassemblies for efficient nitrogen electroreduction. J Mater Chem A, 2018, 6: 3211-3217.

[79] Lan R, Irvine J T, Tao S. Synthesis of ammonia directly from air and water at ambient temperature and pressure. Sci Rep, 2013, 3: 1145.

[80] Lan R, Tao S. Electrochemical synthesis of ammonia directly from air and water using a Li^+/H^+/NH_4^+ mixed conducting electrolyte. RSC Adv, 2013, 3: 18016-18021.

[81] Sheets B L, Botte G G. Electrochemical nitrogen reduction to ammonia under mild conditions enabled by a polymer gel electrolyte. Chem Commun, 2018, 54: 4250-4253.

[82] Mao Y J, Wei L, Zhao X S, et al. Excavated cubic platinum-iridium alloy nanocrystals with high-index facets as highly efficient electrocatalysts in N_2 fixation to NH_3. Chem Commun, 2019, 55, 9335-9338.

[83] Lü F, Zhao S, Guo R, et al. Nitrogen-coordinated single Fe sites for efficient electrocatalytic N_2 fixation in neutral media. Nano Energy, 2019, 61: 420-427.

[84] Wang M, Liu S, Qian T, et al. Over 56.55% faradaic efficiency of ambient ammonia synthesis enabled by positively shifting the reaction potential. Nat Commun, 2019, 10: 341.

[85] Wang Y, Cui X, Zhao J, et al. Rational design of Fe-N/C hybrid for enhanced nitrogen reduction electrocatalysis under ambient conditions in aqueous solution. ACS Catal, 2019, 9:

336-344.

[86] He C, Wu Z Y, Zhao L, et al. Identification of FeN_4 as an efficient active site for electrochemical N_2 reduction. ACS Catal, 2019, 9: 7311-7317.

[87] Chu K, Cheng Y H, Li Q Q, et al. Fe-doping induced morphological changes, oxygen vacancies and Ce^{3+}-Ce^{3+} pairs in CeO_2 for promoting electrocatalytic nitrogen fixation. J Mater Chem A, 2020, 8: 5865-5873.

[88] Xiang X, Wang Z, Shi X F, et al. Ammonia synthesis from electrocatalyticN_2 reduction under ambient conditions by Fe_2O_3 nanorods. Chem Cat Chem, 2018, 10: 4530-4535.

[89] Knies M, Kaiser M, Isaeva A, et al. The intermetalloid cluster cation $(CuBi_8)^{3+}$. Chem Eur J, 2018, 24: 127-132.

[90] Kong J M, Lim A, Yoon C, et al. Electrochemical synthesis of NH_3 at low temperature and atmospheric pressure using a γ-Fe_2O_3 catalyst. ACS Sustainable Chem Eng, 2017, 5: 10986-10995.

[91] Cui X Y, Tang C, Liu X M, et al. Highly selective electrochemical reduction of dinitrogen to ammonia at ambient temperature and pressure over iron oxide catalysts. Chem-Eur J, 2018, 24: 18494-18501.

[92] Fang Y, Xue Y, Hui L, et al. Graphdiyne-induced iron vacancy for efficient nitrogen conversion. Adv Sci, 2020, 9: 2102721.

[93] Chen S M, Perathoner S, Ampelli C, et al. Electrocatalytic synthesis of ammonia at room temperature and atmospheric pressure from water and nitrogen on a carbon-nanotube-basedelectrocatalyst. Angew Chem Int Ed, 2017, 56: 2699-2703.

[94] Li J, Zhu X J, Wang T, et al. An Fe_2O_3 nanoparticle-reduced graphene oxide composite for ambient electrocatalytic N_2 reduction to NH_3. Inorg Chem Front, 2019, 6: 2682-2685.

[95] Zeng L B, Li X Y, Chen S, et al. Unique hollow Ni-Fe@ MoS_2 nanocubes with boosted electrocatalytic activity for N_2 reduction to NH_3. J Mater Chem A, 2020, 8: 7339-7349.

[96] Azofra L M, Sun C H, Cavallo L G, et al. Feasibility of N_2binding and reduction to ammonia on Fe-deposited MoS_2 2D sheets: a DFT study. Chem-Eur J, 2017, 23: 8275-8279.

[97] Yang D S, Chen T, Wang Z J, et al. Electrochemical reduction of aqueous nitrogen (N_2) at a low overpotential on (110) -oriented Mo nanofilm. J Mater Chem A, 2017, 5: 18967-18971.

[98] Han L L, Liu X J, Chen J P, et al. Atomically dispersed molybdenum catalysts for efficient ambient nitrogen fixation. Angew Chem Int Ed, 2019, 58: 2321-2325.

[99] Hui L, Xue Y R, Yu H D, et al. Highly efficient and selective generation of ammonia and hydrogen on a graphdiyne-based catalyst. J Am Chem Soc, 2019, 141: 10677-10683.

[100] Zhang L, Ji X Q, Ren X, et al. Electrochemical ammonia synthesis via nitrogen reduction reaction on a MoS_2 catalyst: theoretical and experimental studies. Adv Mater, 2018, 30: 1800191.

[101] Zeng L B, Chen S, Zalm J, et al. Sulfur vacancy-rich N-doped MoS_2 nanoflowers for highly boosting electrocatalytic N_2 fixation to NH_3 under ambient conditions. ChemCommun, 2019,

55: 7386-7389.

[102] Liu Y Y, Wang W K, Zhang S B, et al. MoS_2 nanodots anchored on reduced graphene oxide for efficient N_2 fixation to NH_3. ACS Sustainable Chem Eng, 2020, 8: 2320-2326.

[103] Ren X, Cui G W, Chen L, et al. Electrochemical N_2 fixation to NH_3 under ambient conditions: Mo_2N nanorod as a highly efficient and selective catalyst. ChemCommun, 2018, 54: 8474-8477.

[104] Zhang L, Ji X Q, Ren X, et al. Efficient electrochemical N_2 reduction to NH_3 on MoNnanosheets array under ambient conditions. ACS Sustainable Chem Eng, 2018, 6: 9550-9554.

[105] Cheng H, Ding L X, Chen G F, et al. Molybdenum carbide nanodots enable efficient electrocatalytic nitrogen fixation under ambient conditions. Adv Mater, 2018, 30: 1803694.

[106] Ba K, Wang G L, Ye T, et al. Single faceted two-dimensional Mo_2C electrocatalyst for highly efficient nitrogen fixation. ACS Catal, 2020, 10: 7864-7870.

[107] Ling C, Bai X, Ouyang Y, et al. Single molybdenum atom anchored on N-doped carbon as a promising electrocatalyst for nitrogen reduction into ammonia at ambient conditions. J Phys Chem C, 2018, 122: 16842-16847.

[108] Hui L, Xue Y, Yu H, et al. Highly efficient and selective generation of ammonia and hydrogen on a graphdiyne-based catalyst. J Am Chem Soc, 2019, 141: 10677-10683.

[109] Chu K, Wang J, Liu Y P, et al. Mo-doped SnS_2 with enriched S-vacancies for highly efficient electrocatalytic N_2 reduction: the critical role of the Mo-Sn-Sn trimer. J Mater Chem A, 2020, 8: 7117-7124.

[110] Li X, Li T, Ma Y, et al. Boosted electrocatalytic N_2 reduction to NH_3 by defect-rich MoS_2 nanoflower. Adv Energy Mater, 2018, 8: 1801357.

[111] Li X, Ren X, Liu X, et al. A MoS_2 nanosheet-reduced graphene oxide hybrid: an efficient electrocatalyst for electrocatalytic N_2 reduction to NH_3 under ambient conditions. J Mater Chem A, 2019, 7: 2524-2528.

[112] Li Q, Qiu S, Liu C, et al. Computational design of single-molybdenum catalysts for the nitrogen reduction reaction. J Phys Chem C, 2019, 123: 2347-2352.

[113] Hu B, Hu M, Seefeldt L, et al. Electrochemical dinitrogen reduction to ammonia by Mo_2N: catalysis or decomposition? . ACS Energy Lett, 2019, 4: 1053-1054.

[114] Luo Y, Chen G F, Ding L, et al. Efficient electrocatalytic N_2 fixation with MXene under ambient conditions. Joule, 2019, 3: 279-289.

[115] Zhao J, Zhang L, Xie X Y, et al. $Ti_3C_2T_x$ (T=F, OH) MXenenanosheets: conductive 2D catalysts for ambient electrohydrogenation of N_2 to NH_3. J Mater ChemA, 2018, 6: 24031-24035.

[116] Li T, Yan X, Huang L, et al. Fluorine-free $Ti_3C_2T_x$ (T=O, OH) nanosheets (~50-100 nm) for nitrogen fixation under ambient conditions. J Mater ChemA, 2019, 7: 14462-14465.

[117] Guo Y, Wang T, Yang Q, et al. Highly efficient electrochemical reduction of nitrogen to

ammonia on surface termination modified $Ti_3C_2T_x$ MXenenanosheets. ACS Nano, 2020, 14: 9089-9097.

[118] Zhang R, Ren X, Shi X, et al. Enabling effective electrocatalyticN_2 conversion to NH_3 by the TiO_2 nanosheets array under ambient conditions. ACS Appl Mater Interfaces, 2018, 10: 28251-28255.

[119] Qin Q, Zhao Y, Schmallegger M, et al. Enhanced electrocatalytic N_2 reduction via partial anion substitution in titanium oxide-carbon composites. Angew Chem Int Ed, 2019, 58: 13101-13106.

[120] Zhao R, Xie H, Chang L, et al. Recent progress in the electrochemical ammonia synthesis under ambient conditions. Energy Chem, 2019, 1: 100011.

[121] Yu G, Guo H, Kong W, et al. Electrospun TiC/C nanofibers for ambient electrocatalytic N_2 reduction. J Mater ChemA, 2019, 7: 19657-19661.

[122] Fang Y, Xue Y, Hui L, et al. High-loading metal atoms on graphdiyne for efficient nitrogen fixation to ammonia. J Mater Chem A, 2022, 10: 6073-6077.

[123] Zhang S, Han M, Shi T, et al. Atomically dispersed bimetallic Fe-Co electrocatalysts for green production of ammonia. Nat Sustain, 2023, 6: 169-179.

[124] Tsuneto A, Kudo A, Sakata T. Lithium-mediated electrochemical reduction of high pressure N_2 to NH_3. J Electroanal Chem, 1994, 367: 184-188.

[125] Weshead O, Jervis R, Stephens I. Is lithium the key for nitrogen electroreduction? . Science, 2021, 372: 1149-1150.

[126] Fu X, Pedersen J B, Zhou Y, et al. Continuous-flow electrosynthesis of ammonia by nitrogen reduction and hydrogen oxidation. Science, 2023, 379: 707-712.

[127] Iqbal M, Ruan Y, Iftikhar R, et al. Lithium-mediated electrochemical dinitrogen reduction reaction. Ind Chem Mat, 2023, DOI: 10. 1039/d3im00006k.

[128] Lin Y X, Zhang S N, Xue Z H, et al. Boosting selective nitrogen reduction to ammonia on electron-deficient copper nanoparticles. Nat Commun, 2019, 10: 4380.

[129] Zhang Y, Qiu W B, Ma Y J, et al. High-performance electrohydrogenation of N_2 to NH_3 catalyzed by multishelled hollow Cr_2O_3 microspheres under ambient conditions. ACS Catal, 2018, 8: 8540-8544.

[130] Xia L, Li B H, Zhang Y, et al. Cr_2O_3nanoparticle-reduced graphene oxide hybrid: a highly active electrocatalyst for N_2 reduction at ambient conditions. InorgChem, 2019, 58: 2257-2260.

[131] Li L Q, Tang C, Xia B Q, et al. Two-dimensional mosaic bismuth nanosheets for highly selective ambient electrocatalytic nitrogen reduction. ACS Catal, 2019, 9: 2902-2908.

[132] Wang Y, Shi M M, Bao D, et al. Generating defect-rich bismuth for enhancing the rate of nitrogen electroreduction to ammonia. Angew Chem Int Ed, 2019, 58: 9464-9469.

[133] Lv C, Yan C, Chen G, et al. An amorphous noble-metal-free electrocatalyst that enables nitrogen fixation under ambient conditions. Angew Chem Int Ed, 2018, 57: 6073-6076.

[134] Wang F, Lv X, Zhu X, et al. Bi nanodendrites for efficient electrocatalytic N_2 fixation to NH_3 under ambient conditions. Chem Commun, 2020, 56: 2107-2110.

[135] Kumar C V S, Subramanian V. Can boron antisites of BNNTs be an efficient metal-free catalyst for nitrogen fixation? -A DFT investigation. Phys Chem Chem Phys, 2017, 19: 15377-15387.

[136] Furuya N, Yoshiba H. Electroreduction of nitrogen to ammonia on gas-diffusion electrodes modified by metal phthalocyanines. J Electroanal Chem Interfacial Electrochem, 1989, 272: 263-266.

[137] Wang Y, Cui X, Zhang Y, et al. Achieving high aqueous energy storage via hydrogen-generation passivation. Adv Mater, 2016, 28: 7626-7632.

[138] Chen G F, Cao X, Wu S, et al. Ammonia electrosynthesis with high selectivity under ambient conditions via a Li^+ incorporation strategy. J Am Chem Soc, 2017, 139: 9771-9774.

[139] Chen S, Perathoner S, Ampelli C, et al. Electrocatalytic synthesis of ammonia at room temperature and atmospheric pressure from water and nitrogen on a carbon-nanotube-based electrocatalyst. Angew Chem Int Ed, 2017, 56: 2699-2703.

[140] Wang H, Wang L, Wang Q, et al. Ambient electrosynthesis of ammonia: electrode porosity and composition engineering. Angew Chem Int Ed, 2018, 130: 12540-12544.

[141] Zou H, Rong W, Lon B, et al. Corrosion-induced Cl-Doped ultrathin graphdiyne toward electrocatalytic nitrogen reduction at ambient conditions. ACS Catal, 2019, 9: 10649-10655.

[142] Fang Y, Xue Y, Li Y, et al. Graphdiyne interface engineering: highly active and selective ammonia synthesis. Angew Chem Int Ed, 2020, 59: 13021-13027.

[143] Liu Y, Su Y, Quan X, et al. Facile ammonia synthesis from electrocatalytic N_2 reduction under ambient conditions on N-doped porous carbon. ACS Catal, 2018, 8: 1186-1191.

[144] Mukherjee S, Cullen D A, Karakalos S, et al. Metal-organic framework-derived nitrogen-doped highly disordered carbon for electrochemical ammonia synthesis using N_2 and H_2O in alkaline electrolytes. Nano Energy, 2018, 48: 217-226.

[145] Yu X, Han P, Wei Z, et al. Boron-doped graphene for electrocatalytic N_2 reduction. Joule, 2018, 2: 1610-1622.

[146] Xu D, Li Y, Yin L, et al. Electrochemical removal of nitrate in industrial wastewater. Front Environ Sci Eng, 2018, 12: 9.

[147] Katsounaros I, Kyriacou G. Influence of nitrate concentration on its electrochemical reduction on tin cathode: Identification of reaction intermediates. Electrochim Acta, 2008, 53: 5477-5484.

[148] Hiroaki H, Masaki H, Yasuhiro S, et al. Selective nitrate-to-ammonia transformation on surface defects of titanium dioxide photocatalysts. ACS Catal, 2017, 7: 3713-3720.

[149] Kudo A, Domen K, Maruya K, et al. Photocatalytic reduction of NO_3^- to form NH_3 over Pt-TiO_2. Chem Lett, 1987, 16: 1019-1022.

[150] 李越湘，彭绍琴，戴超，等．甲酸存在下硝酸根在二氧化钛表面光催化还原成氨．催

化学报，1999，20（3）：379-380.

[151] Challagulla S, Tarafder K, Ganesan R, et al. All that glitters is not gold: a probe into photocatalytic nitrate reduction mechanism over noble metal doped and undoped TiO_2. J Phys Chem C, 2017, 121: 27406-27416.

[152] Soares O S G P, Pereira M F R, Órfão J J M, et al. Photocatalytic nitrate reduction over Pd-Cu/TiO_2. Chem Eng J, 2014, 251: 123-130.

[153] Kato H, Kudo A. Photocatalytic reduction of nitrate ions over tantalate photocatalysts. Phys Chem Chem Phys, 2002, 4: 2833-2838.

[154] Ma B, Yue M F, Zhang P, et al. Tetragonal β-In_2S_3: partial ordering of In^{3+} vacancy and visible-lightphotocatalytic activities in both water and nitrate reduction. CatalCommun, 2017, 88: 18-21.

[155] Hamanoi O, Kudo A. Reduction of nitrate and nitrite ions over Ni-ZnS photocatalyst under visible light irradiationin the presence of a sacrificial reagent. Chem Lett, 2002, 31: 838-839.

[156] Rengaraj S, Li X Z. Enhanced photocatalytic reduction reactionoverBi^{3+}-TiO_2 nanoparticles in presenceof formic acid as a hole scavenger. Chemosphere, 2007, 66: 930-938.

[157] Parastar S, Nasseri S, Borji S H, et al. Applicationof Ag-doped TiO_2 nanoparticle prepared byphotodeposition method for nitrate photocatalytic removal fromaqueous solutions. Desalination and Water Treatment, 2013, 51: 7137-7144.

[158] Oka M, Miseki Y, Saito K, et al. Photocatalytic reduction of nitrate ions to dinitrogen over layeredperovskite $BaLa_4Ti_4O_{15}$ using water as an electron donor. ApplCatal B: Environ, 2015, 179: 407-411.

[159] Ren H T, Jia S Y, Zou J J, et al. A facile preparation of Ag_2O/P25 photocatalyst for selective reductionof nitrate. Appl Catal B: Environ, 2015, 176: 53-61.

[160] Bahadori E, Tripodi A, Ramis G, et al. Semi-batch photocatalytic reduction of nitrates: role of process conditions and co-catalysts. Chem Cat Chem, 2019, 11: 4642-4652.

[161] Wei L, Adamson M A S, Vela J. Ni_2P-modified Ta_3N_5 andTaON for photocatalyticnitrate reduction. Chem Nano Mat, 2020, 6: 1179-1185.

[162] Ghazouani M, Akrout H, Bousselmi L. Nitrate and carbon matter removals fromreal effluents using Si/BDD electrode. Environ Sci Pollut Res Int, 2017, 24: 9895-9906.

[163] Bosko M L, Rodrigues M A S, Ferreira J Z, et al. Nitratereduction of brines from water desalination plants by membrane electrolysis. J Membr Sci, 2014, 451: 276-284.

[164] Dash B P, Chaudhari S. Electrochemical denitrificaton of simulated groundwater. Water Res, 2005, 39: 4065-4072.

[165] Katsounaros I, Dortsiou M, Kyriacou G. Electrochemical reduction of nitrate andnitrite in simulated liquid nuclear wastes. J Hazard Mater, 2009, 171: 323-327.

[166] Perez-Gallent E, Figueiredo M C, Katsounaros I, et al. Electrocatalytic reduction of nitrate on copper single crystals in acidic and alkaline solutions. Electrochim Acta, 2017, 227:

77-84.

[167] Barrabes N, Sa J. Catalytic nitrate removal from water, past, present and futureperspectives. Appl Catal B: Environ, 2011, 104: 1-5.

[168] Chaplin B P. The prospect of electrochemical technologies advancing worldwidewater treatment. Acc Chem Res, 2019, 52: 596-604.

[169] Dima G E, Vooys A C A, Koper M T M. Electrocatalytic reduction of nitrate atlowconcentration on coinage and transition-metal electrodes in acidsolutions. J Electroanal Chem, 2003, 554-555: 15-23.

[170] Rosca V, Duca M, Groot M T, et al. Nitrogen cycle electrocatalysis. Chem Rev, 2009, 109: 2209-2244.

[171] Yang J, Sebastian P, Duca M, et al. pH dependence oftheelectroreduction of nitrate on Rh and Pt polycrystalline electrodes. Chem Commun, 2014, 50: 2148-2151.

[172] Liu J X, Richards D, Singh N, et al. Activity and selectivity trends in electrocatalytic nitrate reduction on transition metals. ACS Catal, 2019, 9: 7052-7064.

[173] Li J, Zhan G, Yang J, et al. Efficient ammonia electrosynthesis from nitrate on strained ruthenium nanoclusters. J Am Chem Soc, 2020, 142: 7036-7046.

[174] Brylev O, Sarrazin M, Roué L, et al. Nitrate and nitrite electrocatalyticreduction on Rh-modified pyrolytic graphite electrodes. Electrochim Acta, 2007, 52: 6237-6247.

[175] Yao Y, Zhu S, Wang H, et al. A spectroscopic study of electrochemicalnitrogen and nitrate reduction on rhodium surfaces. Angew Chem Int Ed, 2020, 59: 10479-10483.

[176] Clark C A, Reddy C P, Xu H, et al. Mechanistic insights into pH-controlled nitrite reduction to ammonia andhydrazine over rhodium. ACS Catal, 2019, 10: 494-509.

[177] Zhu J Y, Xue Q, Xue Y Y, et al. Iridiumnanotubes as bifunctionalelectrocatalysts for oxygen evolution and nitratereduction reactions. ACS Appl Mater Interfaces, 2020, 12: 14064-14070.

[178] Long J, Chen S, Zhang Y, et al. Direct electrochemicalammonia synthesis from nitric oxide. Angew ChemInt Ed, 2020, 59: 9711-9718.

[179] Chen G F, Yuan Y, Jiang H, et al. Electrochemical reduction of nitrate to ammonia via direct eight-electron transferusing a copper-molecular solid catalyst. Nat Energy, 2020, 5: 605-613.

[180] Wang Y, Zhou W, Jia R, et al. Unveiling the activity origin of acopper-based electrocatalyst for selective nitrate reduction to ammonia. Angew Chem Int Ed, 2020, 59: 5350-5354.

[181] Butcher D P, Gewirth A A. Nitrate reduction pathways on Cu single crystalsurfaces: effect of oxide and Cl^-. Nano Energy, 2016, 29: 457-465.

[182] Winther-Jensen O, Winther-Jensen B. Reduction of nitrite to ammonia on PEDOT-bipyridinium-Fe complex electrodes. Electrochem Commun, 2014, 43: 98-101.

[183] Li W, Xiao C, Zhao Y, et al. Electrochemical reduction ofhigh-concentrated nitrate using Ti/TiO_2 nanotube array anode and Fe cathode indual-chamber cell. Catal Lett, 2016, 146:

2585-2595.

[184] Jia R, Wang Y, Wang C, et al. Boosting selective nitrateelectroreduction to ammonium by constructing oxygen vacancies in TiO_2. ACS Catal, 2020, 10: 3533-3540.

[185] Ki H, Robertson D H, Chambers J Q et al. Electrochemical reduction of nitrate andnitrite in concentrated sodium hydroxide at platinum and nickel electrodes. J Electrochem Soc, 1988, 135: 1154-1158.

[186] Katsounaros I, Ipsakis D, Polatides C, et al. Efficient electrochemicalreduction of nitrate to nitrogen on tin cathode at very high cathodicpotentials. Electrochim Acta, 2006, 52: 1329-1338.

[187] Dortsiou M, Katsounaros I, Polatides C, et al. Electrochemical removal ofnitrate from the spent regenerant solution of the ion exchange. Desalination, 2009, 248: 923-930.

[188] Li H, Yan C, Guo H, et al. Cu_xIr_{1-x} nanoalloy catalysts achieve near 100% selectivity for aqueous nitritereduction to NH_3. ACS Catal, 2020, 10: 7915-7921.

[189] Yang J, Kwon Y, Duca M, et al. Combining voltammetry and ionchromatography: application to the selective reduction of nitrate on Pt and PtSnelectrodes. Anal Chem, 2013, 85: 7645-7649.

[190] Siriwatcharapiboon W, Kwon Y, Yang J, et al. Promotion effects of Sn on the electrocatalytic reduction of nitrate at Rh nanoparticles. Chem Electro Chem, 2014, 1: 172-179.

[191] Chen F Y, Wu Z Y, Gupta S, et al. Efficient conversion of low-concentration nitrate sources into ammonia on a Ru-dispersed Cu nanowire electrocatalyst. Nat Nanotechnol, 2022, 17: 759-767.

[192] Wang Y, Xu A, Wang Z, et al. Enhanced nitrate-to-ammonia activity on copper-nickel alloys via tuning of intermediate adsorption. J Am Chem Soc, 2020, 142: 5702-5708.

[193] Wang Y, Liu C, Zhang B, et al. Self-template synthesis of hierarchically structured Co_3O_4@NiO bifunctional electrodes for selective nitrate reduction and tetrahydroisoquinolines semi-dehydrogenation. Sci China Mater, 2020, 63: 2530-2538.

[194] Guo Y, Stroka J R, Kandemir B, et al. Cobalt metallopeptideelectrocatalyst for the selective reduction of nitrite to ammonium. J Am Chem Soc, 2018 140: 16888-16892.

[195] Li Y, Yamaguchi A, Yamamoto M, et al. Molybdenum sulfide: a bioinspiredelectrocatalyst for dissimilatory ammonia synthesis withgeoelectrical current. J Phys Chem C, 2016, 121: 2154-2164.

[196] Li Y, Go Y K, Ooka H, et al. Enzyme mimeticactive intermediates for nitrate reduction in neutral aqueous media. Angew Chem Int Ed, 2020, 59: 9744-9750.

[197] Xu S, Ashley D C, Kwon H Y, et al. A flexible, redox-active macrocycle enables the electrocatalytic reduction of nitrate to ammonia by a cobalt complex. Chem Sci, 2018, 9: 4950-4958.

[198] Shen J, Birdja Y Y, Koper M T M. Electrocatalytic nitrate reduction by a cobaltprotoporphyrin immobilized on a pyrolytic graphite electrode. Langmuir, 2015, 31: 8495-8501.

[199] Shi R, Zhao Y X, Waterhouse G I N, et al. Defect engineering in photocatalyticnitrogen fixation. ACS Catal, 2019, 9: 9739-9750.

[200] Zhang Y, Di J, Qian X, et al. Oxygen vacancies in $B_{12}Sn_2O_7$ quantum dots to trigger efficientphotocatalytic nitrogen reduction. Appl Catal B: Environ, 2021, 299: 120680.

[201] Tugaoen H O'N, Sergi G S, Hristovski K, et al. Challenges in photocatalytic reduction of nitrate as a water treatment technology. Sci Total Environ, 2017, 600: 1524-1551.

[202] Shi R, Zhao Y X. Vacancy and N dopants facilitated Ti^{3+} sites activity in 3D$Ti_{3-x}C_2T_y$ MXene for electrochemical nitrogen fixation. Appl Catal B: Environ, 2021, 297: 120482.

[203] Zhao X, Hu G, Chen G, et al. Comprehensive understanding of the thriving ambient electrochemical nitrogen reduction reaction. Adv Mater, 2021, 33: 2007650.

[204] Wan Y C, Xu S Y, Lv R T. Heterogeneous electrocatalysts design for nitrogen reduction reaction under ambient conditions. Mater Today, 2019, 27: 69-90.

[205] Roy N, Sohn Y, Pradhan D. Synergy of low-energy {101} and high-energy {001} TiO_2 crystal facets for enhanced photocatalysis. ACS Nano, 2013, 7: 2532-2540.

[206] Bai Y, Ye L Q, ChenT, et al. Facet-dependent photocatalytic N_2 fixation of bismuth-rich Bi_5O_7 inanosheets. ACS Applied Materials Interfaces, 2016, 8: 27661-27668.

[207] Chen Y J, Zhao C R, He Y M, et al. Fabrication of a Z-scheme AgBr/$Bi_4O_5Br_2$ nanocomposite and its high efficiency in photocatalytic N_2 fixation and dye degradation. Inorg Chem Front, 2019, 6, 3083-3092.

第 8 章　人工光合作用催化剂的催化机理

化学反应是旧键断裂和新键形成的过程，旧键断裂需要一定的能量输入，驱动旧键断裂使一个化学反应发生时所需的最小能量，即由反应物分子到达活化分子所需的最小能量，称为活化能。在催化反应中，催化剂可以通过与反应物分子作用改变反应的活化能，进而影响反应速率。催化剂的催化反应活性与催化剂的结构和化学环境密切相关，探索催化剂结构与催化活性之间的构效关系，对于深刻认识催化反应过程与反应机理，指导高效催化剂的理性设计具有重要意义。本章总结了在光、电、热等条件下，催化剂的结构及化学环境对催化反应活性和产物选择性影响的规律，为高效人工光合作用催化剂的理性设计提供参考。

8.1　光催化反应

光催化反应过程主要包括三个步骤：光吸收单元捕获光子产生光生载流子、载流子解离形成自由电荷（电子/空穴）并转移至催化剂表面、光生电荷驱动催化剂表面发生氧化还原反应。因此，光催化效率（η）受光催化剂体系的光吸收效率（η_{LH}）、光生电荷迁移效率（η_{CT}）及表面催化效率（η_{CR}）的共同制约：

$$\eta = \eta_{LH} \times \eta_{CT} \times \eta_{CR} \tag{8-1}$$

光催化体系可分为均相催化体系和非均相催化体系，本节将分别围绕均相和非均相催化体系中光诱导电荷的产生、迁移、反应路径及其影响因素等进行阐述。

8.1.1　光诱导电荷的产生与迁移过程

1. 均相光催化体系

均相光催化体系一般包括光敏剂、催化剂、电子牺牲剂三个组分，其中光敏剂是光吸收和电子转移的核心组分。具有良好的光吸收能力的光敏剂是实现高效光催化反应的关键之一。光敏剂处于基态的电子受光激发后跃迁至激发态，激发态的电子在热力学驱动力下转移至催化剂，也可以通过辐射/非辐射跃迁的方式回到基态。因此，可以通过延长光敏剂激发态寿命或者加速光敏剂与催化剂之间的电子转移实现高效光生电荷分离。根据光敏剂发生的系间窜越机制、原子组成以及是否含有金属元素等，光敏剂可以分为金属配合物光敏剂、有机光敏剂以及其他光敏剂。

在金属配合物光敏剂中，过渡金属能够引发强自旋-轨道耦合，从而增强激发态电子系间窜越过程。因此，三重态光敏剂大多为金属配合物。金属配合物光敏剂种类繁多，主要包括多联吡啶及卟啉金属配合物、大环金属配合物、金属配合物二聚体等。例如，三联吡啶钌配合物 $[Ru(bpy)_3]^{2+}$（图 8-1，**1**）因具有良好的可见光吸收能力和合适的激发态氧化还原电位，是目前使用最广泛的分子光敏剂之一。但是，$[Ru(bpy)_3]^{2+}$光敏剂的光化学稳定性较差，激发态寿命较短。通过改变 Ru(Ⅱ) 配合物的配体结构，能够提高其可见光吸收能力与激发态寿命。典型的 $[Ru(bpy)_3]^{2+}$配合物具有接近正八面体的立体构型[1]（N—Ru—N 之间的扭转角为 173.0°），因此表现出较强的配位场作用，导致金属中心电荷转移三重激发态（^{3}MC）能级升高，有助于稳定金属到配体电荷转移（^{3}MLCT）三重激发态，有效减少激发态非辐射跃迁失活概率，激发态寿命约为 1.0μs。如果将配体替换为 2，2′：6′，2″-三联吡啶（tpy），可以得到 $[Ru(tpy)_2]^{2+}$配合物（图 8-1，**2**）[2]。该配合物的立体构型偏离了正八面体构型（N—Ru—N 之间的扭转角为 158.6°），配位场作用显著降低，导致^{3}MC 与^{3}MLCT 之间的能级差缩小，激发态容易以非辐射跃迁的形式失活，激发态寿命仅为 0.25ns。如果将配体变为 2,6-二（8′-喹啉）吡啶（bqp），可以合成 $[Ru(bqp)_3]^{2+}$配合物（图 8-1，**3**）[3]。配合物 **3** 的 N—Ru—N 之间的扭转角为 179.6°，具有接近完美的正八面体构型，从而表现出非常强的配位场作用，增大了^{3}MC 与^{3}MLCT 之间的能级差，激发态寿命达到 3μs。

此外，在配体上修饰不同的有机发色团也可以调控 Ru(Ⅱ) 配合物的激发态。通过选择与母体 Ru(Ⅱ) 配合物能级相匹配的发色团，利用发色团激发态的能级来改变母体配合物的激发态性质，进而调控 Ru(Ⅱ) 配合物分子的光物理性质。例如，在 1，10-邻菲咯啉配体的 5 号位，通过 C—C 单键分别引入芘和萘酰亚胺发色团可以制备 Ru(Ⅱ) 配合物 **4** 和 **5**（图 8-1）[4-6]。配合物 **4** 和 **5** 的^{3}MLCT态分别与芘/萘酰亚胺配体激发态（^{3}IL）之间存在能级平衡，导致其激发态寿命由母体配合物的 0.4μs 大幅度延长至 148.0μs（**4**）和 61.5μs（**5**）。鲁统部等基于能级匹配原则，将芘基发色团偶联到 $Ru(bpy)_3^{2+}$上，构筑了系列^{3}IL 激发态类型光敏剂（图 8-1，**6**）[7]。研究表明，传统^{3}MLCT 光敏剂 **1** 的激发态寿命仅为 1.0ms，在含水溶液中光照 3h 基本完全分解。相比之下，具有^{3}MLCT/^{3}IL 激发态和^{3}IL 激发态特性的光敏剂 **6**，不仅激发态寿命延长至 120ms，而且在含水溶液中光照超过 12h 仍保持原有结构不变。为了阐明长寿命高效^{3}IL 型光敏剂的设计规律，鲁统部等通过多种方式，将芘基单元偶联到 $Ru(phen)_3^{2+}$（phen = 1，10-邻菲咯啉）光敏剂的不同位置，实现了对^{3}IL 光敏剂激发态的微观调控（图 8-1，**7**～**10**）[8]。实验结果表明，配合物 **9** 同时具有长激发态寿命和适中的氧化还原电位，在动力学和热力学层面均有利于电子转移到双核钴催化剂，表现出显著提升的 CO_2 还原效率。其中，配合物 **9** 光催化产 CO 的转化数（TON）高达 66480，比传统 Ru（phen）$_3^{2+}$的催化效率提升了 17 倍以上。因此，设计新型高效光敏剂不仅要考虑激发态寿命，同时还应兼顾激发态氧化还原电位。

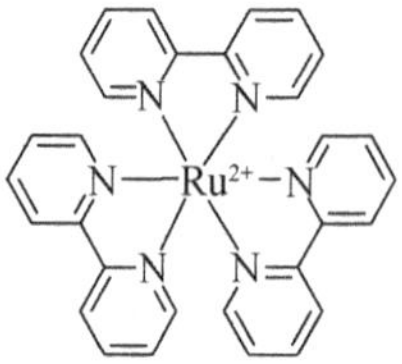

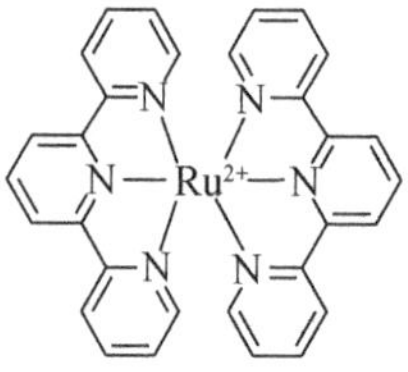

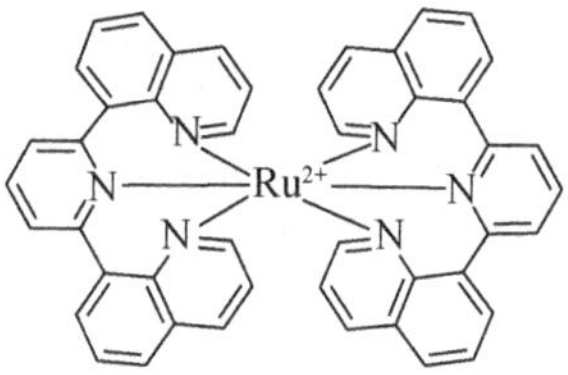

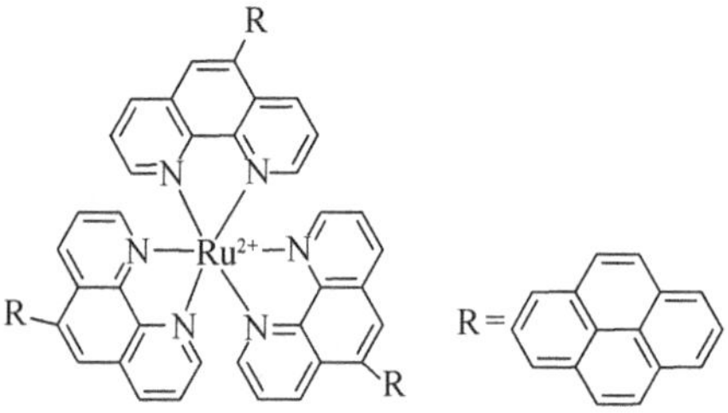

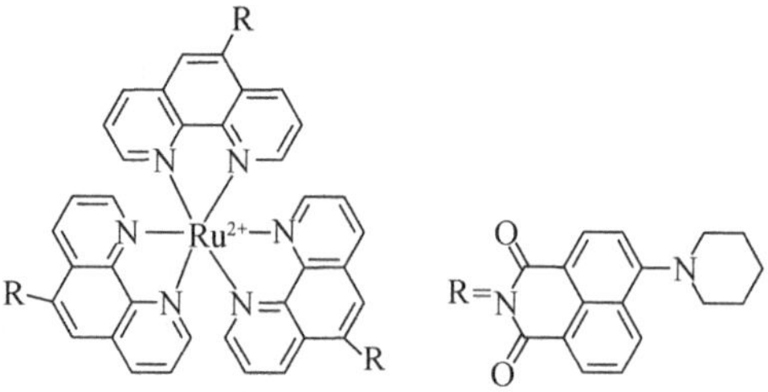

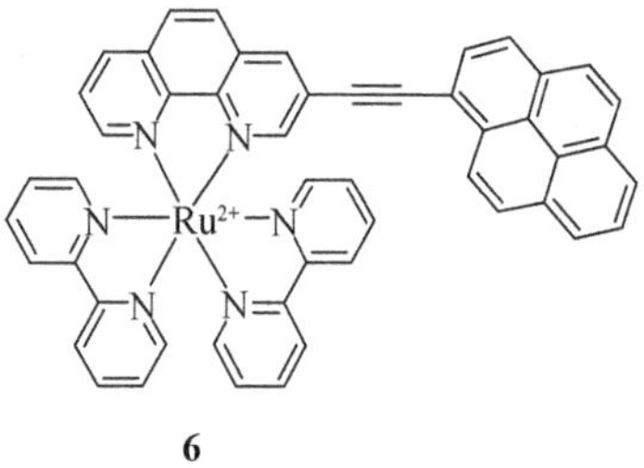

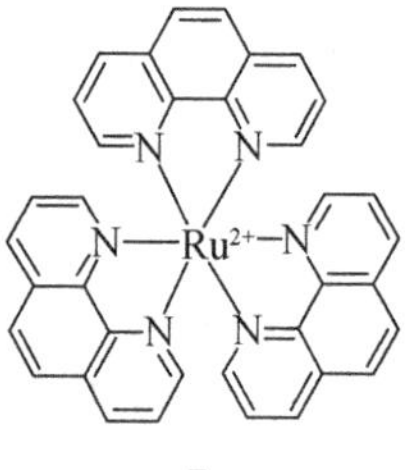

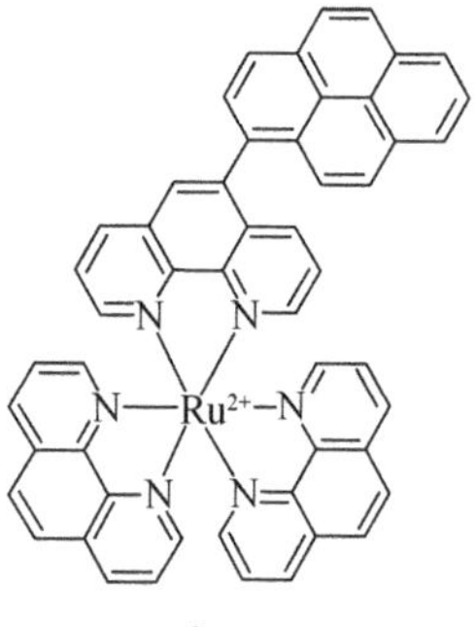

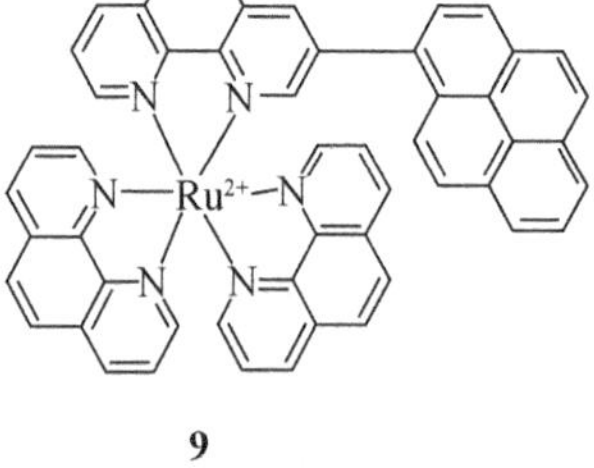

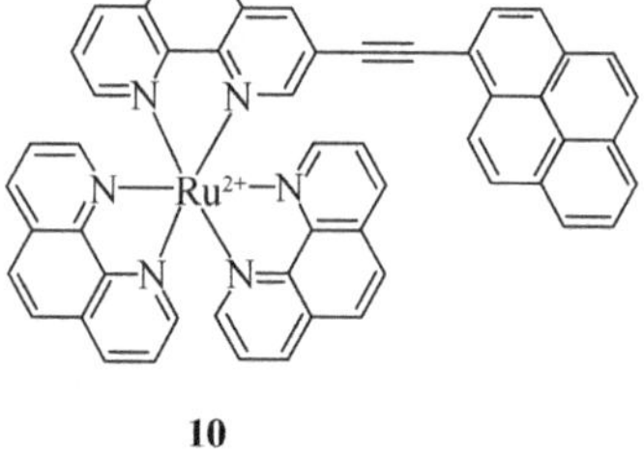

图 8-1　Ru(Ⅱ) 配合物 **1**～**10** 的结构

基于能级匹配原则，鲁统部等还通过共敏化策略，利用吸收蓝光的香豆素-6和吸收绿光的氟硼吡咯共修饰母体铱配合物 **11**，制备出具有宽吸收谱带与强可见光吸收能力的新型光敏剂 **12** ~ **14**（图 8-2），拓宽了光敏剂在可见光区的吸收范围[9]。无论是激发香豆素部分，还是激发氟硼吡咯部分，光敏剂 **14** 的三重态最终均布居在氟硼吡咯单元，寿命长达 88.7μs。具有宽谱带吸收的光敏剂 **14** 在催化产氢速率和最终产氢量方面均显著优于具有单一吸收谱带的光敏剂 **12** 和 **13**。其中，光敏剂 **14** 催化产氢的 TON 高达 115840，是传统铱基光敏剂 **11** 的 320 倍。光敏剂 **14** 优异的催化性能主要归因于其具有宽的可见光吸收范围、较强的可见光吸收能力以及较长的激发态寿命。

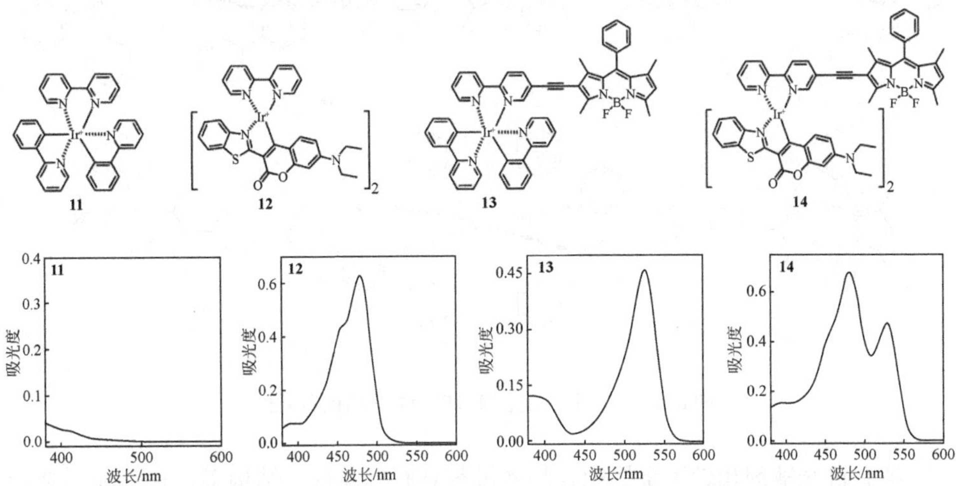

图 8-2　Ir（Ⅲ）配合物 **11** ~ **14** 的结构示意图及其吸收光谱

传统光敏剂主要局限于钌、铱、铂等贵金属配合物。然而，受限于价格高、地壳中含量低等因素，此类光敏剂难以长期、大规模使用。因此，使用非贵金属光敏剂替代传统贵金属光敏剂具有重要意义[10]。其中，铜配合物是当前使用最广泛的非贵金属光敏剂之一。然而，由于存在可见光吸收能力弱、激发态寿命短等局限，铜配合物的催化活性难以与传统贵金属配合物［$Ru(bpy)_3^{2+}$和$Ir(ppy)_3^{+}$］媲美[11,12]。跨键能量转移策略摆脱了光谱交叠规则的限制，导致其在构建能量转移体系时比共振能量转移策略更有优势。张志明等通过跨键能量转移策略，将氟硼吡咯和 Cu（Ⅰ）配合物通过苯环非共轭连接，制备出具有强可见光吸收能力的铜基光敏剂（图 8-3，**15** ~ **17**）[13]。其中光敏剂 **17** 在 518nm 处摩尔消光系数高达 162260L/(mol · cm)，是传统铜基光敏剂 **15** 的 62 倍。新型铜光敏剂 **17** 发生了有效的由天线到铜配位中心的跨键能量转移过程，继而经过系间窜越过程到达铜配位中心的三重态，随后经过一个反向的三重态能量转移过程，三重激发态最终布局在氟硼吡咯部分，即新型铜光敏剂三重态从^{3}MLCT 态转变为^{3}IL 态。这一过程不仅可以大幅度提升配合物的可见光利用率，而且能有效延长其激发态寿命（**17** 为 27.2μs，**16** 为 33.8μs），进而促进分子间能量/电子转移以实现高效光催化。将新型铜光敏剂 **17** 用于能量转移和电子转移型光催化反应，其催化性能显著优于贵金属光敏剂 $Ru(bpy)_3^{2+}$ 和 $Ir(ppy)_3^+$。

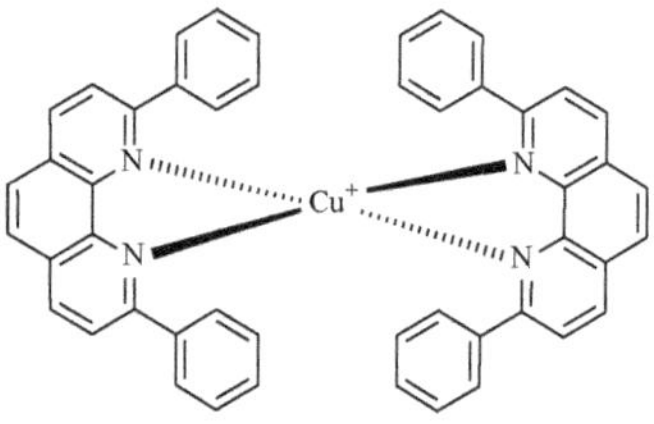

图 8-3　Cu(Ⅰ) 配合物 **15** ~ **17** 的结构示意图

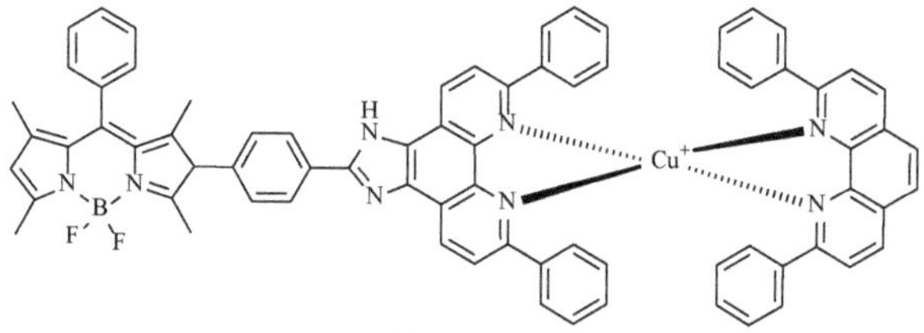

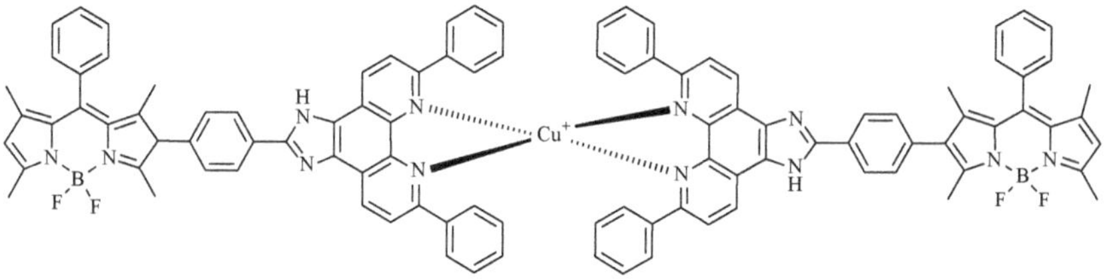

纯有机光敏剂相较于金属配合物光敏剂具有成本低、结构多样化、光谱易调节等优势，在光化学领域有着广泛的应用。纯有机光敏剂可分为含重原子有机光敏剂和不含重原子有机光敏剂。由于重原子能够有效地提高系间窜越效率，因此在有机三重态光敏剂设计和制备过程中，通常选择引入重原子碘和溴。如图 8-4 所示，双碘氟硼吡咯分子 **18** 和 **19**[14,15] 的荧光量子产率分别为 2% 和 2.7%，相比母体氟硼吡咯的荧光量子产率（70%）有了显著降低，表明碘原子的重原子效应能够促进化合物 **18** 和 **19** 发生由单重激发态到三重态的系间窜越过程，使分子三重态有效布居。另外，碘原子取代位置的不同对于配合物整体的荧光量子产率及系间窜越效率会产生不同的影响。例如，配合物 **20** 和 **21**[16] 的荧光量子产率分别为 69% 和 78%，相较于母体氟硼吡咯的荧光量子产率没有明显变化，意味着两者的系间窜越效率非常低。实验结果表明，当碘原子与氟硼吡咯的共轭中心直接耦合才能充分发挥重元素效应，有效提升系间窜越效率。

不含重原子的有机光敏剂一般很难到达三重激发态，因此设计合成新型无重原子有机光敏剂用于光合成是当前光化学领域面临的一项重要挑战。例如，C_{60}-

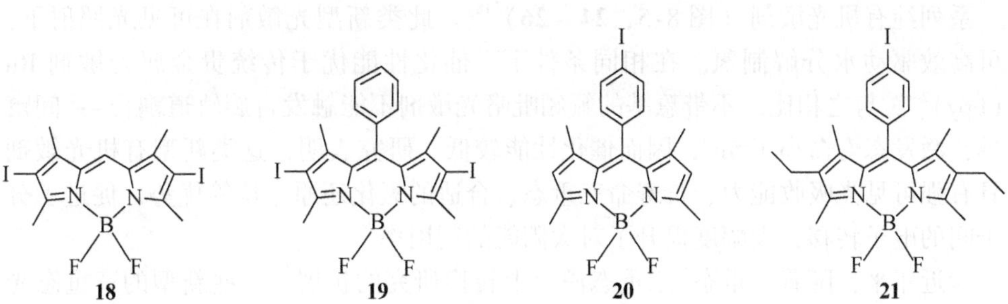

图 8-4　纯有机光敏剂 **18** ~ **21** 的结构示意图

有机发色团便是一类无重原子的三重态光敏剂。C_{60}是一种理想的自旋转换单元，其系间窜越效率接近 100%，但其可见光区吸收能力极弱，不利于太阳能利用。为了解决这一问题，在 C_{60}上修饰可见光吸收发色团是一种有效的方法。发色团能够吸收光能并将能量传递给 C_{60}，随后 C_{60}通过自旋转换作用将单重态有效转换为三重态[17]。如图 8-5 所示，C_{60} 衍生物 **22** 在 515nm 处的摩尔消光系数为 70400L/(mol · cm)，**23** 在 590nm 处的摩尔消光系数为 82500L/(mol · cm)，它们的三重态寿命分别为 33.2μs 和 35.2μs，接近 C_{60}本身的激发态寿命（40μs）。此外，基于自旋轨道耦合-系间窜越机制，可将有机发色团激发态寿命延长至微秒级别，进而摆脱金属重元素效应。例如，鲁统部等基于氟硼吡咯体系，通过正交耦合蒽基衍生物，触发自旋轨道耦合-系间窜越，获得长寿命激发态，开发出

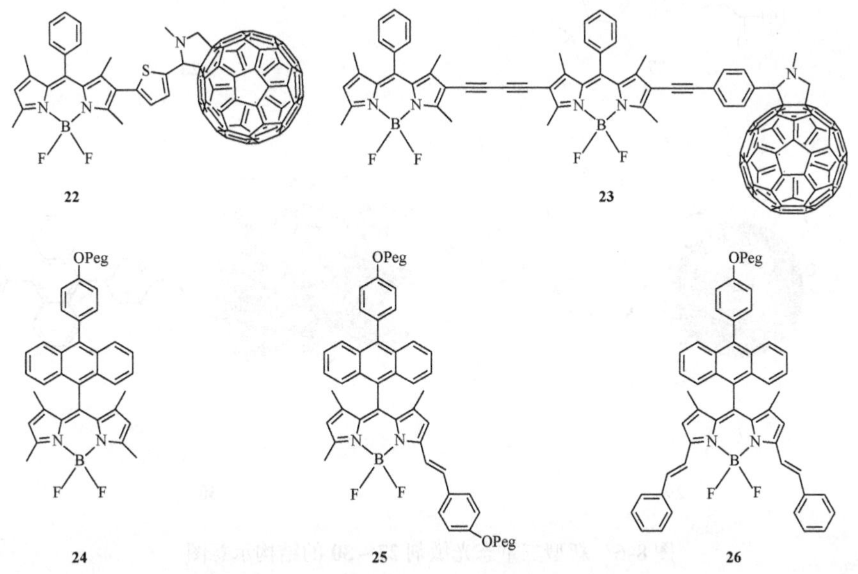

图 8-5　纯有机光敏剂 **22** ~ **26** 的结构示意图

一系列纯有机光敏剂（图 8-5，**24** ~ **26**）[18]。此类新型光敏剂在可见光照射下，可高效驱动水分解制氢。在相同条件下，催化性能优于传统贵金属光敏剂 $Ru(bpy)_3^{2+}$。与之相比，不带蒽基的氟硼吡咯光敏剂不能触发自旋轨道耦合-系间窜越，激发态寿命小于 5ns，因而催化性能较低。研究表明，这类新型有机光敏剂具有强可见光吸收能力、长寿命三重态、合适的氧化还原电位等优势，促进了分子间的电子转移，大幅度提升了对太阳能的利用率。

近年来，随着三重态-三重态湮灭上转换研究的扩展，一些新型的三重态光敏剂被设计合成（图 8-6），如单重态-三重态直接激发的三重态光敏剂、基于热激活延迟荧光材料的三重态光敏剂、自旋-轨道耦合电荷转移增强系间窜越的三重态光敏剂、纳米半导体三重态光敏剂等。单重态-三重态激发三重态光敏剂可以吸收光子从基态直接跃迁到三重态，有效避免了系间窜越过程带来的能量损失，从而获得大的反斯托克斯位移。例如，利用 938nm（1.32eV）的激光辐照化合物 **27** 和红荧烯的除氧二氯甲烷溶液，可以观测到 570nm（2.18eV）的上转换荧光发射，同时获得了 3.1% 的上转换量子产率和 0.86eV 的大反斯托克斯位

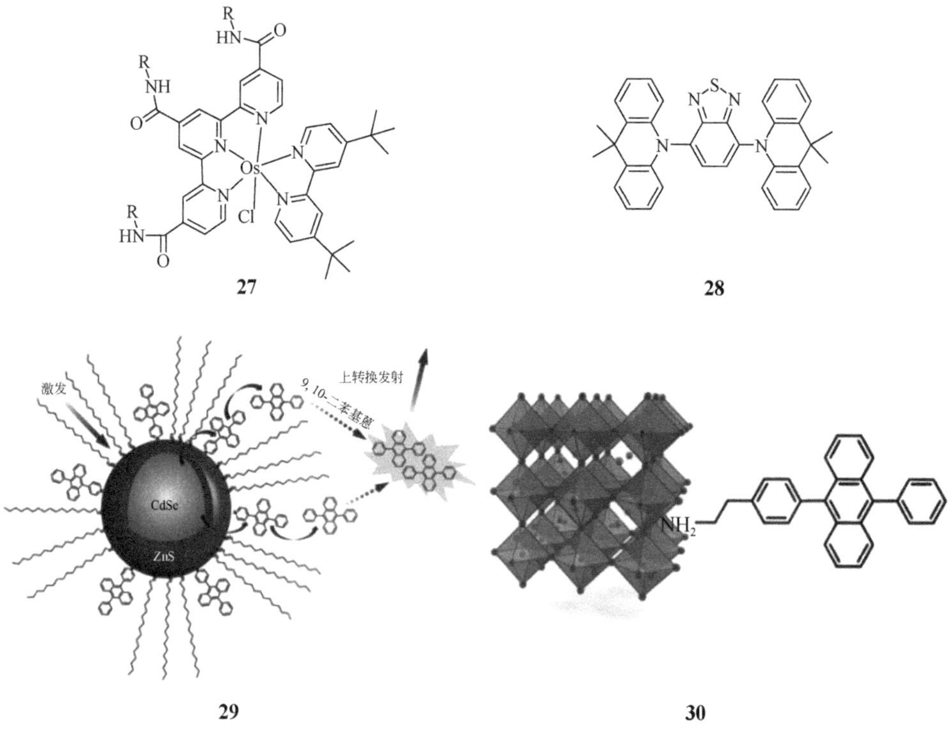

图 8-6　新型三重态光敏剂 **27** ~ **30** 的结构示意图

移[19]。此外，由于热活化延迟荧光分子具有小的单重态和三重态能级差，同样可以减少系间窜越过程的能量损失，从而具有较高的系间窜越效率。例如，化合物 **28** 和 9，10–二联苯蒽在脱气的甲苯体系下，用波长为 532nm 的光激发能够检测到 435nm 上转换发射，具有 97nm 的反斯托克斯位移[20]。另外，当半导体纳米材料的带隙大小与分子三重态能级接近时，可以通过共振能量转移将半导体激发能转移到受体分子，并且该过程不会有系间窜越过程的能量损失。对于不同吸收波段的半导体纳米材料，可以通过灵活地调控受体分子，进行能级匹配，进而到达其三重态。例如，通过配体交换策略将受体分子桥接到纳米晶表面，可以得到光敏剂 **29** 和 **30**。两种光敏剂分别在脱气的甲苯体系和氯仿体系中表现出 1. 3% 和 1. 4% 的上转换量子产率，显著优于传统的纳米晶体系（上转换量子效率约为 0. 03% 和 0. 012%）[21,22]。

在均相光催化体系中，基态光敏剂捕获光子到达激发态后能将电子转移到催化剂上，或从电子牺牲还原剂处接收电子，即发生氧化猝灭和还原猝灭（图 8-7）[23]。以 CO_2 还原为 CO 为例，在氧化猝灭中，光敏剂吸收光子变为激发态光敏剂，随后电子从激发态光敏剂转移到催化剂。得到电子的催化剂进一步向结合的 CO_2 提

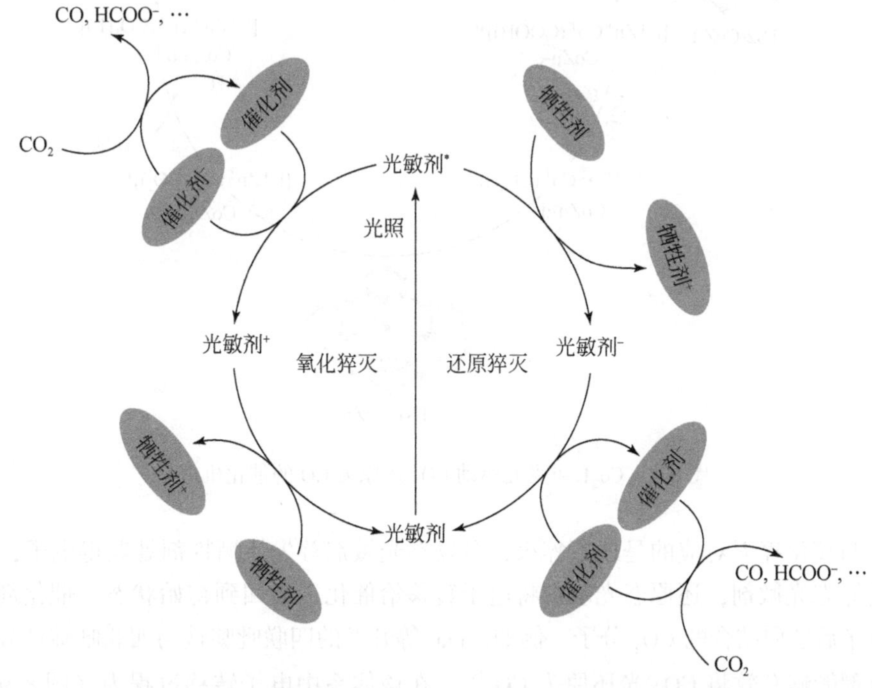

图 8-7　分子催化剂在光催化 CO_2 还原过程中的两种途径

供电子实现 CO_2 的还原，而氧化态光敏剂则被牺牲剂还原为初始状态。例如，鲁统部等设计了基于氮杂穴醚大环配体双核 Co(Ⅱ) 配合物 (Co_2L) 的光催化 CO_2 还原体系 (图 8-8)[24]，邻菲咯啉钌 $Ru(phen)_3^{2+}$ 光敏剂在吸收光子后转变为激发态，激发态光敏剂将电子转移到催化中心 Co(Ⅱ) 上 (图 8-8 化合物 a)，通过质子耦合电子转移反应生成 b，并结合一个质子脱去一分子 H_2O 得到 c。c 通过过渡态 TS1-1 转化为 d，d 再从激发态邻菲咯啉钌得到电子经历第二次质子耦合电子转移反应得到 e。e 经过过渡态 TS2-1 形成 f，然后中间体[O ═C—OH]中 C—O 键通过两个 Co(Ⅱ) 协同作用发生断裂后释放出 CO 完成催化循环，而失去电子的光敏剂邻菲咯啉钌被电子牺牲剂三乙醇胺还原回到初始状态。

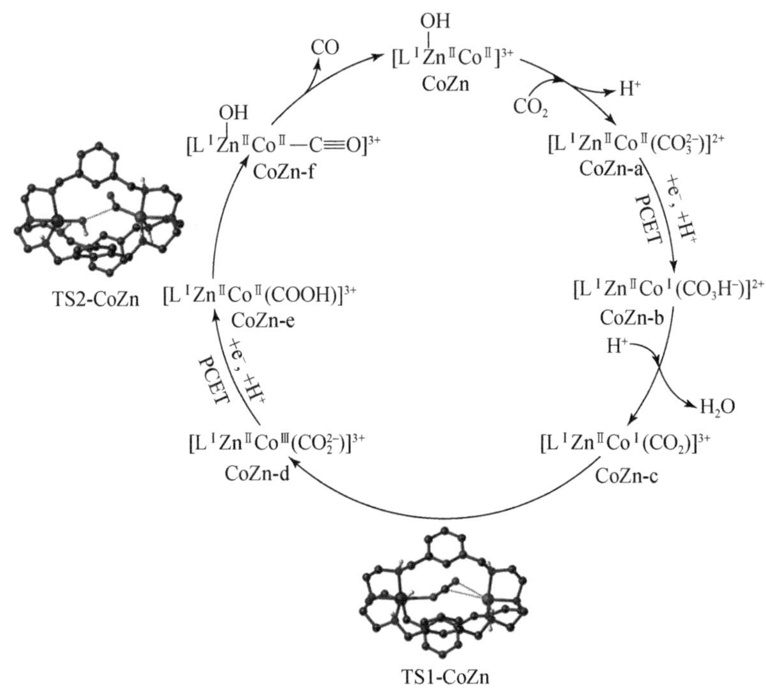

图 8-8 Co_2L 可见光驱动 CO_2 还原为 CO 的催化机理

与氧化猝灭对应的是还原猝灭，激发态光敏剂首先从牺牲剂处获得电子，生成还原态光敏剂，还原态光敏剂将电子转移给催化剂后回到初始状态，催化剂得到电子后还原结合的 CO_2 分子。例如，Lau 等开发的四联吡啶铁与四联吡啶钴分子催化剂能够有效将 CO_2 光还原为 CO[25]。在该体系中电子转移过程为 (图 8-9)：首先，两个 $Ru(bpy)_3^{2+}$ 光敏剂分子吸收光子从基态跃迁到激发态形成两个 $Ru(bpy)_3^{2+*}$，两个激发态的 $Ru(bpy)_3^{2+*}$ 从电子牺牲剂得到两个电子生成还原态

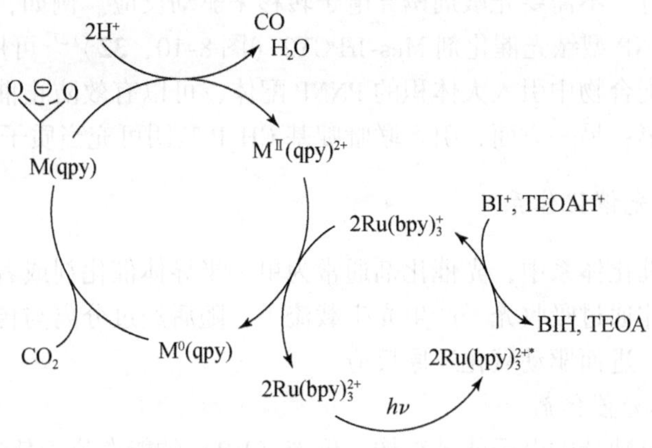

图 8-9　四联吡啶铁/钴光催化 CO_2 还原路径

光敏剂 $Ru(bpy)_3^+$；随后，两个 $Ru(bpy)_3^+$将两个电子转移给催化剂四联吡啶铁或四联吡啶钴［$M^{II}(qpy)^{2+}$，M＝Fe，Co］后回到初始状态。得到电子的金属催化中心由+2 价变为 0 价，并结合 CO_2 形成 M-CO_2 加合物；最后，该加合物进一步结合 H^+并脱去 CO 和 H_2O，完成整个催化反应。

一般均相光催化体系中光敏剂和催化剂处于分散状态，两者之间没有化学键连接，因此电子转移受溶液扩散的限制。利用化学键将光敏剂和催化剂连接，可以有效加快光敏剂到催化剂的电子转移，从而提高光催化效率。同时，快速的电子转移也有助于提高光敏剂的稳定性。例如，通过化学键将锌卟啉光敏剂和铼配合物 Re（phen）$(CO)_3$催化剂连接（图 8-10，**31**），可以加快电子在锌卟啉与铼配合物之间的转移，有效防止光生电子在锌卟啉上聚集，从而提高了锌卟啉的稳定性[26]。此外，开发既可以用作光敏单元又可以用作催化单元的金属配合物是行之有效的策略。在这种非敏化类型的体系中，吸收光子和催化还原反应在一个

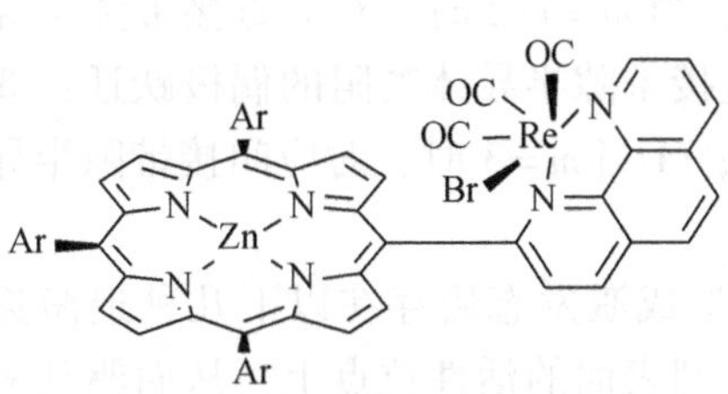

1, Mes-IrPCY2

31 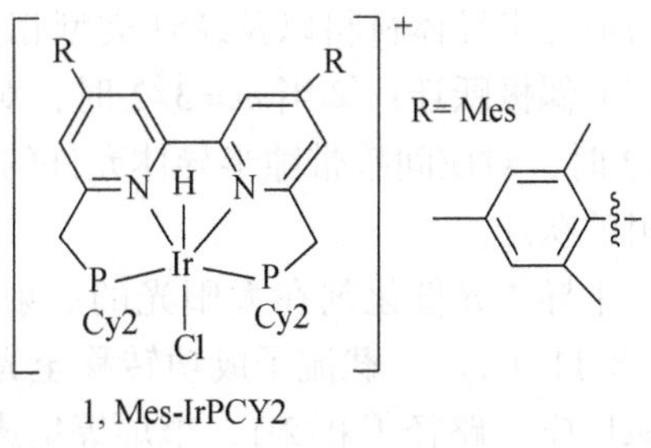　　**32**

图 8-10　锌卟啉和铼配合物共价键合体（31）及 Mes-IrPCY2（32）的结构示意图

分子单元内进行，不需要光敏剂诱导电子转移来驱动反应。例如，光敏剂催化剂一体的四齿 PNNP 型铱光催化剂 Mes-IrPCY2（图 8-10，**32**）[27]可用于 CO_2 还原。一方面，在该配合物中引入大体积的 PNNP 配体，可以有效防止催化剂的失活并促进有效的加氢；另一方面，引入联吡啶基 CH_2P 基团可充当质子供体。

2. 非均相光催化体系

在非均相催化体系中，光催化剂通常为单一半导体催化剂或者半导体异质结催化剂。半导体通过吸收光子产生光生载流子，随后经过分离与传输到达催化反应的活性中心，进而驱动氧化还原反应。

1）半导体光催化剂

半导体具有独特的电子能带结构，价带（VB）的能态位于禁带下方，在 T= 0K 时，半导体的价带是满带。受到热激发后，价带中的部分电子会越过禁带进入能量较高的空带，空带中存在电子后成为导带（CB），价带中缺少一个电子后形成的一个带正电空位称为空穴，由此产生的电子密度分布由半导体的费米能级（E_F）描述。当半导体吸收的光子能量等于或高于带隙（E_g）时，电子从价带激发到导带，从而留下空穴，这意味着半导体中两种电荷载流子，即电子和空穴的布居数都比平衡时大，新的稳态由准费米能级描述。被激发的载流子（电子和空穴）是高活性的自由基，分别具有很强的还原能力和氧化能力。载流子一旦在空间上分离，它们就可以迁移或被捕获到亚稳态表面，并最终转移到预先吸附在催化剂表面的受体分子上，从而发生相应的还原过程或氧化过程。

半导体光催化过程中，光子的吸收是触发光催化反应的前提，高效催化剂要求材料具有从紫外光到可见光的广泛光吸收范围。当光子能量大于材料的禁带宽度（即 $h\nu \geqslant E_g$）时可以被材料有效吸收，吸收系数与光学带隙之间的关系式为

$$\alpha h\nu = A\ (h\nu - E_g)^m \tag{8-2}$$

式中，α 为摩尔吸收系数；h 为普朗克常数；ν 为入射光子频率；A 为比例常数；m 的值与半导体材料以及跃迁类型相关：①当 $m=1/2$ 时，对应直接带隙半导体允许的偶极跃迁；②当 $m=3/2$ 时，对应直接带隙半导体禁阻的偶极跃迁；③当 $m=2$ 时，对应间接带隙半导体允许的跃迁；④当 $m=3$ 时，对应间接带隙半导体禁阻的跃迁。

半导体光催化剂在太阳光的照射下，形成激发态后存在以下几种退激途径［图 8-11（a）］。载流子成功转移至光催化剂表面的活性位点上，从而驱动氧化还原反应（路径①和②）。李灿等集成多种先进技术和理论，在时空全域追踪了光生电荷在氧化亚铜单纳米颗粒中分离和转移演化的全过程，发现光生电子通过亚皮秒时间尺度上的面间热电子转移准弹道转移到催化剂表面，而光生空穴转移到空间分离的表面，并且通过微秒时间尺度的选择性俘获进行稳定[28]。在光生

载流子分离的同时，存在着电子-空穴复合过程与之竞争。载流子可以在半导体的内部重新复合（体相复合，路径③），也可以在光催化剂表面复合（路径④），这两种复合都会降低光催化反应效率。载流子复合受多种因素影响，如电荷载流子的迁移率、半导体晶格中的缺陷密度以及充当电子或空穴湮灭的次级材料界面的存在等。

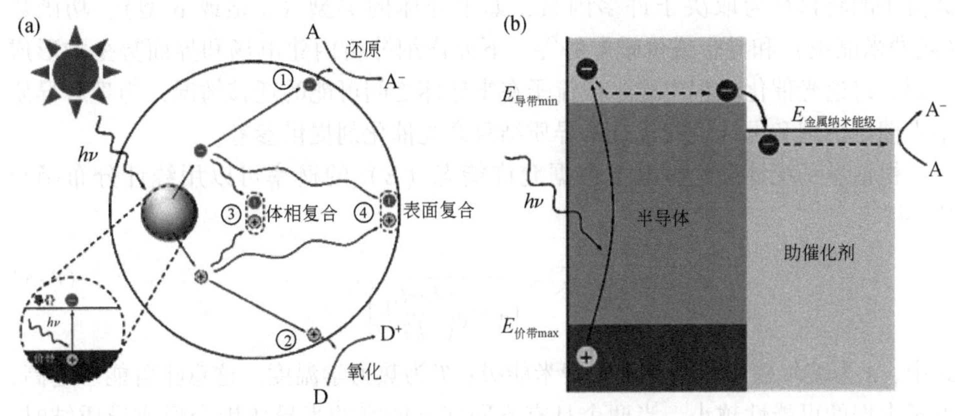

图 8-11 （a）半导体中光生电子-空穴对复合的可能路径；（b）通过金属助催化剂将光生电子从半导体转移到助催化剂的示意图

半导体内部的载流子复合过程不利于光催化反应的进行，在其表面负载合适的助催化剂是提升光生载流子分离效率的有效途径之一。由于金属的费米能级一般位于半导体的导带之下，因此当金属纳米粒子助催化剂负载到半导体上时，光生电子可以转移至金属纳米粒子助催化剂上，导致半导体-金属复合材料的费米能级向上移动，电位变得更负。因此，与半导体本身相比，电子可以更容易迁移到受体分子表面进行反应，即复合材料还原能力更强。金属助催化剂的负载会导致半导体-金属界面处形成肖特基势垒，从而通过在金属中积累电子来促进光生载流子的分离，同时光生空穴仍留在半导体中驱动氧化反应，如图 8-11（b）所示。例如，Zhang 等[29]通过对板钛矿 TiO_2 准纳米立方体进行 Ag 纳米粒子的负载，有效改善了光生电荷分离效率，显著提高了光催化 CO_2 还原活性。

2）半导体异质结光催化剂

目前应用广泛的钛基半导体光催化剂通常具有较宽的禁带，导致它们的光谱响应范围很窄，不能有效吸收太阳光（特别是可见光）驱动光催化。为了解决上述问题，人们开发了多种方法提高其催化反应活性，如构建半导体-半导体异质结、贵金属修饰、元素掺杂、与碳材料耦合、表面原子重构和形貌剪裁等。将两个半导体耦合在一起构建异质结被证明是实现光生电子-空穴空间分离的最有效方法之一。如果两个半导体具有不同的费米能级或功函数（W），当它们紧密接触时，费米能级较高的半导体中的电子将流向另一个半导体，在异质结界面上形成内建电场（E_D），从而降低整个系统的总能量。在光的照射下，光生电子和空穴（即非平衡载流子）可能会通过内建电场在两个半导体之间定向移动，从而抑制了载流子的体相复合。需要注意的是，异质结界面内建电场的形成和光生载流子的转移行为取决于许多因素，如半导体的类型（n 型或 p 型）、功函数（或费米能级）和导带或价带电势等。下面详细分析内建电场和界面势垒的形成机制，讨论光催化过程中光生载流子在半导体之间可能的迁移情况，为理解异质结光催化机理和设计性能优良的异质结复合光催化剂提供参考。

根据量子统计理论，电子占据允许能态（E）的概率可以用统计分布函数描述[30]：

$$f(E)=\frac{1}{1+\exp\left(\frac{E-E_F}{kT}\right)} \tag{8-3}$$

式中，k 为玻尔兹曼常数；E_F为费米能级；T 为热力学温度。这意味着能态越高，电子占据的可能性越小。当两个具有不同费米能级的半导体耦合形成异质结时，价电子将从具有较高费米能级的半导体逸出，并注入到具有较低费米能级的半导体的空能态中。这种电子转移过程本质上是一个热扩散过程，会在异质结界面处产生内建电场，同时提高 E_F较高的半导体的能带，降低 E_F较低的半导体的能带，最终导致异质结界面处的能带弯曲。这一电子扩散过程将持续到两个半导体具有一致的费米能级，并最终在异质结处产生热平衡状态。在常见的光催化异质结催化剂中，一般使用两个具有交错能带结构的半导体构成异质结（图 8-12），即半导体-1 的导带和价带边缘能量分别高于半导体-2（$E_{CB1}>E_{CB2}$，$E_{VB1}>E_{VB2}$）。根据功函数的差异，界面电子转移过程主要包括以下两种情况。

（1）使用功函数 $W_1<W_2$的两个 n 型半导体构建 n-n 异质结。如图 8-12（a）所示，当它们紧密耦合在一起形成异质结时，由于前者的费米能级高于后者（$E_{F1}>E_{F2}$），电子将自发地从半导体-1 扩散到半导体-2。这种电子扩散过程导致在半导体-1 的界面区域形成正电荷中心并发生能带向上弯曲，同时在半导体-2 的界面区域产生负电荷中心并发生能带向下弯曲。异质结界面处会产生方向从半导体-1 到半导体-2 的内建电场。产生的内建电场将阻止电子从半导体-1 向半导体-2 的连续扩散，最终在异质结界面处实现热平衡状态。当异质结光催化剂受光照射时，半导体-1 和半导体-2 都被光激发，在它们的导带和价带中分别产生非平衡电子和空穴。由于内建电场与能带弯曲的存在，半导体-1 到半导体 2 的电子转移及半导体-2 到半导体-1 的空穴转移均被抑制。在内建电场的驱动下，半导体-2 的导带中的光生电子倾向于迁移到半导体-1 的价带与其光生空穴

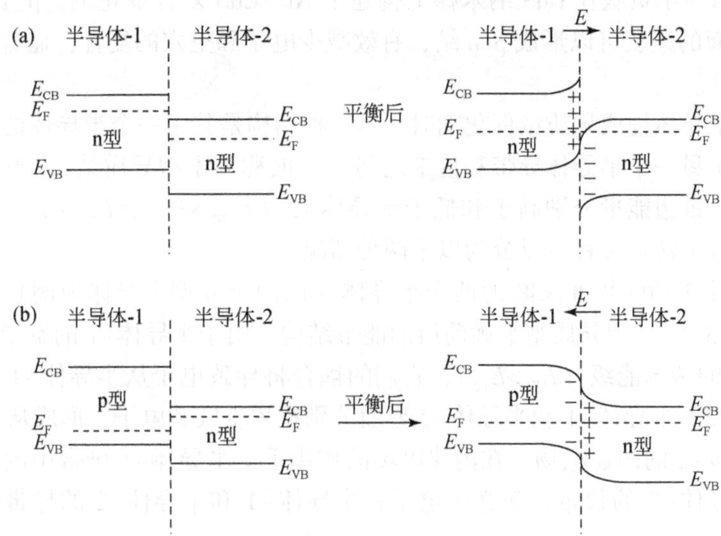

图 8-12　具有交错能带异质结在热平衡前后的能带结构

复合。这种载流子转移和复合过程延长了半导体-1 导带中光生电子和半导体-2 价带中光生空穴的寿命，同时保留了半导体异质结中电子和空穴的氧化还原能力，从而有利于光催化性能的提升。不过，这种异质结间的电荷复合过程在实现电荷分离的同时也造成了一定的光生载流子损失。通常将具有这种载流子分离特征的异质结称为 Z 型或者 S 型（Z- scheme 或者 S- scheme）异质结。例如，Li 等[31]将 SiC 与 MoS_2结合构建了 SiC@ MoS_2直接 Z 型异质结。相对于单独的 SiC，MoS_2的引入不仅提高了催化剂的氧化能力，还有效改善了界面电荷分离效率，从而显著提升了光催化 CO_2 还原活性。

（2）使用功函数 $W_1>W_2$的两个半导体（以一个 p 型半导体和一个 n 型半导体为例）构建异质结。图 8-12（b）为两个半导体在热平衡前后的能带结构图。当它们紧密耦合在一起形成 p-n 异质结时，电子会自发地从费米能级较高的半导体-2 扩散到费米能级较低的半导体-1，从而在半导体-2 的界面区形成正电荷中心，在半导体-1 的界面区形成负电荷中心。在 p-n 结界面产生的内建电场（从 n 型指向 p 型）将阻止电子从半导体-2 向半导体-1 的连续扩散，最终在 p-n 结界面处建立热平衡状态。在界面电场的作用下，光生电子很容易从半导体-1 的导带转移到半导体-2 的导带，同时光生空穴从半导体-2 的价带转移到半导体-1 的价带，从而实现光生载流子的分离，有利于提升异质结光催化剂的光催化性能。不过，这种异质结在实现电荷分离的同时也造成了催化剂氧化还原能力降低。具有这种双电荷转移特征的异质结通常被称为Ⅱ型异质结。例如，Yu 等[32]

将 NiS 纳米粒子负载在 CdS 纳米棒上构建了 NiS-CdS 复合催化剂。p 型 NiS 在 n 型 CdS 表面的组装可以形成 p-n 结，有效减少电子和空穴的复合，显著增强光催化析氢活性。

两个半导体构成异质结催化剂时，另一种结构是其中一个半导体的导带和价带边均位于另一个半导体导带和价带之间（一般称为Ⅰ型异质结）。当半导体-1 的导带和价带边能量分别高于和低于半导体-2（$E_{CB1}>E_{CB2}$，$E_{VB1}<E_{VB2}$）时，常见的界面电子转移过程可以分为以下两种情况。

（1）使用功函数 $W_1<W_2$的两个半导体（以两个 n 型半导体为例）构建异质结，图 8-13（a）为异质结平衡前后的能带结构。由于半导体-1 的费米能级高于半导体-2 的费米能级（$E_{F1}>E_{F2}$），它们的耦合将导致电子从半导体-1 自发扩散到半导体-2。半导体-1 和半导体-2 界面分别积累空穴和电子，形成从半导体-1 指向半导体-2 的内建电场。在内建电场的作用下，半导体-1 价带中的光生空穴转移至半导体-2 的价带，而光生电子在半导体-1 和半导体-2 的导带之间的转移将被抑制。

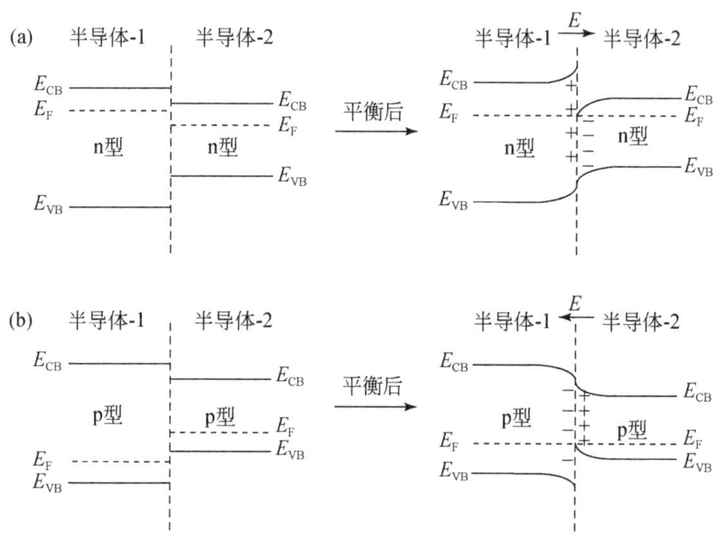

图 8-13　Ⅰ型异质结在热平衡前后的能带结构

（2）使用功函数 $W_1>W_2$的两个半导体（以两个 p 型半导体为例）构建异质结时，则与上面的情况相反。图 8-13（b）为异质结热平衡前后的能带结构图。当半导体-2 的费米能级高于半导体-1 时（$E_{F2}>E_{F1}$），自由电子自发地从半导体-2 扩散到半导体-1 中，从而在半导体-1 和半导体-2 界面区分别形成负电荷中心与正电荷中心。异质结界面处会形成从半导体-2 指向半导体-1 的内建电场。

该内建电场驱动光生电子从半导体-1 导带向半导体-2 导带转移，而光生空穴在半导体-1 和半导体-2 价带之间的转移将被阻止。

显然，这种Ⅰ型异质结可以有效地促进宽禁带半导体中光生电子-空穴对的分离，但对窄禁带半导体中光生载流子的分离作用不大。

8.1.2　光催化分解水反应路径

1. 光催化析氢路径

纯水体系光催化分解水产氢的反应路径一般分为两种：Volmer- Heyrovsky（伏尔莫-海洛夫斯基）路径和 Volmer- Tafel（伏尔莫-塔费尔）路径。这两种路径都是从伏尔莫过程（Volmer step）开始的。首先一个 H_2O 分子在催化剂表面完成吸附并在光生空穴（h^+）的作用下裂解成 · OH 和质子（H^+）［式（8-4）］，随后 H^+ 接受催化剂的光生电子（e^-）在催化剂活性位点（*）形成吸附态的 H^*［式（8-5）］。之后的反应过程分别分为 Heyrovsky（海洛夫斯基）过程和 Tafel（塔费尔）过程。海洛夫斯基过程：吸附态 H^* 与质子（H^+）或水分子（H_2O）经光生电子（e^-）还原后相互作用形成氢气［式（8-6）、式（8-7）］；塔费尔过程：两个相近的吸附态 H^* 经碰撞结合形成吸附态氢气分子［式（8-8）］，最终经过脱附形成氢气。

$$H_2O+h^+ \longrightarrow H^+ + \cdot OH \tag{8-4}$$

$$H^+ + e^- + {}^* \longrightarrow H^* \tag{8-5}$$

$$H^* + e^- + H_2O \longrightarrow H_2 + OH^- + {}^* \tag{8-6}$$

$$H^* + e^- + H^+ \longrightarrow H_2 \tag{8-7}$$

$$H^* + H^* \longrightarrow H_2 + 2^* \tag{8-8}$$

因此，光催化产氢路径包含三个阶段：初始态（$H^+ + e^-$），中间吸附态（H^*）和终态产物（脱附 H_2）。其中吸附态 H^* 的吉布斯自由能（ΔG_{H^*}）是关乎不同光催化剂光催化产氢性能的重要指标。理论上越负的 ΔG_{H^*} 说明吸附态 H^* 在催化剂表面的化学吸附越强；相反，越正的 ΔG_{H^*} 意味着 H^* 在催化剂表面的化学吸附越弱，越有利于脱附形成 H_2。例如，戈磊等[33]发现 PtPd 共修饰的 $Zn_{0.5}Cd_{0.5}S$ 纳米棒光解水产氢活性明显高于未修饰及 Pd 修饰的 $Zn_{0.5}Cd_{0.5}S$。理论计算表明纯 $Zn_{0.5}Cd_{0.5}S$ 具有很正的 ΔG_{H^*}（0.5eV），H^* 活性物种很难在催化剂表面吸附；$Pd/Zn_{0.5}Cd_{0.5}S$ 具有较负的 ΔG_{H^*}（-1.29eV），H^* 活性物种不易在催化剂表面完成脱附；PtPd 共负载的 $PtPd/Zn_{0.5}Cd_{0.5}S$ 相对于 $Pd/Zn_{0.5}Cd_{0.5}S$ 表现出更正的 ΔG_{H^*}（-0.26eV），具有合适的氢活性物种吸附能，从而有利于光催化产氢。

2. 光催化析氧路径

自然界中，绿色植物和其他生物通过光合作用将太阳能转化为化学能，其中水在这一过程中被氧化为氧气，但是水氧化机理还不完全清楚，一些中间体的结构也不明确。Kok 在 1970 年提出了一个被广泛接受的反应机理，如图 8-14 所示。该机理认为氧气的生成与氧化的 {Mn_4Ca} 团簇有关，包含一系列连续的 5 个中间 S 态（S_0，S_1，S_2，S_3，S_4）。其中，M-O 被假定为生成氧过程中的中间产物，悬挂在 {$Mn_3^{IV}Mn^{V}$} 中心 Mn^{V} 上具有亲电性的 O 会被具有亲核性的氢氧根进攻形成 O—O 键，从而形成氧气。此外，也有研究认为与金属连接的氧具有自由基性质 {$Mn^{III}Mn_3^{IV}$，$O^{\cdot}$，$O^{\cdot}$}，或者其中一个自由基在氨基酸上 {$Mn^{III}Mn_3^{IV}$，$O^{\cdot}$，$AA^{\cdot}$}（AA = 氨基酸）。在这种情况下，O—O 键是通过自由基间的耦合形成的。在整个光合作用中，水的作用无可替代。因此，水氧化反应是自然界能量转换循环中最重要的反应之一。

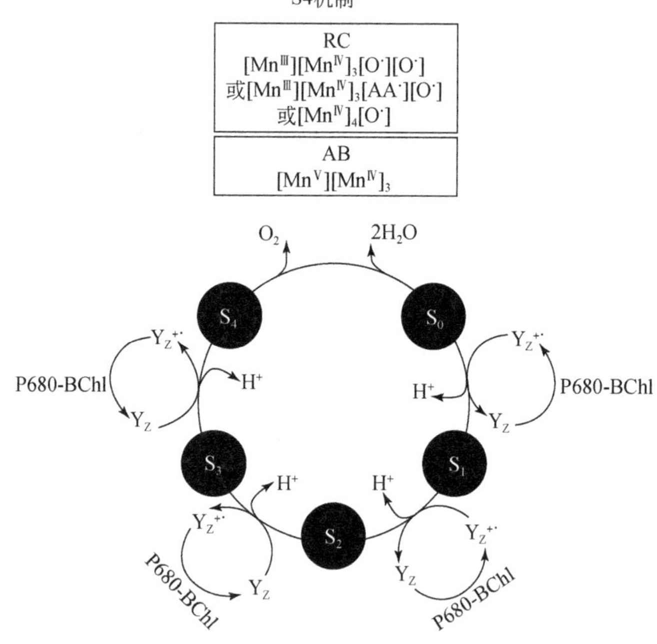

图 8-14　光合作用中水氧化的过程

受自然界光合作用的启发，研究者模拟光合作用的过程，尝试实现人工光合作用。水氧化反应需要在打破 O—H 键（498.7kJ/mol）的同时，形成新的 O—O 键（138kJ/mol），这涉及多电子多质子的转移。该过程在热力学上是不利的且动力学也是缓慢的[34-36]。图 8-15 是在 pH=0 的标准氢电极下氧的拉提默（Latimer）图。其中，括号中的电子数表示从两个水分子中提取的电子数。从氧的拉提默图可以推断，提取电子数的不同决定着水氧化以不同路径进行。其中四电子转移过程所需要的能量相对较低，在这一过程中两个水分子中的 O—H 键被打破并形成一个 O—O 键。这种反应路径和绿色植物光合系统中的水氧化过程相同。

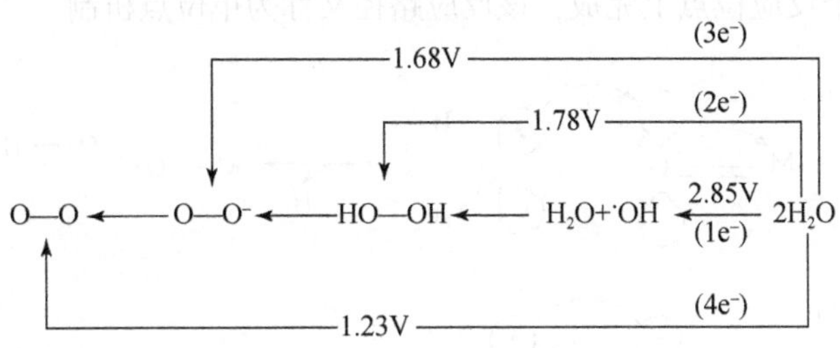

图 8-15　氧的拉提默示意图

一般来讲，水的氧化主要分为三个步骤：H_2O 分子的氧化活化、O—O 键的形成及 O_2 的析出。其中，O—O 键的形成所需要的能量占整个反应的 70% 左右，这一过程也被看作是催化水氧化最为关键的步骤。然而，水氧化的反应机理，特别是 O—O 键的形成机理尚未完全明确。目前，已被广泛认可的 O—O 键的形成机制主要有以下三种。

（1）水分子亲核进攻机制（WNA）。水分子亲核进攻机制是水氧化中最为简单的一种反应路径，通常被理解为在单个活性位点上连续进行的四个质子耦合的电子转移过程。如图 8-16（a）所示，一个 H_2O 分子首先进攻活性位点（M）并

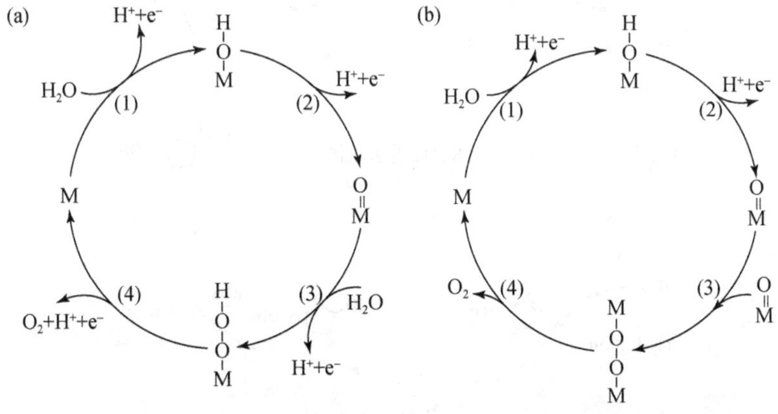

图 8-16　WNA（a）及 I2M（b）机制水氧化反应路径示意图

通过连续两次脱 H^+ 和给 e^- 依次形成 M—OH 和 M ═O。然后，另一个 H_2O 分子进攻 M ═O 中的 O 并经过一个脱 H^+ 和给 e^- 过程形成 M—OOH。最后，M—OOH 再经过一个脱 H^+ 和给 e^- 过程生成一个 O_2 分子。在水分子亲核进攻路径中，当 H_2O 的 σ 轨道（最高占据分子轨道）接近 M ═O 的 π^* 轨道（最低未占据分子轨道）时，其中一个 M—O 的 π 键发生断裂并形成一个 O—O 键［图 8-17（a）］。由于整个水氧化反应在一个反应位点上完成，该反应路径又称为单位点机制。

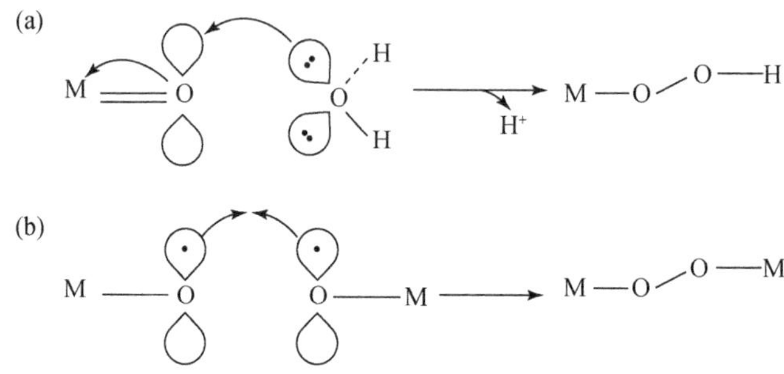

图 8-17　WNA（a）及 I2M（b）机制 O—O 键形成过程示意图

例如，李留义等[37]报道了水合作用促进含有 Co 原子螯合位点的共价有机骨架（Co@ BtB-COF）材料光催化水氧化的机理。如图 8-18 所示，Co@ BtB-COF 在光照下电子从苯并三噻吩单元转移到苯并噻二唑单元，导致亚胺连接体的极性

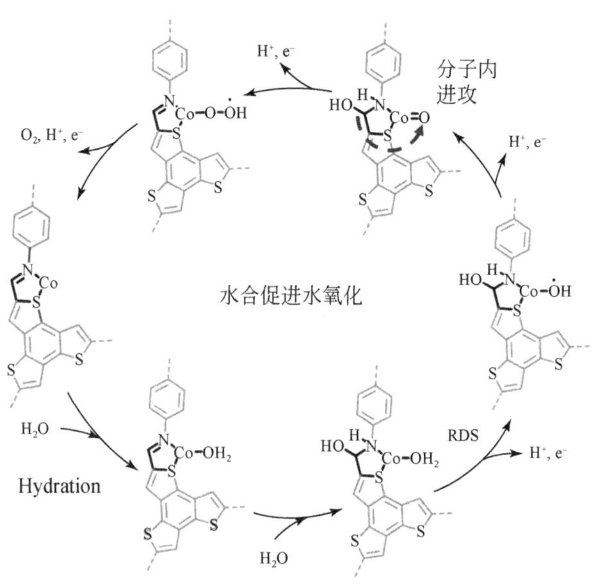

图 8-18　Co@ BtB-COF 水氧化反应机理示意图

增加，从而驱动亚胺键的加水。光生空穴触发吸附在 Co 位点上的 H_2O 进行两次去质子化过程形成 Co ═O。分子内羟基进攻 Co ═O 形成 O—O 键，随后分解产生 O_2 而完成一个循环。

（2）分子内金属氧偶联机制（I2M）。分子内金属氧偶联机制的开始路径与水分子亲核进攻机制一致，不同之处在于 O—O 键的形成机制。如图 8-16（b）所示，H_2O 分子首先进攻金属活性位点，并经过两个脱 H^+ 和给 e^- 过程形成 M ═O。然后，两个 M ═O 单元之间经过相互碰撞形成 M—O—O—M。最后，M—O—O—M释放出 O_2。对于具有自由基特征的高价金属-氧物种，自由基耦合策略是在两个 M—O π^* 单元的两个轨道之间形成 O—O 键［图 8-17（b）］。例如，孙立成等以 $Ce^{Ⅳ}$ 为氧化剂揭示了 Ru 基催化剂［Ru（bda）（pic）$_2$］水氧化生成 O_2 的反应机理[38]（图 8-19）：①两个 $Ru^{Ⅱ}$—OH_2 失去两个 e^- 生成两个 $Ru^{Ⅲ}$—OH_2；②$Ru^{Ⅲ}$—OH_2 经质子耦合电子转移过程形成 $Ru^{Ⅳ}$—OH 中间体；③$Ru^{Ⅳ}$—OH被氧化为$Ru^{Ⅴ}$═O；④两个 $Ru^{Ⅴ}$═O 单元迅速聚合为 $Ru^{Ⅳ}$—O—O—$Ru^{Ⅳ}$ 二聚体；⑤催化剂脱附一分子 O_2后又被还原为 $Ru^{Ⅲ}$—OH_2，至此完成一个循环。

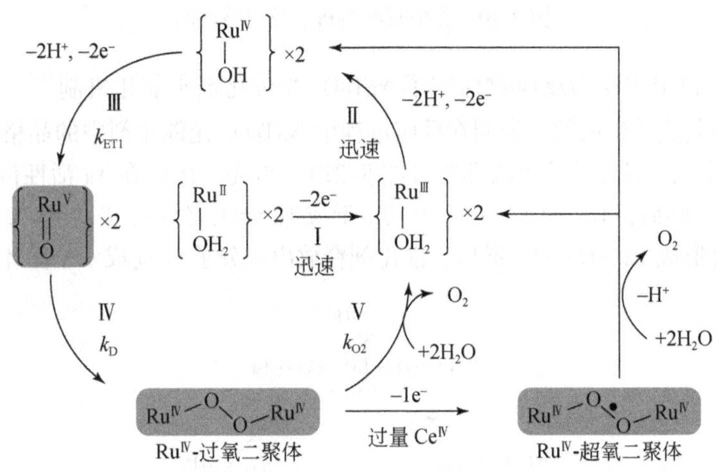

图 8-19　Ru 配合物经水亲核反应机制析氧过程

（3）晶格氧活化机制（LOM）或者晶格氧析出机制（LOER）。晶格氧参与反应实际上是气相催化反应中常见的现象，直到最近才被认为是水氧化反应的可能路径。晶格氧活化机制中反应物种的氧与晶格氧发生了交换，降低了水氧化产氧反应的能垒。根据催化剂活性位点的不同，可以将晶格氧参与的析氧反应机制分为两种，分别为金属活性位的反应机制和氧活性位点反应机制。图 8-20 为晶格氧参与析氧反应的三种不同的路径，其主要区别在于晶格氧和中间体之间的结合。在路径 1 中，H_2O 分子和金属活性位点形成 M—OH 后继续脱除 H^+和 e^-形成

M ═O，之后 M ═O 结合晶格中的 O 原子形成 O_2，最后 H_2O 中的 O 填补到晶格中缺失 O 原子的位置上。在路径 2 中，H_2O 分子并没有和金属结合，而是以晶格 O 为活性位点。H_2O 分子首先结合晶格 O 形成 O—OH，随后脱除一分子 O_2、H^+ 和 e^-，最后 H_2O 分子中的 O 填补到晶格 O 缺失的位置。在路径 3 中，并没有 M—OH 或者 O—OH 中间态，而是由两个晶格 O 原子结合为一分子 O_2，然后晶格 O 缺失的位置由水中的 O 原子填补。

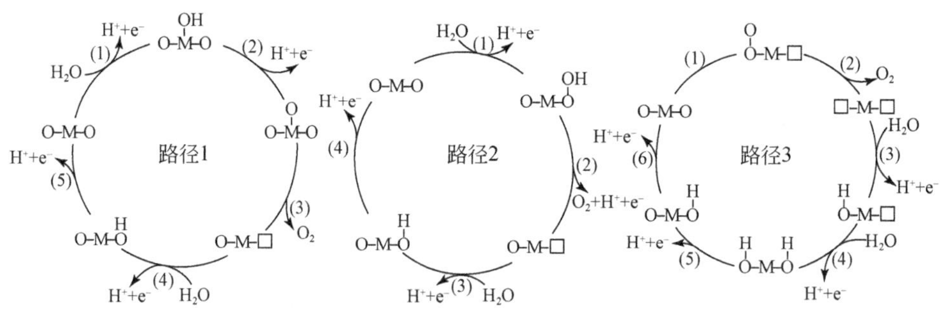

图 8-20 晶格氧参与析氧反应路径图

李灿等以 $H_2{}^{18}O$ 为反应物探究了 $NaTaO_3$ 光催化剂水氧化机制[39]。质谱分析证实 $^{16}O^{18}O$ 是连续生成的，说明在反应过程中 $NaTaO_3$ 光催化剂中的晶格 O 原子参与了 O_2 的生成。具体的反应机理为（图 8-21）：首先，H_2O 在 Ta 活性位点活化形成 Ta—OH；随后，Ta—OH 脱去一个质子形成 Ta ═O；然后，Ta ═O 与 Ta 相邻的 O 原子结合形成 Ta—O—O；最后，催化剂释放出一分子 O_2 完成一个循环。

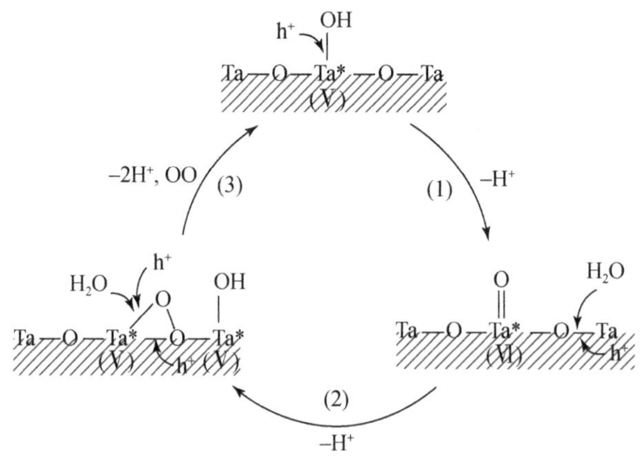

图 8-21 $NaTaO_3$ 光催化剂水氧化机制示意图

8.1.3　光催化二氧化碳还原反应路径

与 C—O（327kJ/mol）、C—C（336kJ/mol）和 C—H（411kJ/mol）单键相比，CO_2 中的 C ═O 双键具有更高的键能（803kJ/mol），将其断裂需要更高的能量。CO_2 最低未占分子轨道（LUMO）和最高占据分子轨道（HOMO）之间的能隙较大（约 13.7eV），导致其在热力学上非常稳定[40,41]。此外，通过单电子转移路径将直线型的 CO_2 还原至弯曲型的 $CO_2^{\cdot -}$ 也需要较高能量，其还原电势为 −1.90V（*vs.* NHE，pH=7），大部分催化剂无法满足其热力学需求[42]。研究表明，质子耦合多电子转移路径可以有效降低 CO_2 还原反应所需的热力学势垒。CO_2 光催化还原是一个相对复杂的多电子转移过程，不同的光催化体系可以产生不同的还原产物。明晰光催化 CO_2 还原路径有利于调控还原产物的选择性。目前，常见的光催化 CO_2 还原产物包括 CO、CH_4、HCOOH、CH_3OH 等 C_1 产物以及 C_2H_6、C_2H_4、C_2H_5OH 等 C_2 产物。图 8-22 总结了光催化 CO_2 还原反应生成不同产物所需要的电子数和质子数。本小节将从最常见的光催化 CO_2 还原产物的种类出发对其反应路径进行分别讨论。

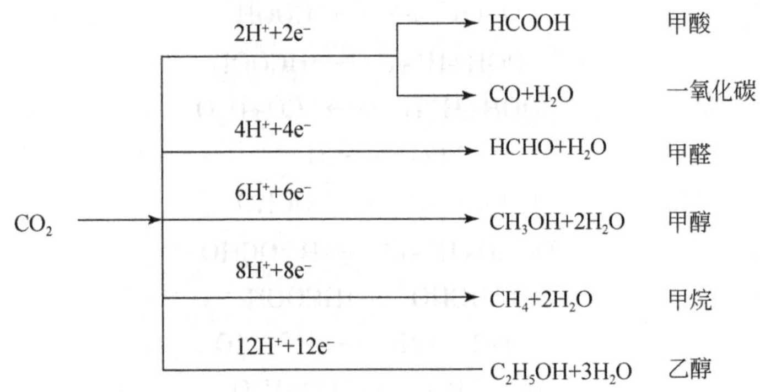

图 8-22　光催化 CO_2 还原产物所需要的电子数和质子数

1. C_1 还原产物反应路径

CO_2 被光催化剂光生电子还原的同时，需要及时湮灭光生空穴以减少其与光生电子复合。因此，光催化 CO_2 还原体系中除了催化剂和反应物 CO_2 以外，还需要加入如 H_2O、H_2、CH_3OH 等还原剂湮灭光生空穴和提供质子。不同还原剂体系中，光催化 CO_2 还原的一般路径总结如下。

1）H_2O 作为还原剂

在光催化 CO_2 还原所使用的还原剂中，H_2O 是最理想的还原剂。使用 H_2O

作为还原剂时光催化 CO_2 还原过程与植物光合作用类似。然而，H_2O 还原产氢从动力学和热力学方面均比 CO_2 还原更容易。在热力学上，H_2O/H_2 的标准还原电位是-0.41V（pH=7），比大多数 CO_2 还原的标准电位更正；在动力学上，还原 H_2O 产氢是一个 2 电子转移过程，而还原 CO_2 大多需要 2～8 电子过程。因此，CO_2 还原过程容易伴随 H_2O 还原竞争反应。CO_2 首先在催化剂表面进行吸附和活化，若 C 与金属催化中心（M）配位形成 M—COO，CO_2 将经过 $^*COOH$ 中间体被还原为 CO 或结合 H 脱附形成 HCOOH［式（8-9）～式（8-12）］；若 O 与金属催化中心配位形成 M—OCO，CO_2 将经过 M—OCHO 中间体被还原为 HCOOH［式（8-13）～式（8-15）］[43]。若 CO 或 HCOOH 在催化剂表面未完成脱附，将经过进一步质子耦合电子转移还原成 CH_3OH［式（8-16）～式（8-19）］[44-46]；若 CH_3OH 在催化剂表面未完成脱附，则会继续被还原至 CH_4［式（8-20）、式（8-21）］[47-49]。此外，$^*CO$ 中间体也可不经过 CH_3OH 中间体的连续还原，而是通过光生电子还原脱羟基生成 $^*C$ 自由基，再连续结合 H^+ 脱附形成 CH_4［式（8-22）～式（8-25）］[50]。此路径中生成的 $^*CH_3$ 中间体也可能会和光生空穴氧化 H_2O 产生的 $^*OH$ 自由基发生偶联生成 CH_3OH［式（8-26）］。

$$CO_2+H^++e^- \longrightarrow {}^*COOH \tag{8-9}$$

$$^*COOH+H^++e^- \longrightarrow HCOOH \tag{8-10}$$

$$^*COOH+H^++e^- \longrightarrow {}^*CO+H_2O \tag{8-11}$$

$$^*CO \longrightarrow CO \tag{8-12}$$

$$CO_2+e^-+H^+ \longrightarrow {}^*OCHO \tag{8-13}$$

$$^*OCHO+H^++e^- \longrightarrow H^*OCHO \tag{8-14}$$

$$H^*OCHO \longrightarrow HCOOH \tag{8-15}$$

$$^*CO+2e^-+2H^+ \longrightarrow H^*CHO \tag{8-16}$$

$$H^*OCHO \longrightarrow {}^*CO+H_2O \tag{8-17}$$

$$H^*CHO+e^-+H^+ \longrightarrow {}^*CH_3O \tag{8-18}$$

$$^*CH_3O+e^-+H^+ \longrightarrow CH_3OH \tag{8-19}$$

$$CH_3OH+e^-+H^+ \longrightarrow {}^*CH_3+H_2O \tag{8-20}$$

$$^*CH_3+e^-+H^+ \longrightarrow CH_4 \tag{8-21}$$

$$^*CO+e^- \longrightarrow {}^*CO^- \tag{8-22}$$

$$^*CO^-+e^-+H^+ \longrightarrow {}^*C+OH^- \tag{8-23}$$

$$^*C+3e^-+3H^+ \longrightarrow {}^*CH_3 \tag{8-24}$$

$$^*CH_3+e^-+H^+ \longrightarrow CH_4 \tag{8-25}$$

$$^*CH_3+{}^*OH \longrightarrow CH_3OH \tag{8-26}$$

上述反应路径分析表明光催化 CO_2 还原不仅与 H_2O 还原之间存在竞争，不同反应路径形成不同 CO_2 还原产物同样存在竞争。一般通过降低 H^+ 在催化剂表面的吸附抑制 H_2O 还原竞争反应。考虑到 CO_2 光还原是复杂的多电子转移过程，并且生成不同产物的还原电位不同，可以通过调控催化剂光生电子浓度及其能量提高目标产物的选择性。此外，CO_2 还原反应中间体与催化剂表面的相互作用强弱对还原产物的选择性具有重要影响，强相互作用有利于进一步加氢还原反应的进行，而弱相互作用会导致中间体从催化剂表面脱附。

2）H_2 作为还原剂

H_2 是催化反应中常用的还原剂。相对于 H_2O，H_2 作为还原剂光催化 CO_2 还原在热力学上更容易［式（8-29）、式（8-30）］。但是 H_2 是高能燃料，H_2 作为还原剂会增加反应的成本。

$$CO_2(g)+2H_2O(g)\longrightarrow CH_3OH+1.5O_2(g),\Delta G_r=+689kJ/mol \tag{8-27}$$

$$CO_2(g)+2H_2O(g)\longrightarrow CH_4+2O_2,\Delta G_r=+818.3kJ/mol \tag{8-28}$$

$$CO_2(g)+3H_2(g)\longrightarrow CH_3OH(g)+H_2O(g),\Delta G_r=+2.9kJ/mol \tag{8-29}$$

$$CO_2(g)+4H_2(g)\longrightarrow CH_4(g)+2H_2O(g),\Delta G_r=-113.6kJ/mol \tag{8-30}$$

在 CO_2+H_2 光催化转化体系中，催化剂活性中心促使 H_2 分子在催化剂表面发生均裂或异裂产生 $^*H$ 活性物种自由基，并与 CO_2 在催化剂表面形成的活性基团 $CO_2^{\cdot-}$ 发生加氢反应，最终生成还原产物。通过研究 TiO_2 光催化剂在 CO_2+H_2 和 CO_2+H_2O 两种光催化体系中的活性发现[51]，CO_2+H_2 体系中还原产物 CO 和 CH_4 的产率显著高于 CO_2+H_2O 体系。一方面原因是光催化 CO_2 还原体系中，虽然 H_2 和 H_2O 都会在光催化剂的作用下产生 $^*H$ 活性物种，但是水氧化的过程往往会伴随 O_2 的生成，而 O_2 的存在通常会减缓光催化 CO_2 还原过程，从而对还原产物的生成速率产生影响。另一方面原因是由 H_2 分子在催化剂表面发生均裂或异裂产生的 $^*H$ 活性物种自由基可以源源不断地参与到还原反应过程，使得还原产物的产率和反应路径会有很大不同。

3）醇类作为还原剂

近年来，醇类物质逐渐成为光催化 CO_2 还原体系中合适的还原剂。一方面，在醇类（如 CH_3OH）溶剂中，CO_2 往往具有较好的溶解性。另一方面，醇类物质相对于 H_2O 具有较强的还原性，而且以醇类为还原剂易于获得高附加值下游产物。例如，CH_3OH 很容易被光生空穴氧化，将 CH_3OH 应用于光催化 CO_2 还原时，HCOOH 和 HCHO 通常会是反应体系的主要氧化产物。值得注意的是，前文提到在光催化 CO_2 还原路径中，催化剂表面的 CH_3OH 中间体也可能会被光生电子继续还原到 CH_4，但由于 CH_3OH 具有很强的空穴湮灭能力，从热力学上来说，CH_3OH 更容易被光生空穴持续氧化而不会被光生电子还原。因此，当 CH_3OH 作为还原剂时，光催化 CO_2 还原体系中还原产物 CH_4 的来源是 CO_2。值得注意的是，在此反应体系中，除了氧化和还原的各自路径外，CO_2 还原中间体和CH_3OH 氧化中间体之间也有可能发生偶联生成 C_2 甚至 C_3产物，这也是在光催化 CO_2 还原体系中提高反应物原子利用率的一个重要方向。

2. C_2 还原产物反应路径

光催化 CO_2 还原过程需要通过活性中间体/自由基完成，受反应条件等诸多因素的影响，活性中间体/自由基的存活时间以及遵循的反应路径等各不相同。反应遵循包括但不限于上文分析的反应路径，生成各种复杂有机产物，因此在光催化 CO_2 还原体系中，除了上文提到的反应路径中常见的 C_1还原产物外，活性中间体在催化剂表面也有可能伴随着发生连续链式氧化还原反应，从而实现C—C偶联或 C—O 偶联生成多碳产物，如 C_2H_6、C_2H_4、C_3H_8、C_2H_5OH、CH_3COOH 等。这些多碳产物可通过原位傅里叶变换红外光谱（FTIR）和气相色谱与质谱联用（GC-MS）等鉴别手段得以确认[52]。例如，Lo 等[51]发现 TiO_2 在 H_2O 和 H_2 共同作还原剂的条件下，催化 CO_2 还原的主要产物是 CH_4 和 CO，同时还有少量 C_2H_6；周勇等[53]设计合成了富含 S 空位的单层 $AgInP_2S_6$纳米片，利用 H_2O 为还原剂实现了高效光催化 CO_2 转化到 C_2H_4，副产物为 CH_4 和 CO 以及痕量的 C_2H_6 和 C_3H_6；李本侠等[54]利用 $Cu^{\delta+}/CeO_2$-TiO_2 复合光催化剂在太阳能驱动的 CO_2 还原反应中得到了 C_2H_4、CH_4 和 CO；Frei 等[55]采用 TiO_2 为催化剂，在使用 CH_3OH 为电子供体的条件下与 CO_2 光催化还原结合得到了 C_2 产物甲酸甲酯（$HCOOCH_3$），副产物 HCOOH、CO 和 HCHO。图 8-23 为光催化 CO_2 还原反

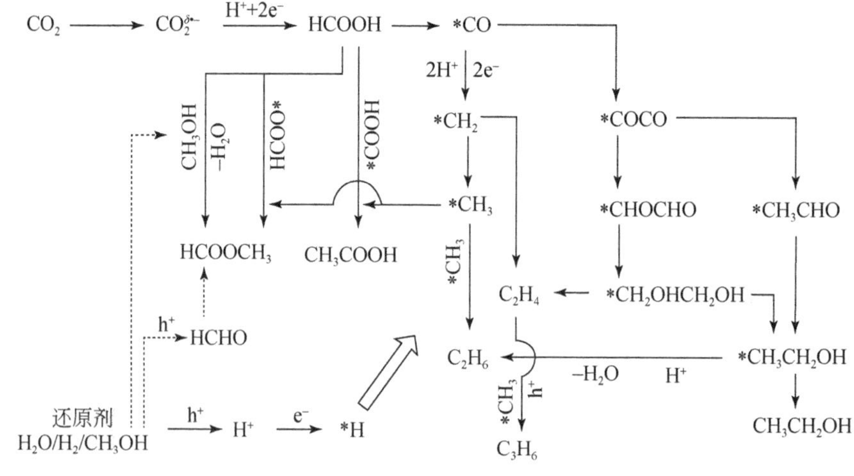

图 8-23 光催化 CO_2 还原生成多碳产物的反应路径

应中多碳产物生成的可能反应路径，主要包括$^*C_1$中间体还原加氢偶联、偶联还原加氢以及 C—O 偶联等三种可能反应路径。

（1）$^*C_1$中间体还原加氢偶联。此反应路径为催化剂表面的$^*CO$中间体经光生电子还原脱羟基生成$^*C_1$中间体［式（8-22）、式（8-23）］，逐步结合质子经过$^*CH_2$和$^*CH_3$以及$^*CH_4$（脱附形成CH_4），其中$^*CH_2$偶联生成C_2H_4，$^*CH_3$偶联生成C_2H_6。这类反应路径最大的特征在于$^*CH_3$甲基中间体为重要中间态，并且有C_1产物CH_4生成，而C_1产物和C_2产物的选择性取决于催化剂类型和反应条件。利用电子顺磁共振（EPR）或光谱分析（如 FTIR）来探测 M—$^*CH_3$甲基（M 为催化位点）的特征信号是推断该反应路径的重要依据。值得注意的是，该反应路径中生成的$^*CH_3$甲基中间体与$^*COOH$中间体的 C—C 偶联是生成CH_3COOH产物的可能反应路径。

（2）$^*C_1$中间体偶联还原加氢。此反应路径为催化剂表面的$^*CO$中间体发生 C—C 偶联生成$^*COCO$类型的$^*C_2$中间体，随后$^*C_2$中间体经对称和不对称两种可能的结合氢质子的加氢方式生成多种类型的C_2中间体，如乙二醛、乙二醇、乙醛、乙醇等。在这一过程中，$^*C_2$中间体经对称式结合质子的加氢方式是最有利于产生C_2H_4的路径，$^*C_2$中间体经不对称式结合氢质子的加氢方式是最有利于产生C_2H_6的路径。值得注意的是，$^*C_2$中间体经不对称式结合氢质子的加氢方式也是光催化CO_2还原过程中产生乙醇的可能路径。此反应路径最主要的特征在于生成的C_1副产物仅为 CO，几乎不产生或产生痕量的CH_4。结合密度泛函理论计算分析，并利用原位傅里叶变换红外光谱或拉曼光谱捕捉$^*COCO$或其他$^*C_2$中间体特征信号是推断该反应路径的重要依据。

（3）$^*C_1$中间体 C—O 偶联。此反应路径主要发生在以CH_3OH为还原剂的光催化CO_2还原体系中，其反应过程如式（8-31）～式（8-36）所示。甲醇作为还原剂消耗光生空穴，延长光生电子寿命，促进了CO_2还原，由此实现了CO_2还原与CH_3OH氧化的耦合。CO_2被还原成甲酸，CH_3OH被氧化成甲醛/甲酸，甲酸与甲醇通过酯化反应生成甲酸甲酯。另外，甲酸甲酯也可通过甲醛二聚生成，但酯化反应是甲酸甲酯的主要生成过程。注意到甲酸的两个来源分别是CO_2还原和甲醇氧化，可以通过同位素追踪实验确定C_2产物$HCOOCH_3$中的羧基 C 来源。除此之外，$HCOOCH_3$也可能由CO_2自身还原的不同中间体$HCOO^*$和$^*CH_3$甲基中间体通过 C—O 偶联生成。

$$CO_2+2e^-+2H^+ \longrightarrow HCOOH \tag{8-31}$$

$$^*CO+2e^-+2H^+ \longrightarrow HCHO \tag{8-32}$$

$$CH_3OH+2h^+ \longrightarrow HCHO+2H^+ \tag{8-33}$$

$$CH_3OH+4h^++H_2O \longrightarrow HCOOH+4H^+ \tag{8-34}$$

$$HCOOH + CH_3OH \longrightarrow HCOOCH_3 + H_2O \tag{8-35}$$

$$2HCHO \longrightarrow HCOOCH_3 \tag{8-36}$$

8.1.4　小结

理解催化剂微观结构及其光催化过程对高效催化剂的理性设计具有重要的意义。随着多种高时空光电子探测技术（包括飞秒、纳秒瞬态吸收、荧光上转换、皮秒时间相关单光子计数、瞬态光电压衰减、阻抗谱等）被引入到光催化机理的研究中，近年来对催化剂中界面多通道电荷转移动力学及其与催化性能之间的内在关联获得了一定的认知，初步阐明：提高光催化所涉及各个电荷转移过程的效率，同时减小自由能损失，是提高光催化效率的前提。此外，各种原位表征手段如原位同步辐射、原位红外、原位拉曼、原位电子顺磁共振、原位 X-射线光电子能谱等也广泛用于分析光催化过程中反应中间体、活性中心的电荷转移及化学键的变化，结合理论计算初步阐明了催化反应基本路径。然而，目前所利用的原位表征手段大部分还是准原位技术，尚未实现真正工况条件下光催化过程的表征；理论模拟也聚焦在反应中间体的热力学性质计算，与催化剂电子和几何结构密切相关的动力学研究很少见，尤其是光激发环境还没有找到合适的模型。这些局限性导致当前人们对光催化机理的认知还不充分，未来有望通过发展工况条件下光催化过程的表征技术与理论模型实现对催化剂结构与催化性能之间的关联的精确认知。

8.2　电催化反应

电催化反应涉及电极与催化剂间的电荷传递、反应物分子在催化剂上的吸附活化、催化剂与反应物间的电子/质子转移等多个步骤。影响反应机制的因素众多，反应路径具有多样性。理解电催化反应机制，建立合理的构效关系，对设计高效电催化剂十分关键。本节将从均相和非均相体系两个角度，对电催化分解水以及还原 CO_2 两个重要反应的催化机理进行系统介绍。

8.2.1　水分解产氢反应基本原理

电催化分解水产氢体系由两部分组成：阴极的析氢反应（hydrogen evolution reaction，HER）以及阳极的析氧反应（oxygen evolution reaction，OER）。在酸性和碱性电解液中，两个半反应的反应式如下。

酸性电解液中（$pH<7$）：

$$阴极:4H^+ + 4e^- \longrightarrow 2H_2 \tag{8-37}$$

$$阳极:2H_2O \longrightarrow O_2 + 4H^+ + 4e^- \tag{8-38}$$

$$总反应:2H_2O \longrightarrow 2H_2 + O_2 \tag{8-39}$$

碱性电解液中（pH>7）：

$$阴极:4H_2O + 4e^- \longrightarrow 2H_2 + 4OH^- \tag{8-40}$$

$$阳极:4OH^- \longrightarrow O_2 + 2H_2O + 4e^- \tag{8-41}$$

$$总反应:2H_2O \longrightarrow 2H_2 + O_2 \tag{8-42}$$

如图 8-24 所示，析氢反应和析氧反应的电极电位（E）受电解液 pH 的影响，两者之间存在线性关系。此外，在酸性电解液中，质子（H^+）作为析氢反应的氢源，H_2O 分子作为析氧反应的氧源。而在碱性电解液中，H_2O 分子作为析氢反应的氢源，氢氧根（OH^-）作为析氧反应的氧源。由此可见，对于同一电极半反应，在酸性和碱性电解液中的反应机制存在显著差异。本节将主要针对析氢与析氧反应过程中的能量变化及其与催化剂表面电子结构之间的关系进行系统介绍。

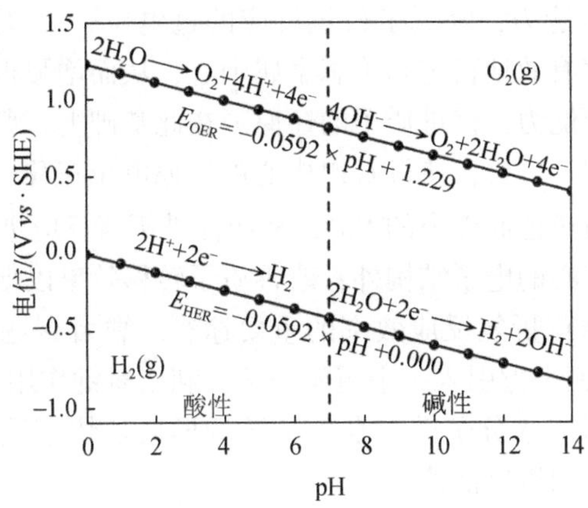

图 8-24　电催化水分解体系中阴极析氢反应和阳极析氧反应电极电位与电解液 pH 之间的关系

1. 析氢反应路径

1）均相体系中析氢反应机制

析氢反应的均相催化剂一般指分子催化剂，由金属中心和配体构成，具有结构明确的优点。在非均相电催化体系中，人们通常认为催化剂表面由无穷多原子构成，电子能量呈带状分布，因此难以准确分析单个活性位点在反应中的电荷变化。与此不同，均相催化剂中有限的金属中心与配体在催化过程中会发生明显的电荷变化，并可能伴有配位构型的改变，这些变化便于表征监测，有利于人们对析氢反应机理的研究。

在均相电催化析氢反应体系中，金属中心 M^{n+} 首先得到 2 个电子形成 $M^{(n-2)+}$，随后结合一个 H^+ 形成 $H\text{-}M^{n+}$ 氢化配合物。从 $H\text{-}M^{n+}$ 生成 H_2 有两种路径。一种是一个 $H\text{-}M^{n+}$ 结合游离的 H^+ 形成 H_2，释放出一个和初始状态相同的 M^{n+} 金属活性中心，称为非对称产氢路径（heterolytic route）；另一种是两个 $H\text{-}M^{n+}$ 上的 H 结合形成 H_2，并释放出两个化合价降低的金属活性中心 $M^{(n-1)+}$，被称为对称产氢路径（homolytic route）。除此之外，产生的 $M^{(n-1)+}$ 金属中心一方面可以重新得电子形成 $M^{(n-2)+}$ 继续进行反应，另外也可以结合一个 H^+ 形成 $H\text{-}M^{(n-1)+}$，并继续通过非对称路径生成 H_2 和 $M^{(n+1)+}$ 金属中心，或通过对称路径生成 H_2 和 M^{n+}[56]。

由此可知，对于某一类电催化析氢反应均相催化剂，如金属卟啉或者咔咯等，可以通过在配体上修饰具有不同电子特性的官能团来调控金属中心的电子结构，改变金属中心还原能力，促进电子转移以及金属中心与质子的结合。孙立成课题组设计了一种多吡啶 Cu 催化剂，其中三吡啶配体使得两电子还原的 Cu 中心具有充分的质子还原能力，降低了析氢反应的过电位[57]。类似地，带有三个负电荷的咔咯配体能够有效地稳定高价态金属中心，从而增强得到电子后形成的低价态金属中心的还原能力，促进质子的还原。在此基础上，曹睿等在咔咯配体的对位引入吸电子基团—C_6F_5，使得 Cu^{3+} 中心的还原电位正移，有利于 Cu^{3+} 经过两电子还原形成具有质子还原能力的 Cu^+，从而促进析氢反应进行[58]。

除了调控金属中心的电子结构外，改善质子转移效率以促进质子在金属中心的结合也是提高电催化析氢反应效率的重要途径。曹睿课题组通过配体结构设计，在 Co 咔咯环平面上方引入一个冠醚分子，利用氢键作用，在冠醚和 Co 咔咯两个环状结构之间形成水分子链。水分子链的形成加快了质子向金属中心的转移，从而提高了催化剂析氢活性[59]。

2）非均相体系中的析氢反应机制

在非均相体系中，析氢反应通常经历两个步骤。首先，溶液中的 H^+ 或 H_2O 吸附在催化剂表面，并得到一个 e^-，生成吸附态的 $^*H$。这一电化学氢吸附过程称为 Volmer 步骤：

$$H^+ + e^- \longrightarrow {}^*H（酸性电解液） \tag{8-43}$$

$$H_2O + e^- \longrightarrow {}^*H + OH^-（碱性电解液） \tag{8-44}$$

接下来，生成的 $^*H$ 可以结合另一个 H^+ 或 H_2O，同时再得到一个 e^-，从催化剂表面脱附生成 H_2，这种电化学脱附过程称为 Heyrovsky 步骤：

$${}^*H + H^+ + e^- \longrightarrow H_2（酸性电解液） \tag{8-45}$$

$$^{*}H+H_2O+e^- \longrightarrow H_2+OH^-(\text{碱性电解液}) \tag{8-46}$$

除此之外，两个相邻的*H结合后也可以通过化学脱附的方式形成H_2，这一过程称为Tafel步骤：

$$^{*}H+^{*}H \longrightarrow H_2 \tag{8-47}$$

可以根据Tafel曲线的斜率来大概判断酸性体系中析氢反应的机制以及决速步骤。在25℃下，当Tafel斜率为120 mV/dec时，Volmer过程为决速步骤；当Tafel斜率为40mV/dec时，Heyrovsky过程为决速步骤；而当Tafel斜率为30mV/dec时，Tafel过程为决速步骤。需要注意的是，使用Tafel曲线分析电极反应动力学过程时，不仅要求测试过程中电极表面有较理想的传质过程，还需要催化剂表面*H的覆盖度非常低，因此在使用Tafel曲线斜率分析反应动力学过程时要谨慎，尤其是当催化剂为H吸附能力较强的材料时，该方法并不完全适用。

析氢反应的两种机制在酸性或碱性电解液中的反应路径分别如图8-25中的（a）和（b）所示。从图中可以看出，无论是Volmer-Heyrovsky机制还是Volmer-Tafel机制，H的吸脱附在其中都起着关键作用。因此，H在催化剂表面吸附的吉布斯自由能（ΔG_{*H}）可以作为关键描述符，来理论评估催化剂在析氢反应中的性能。ΔG_{*H}可以通过密度泛函理论（DFT）计算得到。在析氢反应过程中，通过构筑合理的反应中间体在催化剂表面的吸附构型，利用公式$\Delta G_{*H}=\Delta E_{*H}+\Delta E_{ZPE}-T\Delta S$可以计算出具体的氢吸附吉布斯自由能数值。式中，$\Delta E_{*H}$为H原子的吸附能差；$\Delta E_{ZPE}$为吸附态H与游离态H之间的零点能变化；$T$为温度；$\Delta S$为熵变化量。在整个析氢反应中，一方面，Volmer步骤要求催化剂能够有效地吸附H从而促进*H的形成；另一方面，Heyrovsky/Tafel步骤中需要*H能够高效地从催化剂表面脱附从而释放H_2分子。两者之间截然相反的需求要求*H与催化剂的结合强度既不能太弱，又不能太强，即最优的析氢反应催化剂的ΔG_{*H}应该接

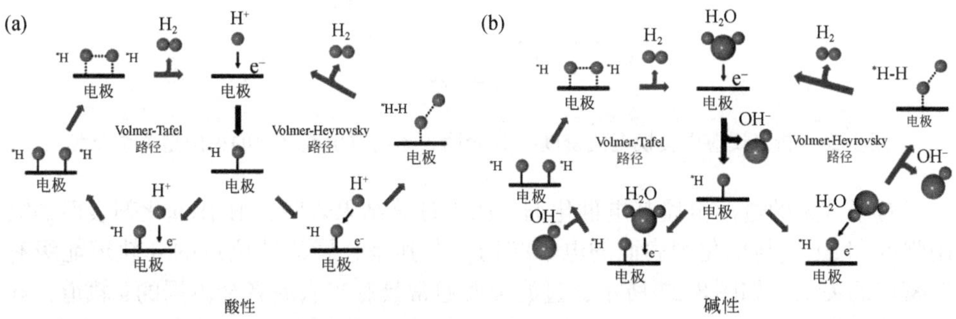

图8-25 析氢反应中Volmer-Tafel和Volmer-Heyrovsky机制在酸性（a）和碱性（b）电解液中的反应路径示意图

近于0。在析氢反应中，通常采用交换电流密度（j_0）来反映电催化剂的本征活性。以不同催化剂在析氢反应中表现出的交换电流密度为纵坐标轴，ΔG_{*H}为横坐标轴，可以得到一条火山型曲线（图8-26）。从图中可以看出，Pt等催化剂的ΔG_{*H}接近于0，表现出最大的交换电流密度。随着ΔG_{*H}偏离0，电催化剂的活性逐渐下降。这种反应活性与反应中间体在催化剂表面吸附强度之间的火山型关系在众多催化反应中均存在，被称为Sabatier原则，由法国化学家Sabatier于1920年提出，目前已成为理论筛选和分析催化剂的重要依据之一[60]。虽然Pt在单一金属材料中表现出最优的析氢反应活性，但是Pt在地壳中的储量极低，从而导致Pt催化剂的成本过高，难以获得大规模使用。根据图8-26的火山型曲线可以看出，利用合金体系中不同金属组分间性能互补的特性，可以将两种及以上分别位于火山曲线顶点两侧的非贵金属合金化，从而得到具有优异析氢性能的低成本非贵金属催化剂。例如，陈经广等将结合*H较弱的Cu与结合*H较强的Ti两种金属合金化，通过优化Cu/Ti比例，得到了CuTi合金。该合金表面存在由Cu-Cu-Ti三个原子围成的中空位点，其*H结合能相较于Pt更接近火山型曲线的顶点，催化性能超过了商业Pt催化剂[61]。

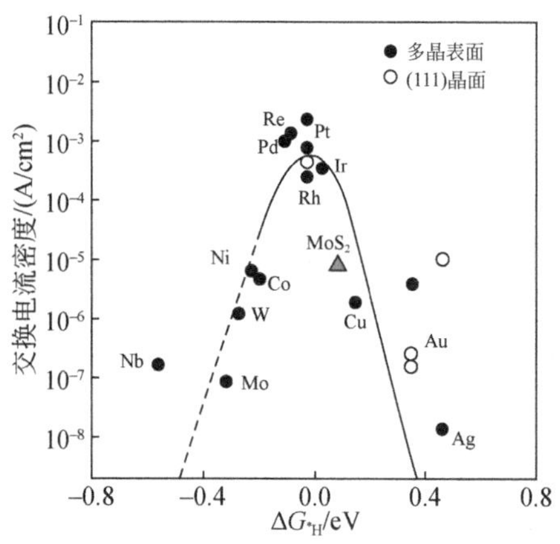

图8-26　析氢反应中交换电流密度-*H吸附吉布斯自由能之间的火山型关系曲线

对于常见的过渡金属基电催化剂，DFT计算结果表明，*H在催化剂表面的吸附强度和ΔG_{*H}与催化剂表面的电子结构，尤其是金属活性位点的d轨道能级有着密切的关系。如图8-27所示，过渡金属通常具有半满或者全占据的s轨道，导致s带的分布较宽，相比之下，其d带分布更窄[62]。当*H与金属位点结合时，*H的价电子态与金属的s带相互作用，此时*H的电子态会发生宽化并上移，然而这种变化在不同过渡金属之间的区别非常小，无法据此解释不同过渡金属对*H吸附强度的差异。宽化后的*H电子态进一步与金属较窄的d带发生相互作用，不仅会裂分形成充满电子的低能成键态（σ），还会形成空的或部分填充的反键态（σ*）。*H 与金属中心的结合强度很大程度上取决于反键态的电子占据情况：反键态电子占据越少，*H 结合越强；反之，*H 结合越弱。相较于吸附分子，金属催化剂表面具有丰富的电子，因此反键态中的电子几乎完全由金属位点提供。反键态的能量相对于金属费米能级越高，反键态的占据电子越少，*H 与金属位点的结合越强。又因为反键态能级始终高于 d 带中心，所以可以通过比较计算得到的金属催化剂表面原子的 d 带中心能级与费米能级之间的相对位置来定性分析 *H 在指定过渡金属催化剂上的吸附特性：d 带中心越接近费米能级，反键态能量越高，其中电子占据越少，*H 与金属表面的结合越强；相反，d 带中心越远离费米能级，反键态能量越低，其中电子占据越多，*H 与金属表面结合越弱。这就是由 Norskov 等提出的著名的 d 带中心理论（d-band center theory），可用于判断反应底物在过渡金属催化剂表面的吸附行为[63]。

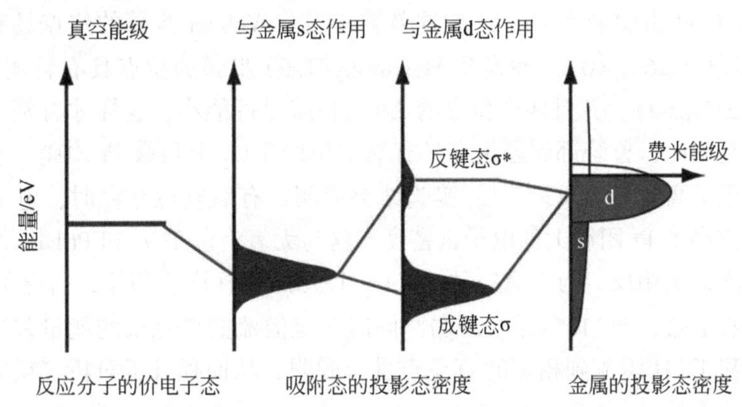

图 8-27　吸附物种价电子态与过渡金属 s 和 d 态耦合形成化学键的过程示意图

因此，调控催化剂表面金属 d 带中心优化 *H 吸附强度，可以促进析氢反应的进行。对于过渡金属纳米晶催化剂，引入另一种金属形成合金，一方面能够引起晶格畸变，产生晶格压缩或拉伸应力，改变金属位点 d 轨道的交叠程度；另一方面还能够产生“配体”效应，即通过电子相互作用影响活性金属的电子结构。通过这两种方式，人们可以实现对金属位点 d 带中心的调节。对于晶格应力效应，Ru、Pd、Pt 等常见的析氢反应催化剂具有超过半满的 d 轨道，当晶格被拉伸时，金属 d 轨道之间的交叠减少，d 带收窄，导致其中电子数升高。为了保持 d 带的填充程度，d 带中心发生上移。相对地，当晶格被压缩时，金属 d 轨道之间的交叠增加，d 带变宽，导致其中电子数降低。为了保持 d 带的填充程度，d 带中心会发生下移。金明尚等通过在不同磷化程度的 Pd 纳米立方体表面生长 Pt 壳层，得到了一系列具有不同拉伸和压缩应力的 Pt(100) 表面。实验结果表明，随着 Pt(100) 表面晶格被压缩，d 带中心下移，*H 吸附变弱。而当晶格被拉伸时，d 带中心上移，*H 吸附增强，这样便实现了对*H 吸附能的优化[64]。“配体”效应是由不同原子间电荷转移所引发的金属活性中心电子结构发生变化的现象。这种现象不仅存在于合金催化剂中，也广泛存在于各类由不同元素构成的催化体系中。例如，王君等制备了一种由 $CoSe_2$ 与非晶 CoP 构成的复合电催化剂($CoSe_2$/a-CoP)[65]。在两相界面处，由于 Co 原子同时和 Se 及 P 原子成键，Co 上的价电子会转移给 Se 和 P，使得 Co 的 3d 轨道电子云密度降低，催化剂的 d 带(主要由 Co 的 3d 轨道贡献）下移，从而有效缓解了 Co 位点结合*H 过强的问题。与 CoP 催化剂以及由 $CoSe_2$ 与晶态 CoP 构成的催化剂相比，$CoSe_2$/a-CoP 的 ΔG_{*H} 更接近 0，因此更有利于析氢反应的进行。

此外，还可以利用氢溢流效应，将析氢反应中*H 吸附与脱附两个步骤解耦，即在一个活性位点处进行 Volmer 步骤，生成的*H 再转移到另一个位点进行 Heyrovsky/Tafel 步骤最终生成 H_2。这就要求发生 Volmer 步骤的位点具有较强的*H结合能力（$\Delta G_{*H}<0$），而发生 Heyrovsky/Tafel 步骤的位点具有较弱的*H 结合能力（$\Delta G_{*H}>0$），并且两个位点的 ΔG_{*H} 差值尽可能小，这样才有利于氢溢流的进行。基于此，鲁统部课题组在具有氧空位的 TiO_2 上负载 Pt 团簇，利用氢溢流效应实现了高效析氢反应[66]。实验结果表明，有氧空位存在时，电子从 TiO_2 流向 Pt，提高了 Pt 团簇上的电子云密度，这与无氧空位 TiO_2 和 Pt 团簇之间的电子流动方向完全相反。与无氧空位的 TiO_2 上负载的 Pt 团簇相比，富电子的 Pt 团簇 d 带中心下移，与*H 的结合减弱，同时，氢溢流需要克服的能量差值也显著下降，有利于*H 溢流到相邻的 O 位点进行脱附，从而提升了对析氢反应的催化性能。

需要注意的是，通过计算 ΔG_{*H} 分析*H 与催化活性位点结合的强弱来判断催化剂对析氢反应的催化活性并不适用于所有体系。如图 8-25（b）所示，在中性或碱性电解液中，H_2 来源于 H_2O，而 H_2O 中较强的 HO—H 键使得 H_2O 解离形成*H 的过程（Volmer 步骤）表现出很高的能垒，制约了析氢反应的速率。在这种情况下，单一金属的催化剂无法同时具有高效的 H_2O 活化解离能力与适中的*H 吸附强度。此外，H_2O 解离生成的*OH 与*H 在催化剂表面存在竞争吸附，从而制约了金属活性位点的催化效率。因此，需要引入另一功能组分进行协同催化，以实现中性/碱性体系中高效的析氢反应。Markovic 等在 Pt 催化剂表面修饰 $Ni(OH)_2$ 团簇，利用 $Ni(OH)_2$ 促进 H_2O 解离，在 $Ni(OH)_2$ 位点形成*OH，并在相邻的 Pt 位点形成*H。该策略结合了 $Ni(OH)_2$ 促进 HO—H 断裂的能力以及 Pt 上最佳的*H 吸附特性，实现了碱性体系中析氢反应速率的大幅度提升[67]。李亚栋等在二维 Ru 金属纳米片中引入单原子分散的 Co 位点，有效降低了碱性电解液中析氢反应的过电势[68]。理论计算结果表明，引入单原子 Co 后并没有改变催化剂的 ΔG_{*H}，因此简单地根据*H 吸附的强弱不能有效地解释催化析氢反应的机制。在此基础上，作者结合不同催化剂表面 H_2O 活化解离的能垒进一步分析了反应的动力学过程。结果显示，在该体系中析氢反应遵循 Volmer-Tafel 机制，Volmer 步骤为反应的决速步。在 Ru 位点上，H_2O 解离的能垒为 26.48kcal/mol，而在单原子 Co 位点处，该过程所需能垒降低为 19.28kcal/mol，表明析氢反应的进行得到了有效促进。上述研究结果证明了 H_2O 活化在碱性体系析氢反应中的重要性。

2. 析氧反应路径

1）均相体系中析氧反应机制

在均相析氧反应过程中，分子催化剂的金属中心 M^{n+} 往往是配位不饱和，会自发地结合水分子，形成 M^{n+}-H_2O 水合结构。结合了水分子的分子催化剂会失去两个电子和质子，生成 $M^{(n+2)+}$-O。接下来，$M^{(n+2)+}$-O 可以直接被 H_2O 分子亲核进攻并失去一个（e^-+H^+），形成 $M^{(n+1)+}$-OOH；或者先失去一个 e^- 生成 $M^{(n+3)+}$-O，再被 H_2O 分子亲核进攻，脱去一个 H^+，形成 $M^{(n+1)+}$-OOH。紧接着，$M^{(n+1)+}$-OOH 再次失去一个（e^-+H^+），生成 $M^{(n+2)+}$-OO，最终脱去一个 O_2 分子，并再次与 H_2O 分子结合形成 M^{n+}-H_2O，开始下一个析氧反应循环。当然，对于不同的配合物体系，反应过程中的电子与质子转移过程会有相应的变化[56,69]。在整个过程中，$M^{(n+2)+}$-O 通常被认为是重要的反应中间体，其受到 H_2O 亲核进攻生成 $M^{(n+1)+}$-OOH 或 $M^{(n+2)+}$-OO 的过程在很多情况下被认为是决速步。曹睿等发现，金属中心的 d 轨道电子数对 $M^{(n+2)+}$-OO 中间体的形成有着显著影响[70]。以金属 $Mn^{Ⅲ}$、$Fe^{Ⅲ}$ 和 $Co^{Ⅲ}$ 的卟啉配合物为例，$M^{(n+2)+}$-O 中间体会随着金属中心 d 轨道电子数的升高而变得不稳定，容易发生反应，这使得其被 H_2O 分子进攻形成 O—O 键的反应活化能垒降低，从而有利于析氧反应的进行。

理论上，若金属中心形成 $M^{(n+2)+}$-O 中间体后 d 轨道电子数大于 4，那么 $M^{(n+2)+}$-O 将变得非常不稳定，难以再作为析氧反应的有效中间体。因此，对于 d 轨道电子数较多的金属中心，可能存在不同的反应路径。以 Cu 卟啉为例，由于 Cu 金属中心的 d 电子数远大于 4，因此不会形成 $M^{(n+2)+}$-O 中间体[71]。机理研究表明[72]，$Cu^{Ⅱ}$ 中心结合 H_2O 分子后会经历单电子氧化过程形成 $Cu^{Ⅱ}$-OH* 中间体。两个 $Cu^{Ⅱ}$-OH* 发生分子间偶联形成 O—O 键，随后在中性电解液中可以释放产生 O_2，而在酸性电解液中容易生成过氧化物中间体，并最终形成过氧化氢产物。

2）非均相体系中的析氧反应机制

由于析氧反应在阳极进行，催化剂首先会发生原位氧化反应，从而在表面形成金属氧化物、金属氢氧化物或金属羟基氧化物层作为活性位点来催化水氧化生成氧气。因此，析氧反应所需的电位与构成电极的金属/金属氧化物氧化还原电位有着密切关系。与阴极析氢反应相比，阳极析氧反应涉及 4 个 e^- 的转移，步骤更加复杂。通常情况下，析氧反应遵循吸附物种演化机制（adsorbate evolution mechanism，AEM），具体可分为 Eley-Rideal 型与 Langmuir-Hinshelwood 型两种。对于 Eley-Rideal 型机制，整个析氧反应发生在同一个金属位点上：

第 1 步：

$$H_2O \longrightarrow {}^*OH+H^++e^-\text{(酸性电解液)} \tag{8-48}$$

$$\text{或}\quad OH^- \longrightarrow {}^*OH+e^-\text{(碱性电解液)} \tag{8-49}$$

第 2 步：

$${}^*OH \longrightarrow {}^*O+H^++e^-\text{(酸性电解液)} \tag{8-50}$$

$$\text{或}\quad {}^*OH+OH^- \longrightarrow {}^*O+H_2O+e^-\text{(碱性电解液)} \tag{8-51}$$

第 3 步：

$${}^*O+H_2O \longrightarrow {}^*OOH+H^++e^-\text{(酸性电解液)} \tag{8-52}$$

$$\text{或}\ {}^*O+OH^- \longrightarrow {}^*OOH+e^-\text{(碱性电解液)} \tag{8-53}$$

第 4 步：

$${}^*OOH \longrightarrow O_2+H^++e^-\text{(酸性电解液)} \tag{8-54}$$

$$\text{或}\quad {}^*OOH+OH^- \longrightarrow O_2+H_2O+e^-\text{(碱性电解液)} \tag{8-55}$$

Eley-Rideal 机制认为只有一个金属中心作为活性位点，在第 3 步中 $^*O$ 通过亲电进攻 H_2O 或 OH^- 生成 $^*OOH$，再进一步脱 H 氧化生成 O_2。Langmuir-Hinshelwood 机制与 Eley-Rideal 机制的前两步相似，都是首先形成金属氢氧化物中间体，然后脱氢成为金属氧化物。相比于 Eley-Rideal 机制，Langmuir-Hinshelwood 机制的不同之处在于析氧反应过程需要两个相邻的金属中心位点参与，两个相邻金属位点上的 $^*O$ 结合后经化学脱附形成 O_2：

$$2\,{}^*O \longrightarrow O_2 \tag{8-56}$$

Eley-Rideal 机制常见于 Ru 基析氧反应催化剂中，而 Langmuir-Hinshelwood 机制经常在一些 Co 基析氧反应催化剂中被报道。吸附物种演化机制认为析氧反应由多个质子耦合电子转移（PCET）步骤构成，析氧反应的活性与所有含 O 中间体（$^*OH$、$^*O$、$^*OOH$）的吸附强度相关。一个理想的析氧反应催化剂要求每一步反应具有相同的吸附自由能（$\Delta G=2.46eV$）。然而，在同种活性位点上，由于几种含 O 中间体均通过 O 原子与催化剂表面连接，因此它们的吸附能之间存在线性制约关系[73]，难以单独调控某一个含 O 中间体的吸附能，如 $^*OH$ 与 $^*OOH$ 的吸附能之间存在一个固定的差值，即 $\Delta G_{^*OOH}-\Delta G_{^*OH}\approx 3.2eV$，进而形成了一个约为 0.37V 的过电位。因此，需要通过调控催化剂表面电子结构来优化

$^*O$、$^*OH$ 和 $^*OOH$ 的吸附强度，打破这种制约关系，从而改善析氧反应的动力学过程。一方面，可以通过引入第二种活性位点，将 $^*OH$ 与 $^*OOH$ 分别吸附在两个位点上，从而打破线性制约关系。黄昱等发现在具有 NiN_4C_4 结构的 Ni 单原子催化位点上，$^*OOH$ 中间体倾向于吸附在 Ni 原子上，而 $^*O$ 和 $^*OH$ 则更容易与周围的 C 原子结合，从而在一定程度上克服了线性制约关系[74]。另一方面，还可以引入质子受体位点，促进 $^*OOH$ 的稳定，从而减少 ΔG_{*OOH} 与 ΔG_{*OH} 之间的差值。在 NiO/NiFe 双羟基层状（LDH）化合物界面处，NiO 中的 Ni 原子与 NiFe LDH 中的 O 原子能够分别结合 $^*OH$ 中的 O 和 H 原子，促进 $^*OH$ 吸附。随后，NiO 中的 Ni 和 O 原子又能够结合 $^*OOH$ 中的 O 和 H 原子，稳定 $^*OOH$ 中间体。与 NiFe LDH 相比，NiO/NiFe LDH 界面处不同位点的协同作用使得 ΔG_{*OOH} 与 ΔG_{*OH} 的差值从 3.09eV 减少为 2.75eV，降低了线性制约关系带来的高过电位，促进了析氧反应[75]。

除了吸附物种演化机制外，在许多金属氧化物，尤其是钙钛矿型氧化物以及 Ni 的羟基氧化物[76]催化剂中还存在一种晶格氧（$O_{晶格}$）参与的析氧反应机制，称为晶格氧机制（lattice oxygen mechanism，LOM）。该机制的优点在于氧化物晶格中的氧能够参与 O—O 键的形成，在一定程度上避免了不同含 O 中间体吸附能之间线性关系的限制，有望实现析氧反应活性的突破。LOM 机制的反应过程如下：

第 1 步：

$$^*O_{晶格}+H_2O \longrightarrow {}^*O_{晶格}OH+H^++e^-(\text{酸性电解液}) \tag{8-57}$$

$$或\quad {}^*O_{晶格}+OH^- \longrightarrow {}^*O_{晶格}OH+e^-(\text{碱性电解液}) \tag{8-58}$$

第 2 步：

$$^*O_{晶格}OH \longrightarrow {}^*O_{晶格}O+H^++e^-(\text{酸性电解液}) \tag{8-59}$$

$$或\ {}^*O_{晶格}OH+OH^- \longrightarrow {}^*O_{晶格}O+H_2O+e^-(\text{碱性电解液}) \tag{8-60}$$

第 3 步：

$$^*O_{晶格}O \longrightarrow {}^*O_{空位}+O_2 \tag{8-61}$$

第 4 步：

$$^*O_{空位}+H_2O \longrightarrow {}^*O_{晶格}H+H^++e^-(\text{酸性电解液}) \tag{8-62}$$

$$或\ {}^*O_{空位}+OH^- \longrightarrow {}^*O_{晶格}H+e^-(\text{碱性电解液}) \tag{8-63}$$

第 5 步：

$$^*O_{晶格}H \longrightarrow {}^*O_{晶格}+H^++e^-(\text{酸性电解液}) \tag{8-64}$$

$$或\ {}^*O_{晶格}H+OH^- \longrightarrow {}^*O_{晶格}+H_2O+e^-(\text{碱性电解液}) \tag{8-65}$$

在 LOM 机制中，晶格 O 被氧化并参与反应释放出 O_2，会在催化剂表面形成 O 空位；接下来，H_2O 或 OH^- 又被氧化，其中的 O 原子填充到 O 空位处。因此，削弱金属氧化物中金属-氧键强度，促进晶格 O 的解离，能够降低 LOM 机制下析氧反应的能垒。王昕等发现，当在 CoOOH 中引入一定量的 Zn^{2+} 时，析氧反应路径会从 AEM 机制转换为 LOM 机制[76]。形成的 Zn-O2-Co-O2-Zn（O2 为同时连接一个 Zn 和两个 Co 的 O 原子）不仅能增强金属-氧键的共价性，还能够促进催化剂表面非成键态 O 的形成，有利于 *OO 或 *OOH 中间体的产生，从而增强了对析氧反应的催化活性。

8.2.2 二氧化碳还原反应路径

与电催化分解水析氢反应相比，电催化 CO_2 还原反应产物种类更多样，反应路径更加复杂。该过程中不仅涉及转移电子数范围广（$2e^- \sim 18e^-$），还可能存在 C—C、C—O 键的形成或断裂等动力学上更难进行的过程。目前，均相电催化 CO_2 还原体系的产物相对单一，主要为 CO 和 HCOOH。而在非均相体系中，除了上述两种一碳产物外，以 Cu 基材料为主的催化剂还能够产生具有两个甚至更多碳原子的产物。然而，在反应机理方面还存在许多待解决的问题，这是目前电催化 CO_2 还原领域的重点研究方向。本节将首先介绍均相电催化 CO_2 还原体系反应过程，再探讨非均相电催化 CO_2 还原体系中一碳产物与多碳产物的具体反应路径。

1. 均相体系中电催化 CO_2 还原路径

考虑到目前均相电催化 CO_2 还原体系的产物主要为 CO 和 HCOOH，相较于非均相体系的产物种类偏少，因此，本节将从均相催化过程的角度对电催化 CO_2 还原进行介绍。通常，电催化 CO_2 还原过程由三步组成：①从电极到催化剂或者催化中间体的电子转移；②被活化的催化剂与 CO_2 之间的相互作用；③催化中间体的质子化，最终生成还原产物。下面将依次介绍这三个步骤。

1）电极和催化剂之间的电子转移

在均相电催化体系中，均相催化剂是电极和反应底物之间的桥梁，因此，均相电催化体系的电子转移是间接进行的。在这个过程中，CO_2 还原在催化剂分子自身的氧化还原电位下进行，而不是电极直接施加的电位。因此，只有当电极施加的电位低于催化剂自身的氧化还原电位，而后者又低于 CO_2 还原电位时，CO_2 还原反应才能进行。在恒电流电解中，如果催化剂通过扩散层传输到电极的速度足够快，能够及时接收电极传递的电子，那么阴极电位就会自动调整到 CO_2 的还原电位。

上述间接电子转移过程可以分成两种情况。第一种情况，还原状态下的催化剂和 CO_2 之间不存在键合，仅发生电子转移，即还原态催化剂仅充当电子介质，将电子从电极传递给 CO_2。这一过程通常被称为氧化还原催化，也被称为外层电子转移机制。在这种情况下，均相催化剂向 CO_2 转移电子所克服的能垒以及需要的驱动力与在惰性电极表面相同。与之不同的是，得到电子的还原态均相分子催化剂分布在电极附近的三维空间中，因此与 CO_2 分子发生电子传递的效率远远高于在二维惰性电极表面时的情况，表现出更快的电子转移过程。然而，在这种情况下，催化剂仅作为电子传递媒介，没有发挥其降低反应能垒的作用。第二种是比较常见的情况，电子转移过程是催化剂先从电极得电子转变为还原态，再和 CO_2 结合形成中间体，随后继续进行分子内的电子转移以及加氢反应，最终生成氧化态的催化剂和产物，这个过程被称为化学活化，也被称为内层电子转移机制。在电化学 CO_2 还原过程中，内层电子转移机制更为常见。这是因为在外层电子转移中生成的 $CO_2^{\cdot-}$ 中间体不稳定，从直线型 CO_2 分子转变为弯曲型 $CO_2^{\cdot-}$ 自由基阴离子需要较高的反应能[77,78]。

从电子转移动力学方面考虑，一个良好的均相电催化剂要能够快速地进行可逆的氧化还原过程，同时催化剂的还原电位 $E^0_{催化剂}$ 也需要在合适的范围内。由于内层电子转移机制中 CO_2 不会在电极上直接被还原，因此 $E^0_{催化剂}$ 的数值要比 CO_2 直接还原的起始电位 $E_{起始}$ 更正。考虑到 CO_2 的还原实际上是由还原态的催化剂驱动，故 $E^0_{催化剂}$ 比 CO_2 还原的热力学电位 $E^0_{CO_2}$ 更负，即 $E^0_{CO_2}>E^0_{催化剂}>E_{起始}$。从动力学角度看，只有施加比 $E^0_{CO_2}$ 更负的电位（因为存在一定的过电势 η），才能得到可观的电催化 CO_2 还原速率。此外，还存在一种比较少见的情况是，初始状态下的催化剂与 CO_2 配位形成反应中间体，再进一步得电子生成 CO_2 还原产物，同时催化剂回到初始状态。在这种情况下，需要考虑的是分子催化剂与 CO_2 形成的配合物中间体的还原电位，而不是 $E^0_{催化剂}$。

2）被活化的催化剂与 CO_2 之间的相互作用

CO_2 电催化还原是通过活化的催化剂和 CO_2 底物分子间的相互作用进行的。CO_2 是一个具有 16 电子的线性分子，属于 $D_{\infty h}$ 对称群，热力学非常稳定。在 CO_2 的分子轨道中，与反应活性最相关的是 $1\pi_g$ 和 $2\pi_u$ 轨道，分别为 HOMO 和 LUMO。被电子占满的非键 $1\pi_g$ 轨道主要分布于 CO_2 分子中的两个氧原子处，而空的反键 $2\pi_u$ 轨道主要分布在碳原子上。因此，CO_2 是一个两性分子，其中氧原子表现出 Lewis 碱特征，而碳原子则是 Lewis 酸中心。CO_2 的电子亲和势（E_a）约为-0.6eV，第一电离势（I_p）约为 13.8eV，是较好的电子受体。因此，CO_2 分子的反应活性主要源于碳原子的亲电特性，而不是氧原子的弱亲核性。当 CO_2 的 LUMO 通过电子转移被填充时，CO_2 分子会被活化并发生弯曲。例如，在 $CO_2^{\cdot-}$ 阴离子自由基中，两个碳氧键的夹角为 134°。此外，当 CO_2 分子与富电子金属中心发生相互作用时，其线性结构也会发生改变。

尽管 CO_2 还原存在多种路径，但其活化主要分为两种模式，即 CO_2 通过与配位不饱和的金属中心配位，或直接插入到电催化过程中金属中心加氢还原生成的 M—H 键中，从而被活化。

如图 8-28 所示，常见的 CO_2 与金属中心的配位方式有三种，即 C 原子与金属中心连接的 η^1-C 构型，C、O 原子共同与金属中心连接的 η^2-(C，O) 构型以及顶端 O 原子与金属中心连接的 η^1-O 构型。在富电子金属中心上，一般倾向于 η^1-C 型配位，因为金属中心和 CO_2 的反键 π^* 轨道之间会发生明显的电荷转移。在 η^2-(C，O) 构型中，CO_2 分子也会发生弯曲，并通过 C 和 O 原子与金属中心配位。上述两种 CO_2 活化方式常见于电催化 CO_2 还原为 CO 的反应路径中。CO_2 与金属中心的第三种配位方式 η^1-O 构型比较少见，在这种情况下，CO_2 中的 O 原子具有路易斯碱特性，更倾向于与缺电子的金属中心结合，从而使配位后的 CO_2 分子可以保持直线结构，或者发生微弱的弯曲。

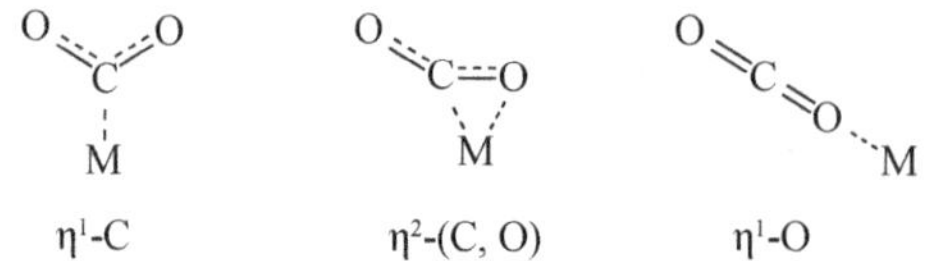

图 8-28　CO_2 与单个金属中心的配位

CO_2 活化的另一种方式是 CO_2 插入到分子催化剂加氢还原形成的 M—H 键中，这种机制常见于产物为甲酸的反应体系。如图 8-29 所示，CO_2 嵌入 M—H 后可生成 M—OCHO 或者 M—COOH。对于路径 A，在 M—H 键中，金属中心 M

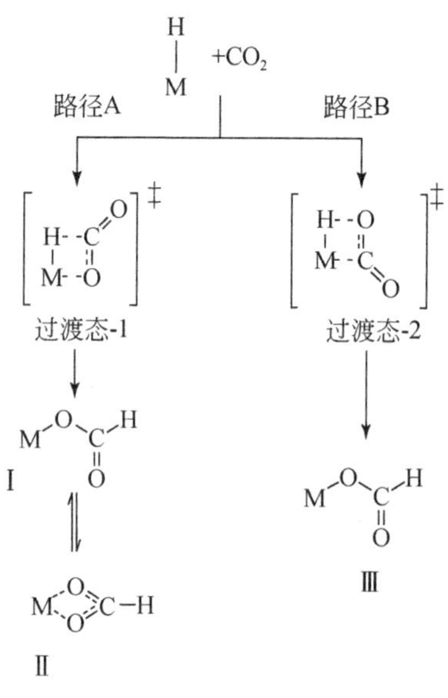

图 8-29　CO_2 嵌入 M—H 键机理

通常具有正电荷，而负电荷则分布在 H 上。因此，在 CO_2 嵌入 M—H 键的过程中，一个 O 原子亲核进攻金属中心 M，而亲电的 C 原子与 H 相互作用，形成过渡态-1，并进一步生成甲酸酯Ⅰ和Ⅱ，最终脱附形成甲酸。在路径 B 中，CO_2 首先通过形成金属羧基过渡态-2 的形式进行插入，再经过分子内的结构翻转形成甲酸酯中间体，这种情况比较少见。值得注意的是，金属中心及其配体都可以影响甚至逆转 M—H 键的极性。因此，与金属结合的 H 原则上可以以 H 原子、氢化物或者质子的形式转移。此外，相同的金属氢化物可以根据质子受体的不同电子特性表现出双重行为（质子转移或者氢化物转移）[79]。

除了 CO_2 的插入过程外，M—H 键的形成也显著影响着均相电催化 CO_2 还原的性能。大多数情况下，金属中心会经历分步的电子转移（electron transfer，ET）以及质子转移（proton transfer，PT）形成 M—H 结构，两者进行的先后顺序可变。ET 和 PT 需要分子催化剂分别从电极和电解液得到电子和质子，且反应过程中需要形成高度还原态的金属中心以及存在较强的电子给体，从而大大提高了反应能垒，降低了反应效率。针对这些问题，一方面可以引入能够高效得失电子的分子媒介，利用其氧化还原过程加快电子从电极到分子催化剂的转移[80]；另一方面还可以通过添加容易给出和接受质子的额外组分，辅助金属中心生成 M—H 中间体[81]。然而，这些方法只是针对单独 ET 或者 PT 过程进行调控，因此效果仍有待提高。最近，Mougel 等以 Fe-S 团簇分子为媒介，借助其中 Fe 原子容易得失电子以及 S 原子易得失质子的特性，首先将电极传递的电子以及电解液中的质子捕获到媒介分子中，再利用媒介分子与催化剂间的相互作用，同时将电子与质子转移给催化剂，形成 M—H 结构，大大降低了反应能垒，减少了反应过电位，提高了反应速率[82]。同时，Fe-S 团簇分子的弱酸性避免了M—H结构进一步结合质子生成 H_2，保证了 CO_2 还原产物甲酸的选择性。

3）催化中间体质子化

均相电催化 CO_2 还原通常是在无水有机溶剂中进行。与水相电解质相比，有机溶剂有两个优势：首先，能够有效避免析氢反应发生，使 CO_2 还原能在更宽的电位窗口下进行；此外，还能够提高 CO_2 的溶解度。在常温常压下，CO_2 在水中的溶解度只有 0.034mol/L，而在 DMF（0.2mol/L）和 CH_3CN（0.28mol/L）中的饱和浓度要高得多。尽管通过改变 pH 可以明显改善 CO_2 在水溶液中的溶解度，但溶解的 CO_2 总是与碳酸、碳酸氢盐和碳酸盐保持电离平衡，而碳酸氢盐和碳酸盐比 CO_2 更难还原，因此这种方法并不能有效地提高反应速率。电催化 CO_2 还原需要质子参与，因此通常需要在有机电解质，尤其是非质子溶剂中加入少量合适的质子供体（如水或醇）。由此可见，质子源在反应过程中有着重要作用。质子供给对特定的 CO_2 电还原过程中热力学的影响可从能斯特方程得出，如图 8-30 所示，不同产物的理论电位与电解液 pH 之间存在明显的线性关系[83]。

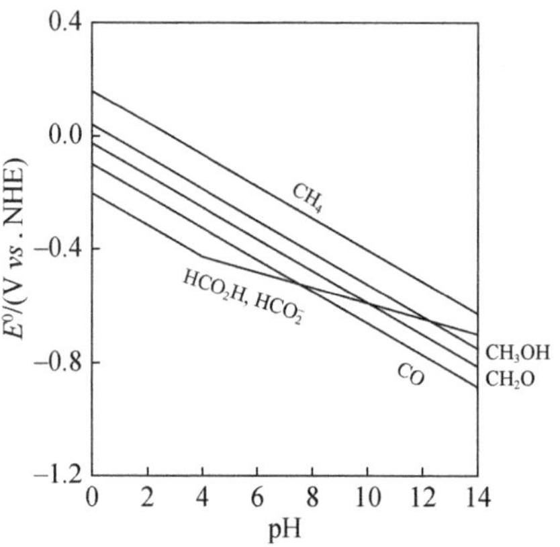

图 8-30　CO_2 还原产物的理论电位与电解液 pH 之间的关系曲线[83]

CO_2 与金属中心配位活化的过程中，质子可以协助活化 CO_2 配合物。这种富电子金属和质子对 CO_2 的协同活化如图 8-31（a）所示。在这种情况下，η^1-C 构型的 CO_2 需要质子供体参与活化，以促进 C—O 键的断裂[84]。反应遵循“推–拉机制”，其中富电子金属中心将电子推入结合的 CO_2 分子中，而质子通过拉电子效应促进电子转移，最终导致 C—O 键断裂并生成 M—CO 中间体以及 H_2O。在 CO_2 插入 M—H 机制中，CO_2 与 M—H 相互作用形成 M—OCHO 或者 M—COOH 中间体［图 8-31（b）］。在该路径中，分子催化剂电化学还原并质子化后形成的活性金属氢化物在 CO_2 活化中发挥着促进作用。

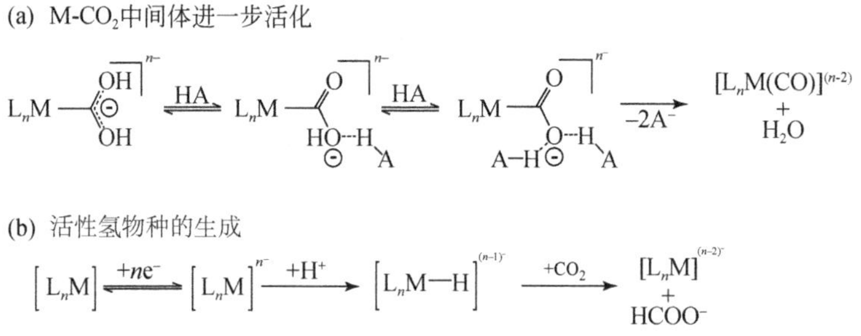

(a) M-CO_2中间体进一步活化

$$[L_nM—C(O^-)(OH)(OH)]^{n-} \xrightleftharpoons{HA} [L_nM—C(=O)—OH^-\cdots H—A]^{n-} \xrightleftharpoons{HA} [L_nM—C(=O)—O^-(\cdots H—A)(H—A)]^{n-} \xrightarrow{-2A^-} [L_nM(CO)]^{(n-2)} + H_2O$$

(b) 活性氢物种的生成

$$[L_nM] \xrightleftharpoons{+ne^-} [L_nM]^{n-} \xrightarrow{+H^+} [L_nM—H]^{(n-1)-} \xrightarrow{+CO_2} [L_nM]^{(n-2)-} + HCOO^-$$

图 8-31　质子在 CO_2 活化中的作用

此外，金属中心和配体上提供氢键的官能团之间的协同作用对反应动力学过程也有很大的影响。这种作用在第二配位层中具有 N—H 官能团的 Co-或 Ni-N_4大环催化剂中尤为明显[85]。N—H 基团通过 H 与配位的 CO_2 分子中的 O 之间的作用来稳定 M-(η^1-C) CO_2 中间体。此外，将酚类官能团引入 Fe 卟啉[86]和 Mn 联吡啶[87]也取得了类似的效果。这种酸性基团对催化活性有很大的影响，能够改变反应机制和产物选择性。目前，人们认为酚类基团提升反应速率的原因可能有两种：一是通过氢键的贡献稳定了 M-(η^1-C) CO_2 中间体；二是增加了局域电子浓度，改善了金属中心与 CO_2 的结合强度。

质子源也可能引起副反应并影响催化剂本身的稳定性。虽然大多数催化剂只有在质子供体存在的情况下才能表现出催化 CO_2 还原的活性，但是由于还原过程中的反应中间体得电子后通常为碱性，因此过高的酸性可能会导致催化剂失活，如还原后的配体可能发生加氢而失活，或者形成参与其他反应的金属氢化物。此外，在大部分催化体系中，析氢反应在热力学上优于 CO_2 还原反应，因此在有质子源的情况下，选择性地电催化 CO_2 还原通常是在动力学有利的条件下实现。因此，在质子源的种类和数量上需要谨慎调控。

在某些条件下，在不添加质子源的非质子电解质中也可以进行 CO_2 还原。如 CO_2 歧化反应或生成草酸的过程（图 8-32），当引入路易斯酸（如 Mg^{2+} 或其他金属离子）时，催化剂可以在无质子供体的条件下将两个 CO_2 分子歧化成 CO_3^{2-} 和 CO，从而高活性和高选择性地将 CO_2 还原成 CO。

$$(1)\quad 2CO_2 + 2e^- \xrightarrow{\text{催化剂}} CO_3^{2-} + CO$$

$$(2)\quad 2CO_2 + 2e^- \xrightarrow{\text{催化剂}} C_2O_4^{2-}$$

图 8-32　CO_2 无质子还原途径：(1) 歧化还原；(2) 形成草酸

2. 非均相体系中一碳产物反应路径

由于电催化 CO_2 还原为一碳产物过程不涉及 C—C 偶联，因此相对比较简单。下面将分别对生成 CO、甲酸、甲醇以及甲烷等四种一碳产物的反应路径及机理进行详细介绍。

1) 一氧化碳

电催化 CO_2 还原为 CO 的过程一般会经历 $^*COOH$、$^*CO$ 等中间体，其反应路径如图 8-33 所示。CO 的产生途径主要有以下两种：一种是质子耦合电子转移诱导 CO_2 活化生成 CO，即催化剂表面吸附态的 CO_2 直接与溶液中的 H^+/e^- 结合生成 $^*COOH$；另一种是电子传递活化 CO_2 生成 CO，即表面吸附态的 CO_2 先得 e^- 形成 $^*CO_2^{\cdot-}$ 自由基，然后与 H^+ 结合生成 $^*COOH$。

由于析氢反应的存在，$^*COOH$ 与 $^*H$ 在催化剂表面会发生竞争性吸附，因此要求在催化剂表面 $\Delta G_{*COOH}<\Delta G_{*H}$。同时，催化剂与 $^*CO$ 的结合不能过强，从而

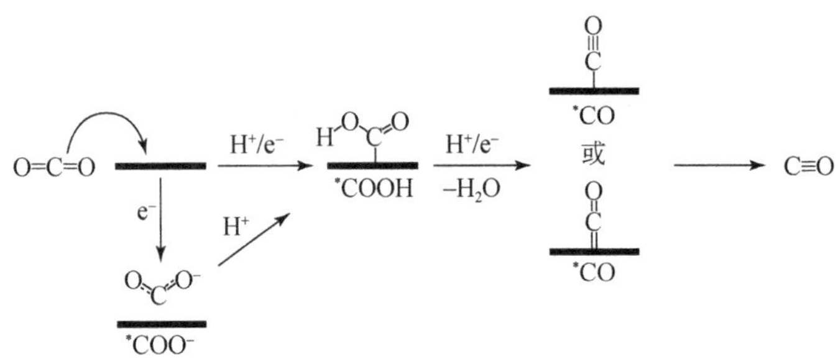

图 8-33 电催化 CO_2 还原为 CO 的可能反应途径

利于 CO 从催化剂表面脱附，防止催化剂被毒化。然而，* COOH 与 * CO 之间的线性制约关系使得难以在增强 * COOH 吸附的同时减弱 * CO 的吸附。Cuenya 等通过减小 Au 团簇催化剂尺寸，降低表面原子配位数，实现了 * COOH 结合能的提升，并保持 * CO 吸附强度不变[88]。杜希文等发现 Au(110) 晶面的配位不饱和原子不利于 * CO 脱附，而 Au(100) 晶面有利于 * CO 脱附生成 CO[89]。作者进一步将 Au 纳米颗粒负载于吡啶功能化的碳纳米管上，Au 纳米颗粒与吡啶协同稳定了控速步骤中间体 * COOH，降低了反应所需的过电位[90]。类似的晶面与 * CO 吸附强度的相关性在 Pd 纳米晶催化剂中也被观察到[91]。此外，还可以通过表面修饰有机配体来调控活性中心的电子结构，从而实现对 * COOH 与 * CO 吸附强度的分别调控。以 Ag 为例，在表面修饰半胱氨酸配体使得 * COOH 的结合能发生显著变化，而 * CO 的吸附强度几乎不变，从而实现了对电催化 CO_2 还原为 CO 活性的提升[92]。

2）甲酸

电催化 CO_2 还原为甲酸的反应途径主要有以下两种（图 8-34）：一种是首先在催化剂表面形成金属–氢键，之后二氧化碳分子插入到金属–氢键中，形成单齿或双齿 * OCHO 中间体，如图 8-34（a）所示；另一种是 CO_2 首先得电子生成 * $CO_2^{\cdot-}$，之后结合质子形成甲酸；或通过质子耦合电子转移过程由 CO_2 直接生成 * OCHO 或 * COOH（后者在甲酸生成过程中较少见），再脱附形成甲酸，如图 8-34（b）所示。CO 与 HCOOH 都是 CO_2 二电子还原产物，也是 CO_2 还原反应中最常见的产物。目前，比较被广泛接受的观点是 * OCHO 是电催化 CO_2 还原为 HCOOH 的关键中间体，而 * COOH 中间体更倾向于生成 CO。因此，想要高效制备甲酸，不仅需要降低 * OCHO 的生成能，促进 * OCHO 的生成，还需要提高 * COOH的生成能，抑制 CO 的产生。以金属 Sn 为例，在电催化 CO_2 还原过程中会产生 H_2、CO 和 HCOOH 等多种产物。为此，鲁统部等开发了一种具有多级结构的 CuSn 合金电催化剂，能够高选择性地将 CO_2 电催化还原为甲酸，其法拉第效率大于 85%，并且甲酸电流密度达 146mA/cm^2。相较于纯 Sn，在 CuSn 合金表面具有最优的 ΔG_{*OCHO}，并且析氢与产生 CO 的决速步所需的能量均高于在纯 Sn 表面的数值，在对甲酸的生成路径进行优化的同时，抑制了 CO 和 H_2 的产生[93]。

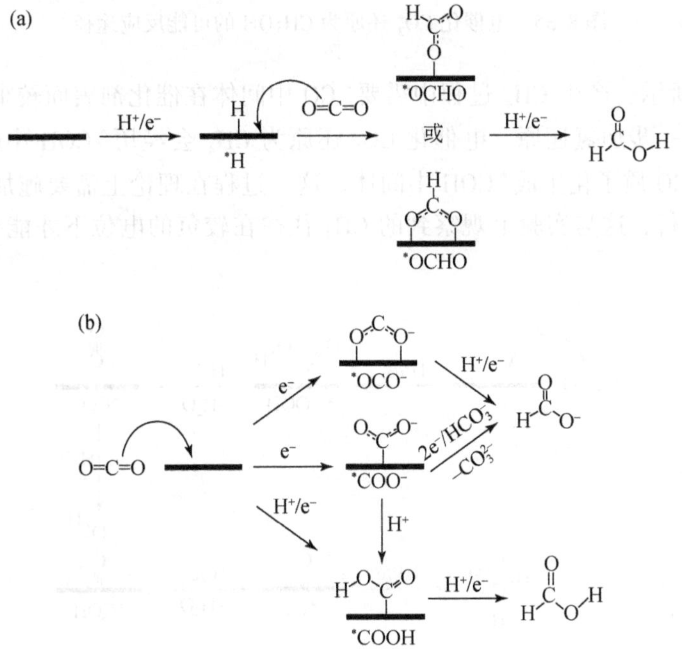

图 8-34　电催化 CO_2 还原为 HCOOH 的可能反应途径

3）甲醇

CH_3OH 和 CH_4 在反应前期具有相同的反应路径（图 8-35 和图 8–36）。对于 CH_3OH 来说，在形成*COH 或*CHOH 中间体后，保留 OH 同时进行一系列加氢反应即可生成 CH_3OH。然而，理论计算表明，在电化学还原条件下，反应中间体中的 OH 非常容易脱去，难以形成含氧产物。何传新等制备了一种具有 Cu-N_4 结构的单原子 Cu 催化剂，发现其能够有效地抑制*COH 脱去 OH 形成*C，从而有利于*COH 进一步加氢生成 CH_3OH[94]。韩布兴团队提出阴阳离子原位双掺杂策略，构建了 Ag 和 S 双掺杂的 Cu_2O/Cu 复合催化剂。该催化剂中阴离子 S 可以调控邻近 Cu 原子的电子结构，促进*CO 加氢生成*CHO 以及*CH_2O 中间体，而阳离子 Ag 抑制了析氢反应的进行，最终在离子液体/水混合电解质中实现了电催化 CO_2 还原为 CH_3OH 的过程[95]。

4）甲烷

CH_4 是电催化 CO_2 深度还原的产物，产生一个 CH_4 分子需要 8 个 e^- 和 H^+。

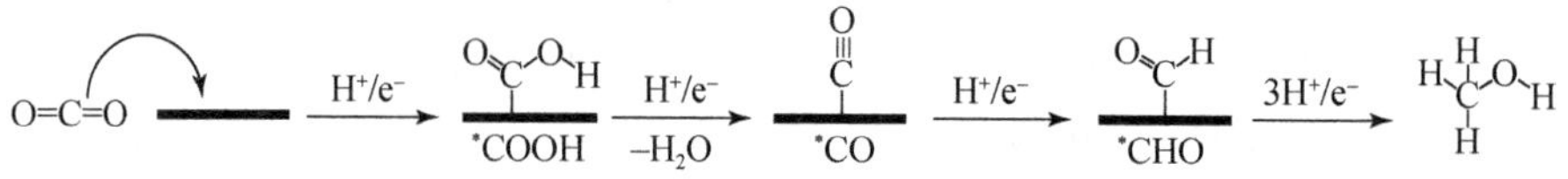

图 8-35　电催化 CO_2 还原为 CH_3OH 的可能反应途径

如图 8-36 所示，产生 CH_4 过程中需要 $^*CO$ 中间体在催化剂表面较牢固地吸附，然后进行进一步加氢还原。电催化 CO_2 还原为 CH_4 会经历 $^*COH$ 中间体，决速步通常为 $^*CO$ 质子化生成 $^*COH$ 中间体。这一过程在理论上需要施加 -0.74V 的电压才能进行，这与实验上观察到的 CH_4 往往在较负的电位下才能生成的现象一致[96]。

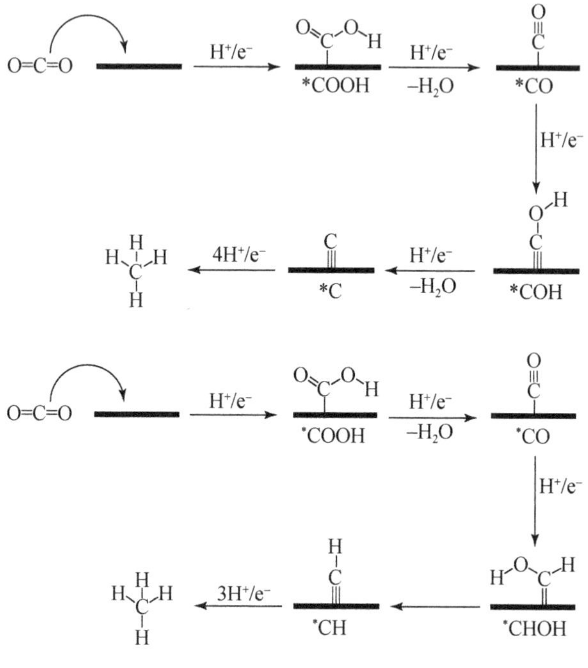

图 8-36　电催化 CO_2 还原为 CH_4 可能的反应途径 Ⅰ（上）和 Ⅱ（下）

最近，另一种电催化 CO_2 还原为 CH_4 的反应机制被提出。如图 8-36 所示，反应经历 $^*CHO$ 以及 $^*CHOH$ 中间体而非 $^*COH$。其中，$^*CHO$ 的生成同样是反应热力学和动力学的关键步骤。溶剂化效应可以明显降低 $^*CHO$ 的反应能垒。在考虑显式溶剂作用的情况下，反应能垒从 0.96eV 降低到 0.55eV。同时，对于含有 OH 基团的反应中间体（如 $^*CHOH$），溶剂化（尤其是显式溶剂化模型）也提供了更强的稳定作用，一般可以使结合能降低 0.1eV 左右。Cu 基材料是常见的电催化 CO_2 还原为 CH_4 的催化剂，并且 CH_4 的形成与 Cu 的晶面有明显关联。研究表明，上述 *CHO 中间体路径适用于 Cu（100）晶面，而对于 Cu（111）晶面，*COH路径可能更适用，*COH 的形成是反应的热力学和动力学关键步骤[97]。当然，*COH 也可能会被还原为 *CHOH，后续的反应路径与在 Cu（100）上的完全相同。

虽然 CO_2 得到多个电子深度还原为 CH_4 或 CH_3OH 等产物的理论电位较正，但是由于反应过程涉及多步电子/质子转移，因此，从动力学的角度来说，CO_2 分子经过原子和化学键的重新组合转变为更复杂的高能量分子难度更大。因此，目前对于 CO_2 还原的研究中，绝大多数产物是 HCOOH 或 CO，制备 CH_4 和 CH_3OH等产物仍然面临很大挑战。

3. 非均相体系中多碳产物反应路径

电催化 CO_2 还原为多碳产物（即由 2 个或 2 个以上含 C 基团构成的产物分子，记为 C_{2+}）需经历多个质子耦合电子转移步骤，涉及大量反应中间体。为了更好地理解反应过程，本节总结了目前文献中主要报道的电催化 CO_2 还原为多碳产物的机理。大多数情况下，*CO 是生成 C_{2+}产物的关键中间体[96]，并且 C—C 键的形成（C—C 偶联）是该过程的关键步骤。因此，了解 C—C 偶联机制对于合理设计高效电催化剂，实现 CO_2 还原为 C_{2+}产物至关重要。本节将根据产物的种类介绍反应过程以及反应过程中涉及的中间体。

1）乙烯

CO_2 还原生成的 *CO 可进一步经过两种还原途径生成 C_2H_4产物（图 8-37）。第一种是由 *CO 中间体二聚形成 *COCO，进而还原形成 C_2H_4 产物。Hwang 等[98]以 Cu（OH)$_2$衍生的 Cu 催化剂为研究对象，利用时间分辨衰减全反射表面增强红外吸收光谱（ATR-SEIRAS），观察到 *COCO 或 *COCOH 中的 CO 伸缩振动（1550～1562cm^{-1}），证明了 *CO 的直接偶联机制。*COCO 中间体的形成一般需要较高的反应能垒，因此，该过程是大部分电催化 CO_2 还原为多碳产物反应中的一个决速步骤。通常情况下，*COCO 在 Cu（100）晶面上通过两个 C 吸附在四重位点上，比在 Cu（111）晶面上 C 原子吸附在三重位点上具有更高的结合能。因此控制暴露 Cu（100）面是一种提高电催化 CO_2 还原为 C_2H_4 活性的有效方法。汪淏田等利用金属离子循环法合成了暴露（100）面的多晶 Cu 纳米立方体。理论计算结果表明，在（100）晶面上发生 *CO 中间体二聚形成 *COCO 的反应能垒比在（111）晶面及（211）晶面上低。与原始抛光的铜箔相比，经过 100 次循环合成的催化剂，其产物中多碳产物/一碳产物的比例提高了 6 倍，C_2H_4为主的多碳产物的法拉第效率超过 60%[99]。巩金龙等采用动态沉积–蚀刻–轰击方法控制合成了富含 Cu（100）晶面的催化剂。在流动电解槽中，当施加电位为 −0.75V（*vs.* RHE）时，该催化剂表现出 58% 的 C_2H_4 法拉第效率和 86.5% 的多碳产物法拉第效率，而富含 Cu（111）晶面的催化剂多碳产物法拉第效率低于 50%[100]。类似地，用超薄 Al_2O_3 层选择性覆盖 Cu 纳米晶的 Cu（111）表面，增加 Cu（100）的相对表面积，可以获得 60.4% 的 C_2H_4 法拉第效率，C_2H_4/CH_4 比率提高了 22 倍[101]。

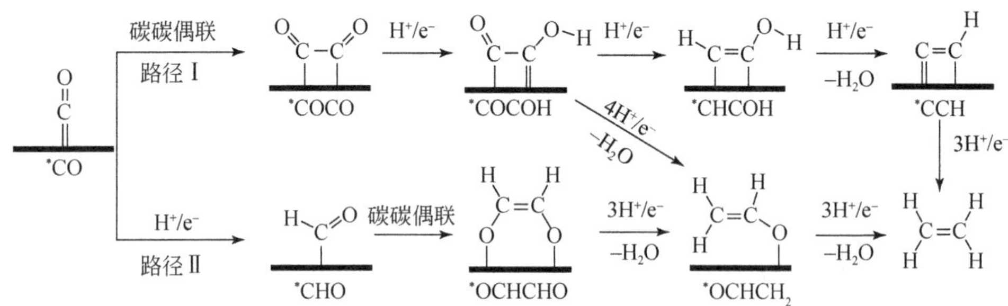

图 8-37　电催化 CO_2 还原形成 C_2H_4 的反应路径

研究发现，将带部分正电荷的 $Cu^{\delta+}$（$0<\delta<1$）物种引入 Cu 催化剂中，可以提高 C_2H_4 的法拉第效率[102]。为了进一步揭示 $Cu^{\delta+}/Cu^0$ 在电催化 CO_2 转化为 C_2H_4 中的作用，需要定性分析 Cu 物种的最佳价态范围，以更精确地控制其价态。一种可行的方法是引入 O 以外的非金属杂原子（B、F 等）来稳定 $Cu^{\delta+}$ 物种。例如，B 掺杂的 Cu 催化剂实现了对 $Cu^{\delta+}$ 的精确调控，Cu 物种价态与 C_2H_4 法拉第效率之间呈现火山图关系。在−1.1V（*vs.* RHE）下，Cu 平均价态为+0.35 时，C_2H_4 法拉第效率最高，为 52%[103]。C_2H_4 法拉第效率的提高源于在 Cu 催化剂表面的 $Cu^{\delta+}$ 位点上 ∗CO 吸附强度适中，从而有效降低了碳碳偶联的反应能垒。

另外，纳米多孔结构可以作为纳米级限制反应器，通过限制反应物的扩散来调节关键中间体的保留时间，实现中间体的局部富集并增强关键中间体在孔道内凹面上的吸附，从而促进碳碳偶联，大幅提高 C_2H_4 等多碳产物的选择性。例如，通过化学刻蚀铜铝合金方法合成的脱合金多孔 Cu-Al 催化剂表现出 80% 的 C_2H_4 法拉第效率，高于没有多孔结构的 Cu-Al 催化剂[104]。同样，Cu-Zn 脱合金衍生的纳米多孔 Cu 也可以显著提高生成 C_2H_4 的选择性[105]。除了宏观尺度上的结构设计外，微观尺度上，Cu 原子配位环境的变化会引起原子或纳米级的缺陷，这些缺陷也可以作为活性位点提高 Cu 基催化剂将 CO_2 转化为 C_2H_4 的性能。例如，张建玲等采用水热法合成的 Cu 纳米片，在电催化条件下其表面原位生成了尺寸在 2～14nm 的凹陷结构，纳米级的凹面充满了配位不饱和 Cu 位点，有利于 OH

和关键中间体 *CO 的吸附。CO 和 OH 物种的局部富集可以降低 C—C 偶联的能垒，实现了 83% 的 C_2H_4 法拉第效率，远高于表面光滑的铜纳米片和铜纳米颗粒[106]。

综上可知，*CO 的二聚是生成 C_2H_4 过程中关键的反应步骤，一般可以通过三种手段来降低反应活化能垒，促进 C—C 偶联，即增加暴露的 Cu（100）晶面来增加 *CO 的局部浓度；调控表面 $Cu^{\delta+}$ 价态，优化 *CO 与活性中心的作用力；利用纳米多孔结构限域效应，富集反应中间体。

第二种由 *CO 生成 C_2H_4 的途径是氢辅助碳碳偶联。在该途径中，*CO 首先发生氢化形成 *CHO 中间体，然后 *CHO 物种发生偶联，形成 *OCHCHO 中间体。Asthagiri 等通过理论计算证明，在高过电位下，Cu（111）晶面有利于形成 *COH，并进一步转化为 *CH_2 偶联产生 C_2H_4。在相对较低的过电位下，Cu（100）晶面上更倾向于生成 *CHO，再通过两个 *CHO 的 C—C 偶联以及一系列还原步骤生成 C_2H_4。在 Cu（100）上，*CO 覆盖率由低到高的变化会影响 *CHO 和 *COH 的相对稳定性，从而触发 C_2H_4/C_2H_5OH 还原产物向 CH_4/C_2H_4 的转变[107]。王野团队合成了一种 F 修饰的 Cu 催化剂，通过原位红外光谱证实了 F 修饰的 Cu 催化剂在电催化 CO_2 还原过程中可以生成 *CHO 物种，而在 Cu 催化剂上没有观察到 *CHO 物种[108]。可能的原因是 *CHO 物种在 Cu 上的覆盖度较低，导致纯 Cu 催化剂表现出较低的多碳产物法拉第效率和电流密度。理论研究表明，在 F-Cu 催化剂上，电催化 CO_2 还原中 *CO 加氢生成 *CHO 为决速步。F 修饰不仅可以促进 H_2O 解离，还能够增加表面 $Cu^{\delta+}$ 位点数目，增强 *CO 的吸附，有利于 *CO 加氢形成 *CHO，进而发生 C—C 偶联。

2）乙烷

电催化 CO_2 还原为 C_2H_6 的途径主要有两种，一种是由 C—C 偶联形成 *OCH_2CH_3 中间体，接着经历加氢脱氧过程生成 C_2H_6（图 8-38 路径Ⅰ）。在这个路径中，C—C 偶联过程为反应的决速步骤。Nam 等发现提高催化剂表面的局部 pH 可以加速 C—C 偶联的速率[109]。他们采用热沉积法制备了可精确控制孔径和孔深的介孔铜电极，发现随着孔径减小和孔深的增大，一碳产物的法拉第效率逐渐降低而多碳产物的法拉第效率逐渐提高。当孔径为 30nm、孔隙深度为 70nm 时，电催化 CO_2 还原得到的多碳产物主要为 C_2H_6。理论计算进一步表明孔结构可以改变催化剂表面的局部 pH，加速 C—C 偶联反应，还可以延长关键中间体的寿命，从而促进 C_2H_6 生成。另外，可通过调控 Cu 纳米线的长度和密度，增加铜纳米管阵列中的局部 pH 来加速 *CO 二聚，从而选择性地调控碳氢化合物的产物分布[110]。乔世璋等发现，向泡沫 Cu 中引入 I，可以稳定反应过程中 *OCH_2CH_3 中间体，有利于其中的 CH_2 加氢生成乙烷[111]。电催化 CO_2 还原为 C_2H_6 的另一条路径（路径Ⅱ）是先形成 $^*CH_2$ 中间体，然后进一步氢化形成 $^*CH_3$，$^*CH_3$ 经过二聚形成 C_2H_6，该路径已通过同位素标记实验得到验证[112]。在该路径中，$^*CH_2$ 中间体是 C_2H_6 选择性的关键中间体。

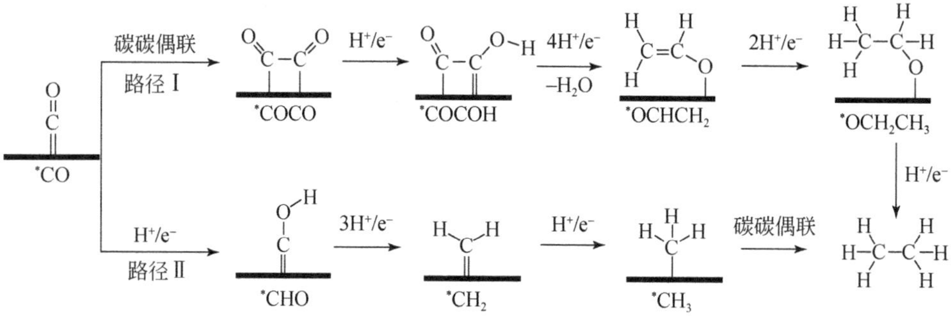

图 8-38　电催化 CO_2 还原形成 C_2H_6 的反应路径

3）乙醇

生成 C_2H_5OH 的反应路径如图 8-39 所示，它与生成 C_2H_4 的路径有相似之处，都经历 $^*CO$ 和 C—C 偶联过程，中间体 $^*CHCOH$ 和 $^*OCHCH_2$ 等加氢脱氧步骤决定了反应对 C_2H_4 或 CH_3CH_2OH 的选择性。

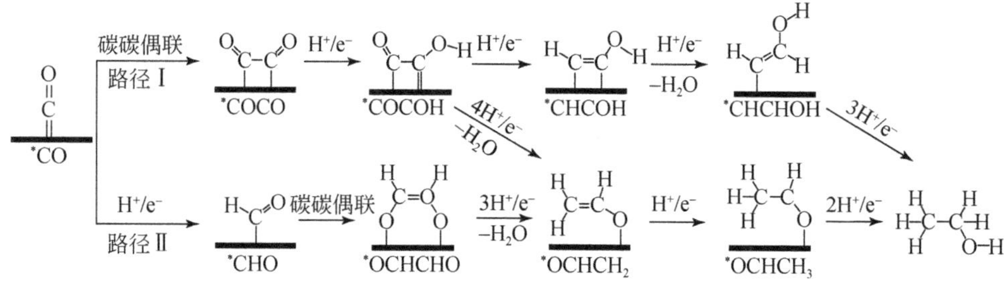

图 8-39　电催化 CO_2 还原形成 C_2H_5OH 的反应路径

在路径Ⅰ中，$^*CHCOH$ 中间体中的 O 原子去除或保留决定了下一个反应步骤是产生 C_2H_4 还是 C_2H_5OH。如果 $^*H$ 进攻 $^*CHCOH$ 中 OH 基团中的 O 原子，会引起 C—O 键断裂，促进 $^*CCH$ 中间体的形成，$^*CCH$ 进一步氢化后，将会产生 C_2H_4。相反，如果 $^*H$ 进攻 $^*CHCOH$ 中间体中的 C 原子，则会形成 $^*CHCHOH$ 中间体，有利于 C_2H_5OH 的形成。Sargent 等合成了一种双金属 Ag/Cu 催化剂用于高效电催化 CO_2 还原为 C_2H_5OH[113]。反应过程中，在 Ag/Cu 催化剂表面 $^*CHCHOH$ 中间体比 $^*CCH$ 中间体具有更高的饱和度，在活性位点上也更加稳定，最终提高了 CO_2 转化为 C_2H_5OH 的转化率。双金属中 Ag 的作用有三个：第一，当Ag掺入Cu中，Ag物种作为CO产生的活性位点，然后CO通过CuAg界面从Ag溢流到Cu，形成局部CO富集，促进C—C偶联。第二，利用Ag的配体效应来调控Cu位点的电子结构，产生带部分正电荷的$Cu^{\delta+}$位点，促进Cu原子d带中心偏离费米能级，有利于多碳产物中间体的稳定[103]。第三，与纯铜中Cu—Cu原子间距相比，Ag掺杂Cu中的Cu原子间距被拉长[114]，优化了*CHCHOH中间体的吸附能，提高了*CHCHOH中间体的稳定性[115]，从而抑制了C_2H_4的产生，提高了CO_2到C_2H_5OH的转化率[116]。

此外，还可以将金属配合物等功能分子修饰到催化剂表面，调节不同反应中间体的吸附和传递，促进CO_2向C_2H_5OH转化。例如，FeTPP［Cl］配合物分子修饰的Cu催化剂可以获得41%的C_2H_5OH法拉第效率，而纯Cu催化剂只有29%[117]。研究发现，分子催化界面在促进C_2H_5OH生成的过程中扮演着重要角色。在界面处，FeTPP［Cl］分子作为CO_2转化为*CO的活性位点，将生成的*CO传递到相邻的Cu位点，形成了一个高浓度*CO的局部环境；高浓度的*CO有利于促进C—C偶联，随后含有两个C原子的中间体加氢生成*CHCOH中间体。另外，研究者发现具有出色导电性的N掺杂碳材料可以用作基底来协助Cu催化CO_2转化为多碳产物[118]。N掺杂碳材料和Cu之间的界面是高活性部分，可以促进CO_2向多碳氧化产物的转化。例如，以Cu/N掺杂的纳米金刚石作为电催化CO_2还原催化剂时，多碳氧化产物的法拉第效率高达61%，其中C_2H_5OH的法拉第效率约为28.9%[119]。具有6～9Å窄间隙的N掺杂C/Cu界面可以用作纳米反应器，创造限域环境，提高催化剂表面的*CO覆盖率。同时，N原子上存在的孤对电子，可以作为重要的电子供体，将电子转移到Cu表面吸附的*CO，从而调节部分*CO从桥式位点吸附转变为顶式位点吸附[120]，使桥位*CO与顶位*CO发生C—C偶联时能垒最低。此外，界面处的限域效应也可以稳定C—O键，使其进一步氢化形成*CHCOH，同时抑制*CHCOH脱氧。

在路径Ⅱ中，*COCOH或*OCHCHO中间体经过加氢脱氧形成的*$OCHCH_2$是生成C_2H_4和C_2H_5OH的重要中间体。如果*H进攻*$OCHCH_2$中与O连接的C，会促进C—O键断裂，形成C_2H_4；如果*H进攻*$OCHCH_2$中—CH_2的C，将形成*$OCHCH_3$中间体，该中间体进一步氢化形成C_2H_5OH。韩布兴等合成了N掺杂石墨烯量子点（NGQ）和氧化物衍生的铜纳米棒（Cu-nr）的复合催化剂（NGQ/Cu-nr），在电催化CO_2还原中，多碳醇的法拉第效率达到52.4%，而单独NGQ和Cu-nr上生成多碳醇的法拉第效率分别仅为15%和28.1%[121]。机理研究表明，NGQ/Cu-nr催化剂上多碳醇产物的增加并不是局部高浓度CO通过溢流或串联效应引起的，而是源于多碳醇中间体稳定性的提高。DFT计算结果表明，在Cu（111）上掺入一层N掺杂石墨烯可以稳定*$OCHCH_2$中间体中的O原子，从而更有利于通过 $^*OCHCH_2$ 中间体形成 C_2H_5OH。另外，还可利用 Cu 和非金属原子的协同作用提高 CO_2 还原为 C_2H_5OH 的法拉第效率。例如，Sargent 团队合成了具有核壳结构的含 Cu 空位催化剂，在 Cu 纳米颗粒表面或亚表面的高电负性 S 原子会驱动电子从 Cu 转移到 S，形成 $Cu^{\delta+}$ 物种，这有利于多碳产物中间体的形成。此外，S 物种与 Cu 空位的协同作用会增加 $^*OCHCH_2$ 中 C—O 键断裂的能量，有利于其进一步加氢生成 C_2H_5OH[122]。

4）乙酸

CH_3COOH 也是电催化 CO_2 还原中常见的含氧多碳产物。如图 8-40 所示，产 CH_3COOH 过程中的 C—C 偶联途径与 C_2H_5OH 的不同。第一种路径是在催化剂表面生成的 $^*CO$ 进一步还原为 $^*CH_3$，随后被相邻的 $^*CO_2^{\cdot-}$ 亲核进攻生成 CH_3COOH。第二种路径是两个 $^*CO_2^{\cdot-}$ 二聚形成 $^*COOCOO$ 中间体，原位 FTIR 检测结果证实了 $^*COOCOO$ 中间体的存在，证明它在某些场景下是电催化 CO_2 生成 CH_3COOH 的关键中间体。Arrigo 等在 N 掺杂 C 上负载 FeOOH 团簇，在 −0.5V（*vs.* Ag/AgCl）时获得 CH_3COOH 法拉第效率为 60.9%[123]。机理研究表明，Fe（Ⅲ）位点在电催化过程中被原位还原成 Fe（Ⅱ）物种，进而有效地吸附溶液中的 HCO_3^- 形成羧酸基团，而相邻位点的 N 原子能够吸附 CO_2 及其相关衍生物种，并将其还原为 $*CH_3$。两种位点协同作用，加快了羧酸基团与甲基的结合，促进了 CH_3COOH 的产生。

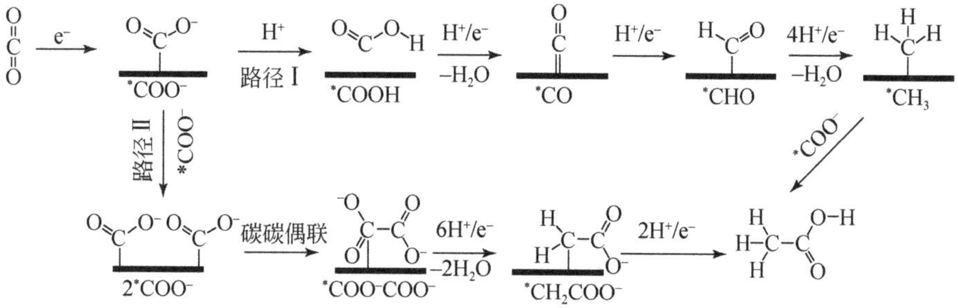

图 8-40　电催化 CO_2 还原形成 CH_3COOH 的反应路径

5）丙醇

电催化 CO_2 还原生成 C_3H_7OH 的反应途径如图 8-41 所示，$^*CO$ 二聚体也是形成 C_3H_7OH 的重要中间体。以 Cu 催化剂为模型，理论研究表明，并非所有强 $^*CO$ 结合位点都有利于形成多碳中间体。相反，相邻两个具有强 $^*CO$ 结合能力的位点中至少有一个是配位不饱和的情况下才能促进 C—C 偶联[124]。利用 CO 辅助电化学还原氧化物前驱体的方法，可以制备表面具有高密度配位不饱和位点的

Cu 纳米颗粒，进而能够有效催化生成 C_3H_7OH。配位不饱和 Cu 位点可以提高 *CO结合能并稳定二碳中间体，有助于两者耦合形成三碳产物[125]。另外，通过构筑具有丰富孔道结构的电催化剂，如纳米线阵列以及纳米泡沫等，利用孔结构的限域效应，可以延长反应中间体在催化剂表面的停留时间，提高局部浓度，从而促进 C—C 偶联制备长链分子[109]。Sargent 等设计合成了一系列开放程度不同的 Cu 纳米腔结构。该纳米腔可以限制内部产生的二碳产物溢出，在活性位点附近富集二碳中间体，促进其与一碳中间体进一步结合形成三碳产物，产 C_3H_7OH 的法拉第效率达 21%[126]。

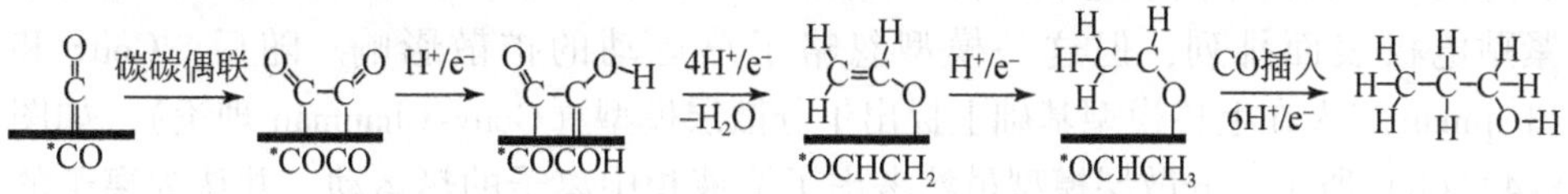

图 8-41　电催化 CO_2 还原形成 C_3H_7OH 的反应路径

8.2.3　小结

得益于原位表征技术以及计算方法的不断进步，人们对电催化水分解以及 CO_2 还原的机理认识也在不断深入。然而，目前对电催化机理的研究仍然存在一定的局限。首先，在实际的电催化过程中，电极表面的催化位点是带有电荷的，而目前通常使用的计算氢电极模型（computational hydrogen electrode model，CHEM）只能分析电中性催化剂表面上进行的反应能量变化，因此并不能完全反映真实的电催化过程。2022 年，刘远越等提出了一种常电势模型（constant-potential model，CPM），用于分析催化剂表面有电荷存在的情况下反应过程中的能量变化，包括电荷影响下的溶剂化作用（explicit solvation effect）以及反应动力学过程[127]。不过 CPM 的计算量较大，而且在一些体系中与 CHEM 计算得到的结果相近，目前只见于部分理论研究的文献中。对于非均相电催化体系而言，催化剂表面结构非常复杂，难以构建精准的催化剂模型来进行理论分析，因此得到的理论计算结果可能存在一定的偏差。此外，电极表面的传质过程也是影响电催化性能的主要因素。在探究微观构效关系的同时还要考虑电极的宏观结构对传质过程的影响，尤其是在气体扩散电解池中，存在复杂的固-液-气三相界面，构建合适的传质模型对揭示催化性能有着重要意义，而目前对这方面的研究还比较欠缺。

8.3　光电催化反应

半导体光电催化其氧化半反应和还原半反应分开进行，反应驱动力包括外加极化电位以及光照。相比光驱动的催化过程，外加偏压能够导致一定的能带弯曲，促进载流子的有效分离，提高光生电子-空穴的利用率。同时，在外电场的作用下，光生载流子的定向迁移也可以在一定程度上抑制光生电子-空穴的复合，提高催化效率。本节将围绕半导体和溶液界面，分别从热力学和动力学两个角度对半导体光电催化所涉及的理论和反应机理进行介绍。

8.3.1　界面双电层的形成

双电层理论发展于 19 世纪，1853 年，Helmholtz 基于相反符号电荷间的静电引力提出一种简单的双电层结构。如图 8-42（a）所示，双电层两侧电荷趋向于紧贴电极表面排列，但这一模型忽略了热运动的扩散影响。随后，Gouy 和 Chapman 二人在上述模型基础上提出了分散层模型（Gouy-Chapman 理论），如图 8-42（b）所示。分散层模型虽然考虑了溶液相中离子的热运动，并认为离子的分布符合玻尔兹曼分布，但完全忽略了紧密层的存在。1924 年，Stern 将上述两种模型相结合，提出了一个双电层理论模型，其中双电层是由内层的紧密层和外层的扩散层两部分组成。内层电位下降趋势呈直线型，而外层电位呈现指数型下降。以 n 型半导体/电解质溶液为例，如图 8-42（c）所示，在半导体与电解质溶液接触后，半导体一侧形成带正电的空间电荷区，溶液侧带负电荷，形成 Helmholtz 致密层（厚度为 3 ~ 5Å）和 Gouy 扩散层（电解液浓度高时，厚度可以忽略）。Helmholtz 层包含表面态的捕获电子、吸附离子、溶剂化分子等。因此，n 型半导体/电解质溶液界面处的电势下降由三部分贡献：空间电荷区、Helmholtz 层和 Gouy 层。当电解质的离子强度较高而半导体表面态密度较低时，溶液中的电势下降程度通常比半导体中的小得多。因此，电势的变化主要引起了半导体一侧空间电荷区中的能带弯曲。

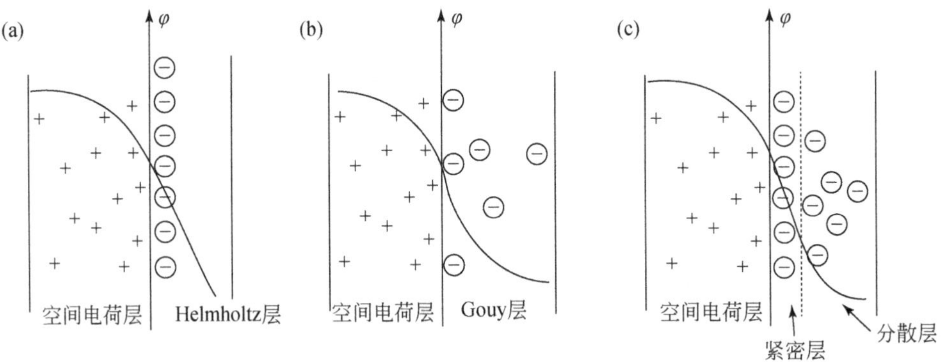

图 8-42　三种 n 型半导体/电解质溶液界面双电层模型

8.3.2　电极–溶液界面电荷转移

1. 极化条件下电极–溶液界面电荷转移

目前，Gerischer 模型仍是解释电化学中界面电荷转移的经典理论。该理论把固液界面近似成肖特基模型，很好地解释了反应中界面电荷转移行为[128,129]。图 8-43 为 n 型半导体和 p 型半导体电极–溶液界面在平衡态和极化电位下的能级排布与电荷转移特征。以 n 型半导体电极为例，平衡态下，当溶液中还原态物种能级等于半导体电极表面价带顶附近能级时，电子从还原态物种转移进入半导体电极，物种被电极氧化；当溶液中氧化态物种电子能级处于半导体电极表面导带底附近能级时，电子从半导体电极转移给氧化态物种，物种被电极还原。在极化电位下，半导体电极费米能级及能带弯曲均会发生不同程度的变化。在较小负偏压极化电位下，能带向上弯曲减弱，氧化能力减弱，还原能力增强。随着负偏压增大，半导体电极主要表现为还原能力。在正偏压极化电位下，半导体电极能带向上弯曲加剧，氧化反应加速。p 型半导体电荷转移特征与之相反。

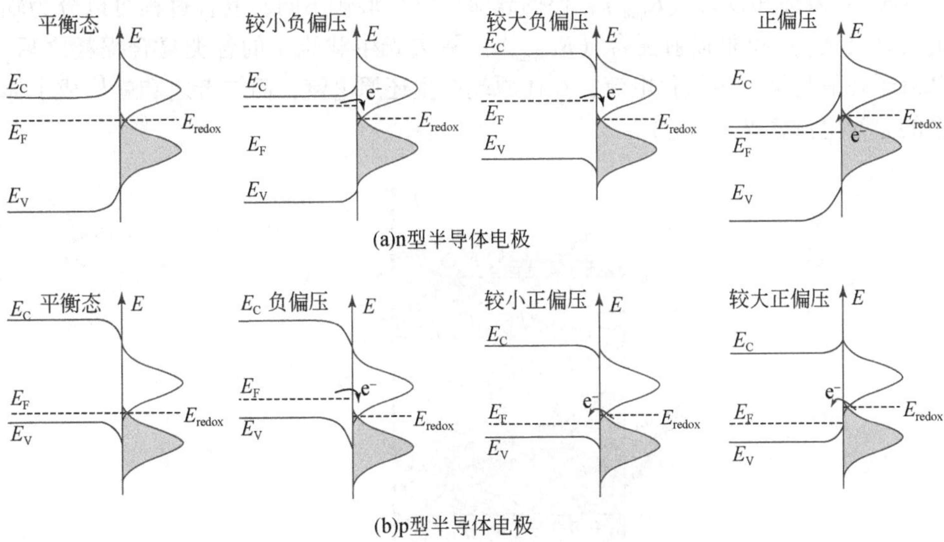

图 8-43　n 型半导体和 p 型半导体电极–溶液界面在平衡态和极化电位下的能级排布和电荷转移特征

2. 光照条件下电极–溶液界面电荷转移

图 8-44 为典型的 n 型半导体在极化和光照情况下，半导体电极光生载流子

演化过程。半导体受光激发产生大量的电子-空穴对，光生电子和空穴在持续的产生和复合过程中达到动态平衡。此时，费米能级发生分裂，电子空穴各自拥有自己的准费米能级，同时半导体整体的能带弯曲状况得到削弱。空穴和电子的准费米能级（$E_{F,n}$和$E_{F,p}$）公式分别为

$$E_{F,p}=E_V-kT\ln[(C_{p,0}+\Delta C_p)/N_V] \tag{8-66}$$

$$E_{F,n}=E_C+kT\ln[(C_{n,0}+\Delta C_n)/N_C] \tag{8-67}$$

式中，E_V和E_C分别为半导体电极价带顶能级和导带底能级；$C_{p,0}$和$C_{n,0}$分别为电极非光照下平衡态时空穴和电子密度；ΔC_p和ΔC_n分别为稳态光照下相对非光照下，平衡态时半导体电极内的空穴和电子浓度差；N_V和N_C为半导体内有效能态密度。当体系处于正偏压极化条件下，准费米能级正向移动，能带向上弯曲加剧，同时电子空穴分离得到加强。当体系构成回路时，半导体电极光生电子通过回路转移到还原端电极，发生还原反应，而光生空穴则转移到电极表面，捕获溶液中还原态物种的电子，使物种氧化。在此过程中，半导体电极中光生电子和空穴除了参与电极表面的氧化还原反应之外，还会涉及一系列的复合过程。根据载流子复合位置的不同，复合过程可以分为表面态电荷复合（R_{SS}）、空间电荷层复合（R_{SC}）及体相复合（R_{bulk}）；根据载流子复合形式不同，复合过程可以分为辐射复合（R_{rad}）和非辐射复合（$R_{non\,rad}$）。除去光生载流子的各类复合损耗之后，载流子在氧化端产生氧化电流，在还原端产生还原电流，而二者之和就构成了体系的总光电流密度（j_{redox}）。

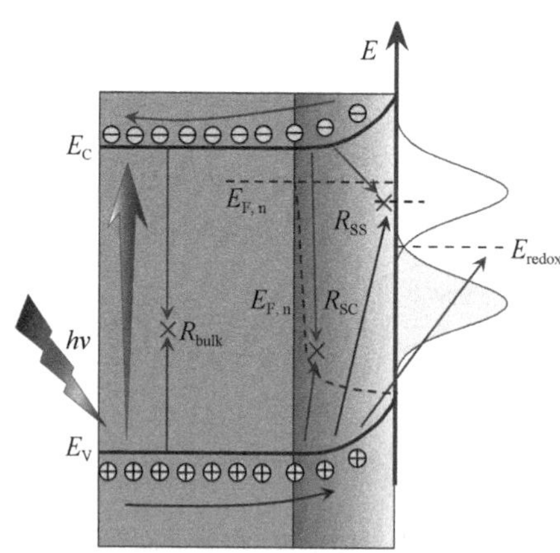

图 8-44 n 型半导体在极化和光照情况下光生载流子的演化过程

根据肖特基位垒模型，光电流密度可由式（8-68）推知（以 n 型半导体为例）[130]：

$$j_{ph}=e_0\Phi\left\{1-\frac{\exp[-\alpha w_0(\Delta V_{sc})^{1/2}]}{1+\alpha L_p}\right\} \tag{8-68}$$

式中，e_0 为电子电荷；Φ 为光通量；α 为光吸收系数；L_p 为空穴扩散长度；w_0 为耗尽层宽度；ΔV_{sc}为空间电荷层电势差。其中，$L_p=(\mu_p k_B T\tau/e_0)^{1/2}$，$\mu_p$ 为空穴迁移率；k_B 为玻尔兹曼常数；τ 为空穴平均寿命。$w_0=[2\varepsilon(/e_0 N_D)]^{1/2}$，$\varepsilon$ 为介电常数；N_D 为掺杂浓度。$\Delta V_{sc}=V-V_{fb}$，V 为外加偏压；V_{fb}为平带电位。由式(8-68)可知，在光电催化体系中，通过调控半导体电极光吸收、载流子寿命和迁移率及掺杂浓度等均可改善催化体系的光电流密度，进而提高催化反应活性。

8.3.3　光电催化电解池的结构与工作原理

一个完整的光电催化系统包括工作电极、对电极和参比电极。在工作电极和对电极中至少有一个为光电极，且光电极须由光活性半导体材料组成，用于吸收太阳光。以光电催化 CO_2 还原为例，常见的光电催化电解池（PEC）有三种类型（图 8-45）：p 型半导体光阴极和暗阳极［图 8-45（a）］；n 型半导体光阳极和暗阴极［图 8-45（b）］；p 型半导体光阴极和 n 型半导体光阳极［图 8-45（c）］。在这些类型的光电催化电解池中，CO_2 在阴极被还原，而水在阳极被氧化。以阴阳两极都是光电极的电解池为例，在外加电场的作用下，光阳极上产生的光生电子转移至光阴极，并与光阴极上的光生电子一起进行 CO_2 还原反应，而光生空穴（h^+）则从光阴极转移到光阳极，进行水氧化反应生成 O_2和质子（H^+），随后质子进一步通过电解液或质子交换膜转移到光阴极，完成整个光电催化循环过程。光电催化 CO_2 还原反应的效率不仅与催化材料的带隙、能带位置以及表面氧化还原反应等相关，还会受到电解液类型和 pH、温度和阴极极化等因素的影响。光阴极的半导体对比其他电催化剂的优势在于，它可以吸收光能并产生光电压以补充外电势，甚至可以代替总的输入电压。

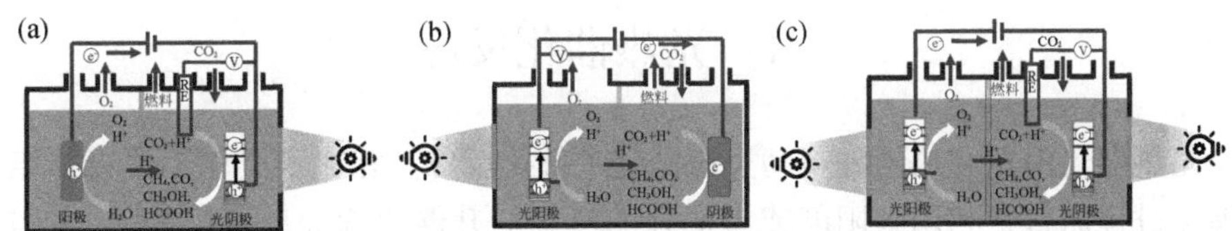

图 8-45　（a）阴极为 p 型半导体电极，阳极为暗光析氧电极；（b）阴极为暗光 CO_2 还原催化剂电极，阳极为 n 型半导体电极；（c）阴极为 p 型半导体电极，阳极为 n 型半导体电极

1978 年，Halmann 认为光电催化 CO_2 还原的机理与 CO_2 在金属电极上电化学还原相似。根据还原产物的 C 原子数，通常分为 C1 和 C_{2+}路径[131]。在 C1 路径中，CO_2 经单电子还原形成二氧化碳负离子自由基（$CO_2^{\cdot -}$），这是决速步。随

后 $CO_2^{\cdot -}$ 获得第二个电子和一个质子（H^+），经质子耦合电子转移生成 $HCOO^-$，最后产生 HCOOH。此外，$^*CO$ 作为主要中间体还可能被还原为甲酰基（$^{\cdot}CHO$）或 $^{\cdot}COH$，然后与水中的 H^+ 反应生成 C1 碳氢化合物 CH_4 和氧化物 CH_3OH。CO 可通过 $^*COOH$ 中间体生成。在 C_{2+} 路径中，关键步骤在于 C—C 偶联形成 C_{2+} 中间体，然后再经过多步电子/质子耦合还原反应生成乙二醇、乙烯和乙醇等二碳产物。

在光电催化 CO_2 反应过程中，决定性因素是光电极材料的选择。其中催化剂的组成、表面缺陷和晶面等都会对 CO_2 还原路径产生影响。例如，还原过程中产生的 $^*CO$ 中间体与铜基催化剂表面结合强度适中，可进行偶联生成多碳产物；在 Ag、Au、Zn 等金属材料表面因 $^*CO$ 结合较弱，倾向于生成 CO；对于 Sn、In、Pb 和 Hg 等金属催化剂，主要产物为甲酸及甲酸盐。赵国华等在 Co_3O_4 的纳米管阵列中修饰 Cu 纳米粒子，得到 Co-Co_3O_4 NTs 催化剂。该催化剂在光电催化还原 CO_2 时对甲酸根有较高的选择性（接近 100%），反应 8h 甲酸盐的产率达 6.75mmol/(L · cm^2)[132]。王少彬等将 FeS_2 引入 TiO_2 纳米管中，制备了一种蠕虫状 FeS_2/TiO_2 复合催化剂，光电催化 CO_2 还原产甲醇的速率达到 91.7 μmol/(h · L)[133]。此外，催化剂表面的缺陷也会影响 CO_2 还原性能。杨冬花等在 SnO_2 中掺杂 Cu 和 N 原子，得到了具有丰富氧缺陷的（Cu，N）-SnO_x 催化剂[134]，有效提高了光电催化 CO_2 还原能力。此外，暴露不同晶面的纳米催化剂也会影响 CO_2 还原性能。Torquato 等制备了暴露（100）晶面的立方体 Cu_2O 纳米晶，在光电催化 CO_2 还原过程中，该晶面高浓度的氧空位结构促进了 CO_2 活化过程，对 CH_3OH 具有较高的选择性，法拉第效率为 66%[135]。景欢旺等发现暴露（112）晶面的 Bi_2WO_6/BiOCl 异质结催化剂，对乙醇具有 80% 的选择性，在 -1.0V 电压下，产率为 600μmol/(g · h)[136]。

8.4 光热催化反应

光热催化由光和热两种驱动力协同促进催化反应。相比于光驱动或者热驱动的催化过程而言，利用太阳能或者额外的热源提升催化剂的反应温度[137]，实现光与热协同催化反应，不仅提高了催化剂的紫外-可见-红外光利用率，还促进了光生电子-空穴对的有效分离，从而有助于提高催化剂的 CO_2 还原活性和转化效率。本节将从光和热两方面对光热催化的作用机理进行介绍。

8.4.1 光的作用机制

光在光热催化中的作用机制主要表现在光致活化与促进作用，主要包含以下几个方面。

（1）光生电子活化反应物与中间体。当光线照射到由贵金属构成的纳米颗粒上时，如果入射光子频率与贵金属纳米颗粒或金属传导电子的整体振动频率相匹配时，纳米颗粒或金属会对光子能量产生很强的吸收作用，就会发生局域表面等离子体共振（localized surface plasmon resonance，LSPR）的现象，这时会在光谱上出现一个强的共振吸收峰。LSPR使贵金属纳米颗粒中的电子随入射光发生共振产生高能电子，释放出的高能电子注入到反应分子中，进而实现反应物和中间体的快速活化。此外，LSPR还能使金属纳米颗粒的表面温度急剧上升到400℃以上，从而显著提高 CO_2 还原的催化效率。

例如，贾法龙等发现，催化剂 Au/CeO_2 在光热条件下 CO_2 还原加氢反应活性为热催化条件下的10倍，且速率也远高于热催化条件下的反应速率。原位红外光谱测试表明，光照引发Au纳米颗粒产生LSPR效应，释放的高能热电子注入 H_2，引起 H_2 快速活化解离并生成中间体Au-H，解离的 H^* 会迅速与 CO_2 反应，从而提升了催化反应活性[138]。叶金花等也发现，LSPR效应产生的高能电子可以降低非极性分子 CO_2 的活化难度，极大提高催化剂活性。当在Rh/SBA-15上修饰Au后，CO_2/CH_4 干重整反应的催化活性提高了1.7倍，CO_2 转化率由2100μmol/(g·s)提高到3600μmol/(g·s)[139]。张彦威等[140]发现，在 TiO_2 上负载贵金属纳米颗粒（Pd、Pt、Au、Ag等）时，纳米颗粒的LSPR效应可以促进 TiO_2 氧空位活性位点的形成。由于LSPR效应产生的电子能量比一般的激发态电子更高，因此高能电子可以激发产生更多的氧空位，增加氧空位的数量并拓宽光响应范围，从而提高了负载Pd纳米颗粒催化剂还原 CO_2 为CO的催化活性。

（2）光生电子活化吸附和反应位点。LSPR产生的高能电子除直接活化反应分子之外，还可活化吸附和催化反应位点，从而进一步提高催化反应活性。例如，洪昕林等在研究ZnO负载的Pd纳米颗粒催化剂（Pd/ZnO）热催化 CO_2 加氢制甲醇反应过程中发现，引入光照可以显著提升甲醇的产率[141]。研究表明，Pd/ZnO在经过 H_2 处理后，ZnO中的部分 Zn^{2+} 被还原并迁移至Pd颗粒表面形成PdZn合金界面，而PdZn合金可作为热催化 CO_2 加氢制甲醇的活性位点。当引入光照后，Pd纳米颗粒因LSPR效应产生的热电子能转移至PdZn合金界面，增加活性位点的电子密度。PdZn活性位点电子密度的增加有利于电子注入到 CO_2 反键轨道，促进 CO_2 的活化，进而提高甲醇产率。

（3）降低反应活化能。例如，Upadhye等利用 Au/TiO_2 催化剂研究逆水煤气变换反应时发现，在反应体系中引入光照后，Au纳米颗粒的LSPR效应产生的热电子可以向催化剂表面吸附的OH和COOH中间体转移，有利于OH和COOH加氢生成 H_2O 和CO并脱附。因此，逆水煤气变换反应的表观活化能从47kJ/mol下降到35kJ/mol，CO_2 还原速率明显加快[142]。

8.4.2　热的作用机制

1. 热的来源

在光热催化中，热的来源包括光热效应和外部加热两种。光热效应是指材料受到光线照射后，光子能量与晶格相互作用，振动加剧，导致材料温度升高的现象。当光热效应使催化剂表面达到一定温度时，便会发生光热催化。例如，叶金花等发现黑色的硼催化剂在光照下可以将 CO_2 和水转化为 CO 和甲烷。研究表明，硼催化剂可以吸收从紫外-可见到红外区域的光产生显著的光热效应，其表面平衡温度随着光强增加不断升高。在 456mW/cm^2 的光强照射下，表面平衡温度高达 462℃。硼表面在高温下易形成硼的氧化物，有利于 CO_2 的吸附与活化。高温还可引发硼粒子的局域自水解，产生 H_2 作为 CO_2 还原的质子源和电子供体[143]。此外，金属纳米颗粒 LSPR 效应产生的热电子也可以通过带内或带间非辐射跃迁的方式衰减，导致金属纳米粒子加热[144]。因此，具有 LSPR 效应的等离子体金属纳米粒子和高光热转换效率的Ⅷ族金属在光热催化反应研究中占据重要的地位[145,146]。当光照无法为反应提供足够的热能时，可通过外部加热（如燃料燃烧）提供额外的热量。

2. 热的作用

（1）加快反应动力学。对反应物和产物而言，温度升高可加快分子的不规则热运动；对物料转移过程而言，温度升高有利于反应物向催化剂表面扩散和吸附，同时促进产物在催化剂表面脱附；对催化剂而言，温度升高可提高电子和空穴向导带和价带跃迁的速度，并促进电子和空穴向吸附在催化剂表面的反应物或中间体转移，有效抑制载流子的复合，增强电荷转移效率，从而提高催化活性；此外，光还可降低光热催化过程中的活化能，而热可提供跨越活化能势垒所需的能量，两者的协同可极大提高催化反应性能。例如，张昕彤等在研究$Bi_4TaO_8Cl/W_{18}O_{49}$异质结光催化 CO_2 还原性能时发现，提升反应体系温度可以加快 $Bi_4TaO_8Cl/W_{18}O_{49}$界面 Z-型电荷转移，促进光生载流子的分离。当反应体系温度从 298K 提升到 393K 时，CO_2 还原为 CO 的产率提高了 87 倍[147]。

（2）提高产物选择性和产率。热效应还可提高目标产物的选择性和产率。例如，张昕彤等在研究 Pt/TiO_2 催化剂光热催化 CO_2 还原反应时发现，室温下光催化产物为 CO 和甲烷，甲烷的产率和选择性分别为 0.0048μmol/h 和 83.8%。当反应体系升温至 393K，催化剂表面的电子和空穴向 Pt 纳米颗粒的转移速率随之增加，Pt 纳米颗粒表面的 H_2 被迅速解离成 H 并与 CO 中间体反应，CH_4 的产率以及选择性也随之提高至 0.0312μmol/h 和 87.5%[148]。王富强等探究了反应温度对 Pt/TiO_2 纳米粒子光热催化分解水制氢的影响[149]，发现随着反应温度的升高，氢气的产率先逐渐上升然后降低。研究表明，温度越高液相中的催化剂颗粒聚集越严重，当反应温度过高时，催化剂颗粒会因团聚显著减少固液接触面积，反而降低催化活性。

（3）活化活性位点。当催化剂不含热活性位点时，热在光热催化中起辅助作用，可增大反应物种的扩散和吸附速率、电子传递速率和反应速率等。当催化剂表面存在热活性位点时，随着温度的升高，热活性位点性能会随之增强，此时升高温度可以增强光热协同作用。例如，Ozin 等使用 Pd@ Nb_2O_5催化剂研究光热催化逆水煤气变换反应时发现，催化活性随着反应时间的延长而增强[150]。EPR 测试证实 Nb_2O_5光照下原位生成了氧空位。氧空位是一种重要的 CO_2 还原热活性位点，加热有利于 CO_2 的活化和裂解。

与光催化和电催化相比，光电和光热催化的研究还相对较少。此外，由于光电和光热对催化反应的活性位点及反应中间体的共同影响，催化机理的研究更加复杂，研究难度更大。到目前为止，对光电和光热催化反应微观机制的认知还很肤浅，需要更加深入的机理研究，特别是光电和光热协同催化的微观机制研究。

参 考 文 献

[1] Damrauer N H，Cerullo G，Yeh A，et al. Femtosecond dynamics of excited-state evolution in [Ru（bpy)$_3$]$^{2+}$. Science，1997，257：54-57.

[2] Winkler J R，Netzel T L，Creutz C，et al. Direct observation of metal-to-ligand charge-transfer (MLCT) excited states of pentaammineruthenium（Ⅱ）complexes. J Am Chem Soc，1987，109：2381-2392.

[3] Abrahamsson M，Jäger M，Österman T，et al. A 3. 0 μs room temperature excited state lifetime of a bistridentateRu^{Ⅱ}-polypyridine complex for rod-like molecular arrays. J Am Chem Soc，2006，128：12616-12617.

[4] Tyson D S，Henbest K B，Bialecki J，et al. Excited state processes in ruthenium（Ⅱ）/ pyrenyl complexes displaying extended lifetimes. J Phys Chem A，2001，105：8154-8161.

[5] Tyson D S，Bialeckia J，Castellano F N. Ruthenium（Ⅱ）complex with a notably long excited state lifetime. Chem Commun，2000，21：2355-2356.

[6] Tyson D S，Luman C R，Zhou X，et al. New Ru（Ⅱ）chromophores with extended excited-state lifetimes. Inorg Chem，2001，40：4063-4071.

[7] Guo S，Chen K K，Dong R，et al. Robust and long-lived excited state Ru［Ⅱ］polyimine photosensitizers boost hydrogen production. ACS Catal，2018，8：8659-8670.

[8] Wang P，Dong R，Guo S，et al. Improving photosensitization for photochemical CO_2-to-CO conversion. Nat Sci Rev，2020，7：1459-1467.

[9] Wang P，Guo S，Wang H J，et al. A broadband and strong visible-light-absorbing photosensitizer boosts hydrogen evolution. Nat Commun，2019，10：3155.

[10] Wenger O S. Photoactive complexes with earth-abundant metals. J Am Chem Soc，2018，140：13522-13533.

[11] Zhang Y，Schulz M，Wächtler M，et al. Heteroleptic diimine-diphosphine Cu [I] complexes as an alternative towards noble-metal based photosensitizers：design strategies，photophysical properties and perspective applications. Coord Chem Rev，2018，356：127-146.

[12] Reiser O. Shining light on ccopper：unique opportunities for visible-light-catalyzed atom transfer radical addition reactions and related processes. Acc Chem Res，2016，49：1990-1996.

[13] Chen K K，Guo S，Liu H，et al. Strong visible-light-absorbing cuprous sensitizers for dramatically boosting photocatalysis. Angew Chem Int Ed，2020，59：12951-12957.

[14] Yogo T，Urano Y，Ishitsuka Y，et al. Highly efficient and photostable photosensitizer based on BODIPY chromophore. J Am Chem Soc，2005，127：12162-12163.

[15] Wanhua W，Huimin G，Wenting W，et al. Organic triplet sensitizer library derived from a single chromophore（BODIPY）with long-lived triplet excited state for triplet-tripletannihilation based upconversion. J Org Chem，2001，76：7056-7064.

[16] Singh-Rachford T N，Haefele A，Ziessel R，et al. Boron dipyrromethene chromophores：next generation triplet acceptors/annihilators for low power upconversion schemes. J Am Chem Soc，2008，130：16164-16165.

[17] Ibáñez S，Poyatos M，Peris Eduardo. N-heterocyclic carbenes：a door open to supramolecular organometallic chemistry. Acc Chem Res，2020，53：1401-1413.

[18] Wang G Y，Guo S，Wang P，et al. Heavy-atom free organic photosensitizers for efficient hydrogen evolution with λ>600 nm visible-light excitation. Appl Catal B，2022，316：121655.

[19] Amemori S，Sasaki Y，Yanai N，et al. Near-infrared-to-visible photon upconversion sensitized by a metal complex with spin-forbidden yet strong S_0-T_1 absorption. J Am Chem Soc，2016，138：8702-8705.

[20] Wei D，Ni F，Zhu Z，et al. A red thermally activated delayed fluorescence material as a triplet sensitizer for triplet-triplet annihilation up-conversion with high efficiency and low energy loss. J Mater Chem C，2017，5：12674-12677.

[21] Keisuke O，Kazuma M，Nobuhiro Y，et al. Employing core-shell quantum dots as triplet sensitizers for photon upconversion. Chem Eur J，2016，22：7721-7726.

[22] Mase K，Okumura K，Yanai N，et al. Triplet sensitization by perovskite nanocrystals for photon upconversion. Chem Commun，2017，53：8261-8264.

[23] Zhang J，Zhong D，Lu T. Co（Ⅱ）-based molecular complexes for photochemical CO_2 reduction. Acta Phys Chim Sin，2021，37：2008068.

[24] Ouyang T，Wang H，Wang J，et al. A dinuclear cobalt cryptate as a homogeneous photocatalyst for highly selective and efficient visible-light driven CO_2 reduction to CO in CH_3CN/H_2O solution . Angew Chem Int Ed，2017，56：738-743.

[25] Guo Z，Cheng S，Cometto C，et al. Highly efficient and selective photocatalytic CO_2 reduction by ironand cobalt quaterpyridine complexes. J Am Chem Soc，2016，138：9413-9416.

[26] Kuramochi Y, Fujisawa Y, Satake A. Photocatalytic CO_2 reduction mediated by electron transfer via the excited triplet state of Zn（Ⅱ）porphyrin. J Am Chem Soc, 2020, 142: 705-709.

[27] Kamada K, Jung J, Wakabayashi T, et al. Photocatalytic CO_2 reduction using a robust multifunctional iridium complex toward the selective formation of formic fcid. J Am Chem Soc, 2020, 142: 10261-10266.

[28] Chen R, Ren Z, Liang Y, et al. Spatiotemporal imaging of charge transferin photocatalyst particles. Nature, 2022, 610: 296-310.

[29] Li K, Peng T, Ying Z, et al. Ag-loading on brookite TiO_2 quasi nanocubes with exposed {210} and {001} facets: activity and selectivity of CO_2 photoreduction to CO/CH_4. Appl Catal B, 2016, 180: 130-138.

[30] Horowitz G. Interfaces in organic field-effect transistors. Adv Polym Sci, 2010, 223: 113-153.

[31] Wang Y, Zhang Z, Zhang L, et al. Visible-light driven overall conversion of CO_2 and H_2O to CH_4 and O_2 on 3D-SiC@2D-MoS_2 heterostructure. J Am Chem Soc, 2018, 140: 14595-14598.

[32] Zhang J, Qiao S Z, Qi L, et al. Fabrication of NiS modified CdSnanorod p-n junction photocatalysts with enhanced visible-light photocatalytic H_2-production activity. Phys Chem Chem Phys, 2013, 15: 12088-12094.

[33] Zhang L, Zhang F, Xue H, et al. Mechanism investigation of PtPd decorated $Zn_{0.5}Cd_{0.5}S$ nanorods with efficient photocatalytic hydrogen production combining with kinetics and thermodynamics. Chin J Catal, 2021, 42 (10): 1677-1688.

[34] Hunter B M, Gray H B, Müller A M. Earth-abundant heterogeneous water oxidation catalysts. Chem Rev, 2016, 116: 14120-14136.

[35] Huang L L, Zou Y Q, Chen D W, et al. Electronic structure regulation on layered double hydroxides for oxygen evolution reaction. Chin J Catal, 2019, 40: 1822-1840.

[36] Li F, Chen J F, Gong X Q. Subtle structure matters: the vicinity of surface Ti_{5c} cations altersthe photooxidation behaviors of anatase and rutile TiO_2 underaqueous environments. ACS Catal, 2022, 12: 8242-8251.

[37] He Y, Liu G, Liu Z, et al. Photoinduced hydration boosts O_2 evolution on Co-chelating covalent organic framework. ACS Energy Lett, 2023, 8: 1857-1863.

[38] Duan L, Bozoglian F, Mandal S, et al. A molecular ruthenium catalyst withwater-oxidation activity comparable to that ofphotosystem Ⅱ. Nat Chem, 2012, 4: 418.

[39] Ding Q, Liu Y, Chen T, et al. Unravelling the water oxidation mechanism on $NaTaO_3$-based photocatalysts. J Mater Chem A, 2020, 8: 6812-6821.

[40] Zhang L, Zhao Z J, Wang T, et al. Nano-designed semiconductors for electro- and photoelectro-catalytic conversion of carbon dioxide. Chem Soc Rev, 2018, 47: 5423-5443.

[41] Maeda K. Metal-complex/semiconductor hybrid photocatalysts and photoelectrodes for CO_2 reduction driven by visible light. Adv Mater, 2019, 31 (25): 1808205.

[42] Sun Z, Talreja N, Tao H, et al. Catalysis of carbon dioxide photoreduction on nanosheets:

fundamentals and challenges. Angew Chem Int Ed, 2018, 57: 7610-7627.

[43] Chen Y, Wang M, Ma Y, et al. Coupling photocatalytic CO_2 reduction with benzyl alcohol oxidation to produce benzyl acetate over Cu_2O/Cu. Catal Sci Technol, 2018, 8: 2218-2223.

[44] Xia S, Meng Y, Zhou X, et al. Ti/ZnO-Fe_2O_3 composite: Synthesis, characterization and application as a highly efficient photoelectrocatalyst for methanol from CO_2 reduction. Appl Catal B, 2016, 187: 122-133.

[45] Sasirekha N, Basha S J S, Shanthi K. Photocatalytic performance of Ru doped anatase mounted on silica for reduction of carbon dioxide. Appl Catal B, 2006, 62: 169-180.

[46] Wang L, Zhang X, Yang L, et al. Photocatalytic reduction of CO_2 coupled with selective alcohol oxidation under ambient conditions. Catal Sci Technol, 2015, 5: 4800-4805.

[47] Handoko A D, Wei F, Jenndy, et al. Understanding heterogeneous electrocatalytic carbon dioxide reduction through operando techniques. Nat Catal, 2018, 1: 922-934.

[48] Wu J C, & Huang C W. *In situ* DRIFTS study of photocatalytic CO_2 reduction under UV irradiation. Front Chem Eng China, 2010, 4: 120-126.

[49] Li X, Sun Y, Xu J, et al. Selective visible-light-driven photocatalytic CO_2 reduction to CH_4 mediated by atomically thin $CuIn_5S_8$ layers. Nat Energy, 2019, 4: 690-699.

[50] Zangeneh N P, Sharifnia S, Karamian E. Modification of photocatalytic property of $BaTiO_3$ perovskite structure by Fe_2O_3 nanoparticles for CO_2 reduction in gas phase. Environ Sci Pollut Res, 2020, 27: 5912-5921.

[51] Lo C C, Hung C H, Yuan C S, et al. Parameter effects and reaction pathways of photo reduction of CO_2 over TiO_2/SO_4^{2-} photocatalyst. Chin J Catal, 2007, 28: 528-534.

[52] ChenJ, Xin F, Qin F, et al. Photocatalytically reducing CO_2 to methyl formate in methanol over ZnS and Ni-doped ZnS photocatalysts. Chem Eng J, 2013, 230: 506-512.

[53] Gao W, Li S, He H, et al. Vacancy-defect modulated pathway of photoreduction of CO_2 on single atomically thin $AgInP_2S_6$ sheets into olefiant gas. Nat Commun, 2021, 12: 4747.

[54] Wang T, Chen L, Chen C, et al. Engineering catalytic interfaces in $Cu^{\delta+}/CeO_2$-TiO_2 photocatalysts for synergistically boosting CO_2 reduction to ethylene. ACS Nano, 2022, 16: 2306-2318.

[55] Ulagappan N, Frei H. Mechanistic study of CO_2 photoreduction in Tisilicalite molecular sieve by FT-IR spectroscopy. J Phys Chem A, 2000, 104: 7834-7839.

[56] Zhang W, Lai W, Cao R. Energy-related small molecule activation reactions: oxygen reduction and hydrogen and oxygen evolution reactions catalyzed by porphyrin- and corrole-based systems. Chem Rev, 2017, 117: 3717-3797.

[57] Zhang P, Wang M, Yang Y, et al. A molecular copper catalyst for electrochemical water reduction with a large hydrogen-generation rate constant in aqueous solution. Angew Chem Int Ed, 2014, 53: 13803-13807.

[58] Lei H, Fang H, Han Y, et al. Reactivity and mechanism studies of hydrogen hvolutioncatalyzed by copper corroles. ACS Catal, 2015, 5: 5145-5153.

[59] Li X, Lv B, Zhang X P, Jin X, et al. Introducing water-network-assisted proton transfer for boosted electrocatalytic hydrogen evolution with cobalt corrole. Angew Chem Int Ed, 2022, 61: e202114310.

[60] Sabatier P. Hydrogénations et déshydrogénations par catalyse. Ber Dtsch Chem Ges, 1911, 44: 1984-2001.

[61] Lu Q, Hutchings G S, Yu W, et al. Highly porous non-precious bimetallic electrocatalysts for efficient hydrogen evolution. Nat Commun, 2015, 6: 6567.

[62] Nørskov J K, Abild-Pedersen F, Studt F, et al. Density functional theory in surface chemistry and catalysis. PNAS, 2011, 108: 937-943.

[63] Hammer B, Norskov J K. Why gold is the noblest of all the metals. Nature, 1995, 376: 238-240.

[64] He T, Wang W, Shi F, et al. Mastering the surface strain of platinum catalysts for efficient electrocatalysis. Nature, 2021, 598: 76-81.

[65] Shen S, Wang Z, Lin Z, et al. Crystalline-amorphous interfaces coupling of $CoSe_2$/CoP with optimized d-band center and boosted electrocatalytic hydrogen evolution. Adv Mater, 2022, 34: 2110631.

[66] Wei Z W, Wang H J, Zhang C, et al. Reversed charge transfer and enhanced hydrogen spillover in platinum nanoclusters anchored on titanium oxide with rich oxygen vacancies boost hydrogen evolution reaction. Angew Chem Int Ed, 2021, 60: 16622-16627.

[67] Subbaraman R, Tripkovic D, Strmcnik D. et al. Enhancing hydrogen evolution activity in water splitting by tailoring Li^+-Ni $(OH)_2$-Pt interfaces. Science, 2011, 334: 1256-1260.

[68] Mao J, He C T, Pei J, et al. Accelerating water dissociation kinetics by isolating cobalt atoms into ruthenium lattice. Nat Commun, 2018, 9: 4958.

[69] Li X, Lei H, Xie L, et al. Metalloporphyrins as catalytic models for studying hydrogen and oxygen evolution and oxygen reduction reactions. Acc Chem Res, 2022, 55: 878-892.

[70] Xie L, Zhang X P, Zhao B, et al. Enzyme-inspired iron porphyrins for improved electrocatalytic oxygen reduction and evolution reactions. Angew Chem Int Ed, 2021, 60: 7576-7581.

[71] Koepke S J, Light K M, Van Natta P E, et al. Electrocatalytic water oxidation by a homogeneous copper catalyst disfavors single-site mechanisms. J Am Chem Soc, 2017, 139: 8586-8600.

[72] Liu Y, Han Y, Zhang Z, et al. Low overpotential water oxidation at neutral pH catalyzed by a copper (Ⅱ) porphyrin. Chem Sci, 2019, 10: 2613-2622.

[73] Seitz L C, Dickens C F, Nishio K, et al. A highly active and stable $IrO_x/SrIrO_3$ catalyst for the oxygen evolution reaction. Science, 2016, 353: 1011-1014.

[74] Fei H, Dong J, Feng Y, et al. General synthesis and definitive structural identification of MN_4C_4 single-atom catalysts with tunable electrocatalytic activities. Nat Catal, 2018, 1: 63-72.

[75] Gao Z W, Liu J Y, Chen X M, et al. Engineering NiO/NiFe LDH intersection to bypass scaling relationship for oxygen evolution reaction via dynamic tridimensional adsorption of intermediates. Adv Mater, 2019, 31: 1804769.

[76] Huang Z F, Song J, Du Y, et al. Chemical and structural origin of lattice oxygen oxidation in Co-Zn oxyhydroxide oxygen evolution electrocatalysts. Nat Energy, 2019, 4: 329-338.

[77] Gutsev G L, Bartlett R J, Compton R N. Electron affinities of CO_2, OCS, and CS_2. J Chem Phys, 1998, 108: 6756-6762.

[78] Comeau Simpson T, Durand R R. Reaction of the anion radical of phenazine with carbon dioxide. Electrochim Acta, 1990, 35: 1405-1410.

[79] Aresta M, Dibenedetto A, Púpai I, et al. Behaviour of [PdH (dppe)$_2$] X (X = CF_3SO^{3-}, SbF^{6-}, BF^{4-}) as proton or hydride donor: relevance to catalysis. Chem Eur J, 2004, 10: 3708-3716.

[80] Rausch B, Symes M D, Cronin L, et al. A bio-inspired, small molecule electron-coupled-proton buffer for decoupling the half-reactions of electrolytic water splitting. J Am Chem Soc, 2013, 135: 13656-13659.

[81] Smith N E, Bernskoetter W H, Hazari N. The role of proton shuttles in the reversible activation of hydrogen via metal-ligand cooperation. J Am Chem Soc, 2019, 141: 17350-17360.

[82] Dey S, Masero F, Brack E, et al. Electrocatalytic metal hydride generation using CPET mediators. Nature, 2022, 607: 499-506.

[83] Costentin C, Drouet S, Passard G, et al. Proton-coupled electron transfer cleavage of heavy-atom bonds in electrocatalytic processes. Cleavage of a c-o bond in the catalyzed electrochemical reduction of CO_2. J Am Chem Soc, 2013, 135: 9023-9031.

[84] Bhugun I, Lexa D, Savéant J M. Catalysis of the electrochemical reduction of carbon dioxide by iron (0) porphyrins: synergystic effect of weak Brönsted acids. J Am Chem Soc, 1996, 118: 1769-1776.

[85] (a) Lacy D C, McCrory C C L, Peters J C. Studies of cobalt-mediated electrocatalytic CO_2 reduction using a redox-active ligand. Inorg Chem, 2014, 53: 4980-4988; (b) Beley M, Collin J P, Ruppert R, et al. Electrocatalytic reduction of carbon dioxide by nickel cyclam^{2+} in water: study of the factors affecting the efficiency and the selectivity of the process. J Am Chem Soc, 1986, 108: 7461-7467.

[86] Costentin C, Drouet S, Robert M, et al. A local proton source enhances CO_2 electroreduction to CO by a molecular Fe catalyst. Science, 2012, 338: 90-94.

[87] Franco F, Cometto C, Nencini L, et al. Local proton source in electrocatalytic CO_2 reduction with [Mn (bpy-R) (CO)$_3$Br] complexes. Chem Eur J, 2017, 23: 4782-4793.

[88] Mistry H, Reske R, Zeng Z, et al. Exceptional size-dependent activity enhancement in the electroreduction of CO_2 over Au nanoparticles. J Am Chem Soc, 2014, 136: 16473-16476.

[89] Dong C, Fu J, Liu H, et al. Tuning the selectivity and activity of Au catalysts for carbon dioxide electroreduction via grain boundary engineering: a DFT study. J Mater Chem A, 2017,

5：7184-7190.

[90] Ma Z，Lian C，Niu D，et al. Enhancing CO_2 electroreduction with Au/pyridine/carbon nanotubes hybrid structures. Chem Sus Chem，2019，12：1724-1731.

[91] Zhu W，Kattel S，Jiao F，et al. Shape-controlled CO_2 electrochemical reduction on nanosized Pd hydride cubes and octahedra. Adv Energy Mater，2019，9：1802840.

[92] Kim C，Jeon H S，Eom T，et al. Achieving selective and efficient electrocatalytic activity for CO_2 reduction using immobilized silver nanoparticles. J Am Chem Soc，2015，137：13844-13850.

[93] Li Y，Huo C Z，Wang H J，et al. Coupling CO_2 reduction with CH_3OH oxidation for efficient electrosynthesis of formate on hierarchical bifunctional CuSn alloy. Nano Energy，2022，98：107277.

[94] Yang H，Wu Y，Li G，et al. Scalable production of efficient single-atom copper decorated carbon membranes for CO_2 electroreduction to methanol. J Am Chem Soc，2019，141：12717-12723.

[95] Li P，Bi J，Liu J，et al. *In situ* dual doping for constructing efficient CO_2-to-methanol electrocatalysts. Nat Commun，2022，13：1965.

[96] Peterson A A，Nørskov J K. Activity descriptors for CO_2 electroreduction to methane on transition-metal catalysts. J Phys Chem Lett，2012，3：251-258.

[97] Cheng T，Xiao H，Goddard W A，et al. Full atomistic reaction mechanism with kinetics for CO reduction on Cu（100）from ab initio molecular dynamics free-energy calculations at 298 K. PNAS，2017，114：1795-1800.

[98] Kim Y，Park S，Shin S J，et al. Time-resolved observation of C-C coupling intermediates on Cu electrodes for selective electrochemical CO_2 reduction. Energy Environ Sci，2020，13：4301-4311.

[99] Jiang K，Sandberg R B，Akey A J，et al. Metal ion cycling of Cu foil for selective C-C coupling in electrochemical CO_2 reduction. Nat Catal，2018，1：111-119.

[100] Zhang G，Zhao Z J，Cheng D，et al. Efficient CO_2 electroreduction on facet-selective copper films with high conversion rate. Nat Commun，2021，12：5745.

[101] Li H，Yu P，Lei R，et al. Facet-selective deposition of ultrathin Al_2O_3 on copper nanocrystals for highly stable CO_2 electroreduction to ethylene. Angew Chem Int Ed，2021，60：24838-24843.

[102]（a）Gao D，Zegkinoglou I，Divins N J，et al. Plasma-activated copper nanocube catalysts for efficient carbon dioxide electroreduction to hydrocarbons and alcohols. ACS Nano，2017，11：4825-4831；（b）Lee S Y，Jung H，Kim N K，et al. Mixed copper states in anodized Cu electrocatalyst for stable and selective ethylene production from CO_2 reduction. J Am Chem Soc，2018，140：8681-8689.

[103] Zhou Y，Che F，Liu M，et al. Dopant-induced electron localization drives CO_2 reduction to C_2 hydrocarbons. Nat Chem，2018，10：974-980.

[104] Zhong M, Tran K, Min Y, et al. Accelerated discovery of CO_2 electrocatalysts using active machine learning. Nature, 2020, 581: 178-183.

[105] Peng Y, Wu T, Sun L, et al. Selective electrochemical reduction of CO_2 to ethylene on nanopores-modified copper electrodes in aqueous solution. ACS Appl Mater Interfaces, 2017, 9: 32782-32789.

[106] Zhang B, Zhang J, Hua M, et al. Highly electrocatalytic ethylene production from CO_2 on nanodefective Cu nanosheets. J Am Chem Soc, 2020, 142: 13606-13613.

[107] Luo W, Nie X, Janik M, et al. Facet dependence of CO_2 reduction paths on Cu electrodes. ACS Catal, 2016, 6: 219-229.

[108] Ma W, Xie S, Liu T, et al. Electrocatalytic reduction of CO_2 to ethylene and ethanol through hydrogen-assisted C-C coupling over fluorine-modified copper. Nat Catal, 2020, 3: 478-487.

[109] Yang K D, Ko W R, Lee J H, et al. Morphology-directed selective production of ethylene or ethane from CO_2 on a Cu mesopore electrode. Angew Chem Int Ed, 2017, 56: 796-800.

[110] Ma M, Djanashvili K, Smith W A. Controllable hydrocarbon formation from the electrochemical reduction of CO_2 over Cu nanowire arrays. Angew Chem Int Ed, 2016, 55 (23): 6680-6684.

[111] Vasileff A, Zhu Y, Zhi X, et al. Electrochemical reduction of CO_2 to ethane through stabilization of an ethoxy intermediate. Angew Chem Int Ed, 2020, 59: 19649-19653.

[112] Handoko A D, Chan K W, Yeo B S. —CH_3 mediated pathway for the electroreduction of CO_2 to ethane and ethanol on thick oxide-derived copper catalysts at low overpotentials. ACS Energy Lett, 2017, 2: 2103-2109.

[113] Li Y C, Wang Z, Yuan T, et al. Binding site diversity promotes CO_2 electroreduction to ethanol. J Am Chem Soc, 2019, 141: 8584-8591.

[114] Herzog A, Bergmann A, Jeon H S, et al. Operando investigation of Ag-decorated Cu_2O nanocubecatalysts with enhanced CO_2 electroreduction toward liquid products. Angew Chem Int Ed, 2021, 60: 7426-7435.

[115] Xin H, Vojvodic A, Voss J, et al. Effects of d-band shape on the surface reactivity of transition-metal alloys. Phys Rev B, 2014, 89: 115114.

[116] Zhang Z, Bian L, Tian H, et al. Tailoring the surface and interface structures of copper-based catalysts for electrochemical reduction of CO_2 to ethylene and ethanol. Small, 2022, 18: 2107450.

[117] Li F, Li Y C, Wang Z, et al. Cooperative CO_2-to-ethanol conversion via enriched intermediates at molecule-metal catalyst interfaces. Nat Catal, 2020, 3: 75-82.

[118] Zhu S, Delmo E P, Li T, et al. Recent advances in catalyst structure and composition engineering strategies for regulating CO_2 electrochemical reduction. Adv Mater, 2021, 33: 2005484.

[119] Wang H, Tzeng Y K, Ji Y, et al. Synergistic enhancement of electrocatalytic CO_2 reduction to C_2 oxygenates at nitrogen-doped nanodiamonds/Cu interface. Nat Nanotechnol, 2020, 15:

131-137.

[120] Li F, Thevenon A, Rosas-Hernández A, et al. Molecular tuning of CO_2-to-ethylene conversion. Nature, 2020, 577: 509-513.

[121] Chen C, Yan X, Liu S, et al. Highly efficient electroreduction of CO_2 to C^{2+} alcohols on heterogeneous dual active sites. Angew Chem Int Ed, 2020, 59: 16459-16464.

[122] Zhuang T T, Liang Z Q, Seifitokaldani A, et al. Steering post-C—C coupling selectivity enables high efficiency electroreduction of carbon dioxide to multi-carbon alcohols. Nat Catal, 2018, 1: 421-428.

[123] Genovese C, Schuster M E, Gibson E K, et al. Operando spectroscopy study of the carbon dioxide electro-reduction by iron species on nitrogen-doped carbon. Nat Commun, 2018, 9: 935.

[124] Cheng T, Xiao H, Goddard W A. Nature of the active sites for CO reduction on copper nanoparticles; suggestions for optimizing performance. J Am Chem Soc, 2017, 139: 11642-11645.

[125] Li J, Che F, Pang Y, et al. Copper adparticle enabled selective electrosynthesis of n-propanol. Nat Commun, 2018, 9: 4614.

[126] Zhuang T T, Pang Y, Liang Z Q, et al. Copper nanocavities confine intermediates for efficient electrosynthesis of C3 alcohol fuels from carbon monoxide. Nat Catal, 2018, 1: 946-951.

[127] Zhao X, Levell Z H, Yu S, et al. Atomistic understanding of two-dimensional electrocatalysts from first principles. Chem Rev, 2022, 122: 10675-10709.

[128] Gerischer H. Electron-transfer kinetics of redox reactions at the semiconductor/electrolyte contact. A new approach. J Phys Chem, 1991, 95: 1356-1359.

[129] Gerischer H. A mechanism of electron hole pair separation in illuminated semiconductor particles. J Phys Chem, 1984, 88: 6096-6097.

[130] Butler M A. Photoelectrolysis and physical properties of the semiconducting electrode WO_3. J Appl Phys, 1977, 48: 1914-1920.

[131] Halmann M. Photoelectrochemical reduction of aqueous carbon dioxide on p-type gallium phosphide in liquid junction solar cells. Nature, 1978, 275: 115-116.

[132] Shen Q, Chen Z, Huang X, et al. High-yield and selective photoelectrocatalytic reduction of CO_2 to formate by metallic copper decorated Co_3O_4 nanotube arrays. Environ Sci Technol, 2015, 49: 5828-5835.

[133] Han E, Hu F, Zhang S, et al. Worm-like FeS_2/TiO_2 nanotubes for photoelectrocatalytic reduction of CO_2 to methanol under visible light. Energy Fuel, 2018, 32: 4357-4363.

[134] Yang H, Li Y, Zhang D, et al. Defect-engineering of tin oxide via (Cu, N) co-doping for electrocatalytic and photocatalytic CO_2 reduction into formate. Chem Eng Sci, 2020, 227: 115947.

[135] Torquato L D, Pastrian F A C, Perini J A L. Relation between the nature of the surface facets and the reactivity of Cu_2O nanostructures anchored on TiO_2NT@PDA electrodes in the photoelectrocatalytic conversion of CO_2 to methanol. Appl Catal, 2020, B: Environ, 2020,

261：118221.

[136] Wang J, Wei Y, Yang B, et al. *In situ* grown heterojunction of Bi_2WO_6/BiOCl for efficient photoelectrocatalytic CO_2 reduction. J Cat, 2019, 377: 209-217.

[137] Fan W K, Tahir M. Recent developments in photothermal reactors with understanding on the role of light/heat for CO_2 hydrogenation to fuels: a review. Chem Eng J, 2022: 427.

[138] Lu B, Quan F, Zhang L, et al. Photothermal reverse-water-gas-shift overAu/CeO_2 with high yield and selectivity in CO_2conversion. Catal Commun, 2019, 129: 105724.

[139] Liu H M, Meng X G, Ye J H, et al. Conversion of carbon dioxide by methane reforming undervisible-light irradiation: surface-plasmon-mediated nonpolar molecule activation. Angew Chem Int Ed, 2015, 54: 11545.

[140] Xu C, Huang W, Cen K, et al. Photothermal coupling factor achieving CO_2 reduction based on palladium-nanoparticle-loaded TiO_2. ACS Catal, 2018, 8: 6582.

[141] Wu D, Deng K, Hong X, et al. Plasmon-assisted photothermalcatalysis of low-pressure CO_2 hydrogenation to methanol over Pd/ZnO catalyst. Chem Cat Chem, 2019, 11: 1598.

[142] Upadhye A A, Ro I, Huber G W, et al. Plasmon-enhanced reverse water gas shift reaction over oxidesupported Au catalysts. Catal Sci Technol, 2015, 5: 2590.

[143] Liu G, Kako T, Ye J, et al. Elemental boron for efficient carbon dioxide reduction under light irradiation. Angew Chem Int Ed, 2017, 56: 5570.

[144] Brongersma M L, Halas N J, Nordlander P. Plasmon-induced hot carrier science and technology. Nat Nanotechnol, 2015, 10: 25-34.

[145] Qin Z, Bischof J C. Thermophysical and biological responses of goldnanoparticle laser heating. Chem Soc Rev, 2012, 41: 1191.

[146] Webb J A, Bardhan R. Emerging advances in nanomedicine with engineeredgold nanostructures. Nanoscale, 2014, 6: 2502.

[147] Yan J, Wang C, Ma H, et al. Photothermal synergic enhancement of direct Z-scheme behavior of $Bi_4TaO_8Cl/W_{18}O_{49}$ heterostructure for CO_2 reduction. Appl Catal B, 2019, 268: 118401.

[148] Yu F, Wang C, Liu Y, et al. Revisiting Pt/TiO_2 photocatalysts for thermally assisted photocatalytic reduction of CO_2. Nanoscale, 2020, 12: 7000.

[149] Liang H X, Wang F Q, Cheng Z M, et al. Analyzing the effects ofreaction temperature on photo-thermo chemical synergetic catalytic watersplitting under full-spectrum solar irradiation: an experimental andthermodynamic investigation. Int J Hydrogen Energy, 2017, 42: 12133.

[150] Jia J, O'Brien P G, Ozin G A, et al. Visible and near-infrared photothermal catalyzedhydrogenation of gaseous CO_2 over nanostructured Pd@Nb_2O_5. Adv Sci, 2016, 3: 1600189.